C. Agte / J. Vacek

WOLFRAM UND MOLYBDÄN

C. AGTE / J. VACEK

WOLFRAM UND MOLYBDÄN

In deutscher Sprache herausgegeben
und mit Ergänzungen versehen

von

HELMUT HERKLOTZ

Mit 173 Abbildungen und 91 Tabellen

AKADEMIE-VERLAG · BERLIN
1959

Curt Agte / Jiri Vacek
WOLFRAM A MOLYBDEN

Erschienen im Staatsverlag für technische Literatur
Prag 1954

Übersetzt aus dem Tschechischen von Helmut Herklotz, Berlin

Erschienen im Akademie-Verlag GmbH, Berlin W 8, Mohrenstraße 39
Lizenz-Nr. 202 · 100/639/59

Satz und Druck: Druckhaus „Maxim Gorki", Altenburg
Bestell- und Verlagsnummer: 5326
Printed in Germany
ES 20 F 11

VORWORT

Entsprechend der hohen technischen und wirtschaftlichen Bedeutung, welche die beiden hochschmelzenden Metalle der 6. Gruppe des periodischen Systems, das Wolfram und Molybdän, in den letzten 50 Jahren für die Industrie und Technik gewonnen haben, ist bereits mehrfach der Versuch gemacht worden, Vorkommen, Herstellung, Eigenschaften und Anwendung dieser beiden wichtigen Metalle zusammenfassend in einer Monographie zu beschreiben. Je nach den Absichten und Ansichten, die die einzelnen Autoren dieser Bücher gehabt haben, waren bei der Abfassung derselben ganz verschiedene Gesichtspunkte maßgebend. Diese Gesichtspunkte waren entweder wirtschaftlicher, technischer oder wissenschaftlicher Art. Ein Teil dieser Monographien wurde vom Standpunkt des Metallurgen geschrieben, den im besonderen die Ferrolegierungen des Wolframs und Molybdäns interessierten. In anderen Darstellungen kam in erster Linie der Metallograph und Kristallograph zu Wort, und zwar im Hinblick auf die große Bedeutung der Kristallstruktur von Wolframdrähten für die Glühlampentechnik. Bei wieder anderen Autoren stand die Chemie des Wolframs und Molybdäns im Vordergrund des Interesses. Weitere Bücher legen den Schwerpunkt mehr auf das Vorkommen, die Aufarbeitung der Erze und auf die Gewinnung reiner Ausgangsstoffe, behandeln also das Thema vorwiegend von metallhüttenmännischen Gesichtspunkten aus. Die besonders interessanten und technisch wichtigen, physikalischen Eigenschaften bilden das hervorstechende Kennzeichen anderer Monographien. Die verschiedenen Anwendungen des Wolframs und Molybdäns bilden den Hauptgegenstand anderer Bücher, wobei man sich nicht nur auf die reinen Metalle und ihre Legierungen beschränkte, sondern auch das Gebiet der Schnellarbeitsstähle, der Stellite und Hartmetalle berührte.

Die wichtigsten und bekanntesten sowie interessantesten dieser Monographien dürften die von den nachstehend aufgeführten Autoren stammenden sein: A. N. ZÉLIKMAN [1], SMITHELLS [2], MENNICKE [3], LEISER [4], ALTERTHUM [5], POKORNY [6] und K. C. LI-CHUNG YUN WANG [7]. Als besonders wertvolle Beiträge, soweit es die Chemie des Wolframs und Molybdäns und ihrer Verbindungen anbetrifft, sind die Darstellungen in GMELINS Handbuch der anorganischen Chemie [8] zu erwähnen.

Alle diese Monographien legen den Schwerpunkt der Darstellung nicht auf die technische Verarbeitung des Wolframs und Molybdäns zu duktilen Gegenständen, wie sie mit den Mitteln der Pulvermetallurgie erstmalig im Coolidgeprozeß [9] versucht und später in verschiedenen Richtungen ausgebaut wurde. Die älteren Monographien von H. MENNICKE, H. LEISER, E. POKORNY und

H. ALTERTHUM sowie z. T. auch das Buch von C. J. SMITHELLS gehen, ganz abgesehen davon, daß sie in manchen Abschnitten als veraltet und überholt gelten müssen, an diesem für die heutige Technik überaus wichtigen Gegenstand vorbei. In dieser Beziehung sind sogar einige spezielle pulvermetallurgische Werke, wie z. B. diejenigen von R. KIEFFER und W. HOTOP [10], von P. SCHWARZKOPF [11] und vor allem von C. G. GOETZEL [12] wesentlich ausführlicher und aufschlußreicher. Der Schwerpunkt dieser älteren Bücher liegt vielmehr auf der Metallurgie des Wolframs und Molybdäns und der Herstellung von Wolfram- und Molybdänsäure aus den Erzen. Die Bedeutung des SMITHELL-schen Buches, besonders in seiner Neuauflage, liegt vor allem in den Untersuchungen, welche die Beeinflussung der Kristallstruktur des Wolframs betreffen. Diese ist in der Tat für die Verwendung des Wolframs als Leuchtkörpermaterial von elektrischen Glühlampen von ausschlaggebender Bedeutung. Das Buch von K. C. LI u. CHUNG YU WANG behandelt besonders breit Vorkommen und Aufarbeitung der Wolframerze sowie die Verarbeitung derselben zu Wolframsäure und Wolframmetallpulver. Die Monographie von A. N. ZÉLIKMAN schließlich gibt eine allgemeine, gedrängt gehaltene Übersicht über Herstellung und Eigenschaften des Wolframs und Molybdäns, unter stärkerer Betonung der Anwendung dieses Metalles bzw. seiner Kohlenstoffverbindungen in Schnellarbeitsstählen, Stelliten und Hartmetallen sowie auch über die Herstellung der Ferrolegierungen.

Im Gegensatz zu den obengenannten Werken ist der Zweck des vorliegenden Buches ein vollständig anderer. In ihm wird unseres Wissens erstmalig der Versuch gemacht, ausführlich und in allen technisch wichtigen Einzelheiten die pulvermetallurgische Herstellung des Wolframs und Molybdäns und ihrer Weiterverarbeitung zu beschreiben, und zwar für alle zur Zeit bekannten größeren Anwendungsgebiete dieser duktilen Metalle. Die Darstellung dieses den Schwerpunkt des vorliegenden Buches bildenden Teiles (vgl. vor allem die Kapitel 5 u. 6) beruht neben vielfachen eigenen Erfahrungen und Erkenntnissen im wesentlichen auf die in den verschiedenen FIAT- und BIOS-Berichten niedergelegten Untersuchungen der in der deutschen Industrie angewendeten Fabrikationsverfahren, soweit sie die Herstellung von Gegenständen aus duktilem Wolfram und Molybdän betreffen. Durch diese Berichte sind viele Erfahrungen, die bisher mehr oder weniger sorgsam als Betriebsgeheimnis gehütet wurden, der Allgemeinheit zugänglich gemacht worden, häufig allerdings in einer Form und Darstellung, die einer kritischen Überarbeitung und Bewertung bedurfte.

Entsprechend dem vorwiegend technischen Charakter des vorliegenden Buches enthält die Monographie zahlreiche Arbeitsvorschriften, die sich mit den einzelnen Stadien des Herstellungsprozesses beschäftigen. Dies gilt im besonderen für die Reinigung der Wolfram- und Molybdänsäure (Kap. 4.00), für die Vorbereitung der Wolframsäure durch Tränkung mit rekristallisationshemmenden Zusätzen (Kap. 8.50), die Reduktion zum Metallpulver (Kap. 6.20), das Pressen desselben zu Stäben und das Vorsintern (Kap. 6.30), das Hochsintern — Formieren — der gepreßten Stäbe (Kap. 6.33), die Verarbeitung der formierten Stäbe durch Rundhämmern (Kap. 6.40) und Flachschmieden (Kap. 6.70) und schließlich für das Ziehen der W- und Mo-Drähte (Kap. 6.50) sowie das Walzen der geschmiedeten Rohlinge aus W oder Mo zu Blechen und Bändern (Kap. 6.72).

Es ist klar, daß wegen des hier gekennzeichneten Charakters des Buches die anderen Abschnitte kürzer und weniger ausführlich gehalten werden mußten, um den Umfang des Werkes nicht über Gebühr zu vergrößern. Es wurde bewußt darauf verzichtet, auf die Beschreibung von „indirekten" Anwendungen des Wolframs und Molybdäns, wie sie sich sonst in den einschlägigen Monographien vorfinden, (wie Schnellarbeitsstähle), einzugehen.

Dagegen wurden die früher verwendeten Methoden zur Herstellung von gespritzten W- und Mo-Fäden in einem besonderen Kapitel (5.00) eingehender besprochen, um die pulvermetallurgische Seite des Buches stärker zu betonen. Dabei haben wir uns im wesentlichen an die ausgezeichnete Darstellung im ULLMANN [13] gehalten. In dem genannten Abschnitt haben wir uns gleichzeitig mit den neueren Verfahren zur Herstellung von duktilem Molybdän auf dem Schmelzwege (Climaxverfahren) auseinandergesetzt und die sich daraus anbahnende neuere technische Entwicklung kritisch bewertet.

Vollständig neuartig sind die Ausführungen, die sich mit der Herstellung von Gegenständen aus Wolfram und Molybdän beschäftigen, die bereits bei niederen Temperaturen dicht sintern (Kap. 7.00). Von diesem Teil des Buches darf vielleicht am meisten behauptet werden, daß hier die Ergebnisse der eigenen Forschungstätigkeit am stärksten zum Ausdruck kommen. Die mit diesen Arbeiten angebahnte neuere technische Entwicklung wird nach unserer Meinung noch eine größere Bedeutung gewinnen.

In den einleitenden Kapiteln (2.00 bis 4.00) setzen wir uns mit dem Vorkommen, der Aufarbeitung der W- und Mo-Erze zu Wolfram- bzw. Molybdäntrioxyd sowie zu Ammonparawolframat bzw. -molybdat auseinander, nachdem wir kurz Stellung zu der grundsätzlichen Bedeutung der beiden Metalle für die Technik, wie sie sich aus der Stellung derselben im periodischen System ergibt, genommen haben (Kap. 1.00).

Die Metallographie des Wolframs und Molybdäns haben wir vor allem vom Standpunkt des Glühlampenfachmannes aus behandelt (Kap. 8.00). Dabei haben wir uns bemüht, die uns zur Verfügung stehende Literatur möglichst vollständig etwa bis zum Jahre 51/52 zu berücksichtigen. In den Fällen, wo heute noch unklare oder teilweise widersprechende Vorstellungen über die Kristallisationsvorgänge in den Stäben und Drähten bestehen, haben wir versucht, dieselben miteinander in Einklang zu bringen.

Wegen der großen Bedeutung, welche die physikalischen Eigenschaften des Wolframs und Molybdäns für die industrielle Anwendung dieser beiden Metalle haben, wurden diese ausführlicher behandelt (Kap. 9.00). Dieser Teil des Buches kann jedoch keinen Anspruch auf Vollständigkeit erheben. Es lag uns nur daran, das Wichtigste klar herauszustellen. Noch weniger ausführlich haben wir die chemischen Eigenschaften der beiden Metalle besprochen, zumal gerade hier die oben erwähnte Darstellung im GMELIN sehr lückenlos ist (Kap. 9.40).

Mit den Legierungen des Wolframs und Molybdäns haben wir uns im Rahmen dieses Buches zwar befaßt (Kap. 10.00), jedoch nur in dem Umfange, wie er durch die technische Anwendung einfacher Metallsysteme gegeben ist.

Im letzten Abschnitt (Kap. 11.00) haben wir eine Übersicht über die technisch wichtigsten Anwendungen der beiden Metalle gegeben, und zwar vornehmlich solcher, die mittelbar oder unmittelbar mit der Herstellung und Verarbeitung der duktilen Metalle und ihrer Legierungen in Zusammenhang stehen. Dabei haben wir auch die Kohlenstoffverbindungen der Metalle, die eine wesentliche Rolle in der Technik spielen, kurz berücksichtigt.

Insoweit, als das vorliegende Buch bisher noch nicht bekannte Forschungsergebnisse enthält, beruhen sie entweder auf bisher unveröffentlichten Arbeiten des einen von uns (AGTE) aus früherer Zeit, oder entstammen einer Versuchstätigkeit, die in den Jahren 1949 bis 1952 im Výzkumny ústav ČZTS oder Výzkumny ústav pro práškové metalurgie, Vestec bei Prag, durchgeführt wurde. Bei dieser Gelegenheit möchten wir den Herren Dr. Vamberský, Ing. Ocetek, Ing. Petrdlik und Durynek danken, die uns bei unseren Versuchen entweder unterstützt oder wertvolle Anregung gegeben haben.

Sommer 1953.

VORWORT ZUR DEUTSCHEN AUSGABE

Wenn ich der an mich ergangenen Aufforderung des Herrn Dr. AGTE zur Durchführung der deutschen Herausgabe des vorliegenden Buches durch den Akademie-Verlag Folge leistete, so geschah dies einmal deshalb, weil meiner Ansicht nach im deutschen Schrifttum kein ähnliches, aus so umfassender praktischer Sachkenntnis heraus geschriebenes Werk vorliegt und weil es für mich einen besonderen Reiz besaß, die experimentellen Arbeiten an Wolfram und Molybdän, die mit bescheidenen eigenen theoretischen und praktischen Arbeiten konform gehen, dem deutschsprachigen Interessenkreis in dieser Form vorzulegen. Dabei gedenke ich gern und dankbar der freundschaftlichen Einstellung der Herren Dr. AGTE und Dr. VACEK zu meiner Aufgabe, die mir Änderungen nach Belieben anzubringen gestatteten. Wenn ich von diesem vertrauensvollen Anerbieten nur in allerbeschränktestem Ausmaße Gebrauch gemacht habe, so geschah das nach reiflicher Überlegung vor allem deshalb, weil meiner Ansicht nach eine an sich leicht mögliche Heranziehung weiterer Literatur die Einheitlichkeit des Buches sprengen würde. Eine erhöhte Anzahl von Einzelfakten würde keinesfalls das grundsätzliche Bild dieses Buches entscheidend beeinflussen oder zur weiteren Klärung der Eigenschaften und Bearbeitungsvorgänge für Wolfram und Molybdän beitragen.

Ich glaube, daß die deutsche Ausgabe des Buches in der Auswahl des zur Stützung seiner Argumentation herangezogenen Schrifttums für den Interessentenkreis bedeutungsvoll sein sollte. Es zeigt, welchen erheblichen Anteil der namentlich besonders hervorzuhebende Kreis von Pulvermetallurgen an der erfolgreichen Bearbeitung dieses wissenschaftlichen und technischen Gebietes mit dem heutigen Stand hat.

Besonders wertvolle Unterstützung wurde mir durch Frl. JUTTA RIEL zuteil, welche bei der Übertragung in den deutschen Text einen wertvollen Beitrag leistete.

Gleichzeitig spreche ich hiermit meinen Dank allen Mitarbeitern aus, welche sich beim Korrekturlesen eingesetzt haben.

HERKLOTZ

INHALTSÜBERSICHT

1.00 Einleitung

Wolfram und Molybdän gehören zu den weniger häufigen Metallen. Sie sind aber von besonders großer wirtschaftlicher Bedeutung und müssen daher zu den technisch wichtigsten Metallen gerechnet werden. Bedingt durch ihre Stellung im periodischen System der Elemente zeichnen sie sich durch einige bemerkenswerte Eigenschaften aus, welche ihre große Bedeutung für Industrie und Technik maßgebend bestimmen.

Wolfram besitzt den höchsten Schmelzpunkt aller Metalle (3670° K) und, wenn man vom Kohlenstoff absieht, auch aller Elemente. Kohlenstoff schmilzt nur um etwa 100° höher als Wolfram. Allerdings ist längere Zeit die Frage, ob der Kohlenstoff überhaupt schmilzt oder direkt vom festen in den gasförmigen Zustand übergeht, umstritten gewesen. Heute ist jedoch diese strittige Frage eindeutig zugunsten der Schmelzbarkeit des Kohlenstoffs entschieden worden [14].

Nur einige Metallverbindungen, wie die Karbide einiger Schwermetalle, so z. B. Tantalkarbid mit 4150° K und Hafniumkarbid mit 4160° K, sowie einige Mischkristalle von hochschmelzenden Karbiden, wie z. B. 4 TaC + 1 ZrC (4205° K) und 4 TaC + 1 HfC (4215° K), schmelzen noch etwas höher als Wolfram und Kohlenstoff [15]. Die zuletzt genannten Stoffe stellen die höchstschmelzenden Materialien, welche bisher bekannt sind, überhaupt dar.

Molybdän besitzt mit 2890° K auch einen relativ hohen Schmelzpunkt gegenüber anderen Metallen. Das Molybdän wird in dieser Hinsicht außer vom Wolfram nur von den Metallen Osmium (2970° K), Tantal (3270° K) und Rhenium (3410° K) [16] übertroffen. In Tab. 1 sind die Schmelzpunkte der wichtigsten hochtemperaturbeständigen Metalle sowie ihrer Verbindungen (Karbide, Nitride, Boride, Silizide und Oxyde) angegeben [17].

Der hohe Schmelzpunkt des Wolframs ist einer der maßgebenden Gründe für die Verwendung dieses Metalles als Leuchtkörpermaterial in elektrischen Glühlampen oder anderen elektrotechnisch wichtigen Gegenständen, wie z. B. Wolframbogenlampen, Antikathoden in Röntgenröhren, Heizleitern usw.

Die Entwicklung der Glühlampentechnik ist im Laufe der Zeit zu immer höher schmelzenden Metallen übergegangen, von der Osmium- zur Tantal- und schließlich zur Wolframlampe.

Entsprechend dem hohen Schmelzpunkt des Wolframs ist seine Verdampfungsgeschwindigkeit bei den Brenntemperaturen der Glühlampe sehr niedrig. Wolfram wird in dieser Beziehung nur noch von Tantalkarbid, soweit bisher bekannt, übertroffen, dessen Verdampfungsgeschwindigkeit in einem Gemisch von 85% Argon und 15% Stickstoff bei 560 mm Hg-Druck um etwa 30% niedriger als die des Wolframs im Temperaturgebiet von 3050 bis 3250° K be-

Tabelle 1

Schmelzpunkte der wichtigsten hochtemperaturbeständigen Metalle sowie deren Verbindungen (Karbide, Nitride, Boride, Silizide, Oxyde)

Metalle	Chem. Symbole	Schmelzpunkt in ° K
Wolfram . . .	W	3670 ± 75
Rhenium . . .	Re	2440 ± 75
Tantal	Ta	3270 ± 50
Osmium . . .	Os	2970 ± 50
Molybdän. . .	Mo	2890 ± 30
Ruthenium . .	Ru	2770 ± 30
Iridium. . . .	Ir	2725 ± 30
Niob	Nb	2695 ± 30
Hafnium . . .	Hf	ca. 2400
Rhodium . . .	Rh	2235 ± 20
Chrom	Cr	2160 ± 30
Zirkon	Zr	2130 ± 30
Thorium . . .	Th	2100 ± 20
Titan.	Ti	1995 ± 20
Platin	Pt	2040 ± 10
Vanadium . .	V	1970 ± 20
Karbide		
Tantal + Hafnium . .	4 TaC + 1 HfC	4215 ± 150
Tantal + Zirkon . . .	4 TaC + 1 ZrC	4205 ± 150
Hafnium . . .	HfC	4155 ± 150
Tantal	TaC	4150 ± 150
Zirkon	ZrC	3600 ± 125
Niob	NbC	3570 ± 125
Titan	TiC	3405 ± 90
Wolfram . . .	WC	zersetzt bei 3135 ± 50
	W_2C	zersetzt bei 3130 ± 50
Vanadium . .	VC	3095 ± 50
Molybdän. . .	Mo_2C	2955 ± 50
Bor	B_4C, B_6C	2620–2770
Silizium . . .	SiC	zersetzt bei 2195
Chrom	Cr_3C_2	2160 ± 75

Nitride	Chem. Symbole	Schmelzpunkt in ° K
Tantal . . .	TaN	3360 ± 50
Bor	BN	3275 ± 100
Hafnium . .	HfN	ca. 3260
Zirkon . . .	ZrN	3255 ± 50
Titan	TiN	3220 ± 50
Vanadium . .	VN	zersetzt bei 2325
Niob	NbN	zersetzt bei 2325
	TaC + TaN	3580 ± 100
Silizide		
Wolfram. . .	W_3Si_2	2590 ± 50
	WSi_2	2440 ± 50
Molybdän . .	Mo_3Si	2320 ± 50
	$MoSi_2$	2300 ± 50 (?)
Titan	TiSi (?)	2275 ± 50 (?)
Zirkon . . .	ZrSi (?)	2275 ± 50 (?)
Boride		
Hafnium . .	HfB	3335 ± 75
Zirkon . . .	ZrB	3265 ± 80
	ZrB_2	3275 ± 80
Titan	TiB_2	3175 ± 80
Wolfram. . .	WB	3195 ± 50
Tantal . . .	TaB_2	2275 ± 50 (?)
Molybdän . .	MoB	2455 ± 50
Oxyde		
Zirkon . . .	ZrO_2	2975 ± 75
Aluminium .	Al_2O_3	2325 ± 50
Aluminium + Zirkon . .	Al_2O_3 + ZrO_2	2275 ± 50
Chrom . . .	Cr_2O_3	2265 ± 50
Silizium . . .	SiO_2	1990 ± 25
andere Materialien		
Kohlenstoff .	C	3800 ± 100
Bor	B	2575 ± 75
Silizium . . .	Si	1695 ± 25

stimmt wurde [18] (Abb. 1). Im Vakuum wurde das Verhältnis der Verdampfungsgeschwindigkeit des TaC zum W etwa gleich dem Verhältnis der Verdampfungsgeschwindigkeiten in Argonstickstoffgemischen gemessen.

Der geringe Dampfdruck des Wolframs bei höheren Temperaturen ist eine zweite wichtige Eigenschaft, welche dieses Metall als Leuchtkörpermaterial von elektrischen Glühlampen geeignet macht. In diesem Zusammenhang verdient auf die wenig bekannte Tatsache hingewiesen zu werden, daß sich der Dampfdruck der meisten Metalle und Metallverbindungen bei extrem hohen Temperaturen einem Grenzwert nähert [19]. Das gleiche empirische Gesetz gilt auch für den spezifischen elektrischen Widerstand, dessen Grenzwert bei extrem hohen Temperaturen bei ca. 2 bis 2,5 Ohm · cm liegt [20], und angenähert auch für die Elektronenemission [21]. Diese Gesetzmäßigkeiten sind für die Beurteilung der hochschmelzenden Metalle in der Beleuchtungstechnik im engeren Sinne und für die Elektrotechnik im weiteren Sinne nicht unwichtig.

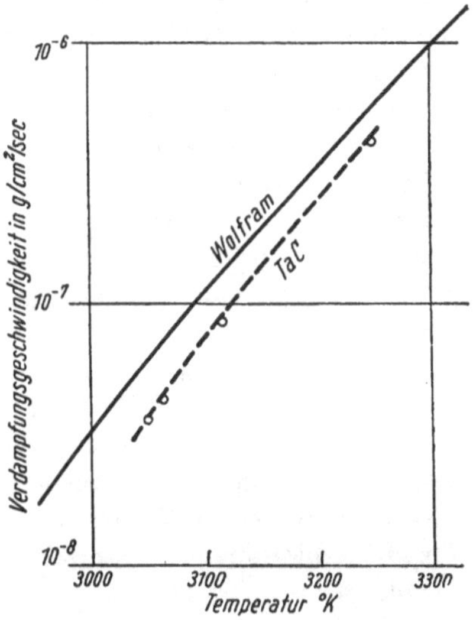

Abb. 1. Verdampfungsgeschwindigkeit von Tantalkarbid im Vergleich mit Wolfram im Argon-Stickstoff-Gemisch bei Temperaturen zwischen 3000 u. 3300° K

Eine große Bedeutung für die Beurteilung eines als Leuchtkörpermaterial geeigneten Werkstoffes besitzen neben den strahlungstechnischen Eigenschaften auch die Festigkeitswerte desselben bei den Brenntemperaturen der Lampen. Auch in dieser Beziehung erfüllt das Wolfram bei geeigneter Kristallstruktur weitgehend die zu stellenden Anforderungen. Demgegenüber ist die Festigkeit des Kohlenstoffes und des Tantalkarbides bei den erforderlichen Brenntemperaturen nur sehr gering. Die Fäden und Drähte dieser Werkstoffe sind außerordentlich spröde. Die geringe Festigkeit des Kohlenstoffes und des Tantalkarbides [22] bildet neben anderen Gründen die Ursache dafür, daß diese beiden Stoffe trotz ihres höheren Schmelzpunktes und der beim TaC auch niedrigeren Verdampfungsgeschwindigkeit dem Wolfram gegenüber als Leuchtkörpermaterial bedeutend unterlegen sind. Gleichfalls ist die hohe Festigkeit des Wolframs und Molybdäns bei höheren Temperaturen, neben dem Schmelzpunkt und der elektrischen Leitfähigkeit dieser Metalle, für ihre Verwendung im Ofenbau wichtig [23]. Schon heute hat sich das Molybdän in der modernen Ofentechnik eine bedeutsame Stellung als Widerstandsmaterial bei Temperaturen bis zu 1700° C errungen. Es ist zu erwarten, daß auch in Zukunft das Wolfram stärker als bisher als Heizleitermaterial Anwendung finden wird, wobei vorausgesetzt werden muß, daß eine thermische Belastung nur in einer Wasserstoffatmosphäre, im inerten Gas oder im Vakuum möglich ist. Einer breiteren Anwendung des Wolframs auf dem Gebiet des Ofenbaues steht im wesentlichen nur die Frage der Keramik entgegen, die als Trägermaterial bei Temperaturen von 1600 bis 2400° C und gegebenenfalls darüber genügend beständig sein muß.

Von hoher wirtschaftlicher und technischer Bedeutung ist weiterhin die Tatsache, daß Wolfram und Molybdän als die höchstschmelzenden Metalle der sechsten Gruppe des periodischen Systems mit Kohlenstoff, Stickstoff, Bor und Silizium Metallverbindungen bilden, welche sich durch ihren besonderen metallischen Charakter, durch eine relativ große chemische Unempfindlichkeit, durch sehr hohe Schmelzpunkte und vor allem durch besondere Härteeigenschaften auszeichnen. In dieser Beziehung gleichen ihnen nur die Kohlenstoff-, Stickstoff-, Bor- und Siliziumverbindungen der hochschmelzenden Metalle der Gruppe vier, (Ti, Zr, Hf) und der fünften Gruppe (V, Nb, und Ta) des periodischen Systems.

Die Karbide des Wolframs und z. T. auch des Molybdäns bilden den ausschließlichen Bestandteil der geschmolzenen Hartmetalle. In den heutigen gesinterten Hartmetallen stellt das Wolframkarbid (WC) den überwiegenden karbidischen Anteil dar. Die Hartmetallsorten der G-Reihe enthalten neben dem Hilfsmetall Kobalt ausschließlich WC als Schwermetallkarbid, die Hartmetallsorten der S- und F-Reihe außer diesem Karbid auch noch Titankarbid in gegenüber WC geringerer Menge. In früheren Hartmetallsorten, z. B. im Titanit U der Deutschen Edelstahlwerke AG, spielte auch das Molybdänkarbid (Mo_2C) eine wichtige Rolle [24]. Auch heute noch wird es in gewissen Sondersorten neben anderen Schwermetallkarbiden als Träger der Härte benutzt.

Neuerdings werden Wolfram- und Molybdänkarbid auch in der sogenannten „Oxyd-Karbid-Schneidkeramik" nach C. Agte[1]) neben Aluminiumoxyd als Härteträger verwendet.

In den Schnellarbeitsstählen sind Wolfram und z. T. auch Molybdän als Legierungsbestandteile von hoher technischer Bedeutung. In diesen Stählen liegen Wolfram und Molybdän, ähnlich wie in den Hartmetallen, in Form von Karbiden oder auch in Verbindung mit anderen Legierungselementen sowie mit dem Eisen selbst in Form von Doppelkarbiden vor. Die heutige Zerspanungstechnik ist somit, gleichgültig, ob Hartmetall- oder Schnellstahlwerkzeuge zur Anwendung kommen, weitgehend auf Wolfram und z. T. auch auf Molybdän als Rohstoff angewiesen.

Der hohe Schmelzpunkt des Wolframs hat Veranlassung zu einem Einsatz von gehämmerten Schweißstäben dieses Metalls in der Schweißtechnik gegeben. Da beim Schweißen mittels Arcatom- oder Argonarc-Verfahren in Gegenwart von atomarem Wasserstoff Temperaturen bis zu 4000° C auftreten können, ist die Verwendung eines sehr hochtemperaturbeständigen Materials ebenfalls von großer Bedeutung.

Eine weitgehende Anwendung haben Wolframkontakte in der Elektrotechnik gefunden. In diesem Fall wirkt sich neben dem hohen Schmelzpunkt,

[1]) C. Agte, Vortrag auf der 1. internationalen pulvermetallurgischen Tagung der DDR in Eisenach, Ende Mai 1957.

der großen Härte und Verschleißfestigkeit sowie der ausreichenden elektrischen Leitfähigkeit vor allem die gute Oxydationsbeständigkeit des Materials günstig aus. Wolframkontakte werden entweder durch Zerschneiden gehämmerter Stäbe oder durch Ausstanzen von Blechen hergestellt. In letzter Zeit kommen jedoch speziell vorbereitete gesinterte Wolframpreßlinge zur Anwendung. In den Fällen, wo neben hoher Härte und Verschleißfestigkeit gleichzeitig eine besonders gute elektrische Leitfähigkeit verlangt wird, verwendet man sog. Pseudolegierungen des Wolframs mit Kupfer oder Silber, welche auf pulvermetallurgischem Wege erzeugt werden. Auch Molybdän-Silber-Pseudolegierungen haben eine technische Anwendung als Kontaktwerkstoffe gefunden.

Die gute Oxydationsbeständigkeit des Wolframs und seiner Legierungen bei höheren Temperaturen spielt eine große Rolle im Rahmen der Entwicklung hochhitzebeständiger Werkstoffe. Besonders auf diesem Gebiet hat in den letzten Jahren eine äußerst intensive Forschung eingesetzt, welche bereits zu bemerkenswerten Anfangserfolgen geführt hat. Eines der Ziele dieser Forschung besteht darin, Werkstoffe zu entwickeln, die wesentlich höhere Temperaturen im Verbrennungsraum gegenüber früheren zulassen (Turbinenschaufeln, Strahltriebwerke usw.).

Schließlich werden Molybdän und vor allem auch Wolfram in Pulverform noch in sehr großen Mengen als Katalysatoren bei chemischen Vorgängen, insbesondere bei der Druckhydrierung von Ölen und Fetten, benutzt.

Andere Anwendungsgebiete des Wolframs und Molybdäns, die sich auf Grund ihrer physikalischen und chemischen Eigenschaften ergeben, können hier nur kurz angedeutet werden [25]. Sie werden im einzelnen im Kapitel 11.00 eingehender behandelt. Dabei ist noch zu bemerken, daß zwar das Wolfram manche Vorteile gegenüber dem Molybdän besitzt, daß es aber zumindest in einer Eigenschaft diesem unterlegen ist. Molybdän ist wesentlich duktiler als Wolfram und daher entsprechend leichter zu bearbeiten. Im bearbeiteten Zustand ist also die Festigkeit und Härte des Molybdäns niedriger als die des Wolframs. Nach der Rekristallisation jedoch ist die Festigkeit und vor allem die Dehnung des Molybdäns beträchtlich größer, was für manche Verwendungszwecke entscheidend ist.

Weitere Anwendungsgebiete des Wolframs und Molybdäns sind:

1. Wolfram

a) Kathoden in Radioröhren, welche bis zu 2% Thoriumoxyd zur Erhöhung der Elektronenemission enthalten.

b) W-Scheiben für radiographische und therapeutische Zwecke wegen der hohen Atomzahl dieses Metalles.

c) Stromzuführungen in großen Lampen und Röntgenröhren, da sich der thermische Ausdehnungskoeffizient des Wolframs weitgehend dem von harten Borsilikatgläsern (Pyrexglas) angleicht.

d) Thermoelemente aus Wolfram und Molybdän zur Messung höherer Temperaturen bis zu 2200° C.
e) Anwendung in Radargeräten.

2. Molybdän

a) Mo-Drähte für Halter und Ösen in elektrischen Glühlampen.
b) Kerndrähte zum Wickeln der Wolframwendeln in der Glühlampentechnik.
c) Bleche und Bänder für die Hochvakuumtechnik, z. B. Anoden und Gitter in Elektronenröhren, Anoden in Röntgenröhren.
d) Drähte für Glaseinschmelzungen.
e) Bestandteile von Radargeräten.

Aus dieser kurzen Übersicht dürfte die große technische Bedeutung des Wolframs und Molybdäns für die verschiedensten Industriezweige klar ersichtlich sein. Die Anwendungsgebiete der beiden Metalle ergeben sich somit zwangsläufig aus ihren physikalischen und chemischen Eigenschaften, die ihrerseits weitgehend durch die Stellung dieser Elemente im periodischen System bestimmt werden.

2.00 Vorkommen des Wolframs und Molybdäns

Die quantitative Zusammensetzung der Erdoberfläche besteht zu 98,73% aus 10 Elementen [26]. Darin sind enthalten: Sauerstoff und Silizium mit insges. 75,13%; weiterhin 8 Elemente mit 23,60% (Al, Fe, Ca, Na, K, Mg, H_2, Ti). Einen weiteren Anteil in Höhe von 0,5% bilden Kohlenstoff, Chlor, Phosphor, Schwefel und Mangan; der Rest setzt sich aus weiteren 77 Elementen zusammen. Bemerkenswert ist, daß 15 von den erwähnten Elementen in den ersten vier waagerechten Reihen des periodischen Systems liegen. Es bestehen also 99% der Erdkruste aus Elementen mit einem kleinen Atomgewicht. Daraus ergibt sich, daß das Vorkommen von Wolfram und Molybdän nur sehr gering ist. Nach I. und W. NODDACK [27] wird das Vorkommen von Wolfram mit $56{,}9 \cdot 10^{-5}$ und von Molybdän mit $1{,}5 \cdot 10^{-5}$ pro Gramm des Erdgesteins angegeben.

Meist sind die Mineralien des Wolframs und Molybdäns in Pegmatiten und Impregnationen in Form von Adern zu finden. Sie treten auch in den Granitpegmatiten auf. Der Anteil des Wolframs und Molybdäns innerhalb der einzelnen Adern der Pegmatite ist nicht abhängig von dem umliegenden Gestein; wohl aber hängt, geologisch betrachtet, ihr Vorhandensein eng mit der Bildung von Bergen und Quellerscheinungen der Natur zusammen. Die Entstehung der Wolfram- und Molybdän-Lagerstätten wird durch einen Komplex der chemischen Vorgänge in gasförmiger Phase und später in der flüssigen Phase (hydrothermales Stadium), also durch den Vorgang der Pneumatolyse, erklärt. Dieser Vorgang wird bestätigt durch das Vorhandensein sauren Gesteins, in dem SiO_2 überwiegt, wie es beim Granitgestein der Fall ist.

Auch in Meteoriten wurde Wolfram und Molybdän gefunden. Ein spektroskopischer Nachweis jedoch von Wolfram in der Sonne konnte im Gegensatz zu Molybdän nicht erbracht werden. Interessant ist in diesem Zusammenhang noch die Feststellung, daß Wolfram bisher nicht in der Asche von Wasserpflanzen sowie in Seewasser nachgewiesen werden konnte, wohingegen Molybdän zum Binden des atmosphärischen Stickstoffes als Katalysator für manche Pflanzenarten notwendig ist. Desgleichen wurde auch Molybdän in Blut nachgewiesen, wobei wahrscheinlich eine Anreicherung durch pflanzliche Nahrung stattgefunden hat. Darüber hinaus wurden kleinere Mengen im Erdöl festgestellt.

2.10 Wolframerze

Die größten Vorkommen von Wolframit (Fe, Mn) WO_4 beobachtet man in Verbindung mit Kassiterit. Seltener sind die Lagerstätten, in denen sich das Mineral in der hydrothermalen Phase befindet, wobei es dann in der Zusammensetzung besonders in den Endgliedern der Reihe $FeWO_4$ (Ferberit) und $MnWO_4$

(Hübnerit) schwankt. Ein weiteres und sehr verbreitetes Mineral ist der Scheelit ($CaWO_4$), welcher in den Grenzgebieten zwischen Granit und Kalkstein vorkommt. Wolframit als Erz ist gekennzeichnet durch seine braunschwarze Farbe, seinen starken Glanz und seinen halbmetallischen Zustand. Die Dichte des Wolframits liegt bei 7,2 bis 7,5 g/cm^3 und seine Härte nach der MOHSschen Skala bei etwa 5. Wolframit ähnelt dem Kassiterit, ist jedoch leichter und besser spaltbar sowie in Säuren besser zerlegbar. Wolframit liegt gewöhnlich in monoklinen Kristallen vor, welche eine Länge bis zu etwa 10 cm aufweisen. Die Aggregate des Wolframits findet man häufig stäbchenförmig oder prismatisch.

Scheelit ($CaWO_4$) und das isomorphe Stolzit ($PbWO_4$) sind in ihrer Färbung sehr verschieden. Sie liegen in den Farben braun, gelb und auch grau vor. Ebenso ist auch der Glanzgrad unterschiedlich; er schwankt von halbmatt bis diamantglänzend. Gegenüber dem Scheelit ist das Vorkommen von Stolzit seltener.

Die Hauptlagerstätten der Wolframerze liegen vorwiegend in Nähe der Küste des Stillen Ozeans, wobei die Lagerstätten von Asien reichhaltiger sind als die amerikanischen. Nach dem ersten Weltkrieg konnten bereits 92% der Weltproduktion von diesen Lagerstätten der Küstengebiete des Ozeans gedeckt werden. Anteilmäßig wurden davon 61% von den asiatischen und 31% von den amerikanischen Vorkommen abgebaut. Der übrige Anteil in Höhe von 8% fällt in Spanien, Portugal, Deutschland, England, Tschechoslowakei u. a. Ländern an. Die wichtigsten europäischen Fundstätten befinden sich in Spanien (Sierra de Estrella und Sierra de las Mesas). Die Erze dieser Fundstätten sind sehr reichhaltig, aber von Gesteinen in Form von Nichterzen durchsetzt. Als sehr rein in ihrer Zusammensetzung konnten die Erze der spanischen Provinz Badajoz analysiert werden. Durch unsachgemäßen Abbau haben sie jedoch an Bedeutung verloren. Das gleiche gilt auch für die Vorkommen in der Provinz Cordoba.

In diesem Zusammenhang sind die Vorkommen sowie der Abbau in Portugal zu erwähnen. Die größten Erzlagerstätten von Wolframit liegen bei Fundão, Ribeira de Bodilhão, Penasquera und Matta de Rheina. Die bis zu 2 m Durchmesser betragenden Adern sind meist von Quarz stark durchsetzt. Besonders hervorzuhebende Fundstätten des Scheelits befinden sich bei Topada und Iffanes, wo zuweilen auch Ferberit vorkommt. Charakteristisch ist das Vorkommen der Erze in diesen Fundstätten dadurch, daß das Wolframit entweder frei von Kassiterit oder in der Nähe von Uranerzen vorliegt.

In der Tschechoslowakei kommt Wolframit im erzgebirgischen Raum vor. Diese Vorkommen befinden sich in Verbindung mit Kassiterit bei Zinnwald, Slavkov und Rotava. Scheelit wird ebenfalls in ziemlich umfangreichen Mengen gemeinsam mit Stolzit in Zinnwald und bei Slavkov gefunden. Weitere Vorkommen von Scheelit liegen im Raum der Schneekoppe sowie in Přibram und von Wolframit, in goldtragendem Quarz eingelagert, bei Kasejovice.

In England wird Wolframit im Cornwall-Gebiet abgebaut. Die Begleiter des Wolframerzes sind in diesem Fall: Zinn-, Kupfer-, Arsen-, Blei-, Wismut-, Kobalt-, Nickel-, Molybdän-, Uran- und Silbererze. Scheelit kommt nur in geringen Mengen und sehr unregelmäßig vor.

Ein nur geringer Anteil der Gesamtvorkommen an Wolframerzen in Europa wird in Frankreich, Schweden, Italien, Ungarn und dem europäischen Teil der UdSSR gefunden.

In Canada wird Wolframerz hauptsächlich im Gebiet von Burnt Hill Brook und York County, abgesehen von anderen geringfügigen Vorkommen, abgebaut. In diesen Lagerstätten kommt das Wolframerz gemeinsam mit Molybdänit, Kassiterit, Fluorit und Topas vor. Es handelt sich hier um einen bis zum Jahre 1916 bedeutungsvollen Abbau. Bis dahin betrug die tägliche Menge 30 t eines 50%igen Konzentrats. Zur Zeit stellt der Abbau dieses Gebietes jedoch nur noch einen geringen Bruchteil der Weltproduktion dar [28].

Die wichtigsten amerikanischen Wolframerz-Lagerstätten befinden sich im Staate Colorado (San Juan County und Boulder County). Die Vorkommen bilden vorzugsweise Ferberit ($FeWO_4$), seltener auch Hübnerit, Scheelit und Wolframit. In diesen Fundstätten wird gleichzeitig neben vielen anderen Mineralien Gold und Silber abgebaut. Charakteristisch für diese Erzvorkommen ist der geringe Anteil des Kassiterits. Der Abbau in diesem Gebiet ist verhältnismäßig unrentabel, da das Erz häufig mit Quarz durchwachsen ist, wohingegen andere Erze, insbesondere Hübnerit, zusammenhängende Adern bilden.

Wichtige Fundstätten befinden sich auch im Distrikt Atolis-Randsburg in Californien, welche einstmals die größten Vorkommen an Scheelit aufwiesen. Diese Vorkommen sind mit Quarz, Apatit, Kalzit und teilweise auch von Wolframit durchwachsen. Geringere Bedeutung haben die Vorkommen in den Staaten Montana, Nevada, Washington, Idaho, Utah, Connecticut, Dacota, Arizona und Missouri.

Die mexikanischen Lagerstätten sind wahrscheinlich Ausläufer der nordamerikanischen Vorkommen. In Sonora findet man Scheelit in Verbindung mit Wolframit und Kupferwolframat. Ein Teil des Kalziums ist hierbei also noch von Kupfer begleitet. Bei Durango kommt Wolframit gemeinsam mit Topas vor.

Die wichtigsten südamerikanischen Vorkommen befinden sich in Bolivien, wo das Wolframerz als Nebenprodukt des Kassiterits vorliegt. Bolivien gehörte vor dem ersten Weltkrieg zu den führenden Ländern in der Wolframerz-Produktion. Die wichtigsten Lagerstätten waren: The Jorge Quinta, Ascension und San Antonio. Wolframkonzentrate aus dem Gebiet von Oruro und La Paz enthalten auf eine Tonne 125 bis 1400 g Gold. Die größten Fundstätten des Wolframits im Gebiet des Berges Kami enthalten eine große Anzahl weiterer Erze.

In Argentinien befinden sich größere Lagerstätten von Wolframerz in Los Cóndores, wo gleichzeitig auch Tantal und Niob vorkommt. Ferner wird Wolframit in Sierra de Cordoba und Sierra de San Luis geschürft. Scheelit kommt in Argentinien bei Los Avestruces und Los Buitres vor.

Weitere bedeutende südamerikanische Fundstätten an Wolframerzen befinden sich im brasilianischen Raum. Unlängst erschlossene Vorkommen im Staate Minas Geraes gewinnen immer mehr an Bedeutung, desgleichen auch eine

Fundstätte im Staate Espirito Santo sowie in Porto Alegre. Der Abbau im Staate Rio Grande do Sul wurde wegen großer Tiefe eingestellt.

Weniger Bedeutung besitzen die Lagerstätten in Peru und Chile. Trotz der verhältnismäßig geringen Vorkommen an Wolframerz wird der Abbau wegen des großen Anteils von Gold und Silber jedoch weiter betrieben.

Die großen australischen Vorkommen befinden sich vorwiegend an der Ostküste des Landes. Hauptsächlich wird Wolframit neben Scheelit mit seinem goldtragenden Quarz abgebaut. Weitere wichtige Fundstätten befinden sich in Queensland in der Nähe vom Hafen Cairns und in Tasmania, an der Mündung des Grassy Rivers und bei Storys Creek.

Die Hauptfundstätten der Welt befinden sich in Asien, und zwar in der Volksrepublik China. Der größte Abbau wird in der Provinz Kwantung bei Tajulin betrieben, wo Erze mit besonders hohem Reinheitsgrad geschürft werden. Weitere umfangreiche Vorkommen mit entsprechend hohem Reinheitsgrad befinden sich in den Provinzen Hunan (Ton-on) und Kiangsi (Kon-cou) sowie bei Hongkong. Erschwerend für die Nutzung der Erze macht sich der Mangel an Verkehrsmöglichkeiten in den weiträumigen Gebieten dieses Landes bemerkbar. Im Jahre 1928 wurden nachweisbar über 8000 t Wolframerz geschürft, was allein die 4fache Menge der sonstigen Weltproduktion ausmacht. Aus der Bedeutung, welche die chinesischen Lagerstätten hinsichtlich Menge und Reinheit des Wolframerzes besitzen, ist zu schließen, daß in Zukunft durch den weiteren Abbau dieser Vorkommen die Weltproduktion um ein Wesentliches gesteigert werden kann.

An zweiter Stelle im Abbau der Wolframerze liegt Burma. Die Hauptfundstätten befinden sich im Gebiet Tavoy, weitere kleinere Vorkommen bei Mergui und Thaton. Die burmesischen Lagerstätten liegen häufig an der Oberfläche.

Malaya bildet die Fortsetzung der burmesischen Lagerstätten, wobei jedoch Wolframit in geringeren Mengen gegenüber den Vorkommen in Burma vorliegt, Scheelit dagegen reichhaltiger auftritt. Diese Vorkommen enden im Gebiet von Banka und Billiton, wo die Wolframerze bereits in Zinnfundstätten übergehen. In diesem Zusammenhang sind die Malayischen Lagerstätten bei Perak, Selangor, Negri Sembilan und Pahang sowie Johore, Kedah und Trenggan von Bedeutung.

In der Koreanischen Volksrepublik wird hauptsächlich Wolframit im Flußgebiet des Yalu gefunden, wo eine immer größere Steigerung der Schürfung zu verzeichnen ist.

Die japanischen Hauptfundstätten liegen bei Kiwada und Taketori. Weitere Abbaugebiete in diesem Lande sind von geringerer Bedeutung. Die Vorkommen in Kiwada bestehen hauptsächlich aus Scheelit, wohingegen die im Taketori-Gebiet Wolframit ergeben.

Im asiatischen Teil der UdSSR sind die wichtigsten Wolframerzvorkommen im Transbajkal-Gebiet zu verzeichnen, und zwar im Raum des Amur und des Altaj-Gebirges. Wolframit wird weiterhin an mehreren Stellen im Gebiet der sibirischen Hauptverkehrslinie geschürft.

Afrika hat keine bemerkenswerten Fundstätten aufzuweisen. In Verbindung mit Gold u. a. Metallen werden auch Wolframerze in geringerem Umfange abgebaut. Größere Lagerstätten des Scheelits befinden sich in Transvaal, während Wolframit in Südrhodesia vorkommt.

In bezug auf die Perspektiven der Wolframgewinnung ist bemerkenswert, daß z. B. die Vereinigten Staaten zur Zeit etwa die Hälfte des in der Welt gewonnenen Wolframmetalls verarbeiten. Die Erzeugung dieses Landes, welche sich von 1950 bis 1955 um das Vierfache gesteigert hat, beträgt nur rd. den 7. Teil seines eigentlichen Bedarfs. Die steigende Bedeutung dieses Metalls im Rahmen der Produktionsausweitung der USA ist der Anlaß zur Durchführung einer Vorratsbewirtschaftung. Bemerkenswert ist in diesem Zusammenhang, daß der Produktionsausbau bisher nur möglich war, weil infolge der wirtschaftlichen Bedeutung des Wolframs auch die Preise in den USA innerhalb der Weltmarktpreise gehalten wurden und werden, obwohl die amerikanischen Erzvorkommen wesentlich ärmer sind als die anderer Länder, wie z. B. Chinas, als dem ehemaligen Hauptlieferanten. Das Ansteigen der chinesischen Wolfram-Exporte, welche bislang nur in begrenztem Umfang durchgeführt wurden, bringt zwangsläufig eine Reduzierung des z. T. unrentablen Abbaus der amerikanischen Wolframerze mit sich. Unter der Voraussetzung der derzeitigen Gewinnungsverfahren würde das Bestehen der nordamerikanischen Wolframhütten und Erzgruben gegenüber dem Ausland dann nicht mehr rentabel sein. Daraus ergibt sich der Schluß, daß zum weiteren Ab- und Ausbau der kleineren Wolframerzlager neue Gewinnungsverfahren entwickelt werden müßten, um den Abbau und somit den Einsatz dieses technisch und wirtschaftlich wichtigen Metalls weiterhin aufrechtzuerhalten.

2.20 Molybdänerze

Das Vorkommen der Molybdänerze ist durchaus artverwandt mit dem des Wolframs. Die Hauptgebiete liegen in der Nähe des Stillen Ozeans. Die geologische Lagerung des Molybdäns ist gleichzusetzen mit der des Wolframs. Der Molybdängehalt in den Erzen ist jedoch erheblich geringer als beim Wolfram, er übersteigt selten 1%.

Das Hauptmineral des Molybdäns ist das Molybdänit (MoS_2), welches das primär entstandene Mineral darstellt. Durch Oxydation desselben bildet sich Galenit bzw. Bleiglanz. Aus diesem Grunde kommt Wulfenit ($PbMoO_4$) vorwiegend in der Nähe der Lagerstätten des Bleierzes, also des Galenits, vor, wie z. B. in Přibram (CSR), Bleiberg (Kärnten) und in Mezica (Jugoslawien).

Mit dem Studium der Oxydation des Molybdänits beschäftigte sich E. S. Usataja [29]. Die Oxydation verläuft im sauren Medium durch Wirkung der Ferri- (Eisen III) bzw. Anwesenheit der Kalzium-Ionen. Dadurch erklärt sich auch die Pseudomorphose des Powellits mit dem Molybdänit. Weitere Minerale haben keine praktische Bedeutung für den Abbau des Molybdäns, wie z. B. Powellit ($CaMoO_4$), Belonesit ($MgMoO_4$), Patersit ($CoMoO_4$), Ilsemanit ($MoO_4 \cdot 4 MgO_3$) und Eosit ($3 PbO \cdot V_2O_4 \cdot MoO_3$).

Die größte Menge des Molybdäns in Europa wird in Norwegen abgebaut. Die Hauptfundstätten liegen südlich der Städte Oslo und Stavanger, ferner zwischen Knaben, Moi, Siredalen, Mandal, Telemarken, Drammen und Haugesund. Die Vorkommen in Nordnorwegen sind von geringer Bedeutung.

Eine noch geringere Bedeutung als die norwegischen Erze haben die spanischen, tschechoslowakischen, deutschen und schwedischen Vorkommen. Im europäischen Teil der UdSSR sind ebenfalls Fundstätten vorhanden. Geologisch von Interesse sind die übrigen europäischen Lagerstätten des Molybdänerzes, welche jedoch technisch keinerlei Bedeutung besitzen.

In der UdSSR befinden sich große Fundstätten im Transbajkal-Gebiet, deren Erze einen durchschnittlichen Molybdängehalt von 5 bis 5,5% besitzen. Weitere Vorkommen liegen auf der Kamtschatka, im Gebiet des Jenissej und des Amur sowie im Gebiet von Ussuri, Westaltaj und in Turkestan. Besondere Bedeutung wird den Erzfundstätten im Gebiet von Ussuri (nördlich von Wladiwostok) beigemessen.

Die Molybdänerzvorkommen in der Volksrepublik China sind zwar nicht so umfangreich wie die des Wolframs, haben aber eine gewisse Bedeutung, besonders diejenigen im Gebiet von Yongin. Ähnlich liegen die Verhältnisse in Malaya, Burma und Japan, wo die Molybdänerze als Begleiter der Wolframerze vorkommen.

Afrika hat bedeutende Lagerstätten von Molybdänit, von denen besonders diejenigen in Natal (Drachenberg) und in Transvaal (Swazi, Waterberg) hervorzuheben sind.

Australien besitzt im Ostteil des Landes seine größten Vorkommen. Das Molybdänit wird hier zusammen mit Wolfram-, Zinn-, Wismut- und Kupfererzen gefunden. Die Schwerpunkte des Abbaues von Molybdänit liegen in Neusüdwales, Neuengland, Yetholme und Whipstick sowie in Queensland. Letzteres war früher der größte Lieferant der australischen Molybdän-Konzentrate (Bamford, Mt. Perry).

In Nordamerika haben die Lagerstätten in Colorado die größte Bedeutung, obwohl auch die kanadischen eine gewisse Beachtung verdienen. Die Vorkommen in Colorado sind etwa gleichzusetzen mit denen von Arizona (Santa Rita, Patagonia Mountains). Die Abbaugebiete von Colorado, welche durch die Climax geschürft wurden, lieferten im Jahre 1930 50 Millionen Tonnen Erz, das mehr als 0,7% MoS_2 enthielt. Weitere wichtige Vorkommen in diesem Gebiet, welche in einer Höhe von über 4000 m liegen, unterliegen bisher keinem nennenswerten Abbau. Gegenüber den Climax-Gruben haben die Vorkommen in den Staaten Nordamerikas und Mexikos nur eine untergeordnete Bedeutung.

In Südamerika wären die peruanischen Lagerstätten in der Provinz Jauja zu nennen, obwohl sie an sich eine geringe Bedeutung besitzen. Die Fundstätten in Chile wurden mit Beginn des zweiten Weltkrieges stark ausgebaut und gehören heute zu den bedeutungsvollsten.

Der amerikanische Abbau an Molybdänerzen betrug im Jahre 1930 etwa 90% des Weltbedarfs, weitere 7% lieferte Norwegen, der Rest verteilte sich auf die übrigen Länder. Da Molybdän, ähnlich wie Wolfram, auch in der Perspektive technisch und wirtschaftlich gesehen ein sehr wichtiges Metall darstellt und erstrangig als Stahlveredler dient, läßt seine künftige Produktion auch Rückschlüsse auf die herzustellenden Erzeugnisse zu. Es ist zu erwarten, daß in den Ländern der Volksdemokratien im Rahmen der Ausweitung geologischer Untersuchungen in absehbarer Zeit nennenswerte Ergebnisse erbracht werden, welche eine Ausnutzung der Vorkommen nach sich ziehen.

Nach den Feststellungen des US Bureau of Mines betrug die Weltproduktion an Molybdän im Jahre 1955 rd. 30,5 Millionen kg gegenüber rd. 29 Millionen kg im Jahre 1954. Davon entfällt die Hauptmenge von etwa 28 Millionen kg auf die Vereinigten Staaten von Amerika, so daß hier praktisch ein Monopol in der Gewinnung von Molybdän besteht. Bei den Molybdänvorkommen im vorderasiatischen Raum ist bemerkenswert, daß zur Zeit in Keles, südostwärts Bursa am Hange des Uludag-Gebirges (Türkei) umfangreiche Vorkommen erschlossen werden. Der Molybdänsulfidanteil dieser Mineralien wird zwar nur mit 0,3 und 0,4% angegeben; die Vorkommen aber sind so umfangreich, daß der europäische Bedarf an Molybdän auf lange Zeit hinaus gedeckt werden kann. Im Laufe des Jahres 1957 wird mit dem Abbau dieser Vorkommen begonnen.

2.30 Die Zusammensetzung der Wolframerze

Bei der Betrachtung der Zusammensetzung einzelner Mineralien des Wolframs ist festzustellen, daß sie sich nur unwesentlich in ihrer Zusammensetzung unterscheiden, auch dann, wenn sie aus verschiedenen Fundstätten stammen. Sie enthalten meistens die gleichen Elemente, lediglich der Anteil derselben schwankt.

Wolframit [$(Fe,Mn)WO_4$] enthält etwa 70–75% WO_3, 7–14% MnO, 9–17% FeO, 0,5–1,2% CaO, 0,3–2,5% SiO_2, 0,2–0,5% SnO_2 und häufig 0,3–0,6% $(Nb, Ta)_2O_5$. In der Literatur sind einige Angaben über die Zusammensetzung des Wolframits verschiedener Fundstätten aufgeführt, z. B. betragen die Anteile der Vorkommen des Wolframits vom Westaltaj [30] 74,94% WO_3, 13,70% MnO, 9,56% FeO, 0,47% CaO und 1,35% SiO_2. Die Zusammensetzung des Wolframits des Zinnwalder Vorkommens auf der sächsischen Seite geben R. J. MEYER und H. WINTER wie folgt an [31]: 75,41% WO_3, 14,0% MnO, 9,34% FeO, 0,55% CaO, 0,18% SnO_2 und 0,50% $(Nb, Ta)_2O_5$. Außerdem sei noch als Beispiel die Zusammensetzung des spanischen Wolframits aus dem Gebiete Veiga aufgeführt [32]: 75,05% WO_3, 9,05% MnO, 16,50% FeO, 0,52 % CaO, 0,24% SiO_2, 0,17% SnO_2 und 0,60% $(Nb, Ta)_2O_5$. Erwähnenswert ist noch, daß einige Wolframite 0,15–0,20% seltene Erden, besonders Scandiumsesquioxyd (Sc_2O_3), enthalten (Erzgebirge).

Die Zusammensetzung des Ferberits ($FeWO_4$) bewegt sich in folgenden Grenzen: 73,5–77,5% WO_3, 0,2–3,7% MnO, 17,5–23,5% FeO (z. T. auch 23,6% oberhalb der theoretischen Mengen in reinem Ferberit), weiterhin 0,2–0,6% CaO und 0,2–0,9% SiO_2. Die Zusammensetzung des Ferberits aus Akenobe (Japan) gibt M. KOSAKI [33] außer den bereits genannten Elementen noch wie folgt an: 1,6% Fe_2O_3, 2,02% Al_2O_3, 0,34% SnO_2 und 0,10% seltene Erden.

Hübnerit, welches hauptsächlich in den USA (Nevada, Montana) vorkommt, hat eine durchschnittliche Zusammensetzung von: 72–75% WO_3, 20–23% MnO (theoretisch hat reines $MnWO_4$ 23,4%), 3–5,5% FeO und 0,2–1% CaO. W. E. HEADDEN [34] gibt die Zusammensetzung von Hübnerit der Vorkommen aus South Dacota wie folgt an: 75,12% WO_3, 3,01% FeO, 20,5% MnO und 1,04% CaO.

Die Zusammensetzung des Scheelits bewegt sich in nachstehenden Grenzen: 71,6–79,6% WO_3, 19,5–20,5% CaO, 0,6–7,6% MoO_3 und 0,4% MgO sowie 0,15–0,20% seltene Erden. Die Zusammensetzung des Scheelits aus dem Transbajkalgebiet gibt in seinen Arbeiten L. A. WARDAULANZ [35] wie folgt an: 79,56% WO_3, 19,60% CaO und 0,04% MgO; der Gehalt an MoO_3 und evtl. vorhandenen seltenen Erden ist nicht näher genannt. Eine ähnliche Zusammensetzung besitzt ein Scheelit aus Italien (Traversella, Piemont) [36]: 79,51% WO_3, 19,57% CaO, 0,58% MoO_3, 0,05% MgO und 0,14% seltene Erden. Größere Mengen an MoO_3 lassen darauf schließen, daß eine isomorphe Mischung des Scheelits mit Powellit ($CaMoO_3$) vorliegt. C. AGTE, H. BECKER, ROSE und G. HEYNE [37] geben in ihren Arbeiten eine Analyse des australischen Scheelits an. Neben einer kritischen Bewertung der Analysenmethoden (Kap. 9.00) gehen sie auf die Vorschriften zur Bestimmung der metallischen Verunreinigungen des Wolframs ein. Das analysierte Material setzte sich folgendermaßen zusammen: 63,31% WO_3, 9,51% CaO, 10,72% Fe_2O_3, 15,04% SiO_2, 0,012% MoO_3, 0,002% PbO, 0,025% Bi_2O_3, 0% Hg, 0,022% CuO, 0% CdO, 0,002% Sb_2O_3, 0,03% SnO_2, 0,2% As_2O_3, 0,5% P_2O_5, 0% V_2O_5, 0,005% NiO, 0,001% CoO, 0,002% TiO_2, 0,014% MnO, 0,096% Al_2O_3, 0,274% ZnO, 0% BaO, 0,317% MgO, 0% B, Alkalien wurden hierbei nicht quantitativ bestimmt.

2.40 Die Zusammensetzung der Molybdänerze

Die Zusammensetzung des Molybdänits entspricht meistens den theoretischen Angaben, woraus ersichtlich ist, daß die Mischkristalle keine Bindung mit anderen Komponenten eingehen. K. TH. KÜRTEN [38] gibt eine typische Zusammensetzung von drei Konzentraten verschiedener Herkunft an. Die Angaben sind in der Tabelle 2 zusammengestellt.

Tabelle 2

Beispiele der Zusammensetzung von Molybdänkonzentraten in %

	Australien	Schweden	Kanada
MoS_2	97,70	98,04	81,16
As_2S_3	0,52	0,21	0,28
Cu_2S	0,64	0,16	0,44
SiO_2	0,96	1,67	12,60
Al_2O_3	0,10	–	1,65
P_2O_5	0,07	–	0,04

Wulfenit ($PbMoO_4$) hat eine theoretische Zusammensetzung von 38,60% MoO_3 und 61,40% PbO. Oft enthält es Chrom, Vanadium und Kalzium, so daß sich eine isomorphe Mischung des Bleimolybdates mit Bleichromat bzw. mit Bleivanadat oder Kalziummolybdat ergibt. Andere Beimengungen, wie z. B. Arsen, kommen seltener vor. Die Zusammensetzung von drei Arten des Wulfenits gibt K. TH. KÜRTEN [38] in der folgenden Tabelle 3 an.

Tabelle 3

Beispiele der Zusammensetzung von Wulfenit in %

	Colorado	Mexiko	Chile
MoO_3	26,00	28,93	21,80
Pb.	50,00	49,70	54,20
SiO_2	6,00	12,80	8,00
FeO	11,00	—	—
CaO	2,00	—	—
As.	0,86	—	—
P	0,05	1,20	0,30
nach der Umrechnung Pb auf PbO.	54,00	53,40	58,00

2.50 Die Weltproduktion der Wolfram- und Molybdänerze

Die Weltproduktion des Abbaues der Erze von Wolfram und Molybdän ist in bezug auf die Zahlenangaben der einzelnen Jahresproduktionen seit Beginn des zweiten Weltkrieges nicht ganz vollständig. Demzufolge wird, um die steigende Tendenz des Abbaues der Wolframerze in den verschiedenen Ländern erkennen zu lassen, auf ältere Angaben von FINK [39] zurückgegriffen.

Wie aus Tabelle 4 ersichtlich ist, hatte China bis zum Jahre 1934 die größte Abbauziffer aufzuweisen. Nachweisbar liegen auch in den weiteren Jahren dort die größten Produktionsziffern vor. Es ist zu erwarten, daß auch in Zukunft die Volksrepublik China dank der Unterstützung der technischen und wirtschaftlichen Entwicklung dieses Landes eine führende Stellung in der Weltproduktion einnehmen wird.

Über die Erzeugung des Molybdäns geben Aufzeichnungen von M. MEISNER [40] Aufschluß. Tabelle 5 gibt die in den einzelnen Jahren abgebaute Menge des Molybdäns in Tonnen an.

Die in Tabelle 5 für die Gesamterzeugung von Molybdän genannten Zahlen entsprechen nicht der tatsächlichen Weltproduktion, da ein Teil der Länder sowie deren Abbaugebiete fehlen, so daß die wirkliche Erzeugung, im Gesamtweltmaßstab gesehen, erheblich größer ist. In der Zeit nach dem zweiten Weltkrieg schätzen O. QUADRAT und A. REGNER [41] die jährliche Weltproduktion des Molybdäns auf 10000 Tonnen. Nach ihren Angaben wurden im Jahre 1937 24700 Tonnen Konzentrat mit 60% Wolfram dem Weltmarkt zugeführt.

Tabelle 4

Die Produktion von Wolframkonzentraten (60% WO_3) *in Dezimal-Tonnen*

	1922	1923	1924	1925	1926	1927	1928
Spanien	—	9	161	26	123	164	158
Portugal	527	289	304	207	358	179	[1])
Deutschland	42	40	13	161	[1])	[1])	[1])
CSR	28	28	66	60	86	78	73
UdSSR	[1])	[1])	[1])	9	63	44	[1])
Burma	1038	960	814	849	1634	1277	1760
China	3873	4554	3398	6708	7989	5666	8283
Malaya	362	434	321	425	333	192	144
Indochina	112	129	150	189	92	213	211
Japan	[1])	[1])	[1])	[1])	19	49	[1])
Korea	14	[1])	[1])	[1])	[1])	300	161
USA	[1])	219	513	1080	1254	1056	1096
Argentinien	125	144	137	14	11	10	24
Bolivien	9	[1])	0,5	82	109	79	29
Queensland	4	[1])	1	5	1	3	29
Tasmanien	21	116	64	207	98	176	209
Neuseeland	[1])	15	18	36	15	15	6
Süd-Rhodesien	44	[1])	22	22	[1])	33	15

Tabelle 4a

Die Produktion von Wolframkonzentraten (60% WO_3) *in Dezimal-Tonnen*

	1935	1936	1937	1938	1939	1940	1941
Spanien	—	—	—	212	225	386	408
Burma	3837	4552	4998	3848	4342	4172	—
China	7267	6939	16,3	12,4	10,9	8619	11,3
Indochina	377	420	571	—	482	354	389
Japan	88	55	—	—	—	—	667
Korea	861	1680	—	2584	—	—	2400
USA	2138	2332	3125	2718	3217	4571	6023
Argentinien	531	645	—	1037	1137	1230	1539
Bolivien	1344	1865	1774	2490	3284	4117	4284
Süd-Rhodesien	24	94	246	300	245	223	240

	1942	1943	1944	1945	1946	1947	1935—1947
Spanien	1488	3974	2436	284	390	418	64,9% WO_3
Burma	743	743	743	743	—	93	65,1% ,,
China	11,8	8573	3184	—	2224	6200	64,2% ,,
Indochina	197	98	75	7	—	—	64,0% ,,
Japan	927	791	650	—	—	17	57,0% ,,
Korea	2400	2900	3900	1500	—	1970	62,5% ,,
USA	8422	18,8	9161	5055	4382	2839	60,0% ,,
Argentinien	1893	2147	1856	954	—	29	67,3% ,,
Bolivien	5517	6823	7810	3498	2351	2909	59,7% ,,
Süd-Rhodesien	458	733	689	261	48	24	67,7% ,,

[1]) Nicht angegeben.

Tabelle 5

Abbau des Molybdäns (in t)

	1924	1925	1926	1927	1928	1929	1930
USA	135	523,3	686	1043	1555	1823	1698
Kanada	5,1	6,6	5,5	[1]	[1]	7,7	[1]
Norwegen	27	71,9	69,6	79,6	96	104	128
Japan und Korea	[1]	25,9	19,7	18	16	15	15
Österreich	39,2	8,4	18,3	0,01	2,9	2,3	0,2
Gesamtweltproduktion	200	670	830	1150	1680	1960	1850

In der Zeitschrift The Iron Age [42] wurde eine Statistik der Erzeugung von Mo-Konzentraten, jedoch ohne Angabe des Mo-Gehaltes, der einzelnen Länder mit Ausnahme der UdSSR und der Volksdemokratien veröffentlicht. Weiterhin wurde die Gesamtproduktion des Molybdäns in den Jahren 1941—1950 vom US Bureau of Mines angegeben. Danach haben die USA in der ersten Hälfte des Jahres 1951 8855,2 t Molybdän verarbeitet (siehe hierzu Tabelle 6).

Tabelle 6

Molybdänproduktion (in t)

	1941	1942	1943	1944	1945	1946	1947	1948	1949	1950
Kanada	47	43	178	509	228	184	207	79	—	28
Chile	229	580	680	1 051	841	560	402	532	558	800
China (Mandschurei)										
Import in Japan	75	384	561	516	30	—	—	—	—	—
Finnland	148	126	108	110	92	99	—	—	—	—
Japan	41	56	87	189	108	52	18	1	—	13
Süd-Korea	122	217	291	394	54	—	5	2	11	—
Mexiko	522	855	1 136	717	468	818	136	—	—	—
Norwegen	229	368	227	248	76	10	103	79	70	62
Peru	146	154	85	62	29	4	3	3	2	—
USA	18309	25829	27972	17545	13972	8264	12268	12114	10219	12918
Gesamtproduktion des Molybdäns	20300	29000	31 400	21 400	15900	10800	14000	13600	11 500	14400

Im Jahre 1952 wurde ein Bericht veröffentlicht [43], aus dem die Menge des verarbeiteten Wolframs und Molybdäns in den westlichen Staaten hervorging. Danach plante das Tungsten-Molybdenum-Committee für das erste Quartal 1952 eine Menge von 3700 t Wolfram und 4800 t Molybdän. In dem angegebenen Zeitabschnitt sollte allein auf Großbritannien eine Menge von 779 t Wolfram und 545 t Molybdän entfallen.

[1]) Nicht angegeben.

Diese Zahlen lassen erkennen, in welchem Umfang die Verarbeitung des Wolframs und Molybdäns in den letzten 30 Jahren angestiegen ist. Durch den steigenden Bedarf an Schnellstählen und Hartmetallen sowie infolge der Entwicklung neuer Spezialstähle und -legierungen ist der Anstieg im Verbrauch an Wolfram- und Molybdänmetallen begründet. Nicht zuletzt ist mit maßgebend für die Erhöhung der Wolfram- und Molybdän-Produktion der Anstieg im Einsatz dieser Werkstoffe in der Elektrotechnik.

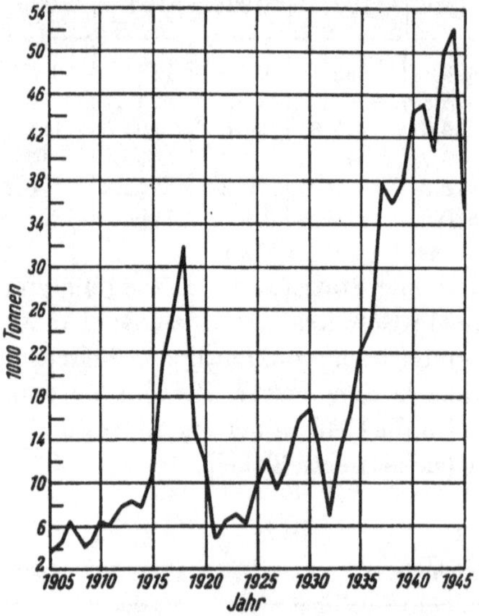

Abb. 2. Gesamtverbrauch an Wolframkonzentrat (60% WO_3) nach Daten von K. G. Li u. Chung Yu Wang (1905–1945)

Aus der Kurve, Abb. 2, welche den Verbrauch eines 60%igen Wolframkonzentrats in den Jahren von 1905 bis 1945 angibt, ist ersichtlich, daß die Gesamtweltproduktion eine steigende Tendenz aufweist. Beachtlich hierbei ist das besonders starke Ansteigen der Kurve in den Kriegsjahren. Im Jahre 1918 wurde ein Höchststand mit 31942 t und im Jahre 1944 im zweiten Weltkrieg mit 52324 t registriert. Die Darstellung ist den Angaben von K. C. Li und Chung Yu Wang entnommen. Hierzu muß allerdings bemerkt werden, daß die Aufzeichnungen dieser Autoren hinsichtlich des Verbrauchs im letzten Weltkrieg nicht dem tatsächlichen Stand entsprechen dürften.

3.00 Die Gewinnung des Wolframs und Molybdäns aus Erzen, Konzentraten und Nebenprodukten

Der durchschnittliche Gehalt des WO_3 im abgebauten Gestein liegt bei etwa 1–3%, der des Molybdäns selten höher als 0,6%. Diese verhältnismäßig geringen Metallanteile tragen dazu bei, daß die Aufarbeitung relativ unwirtschaftlich und schwer durchführbar ist. Aus diesem Grunde wird durch ein geeignetes Aufbereitungsverfahren ein erheblicher Anteil des Gesteins entfernt und dadurch die Menge an Wolfram- und Molybdänerzen anteilmäßig erhöht. Auf dem Markt erscheinen Konzentrate des Wolframs mit einem WO_3-Gehalt von 60–80% und des Molybdäns mit einem MoS_2-Gehalt von 60–90%, d. h., der Gehalt des Wolframs beträgt 47–65% und der des Molybdäns 35–55%.

3.10 Aufarbeitung des Erzgesteins

Die Aufbereitung des erztragenden Gesteins geschieht durch Naß- sowie auch durch Trockenverfahren. Zur Trockenaufbereitung gehören die magnetische und die elektrostatische Separation. Die Anwendung der Verfahren im einzelnen ist abhängig von der Zusammensetzung der Nichterzanteile und ihrer Begleitmineralien. Magnetisch kann man z. B. das magnetische Wolframit von dem unmagnetischen Scheelit trennen, wobei sich gleichzeitig alle weiteren Begleiter, welche ebenfalls unmagnetisch sind, von den magnetischen abscheiden. Die magnetische Separation findet auch Anwendung in den Aufbereitungswerken des Kassiterits.

Vor Einführung dieser Trockenaufbereitung wurde die Naßaufbereitung durchgeführt. Das erztragende Gestein setzt man einige Tage einer verdünnten Schwefelsäurelösung aus, entfernt diese dann wieder und sondert im Separator auf magnetischem Wege die Anteile voneinander ab. Bei diesem Verfahren wird eine Anreicherung des zinnfreien Konzentrats 73% WO_3 erreicht [44].

Ein weiterer erfolgreicher Aufbereitungsvorgang für Wolframerze ist die Flotation. Dieses Verfahren hat besonders in den letzten Jahren umfangreiche Anwendung gefunden, weil damit eine äußerst wirtschaftliche Ausnutzung auch der weniger erzreichen Gesteinsarten möglich ist. Hieraus entwickelte sich weiterhin eine selektive Methode, so daß aus den einzelnen Gesteinsarten, welche mehrere Mineralien gleichzeitig enthalten, verschiedene Konzentrate gewonnen werden können. Mit Hilfe dieses Verfahrens ist es z. B. möglich, das Bleierz von dem Zinkerz u. ä. zu trennen. Zur Flotation verwendet man entweder Schäumer des Vakuumsystems ELMORE oder Mischhämmer vom Typ Minerals Separation Ltd. Die Funktion dieser Anlagen sowie die physikalischen

Grundlagen der Flotation sind in dem Buch von O. QUADRAT und A. REGNER [41] näher beschrieben, so daß in diesem Rahmen nicht auf Einzelheiten eingegangen zu werden braucht. Zu nennen wäre noch ein Verfahren, welches in geringem Maße zur Anwendung kommt, und zwar die mechanische Trennung auf nassem Wege mit Hilfe des Ferraris-Tisches oder der Linkenbachschen Einrichtung. Die Konzentrate, welche durch Flotation oder durch andere Naßverfahren gewonnen werden, müssen vor der Weiterverarbeitung getrocknet werden. Der Trockenprozeß wird vorwiegend in Vakuumtrommeln durchgeführt. Im Rahmen der sich daran anschließenden chemischen oder hüttenmännischen Verarbeitung wird das Erzkonzentrat in einem Flammenofen oder in einem mechanischen des Typs Wedge oder Herreshoff geröstet. Innerhalb des Röstvorganges bleibt der Anteil des Wolframerzes (Wolframit oder Scheelit) unverändert. Gleichzeitig wird hierbei ein gewisser Anteil des Schwefels und Arsens flüchtig; durch Behandlung des Röstgutes mit Säuren wird noch ein weiterer Anteil Arsen und Phosphor entfernt. Der zuletzt geschilderte Arbeitsgang des Röstens ist selbstverständlich nur dann notwendig, wenn ein entsprechender hoher Grad der Verunreinigungen des Erzes vorliegt.

Molybdänerz enthaltende Gesteinsarten werden vorwiegend mit Hilfe des Naßverfahrens angereichert. Das Flotationsverfahren eignet sich für Molybdänit besonders deswegen gut, weil dieses Mineral in Schuppen vorliegt. Eine Zugabe von Sammel- oder Schaummitteln ist aus diesem Grunde nicht erforderlich. Bei geeigneter Größenordnung der Schuppen des Molybdänits kann eine erste Anreicherung durch grobe Siebung mittels eines Siebes mit angepaßter Maschenweite stattfinden. Bei Anwendung des Schäumers vom System ELMORE werden MoS_2-Konzentrate von 85% erreicht. Bei der Dominion Molybdenits Co. in Quebec [45] wird mit einem Zusatz von Terpentinöl und Kerosin das Erzgestein in Kugelmühlen gemahlen und anschließend flotiert. Die Ausbeute der so verarbeiteten Konzentrate liegt meist oberhalb 90% bei einem durchschnittlichen Anteil von 90% MoS_2.

Erztragende Gesteinsarten, welche Wulfenit ($PbMoO_4$) enthalten, sind gegenüber Molybdänit leichter anzureichern. Die Anreicherung geschieht naß durch Schwemmen bzw. trocken auf mechanischem Wege mit Hilfe des Ferraris-Tisches. Bei Nichtvorhandensein größerer Wassermengen kann auch eine einfache Absetzvorrichtung benutzt werden. Die Erzgesteine werden zunächst nach der Korngröße klassifiziert und dann separat angereichert. Bei Anwesenheit schwerer Mineralien, wie z. B. Baryt, Bleiglanz usw., ist die Anreicherung des Wulfenits schwieriger; demzufolge erscheinen in diesem Fall im Handel nur Konzentrate mit 15—20% MoO_3.

Kupferkies tritt häufig als Begleiter der Molybdänerze auf und geht in das Konzentrat über. Bei einem Anteil von mehr als 1% muß Kupfer beseitigt werden, da es im Konzentrat unerwünscht ist. Bei Vorhandensein geringerer Kupfergehalte wird die selektive Flotation angewendet. Zur Beseitigung des Kupfers im Molybdänkonzentrat auch nach der selektiven Flotation muß ein Auslaugen mit einer Lösung von Eisen-III-Chlorid oder -Sulfat in der Wärme durchgeführt werden. Dabei wird Cu_2S zu $CuSO_4$ überführt und MoS_2 bleibt unverändert in der Lösung zurück.

$$Cu_2S + Fe_2(SO_4)_3 = CuSO_4 + 2\,FeSO_4 + CuS$$

$$2\,CuS + 2\,Fe_2(SO_4)_3 + 3\,O_2 + 2\,H_2O = 2\,CuSO_4 + 4\,FeSO_4 + 2\,H_2SO_4.$$

3.20 Verarbeitung von Wolfram- und Molybdänerzen (Wolframit und Scheelit)

Zur Verarbeitung von Wolframkonzentraten sind verschiedene Methoden ausgearbeitet worden, über die z. T. Patentschriften und Veröffentlichungen vorliegen. Im Rahmen dieses Buches sollen die zwei vorwiegend verwendeten Methoden näher beschrieben werden, während die übrigen Verfahren nur am Rande genannt werden. Bei den beiden hauptsächlichen Verfahren handelt es sich um das Schmelzen von Wolframit mit Soda bzw. Hydroxyd sowie das Lösen von Scheelit mit anorganischen Säuren. Die Aufbereitungsbedingungen weichen im allgemeinen wenig voneinander ab; sie unterscheiden sich nur hinsichtlich der Zusammensetzung der einzelnen Konzentrate und der jeweils zur Verfügung stehenden apparativen Einrichtungen.

a) Schmelzen mit Soda

Erstmalig wurde diese Methode vor mehr als 100 Jahren angewandt (R. Oxland). Das Schmelzen verläuft nach folgenden Reaktionen:

$$4\,FeWO_4 + O_2 + 4\,Na_2CO_3 = 4\,Na_2WO_4 + 2\,Fe_2O_3 + 4\,CO_2$$

$$6\,MnWO_4 + O_2 + 6\,Na_2CO_3 = 6\,Na_2WO_4 + 2\,Mn_3O_4 + 6\,CO_2.$$

Durch Auslaugen des gewonnenen Schmelzgutes geht Na_2WO_4 in Lösung, wohingegen die Oxyde des Eisens und Mangans als unlöslicher Bestandteil zurückbleiben. Der zur Oxydation von Fe und Mn notwendige Sauerstoff wird durch dem Konzentrat zugegebene Stickstoffverbindungen des Natriums und Kaliums erzeugt. Um den Schmelzpunkt des Schmelzgutes herabzusetzen, wird Natriumchlorid hinzugegeben. Die Natriumwolframatlösung wird fast ganz durch Zugabe von Natriumhydroxyd neutralisiert und zur Kristallisation eingedampft. Das auskristallisierte Natriumwolframat wird abfiltriert und zu roher Wolframsäure weiterverarbeitet. Dies geschieht durch Fällen mit Salzsäure aus der wässerigen Lösung. Die Wolframsäure wird entweder durch Lösen in Ammoniak in Ammonparawolframat überführt oder mit Kalziumchlorid als unlösliches Kalziumwolframat gefällt. $WO_3 \cdot H_2O$ ($WO_3 \cdot 2\,H_2O$) wird dann durch Einleiten von Kalziumwolframat in siedende Salzsäure gewonnen. Zur Gewinnung der gesamten Wolframmenge aus der Lösung werden die in Lösung verbliebenen Reste von WO_3 mit Kalziumchlorid gefällt. Die Überführung der Wolframsäure in Ammonparawolframat ermöglicht eine fast vollständige Beseitigung der Alkalien. In gewissen Fällen ist diese Art der Reinigung von besonderer Bedeutung (siehe hierzu Kap. 4.00). Ist im Konzentrat eine größere Menge von Kalzium enthalten, wird zu seiner Bindung Kieselsäure in Form von Sand hinzugegeben, um eine Absonderung als Kalziumsilikat zu sichern.

Um eine kontinuierliche Produktion zu ermöglichen, verwenden einige Betriebe Rotationsschmelzöfen [46]. Das Konzentrat, das durch ein Sieb mit 0,075 mm Maschenweite gegeben wird, wird mit Soda und einer geringen Menge Natriumnitrat gemischt. Dabei wird Soda etwas im Überschuß zugegeben (theoretischer Wert 58%). Der Gehalt an Natriumnitrat beträgt 4%. Mit dieser Mischung wird ununterbrochen der etwas geneigte Ofen beschickt (Ofenlänge ca. 5 m, Innendurchmesser 0,4 m). Das Schmelzrohr des Ofens ist aus Stahl und wird auf 980–1000° C mittels Gas oder Öl beheizt. Die Schmelzleistung beträgt 300 kg pro Stunde. Das breiige Schmelzgut, welches etwa 55% lösliches WO_3 enthält, fällt dann in einen Wasserbehälter, wo Na_2WO_4 gelöst wird. Erreicht die Lösung bei 80° C ein spezifisches Gewicht von 1,7, wird sie durch ein Tuch filtriert. Durch Kristallisation wird Natriumwolframat ausgeschieden oder WO_3 durch Fällen mit Salzsäure gewonnen. Hierzu wird die Lösung auf eine Dichte von 1,27 verdünnt, bis zum Sieden erhitzt und in eine Salzsäurelösung eingelassen. Die ausgeschiedene Wolframsäure wird abfiltriert und getrocknet. Sie enthält etwa 1% an Verunreinigungen. Die Ausbeute beträgt ca. 99%. In Tabelle 7 ist die Zusammensetzung der so gewonnenen Wolframsäure und des Natriumwolframats aufgeführt.

Tabelle 7

Zusammensetzung von Wolframsäure und Natriumwolframat in %

	Wolframsäure	Natriumwolframat
Na_2WO_4	–	99,20
H_2WO_4	99,25	–
SiO_2	0,007	0,011
Fe	0,045	0,002
Mn	Spuren	–
P	0,005	Spuren
As	0,015	0,006
Mo	Spuren	0,017
Ca	0,001	0,007
Al_2O_3	0,015	0,011
S	0,015	0,009
Cl	0,096	0,062
Na_2CO_3	–	0,325

Das gleiche Verfahren kann auch in getrennten Arbeitsgängen durchgeführt werden. Hierbei verwendet man einen Eisentank mit Rührwerk, der auf etwa 800° C erhitzt wird. Der Einsatz von 150 kg hat folgende Zusammensetzung: 115 Teile Soda auf 100 Teile WO_3 im Konzentrat sowie geringe Zusätze von Natriumchlorid bzw. Kaliumchlorid. Nach dem Schmelzen wird das Schmelzgut grob zermahlen und mit Wasser ausgelaugt. Eine weitere Möglichkeit besteht darin, pulverförmiges Konzentrat mit Wasser und Soda zu Briketts zu verpressen, welche auf niedrige Temperaturen, die unterhalb des Schmelzpunktes liegen, erhitzt werden. Hierbei entsteht Natriumwolframat durch Diffusion. Die Briketts werden nach der Abkühlung zermahlen und ausgelaugt.

b) Verwendung von Ätznatron

Bei dieser Methode wird das Wolframkonzentrat bei wesentlich geringeren Temperaturen und erhöhtem Druck durch konzentrierte Ätzalkalilösung zerlegt. Dieses Verfahren ist zwar teurer, verläuft aber nach Angaben von H. ALTERTHUM [47] in kürzerer Zeit. Auch lassen sich hierbei Verunreinigungen leichter beseitigen. Nach G. A. HEMPEL [48] wird das Wolframkonzentrat durch Ätznatron im Autoklaven bei 180° C und einem Druck von 6 Atmosphären bis zu 95% zerlegt. Einsatz: 30 kg Wolframit, 11 kg Kaliumhydroxyd, 1,5 kg Kalziumoxyd und 12,5 l Wasser. Der Kalk hat die Aufgabe, die in Lösung gegangenen Verunreinigungen wie Si und Sn als unlösliche Doppelverbindungen zu fällen. Die Ausbeute beträgt etwa 70%, die Reinheit der Wolframsäure 98 bis 99%.

Auch bei normalem Druck läßt sich das Wolframkonzentrat in ähnlicher Weise verarbeiten. Dieses Verfahren wird häufig zur Herstellung von Wolframsäure für die Glühlampenindustrie verwandt. Die Reaktion verläuft in einem Stahlbehälter, der mit einem Rührwerk versehen ist und mit Gas- oder Kohlenfeuerung beheizt werden kann. Der Einsatz für einen Behälter beträgt etwa 1400 kg Konzentrat, 750 kg Ätznatron und 1800 l Wasser. Diese Mischung wird unter ständigem Umrühren 7 Std. erhitzt, dann auf das Doppelte ihres Volumens mit Wasser verdünnt, um das Auskristallisieren des Natriumwolframats während der Abkühlung zu verhindern. Die Wolframsäure wird aus der filtrierten Flüssigkeit mit Salzsäure gefällt. Eine weitere Möglichkeit ist die Fällung von Kalziumwolframat mit einem Überschuß von Kalziumchlorid. Die Bildung von Kalziumwolframat als Zwischenprodukt bei der Herstellung von Wolframoxyd trägt zur Beseitigung der Verunreinigungen bei. Die Wolframsäure wird durch Zugabe des Kalziumwolframatschlammes zu einer siedenden Mischung von 50%iger Salzsäure gewonnen. Die Ausbeute beträgt bei diesem Prozeß etwa 85% und die Reinheit der rohen Wolframsäure 95,5%. Die hauptsächlichsten Verunreinigungen sind Kalzium und Silikate sowie Spuren von Eisen und Aluminium.

c) Zersetzung der Wolframkonzentrate mit anorganischen Säuren

Dieses Verfahren wird ausschließlich für Scheelit ($CaWO_4$) verwendet, da dieser in Salz- oder Salpetersäure leicht löslich ist. Versucht wurde auch, Wolframit in verdünnter Schwefelsäure zu lösen, da die Schwefelsäure mit dem feinkörnigen Konzentrat sehr leicht reagiert. Dieses Verfahren ist aber in seiner industriellen Anwendung nicht weit verbreitet. Zum Zersetzen des Scheelits mit Salzsäure bzw. mit Salpetersäure können einfachste Einrichtungen verwendet werden. In einem emaillierten Gefäß wird das Konzentrat in auf 80° C erhitzte Salzsäure gebracht. Die Lösung wird einige Stunden auf dem Siedepunkt gehalten. Nach dem Verdünnen mit Wasser setzt sich die ausgeschiedene Wolframsäure ab. Sie wird filtriert, mit warmem Wasser durchgewaschen und getrocknet bzw. geglüht. Man erhält WO_3 mit einer Reinheit von etwa 98%. Die hauptsächlichsten Verunreinigungen sind Eisen, Kalzium und Silizium.

Bei der Fa. Radium Elektrizitäts G. m. b. H. [49] wird Scheelit wie folgt verarbeitet. Zunächst wird in Porzellankugelmühlen von 100 und 40 kg Inhalt bei Verwendung von Achatkugeln 48 Std. gemahlen. Das Kugelgewicht ist in beiden Mühlen dasselbe. Die eigentliche Zersetzung wird in einem Fichtenholzbottich von 1500 l Inhalt mit einem hölzernen Rührwerk durchgeführt. Die Reaktionsmischung besteht aus 300 kg zermahlenem Scheelit, 360 kg technischer Salzsäure (35%), 400 l warmem Wasser und 5 l konzentrierter Salpetersäure. Die Mischung wird zunächst $^1/_2$ Std. gerührt und dann durch Wasserdampf bis zum Sieden erhitzt. Nach einer Stunde wird die Lösung mit warmem Wasser auf 1500 l verdünnt. Nach 24 Std. wird die klare Flüssigkeit abgesaugt und die ausgeschiedene Säure 4mal dekantiert (20 Min. rühren, 1 Std. absetzen). Bei der ersten und dritten Dekantierung wird eine Mischung aus 20 l Salzsäure und 4 l Salpetersäure, die mit warmem Wasser auf 1500 l aufgefüllt wurde, verwendet. Die letzte Dekantierung erfolgt nur in warmem Wasser. Die rohe Wolframsäure wird in einer Mischung von 400 l Wasser und 240 kg technischem Ammoniak (27%) gelöst. Nach dem Absetzen des unlöslichen Restes wird die klare Flüssigkeit in einen anderen Behälter überführt und auf eine Dichte von 50° Bé eingestellt. Anschließend erfolgt die Reinigung von Arsen, Phosphor, Eisen, Molybdän u. ä. (s. Kapitel 4.00). Die klare Lösung ohne Verunreinigungen wird mit einer Kalziumchloridlösung (400 l Lösung 25° Bé) gefällt. Das gefällte Kalziumwolframat wird mit warmem Wasser 4mal dekantiert. Nach dem Absaugen der letzten Flüssigkeit werden unter gleichzeitigem Einlassen von Wasserdampf 300 l chemisch reine HCl (37%) und 3 l konzentrierte Salpetersäure zugegeben. Diese Mischung wird $^1/_2$ Std. gekocht. Nach dem Absetzen der ausgeschiedenen Wolframsäure wird die klare Flüssigkeit abgesaugt und die Säure 3mal mit warmem Wasser und Salzsäure dekantiert (1500 l Wasser, 20 l Salzsäure). Eine vierte Dekantierung erfolgt nur mit warmem Wasser. Nach Beseitigung der letzten Waschflüssigkeit werden 240 l Ammoniak zugegeben und die Dichte der Lösung durch Verdünnen mit Wasser auf 1,23 bis 1,25 eingestellt. Nach der anschließenden Filtrierung werden zur Beseitigung des Ammoniaks auf 260 l dieser Lösung 50 bis 55 l chemisch reine Salzsäure mit einer Dichte von 1,19 zugegeben, so daß die Lackmusreaktion neutral verläuft. Im Verlauf von 30 min wird weitere HCl zugefügt und die Lösung 4 Std. gerührt. Das ausgeschiedene Ammonparawolframat wird durch Vakuum abgesaugt und 6 Std. bei 600° C geglüht. Das gewonnene WO_3 wird durchgesiebt und gelagert.

d) Schmelzen mit Kalziumkarbonat

Bei alleiniger Verwendung von Kalziumkarbonat gelingt die Zersetzung nicht vollkommen. Es ist daher notwendig, Kalziumchlorid bzw. Natriumchlorid zuzugeben. Die Schmelzmischung kann folgende Zusammensetzungen haben: 1. 45,5% Wolframit, 45,5% Marmorpulver ($CaCO_3$), 9% NaCl, 2. 50% Wolframit, 25% $CaCO_3$, 25% $CaCl_2$ oder 3. die drei Komponenten im Verhältnis 1 : 1 : 1. Geschmolzen wird in einem Schamottetiegel bei 700° C.

e) Verwendung von Alkalichloriden

In diesem Fall wird das Wolframkonzentrat mit einem Zusatz von Natriumchlorid erhitzt. Unter Zugabe von Wasserdampf und ständigem Umrühren wird diese Mischung mit Schwefelsäure ausgelaugt. Die gewonnene Rohsäure wird in kaskadenartig angeordneten Gefäßen durchgewaschen [50].

f) Chlorierung

Das Prinzip dieser Methode beruht auf der Überführung des Wolframs in instabile Verbindungen. Die bedeutendsten dieser Verbindungen sind das Hexachlorid WCL_6 sowie die Oxydchloride WO_2Cl_2 und $WOCl_4$. Diese Verbindungen sind unter 300° C flüchtig. Die Verunreinigungen verbleiben in dem nicht flüchtigen Rest. Zur Chlorierung werden entweder Chlor, Salzsäuregas oder flüchtige Chloride, wie Schwefeldichlorid und Chloroform, verwandt. Diese Prozesse sind im allgemeinen unwirtschaftlich, haben aber dann praktische Bedeutung, wenn beispielsweise minderwertige Erze vorliegen, aus denen zur gleichen Zeit andere Metalle gewonnen werden sollen, z. B. Zinnkonzentrationen, die ca. 10% Wolfram enthalten.

g) Elektrolyse

Bei diesem Verfahren wird das Natriumwolframat durch Elektrolyse aus dem Wolframit gewonnen, jedoch besitzt es keine große industrielle Bedeutung. Als Anode dient eine Nickelplatte oder eine 12%ige Molybdän-Nickel-Legierung, auf die eine Paste aus Wolframit und 25%iger Ätznatronlösung aufgebracht wird. Die gleiche Lösung findet auch Verwendung als Elektrolyt. Die Kathode besteht aus einem widerstandsfähigen Material, z. B. Platin. Durch Stromdurchgang wird eine Oxydation der Anode eingeleitet. Eisen und Mangan werden in die unlöslichen Oxyde Fe_2O_3 und Mn_3O_4 überführt, während das Wolfram in dem Elektrolyten als Na_2WO_4 in Lösung geht. Durch Fällen mit Salzsäure wird dann die rohe Wolframsäure gewonnen.

Wie eingangs bereits erwähnt, wird für die Verarbeitung von Wolframit industriell ausschließlich das Schmelzen mit Soda verwendet, für Scheelit dagegen die Zersetzung durch anorganische Säuren. Diese Verfahren sind wirtschaftlich und gestatten die Erzielung des erforderlichen Reinheitsgrades. Die Anforderungen an den Reinheitsgrad der Wolframsäure für die pulvermetallurgische Herstellung von Drähten für Glühlampen und Elektronenröhren werden laufend gesteigert.

3.30 Verarbeitung von Molybdänkonzentraten (Molybdänit und Wulfenit)

Zur Verarbeitung von Molybdänkonzentraten kann man grundsätzlich die gleichen Methoden wie bei Wolframkonzentrationen anwenden. Für Molybdänit finden diese Verfahren aber weniger Anwendung. In diesem Fall wird die leichte Flüchtigkeit des Molybdänoxyds ausgenutzt. Technisch wird daher die Gewinnung durch Sublimation (Destillation) angewandt. Das Konzentrat (Molybdänsulfid) wird zunächst durch Rösten in Molybdänoxyd überführt. Beim Röstvorgang darf eine Temperatur von 600° C nicht überschritten werden. Hinter dem Röstofen muß eine Kondensationskammer vorhanden sein, daß die Temperatur durch die Oxydation des Sulfids erhöht wird, so daß Molybdänoxyd bereits sublimieren kann.

Bei der Herstellung von molybdänlegierten Stählen wird beispielsweise in den USA das Molybdän in Form von Kalziummolybdat zugesetzt, da dieses leicht

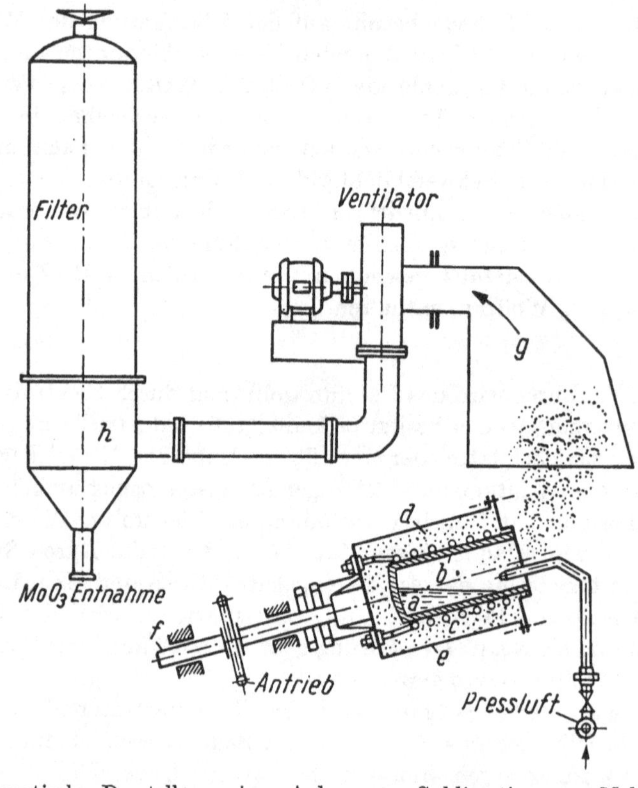

Abb. 3. Schematische Darstellung einer Anlage zur Sublimation von Molybdäntrioxyd
a — flüssiges Mo-Konzentrat; *b* — Quarztiegel; *c* — Mo-Heizleiter; *d* — Isolationsmasse; *e* — Außenmantel; *f* — rotierende Achse; *g* — Abzugshaube; *h* — Sammelraum

reduzierbar ist. Das Kalziummolybdat wird durch Rösten des Mo-Konzentrats mit Kalkzusatz gewonnen.

Zur Sublimation wird das geröstete Konzentrat auf Temperaturen über 800° C erhitzt. Hierbei wird das Molybdänoxyd flüchtig. Beide Vorgänge, Rösten und Sublimieren, können in einer Anlage durchgeführt werden. R. Kieffer und W. Hotop beschreiben in ihrem Buch „Pulvermetallurgie und Sinterwerkstoffe" eine Anlage, wie sie bei der Fa. Deutsche Glühfadenfabrik [51] und bei den Metallwerken Plansee verwendet wird. Diese Anlage ist in Abb. 3 schematisch dargestellt. Sie besteht aus einem Quarztiegel, der in einem elektrischen Widerstandsofen erwärmt wird. Der Ofen hat eine leichte Neigung und wird durch den Antrieb eines Elektromotors langsam gedreht. Über dem Ofen befindet sich eine Absaugglocke, in die die Molybdänoxyddämpfe mit einem Ventilator hineingesaugt werden. Die Dämpfe werden in einen zylindrischen Filterraum mit konischem Boden getrieben. An dieser Stelle wird das kondensierte Oxyd entnommen. In den Quarztiegel wird zunächst das Konzentrat eingeschüttet und bei 800° C geröstet. Hierbei wird das gesamte Molybdänsulfid in Molybdänoxyd überführt. Anschließend wird die Temperatur auf 1000° C erhöht und Preßluft über das Schmelzgut geleitet. Durch die Preßluft wird das Flüchtigwerden des Molybdänoxyds unterstützt. Das Molybdänoxyd sublimiert sofort und tritt in Form von Dämpfen aus dem Tiegel. Diese Dämpfe werden abgesaugt und in die Filteranlage getrieben. Hier erfolgt der Übertritt aus der Gasphase in die feste Phase. Das gewonnene Molybdäntrioxyd hat eine Reinheit von 99,97 bis 99,98%. Dieser Reinheitsgrad wird erreicht, da der Dampfdruck des MoO_3 über dem Schmelzpunkt von 795° C liegt, also höher ist als der Dampfdruck der meisten Verunreinigungen.

Die Climax Molybdenum Corp. verwendet Rundöfen mit Preßluftzufuhr und Absaugleitung.

Ähnlich wird bei der Raffination von Molybdänoxyd verfahren. Ausgangsrohstoff ist hierbei Ammonparamolybdat, welches bei der Verarbeitung von Molybdänkonzentrat gewonnen wird, bzw. Abfälle der Mo-Metallherstellung. Bei stark verunreinigten Konzentraten wird Koks hinzugegeben, da die Siliziumverbindungen die Verdampfungsgeschwindigkeit des Molybdänoxyds vermindern. Bei Anwesenheit von Koks verläuft die Reaktion quantitativ. Weiter besteht die Möglichkeit, das Molybdänkonzentrat vor oder nach dem Rösten mit Natriumkarbonat zu schmelzen. Hierbei werden Oxydationsmittel zugesetzt. Wird zum Schmelzen nicht geröstetes Konzentrat verwendet, dann ist es notwendig, Dampf durch das Schmelzgut zu leiten. An Stelle von Natriumkarbonat kann auch Natriumchlorid verwendet werden. In einigen Fällen wird das Molybdänit auch mit Soda verarbeitet. Aus geröstetem Konzentrat und Sodalösung wird eine Paste hergestellt, die auf Temperaturen über 100° C erhitzt wird [52].

$$MoO_3 + Na_2CO_3 = Na_2MoO_4 + CO_2.$$

Ähnlich wie Wolframit kann auch Molybdänit durch elektrischen Stromdurchgang anodisch oxydiert werden. Hierbei kann mit einem sauren oder alkalischen Elektrolyten gearbeitet werden. Bei einem sauren Elektrolyten bleibt ungelöstes Molybdänoxyd zurück, während die anderen Komponenten (Fe, Mn usw.) in Lösung gehen. Umgekehrt ist das Verhalten der einzelnen Bestandteile bei Verwendung eines alkalischen Elektrolyten.

Zur Chlorierung des Molybdänkonzentrats wird die leichte Verdampfbarkeit des Molybdänchlorids bei 268° C ausgenutzt, welches bei Einwirkung von Chlor auf das Konzentrat entsteht. Im Gegensatz zur Chlorierung von Wolframkonzentraten wird bei der Chlorierung von Mo-Konzentraten reines Chlor verwendet.

Wulfenit ($PbMoO_4$) wird durch Schmelzen mit Soda verarbeitet. Andere Verfahren haben nur geringere Bedeutung. Das Schmelzen mit Soda wird auch dann angewandt, wenn neben Molybdänit größere Mengen Wulfenit im Erz vorliegen, die nicht abgeschieden werden. Beim Schmelzen mit Soda wird meist Kohlenstoff zugesetzt. Das PbO_4 wird zu Pb reduziert. Die Reaktion beim Schmelzen verläuft wie folgt:

$$PbMoO_4 + Na_2CO_3 + C = Na_2MoO_4 + Pb + CO_2 + CO.$$

Das entstandene Natriummolybdat wird mit Wasser ausgelaugt und durch Eindampfen auskristallisiert bzw. mit Kalziumchlorid als unlösliches Kalziummolybdat gefällt. Beide Salze werden nach dem Filtrieren mit anorganischen Säuren in Molybdänsäure zerlegt, die entweder durch Sublimation oder Überführung in Ammonparamolybdat gereinigt wird. Durch Erhitzen auf 150° C wird dem Ammonparamolybdat das Hydratwasser entzogen; es entsteht Ammonmolybdat, bei höherer Temperatur MoO_3.

Wird beim Schmelzprozeß keine Kohle zugesetzt, entsteht an Stelle von Blei Bleioxyd. Das erstgenannte Prinzip hat den Vorteil, daß die Edelmetalle in das reduzierte Blei übergehen, soweit sie im Konzentrat enthalten sind. In der Schlacke verbleiben Mo, V, W, Fe, Si, As, P u. ä.

Gearbeitet wird in einem Durchgangsofen. Der Einsatz hat meist folgende Zusammensetzung: 58% Konzentrat (MoO_3-Gehalt ca. 20%), 40,5% Soda und 1,5% Kohlenstoff. Wird der größte Teil des Sodas durch Natriumhydroxyd ersetzt, erhöht sich die Ausbeute. Die Zusammensetzung beträgt dann: 57% Konzentrat, 17% Soda, 23% NaOH und 3% C.

Die Trennung von Wulfenit mit konzentrierter Hydroxyd- oder Karbonatlösung ermöglicht nur kleine Ausbeuten. Fast quantitativ wird Molybdän mit einer Natriumhydroxydlösung ausgelaugt, der noch Schwefel oder Natriumsulfidlösung zugesetzt wird. Hierbei wird eine alkalische Sulfomolybdatlösung gewonnen. Das Sulfomolybdat wird in alkalisches Molybdat überführt und das unlösliche Bleisulfid ausgeschieden:

$$Na_2MoS_4 + 4\,PbMoO_4 + 8\,NaOH = 5\,Na_2MoO_4 + 4\,PbS + H_2O.$$

Die Lösung wird filtriert und der Rest mit Natriumsulfat ausgelaugt, um das ganze Molybdän zu gewinnen. Schwefel, der im Sulfomolybdat gebunden ist, läßt sich mit Hilfe der Oxydverbindungen von Pb bzw. Fe, Mn, Zn u. ä. beseitigen.

Für die Verarbeitung von Wulfenit wurden weiterhin einige Trennungsmethoden mit Hilfe anorganischer Säuren vorgeschlagen. Am besten eignet sich für diesen Zweck die Salzsäure. Die gewonnene Lösung wird filtriert und der auf dem Filter verbleibende Rest von MoO_3 gründlich mit warmem Wasser durchgewaschen, um das Bleichlorid zu entfernen. Aus dem Filtrat wird das Bleichlorid durch Abkühlung ausgeschieden.

Diese Trennung verläuft nach folgender Gleichung:

$$PbMnO_4 + 2\,HCl = PbCl_2 + MoO_3 + H_2O.$$

Von den aufgeführten Methoden zur Aufbereitung von Molybdänkonzentraten werden praktisch nur zwei genutzt: für Molybdänit das Rösten und Sublimieren und für Wulfenit das Schmelzen mit Soda. Die übrigen Verfahren sind nur im Laboratoriumsmaßstab von Interesse.

3.40 Reinigung der Molybdate und Wolframate, die durch Schmelzen der Erzkonzentrate gewonnen werden

Die durch die bisher beschriebenen Verfahren gewonnenen Wolframate bzw. Molybdate bzw. die Wolfram- und Molybdänsäuren sind mehr oder weniger verunreinigt. Eine Ausnahme bildet nur das durch Sublimation gewonnene MoO_3. Alle anderen Produkte müssen einem Reinigungsprozeß unterworfen werden.

Im Prinzip kann man nach zwei Methoden arbeiten. Entweder wird das ausgeschiedene Wolframat nochmals gelöst und umkristallisiert oder die Wolframsäure aus der Lösung durch Ansäuern ausgeschieden. Dasselbe gilt auch für das Molybdat. Zunächst wird das alkalische Wolframat oder Molybdat mit einer Kalziumsalzlösung (meist Chlorid) gefällt. Das unlösliche Kalziumwolframat bzw. -molybdat wird dann mit anorganischen Säuren zerlegt. Diese Methode hat den Vorteil, daß das Salz praktisch quantitativ gewonnen wird. Aus diesem Grunde wird dieses Verfahren auch zum Fällen der Reste nach der Kristallisation verwendet.

Um zu vermeiden, daß das Produkt zuviel Alkalimetalle enthält, wird die Wolframat- bzw. Molybdatlösung (oder das Kalziumwolframat bzw. -molybdat) angesäuert, wobei Wolfram- oder Molybdänsäure ausgeschieden werden. Die ausgeschiedene Säure wird filtriert und gründlich mit warmem Wasser gewaschen. Die durchgewaschene feuchte Säure wird in Ammoniak gelöst. Die entstehende Ammonwolframat- oder Ammonmolybdatlösung wird entweder zur Kristallisation eingedampft, wobei Ammonparawolframat-5 $(NH_4)_2O \cdot 12\,WO_3 \cdot 11\,H_2O$-Ammonwolframat-5 $(NH_4)_2O \cdot 12\,WO_3 \cdot 7\,H_2O$- bzw. Ammonparamolybdat-5 $(NH_4)_2O \cdot 12\,MoO_3 \cdot 7\,H_2O$- oder Ammonmolybdat $(NH_4)_2MoO_4$ (je nach Temperatur bei der Trennung) ausgeschieden werden. Eine andere Möglichkeit ist das Ausfällen der Wolfram- oder Molybdänsäure durch Ansäuern der Lösung. Die Überführung in ein Ammonsalz wird nach Bedarf wiederholt. In diesem Zusammenhang verweisen wir auf Kap. 3.20, wo die Verarbeitung von Scheelit bei der Fa. Radium Elektrizitätsgesellschaft eingehend beschrieben wurde. Auch bei der Reinigung der Zwischenprodukte wird nach demselben Prinzip gearbeitet.

Die angegebenen Produkte werden dann zur Herstellung von Wolfram- und Molybdänsäure bzw. Wolfram- und Molybdänoxyd verwendet. Aus den alkalischen Kalziumwolframaten und -molybdaten werden durch Fällen mit anorganischer Säure die entsprechenden Säuren gewonnen, die dann durch Glühen in Oxyd überführt werden. Aus den Ammonparasalzen können die Oxyde direkt durch Glühen erzeugt werden. Die Oxyde werden dann zu Metallpulver reduziert. Von den genannten Verbindungen werden nur das Ammonmolybdat in der analytischen Chemie zur Bestimmung von Phosphor und das Kalziummolybdat in der Hüttenindustrie verwendet. Kalziummolybdat wird in der Stahlschmelze leicht reduziert, wobei das Kalzium mit den Verunreinigungen in die Schlacke geht. Deshalb ist es nicht notwendig, das Kalziummolybdat für diese Zwecke besonders zu reinigen. Für diesen Verwendungszweck wird es durch Fällung mit Kalkmilch aus der filtrierten Schmelze hergestellt. Das ausgeschiedene Salz wird abfiltriert und getrocknet. Oft werden in der Hüttenindustrie auch sogenannte Oxydbriketts, d. h. mit Pech brikettiertes Molybdänoxyd, verwendet.

Eine Übersicht über die Herstellung und Lieferungen der Climax Molybdenum Corp. aus dem Jahre 1943 verschafft eine Vorstellung über die Verwendung der einzelnen Verbindungen [53]. Diese Gesellschaft produziert etwa 85% der Welterzeugung. So wurden hergestellt und geliefert: 7149 t Konzentrat, 8929 t Oxydbriketts, 3367 t Kalziummolybdat, 7341 t Ferromolybdän, 28 t Siliziummolybdän und 492 t reines Oxyd für die Verwendung in der Pulvermetallurgie und Chemie bzw. zur Herstellung von reinem Molybdän durch Schmelzen und Gießen.

Weiterhin wurde vorgeschlagen, die Wolframate zur Metallherstellung auf elektrolytischem Wege (vgl. 6.23) zu erzeugen. Für die Elektrolyse der Schmelze ist das Lithiumwolframat am geeignetsten. Es ist allerdings auch möglich, die Elektrolyse mit Lösungen der Wolframsalze durchzuführen. Für die Herstellung von Wolfram wird zwar der elektrolytische Weg nicht beschritten, jedoch findet die galvanische Aufbringung von Wolfram immer mehr Verwendung.

Die Anwendung von Wolfram- und Molybdänoxyd für die Erzeugung von Ferrowolfram und -molybdän sei hier nur kurz erwähnt. In der Praxis wird das Konzentrat direkt verwendet, welches auf aluminothermischem oder elektrothermischem Wege zu Eisenlegierungen verarbeitet wird. Das Molybdänitkonzentrat muß zunächst geröstet werden. Bei der Herstellung von Ferromolybdän wird Eisen in Form von Spänen oder Ferrosilizium zugesetzt. Das gleiche gilt auch für die Erzeugung von Ferrowolfram aus Scheelit. Bei der Verarbeitung von Wolframit enthält meist schon das Konzentrat die ausreichende Menge Eisen. Nähere Angaben folgen im Kapitel 10.7211 und 10.7221

3.50 Verwendung von Wolfram und Molybdän bzw. ihrer Verbindungen als Katalysatoren

In der Monographie von E. POKORNY [6] werden einige Beispiele für die Verwendung von Molybdän für katalytische Zwecke beschrieben. So wird beispielsweise die Verwendung von Mo-Säure als Träger für Platinschwarz vorgeschlagen. Für die Überführung von SO_2 in SO_3 eignen sich ebenfalls Wolfram- und Molybdänsäure, jedoch rangieren sie in ihrer Wirkung erst hinter Eisenoxyd bzw. Nickel- oder Kobaltsulfat. Zur Herstellung von synthetischem Ammoniak wird von der Fa. Badische Anilin- und Sodafabrik [54] ein Katalysator aus Molybdänsäure bzw. Ammonmolybdat folgendermaßen vorbereitet. Die angegebenen Verbindungen werden zunächst im Ammoniakstrom auf Rotglut erhitzt. Die gewonnenen Verbindungen aus Molybdän und Stickstoff werden dann in die Kontaktöfen gefüllt. Durch die auf 500 bis 600° C erhitzte Mischung wird dann unter Druck ein Gemisch aus Wasserstoff und Stickstoff geleitet. Hierbei wird Ammoniak gebildet.

Für die katalytische Oxydation des Ammoniaks wird die Verwendung der Oxydverbindungen des Mangans, Bleis oder seltener Erden vorgeschlagen, wobei ein Teil des Mangans entweder durch Wolfram, Molybdän bzw. Vanadin, Chrom oder Uran [55] ersetzt werden kann. Bei der Fa. Deutsche Gold- und Silberscheideanstalt [56] wird Molybdänsäure als Katalysator bei der Herstellung von Azetaldehyd und Essigsäure aus Wasserdampf und Azetylen verwendet.

Bei der Herstellung von Methanol aus Kohlenoxyden und Wasserstoff wird entweder die Verwendung einer Mischung aus Molybdän und Magnesiumoxyd [57] oder von auf Asbest gefälltem Silber- oder Kupfermolybdat vorgeschlagen [58]. Die Verwendung von Mo-Verbindungen an Stelle von Vanadin für die Herstellung von Oxalsäure durch Oxydation von Zucker mit Salpetersäure hat sich als günstiger erwiesen [59].

Erst später wurde auf Wolfram bzw. Molybdänpulver zurückgegriffen. Das verwendete Pulver muß feinstkörnig sein, da es mit Erhöhung der Oberfläche reaktionsfähiger wird. DUPARC und URFER [60] haben versucht, feinzerstäubtes Molybdän durch Erhitzung von Molybdänoxyd im Stickstoff und durch Reduktion mit Magnesium- bzw. Aluminiumnitrid zu gewinnen. Die Nitridbildung bei Molybdän ist aber unter diesen Bedingungen sehr schwierig und unvollkommen. Bei der Herstellung von Alkalimetall nach dem Kendall-Patent [61] wird Alkalichlorid mit feinpulvrigem Molybdän und mit Wasserdampf bis auf 1100° C erhitzt. Es entsteht dabei Alkalimolybdat, welches mit Kohlenstoff bis auf 1200 bis 1300° C erhitzt wird. Durch Reduktion wird Alkalimetall frei. Das Molybdänmetall bleibt im Reduktionsgefäß und wird nochmals mit frischem Alkalichlorid und Wasserdampf erhitzt.

Eine weitere Verwendung findet feinzerstäubtes Molybdänpulver bei der Entfernung von Sauerstoff aus neutralen Gasen, wie Stickstoff, Argon u. ä. Bei dieser Methode wird das zu reinigende Gas über feinkörniges erhitztes Molybdänpulver geleitet.

In neuerer Zeit werden zur Beseitigung von Restgasen sogenannte Getter, d. h. Stoffe, die Gase binden, verwendet. Hierzu wird in der Hauptsache Barium, noch besser Zirkon oder Zirkonhydrid angewandt [62].

In letzter Zeit wird Wolfram- und Molybdänpulver in stärkerem Maße als Katalysator beispielsweise bei der Ölhydrierung verwendet. Das Metallpulver wird für diesen Zweck durch Reduktion des Wolfram- bzw. Molybdänoxyds mit Wasserstoff hergestellt. Bei der Reduktion muß möglichst eine niedrige Temperatur eingehalten werden, um ein feinkörniges Pulver zu erhalten. (Über den Einfluß der Temperatur auf die Korngröße von ausreduzierten W- bzw. Mo-Pulvern s. 6.21 und 6.22).

Über die Wirkungsweise von Wolfram als Katalysator bei der Zerlegung von Gips haben J. E. ADADUROV, D. A. DERIBAS und P. J. KRAJNIJ [63] berichtet.

4.00 Die Herstellung von reiner Wolframsäure und Molybdänsäure für die Erzeugung duktiler Metalle

Durch Verarbeitung des Erzkonzentrates wird rohe Molybdän- oder Wolframsäure erzeugt. Die Konzentrate werden in den meisten Fällen nur einmal über Ammon- oder Kalziumsalz gereinigt. Das hieraus gewonnene Erzeugnis wird als chemisch rein bis pro analysi bezeichnet. Der so erzielte Reinheitsgrad ist ausreichend für verschiedene Zwecke, z. B. für analytische Bestimmungen (Molybdänsäure-Ammonmolybdat), für die Pulvermetallurgie zur Erzeugung des Hartmetalls (gesinterte Karbide) oder elektrische Kontakte aus Pseudolegierungen des Wolframs und Molybdäns. Häufig dient dies so gewonnene Ausgangsmaterial auch für die Herstellung von Metallen mit Hilfe der Vakuumschmelze, womit gleichzeitig eine entsprechende Reinigung, insbesondere für Molybdän, verbunden ist. Ein weiteres Anwendungsgebiet ist die Herstellung von Katalysatoren, bei welchen eine Reduktion der betreffenden Oxyde durch Wasserstoff erfolgt, sowie für die elektrolytische Metallisierung mit Wolfram.

Die Weiterverarbeitung der Wolframsäure (Wolframtrioxyd) oder Molybdänsäure zu duktilem Metall auf pulvermetallurgischem Wege ist auf Grund des gegebenen Reinheitsgrades nicht möglich. Die im Verlaufe der pulvermetallurgischen Verarbeitung erforderlichen Arbeitsgänge, wie Verpressen des Metallpulvers zu Stäben und anschließendes Sintern, wozu das Vorsintern und danach das Hochsintern (Coolidge-Verfahren) in direktem Stromdurchgang gehören, sind nicht dazu angetan, die noch vorhandenen Verunreinigungen zu beseitigen. Dies trifft auch für die Sinterung von Preßlingen bei niederen Temperaturen zu, wie sie versuchsmäßig durchgeführt wurde (vergleiche hierzu die Ausführungen über gut sinterfähiges Wolfram, Kapitel 7.00). Demzufolge wird die Wolfram- und Molybdänsäure nochmals gereinigt, wobei diejenigen Verunreinigungen entfernt werden, welche eine besondere Gefahr für die weitere Verarbeitung des gesinterten Metalls durch Schmieden, Walzen und Ziehen darstellen.

Bei der Molybdänsäure (Molybdäntrioxyd), welche aus dem gerösteten Molybdänitkonzentrat gewonnen wird, ist eine weitere Reinigung nicht unbedingt notwendig, da diese schon einen minimalen Reinheitsgrad von 99,95% besitzt und somit als Ausgangssäure für die Verarbeitung zu duktilem Molybdän, pulvermetallurgisch hergestellt, ohne weiteres Anwendung finden kann. In diesem Zusammenhang muß bemerkt werden, daß eine Verarbeitung des Molybdäns zu duktilem Metall weitaus leichter ist als die mechanische Verarbeitung des Wolframs.

Wie später ausgeführt werden wird (siehe Kapitel 5.00), verlangt die Verarbeitung eine besonders große Reinheit des Ausgangsstoffes. Damit steht auch die Forderung in Verbindung, daß die Säure, welche für die Herstellung entsprechender Metallpulver durch die Reduktion mit Wasserstoff erzeugt wird, eine geeignete Korngröße besitzen muß. Beim Vorhandensein zu grober Ausgangssäure wird das durch die Reduktion mit Wasserstoff gewonnene Metallpulver noch grobkörniger und läßt sich demzufolge nur mit großen Schwierigkeiten weiterverarbeiten, da es ein besonders ungünstiges Verhalten beim Pressen zeigt. Die Erfahrung hat gezeigt, daß gut verarbeitbare Stäbe aus Metallpulver erzielt werden, wenn die eingebrachte Wolframsäure ein Füllvolumen von 80 bis 120 cm^3/100 g und ein Klopfvolumen von 50 bis 70 cm^3/100 g aufweist. Das bei der Reduktion gewonnene Metallpulver des Wolframs hat dann ein Füllvolumen von 40 bis 60 cm^3/100 g und ein Klopfvolumen von 20 bis 35 cm^3/100 g. Diese Werte sind jedoch nur dann zu erzielen, wenn optimale Bedingungen beim Fällen der betreffenden Säure des Wolframs oder des Molybdäns aus der Lösung ihrer alkalischen oder Ammonsalze mit der gewählten anorganischen Säure strengstens eingehalten werden. Von entscheidender Bedeutung sind für die Kristallform die Temperatur der Wolframat- oder Molybdatlösung sowie die Temperatur der zur Fällung verwendeten Säure. Ferner muß auch die Konzentration der Mo- und W-Lösung und der Fällungssäure sowie die Geschwindigkeit ihres gegenseitigen Zusammenmischens genauestens abgestimmt werden. Bei Einhaltung der genannten Verarbeitungsbedingungen ist festzustellen, daß die gewonnene W- und Mo-Säure sehr rein ist und gleichzeitig auch eine bestimmte einheitliche Korngröße hat. In diesem Zusammenhang ist zu bemerken, daß die Korngröße vorwiegend fein sein und eine geeignete anteilmäßige Größenverteilung der Körner vorliegen muß, um dadurch die Voraussetzung für gut hämmerbare Stäbe zu erhalten.

4.10 Die Fällung aus Wolframat- oder Molybdatsäurelösung mit anorganischer Säure

Sofern W- oder Mo-Säure für pulvermetallurgische Verarbeitung chemisch gereinigt werden sollen, verwendet man zum Auflösen Ammoniak, um dadurch größere Mengen von Alkalien, die beim Waschen nicht vollständig gelöst werden, zu vermeiden. Beim Auflösen in Ammoniak ist darauf zu achten, daß die Säure nicht bei höheren Temperaturen (500° C) geglüht werden darf, da sie in diesem Falle sehr schwer löslich wird. Demzufolge muß die W- bzw. Mo-Säure in Alkalilauge gelöst, anschließend mit anorganischer Säure ausgefällt und abfiltriert werden. Das Filtrat wird danach in Ammoniak gelöst. Aus der ammoniakalischen Lösung werden durch Zugabe von Reagenzien Eisen, Schwermetalle, Phosphor und Arsen beseitigt. Auf diesen Vorgang soll an dieser Stelle nicht im einzelnen eingegangen werden; die Beseitigung dieser Verunreinigungen wird im Absatz 4.30 näher beschrieben. Durch eine mehrmalige Wiederholung des Verfahrens, wobei es sich um das Auflösen in Ammoniak und die Fällung mittels anorganischer Säure handelt, wird der größte Teil der Verunreinigungen, insbesondere von Alkalien, beseitigt. Dabei ist jedoch darauf zu achten, daß sich bei der Fällung aus der Ammonsalzlösung die weiße Modifikation der Wolframsäure nicht ausscheidet. Innerhalb des Reinigungsprozesses der W-Säure scheidet sich diese Modifikation in kolloidaler Form aus und reißt somit die anwesenden Verunreinigungen mit, was eine nachteilige Auswirkung auf den eigentlichen Reinigungseffekt hat.

Die weiße Modifikation der Wolframsäure ($WO_3 \cdot 2H_2O$) scheidet sich aus, wenn die verdünnte Lösung von alkalischem oder ammoniakalischem Wolframat in der Kälte mittels verdünnter anorganischer Säure gefällt wird. Im Gegensatz hierzu wird die gelbe kristalline und gut filtrierbare Modifikation der Wolframsäure ($WO_3 \cdot H_2O$) gewonnen, wenn sie aus konzentrierten Lösungen der Wolframate in der Wärme mittels konzentrierter anorganischer Säure gefällt wird, wobei am Ende der Fällung die Mutterlauge noch stark sauer sein muß. Hieraus geht also hervor, daß schon die Fällungsbedingungen die Reinheit der gewonnenen Wolframsäure beeinflussen können. Aus der Praxis ist bekannt, daß bei einem größeren Anteil der weißen Modifikationen ein entsprechend geringerer Reinheitsgrad vorhanden ist.

Die Beseitigung der Verunreinigungen aus der W- und Mo-Säure verursacht große Schwierigkeiten, weil diese stets zur Bildung von Komplexverbindungen neigen. Diese sind z. B. Eisen, Mangan, Phosphor, Vanadin, welche gemeinsam mit der Säure bei der Fällung ausscheiden und somit als Verluste auftreten. Eisen läßt sich z. B. nicht vollkommen aus der Wolframsäure entfernen, auch dann nicht, wenn eine mehrmalige Reinigung über Ammonparawolframat erfolgt und die Lösung dadurch sehr klar geworden ist. Ein Zusatz von Ammonchlorid führt ebenfalls zu keinem befriedigenden Erfolg.

In Anbetracht der Tatsache, daß die W- und Mo-Säure in Wasser teilweise löslich ist, kann die Fällung mittels anorganischer Säure als nicht quantitativ angesehen werden. Die Angaben in der Literatur über die Löslichkeit der Wolframsäure sind nur allgemein gehalten. Die Erfahrung zeigt, daß die Ausbeute bei der Fällung des WO_3 mit Salzsäure bei etwa 93% liegt. Durch Zugabe von Ammonchlorid läßt sich eine Steigerung der Ausbeute auf etwa 97—98% erzielen. Hierbei ist es aber unbedingt notwendig, die gefällte Wolframsäure vor dem weiteren Auflösen in Ammoniak gut durchzuwaschen, damit möglichst alles mitgerissene Ammonchlorid beseitigt wird. E. F. SMITH und F. F. EXNER [64] weisen darauf hin, daß ein Auflösen der Wolframsäure in Ammoniak durch Anwesenheit von Ammonchlorid erschwert, durch größere Mengen sogar verhindert wird. Über die Löslichkeit der Mo-Säure (Monohydrat, $MoO_3 \cdot H_2O$) in Wasser sind einige Angaben von H. ROSENHEIM und I. DAVIDSOHN gemacht [65]. Nach ihren Ermittlungen wurde die Kurve der Löslichkeit von Mo-Säure in Wasser aufgestellt, wie sie in der Abb. 4 veranschaulicht ist. Sie zeigt bei einer Temperatur von 60° C eine Verringerung der Löslichkeit und nimmt bei 70° C den ursprünglichen Verlauf wieder ein, läßt also auf eine Zunahme der Löslichkeit schließen. Dies deutet gleichzeitig eine Umwandlung der Alpha- in die Beta-Modifikation an.

Daraus geht also hervor, daß die Mutterlaugen nach der Reinigung dieser Spezialsäure, wie sie für die Herstellung duktiler Metalle Anwendung findet, noch gewisse Mengen an gelösten Verbindungen des Wolframs und Molybdäns enthalten. Die Verarbeitungsfähigkeit ist gewährleistet, wenn durch Zugabe von einem Kalziumsalz Kalziumwolframat oder -molybdat praktisch quantitativ ausgeschieden werden.

Zu den eigentlichen Fällungsbedingungen der W- oder Mo-Säure sei noch bemerkt, daß die Fällung der Wolframsäure nachstehend beschrieben, wohingegen die Fällung der Mo-Säure in diesem Zusammenhang nicht näher erläutert wird. Die Begründung hierfür liegt darin, daß die Fällungsbedingungen der beiden Säuren praktisch identisch sind, wobei die Reinigung der Molybdänsäure im technischen Maßstab meist auf physikalischem Wege durch Sublimation erfolgt. Dieses Verfahren ist bereits in einem vorhergehenden Kapitel beschrieben worden.

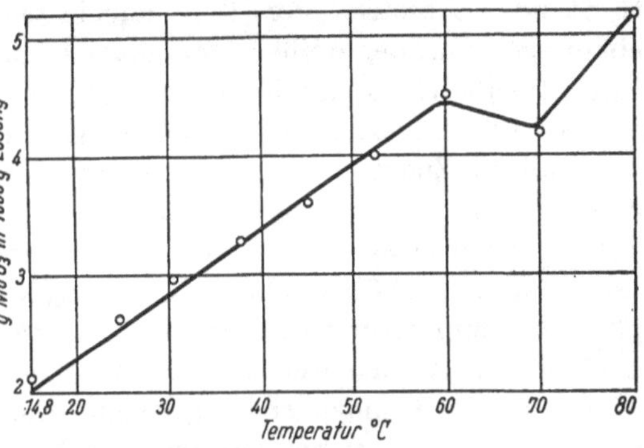

Abb. 4. Kurve der Löslichkeit von $MoO_3 \cdot H_2O$ in Wasser

Bei Fällung der Wolframsäure wird häufig eine Lösung von Ammonwolframat und Salzsäure verwendet. Die Lösung von Ammonsalz soll hierbei eine Dichte von 1,23 bis 1,25 und die der Salzsäure 1,19 (konzentriert) aufweisen. Es erscheint vorteilhaft, wenn die Lösung von Wolframat in die kochende Säure gegossen wird und nicht umgekehrt. Die Geschwindigkeit des Eingießens in die Salzsäure wird nach J. Smithells mit 1 Liter Lösung pro Minute angegeben.

Wird die Fällung unter Verwendung sowohl von heißer Säure und heißer Wolframatlösung durchgeführt, dann ist es zweckmäßig, keine konzentrierte Salzsäure zu verwenden, sondern verdünnte mit einer Dichte von etwa 1,10, d. h. 1 Teil Säure und 1 Teil Wasser. Diese stabilisieren sich durch Kochen zu einer azeotropischen Mischung (HCl und H_2O mit einem Anteil von 20,24% HCl kocht bei einem Druck von 1 Atü bei 108,6° C). Die heiße Ammonwolframatlösung wird mit der zum Verdampfen des Wassers erforderlichen Geschwindigkeit in die heiße Säure eingetragen. Durch gleichmäßiges, mechanisches Rühren des Reaktionsgemisches während der Fällung wird eine einheitliche Korngröße der entstehenden Wolframsäure erzielt. Das mechanische Rühren kann durch Einleiten von Luft oder, noch günstiger, von Wasserdampf ersetzt werden.

In Kapitel 3.00 wurde bereits die saure Fällung der Ammonwolframatlösung des Scheelits erwähnt. Aus diesem Grunde wird auf eine nochmalige Beschreibung dieses Verfahrens verzichtet. Es wird nur ein Beispiel, welches in einem BIOS-Bericht [49] angegeben wurde und sich mit der Herstellung des Ammonparawolframats beschäftigt, angeführt.

Die Fa. Radium Elektrizitätsgesellschaft überführt durch Glühen Ammonparawolframat in Wolframtrioxyd, das mittels Wasserstoff zu Metallpulver reduziert wird. Dieser Betrieb arbeitet mit Gußgefäßen von etwa 75 l Inhalt. Die Behälter haben eine Höhe von 550 mm und einen Durchmesser von 450 mm. Die Innenwand ist mit säurefestem Material ausgelegt. In ein Gefäß werden 15 kg gefällte, nicht geglühte Wolframsäure unter 2stündigem Rühren in verdünntem Ammoniak eingetragen. Die Ammoniaklösung besteht aus 18 l Ammoniak (0,91) und 24 l destilliertem Wasser. Die entstandene Ammonwolframatlösung wird nach ca. 12 Stunden Absetzen von dem ungelösten Rückstand, bestehend aus Verunreinigungen und der weißen Modifikation, in ein gleich großes Gefäß abfiltriert. Durch Zugabe von 5 bis 6 l destilliertem Wasser wird die Dichte der Lösung auf 1,23—1,25 eingestellt und nach Erwärmen auf 20° C gut durchgemischt. Nach einmaligem Zugeben von 6 l konzentrierter Salzsäure wird die Mischung bis zur schwach roten Färbung von blauem Lackmuspapier angesäuert. Die Reaktionstemperatur erwärmt die Lösung auf 55° C. Die Temperatur wird durch zusätzliches Erhitzen auf 60° C erhöht. Nach Zugabe der Säure muß die Mischung bei gleicher Temperatur 2 Std. gerührt werden. Nach Beendigung des Erwärmens und Rührens wird das Gemisch zum Absetzen des ausgefällten Ammonparawolframats ca. 12 Stunden stehengelassen. Das ausgefällte Salz wird von der Mutterlauge durch Absaugen getrennt, zur Entfernung der letzten Wasserreste mit 2 l Methylalkohol gewaschen und bei 70 bis 80° C in einem mit Wasserdampf beheizten Vakuum-Trockenschrank getrocknet. Das so getrocknete Ammonparawolframat wird mit einem Sieb von 0,06 mm Maschenweite, welches aus Phosphorbronze besteht, durchgesiebt und durch Glühen im Muffelofen bei Luftzutritt und einer Temperatur von 600° C in WO_3 übergeführt. Das Glühen des Salzes erfolgt in Porzellanschalen. Die erforderliche Glühzeit der zu verarbeitenden Menge beträgt einschließlich der Anheizzeit 8 Stunden. Danach wird das so gewonnene Wolframtrioxyd nochmals durch ein Sieb gleicher Maschenweite gesiebt.

In dem BIOS-Bericht ist die Zusammensetzung des gewonnenen Ammonparawolframates nicht angegeben. Es ist anzunehmen, daß die Zusammensetzung folgenden Werten entspricht: $5(NH_4)_2O \cdot 12WO_3 \cdot 11H_2O$, weil nach Literaturangaben die Entstehung des Salzes auf die Verdichtung der Lösung bei niederen Temperaturen zurückgeführt wird bzw. eine Kristallisation aus der fast neutralen Lösung erfolgt.

Durch Eindampfen der Lösung des Ammonwolframates in Nähe seines Siedepunktes auf dem Wasserbad scheidet sich folgende Zusammensetzung aus: $5(NH_4)_2O \cdot 12WO_3 \cdot 7H_2O$. Die Trocken- und Glühverluste der Lösung des Ammonparawolframates, welche sich beim Eindampfen der Lösung auf dem Wasserbad ergaben, entstanden in einem Temperaturgebiet zwischen 100 und 500° C. Im Temperaturbereich von 80° C zeigt das getrocknete Salz bereits schon kleinere Verluste, und bei einer einstündigen, stufenweisen Glühbehandlung von 100, 150, 200° C wird es bei 400° C praktisch quantitativ in Wolframtrioxyd überführt. In Abb. 5 ist die Abhängigkeit der Glühverluste von der Glühtemperatur veranschaulicht. Der Verlauf der Kurve deckt sich mit den Werten, die zu Beginn oder am Ende der Kristallisation ermittelt wurden. Wenn

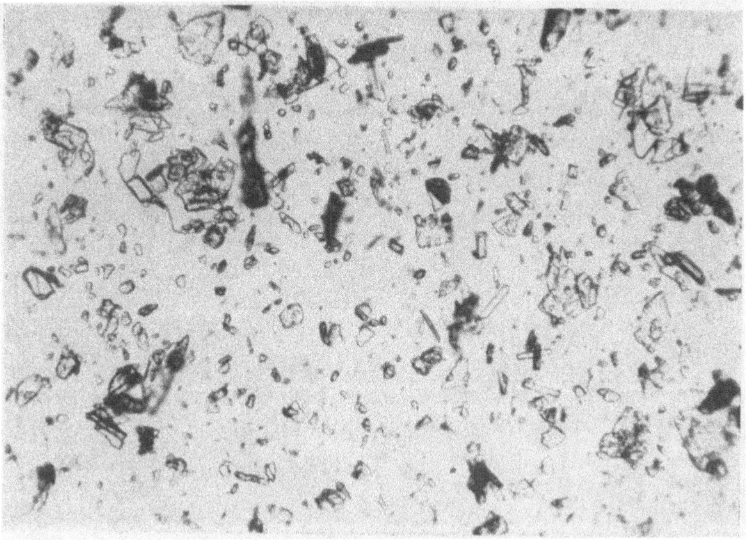

Abb. 6. Ammonparawolframat V = 250

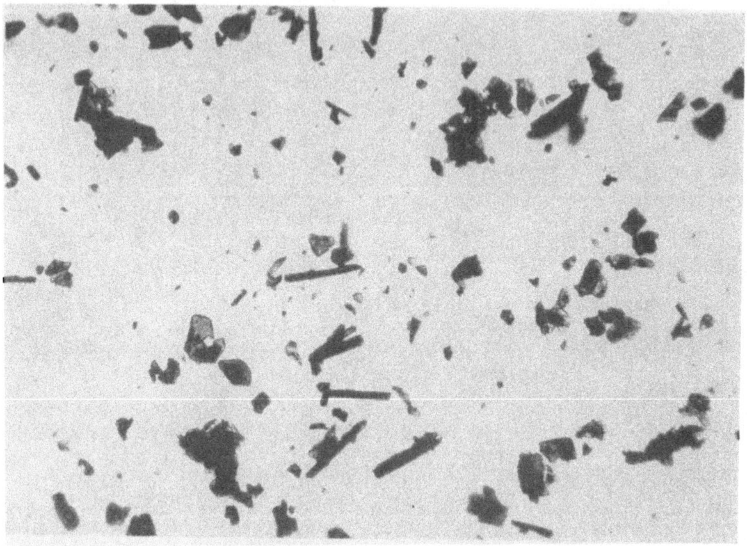

Abb. 7. Verglüht zu WO_3 V = 250

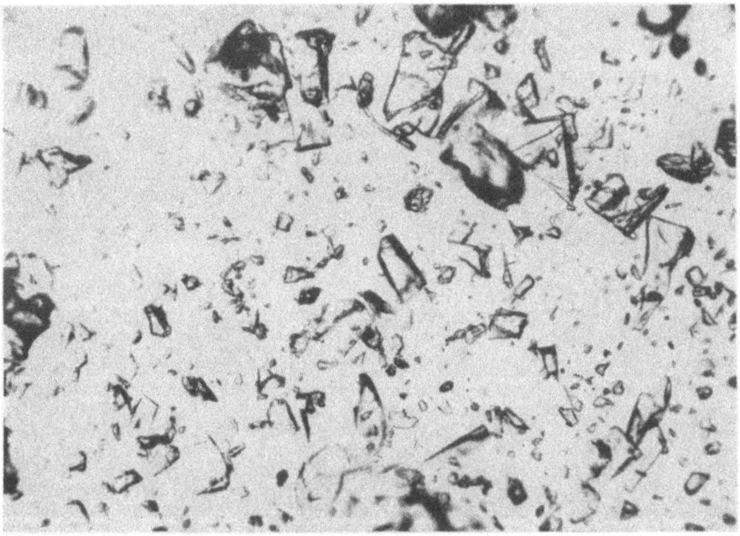

Abb. 8. Ammonparawolframat V 250

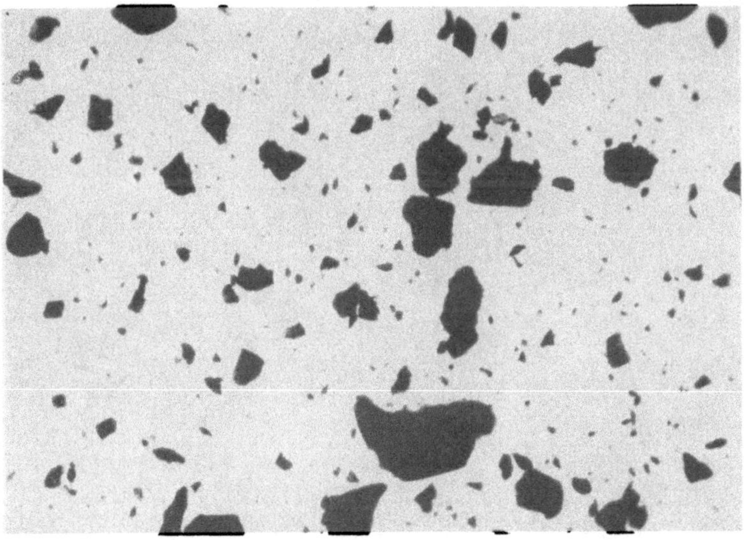

Abb. 9. Verglüht zu WO_3 V 250

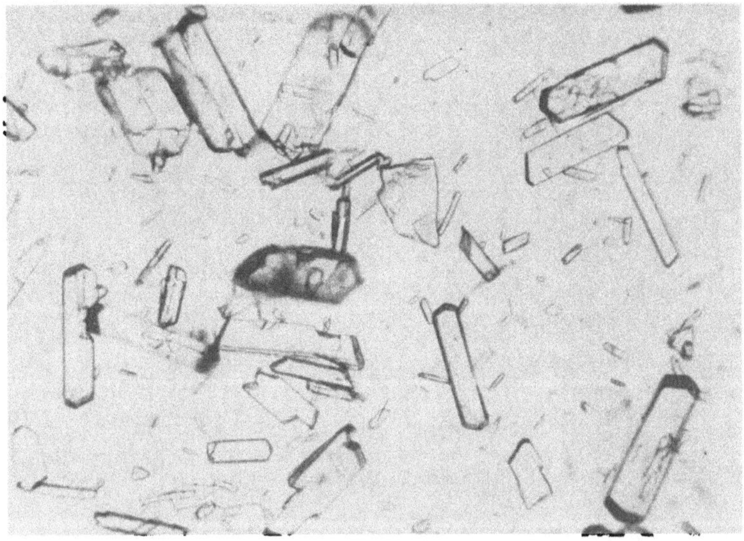

Abb. 10. Ammonparawolframat V = 250

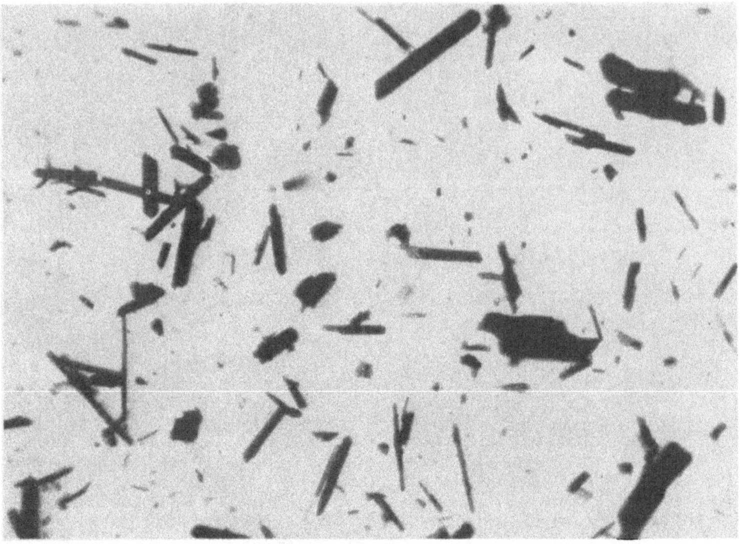

Abb. 11. Verglüht zu WO_3 V = 250

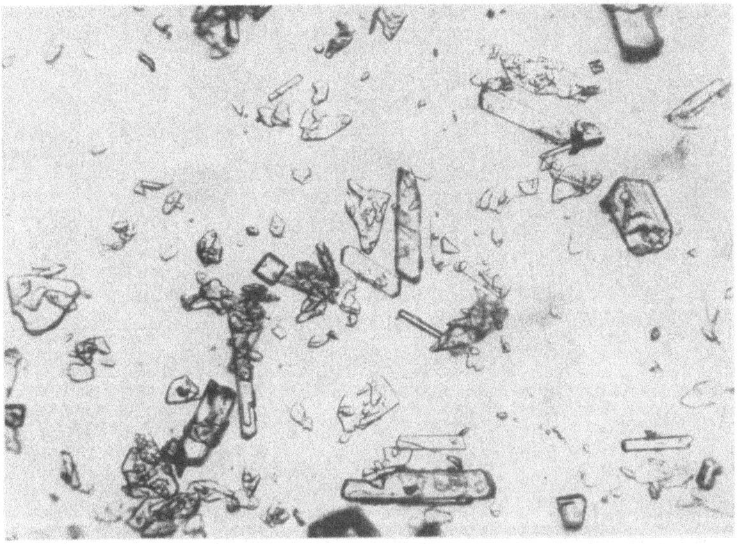

Abb. 12. Ammonparawolframat V = 250

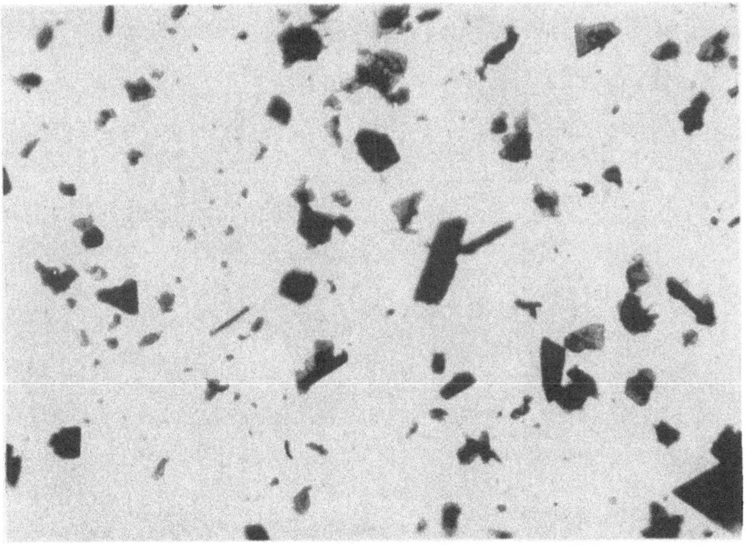

Abb. 13. Verglüht zu WO_3 V = 250

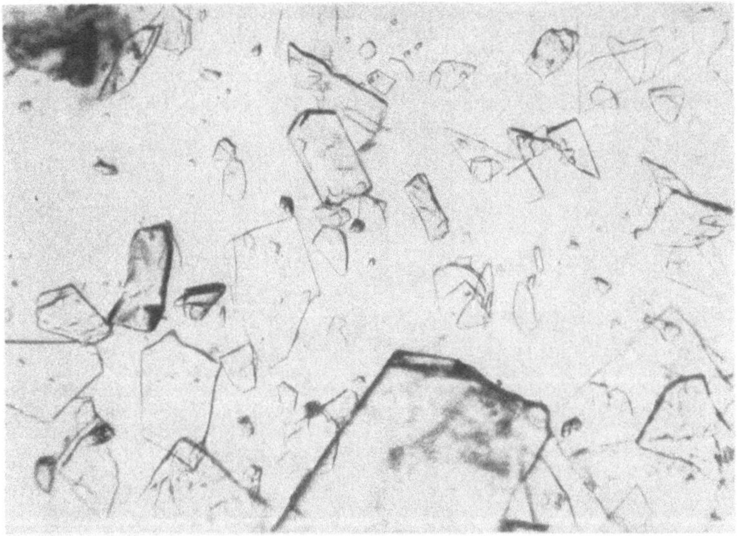

Abb. 14. Ammonparawolframat V = 250

Abb. 15. Verglüht zu WO_3 V = 250

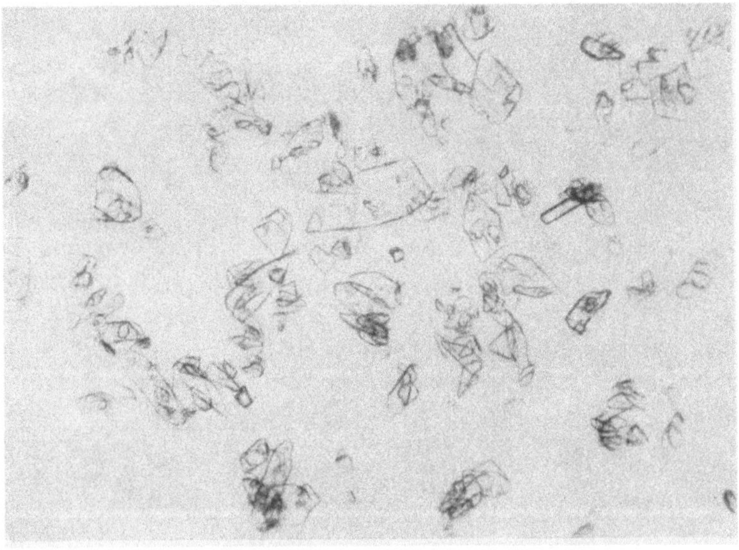

Abb. 16. Ammonparawolframat V = 250

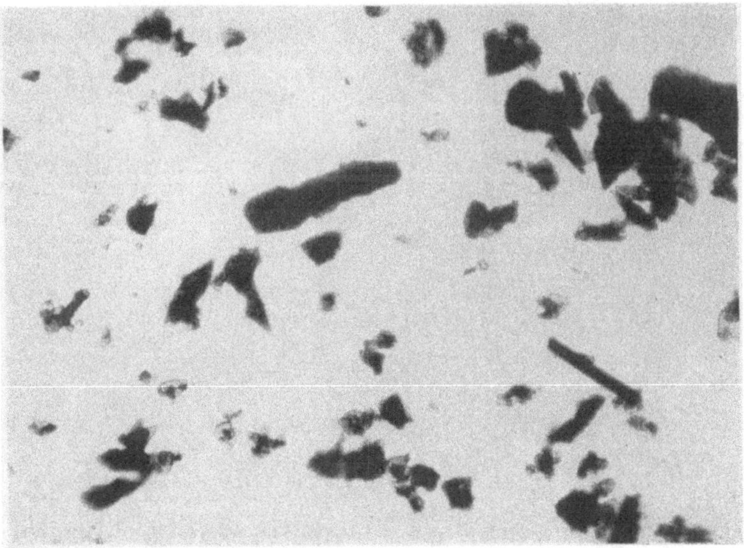

Abb. 17. Verglüht zu WO_3 V = 250

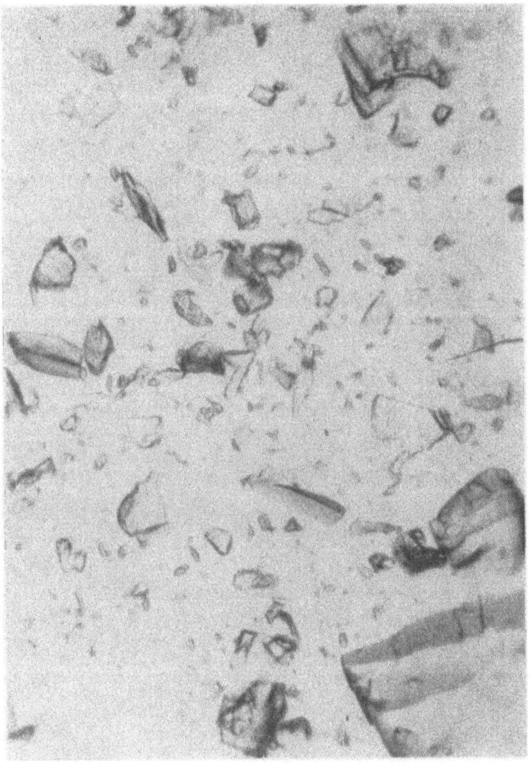

Abb. 18. Ammonparawolframat V = 250

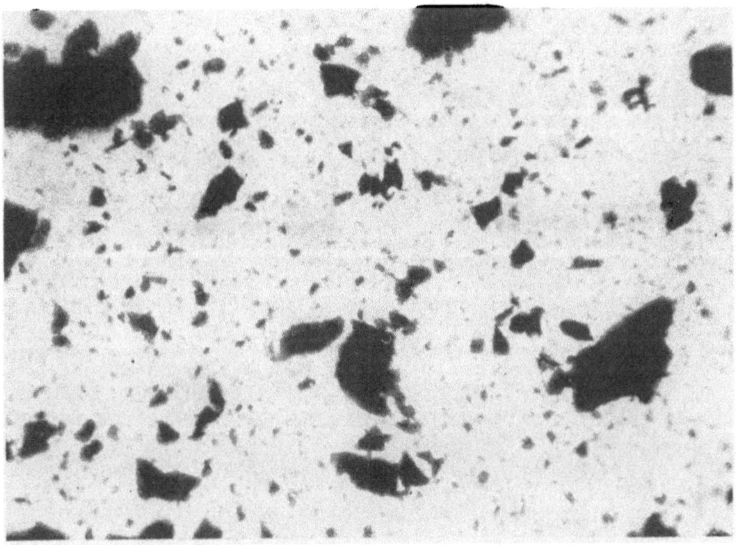

Abb. 19. Verglüht zu WO_3 V = 250

man die kleinen Verluste beim Trocknen in Kauf nimmt, welche etwa bei 0,5% liegen, und nur die eigentliche Glühverlustgröße betrachtet, so hat das gewonnene Salz eine Zusammensetzung, die einem Parasalz mit $7\,H_2O$ entspricht. Der theoretische Verlust liegt bei etwa 12,11%.

Eine andere Möglichkeit ist dadurch gegeben, daß man zuerst Ammoniumparawolframat durch Verdichten der Lösung auf etwa $^1/_5$ des ursprünglichen Volumens ausscheiden läßt, abfiltriert, durchwäscht und die siedende HCl entweder konzentriert oder verdünnt im Verhältnis 1 : 1 (azeotropische Mischung) einträgt. Die ausgeschiedene Wolframsäure peptisiert beim Waschen mit reinem Wasser sehr leicht. Aus diesem Grunde gibt man der Waschflüssigkeit 10% anorganische Säure (HCl) zu. Die so abfiltrierte Wolframsäure wird bei 105° C getrocknet und anschließend vor der Reduktion bei 500 bis 800° C geglüht. Dabei werden die vorhandenen Anteile Ammoniak und Wasser beseitigt, welche sich bei der anschließenden Reduktion ungünstig auswirken, da sie die Neigung haben, die Wasserdampftension während der Reduktion zu erhöhen.

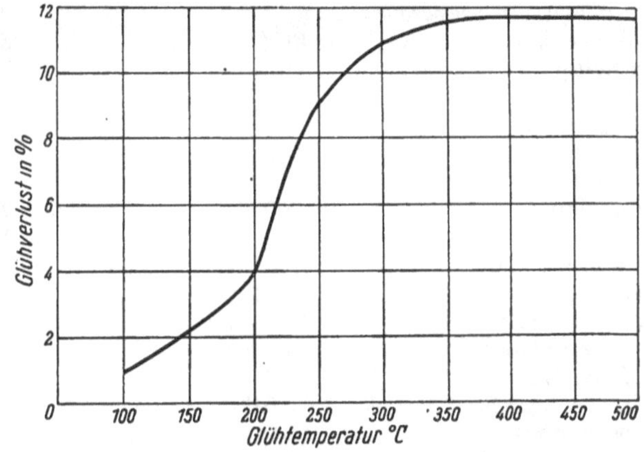

Abb. 5.
Glühverlust in Abhängigkeit von der Glühtemperatur

Das Ergebnis der Fällungsbedingungen für Ammonparawolframat unter Berücksichtigung verschiedener Faktoren, wie z. B. Temperatur, Zeit und Art, der Beseitigung des Ammoniaks ist in den Abbildungen 6 bis 19 wiedergegeben. Die Versuchsbedingungen zur Erzielung der einzelnen Kristallformen des Ammonparawolframats werden im folgenden beschrieben.

Die Kristallisationsversuche wurden mit aliquoten Teilen einer eingestellten Wolframatlösung durchgeführt. In den Versuchen 1 bis 5 trägt diese Lösung die Bezeichnung I, in Versuch 6 und 7 die Bezeichnung II.

Werte für Lösung I: = 1,31; WO_3 = 381 g/l; NH_3-Überschuß = 98 g/l

Werte für Lösung II: = 1,3; WO_3 = 370 g/l; NH_3-Überschuß = 93 g/l

Ausgangsmaterial für Versuch 1 bis 5: Wolframit aus inländischem Vorkommen (DDR).

Ausgangsmaterial für Versuch 6 und 7: Chinesisches Wolframit.

Versuch 1:

6 l der Lösung I wurde 1 l HNO_3 (1 : 1) zugesetzt und die **klare** Lösung in einem Standgefäß 27 Std. stehengelassen. Danach mit Hilfe eines Gebläses NH_3 (in ca. 10 Std.) entfernt. Enddichte der Mutterlauge = 1,14. Das Salz wurde gut ausgewaschen und mit Alkohol abgedeckt.

Säure-Kennwerte

Kennwerte Ammonparawolframat		*Analyse (chemisch)*	
Glühverlust	13,81%	K	–
Schüttgewicht	7,11 g	Si	–
		Al	0,003%
Verglühung		Fe	0,002%
Temperatur	650° C	Na	–
Vorschub	20 Min.	Ca	< 0,01%
Einfüllung	ca. 700 g	Mo	0,05%
		As	nicht nachweisbar
Kennwerte WO_3		S	< 0,001%
Schüttgewicht	≈ 14,14 g	C	< 0,01%
Klopfvolumen	0,54 cm³	P	0,002%
H_2O-Aufnahme	4,4 cm³		
Glühverlust	0,08%		
Chlorierungsrückstand	0,04%		
Lösungsrückstände	< 0,01%		
H_2S-Gruppe	< 0,01%		
Farbanalyse	0,54 cm³		
Schlämmanalyse	15–37–23–14–11%		

Versuch 2:

6 l der Lösung I wurde 1 l HNO_3 (1 : 1) zugesetzt und die **klare** Lösung in einem Standgefäß 39 Std. stehengelassen. Danach wurde die Lösung in einer Schale auf einem Wasserbad auf 60 bis 70° C erwärmt (ca. 72 Std.). Enddichte der Mutterlauge 1,13. Das Salz wurde gut ausgewaschen und mit Alkohol abgedeckt.

Säure-Kennwerte

Kennwerte Ammonparawolframat		*Analyse (chemisch)*	
Glühverlust	11,49%	K	–
Schüttgewicht	31,79 g	Si	–
		Al	0,004%
Verglühung		Fe	0,003%
Temperatur	650° C	Na	–
Vorschub	20 Min.	Ca	< 0,01%
Einfüllung	ca. 700 g	Mo	0,06%
		As	nicht nachweisbar
Kennwerte WO_3		S	< 0,001%
Schüttgewicht	35,34 g	C	< 0,01%
Klopfvolumen	0,31 cm³	P	0,003%
H_2O-Aufnahme	1,95 cm³		
Glühverlust	0,08%		
Chlorierungsrückstand	0,04%		

Lösungsrückstände	< 0,001%
H_2S-Gruppe	< 0,001%
Farbanalyse	0,56 cm³
Schlämmanalyse	92—5—0—0—3%

Versuch 3:

6 l der Lösung I wurden 100 ccm HNO_3 (1:1) zugesetzt und die klare Lösung in einem Standgefäß 24 Std. stehengelassen. Als Standgefäß wurde eine braune Weithalsflasche (7,5 l) benutzt. Danach wurde mit Hilfe eines Gebläses NH_3 entfernt (ca. 10 Std.). Das Salz wurde gut ausgewaschen und mit Alkohol abgedeckt. Die Enddichte der Mutterlauge betrug 1,12.

Säure-Kennwerte

Kennwerte Ammonparawolframat		*Analyse (chemisch)*	
Glühverlust	13,56%	K	—
Schüttgewicht	11,64 g	Si	—
		Al	0,004%
Verglühung		Na	—
Temperatur	650° C	Ca	< 0,01%
Vorschub	20 Min.	Mo	0,05%
Einfüllung	ca. 700 g	As	nicht nachweisbar
		S	< 0,001%
Kennwerte WO_3		C	< 0,01%
Schüttgewicht	23,94 g	P	0,003%
Klopfvolumen	0,37 cm³	Fe	0,001%
H_2O-Aufnahme	2,64 cm³		
Glühverlust	0,08%		
Chlorierungsrückstand	0,04%		
Lösungsrückstände	0,01%		
H_2S-Gruppe	< 0,01%		
Farbanalyse	—		
Schlämmanalyse	72—17—4—2—5%		

Versuch 4:

6 l der Lösung I wurden in eine breite Schale gegeben und mit Hilfe eines Gebläses NH_3 entfernt (ca. 10 Std.). Das Salz wurde mit Alkohol abgedeckt. Die Enddichte der Mutterlauge betrug 1,12 bis 1,14.

Säure-Kennwerte

Kennwerte Ammonparawolframat		*Analyse (chemisch)*	
Glühverlust	13,85%	K	< 0,01%
Schüttgewicht	11,21 g	Si	< 0,01%
Klopfvolumen	0,58 cm³	Al	< 0,0024%
		Na	< 0,01%
Verglühung		Ca	< 0,01%
Temperatur	650° C	Mo	0,025%
Vorschub	20 Min.	As	< 0,001%
Einfüllung	ca. 700 g	S	< 0,001%
		C	< 0,01%
Kennwerte WO_3		Fe	0,001%

Schüttgewicht	20,75 g
Klopfvolumen	0,41 cm^3
H_2O-Aufnahme	3,08 cm^3
Glühverlust	0,05%
Chlorierungsrückstand	0,03%
Lösungsrückstände	—
H_2S-Gruppe	< 0,01%
Farbanalyse	0,41 cm^3
Schlämmanalyse	57—21—9—6—7%

Versuch 5:

12 l der Lösung I wurden in einen Glasballon mit weiter Öffnung gegeben und ohne Zwang auskristallisiert (ca. 380 Std.). Die Enddichte der Mutterlauge betrug 1,13.

Säure-Kennwerte

Kennwerte Ammonparawolframat		*Analyse (chemisch)*	
Glühverlust	13,77%	K	< 0,01%
Schüttgewicht	10,52 g	Si	0,001%
Klopfvolumen	0,71 cm^3	Al	0,005%
		Fe	0,002%
Verglühung		Na	< 0,01%
Temperatur	650° C	Ca	< 0,01%
Vorschub	20 Min.	Mo	0,017%
Einfüllung	ca. 700 g	As	< 0,001%
		S	< 0,001%
Kennwerte WO_3		C	< 0,01%
Schüttgewicht	18,55 g	P	0,006%
Klopfvolumen	0,45 cm^3		
H_2O-Aufnahme	3,9 cm^3		
Glühverlust	0,14%		
Chlorierungsrückstand	0,05%		
Lösungsrückstände	—		
H_2S-Gruppe	< 0,01%		
Farbanalyse	0,40 cm^3		
Schlämmanalyse	31—13—0—2—4%		

Versuch 6:

6 l der Lösung II wurden 100 cm^3 HNO_3 (1 : 1) zugesetzt. Die klare Lösung blieb in einer braunen Weithalsflasche (7,5 l) 48 Std. stehen. Danach wurde in einer Schale mit Hilfe eines Gebläses der NH_3 abgeführt. Das Salz wurde gut ausgewaschen und mit Alkohol abgedeckt. Die Enddichte der Mutterlauge betrug 1,10.

Säure-Kennwerte

Kennwerte Ammonparawolframat		*Analyse (chemisch)*	
Glühverlust	13,50%	K	—
Schüttgewicht (Probe schlecht schüttbar)	≈ 6,0 g	Si	< 0,005%
		Al	0,003%
		Na	—

Verglühung		Ca	< 0,005%
Temperatur	650° C	Mo	0,05%
Vorschub	20 Min.	As	nicht nachweisbar
		S	< 0,001%
Kennwerte WO_3		C	< 0,01%
Schüttgewicht	12,65 g	P	0,005 %
Klopfvolumen	5,9 cm^3	Fe	0,005%
H_2O-Aufnahme	4,50 cm^3		
Glühverlust	0,03%		
Chlorierungsrückstand	0,06%		
Lösungsrückstände	0,03%		
H_2S-Gruppe	< 0,001%		
Farbanalyse	—		
Schlämmanalyse	16—48—7—19—10%		

Versuch 7:

6 l der Lösung II wurden in einer braunen Weithalsflasche (7,5 l) 72 Std. auf 55 bis 60° C, danach weitere 48 Std. auf 60 bis 65° C erwärmt. Enddichte der Mutterlauge 1,16.

Säure-Kennwerte

Kennwerte Ammonparawolframat		*Analyse (chemisch)*	
Glühverlust	11,19%	K	—
Schüttgewicht	32,29 g	Si	—
		Al	0,001%
Verglühung		Na	—
Temperatur	650° C	Ca	< 0,005%
Vorschub	20 Min.	Mo	0,01%
		As	nicht nachweisbar
Kennwerte WO_3		S	< 0,001%
Schüttgewicht	≈ 39,09 g	C	< 0,01%
Klopfvolumen	3,1 cm^3	P	0,001%
H_2O-Aufnahme	1,82 cm^3	Fe	0,0013%
Glühverlust	0,04%		
Chlorierungsrückstand	0,04%		
Lösungsrückstände	0,018%		
H_2S-Gruppe	< 0,001%		
Farbanalyse	—		
Schlämmanalyse	97—2—0—0—1%		

4.20 Die Fällung der Wolframsäure und Molybdänsäure in Form von Kalziumsalzen

Die Fällung der löslichen Kalziumsalze wird vorwiegend durch Laugen der Schmelze des Konzentrates mit Soda durchgeführt, also aus der Lösung der alkalischen Wolframate und Molybdate. Da die Fällung quantitativ verläuft, wird einmal der Gehalt von mitgerissenen Alkalien verringert, und zum anderen werden bei dieser 1. Stufe der Reinigung Verluste des Metalls vermieden.

Vorwiegend wird eine neutrale oder besser schwach alkalische Wolframat- oder Molybdatlösung in der Wärme mit einem Überschuß von Kalziumchloridlösung gefällt. Während der Fällung wird die Mischung gerührt, um die Reaktion zu begünstigen. Die Dichte der Chloridlösung beträgt 1,16 bis 1,18; die bei der Fällung entstehende Temperatur liegt zwischen 65 und 70° C. Die Kalziumchloridlösung wird so lange im Überschuß zugegeben, bis keine weitere Trübung bzw. kein Niederschlag mehr entsteht. Zuweilen wird auch kalzinierte Soda hinzugefügt, um den p_H-Wert der Lösung bei 9,8 bis 10 zu halten. Das gefällte Kalziumwolframat und -molybdat wird mittels Vakuum abfiltriert und mit heißem Wasser so lange gewaschen, bis die letzten Chlorionen entfernt sind. Anschließend wird das Filtrat mit anorganischer Säure zerlegt. Hierzu verwendet man die azeotropische Mischung von Salzsäure und Wasser im Verhältnis 1 : 1. Die ausgeschiedene Säure enthält durchschnittlich 99,4 bis 99,6% des betreffenden Oxydes. Ihre Hauptverunreinigungen sind Kalziumoxyd und Siliziumdioxyd. Die W- bzw. Mo-Säure, welche nach diesem Verfahren gewonnen wurde, wird ohne vorhergehendes Trocknen durch Auflösen in Ammoniak und wiederholtes Fällen mit anorganischer Säure weiter gereinigt, wie im vorhergehenden Absatz beschrieben.

Um Betriebsverluste zu verringern, werden die bei der Fällung mit löslichem Kalziumsalz (Kalziumchlorid) in der ammoniakalischen Lösung enthaltenen Reste des Wolframats oder Molybdats nach der Fällung von WO_3 oder MoO_3 mit anorganischer Säure zurückgewonnen. Das gewonnene Kalziumwolframat oder -molybdat wird dann zum Hauptanteil für die Reinigung in Form von Ammonsalzen zugegeben. Wie bereits erwähnt, wird Kalziummolybdat auch in der Stahlerzeugung direkt zum Legieren verwendet.

Kalziumwolframat, in der Natur Scheelit, ist praktisch in Wasser unlöslich. Seine Löslichkeit sinkt mit steigender Temperatur; daher wird die Fällung stets in der Wärme durchgeführt. In einem Liter Wasser lösen sich z. B. bei 15° C 0,0064 g, bei 50° C 0,0032 g und bei 100° C nur 0,0012 g $CaWO_4$.

Kalziummolybdat, in der Natur als Powellit vorkommend, ist leichter löslich als Wolframit. Eine vollkommene Fällung des Molybdats wird jedoch nur durch Kochen einer neutralen oder schwach alkalischen konzentrierten Lösung erzielt.

V. I. SPICYN und I. A. SAVIČ [66] haben die Löslichkeit des Kalziummolybdats untersucht. Es wurde unter normalem Druck und in einem Temperaturbereich von 0 bis 100° C gearbeitet. Dabei wurde beobachtet, daß mit steigender Temperatur ebenfalls eine Steigerung der Löslichkeit zu verzeichnen war. Das Maximum der Löslichkeit des Kalziummolybdats wurde bei 80° C ermittelt.

4.30 Die Reinigung der Wolframsäure von Phosphor, Arsen, Eisen, Molybdän und weiteren Verunreinigungen

Häufig wird ein großer Teil der Verunreinigungen bereits bei der Auslaugung der alkalischen Schmelze beseitigt. Als unlösliche Oxyde oder Hydroxyde verbleiben folgende Metalle: Eisen, Mangan, Titan, Zinn, Tantal, Niob. Bei der Fällung mit anorganischer Säure, z. B. Kieselsäure, lassen sich weitere Anteile, insbesondere des Eisens, Mangans und ähnliche entfernen. Beim Auflösen der gefällten Säure in Ammoniak und der Kristallisation des Ammoniumparawolframats wird Siliziumdioxyd praktisch beseitigt, gleichzeitig der Anteil der anderen Verunreinigungen verringert. Einige Verunreinigungen lassen sich jedoch auch bei mehrmals wiederholten Reinigungsprozessen nicht vollkommen beseitigen. Da aber die Anforderungen an den Reinheitsgrad der Wolframsäure, insbesondere für die Herstellung des duktilen Metalls und die Weiterverarbeitung zu Glühlampendrähten, sehr hoch sind, ergibt sich die Notwendigkeit, weitere spezielle Reinigungsprozesse durchzuführen. Damit soll in erster Linie die Beseitigung von Phosphor und Arsen erfolgen, wobei jedoch eine Vernachlässigung der noch vorhandenen Eisenreste keinesfalls eintreten darf. Gerade dieses Element verschlechtert die Bearbeitbarkeit von Wolfram. Nach Angaben von SMITHELLS wird bereits durch 0,1% Fe Sprödigkeit bei der Verarbeitung des Wolframs hervorgerufen. Gemeinsam mit dem Eisen werden auch andere Metalle beseitigt. Reste von Vanadin gehen mit Phosphor in Form von komplexen Ammonverbindungen nach der Kristallisation des Ammoniumparawolframats in das Filtrat über.

Phosphor und Arsen werden aus der ammoniakalischen Lösung des Ammonparawolframates mit einer Magnesiumchloridlösung (technisch rein) beseitigt. Zur Herstellung dieser ammoniakalischen Lösung werden 100 kg Wolframsäure in 200 kg 27%igem Ammoniak gelöst und mit Wasser soweit verdünnt, daß bei 15° Bé eine Dichte von 1,12 erzielt wird. Die zur Fällung benötigte Magnesiumchloridlösung enthält 15 Gewichtsprozente Magnesiumchlorid (bezogen auf das eingesetzte Gewicht der Wolframsäure) in dreifacher Wassermenge. In dem angegebenen Beispiel sind in 45 l dest. Wasser 15 kg Magnesiumchlorid gelöst. Unter ständigem langsamen Rühren wird die Magnesiumchloridlösung in die ammoniakalische Lösung des Ammonparawolframats eingegossen. Dieses Rühren muß nach erfolgtem Eingießen der Fällungslösung fortgesetzt werden. Erfolgte das Zugießen der Magnesiumchloridlösung z. B. in 20 Min., so muß die Mischung 1 Std. gerührt werden. Nach dem Absetzen des ausgeschiedenen Ammonium-Magnesium-Phosphats und -Arsenats wird die Flüssigkeit über Vakuumfilter abfiltriert. Dadurch wird die Wolframsäure praktisch vollkommen von Phosphor und Arsen befreit. Bekannt sind zwar noch andere Verfahren zur Beseitigung der angegebenen Verunreinigungen, doch wird in der Industrie nur die obengenannte Methode angewendet.

Der Rest von Eisen und weiteren Schwermetallen wird danach mit Natriumsulfidlösung beseitigt. Auf 100 kg Wolframsäure wird eine Lösung aus 20 kg Natriumsulfid 60%ig in 80 Liter dest. Wasser zugegeben. Nach Zugabe dieser Lösung wird die Mischung gerührt. Nach Absetzen der ausgeschiedenen Sulfide des Eisens, Mangans, Nickels, Kobalts usw. wird die überstehende Flüssigkeit abfiltriert. Durch diese Reinigung wird das Eisen vollkommen beseitigt. Rotfärbung des Filtrats läßt auf Anwesenheit von Molybdän in Form von Sulfomolybdat schließen.

Zur Beseitigung des Molybdäns wurde von der Fa. H. C. STARCK [49] eine Methode ausgearbeitet, welche darauf beruht, daß sich Molybdänsulfid in saurer Lösung bei Hinzugabe von Schwefelwasserstoff ausscheidet. Die Lösung der Wolframsäure (125 kg WO_3 in 1. m^3) soll eine Dichte von 1,20 haben und neutral sein. Dieser Lösung werden 109 l 28,2%ige Salzsäure zugegeben, und der p_H-Wert wird auf 0,8 bis 1,2 eingestellt, vorausgesetzt, daß vorher die Wolframsäure noch nicht ausfällt.

Die Lösung wird mit Schwefelwasserstoff in der Kälte gesättigt, danach das Reaktionsgefäß dicht geschlossen und erwärmt, um somit die Fällung unter Druck vornehmen zu können. Nach Beendigung der Reaktion muß die Lösung mit dem ausgeschiedenen Niederschlag im abgekühlten Zustand filtriert werden. Der absorbierte Schwefelwasserstoff wird mit der Luft, welche durch die Lösung hindurchgeleitet wird, herausbefördert. Die noch blau gefärbte Lösung enthält zum Teil niedere Oxydationsverbindungen des Wolframs, welche sich durch Zugabe von Natriumchlorat beseitigen lassen. Auf dem Filter bleibt Molybdänsulfid gemeinsam mit kleinen Mengen Wolframsäure zurück. Durch Rösten wird dann reines Molybdänoxyd gewonnen. Dadurch, daß beide Säuren (W und Mo) isomorph sind, haben sich die sonstigen Trennungsmethoden als unvollkommen erwiesen. Selbst mit Hilfe der Sublimation gelingt es nicht restlos, relativ kleine Mengen des Molybdäntrioxyds aus der Wolframsäure zu entfernen.

Nach Beseitigung der oben angegebenen Verunreinigungen wird die Ammonparawolframatlösung mit einer Kalziumchloridlösung gefällt. Das Kalziumwolframat wird mit Säure zerlegt und die ausgefällte Wolframsäure über das Ammoniumparawolframat gereinigt, wie in Absatz 4.10 beschrieben wurde. Die nach diesem Reinigungsprozeß erhaltene Wolframsäure stellt praktisch das Ausgangsprodukt für die Verarbeitung zu duktilem Metall für Glühlampendrähte dar.

Der Ablauf des Reinigungsverfahrens geht also so vor sich, daß aus der ersten Lösung des Ammonparawolframats die vorhandenen Verunreinigungen, wie beschrieben, ausgefällt werden. Diese Ammonparawolframatlösung wird durch Auflösen der durch Auslaugen der Schmelze gewonnenen W-Säure oder häufig auch durch Zerlegen des Kalziumwolframates hergestellt. Nach Beseitigung der Verunreinigungen mit den vorher genannten Methoden wird das Kalziumwolframat mit Kalziumchloridlösung gefällt. Die mittels anorganischer Säure zerlegte Wolframsäure wird dann weiter über Ammonparawolframat gereinigt. Danach kann sie durch Glühen in Wolframtrioxyd übergeführt oder direkt zu Wolframmetallpulver reduziert werden.

4.40 Elektrolytisches Raffinationsverfahren

Zur Reinigung des pulverförmigen Wolframs wurde eine elektrolytische Raffinationsmethode ausgearbeitet [67]. Sie hat die Aufgabe, die letzten Spuren von Alkalimetallen zu entfernen, welche auf rein chemischem Wege nicht zu beseitigen sind. Mit Hilfe dieses Verfahrens ist es möglich, gleichzeitig die letzten Spuren von Eisen und Mangan, ja sogar auch noch Arsen, Schwefel und Siliziumdioxyd auszuscheiden. Eine weitere elektrolytische Methode dient zur Beseitigung von Kohlenstoff und Wasserstoff aus der Oberfläche der Wolframstäbe.

Zur Beseitigung der Alkalimetalle, Eisen und Mangan, werden eine Platinanode gegen eine Bleikathode und als Elektrolyt Schwefelsäure verwendet. Das zu reinigende Wolframpulver wird mit dem Elektrolyten zu einer Paste vermischt und in ein möglichst poriges Tongefäß gefüllt (Diaphragma). Für den Elektrolysevorgang wird ein Strom von 3 Amp. und eine Spannung von annähernd 5 Volt benötigt. Durch die anodische Oxydation gehen Eisen, Mangan und die Alkalimetalle als Sulfate in Lösung. Teilweise oxydiert auch Wolfram; es geht aber nicht in Lösung über, so daß Verluste nicht zu verzeichnen sind. Das Wolframpulver wird anschließend gewaschen und in ein anderes Elektrolysiergefäß übertragen, in dem die Platinelektrode als Kathode und die Bleielektrode als Anode geschaltet sind. Der in diesem Gefäß verwendete Elektrolyt ist von den Verunreinigungen abhängig, welche beseitigt werden sollen. Für das Abscheiden der Alkalimetalle verwendet man Oxalsäure, für die Beseitigung des Eisens Salzsäure und für den Anteil der Karbide Schwefelsäure als Elektrolyt. Weiterhin geht bei diesem Prozeß Arsen, Schwefel und Siliziumdioxyd neben den angegebenen Verunreinigungen in die Lösung ein. Das Wolfram, welches bei dem ersten elektrolytischen Vorgang oxydiert, kann wieder zu Metall reduziert werden.

Die elektrolytische Raffination kann sowohl mit einem sauren als auch mit einem alkalischen Elektrolyten durchgeführt werden [68]. In beiden Fällen werden die Verunreinigungen, wie oben beschrieben, durch anodische Oxydation beseitigt. Das Prinzip ist stets das gleiche, wohingegen sich die einzelnen Verfahren nur in der Zusammensetzung des Elektrolyten unterscheiden.

Zur Beseitigung des Graphits und des Wasserstoffes aus der Oberfläche der Wolframstäbe hat MLACOLM N. RICH [69] ein Verfahren ausgearbeitet. Dabei wird der gehämmerte Wolframstab als Anode geschaltet und in einen alkalischen Elektrolyten eingebracht.

Eine ähnliche Methode zur Reinigung des Molybdäns wurde nicht erarbeitet. Der Grund hierfür liegt darin, daß man reines Molybdän durch Sublimation des MoO_3 gewinnen kann, und zwar einmal direkt nach dem Rösten des Molybdänkonzentrates oder durch nachträgliche Sublimation des MoO_3, welches auf chemischem Wege gewonnen wurde. Dadurch erweist sich die relativ kostspielige Elektrolyse als vollkommen überflüssig. Bekannt ist allerdings, daß eine industrielle Anwendung der elektrolytischen Reinigung in größerem Maße nicht zur Anwendung kommt. Allgemein bevorzugt wird die Reinigung auf chemischem Wege, da die bekannten Verfahren den erforderlichen Ansprüchen vollauf genügen. In diesem Zusammenhang muß darauf hingewiesen werden, daß ein großer Teil der Verunreinigungen des Wolframs, in erster Linie die Alkalien, im Verlaufe der Sinterung bei hohen Temperaturen entweichen.

4.50 Reinigungsmethoden mit vorwiegend theoretischer Bedeutung

Weitere nachstehend aufgeführte Reinigungsmethoden, insbesondere des Wolframs, haben in erster Linie nur theoretische Bedeutung. Diese Verfahren sind vornehmlich durch Patente geschützt, wobei der wirtschaftliche Wert und ihre Bedeutung gering erscheinen. In der Industrie werden sie auch kaum angewandt; sie sollen nur der Vollständigkeit halber genannt werden.

G. GIN [70] hat z. B. zur Reinigung der Wolframsäure vorgeschlagen, in Ammoniumwolframatlösung Schwefel-Wasserstoff einzuleiten. Im Verlaufe der einsetzenden Reaktion entsteht Ammoniumthiowolframat, welches durch Kristallisation ausgeschieden wird. Durch Zugabe von Alkohol kann dieser Vorgang noch beschleunigt werden. Das abfiltrierte Thiowolframat wird nach dem Durchwaschen getrocknet, durch Erwärmen in Wolframsulfid übergeführt und zu Wolframtrioxyd verglüht. Das in Lösung verbliebene Ammoniumthiowolframat wird in Form von Sulfid durch Ansäuern mit Salzsäure gewonnen. Die Gefahr, welche dieses Verfahren mit sich bringt, liegt darin, daß durch Rösten nicht der gesamte Rückstand an Schwefel beseitigt werden und evtl. eine nachteilige Wirkung auf die Qualität des Metalls ausüben kann.

Ein ähnliches Verfahren hat C. H. FISCHER [71] vorgeschlagen. Gegenüber dem vorgenannten wird hierbei nicht Schwefelwasserstoff in die Lösung eingeleitet, sondern Ammoniumsulfid zugegeben. Die Verunreinigungen, welche im ammoniakalischen Medium unlösliche Sulfide bilden, scheiden sich ab. Die Lösung des Thiowolframates wird nach dem Abfiltrieren der Sulfide angesäuert. Hierdurch wird das Wolframsulfid ausgeschieden, welches dann durch Glühen in Wolframtrioxyd übergeführt werden kann. Auch bei diesem Verfahren bleibt der schädliche Einfluß des Schwefels bestehen, da er ebenfalls durch Rösten nicht vollständig beseitigt werden kann.

Ein weiteres interessantes Verfahren ist nach einem Patent von I. L. FUREY [72] zur Beseitigung des Molybdäns bei der Zersetzung des Scheelits bekannt geworden. Danach wird das Molybdän aus dem Scheelit entfernt, wenn dieser mit Salzsäure bei Anwesenheit von Ferrosilizium zersetzt wird. Der freiwerdende Wasserstoff, welcher bei der Reaktion des Ferrosiliziums mit Säure entsteht, soll die Fällung des MoO_3 aus der verdünnten sauren Lösung verhindern. Der Ablauf dieses Verfahrens ist folgender: Der Scheelit, welcher z. B. 53,5% W und 2,26% Mo in Form von MoS_2 enthält, wird geröstet. Hierbei geht MoS_2 in MoO_3 über. Das feingemahlene, geröstete Konzentrat wird durch ein Sieb mit 0,074 mm Maschenweite gegeben. 50 Teile dieses Konzentrates werden mit 5 Teilen Ferrosilizium (15% Si) vermischt. Letzteres wird ebenfalls vor dem Mischen durch ein Sieb mit 0,015 mm Maschenweite gegeben. Zu der Pulvermischung werden 130 Teile konzentrierter 36%iger HCl unter ständigem Rühren hinzugefügt. Anschließend wird 7 Std. auf 40° C gehalten. Danach wird die Reaktionsmischung $^1/_2$ Std. gekocht und auf das doppelte Volumen mit Wasser verdünnt. Die ausgeschiedene Wolframsäure wird abfiltriert und gut durchgewaschen. Die Molybdänsäure bleibt in der Lösung zurück. Die ausgeschiedene Wolframsäure enthält ungefähr 58% W und 0,09% Mo.

LI und WANG beschreiben in ihrem Buch die Reinigung der Wolframsäure mit Benzidinhydrochlorid. Bei diesem Verfahren wird die alkalische Lösung des Wolframates so lange mit HCl aufgefüllt, bis das Molekularverhältnis HCl : WO_3 gleich 1,5 ist. Die so vorbehandelte Lösung wird fraktionell mit der Lösung des

Benzidinhydrochlorids gefällt. Die Verunreinigungen verbleiben im Niederschlag der ersten Fraktion, während die zweite Fraktion sehr reine Wolframsäure in Form von Benzidinmetawolframat nach der Formel

$$C_{12}H_8 (NH)_2 \cdot 4\,WO_3 \cdot x\,H_2O$$

enthält. Durch Glühen dieses Salzes bei niederen Temperaturen wird sehr feinkörniges WO_3 gewonnen.

Von G. Gin [70] wurde eine Methode vorgeschlagen, welche auf der Überführung des Wolframtrioxyds in Wolframoxychlorid und anschließende Rückgewinnung zu Wolframtrioxyd beruht. Das WO_3 wird mit Eisen-III-Sulfat und Natriumchlorid vermischt und bei 400° C geglüht. Die Reaktion verläuft nach folgender Formel:

$$\text{I.}\quad Fe_2(SO_4)_3 + 6\,NaCl = 3\,Na_2SO_4 + 2\,FeCl_3$$

$$\text{II.}\quad 3\,WO_3 + 4\,FeCl_3 = 4\,WOCl_4 + 2\,Fe_2O_3.$$

Das entstandene Wolframoxychlorid, welches einen Schmelzpunkt von 210° C und einen Siedepunkt von 227° C hat, wird in Wasser kondensiert und zersetzt sich nach der Gleichung:

$$WOCl_4 + 2\,H_2O = WO_3 + 4\,HCl.$$

Wenn also das Wolframoxychlorid das mitgerissene Eisen-III-Chlorid bindet, wird es nicht in Wasser aufgenommen, sondern scheidet sich erst bei 230° C während der Destillation ab. Den Destillationsrückstand bildet Eisen-III-Chlorid, welches einen Siedepunkt von 280° C hat.

Zwei weitere Verfahren, welche von den Metallwerken Plansee [73] und von P. Schwarzkopf [74] patentiert wurden, nützen die Flüchtigkeit des WO_3 bei höheren Temperaturen aus. Nach Li und Wang liegt die WO_3-Dampftension, bezogen auf 760 mm Hg, bei 1400° C. Bei dieser Temperatur sublimiert sowohl WO_3 als auch MoO_3. Es ist jedoch anzunehmen, daß die Ergebnisse bei MoO_3 günstiger liegen als bei WO_3. Die Ursache hierfür liegt darin, daß auch einige Verunreinigungen eine gleich große Dampftension wie WO_3 besitzen und in das Sublimat übergehen.

Bei dem Verfahren der Metallwerke Plansee wird das Ausgangskonzentrat in zwei Stufen geröstet. Einmal bei der Temperatur, bei der der normale Röstvorgang eingeleitet wird, und zum zweitenmal bei 1000° C, wo die Zersetzung beginnt und WO_3 flüchtig wird. Die Angabe der Temperatur scheint jedoch sehr niedrig zu sein, zumal keine Bemerkungen über irgendwelche Druckverhältnisse bei der Reinigung gemacht werden.

Nach dem Verfahren von P. Schwarzkopf wird das Wolframkonzentrat zunächst einer Reduktion mit Kohlenstoff oder Wasserstoff unterzogen. Das reduzierte Material wird an Luft bei 800° C geglüht, um eventuell vorhandenes Mo in MoO_3 umzuwandeln und zu verflüchtigen. Danach wird die Temperatur bis auf 1300° C erhöht und das WO_3 sublimiert.

Neuerdings wird auch der Reinigung des Wolframs und Molybdäns in Form von Karbonylen Aufmerksamkeit gewidmet. Nach Messungen, welche T. N.

REZUCHINA und V. V. ŠVYRJEV [75] durchführten, liegt der Siedepunkt von Wolframkarbonyl $W(CO)_6$ bei 178,2° C und der von Molybdänkarbonyl $Mo(CO)_6$ bei 155,1°C. Die Dampftension beider Karbonyle ist in Abhängigkeit der Temperatur (in ° Kelvin) angegeben:

Für $Mo(CO)_6$ $$\lg p = \frac{3788{,}3}{T} + 11{,}7274.$$

Für $W(CO)_6$ $$\lg p = \frac{3640{,}4}{T} + 10{,}947.$$

Die Drücke sind in mm Quecksilbersäule aufgeführt, und beide Gleichungen geben die Größe der Dampftension mit einer Genauigkeit von 1% an.

Die Karbonyle werden aus dem sauren Medium destilliert, wobei allerdings die Gefahr besteht, daß einige Verunreinigungen, wie z. B. Eisen und Kobalt, mit dem Destillat übergehen. Demzufolge wurde seitens der British Thomson-Houston Co. Ltd. vorgeschlagen, die Destillation aus dem alkalischen Medium durchzuführen [76].

Ein stark alkalisches Medium zerstört die flüchtigen Verbindungen des Eisens, Mangans, Nickels u. a., greift aber beim Sieden die Karbonyle des W und Mo nicht an.

Soweit uns bekannt ist, werden die in diesem Absatz beschriebenen Verfahren industriell nicht angewandt. Dies ist offensichtlich darauf zurückzuführen, daß die Reinheit und Kornform, welche mit diesen Verfahren erzielt werden, die Qualität der mit den üblichen Methoden gewonnenen Oxyde des Wolframs und Molybdäns nicht übertreffen. Letzten Endes ist die Einführung dieser Verfahren in die Industrie auch von ihrer Wirtschaftlichkeit abhängig.

5.00 Industrielle Entwicklung der Verfahren zur Herstellung von duktilen Gegenständen aus Wolfram und Molybdän

Obgleich der größte Teil des Wolframs und Molybdäns für die Herstellung von Ferrolegierungen, für die Hartmetallerzeugung, für Schweißstäbe, für Kontakte usw. verwendet wird, liegt die große Bedeutung dieser Metalle, und zwar sowohl wissenschaftlich als auch technisch, in der Herstellung duktiler Gegenstände in Form von Stäben, Blechen und vor allem Drähten. Dies trifft im besonderen für die Erzeugung des Leuchtkörpermaterials von elektrischen Glühlampen zu.

Es mußte jedoch eine langdauernde Entwicklung durchlaufen werden, bis die überaus großen Schwierigkeiten in der Be- und Verarbeitung des Wolframs und Molybdäns überwunden wurden und bis es zur Ausgestaltung jener Herstellungsverfahren kam, die heute allgemein üblich sind. Die im vorhergehenden Kapitel (4.00) beschriebenen Reinigungsverfahren der als Ausgangsstoffe verwendeten Wolfram- und Molybdänsäure stellen bereits einen wichtigen Beitrag zur Lösung dieser Frage und einen entscheidenden Bestandteil der modernen Verfahren zur Herstellung von duktilem Wolfram und Molybdän dar.

5.10 Verfahren von Hannamann und Just (Pasteverfahren)

Wie bereits in der Einleitung (1.00) erwähnt wurde, ist die Entwicklung der elektrischen Metallfadenlampe durch den Übergang von weniger hochschmelzenden Metallen zu dem Metall mit dem höchsten Schmelzpunkt, dem Wolfram, gekennzeichnet. Technisch findet diese Tatsache ihren Ausdruck in der Entwicklung der Osmium- [77], später der Tantal- [78] und schließlich der Wolframlampe.

Schon in den Jahren 1902 bis 1904 beschäftigte sich die Siemens-Halske A. G., basierend auf ihren Erfahrungen über das Ziehen von Tantaldrähten, mit Versuchen zum Ziehen von anderen hochschmelzenden Metallen, im besonderen von Wolfram. Wegen der außerordentlich großen Sprödigkeit und der geringen Duktilität des Wolframs führten jedoch die damaligen Versuche zu keinem durchschlagenden technischen Erfolg.

Erst durch eine von Just und Hannamann [79] vorgeschlagene und später verbesserte Methode, das sogenannte Pasteverfahren, gelang es, eine halbwegs befriedigende technische Lösung zur Herstellung von Glühlampenfäden aus Wolfram zu finden. Nach dem Pasteverfahren wurde die größte Anzahl der Wolframfäden für elektrische Glühlampen in den Jahren 1906 bis 1911 hergestellt.

Das Verfahren beruht auf der innigen Mischung eines sehr feinkörnigen, schwarzen, d. h. nicht vollständig ausreduzierten Wolframpulvers mit einem organischen Bindemittel, wie Dextrin, Stärke, Zucker, Tragant usw. Die gut durchgearbeitete, meist warm längere Zeit kalanderte plastische Masse wurde unter Anwendung eines hydraulischen Druckes durch eine kleinere Diamantdüse gepreßt bzw. gespritzt (vgl. Abb. 20). Der resultierende Faden war genügend fest, so daß er auf Pappkartons aufgewunden werden konnte. Die getrockneten Fäden wurden dann zu ,,Haarnadeln" geschnitten und zunächst in einem Schutzgas (H_2 oder N_2—H_2-Gemisch) zur Entfernung der Feuchtigkeit und der leichteren Kohlenwasserstoffe auf dunkle Rotglut erhitzt. Jede ,,Haarnadel" wurde in Klemmen eingespannt und in Gegenwart eines neutralen oder reduzierenden Gases (Wasserstoff) durch direkten elektrischen Stromdurchgang auf die spätere Fadentemperatur der Lampe (hellste Weißglut) erhitzt. Dadurch wurden die Reste des organischen Bindemittels, welche mit dem Wasserstoff unter Bildung von Kohlenwasserstoffen reagierten, entfernt. Es blieb ein reiner Wolframfaden zurück. Bei den höchsten Temperaturen des Stromdurchganges sinterten die kleinen Wolframteilchen zusammen. Somit bildete sich ein fester, homogener, metallischer Faden. Diese Fäden waren zwar elastisch, aber ziemlich spröde und brüchig. Beim Brennen in der Lampe sinterten die Wolframfäden meist noch nach, was sich durch eine geringe Schrumpfung anzeigte.

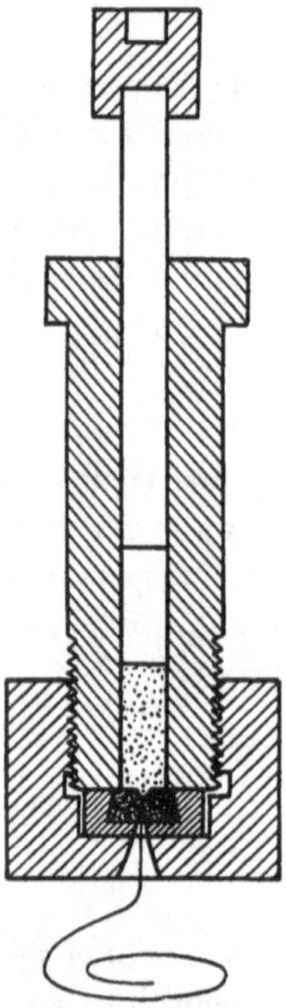

Abb. 20. Schema einer Einrichtung für die Herstellung von gespritzten Wolframfäden nach dem Pasteverfahren (nach F. SKAUPY)

Etwa zur gleichen Zeit entwickelten JUST und HANNAMANN ein weiteres Verfahren [80], welches man als Aufwachsverfahren bezeichnen kann. Auf einem dünnen Kohlefaden von etwa 0,02 mm ∅, der durch Stromdurchgang auf höhere Temperaturen — 1000 bis 1200° C — erhitzt wurde, bildete das Wolfram in gleichmäßiger Schicht durch Zersetzung von Wolframhexachlorid in Wasserstoffatmosphäre einen Niederschlag. Der Aufwachsfaden wurde dann auf hohe Weißglut in Wasserstoff bei einem Druck von 20 mm Hg erhitzt. Dabei löste sich der Kohlenstoffkern im Wolfram unter Bildung von Wolframkarbid. Die Bildung des Wolframkarbides verläuft so vollkommen, daß ein rohrförmiger Querschnitt des Fadens entsteht. Die erhaltenen Fäden zeigen ein glänzend weißes Aussehen und sind sehr brüchig. Schließlich wurde der Faden in feuchtem Wasserstoff erhitzt. Hierdurch wird der Kohlenstoff oxydiert. Es bleibt ein reiner Wolframfaden mit rohrförmigem Querschnitt zurück.

5.20 Kuzelprozeß (Kolloidverfahren)

Gegenüber dem Pasteverfahren treten die anderen, in den Jahren 1904 bis 1909 entwickelten fabrikatorischen Methoden zur Herstellung von Wolframfäden an technischer Bedeutung zurück. In allen Fällen wird zwar ein elastischer, aber stets sehr spröder Wolframfaden erhalten. Unter den in dieser Zeit entwickelten Verfahren ist das wichtigste das Kolloidverfahren von KUZEL [81]. Bei diesem Verfahren wird eine gelatineartige Paste mit metallischem Wolfram dadurch hergestellt, daß ein elektrischer Lichtbogen unter Wasser zwischen zwei Wolframelektroden gezogen wird. Das Material enthält keine Bindemittel, sondern ist selbst genügend plastisch, um durch kleine Diamantdüsen zu feinen Fäden gespritzt werden zu können. Die Plastizität ist auf den hohen Anteil an kolloidalen niederen Wolframoxyden zurückzuführen, die gewissermaßen ein Schutzkolloid für die feinsten Wolframteilchen bilden. Erhitzt man diese so hergestellten Fäden in Wasserstoff durch elektrischen Stromdurchgang auf sehr hohe Temperaturen, so wird die kolloidale Masse in kristallines Metall (Rekristallisation) übergeführt. Die Fäden sind in vieler Hinsicht in ihren Eigenschaften denen ähnlich, die nach dem Pasteverfahren erzeugt werden. Das Verfahren kam technisch sowohl in Europa als auch in kleinerem Umfange in Amerika zur Anwendung. Eine Änderung des Kolloidverfahrens von KUZEL [82], die mit dem unter 5.40 beschriebenen Verfahren der Siemens-Halske A.G. in Beziehung zu bringen ist, besteht darin, daß man zu der kolloidalen Lösung eines hochschmelzenden Metalles, wie Wolfram, die Lösung eines anderen Metallsalzes, -oxydes oder -hydroxydes, wie Aluminium, Titan oder Platin, in kleinerer Menge hinzusetzt. Man macht dann die Lösung mit Natronlauge alkalisch und fällt das Kolloid aus der Lösung mit Natriumchlorid. Die weitere Verarbeitung erfolgt, wie oben beschrieben, durch Spritzen der Kolloidpaste durch eine Düse und Wärmebehandlung bei sehr hohen Temperaturen in Wasserstoff.

Sowohl das Pasteverfahren von JUST und HANNAMANN als auch das Kolloidverfahren von KUZEL müssen bereits als pulvermetallurgische Verfahren angesehen werden, da sie die typischen Kennzeichen dieser Prozesse, nämlich Pressen, Spritzen oder Strangpressen der pasteförmigen Masse durch Düsen und nachfolgendes Sintern als Merkmale enthalten.

5.30 Amalgamverfahren

Eine andere, erfolgreiche Methode zur Herstellung von Wolframfäden war der in Amerika entwickelte Amalgamprozeß. Sehr feinkörniges Wolframmetallpulver wird mit dem Zweifachen seines Gewichtes an Kadmiumamalgam oder Kadmium-Wismut-Amalgam (42% Cd, 5% Bi, 53% Hg) innig gemischt. Aus dieser Masse werden Fäden durch einen Spritzprozeß erzeugt. Die resultierenden Fäden sind fest und ziemlich duktil. Danach wird das Amalgam durch Erhitzung in direktem Stromdurchgang auf höhere Temperaturen verflüchtigt. Das zurückbleibende Wolframskelett sintert bei hellster Weißglut zu einem dichten Heizfaden zusammen. Das Amalgamverfahren hat eine größere praktische Anwendung in den USA nur vorübergehend gefunden. Es muß als Vorgänger der später für die Pulvermetallurgie wichtigen Verfahren zur Herstellung von Pseudolegierungen angesehen werden.

5.40 Verfahren der Siemens-Halske A.G.

Von der Siemens-Halske A. G. wurde in den Jahren 1905 bis 1907 ein Verfahren zur Herstellung von Wolframdrähten ausgearbeitet, welches zwar zu keinen wesentlichen technischen Erfolgen geführt hat, aber einen wichtigen Schritt vorwärts bei der späteren industriellen Entwicklung der Hartmetalle und der Verbundmetalle darstellt. Das Verfahren beruht auf dem Gedanken, die Duktilität des Wolframs durch Zusatz eines Metalls von niedrigem Schmelzpunkt in kleineren Mengen zu verbessern. Zu diesem Zweck wird Wolframmetallpulver mit 2 bis 3% Nickel gemischt. Die Pulvermischung wird gepreßt und dann in Wasserstoff bei einer dicht unter dem Schmelzpunkt des Nickels liegenden Temperatur (ca. 1400° C) gesintert. Die gesinterten Stäbe können kalt zu feinen Drähten verformt und gezogen werden. Der geringe Nickelzusatz wird schließlich durch Verdampfen bei sehr hohen Temperaturen verflüchtigt [83]. Das Ausdampfen des Nickels darf wegen des störenden Einflusses des niedrig schmelzenden Eutektikums im System Wolfram-Nickel (Wolfram und Nickel bilden Legierungen) nicht bei Atmosphärendruck, sondern im Vakuum vorgenommen werden. Das Verfahren ist in den Einzelheiten in einer Anzahl von Patenten von Lodyguire [84] und von v. Bolton [85] beschrieben.

5.50 Verarbeitung von Molybdän nach dem Pasteverfahren

In ähnlicher Weise wie beim Wolfram hat man auch vor der später noch zu beschreibenden Einführung des Coolidge-Prozesses Molybdän nach dem Pasteverfahren hergestellt. Nach einem Vorschlag von Lederer [86] geht man dabei von pulverförmigem Molybdänsulfid aus. Das Sulfid wird mit amorphem Schwefel gemischt und zu einer Paste verknetet, welche dann durch Spritzen zu Draht verformt wird. Wenn die Fäden der Einwirkung von Luft ausgesetzt sind, werden sie genügend fest, um sie weiter verarbeiten zu können. Die Fäden werden in Wasserstoff bei hohen Temperaturen erhitzt, wobei sich Schwefelwasserstoff bildet und das entstehende Metall zu festen Körpern zusammensintert.

Ein ähnliches Verfahren wurde von Oberlander [87] vorgeschlagen, welcher an Stelle des Sulfides Molybdänchlorid oder andere Halogenide als Ausgangsmaterial benutzte. Wenn das Chlorid mit einem reduzierenden Agenz behandelt wird, bildet sich eine metallische Paste, die dann in üblicher Weise weiterverarbeitet werden kann.

5.60 Das Coolidge-Verfahren (pulvermetallurgisches Verfahren im engeren Sinne)

Bei den vorstehend beschriebenen Verfahren wurde in allen Fällen ein Bindemittel benutzt, und zwar ein organisches wie beim Pasteverfahren oder ein metallisches wie bei der Siemens-Halske-Methode oder beim Amalgamverfahren, um den Metallen Wolfram und Molybdän die nötige Plastizität für die Verarbeitung zu Fäden oder Drähten zu verleihen. Das Bindemittel wurde dann durch eine chemische oder thermische Behandlung entfernt. Die auf diese Weise erhaltenen Metalle waren verhältnismäßig rein, aber stets sehr spröde.

Im Jahre 1909 macht W. D. COOLIDGE [88, 89] die wichtige Entdeckung, daß Wolfram und Molybdän auch ohne einen Zusatz von Bindemitteln bei höheren Temperaturen bearbeitet werden können und daß die so behandelten Metalle ihre Duktilität auch bei Raumtemperatur beibehalten.

Das Coolidge-Verfahren hat seine große Bedeutung bis auf den heutigen Tag beibehalten. Seit seiner Einführung wird Wolfram und Molybdän, zum mindesten dasjenige für Glühlampen- und Rundfunkröhren, fast ausschließlich industriell nach diesem Verfahren hergestellt. Erst in jüngster Zeit sind einige Verfahren bekannt geworden, die — im besonderen beim Molybdän — die Herstellung eines duktilen Metalls auch auf dem Schmelzwege ermöglichen. Hierüber wird unter 5.70 näher berichtet. Eine weitere Möglichkeit der Verarbeitung von Wolfram und Molybdän, die vom Coolidge-Verfahren nicht unerheblich abweicht, deutet sich neuerdings an. Man kann nämlich diese Metalle schon bei ziemlich niederen Temperaturen, d. h. etwa bei 1100 bis 1400° C, dicht sintern. In diesem Zustand sind die gesinterten Metalle genügend fest und dicht, um, wie beim Molybdän bereits erfolgreich nachgewiesen wurde, warm verarbeitet werden zu können. Auch dieses noch in der Entwicklung befindliche Verfahren wird im Rahmen dieses Buches besprochen.

Gewisse Abänderungen und Verbesserungen des Coolidge-Prozesses sind in zahlreichen Patentschriften der späteren Zeit niedergelegt worden, wie denn überhaupt die Patentliteratur über die Sinterung von Wolfram und Molybdän einen außerordentlich großen Umfang angenommen hat. Von diesen Patenten seien als besonders wichtig diejenigen von COOLIDGE [90] selbst, von v. BOLTON [91], von KITSI [92] und von JUST und HANNAMANN [93] genannt.

Mit dem Coolidge-Verfahren werden wir uns an dieser Stelle nur kurz beschäftigen. In einem besonderen Kapitel (6.00) werden wir in allen Einzelheiten auf die verschiedenen Stadien dieses Prozesses eingehen und die Art der Ausgangssäuren, ihre Reduktion zu Metallpulvern, das Pressen derselben zu Stäben, die Vor- und Hochsinterung (Formieren) sowie das Schmieden, Hämmern, Ziehen und Walzen besprechen.

Die Grundzüge des Coolidge-Verfahrens bestehen im folgenden: Man geht von einer sehr reinen Ausgangssäure aus. Der Reinheitsgrad ist besonders bei der Wolframsäure sehr wichtig, um die spätere mechanische Verarbeitung des Wolframmetalls zu erleichtern und schädliche Beeinflussungen der Kristallstruktur auszuschließen. Zu diesem Zweck muß die Wolframsäure einem besonderen chemischen Reinigungsprozeß unterworfen werden (vgl. Kapitel 4.00). Die Reinigung der Molybdänsäure erfolgt im technischen Maßstab meist auf dem Wege der Sublimation (vgl. 3.30). Die Ausgangssäuren müssen eine bestimmte Kornbeschaffenheit und vor allem Gleichmäßigkeit aufweisen, um Schwierigkeiten bei der Weiterverarbeitung zu verhindern.

Zur Molybdänsäure werden keine Zusätze gegeben. Bei der Wolframsäure dagegen, aus welcher Wolframdrähte hoher Formbeständigkeit für Glühlampen und Röhrendrähte hergestellt werden sollen, erfolgt je nach der Drahtsorte ein Zusatz, welcher die Rekristallisation und in besonderen Fällen auch die Elektronenemission beeinflußt. Auch rekristallisationshemmende Stoffe, welche die Kristallstruktur in gewünschtem Sinne (lange Kristalle mit sich überlappenden Stoßstellen) ergeben, werden zugesetzt (vgl. Kapitel 7.00). Als Zusätze kommen unter anderem Thoriumoxyd in Mengen von 0,7 bis 5%, Alkali- und Erdalkalisilikate oder deren Oxyde in Mengen von nur einigen Zehntelprozenten in Betracht. Die Zugabe dieser Stoffe erfolgt durch Tränkung der Wolframsäure mit der jeweils wässerigen Lösung der entsprechenden Salze. Wolframsäure, die nicht zur Herstellung von Glühlampendrähten verwendet wird, sondern etwa zu Schweißstäben, Kontakten, Blechen usw., erhält in der Regel keine rekristallisationshemmenden Zusätze irgendwelcher Art.

Die Wolfram- und Molybdänsäure wird zu feinkörnigen und fast vollständig ausreduzierten Metallpulvern hohen Reinheitsgrades mit Wasserstoff bei Temperaturen im Bereich von 600 bis 950° C reduziert. Es werden dann durch Pressen mittels hydraulischen Druckes von 1 bis 3 t/cm² Stäbe in geeigneten Preßformen hergestellt, ohne Verwendung eines organischen Bindemittels, die vollständig frei von Preßfehlern sein müssen. Es hat sich allerdings als zweckmäßig erwiesen, ein Gleitmittel in Form von Glyzerin oder Paraffin dem Metallpulver beizugeben. Dadurch werden Preßfehler, vorwiegend bei größeren Querschnitten, ausgeschaltet. Die Stäbe werden zunächst bei Temperaturen von ca. 1200° C in Wasserstoff vorgesintert, um ihnen die für die Weiterverarbeitung notwendige Festigkeit zu verleihen.

Die vorgesinterten Stäbe werden dann in die Elektrodenhalter der Sinterglocken eingespannt und durch direkten Stromdurchgang auf Temperaturen erhitzt, welche dicht unterhalb des Schmelzpunktes des jeweiligen Metalles liegen. Diesen Vorgang, der besonders wichtig ist, bezeichnet man als Formieren. Die Stäbe sintern dabei zu ziemlich dichten Körpern unter starker Schwindung zusammen. Aus diesem Grunde muß ihnen Gelegenheit gegeben werden, sich ohne Unterbrechung des Stromes verkürzen zu können. Das Formieren erfolgt bei Molybdän stets in Wasserstoff, beim Wolfram meist in Wasserstoff, mitunter aber auch in Formiergas (75% H_2 + 25% N_2). Die Verwendung von Formiergas ist möglich, da Wolfram keine Nitride bildet. Beim Formieren tritt, worauf bisher noch nicht mit dem genügenden Nachdruck hingewiesen wurde, eine Selbstreinigung des Wolframs ein, da die Verunreinigungen mit höherem Dampfdruck flüchtig werden. Auch ein Teil der die Rekristallisation beeinflussenden absichtlichen Zusätze, wie die Alkalien, verdampfen weitgehend bei diesem Stadium des Prozesses. Infolge der starken Schwindung tritt ein enger Kontakt zwischen den einzelnen Kristalliten unter großer Verminderung der Porosität ein, wodurch die Deformierbarkeit des Materials während des folgenden Hämmerprozesses weitgehend verbessert wird.

Die hochgesinterten, formierten Stäbe werden anschließend einem Rundhämmerprozeß unterworfen. Dabei werden pro Minute etwa 8000 bis 10000 Schläge auf den Stab ausgeübt. Die zunächst quadratischen bzw. rechteckigen Stäbe werden in einen zylindrischen Stabquerschnitt überführt und dabei verdichtet. Der Zusammenhalt der einzelnen Kristallite wird weiter verbessert, und die restlichen Poren werden beseitigt, so daß ein durchgehämmerter Stab die theoretische Dichte des Metalls annähernd erreicht. Es bildet sich bereits in diesem Stadium eine deutliche Faserstruktur, was einen Ausdruck für die hohe erreichte Duktilität darstellt. Das Hämmern erfolgt unter Anwärmung der Stäbe bei Temperaturen, welche in den ersten Stufen beim Wolfram bei etwa 1600° C, bei Molybdän bei ca. 1450° C liegen. Bis zur Erlangung der zylindrischen Form müssen die Stäbe während des Hämmerprozesses gewendet werden, da diese Querschnitte ein kontinuierliches Hämmern noch nicht zulassen. Die Anwärmtemperaturen werden mit fortschreitender Verformung laufend gesenkt. Die Stäbe, die mit steigendem Verformungsgrad stark an Länge zunehmen, werden in den letzten Stufen durchgehend gehämmert, wobei zwischen jedem Hämmergang eine Vorwärmung des Materials eingeschaltet werden muß. Vor der weiteren Verarbeitung muß zur Aufrechterhaltung der gleichmäßigen Faserstruktur der Stäbe eine Glühung erfolgen, welche den Zweck hat, einen Ausgleich zwischen den stark verformten ehemaligen Kanten des Stabes und dem normalen Kerngefüge zu schaffen. Diese Glühung braucht nicht in Kastenöfen zu erfolgen, wie sie für den Hämmerprozeß Verwendung finden, sondern die neuere Technik geht dahin, die Stäbe in Bündeln induktiv zu glühen.

Die Hämmerstäbe sind bei Durchmessern von 1 bis 2 mm so duktil, daß sie ohne Schwierigkeiten gezogen werden können. Dies gilt im besonderen für das duktilere Molybdän. Wolframdrähte müssen beim Ziehen in den ersten Stufen auf Temperaturen von etwa 800° C angewärmt werden. Die Temperatur wird mit fortschreitender Verkleinerung des Drahtdurchmessers auf etwa 400° C kontinuierlich gesenkt. Molybdän erfordert geringere Anwärmtemperaturen beim Ziehen. Die durchschnittliche Querschnittsverminderung beträgt beim Wolfram etwa 10%. Beim Molybdän kann sie etwas größer sein. Molybdän kann in den letzten Stufen bzw. bei kleineren Durchmessern unter Umständen auch kalt gezogen werden.

Zum Ziehen werden in den größeren Durchmessern bis etwa 0,3 mm Ziehsteine aus Hartmetallen verwendet. Feinere Drähte müssen durch Diamanten gezogen werden. Die Herstellung feinster Drähte von 0,012 mm und darunter ist durchaus möglich. Interessant ist, daß die Entwicklung der heutigen modernen gesinterten Hartmetalle dem Umstand zu verdanken ist, daß man einen wirtschaftlichen Ersatz für die in größeren Durchmessern sehr teuren Diamanten beim Wolframzug suchte. Eine genaue Kontrolle und Überwachung der Ziehsteine, zum mindesten in den letzten Stufen, ist notwendig, um einen möglichst vollständig runden Draht zu erhalten und Drahtfehler auszuschließen, welche die Lebensdauer des Glühlampendrahtes in ungünstigem Sinne beeinflussen können. Zur Schonung der Ziehsteine wird unter Verwendung eines

Schmiermittels, wie Aquadac oder einer anderen kolloidalen Graphitsuspension gezogen. Die Drähte durchlaufen deswegen ein Schmiergefäß und erhalten einen Überzug des Schutzgraphites, der durch die Vorwärmung beim Ziehen auf der Drahtoberfläche eingebrannt wird. Die Schutzschicht schützt außerdem die Drähte gegen Oxydation durch die Atmosphäre. Zum Einfädeln der Drähte in die Ziehsteine müssen sie vorher angespitzt werden. Dies geschieht durch Eintauchen und Anätzen in einem Bade, welches aus geschmolzenem Natriumnitrid und Natriumnitrat im Verhältnis 1 : 1 besteht.

In den modernen, gasgefüllten Glühlampen ist der Draht zu einer Wendel gewickelt, die ihrerseits auch noch zu einer Doppelwendel gewunden werden kann. Bei der Herstellung einer Einfachwendel wird der Draht mit der verlangten Steigung um einen Molybdänkern gewickelt, der anschließend durch Säure herausgelöst wird. Bei der Erzeugung einer Doppelwendel wird eine Wolframspirale um einen geraden Molybdändraht gewendelt, der ebenfalls entfernt wird. Da die Steigung zwischen den einzelnen Windungen außerordentlich klein ist, kann schon ein leichtes Durchhängen während der Rekristallisation den Kurzschluß eines Teiles des Leuchtkörpers verursachen. Die um den Mo-Kern gewickelten Wendeln werden rekristallisiert durch Erhitzen in einem Rohrofen unter Wasserstoff bei Temperaturen von etwa 1600° C. Der Molybdändraht wird durch ein Gemisch von heißer Schwefel- und Salpetersäure herausgelöst. Das Wendeln erfolgt entweder bei Raumtemperatur oder bei Temperaturen bis 500° C, wobei die Temperatur durch direkten Stromdurchgang erzielt wird.

Wie schon erwähnt, ist das Coolidge-Verfahren die weitaus wichtigste Methode zur Herstellung duktiler Gegenstände aus hochschmelzenden Metallen auf industrieller Basis. Die einzige andere Methode, die noch bis vor kurzem in einem gewissen Umfang industriell, und zwar in Deutschland, verwendet wurde, ist das Pintsch-Einkristallverfahren, welches 1913 von ORBIG und SCHALLER [94] entwickelt wurde. Bei diesem Verfahren wird eine Paste, die aus sehr feinkörnigem Wolframmetallpulver (mittlere Korngröße ca. 0,5 μ) mit etwa 2% Thoriumoxyd hergestellt wird, zu Fäden durch Düsen verspritzt, welche dann indirekt dadurch erhitzt werden, daß sie eine auf 2000 bis 2200° C erhitzte Wolframwendel durchlaufen. Die Geschwindigkeit des Durchganges (etwa 3 m pro Stunde) wird so einreguliert, daß gerade die Geschwindigkeit des Kornwachstums der Kristallite bei der gewählten Temperatur erreicht wird. Auf diese Weise lassen sich Fäden mit längeren Einkristallen von manchmal mehreren Metern erzeugen.

Unter dem Coolidge-Prozeß versteht man an sich nur die Herstellung von duktilen Drähten aus hochschmelzenden Metallen. Die Warmverarbeitung des Wolframs und Molybdäns kann jedoch auch andere duktile Gegenstände umfassen, wie z. B. Bleche und Bänder. Das Flachschmieden des Wolframs und Molybdäns verlangt etwas höhere Temperaturen als das Rundhämmern, also z. B. 1800° C beim Wolfram in den ersten Stufen des Prozesses. Die Temperatur wird mit fortschreitendem Verformungsgrad gesenkt, und zwar bis auf 1200° C. Auch das Walzen erfolgt unter ständiger Anwärmung, einmal, um die Plastizität des Materials zu erhöhen, und zum anderen, um die durch die Bearbeitung entstehenden inneren Spannungen zu beseitigen. Die Zwischenglühungen dürfen jedoch nicht über Temperaturen hinausgehen, bei denen eine Rekristallisation der Bleche stattfindet.

Die Verarbeitung des Molybdäns zu Blechen geschieht grundsätzlich in derselben Weise wie die des Wolframs, wie denn überhaupt keine Unterschiede in den verwendeten Verformungsverfahren zwischen Wolfram und Molybdän bestehen, sondern nur hinsichtlich der angewendeten Bedingungen der Temperatur, des Verformungsgrades usw.

5.70 Schmelzverfahren

Während man früher duktiles Molybdän ausschließlich auf pulvermetallurgischem Wege, d. h. durch Pressen und Sintern, herstellte, hat während des zweiten Weltkrieges in den USA eine Entwicklung eingesetzt, durch welche versucht wurde, duktiles Metall in größeren Blöcken auf dem Schmelz- und Gießwege zu erzeugen. Dem bisher üblichen pulvermetallurgischen Verfahren haftete der Nachteil an, daß wegen der Sinterung durch direkten Stromdurchgang keine komplizierten Formen und nur kleinere Gegenstände erzeugt werden konnten. Nun ist es zwar der Westinghouse Electric Corp. [95] gelungen, durch eine Modifizierung der pulvermetallurgischen Methode, d. h. durch indirekte Sinterung des Molybdäns, auch größere Sinterkörper im Gewicht bis zu etwa 200 kg herzustellen. Mit dem Schmelzverfahren hat man aber bereits Blöcke von mehr als 500 kg erzeugen können, ohne daß damit wahrscheinlich die obere Grenze der industriellen Möglichkeiten erreicht worden wäre.

Die Entwicklung eines industriell reifen Schmelzverfahrens von Molybdän ist auf die Pionierarbeiten von R. W. PARKE und J. L. HAM [96] zurückzuführen. Seine weitere technische Ausgestaltung hat das Verfahren bei der Climax Molybdenum Corp. in den USA gefunden. Neuerdings beschäftigte man sich auch in anderen Ländern mit der Erzeugung von geschmolzenem, duktilem Molybdän auf Grund der Climax-Patente.

Das Schmelzen nach dem „Climax-Prozeß“ findet im elektrischen Lichtbogen und im Vakuum statt. Das während des Schmelzens unterhaltene Vakuum darf tunlichst 0,05 mm Hg nicht überschreiten. Je besser das Vakuum ist, um so günstiger sind die technologischen Eigenschaften des geschmolzenen Molybdäns und um so höher ist seine Duktilität. Nach der dem Verfahren zugrunde liegenden Patentschrift soll an sich auch das Schmelzen in einem inerten Gas möglich sein.

Der elektrische Lichtbogen wird zwischen einer verstellbaren, senkrecht angeordneten Mo-Elektrode und zwischen der entstehenden Mo-Schmelze gezogen [97]. Die Mo-Elektrode, von der das Metall abgeschmolzen wird, wird kontinuierlich dadurch erzeugt, daß Mo-Pulver durch eine Spezialdüse gepreßt wird. Der entstehende Mo-Körper muß durch Sintern verfestigt werden. Dies geschieht kontinuierlich durch den Strom, der zur Bildung des elektrischen Bogens erforderlich ist. Nach einem Vorschlag der Metallwerke Plansee [98] werden die zum Schmelzen hochschmelzender Metalle benutzten Elektroden durch Strangpressen der entsprechenden Metallpulver mit organischen Zusätzen, wie Leim u. dgl., hergestellt und in einer Wasserstoffatmosphäre zusammengesintert. Mehrere stranggepreßte Stäbe werden durch Schweißen zu einem Stabbündel vereinigt.

Der untere Teil der Elektrode kommt zum Schmelzen. Das flüssige Metall läuft in eine wassergekühlte Kupfermulde und erstarrt dort. Die Einrichtung der Climax Molybdenum Corp. ist im einzelnen aus Abb. 21 zu ersehen. Sie dient zum Schmelzen und Gießen von Blöcken im Gewicht bis zu etwa 450 kg. Im unteren rechten Teil des Bildes ist die Vakuum-Einrichtung wiedergegeben. Die

Abb. 21. Vakuumschmelzanlage der Climax Molybdenum Corp. zur Erzeugung von Molybdänblechen mit einem Gewicht von 500 kg

Herstellungseinrichtung für die Mo-Elektrode und der Vorschubmechanismus für die Zustellung zur Elektrode ist aus dem Bilde oben links ersichtlich.

Während des Schmelzens findet infolge des angewendeten Vakuums eine Reinigung des Molybdäns durch Beseitigung des größten Teiles der Verunreinigungen statt. Hierdurch wird der sonst den Schmelzverfahren anhaftende Mangel weitgehend beseitigt. Ganz ist aber das pulvermetallurgische Verfahren nicht ausgeschlossen, da letzten Endes die Herstellung der Elektroden selbst durch Pressen und Sintern erfolgt. Von besonderer Bedeutung ist es bei dem Verfahren, daß der Sauerstoffgehalt nicht über 0,0002% liegen darf. Da sein Vorhandensein auf die im Mo bestehenden niederen Oxyde zurückzuführen ist, wird auch eine vollständige Beseitigung selbst durch sehr gutes Vakuum nicht erreicht. Höhere Werte als oben angegeben, können dazu beitragen, daß Rotbrüchigkeit im Molybdän auftritt, so daß das geschmolzene Metall in der Wärme nicht mehr schmiedbar ist. Um den Sauerstoffgehalt herabzudrücken, werden genau dosierte kleine Mengen Kohlenstoff zugegeben. Das sich bildende CO wird durch Abpumpen beseitigt. Es hat sich auch erwiesen, daß ein geringer Überschuß an Kohlenstoff keine schädigende Wirkung verursacht, da er sich in Form von Molybdänkarbid an den Korngrenzen ablagert. Weitere Legierungszusätze mit desoxydierender Wirkung sind unter anderen Titan, Vanadin, Niob und Aluminium.

Geschmolzenes Molybdän soll an Gesamtverunreinigungen nicht mehr als 0,05% enthalten. Besonders schädlich sind neben O_2 vor allem C, N_2, H_2, Si, Cr, Fe, Mn und Cu. G. W. P. RENGSTORFF und R. B. FISCHER [99] haben neuerdings einen Vergleich zwischen den wichtigsten Verunreinigungen gegeben, die in handelsüblichem geschmolzenem und pulvermetallurgisch hergestelltem Molybdän festgestellt wurden. Sie haben außerdem ein geschmolzenes Molybdän untersucht, welches in einem Hochvakuum ($1 \cdot 10^{-3}$) erzeugt wurde. Die Analysen dieser Materialien sind in Tabelle 8 angegeben.

Tabelle 8

Vergleich der Verunreinigungen von Mo *hoher Reinheit mit 2 handelsüblichen* Mo-*Proben*

Art des Materials	Chemische Verunreinigungen in %			
	C	O_2	H_2	N_2
im Hochvakuum geschmolzen und gereinigt	0,004	0,0006	0,00004	0,005
handelsübliches geschmolzenes duktiles Mo	0,032	0,0018	0,00011	0,0006
handelsübliches gesintertes Molybdän	0,003	0,007	0,00031	0,0017

Wie der obigen Tabelle entnommen werden kann, läßt sich durch Schmelzen im elektrischen Bogen ein Molybdänmetall hoher Reinheit erhalten, welches einem gesinterten nicht nachsteht. Besonders ist dies der Fall, wenn beim Schmelzen ein hohes Vakuum angewendet und unterhalten wird. Einen eingehenden Vergleich zwischen den technologischen Eigenschaften von im Lichtbogen geschmolzenem Molybdän mit einem Metall, welches auf pulvermetallurgischem Wege erzeugt ist, haben neuerdings J. H. BECHTHOLD und H. SCOTT [100] gegeben. Die Unterschiede in den mechanischen Eigenschaften beider Materialien sind nur sehr gering, so daß beide Verfahren etwa als gleichwertig zu beurteilen sind.

Es kann heute noch nicht beurteilt werden, ob in Zukunft das Schmelzverfahren die pulvermetallurgische Methode voll bei der Herstellung von duktilem Molybdän ersetzen kann. Unsere Meinung geht dahin, daß dies voraussichtlich nicht der Fall sein wird. Zur Herstellung von Drähten und kleineren Blechen aus Molybdän wird wohl auch in Zukunft das klassische pulvermetallurgische Verfahren, wie es auf Grund des Coolidge-Prozesses im besonderen von C. G. FINK [101] beim Mo entwickelt worden ist, seine Bedeutung beibehalten, da es einfacher ist, leichter reproduzierbar erscheint und auch eine besondere Beeinflussung der Kristallstruktur zuläßt. Es ist anzunehmen, daß das pulvermetallurgische Verfahren eine weitere Ausgestaltung in der Richtung erfahren wird, daß man die Sintertemperatur durch Verwendung besonders sinterfähiger Molybdänpulver herabdrückt. Auf diese Weise wird es möglich sein, die Sinterung in einem Ofen durch indirekte Heizung und nicht in einer Sinterglockenanlage durch direkten Stromdurchgang durchzuführen.

Dagegen wird das elektrische Vakuumschmelzen im Lichtbogen für Molybdän dann angewandt werden müssen, wenn größere Gegenstände aus duktilem Metall erzeugt werden sollen. Die günstigen mechanischen Eigenschaften des Molybdäns machen dieses Metall besonders dann geeignet, wenn ein Werkstoff verlangt wird, der eine hohe mechanische Festigkeit bei hohen Temperaturen besitzen soll. Verwendet man außerdem noch fest anhaftende Schutzschichten (z. B. Silizium) auf diesem Metall, durch welche die an sich ungünstige Oxydationsbeständigkeit des Molybdäns verbessert wird, so besitzt man einen Werkstoff von nahezu idealen Eigenschaften. Die letzten Jahre zeigen gerade eine besonders intensive Entwicklung auf dem Gebiet der hochhitzebeständigen Werkstoffe für die verschiedensten Anwendungen.

Völlig abwegig aber ist es, wenn die Tatsache, daß Molybdän nunmehr technisch auf dem Wege des Schmelzens in duktiler Form hergestellt werden kann, als ein Beweis für eine in Zukunft sichtbar werdende Einschränkung der Pulvermetallurgie angesehen wird.

Richtungweisend für die Weiterentwicklung des Wolframs wird nach wie vor die pulvermetallurgische Verarbeitung sein, da die zum Einsatz kommenden Abmessungen durchaus auf diesem Wege erzeugt werden können. Versuchsweise nach dem Climax-Verfahren im Vakuum niedergeschmolzenes Wolfram zeigte gute Verarbeitbarkeit durch Schmieden neben großer Reinheit des Materials. Ein Wolfram höchster Reinheit kann aber auch durch Widerstandserhitzung im Vakuum erzielt werden.

6.00 Verarbeitung des Wolframs und Molybdäns zu duktilen Gegenständen

Wie bereits unter 5.60 ausgeführt, werden duktile Gegenstände aus Wolfram und Molybdän heute fast ausschließlich nach dem Coolidge-Verfahren industriell hergestellt. Dies gilt insbesondere für die Erzeugung von Stäben, Drähten und Blechen sowie Folien. Wegen der großen Bedeutung dieses Verfahrens für die Verarbeitung von Wolfram und Molybdän und damit vor allem für die Rundfunkröhren- und Glühlampenindustrie werden wir uns im folgenden eingehend mit demselben beschäftigen. Dies erscheint auch deswegen zweckmäßig, weil das Coolidge-Verfahren auf die spätere Entwicklung der gesamten Pulvermetallurgie außerordentlich befruchtend gewirkt hat.

6.10 Reinheitsgrad der Ausgangsstoffe

Voraussetzung für die Erzeugung duktiler Wolfram- und Molybdänerzeugnisse nach dem Coolidge-Verfahren ist die Verwendung von Säuren bzw. Oxyden (WO_3 und MoO_3) oder von Wolfram- und Molybdänsalzen sehr hoher Reinheit. Enthalten die Ausgangssäuren, -oxyde oder -salze (Wolframate bzw. Molybdate) Verunreinigungen, die über die zulässige Menge hinausgehen, so gelingt es nicht, hochgesinterte Stäbe herzustellen, deren Verarbeitung durch Hämmern, Schmieden, Ziehen oder Walzen möglich ist. Das Material besitzt dann keinesfalls die ausreichende Duktilität. Die einzelnen Verunreinigungen wirken dabei ganz spezifisch. Einige Verunreinigungen sind bereits in kleinsten Mengen, deren Größenordnung einige tausendstel bzw. hundertstel Prozent beträgt, schädlich. Andere hingegen beeinflussen erst in größeren Mengen die Verarbeitbarkeit im ungünstigen Sinne. Auf diese Tatsache haben die Reinigungsverfahren Rücksicht zu nehmen. Die Art der Erze mit den verschiedensten Beimengungen und ihre Herkunft sind ausschlaggebend für die in der Säure noch verbleibenden Verunreinigungen. Die Verunreinigungen sind jedoch nicht nur von schädlichem Einfluß auf die Verarbeitbarkeit der hochgesinterten Metalle, sondern haben für die Vorgänge der späteren Rekristallisation der verformten Gegenstände, wie z. B. Drähte, Bleche, Bänder usw., auch eine Bedeutung und können diese beeinflussen. In Kapitel 7.00 wird darauf noch näher eingegangen. Die für die Formbeständigkeit des Leuchtkörpermaterials während des Brennens der Glühlampen ausschlaggebende Kristallstruktur wird durch Zusatz bestimmter, die Rekristallisation hemmender, absichtlicher Beimengungen erzielt (vgl. unter 8.50). Ungewollte Verunreinigungen, welche die Rekristallisation undefiniert gestalten, müssen daher unter allen Umständen vermieden werden.

Beide Vorgänge, Verarbeitbarkeit und gesteuerte Rekristallisation, verlangen daher einen hohen Reinheitsgrad der Ausgangssäuren oder -salze. Demzufolge kommt dem unter 4.00 beschriebenen Reinigungsverfahren der Wolfram- bzw. Molybdänsäure sowie der Wolframate und Molybdate eine überragende Bedeutung zu. An die Reinheit der Wolframsäure sind dabei noch höhere Ansprüche zu stellen als an die der Molybdänsäure. Molybdän ist an sich duktiler als das überaus spröde Wolfram und daher auch bei Vorhandensein nicht zu großer Verunreinigungen im hochgesinterten Zustand leichter verformbar. Außerdem ist beim Molybdän die Frage einer geeigneten Kristallstruktur der verformten Gegenstände, z. B. Drähte, nicht so ausschlaggebend wie beim Wolfram. Trotzdem muß aber ein gewisser Reinheitsgrad garantiert sein. Da während der Herstellung der beiden Metalle W und Mo nach dem Coolidge-Verfahren kaum Verunreinigungen von außen her in das Material gelangen können — eine saubere Arbeitsweise vorausgesetzt —, ist der Reinheitsgrad der Ausgangsstoffe von großer Wichtigkeit.

Im allgemeinen benutzt man Wolframsäure bzw. Molybdänsäure als Ausgangsstoffe oder, richtiger gesagt, die Oxyde des Wolframs oder Molybdäns. In Ausnahmefällen gelangen auch Ammonparawolframat oder Ammonmolybdat als Rohstoffe zur Anwendung. Die gefällten Säuren enthalten Hydratwasser, so ist z. B. die gelbe Modifikation der Wolframsäure ein Monohydrat ($WO_3 \cdot H_2O$) und die weiße Modifikation ein Dihydrat ($WO_3 \cdot 2\,H_2O$). Das Hydratwasser der gefällten Säuren wird durch Glühen an Luft entfernt. Die Glühverluste der gelben und weißen Modifikation der Wolframsäure in Abhängigkeit von der Glühtemperatur (Glühdauer 1/2 Std. bei Einwaage von 5 bis 10 g) sind aus Abb. 22 ersichtlich [102]. Die Abbildung zeigt weiterhin den Verlauf des Glühverlustes eines Ammonparawolframats mit steigender Temperatur. Der Glühverlust des untersuchten Ammonparawolframats bei 800° C entspricht einem Salz der Zusammensetzung $3\,(NH_4)_2O \cdot 7\,WO_3 \cdot 6\,H_2O$ bzw. $5\,(NH_4)_2O \cdot 12\,WO_3 \cdot 11\,H_2O$. In allen Fällen bildet sich bei genügend hoher Glühtemperatur das Anhydrid der Wolframsäure (WO_3).

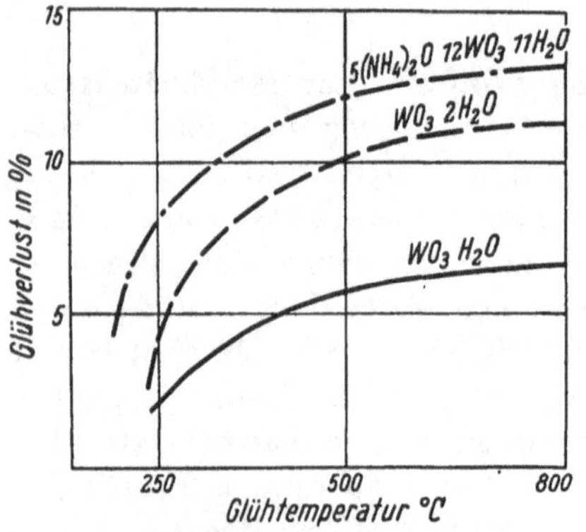

Abb. 22. Glühverlust von WO_3 (weiße und gelbe Modifikation) und Ammonparawolframat in Abhängigkeit von der Glühtemperatur

Gefällte Wolframsäure soll nur einen kleinen Anteil an Dihydrat ($WO_3 \cdot 2\,H_2O$) besitzen. Diese Modifikation fällt leicht in kolloidaler Form aus und reißt weit mehr Verunreinigungen beim Fällen mit sich als die weniger feine gelbe Säure. Bei dieser liegt die mittlere Korngröße zwischen 0,3 und 0,8 μ. Aus diesem Grunde treten beim Glühen der Wolframsäure leicht Zusammenballungen der einzelnen Körner auf. Aus Ammonparawolframat hergestellte Wolframsäure zeigt mitunter Kristallanhäufungen (Primärkristalle), jedoch unter Beibehaltung der Kristallform des Parasalzes (Sekundärkristalle). Diese Zusammenballungen und Kristallanhäufungen lassen sich verhältnismäßig leicht durch Zerreiben oder auch durch Sieben der Wolframsäure beseitigen. Vor ihrer Weiterverarbeitung durch Reduktion wird die geglühte Säure gesiebt, wobei die Maschenweite 0,06 mm betragen soll. Die Wolframsäure wird in der Regel bei Temperaturen von 400 bis 500° C an Luft geglüht. Hierbei werden der weitaus größte Teil des Hydratwassers und weiterhin die flüchtigen Bestandteile, welche von der Fällung herrühren — anorganische Säurereste — oder die den verarbeiteten Salzen entstammen — Alkalien usw. — entfernt. Die Ammonsalze (Wolframate oder Molybdate) werden vor ihrer Reduktion durch Glühen in Anhydrid übergeführt. Eine direkte Reduktion der Parasalze erfolgt im allgemeinen nicht, ist aber technisch durchführbar.

Auf Grund jahrelanger Erfahrungen, welche in den verschiedensten Werken der Glühlampenindustrie gesammelt wurden, muß die für die Herstellung von Glühlampendraht geeignete Wolframsäure verschiedene Bedingungen erfüllen, welche die Reinheit und die Kornbeschaffenheit betreffen. Die im geglühten Zustand vorliegende Wolframsäure muß etwa folgende Eigenschaften besitzen (Tab. 9):

Tabelle 9

Eigenschaften der WO_3 *für Glühlampendrähte*

Trocken- und Glühverluste	% max.	Verunreinigungen	% max.
Trockenverlust bei 170° C	0,10	Fe_2O_3	0,008
Glühverlust bei 500° C (2 h)	0,45	SiO_2	0,05
Glühverlust bei 800° C (2 h)	0,75	CaO	0,02
		Al_2O_3	0,02
weiße Modifikation Dihydrat	1,5	Mo	0,05
		C	0,01
		Alkalien	0,02
		P und As	0,005

Die Wolframsäure muß somit einen Reinheitsgrad von 99,85 bis 99,90% aufweisen. Die gesamten Verunreinigungen sollen maximal 0,1 bis 0,15% nicht überschreiten, so daß also sehr hohe Anforderungen an den Reinheitsgrad der Ausgangssäure gestellt werden.

Um eine einwandfreie Verarbeitbarkeit des aus der Säure reduzierten Wolframmetallpulvers durch Pressen und Sintern zu gewährleisten, muß ferner die Säure eine geeignete Kornbeschaffenheit besitzen. Nach unseren Erfahrungen ist die Wolframsäure genügend feinkörnig, wenn ihr Füllvolumen 80 bis 110 cm^3/100 g und ihr Klopfvolumen 50 bis 70 cm^3/100 g beträgt. Von anderer Seite (Radiumelektrizitäts GmbH., Wipperfürth) wird ein Füllvolumen von 65 bis 80 cm^3/100 g und ein Klopfvolumen von 40 bis 50 cm^3/100 g empfohlen. Der Rückstand bei der Chlorierung mit Sulfochlorid bei 420° C soll nicht mehr als

0,03% betragen. 250 g WO_3 sollen 85 bis 90 cm³ Wasser aufnehmen können, um eine zähe Paste zu bilden. Die mittlere Korngröße beträgt 0,7 bis 1,1 μ.

An Wolframsäure, die nicht zur Herstellung von Glühlampendrähten verwendet und bei deren Verarbeitung nicht der Coolidge-Prozeß angewendet wird (so z. B. WO_3 für die Erzeugung von Hartmetall, Pseudolegierungen für Kontakte usw.), sind nicht so hohe Anforderungen an die Reinheit zu stellen. Jedoch ist auch in diesem Fall ein Mindestmaß an Verunreinigungen erwünscht. Der Reinheitsgrad dieser Säuren soll zwischen 99,6 bis 99,85% liegen. Die Säure soll zweckmäßig folgende Eigenschaften besitzen (vgl. Tab. 10):

Tabelle 10

Eigenschaften der WO_3 *für Hartmetall und Pseudolegierungen*

Trocken- und Glühverluste	% max.	Verunreinigungen	% max.
Trockenverlust bei 170° C	0,20	Fe_2O_3	0,05
Glühverlust bei 500° C/2 h	0,60	SiO_2	0,05
Glühverlust bei 800° C/2 h	1,00	CaO	0,04
		Al_2O_3	0,04
weiße Modifikation/Dihydrat	5,0	Mo	0,10
		C	0,03
		Alkalien	0,03
		P und As	0,01

Die Kornbeschaffenheit des Wolframtrioxydes, welches für die Hartmetalltechnik benutzt wird, soll durch ein Füllvolumen von 65 bis 100 cm³/100 g und durch ein Klopfvolumen von 45 bis 70 cm³/100 g gekennzeichnet sein. Das für diese Zwecke verwendete Wolframtrioxyd ist also gröber als dasjenige für die Glühlampentechnik.

Molybdänsäure, wenn sie durch chemische Fällung der Molybdatlösung mit anorganischen Säuren hergestellt wird, muß gleichfalls durch Glühen an der Luft bei 400 bis 450° C von Hydratwasser und flüchtigen Verunreinigungen befreit werden. Ist das Molybdäntrioxyd durch Sublimation gereinigt worden (vgl. unter 3.30), so ist eine Vorbehandlung notwendig [103]. Eine derartige

Tabelle 11

Richtwerte für die Verarbeitung von MoO_3

Trocken- und Glühverluste	% max.	Verunreinigungen	% max.
getrocknet bei 110° C	0,10	Fe_2O_3	0,015
geglüht bei 300° C	0,30	SiO_2	0,05
geglüht bei 500° C	0,50	CaO	0,02
		Al_2O_3	0,02
		W	0,05
		C	0,01
		Alkalien	0,02
		P und As	0,005

Das Füllvolumen von geglühtem Molybdäntrioxyd soll etwa 90 bis 115 cm³/100 g, das Klopfvolumen 45 bis 60 cm³/100 g betragen.

Molybdänsäure hat nämlich nur etwa die halbe Dichte der gefällten Säure. Die Dichte muß daher erhöht werden. Zu diesem Zweck wird eine Mischung von 50 kg des Oxydes mit 0,5 l Wasser in einem Mischer gemischt. Hierdurch erhöht sich die Dichte des Oxydes auf 70 bis 75% derjenigen des gefällten Oxydes.

Da Molybdän duktiler als Wolfram ist, sind die Ansprüche, die an die Reinheit der MoO_3 gestellt werden müssen, nicht ganz so hoch wie bei der WO_3. Die in der Tabelle 11 angegebenen Eigenschaftswerte stellen Richtwerte dar.

6.20 Reduktionsverfahren

6.21 *Reduktion der Wolframsäure zu Wolframmetallpulver mittels Wasserstoff*

Die Verfahren, welche zur Reduktion der Wolframsäure benutzt werden, hängen jeweils vom Verwendungszweck und den gewünschten Eigenschaften des Wolframmetallpulvers, wie z. B. Reinheitsgrad, physikalischer Zustand usw. ab. Zur Herstellung von Wolframmetallpulvern, welche zu duktilen Gegenständen, wie Drähten, Blechen, Bändern usw., verarbeitet werden sollen, ist, wie bereits eingehend ausgeführt wurde, fast vollständige Freiheit von Verunreinigungen unbedingte Voraussetzung. Außerdem muß das Wolframpulver nach der Reduktion in diesem Fall bestimmte physikalische Korneigenschaften, wie Korngröße, Kornverteilung, Kornoberfläche usw. haben. Demzufolge bedarf es einer ständigen aufmerksamen Kontrolle und Überwachung sowohl des Reduktionsablaufes als auch der reduzierten Pulver. Kein anderes Verfahren eignet sich zur Herstellung reinster feinkörniger und trotzdem vollständig ausreduzierter Wolframpulver so gut wie die Reduktion mit Wasserstoff unter Anwendung höherer Temperaturen nach einem für die einzelnen Verwendungszwecke jeweils festzulegenden Reduktionsschema.

Auch zur Erzeugung von Wolframmetallpulvern, welche für andere pulvermetallurgisch hergestellte Gegenstände, wie z. B. Pseudolegierungen (W—Cu, W—Ag), verwendet werden, wird technisch fast ausschließlich die Reduktion mit Wasserstoff angewandt. Das gleiche trifft auch für die Hartmetallherstellung zu. In diesem Fall wird das Wolframpulver später in Wolframkarbid überführt, welches den harten Hauptbestandteil, also das Skelett der Hartmetall-Legierungen, bildet.

Demgegenüber sind für die Herstellung von Wolframlegierungen, wie z. B. Ferrolegierungen, bei denen ein größerer Spielraum für das Vorhandensein von Verunreinigungen gegeben ist und bei denen die Korngröße und Kornverteilung des Pulvers keine so entscheidende Rolle spielt, andere Reduktionsmethoden möglich. Hier tritt die Wirtschaftlichkeit und die Einfachheit der verwendeten Verfahren in den Vordergrund. Darum nimmt man in solchen Fällen die Reduktion der Wolframsäure fast stets mit Kohlenstoff vor. Darüber hinaus sind auch andere Reduktionsverfahren bekannt, deren technische Bedeutung z. Z. jedoch nur sehr gering ist.

Da das Verfahren der Reduktion von Wolframsäure mittels Wasserstoff besonders große Bedeutung für die Herstellung von duktilen Gegenständen hat, soll hierauf nachstehend näher eingegangen werden.

6.211 Einfluß der Reduktionsbedingungen auf Ausreduktion und Kornbeschaffenheit des Wolframpulvers

Die Eigenschaften des reduzierten Metallpulvers hängen nicht nur allein von den Reduktionsbedingungen ab, sondern auch in geringem Maße von der Struktur des verwendeten Wolframtrioxydes. Sie können daher in ziemlich weiten Grenzen durch die Art der Herstellung der Wolframsäure, im besonderen durch die Fällungsbedingungen sowie durch eine Glühbehandlung an Luft, beeinflußt werden. In Tabelle 12 ist das Klopfvolumen von WO_3 in Abhängigkeit von der Glühbehandlung nach C. J. SMITHELLS wiedergegeben. Mit steigender Glühtemperatur wird das Klopfvolumen der WO_3 sehr stark erniedrigt. Besonders auffällig ist die Erniedrigung der Werte bei einer Glühbehandlung zwischen 650 und 700° C.

Tabelle 12

Einfluß des Glühens an Luft auf das Klopfvolumen von Wolframtrioxyd nach C. J. SMITHELLS

Behandlung	Klopfvolumen in $cm^3/100$ g
getrocknet bei 200° C	36,5
geglüht bei 605° C	30,5
750° C	16,0
800° C	14,2
850° C	13,5
900° C	12,7

Das Wolframmetallpulver wird im allgemeinen um so gröber, je größer die Korngröße der verwendeten Wolframsäure ist. Auch bei der direkten Reduktion des Ammonparawolframates tritt eine Vergröberung des Metallpulvers ein.

Den größten Einfluß auf die Korngröße des Wolframmetallpulvers haben jedoch die Reduktionsbedingungen. Die Reduktion mit Wasserstoff verläuft entsprechend der Endgleichung:

$$WO_3 + 3H_2 \leftrightharpoons W + 3H_2O.$$

Die Reaktion ist eine reversible. Sie verschiebt sich mit erhöhter Temperatur und mit Verringerung der entstehenden Wasserdampfkonzentration nach der rechten Seite, d. h. zur Bildung des Metallpulvers. Die Reduktion durchläuft verschiedene Stadien, und zwar entstehen intermediär niedere Oxyde. Als definierte Oxyde sind nach neueren Untersuchungen nur das violette W_4O_{11} [104] und das braune WO_2 einwandfrei festgestellt worden. Die Existenz eines früher für wahrscheinlich gehaltenen niederen Oxydes der Formel W_2O_5 (dunkelblau) muß heute als zweifelhaft gelten. Die Reduktionszwischenprodukte stellen Mischfarben der genannten Oxyde mit dem charakteristischen Gelbgrün des WO_3 dar. In Tabelle 13 ist die Farbe der einzelnen Reduktionsstufen und die ungefähre chemische Zusammensetzung derselben nach C. J. SMITHELLS angegeben.

Tabelle 13

Reduktionsstufen von Wolframtrioxyd nach C. J. SMITHELLS

Temperatur in °C	Aussehen (Farbe)	Annähernde chemische Zusammensetzung
400	grünlichblau	$WO_3 + W_4O_{11}$ (wenig)
500	marineblau	$WO_3 + W_4O_{11}$ (viel)
550	violett	W_4O_{11}
575	rotbraun	$W_4O_{11} + WO_2$
600	dunkelbraun	WO_2
650	braunschwarz	WO_2 + W (wenig)
700	grauschwarz	WO_2 + W (viel)
800	grau	W
900	metallischgrau	W
1000	grob, metallisch glänzend	W

Die in Tabelle 13 angegebenen Reduktionsstufen und die zugehörigen Reduktionstemperaturen können je nach den sonst angewendeten übrigen Reduktionsbedingungen und je nach der entstehenden Wasserdampf konzentration etwas verschoben werden.

Die Gleichgewichtsbedingungen zwischen den verschiedenen Oxyden des Wolframs, zwischen Wolfram, Wasserstoff und Wasserdampf, sind im einzelnen von C. CHAUDRON [105] bestimmt worden. Es geschah dies durch Messung des Partialdruckes von H_2 und H_2O bei Temperaturen von 600 bis 1100° C, wobei langsam kleine Mengen an Wasserstoff in ein geschlossenes Gefäß geleitet wurden, welches eine bekannte Menge an gut getrocknetem Wolframtrioxyd enthielt. VAN LIEMPT [106] hat auf Grund der Messungen von CHAUDRON die Gleichgewichtskonstanten berechnet. CHAUDRON ging bei seinen Messungen noch von der inzwischen widerlegten Annahme aus, daß neben WO_2 als Zwischenprodukt bei der Reduktion das dunkelblaue niedere Oxyd W_2O_5 entsteht. Es handelt sich aber offensichtlich statt des W_2O_5 um das violette niedere Oxyd W_4O_{11}, dessen theoretische Sauerstoffaufnahme (Oxydationswert) 1,75% ist, während das bisher angenommene blaue Oxyd W_2O_5 einen Oxydationswert von 3,57% besitzt. Das violette Oxyd W_4O_{11} steht daher zwischen WO_3 und W_2O_5.

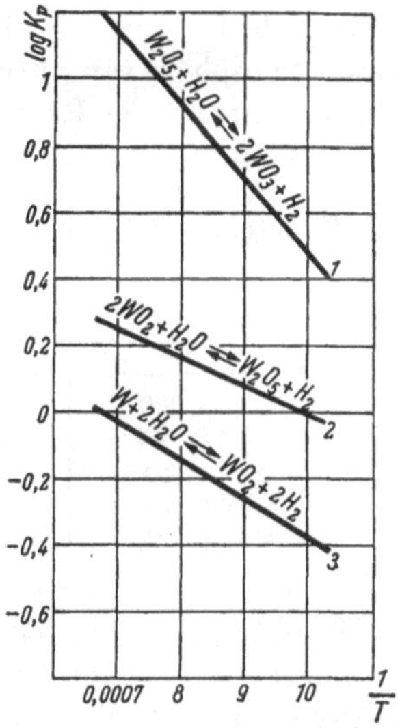

Abb. 23. Gleichgewichtszustand zwischen Wolfram, Wolframoxyd, Wasserstoff und Wasserdampf (nach C. CHAUDRON)

Die Messungen von CHAUDRON sind in Abb. 23 wiedergegeben. Trägt man die Logarithmen der Gleichgewichtskonstanten $K = \frac{p_{H2}}{p_{H2}O}$ gegen $1/T$ auf, so liegen die erhaltenen Meßwerte auf drei geraden Linien. Die drei Gleichgewichtszustände lassen sich nach CHAUDRON durch folgende Gleichungen wiedergeben:

$$H_2 + 2\,WO_3 \rightleftharpoons W_2O_5 + H_2O \quad (1)$$

$$H_2 + W_2O_5 \rightleftharpoons 2\,WO_2 + H_2O \quad (2)$$

$$2\,H_2 + WO_2 \rightleftharpoons W + 2\,H_2O. \quad (3)$$

Die Gleichgewichtskonstanten für diese Reaktionen sind nach J. A. M. VAN LIEMPT folgende:

$$\log K_1 = -\frac{2468}{T} + 3{,}15$$

$$\log K_2 = -\frac{817}{T} + 0{,}88$$

$$\log K_3 = -\frac{1111}{T} + 0{,}845.$$

Nach den neueren, oben diskutierten Anschauungen sind die obigen Gleichungen (1), (2) und (3) durch folgende Gleichgewichtszustände zu ändern:

$$H_2 + 4\,WO_3 \rightleftharpoons W_4O_{11} + H_2O \quad (1\,a)$$

$$3\,H_2 + W_4O_{11} \rightleftharpoons 4\,WO_2 + 3\,H_2O \quad (2\,a)$$

$$2\,H_2 + WO_2 \rightleftharpoons W + 2\,H_2O. \quad (3\,a)$$

In Tabelle 14 ist die Grenzkonzentration des Wasserdampfes in der Reduktionsatmosphäre für verschiedene Temperaturen auf Grund der Messungen von CHAUDRON bei der Reduktion von Wolfram angegeben.

Tabelle 14

Grenzkonzentrationen des Wasserdampfes in H_2-Atm. bei verschiedenen Temperaturen (Reduktion von W) nach M. PETRDLIK [107]

K	log K	1/T	T° K	t °C
1,000	0,0	0,00067	1495	1222
0,795	−0,1	0,000765	1308	1035
0,631	−0,2	0,000845	1185	912
0,501	−0,3	0,000935	1072	799
0,398	−0,4	0,001200	834	561

Die oben beschriebenen Gleichgewichtszustände sind bei allen Reaktionen von Bedeutung, bei denen Oxyde oder Salze von Metallen, welche mit Wasserstoff reduzierbar sind, einer Wärmeeinwirkung unterworfen werden. Sie sind aber auch technisch wichtig, wenn es sich, wie im Falle des Wolframs oder Molybdäns, um die Herstellung besonders feinkörniger Metallpulver handelt. Die während des Prozesses entstehende Wasserdampfkonzentration wird durch eine große Anzahl von Faktoren beeinflußt. Dies sind im einzelnen:

a) Höhe der Reduktionstemperatur,
b) Geschwindigkeit des Temperaturanstieges,
c) Strömungsgeschwindigkeit des Wasserstoffes,
d) Einwaage der Schiffchen und
e) Vorschub, mit dem die Schiffchen durch den Ofen geschoben werden (letzteres geschieht bei kontinuierlichem Betrieb der Ofenanlage).

Von M. PETRDLIK [107] ist im Falle des Wolframs, aber auch anderer Metallpulver, der Einfluß der verschiedenen Reduktionsbedingungen auf den Reaktionsverlauf in einer technischen Ofenanlage eingehend untersucht worden. Es wurde dabei ein Rohrofen mit zwei verschiedenen Temperaturzonen benutzt. In der ersten Zone im Bereich der niederen Temperatur erfolgt die Reduktion zum braunen Oxyd (WO_2) und in der zweiten Zone mit den höheren Temperaturen zum ausreduzierten Metallpulver.

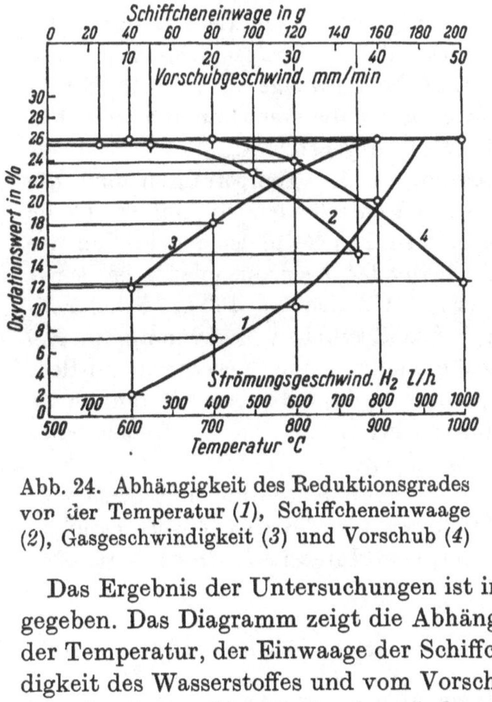

Abb. 24. Abhängigkeit des Reduktionsgrades von der Temperatur (*1*), Schiffcheneinwaage (*2*), Gasgeschwindigkeit (*3*) und Vorschub (*4*)

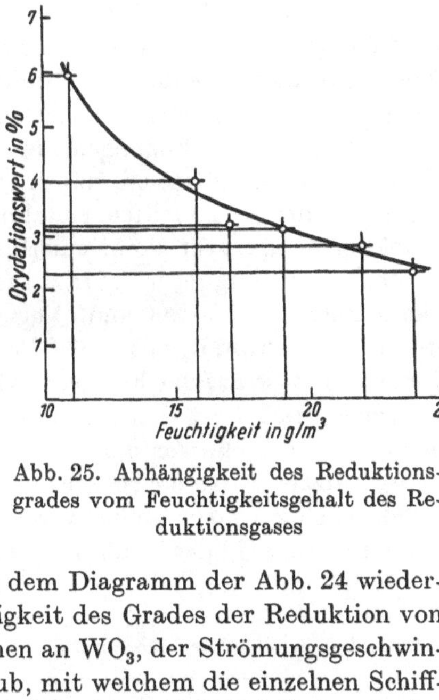

Abb. 25. Abhängigkeit des Reduktionsgrades vom Feuchtigkeitsgehalt des Reduktionsgases

Das Ergebnis der Untersuchungen ist in dem Diagramm der Abb. 24 wiedergegeben. Das Diagramm zeigt die Abhängigkeit des Grades der Reduktion von der Temperatur, der Einwaage der Schiffchen an WO_3, der Strömungsgeschwindigkeit des Wasserstoffes und vom Vorschub, mit welchem die einzelnen Schiffchen durch den Ofen hindurchgeschoben werden. Die Abhängigkeit des Grades der Ausreduktion von der Feuchtigkeit der Reduktionsatmosphäre ist in Tabelle 15 angegeben (vgl. auch Abb. 25).

Die Konzentration des Wasserdampfes in der Reduktionsatmosphäre läßt sich auf Grund folgender Gleichung aus den Reduktionsbedingungen berechnen:

$$\frac{p_{H_2O}}{p_{H_2}} = \frac{667 \cdot h \cdot P \cdot N}{l \cdot v} + V.$$

Tabelle 15

Nummer des Schiffchens	Absolute Feuchtigkeit der Reduktion Atmosphäre in g/m³	Oxydationswert des reduzierten Produktes in %	Bemerkungen
1	11,0	5,94	Zone I: 480°
2	15,7	3,96	Zone II: 620°
3	17,0	3,21	H_2-Geschw. 600 l/h
4	19,0	3,18	Vorschub/Schiff:
5	22,0	2,77	30 mm/min
6	24,0	2,33	Schiffslänge 300 mm
7	kann nicht bestimmt werden	—	Übersättigt mit Wasserdampf

In dieser Gleichung bedeutet V die Konzentration des Wasserdampfes in dem benutzten Wasserstoff, h die Wassermenge in g, die bei der Reduktion von 1 g Oxyd entsteht (für WO_3 : 0,233), P den Vorschub, mit dem die Schiffchen durch den Ofen geschoben werden, in mm/min, N die Einwaage an Oxyd im Schiffchen in g, l die Länge der Schiffchen in mm und v die Menge an Wasserstoff in Litern, die während einer Stunde das Ofenrohr durchströmt.

Die Reduktionsbedingungen, im besonderen die Temperaturen und die Wasserdampfkonzentration, haben auch einen entscheidenden Einfluß auf die Korngröße des hergestellten Metallpulvers. In Tabelle 16 ist der Einfluß der Reduktionstemperatur (kontinuierlich arbeitender Zweizonenofen!) bei sonst konstanten Bedingungen (Einwaage pro Schiffchen = 100 g, Schiffchenabmessungen = 30 · 300 mm, Vorschub pro Schiffchen = 30 mm/min, H_2-Strömungsgeschwindigkeit = 600 l/h) auf die mikroskopisch ermittelte mittlere Korngröße sowie auf das Füll- und Klopfvolumen des reduzierten Metallpulvers angegeben. Dabei ist das für die Glühlampentechnik wichtige Gebiet einer mittleren Korngröße von 0,9 bis 1,5 μ ausgewählt.

Aus Tabelle 16 ist ersichtlich, daß die mittlere Korngröße mit steigender Reduktionstemperatur größer wird. Durch Wahl der Reduktionsbedingungen und durch Auswahl der Wolframsäure kann man durch Reduktion mit Wasser-

Tabelle 16

Abhängigkeit der mittleren Korngröße von W-Pulvern von der Reduktionstemperatur [108]

Temperatur in °C der niedrigeren Zone	Temperatur in °C der höheren Zone	Mittlere Korngröße in μ (mikroskopisch)	Füllvolumen g/cm³	Klopfvolumen g/cm³
460	620	0,9	62,2	45,4
550	700	1,0	62,0	37,7
600	800	1,1	58,0	36,0
700	900	1,3	43,0	24,0
800	1000	1,5	40,0	20,0

stoff Wolframmetallpulver einer mittleren Korngröße von 0,5 bis 10 μ und darüber herstellen, wie aus Tabelle 17 hervorgeht, in der Messungen von J. C. SMITHELLS wiedergegeben sind [2]. Zur Erzielung eines besonders groben Metallpulvers sind Temperaturen von 1100° C und mehr erforderlich, wobei außerdem der verwendete Wasserstoff mit Wasserdampf bei Temperaturen von 75° C und höher gesättigt ist. Bei sehr niederen Temperaturen und sehr geringer Wasserdampfkonzentration in der Reduktionsatmosphäre lassen sich dagegen äußerst feinkörnige Wolframpulver mit pyrophorischen Eigenschaften herstellen.

Bei der Reduktion der WO_3 zum W-Metallpulver tritt eine mehr oder weniger beträchtliche Kornvergröberung ein. Diese ist um so größer, je höher die Reduktionstemperatur ist. Diese Erscheinung wird meist darauf zurückgeführt, daß bereits bei Temperaturen oberhalb 800° C Wolframtrioxyd erheblich verdampft, daß die Reaktion somit teilweise über die Gasphase verläuft und daß sich die verdampften Teilchen auf der Oberfläche bereits ausreduzierter Kristallite kondensieren. Die Erscheinung ist, wie wir unter 7.20 noch sehen werden, von Bedeutung für die Erzeugung von Wolframkörpern, die bereits bei niedrigen Temperaturen dicht sintern.

Tabelle 17

Herstellungsbedingungen für Wolframpulver nach SMITHELLS

Mittlere Korngröße in μ	Reduktions-temperatur in °C	Feuchtigkeitsgehalt des H_2	Fülldichte der WO_3 g/cm³
0,5	800	trocken	0,05
2	830	trocken	0,5
4	900	trocken	1,0
8	1130	gesättigt mit H_2O bei 75° C	1,5
10	1200	dto. bei 85° C	2,0

Es muß immer wieder darauf hingewiesen werden, daß die Reduktion der Wolframsäure praktisch den technologischen Ablauf der Drahtfertigung einleitet. Auch MILLNER [109] hat sich aus diesem Grunde sehr eingehend mit den Eigenschaften und den Vorgängen der Reduktion befaßt. Der Reduktionsablauf bedingt, daß Gebiete von Zwischenoxyden durchlaufen werden, welche nur unter bestimmter Einwirkung von Wasserstoff und Temperatur beständig sind, d. h. also, nur unter schwierigen Bedingungen nachweisbar. Neben diesen Erscheinungen haben noch einige andere Faktoren einen wesentlichen Einfluß auf die Eigenschaften des sich bei der Reduktion bildenden Wolframmetallpulvers. Hierzu gehört unter anderem die bei der Reduktion einsetzende Kornvergröberung. Die Ursache hierfür wurde in den sehr aufschlußreichen Untersuchungen von MILLNER dadurch gedeutet, daß eine erhebliche Oberflächenwanderung von Wolfram-Atomen stattfindet. Interessant ist in diesem Zusammenhang die Feststellung, daß es sich bei diesen Beobachtungen um eine völlig neue Erscheinung in der anorganischen Chemie handelt. Somithin existieren Oxyde, welche im niederen Temperaturbereich bei etwa 500° C mit H_2O-Molekülen keinerlei Verbindungen eingehen. In einem Temperaturbereich von etwa 1000° C dagegen zeigen sie ein völlig anderes Verhalten, sie verbinden sich z. B. mit H_2O-Molekülen zu gasförmigen, selbst nicht flüchtigen Substanzen und stellen somit die Erklärung für den Wachstumsprozeß der Kristalle während des Reduktionsablaufes dar (vgl. hierzu Tab. 18).

Tabelle 18

Die durch Wasserdampf verursachte erhöhte Flüchtigkeit der Oxyde WO_3, W_4O_{11} *und* WO_2 *bei 1000° C* (nach MILLNER)

1000° C	Gasstrom	Volumenprozent H_2	Zeitdauer Stunden	Einwaage mg	Sublimierte Menge mg
WO_3	O_2	0	1	470	0,3
	O_2	29	1	470	120
W_4O_{11} . . .	Ar	0	1	510	0,1
	H_2	86	$1/2$	640	63,3
WO_2	Ar	0	1	330	0
	H_2	59	1	140	39,6

Eine andere Erklärung geben KOPELMAN und GREGG [110]. Die Änderung der Korngröße bei der Reduktion von WO_3 zu W wird von ihnen in Beziehung zu der Gegenwart von äußerst feinen Poren in den Kristalliten gebracht.

6.212 Reduktion von Molybdänsäure zu Molybdänmetallpulver mit Wasserstoff

Die historische Entwicklung in der Herstellung von duktilem Molybdän lehnt sich eng an die des Wolframs an. Schon 1907, also einige Jahre, bevor durch den Coolidge-Prozeß die Erzeugung von duktilem Wolfram gelungen war, konnte F. SKAUPY durch Spritzen von Mo-Pasten Fäden erzeugen, welche sogar heiß zu sehr dünnen Drähten gezogen werden konnten [111]. Nach Einführung des Coolidge-Prozesses beim Wolfram fand dieser auch für die Herstellung von duktilem Molybdän Anwendung. Heute stellt dieses Verfahren ebenso wie beim Wolfram eine der wichtigsten Methoden zur Erzeugung von duktilem Molybdän dar. Erst in jüngster Zeit findet insbesondere für die Herstellung des Molybdäns die Schmelztechnik im Vakuum industrielle Anwendung.

Die industriellen Verfahren zur Herstellung von Molybdänmetallpulver sind denen sehr ähnlich, wie sie bereits für Wolfram beschrieben wurden. Nur ein verschwindend kleiner Teil des Molybdänmetalls wird für die Herstellung von pulvermetallurgisch verarbeitetem Molybdän und dessen Legierungen angewandt, wohingegen der weitaus größere Teil für die stahlverarbeitende Industrie als Legierungsmetall verwandt wird.

Ähnlich wie Wolfram- wird auch das Molybdänmetallpulver in verschiedenen Reinheitsgraden angeboten. Für die Herstellung von Drähten, Blechen und Bändern ist ein Reinheitsgrad von 99,90% erwünscht. Es sind jedoch auch Sorten mit 99 bis 99,5% Mo-Gehalt im Handel, welche für die Erzeugung von Kontakten aus Pseudolegierungen des Molybdäns mit anderen Metallen, z. B. Silber, durchaus in Betracht zu ziehen sind. Eine typische Analyse des zuletzt genannten Pulvers zeigt folgende Zusammensetzung: Mo 99,9%; MoO_3 0,30%; O_2 0,15%, C 0,25%; Fe 0,25%; S 0,03% und P 0,01%.

Das handelsübliche Molybdänpulver hat auch etwa die gleiche Korngröße wie Wolframpulver. Es handelt sich also um ein feinkörniges Pulver, dessen maximale Korngröße einige μ beträgt. Außer diesen feinkörnigen Pulvern werden auch gröbere, wie beim Wolfram, gehandelt, welche durch Zerkleinerung hochgesinterter Stäbe hergestellt werden.

Die Reduktion des Metallpulvers wird in ähnlicher Weise wie die des Wolframs mit Wasserstoff durchgeführt. Man nimmt sie meist in zwei Stufen vor:

$$MoO_3 + H_2 \rightleftharpoons MoO_2 + H_2O \quad (1)$$

$$MoO_2 + 2H_2 \rightleftharpoons Mo + 2H_2O. \quad (2)$$

Die Durchführung der Reduktion in zwei Stadien ist beim Molybdän besonders wichtig, weil auf diese Weise weitgehend die Entstehung eines gröberen Kornes vermieden wird. Da, wie wir gesehen haben, die Reduktion zum Teil über die Gasphase verläuft und MoO_3 bei den Reduktionstemperaturen flüchtiger ist als WO_3, sollte die Reduktionstemperatur nicht allzu hoch gewählt werden. Im übrigen sind die gleichen Gesichtspunkte wie bei der Reduktion des Wolframs maßgebend. Molybdän bildet nur ein einziges niederes Oxyd (MoO_2). Die Reaktion ist ebenfalls reversibel. Das Gleichgewicht bei gegebener Temperatur wird durch die Wasserdampfkonzentration im Reduktionsgas ($p_{H_2O} : p_{H_2}$) beeinflußt [112].

Zur Reduktion des Molybdänmetallpulvers werden die gleichen Ofentypen wie beim Wolfram benutzt. Die Strömungsgeschwindigkeit des Wasserstoffes ist zweckmäßig etwas kleiner als beim Wolfram zu wählen, da bei starkem Gasstrom das leichtere Molybdäntrioxyd weggeblasen werden kann. Dagegen kann der Vorschub, mit welchem die beschickten Schiffchen durch den Ofen geschoben werden, größer sein. Die Einwaage des Molybdäntrioxydes kann ebenfalls größer als bei Wolframtrioxyd sein. Dies bedeutet, daß die Schichthöhe im Fall des Molybdäns größer als beim Wolfram ist. Die Reduktionstemperatur für die Reaktion (1)-Bildung von MoO_2- wird nach M. PETRDLIK zweckmäßig mit 500 bis 600° C angesetzt. Die Ausreduktion des Mo-Metallpulvers gemäß Reaktion (2) erfolgt am besten bei 700 bzw. maximal 850° C, sofern man ein feinkörniges Pulver zu erhalten wünscht. W. ESPE (Kurs práškové metalurgie, Praha 1951, Seite 173) gibt im Gegensatz dazu an, daß die Metallwerke Plansee MoO_3 in der ersten Stufe bei 600 bis 700° C, in der zweiten Stufe bei 1000 bis 1100° C reduzieren (vgl. hierzu auch BIOS-FIAT Rep. Nr. 684).

Beide Pulver, Wolfram und Molybdän, müssen nach ihrer Reduktion durch ein feinmaschiges Sieb gesiebt und in geschlossenen Glasflaschen oder Behältern aufbewahrt werden. Jeglicher Zutritt von Feuchtigkeit der Luft wirkt sich schädlich aus. Bei Molybdän tritt, wie wir festgestellt haben, bereits nach kurzer Lagerung an feuchter Luft eine deutliche Oxydation ein. Im Gegensatz zum Molybdänmetallpulver tritt dies bei Wolframmetallpulver weniger stark in Erscheinung.

In Tabelle 19 wird eine Übersicht über die verschiedenen Reduktionsbedingungen für Wolfram- und Molybdänpulver gegeben. Diese Bedingungen basieren auf folgenden Voraussetzungen: Mehrrohr-Zweizonen-Reduktionsofen; Länge jeder Glühzone ca. 1 m; Innendurchmesser des Glührohres ca. 70 mm; Schiffchenabmessungen 20 × 300 mm; Glührohr AKC; Heizdraht Spiralen aus Kanthal B.

Tabelle 19

Reduktionsbedingungen	Reines W und W + 0,75% ThO_2 (f. G 7-Draht)	W mit Alkalisilikaten (f. NS-Draht) oder mit $SiO_2 + Al_2O_3$ (f. BSD-Draht)	Reines Mo
Temperatur-Zone I . . .	600°	580°	550—580°
Temperatur-Zone II . . .	880—920°	860—900°	780—850°
H_2-Geschwindigkeit l/h . .	600	600	600
Einwaage pro Schiff g . .	80	80	60—70
Vorschub mm/min	20	20	20

Die in der Tabelle angegebenen Richtwerte sind selbstverständlich in starkem Maße von dem Aufbau des jeweiligen Reduktionsofens abhängig. Es ist nicht immer der Fall, daß nur zwei Temperaturzonen zur Anwendung kommen; darüber hinaus werden häufig auch 5 bis 6 Zonen verwendet. Somit verschiebt sich auch das Temperaturintervall während der Reduktion. Es hat sich in der Praxis bisher als zweckmäßig erwiesen, durchweg 5 Zonen einzusetzen, da hierdurch die Steuerung des Reduktionsablaufes, insbesondere bei Wolfram, günstiger erscheint. In Verbindung damit ändern sich die Größe der Schiffchen, ihre Einwaage und der Vorschub. Interessant ist in diesem Zusammen-

Tabelle 20

Art des Pulvers	Füll-volumen	Klopf-volumen	Oxydationswert %	
	cm^3/100 g		Richtwert	theoretisch
reines W	50—75	25—45	25,92—26,09	26,09
W + 0,75% ThO_2 (G 7) .	50—75	30—50	25,65—25,89	25,89
W + Alk. Silik. (NS) . .	35—55	22—40	25,60—25,86	—
W + SiO_2 + Al_2O_3 (BSD)	38—60	25—45	25,65—25,95	—
reines Mo	70—110	45—62	48,4 —49,6	50,03

hang neben der Präzision des Reduktionsablaufes selbstverständlich auch die Rentabilität. Demzufolge werden Reduktionsöfen häufig mit fünf und mehr Rohren bestückt (s. Abb. 26).

Die Eigenschaften der für die Glühlampentechnik zu verarbeitenden Metallpulver des Wolframs und Molybdäns sind aus der Tabelle 20 ersichtlich.

Abb. 26. Fünfrohr-Reduktionsöfen zur Reduktion von WO_3 bzw. MoO_3 (Werkfoto BGW)

6.213 Sonstige Reduktionsverfahren

Von den Verfahren, welche für die Herstellung weniger reiner Wolfram- und Molybdänmetallpulver in Betracht kommen, ist die Reduktion mit Kohlenstoff am bedeutungsvollsten. Das Verfahren ist wirtschaftlicher als die Reduktion mit Wasserstoff, führt aber zu unreineren Produkten, da diese mit Karbiden durchsetzt sind. Wolfram bildet bekanntlich relativ leicht bei Temperaturen oberhalb 950° C Karbide nach der Formel WC (6,12% C) und W_2C (3,16% C). Ähnlich liegen die Dinge beim Molybdän, hier bildet sich ein Karbid der Zusammensetzung Mo_2C mit 5,88% C. Der für die Reduktion verwendete Kohlenstoff enthält meist kleinere Mengen mineralischer Verunreinigungen.

Die Gegenwart kleinerer Mengen von Fe, Mn, SiO_2 und C schadet jedoch nicht, wenn das Metallpulver als Zusatz zu geschmolzenem Stahl verwendet werden soll, so daß die Kohlenstoffreduktion allgemein für diesen Zweck benutzt wird. Die Bedingungen, unter denen WO_3 durch Kohlenstoff reduziert wird, sind eingehend u. a. von Davis [113] untersucht worden. Danach bildet sich im Temperaturgebiet zwischen 650 und 850° C eine Mischung der niederen Oxyde W_4O_{11} und WO_2. Das dunkelbraune Oxyd WO_2 entsteht zwischen 900 und 1050° C. Zur vollständigen Ausreduktion ist demnach eine Temperatur erforderlich, welche oberhalb 1100° C liegt.

Die Reduktion wird technisch meist in gasbeheizten Tiegeln aus Graphit oder hochfeuerfestem Ton ausgeführt. Um eine Oxydation durch den Luftsauerstoff an der Oberfläche zu verhindern, muß dieser gut abgedeckt werden. Das Abkühlen nach erfolgter Reduktion geschieht in reduzierender Gasatmosphäre, wobei Leuchtgas in Anwendung kommt. Das Gas wird durch Öffnungen, welche sich im Deckel befinden, direkt in den Tiegel eingeleitet.

Das verwendete Wolframsäureanhydrid muß frei von Feuchtigkeit sein. Hierzu wird es bei etwa 500° C an Luft erhitzt. Der Kohlenstoff, welcher meist in Form von Lampenruß mit geringem Aschegehalt vorliegt, wird innig mit dem Wolframtrioxyd gemischt und vermahlen. Da die beiden Komponenten sich nur schwer mischen lassen, gibt man zweckmäßig 10 bis 30%, bezogen auf den Anteil Kohlenstoff, Kolophonium hinzu.

Die theoretische Zugabe des Kohlenstoffes beträgt 15,5%, wenn als Reaktionsgas Kohlenoxyd entsteht, und 7,7% bei Bildung von Kohlendioxyd. In der Praxis hat sich die Zugabe von 12,14% Kohlenstoff als ausreichend erwiesen, um eine vollständige Reduktion zu erzielen. Die vorbereitete Mischung kann einmal direkt in die Tiegel eingefüllt werden und zum anderen durch vorheriges Pressen brikettiert zur Anwendung kommen. Wenn nicht zu grobe Metallpulver erhalten werden sollen, muß etwa das folgende Schema der Erhitzung Anwendung finden:

1 Std. bei 650° C	1 Std. bei 1200° C
1 Std. bei 700° C	1 Std. bei 1300° C
1 Std. bei 950° C	5 Std. bei 1370° C.

Das Reduktionsprodukt ist ein grauschwarzes Material mit einem W-Gehalt von 92 bis 98%. Das Reduktionsgut, welches während der thermischen Behandlung bereits zusammenfrittet und somit die Form des Tiegels annimmt, muß zerkleinert und mit Wasser ausgeschlämmt werden. Dadurch läßt sich leicht WO_3 und Kohlenstoff trennen, da Wolfram spezifisch viel schwerer ist. Für den gebundenen Kohlenstoff trifft dies natürlich nicht zu. Beispiele für Analysen von Wolframpulvern, welche auf diese Weise hergestellt wurden, sind aus der Tabelle 21 ersichtlich.

Tabelle 21

Analyse der mit Kohlenstoff reduzierten Wolframpulver

Stoff	in %		
	I	II	III
Wolfram	94,5	98,6	96,6
Kohlenstoff	0,89	0,40	0,63
Eisen	0,09	0,10	0,14
sonstige Verunreinigungen	4,52	0,90	2,56

In ähnlicher Weise, wie für Wolfram beschrieben, läßt sich Molybdän mit Kohlenstoff reduzieren. Ebenso wie die Oxyde können auch die Wolframate und Molybdate direkt nach einem ähnlichen Verfahren durch Kohlenstoff reduziert werden, etwa gemäß den folgenden Gleichungen:

$$CaWO_4 + 3C = W + CaO + 3CO$$

$$Na_2WO_4 + 2C = W + Na_2O + 3CO$$

$$(NH_4)_2MoO_4 + 2C = Mo + (NH_4)_2O + 3CO.$$

Da die Wolframate bzw. Molybdate als Zwischenprodukt bei der industriellen Erzeugung von WO_3 bzw. MoO_3 anfallen, ist es wirtschaftlich betrachtet von Vorteil, wenn man sie direkt reduzieren würde. Andererseits sind diese Salze weniger rein als die aus ihnen hergestellten Oxyde, was sich natürlich auf die Qualität des Metalles auswirkt.

Besonders günstig wirkt ein Zusatz von Ammonchlorid [114] bei der Reduktion von Natriumwolframat. Die Reaktion verläuft etwa nach folgender Gleichung:

$$2(NH_4)Cl + Na_2WO_4 + 3C = 2NH_3 + 2NaCl + H_2O + 3Co + W.$$

Eine Mischung von 66% Na_2WO_4, 25% NH_4Cl und 9% Kohlenstoff wird etwa 15 Std. bei 1000 bis 1150° C in feuerfesten Tiegeln erhitzt. Das geschmolzene Natriumchlorid bildet eine geschlossene Schutzschicht an der Oberfläche und verhindert so die Oxydation, wenn der Tiegel abgekühlt wird. Die zerbrochene Masse wird dann mit heißem Wasser behandelt, um das Salz zu entfernen. Es bleibt das zusammengefrittete Wolfram zurück.

Nach einem anderen Verfahren [115] wird Kalziumwolframat oder Scheelit mit 12 bis 13% Kohlenstoff gemischt, mit Wasser angefeuchtet und brikettiert. Die getrockneten Brikette werden dann bei Temperaturen von 1100 bis 1200° C in Tiegeln erhitzt und danach in einer reduzierenden Atmosphäre abgekühlt. Nach dem Auswaschen wird der Rückstand mit Salzsäure behandelt, nachgewaschen und getrocknet. Das erhaltene Produkt besitzt einen Wolframgehalt von 90 bis 92%.

Neben diesen Verfahren der Reduktion mit Wasserstoff oder Kohlenstoff treten alle anderen Reduktionsmethoden an technischer Bedeutung zurück. Dies gilt im besonderen für die zahlreichen Verfahren der elektrolytischen Gewinnung von Wolfram, wobei man unterscheiden kann zwischen der Zersetzung von Verbindungen, in welchen das Metall als Anion auftritt (wäßrige Lösungen von Alkaliwolframaten oder komplexen Salzen sowie geschmolzene Wolframate) oder in welchen das Metall als Kation auftritt (Halogenverbindungen, entweder geschmolzen oder in Lösung). Die einzige Methode, die zur Zeit von technischer Bedeutung zu sein scheint, stammt von VAN LIEMPT [116]. Das Verfahren beruht auf der Erkenntnis, daß Mischungen von reinen Alkalisalzen bei viel niedrigeren Temperaturen schmelzen als die reinen Komponenten.

6.214 Reduktionsöfen

Wie schon erwähnt wurde, ist es für viele Verwendungszwecke notwendig, ein feineres W- oder Mo-Pulver zu erzeugen, dessen mittlere Korngröße zwischen 0,8 und 3 μ liegt und das gleichzeitig vollständig ausreduziert sein soll. Dies ist technisch nur möglich, wenn die Wasserdampfkonzentration im Reduktionsgas während des Prozesses klein bleibt. Hieraus ergeben sich einige grundlegende Forderungen, die bei der Reduktion von WO_3 bzw. MoO_3 beachtet werden müssen. Man verwendet fast stets rohrförmige Öfen, die drei und mehr Rohre kleineren Durchmessers enthalten und zu Batterien zusammengefaßt werden. Diese Öfen gestatten die Beschickung mit kleineren Mengen an Oxyd, welches in nicht zu dicken Schichten gleichmäßig in Schiffchen aus hochtemperaturbeständigem Stahl, Nickel usw. eingefüllt wird. Bei zu großen Einfüllhöhen würde die sich entwickelnde Wasserdampfmenge (ca. 23,5 g H_2O auf 1 kg WO_3) zu groß werden. Der reduzierend wirkende Wasserstoff kann unter diesen Umständen auch schwer in die unteren Lagen der Wolframsäure eindringen. Dadurch würde sich die Reduktion erschweren und außerdem zu einer großen Ungleichmäßigkeit der Korngröße, also zu einer ungünstigen Kornverteilung Veranlassung geben.

Ein Reduktionsofen mit mehreren Rohren, wie er industriell zur Reduktion von WO_3 oder MoO_3 oder auch anderen Oxyden und Salzen in der Glühlampentechnik und an anderer Stelle benutzt wird, ist aus Abb. 26 ersichtlich. Der Ofen besitzt im vorliegenden Fall 5 Temperaturzonen von je 1 m Länge. Die der Beschickungsseite zugekehrte Zone ist die der niederen Temperatur; die Zone an der Entleerungsseite wird auf höhere Temperaturen gebracht [117].

Es sind aber auch in der Glühlampenindustrie Rohröfen in Benutzung, bei denen mehr als fünf verschiedene Temperaturzonen zur Anwendung kommen. So wird z. B. eine Ofenanlage der Radium-Elektrizitäts G. m. b. H., Wipperfürth, beschrieben [49], welche Temperaturzonen von 400, 500, 600, 700, 800, 880, 900 und 700° C enthält. Derartige Öfen haben natürlich eine sehr große Länge von oft 5 m und mehr.

Neuerdings sind auch Drehrohröfen an Stelle der üblichen Rohröfen zur Reduktion von Wolfram und Molybdän vorgeschlagen worden. Diese Öfen können unter Umständen den Vorteil einer größeren Wirtschaftlichkeit haben, da sie den Einsatz größerer Beschickungsmengen ermöglichen. Das zu reduzierende Gut wird durch eine Schnecke transportiert. Das Rohr selbst wird in langsame Umdrehungen versetzt. Auf diese Weise kommt das Reduktionsgut in ständige Bewegung, so daß der Wasserstoff leicht an alle Kornteilchen herangelangen kann. Der Nachteil dieser Öfen ist der, daß das Gut leicht an den Rohrwandungen anbackt, von denen es durch mechanisch oder elektrisch betätigte Klopfer von außen her entfernt werden muß. In der Praxis ist dieses Verfahren jedoch weniger in Anwendung, da vermutlich die Herstellungskosten gegenüber den normalen Durchlauföfen höher liegen dürften.

Mitunter pflegt man die Reduktion nicht in einem Arbeitsgang durchzuführen. Man reduziert in der ersten Ofenanlage nur bis zum dunkelbraunen Oxyd WO_2

bei niedrigen Temperaturen und reduziert dann eventuell unter Beimengung kleinerer Mengen an nicht vorreduzierter WO_3 in einer zweiten Ofenanlage bei höheren Temperaturen das Material endgültig aus.

Enthält die Wolframsäure rekristallisationshemmende Zusätze von der Art der Alkalien und Kieselsäure, wie bei der Herstellung von NS-Draht (vgl. unter 8.52), so wird der Reduktionsverlauf infolge Katalyse deutlich beschleunigt. Sind Zusätze an Thoriumoxyd vorhanden, wie beim G-Draht, so ist keine nennenswerte Beeinflussung des Reduktionsverlaufes gegenüber reiner Wolframsäure ohne absichtliche Zusätze feststellbar.

Industriell arbeiten fast alle zur Reduktion von Wolfram und Molybdän verwendeten Öfen kontinuierlich. Die mit dem Oxyd beladenen Schiffchen durchlaufen langsam den Ofen. Die Betätigung des Vorschubes erfolgt dabei entweder halbautomatisch durch Stoßstangen oder vollautomatisch durch ein Förderband, auf welchem die Schiffchen vorwärts bewegt werden. Von großer Bedeutung ist es, daß der Wasserstoff im Gegenstromprinzip den Schiffchen entgegen geführt wird. Der Wasserstoff wird also auf der Entleerungsseite eingeleitet. Er trifft somit auf schon weitgehend ausreduziertes Metallpulver. Auf diese Weise bleibt die Wasserdampfkonzentration im Reduktionsgas in der Zone der höheren Temperatur, also an der für die Kornvergröberung maßgebenden Stelle, gering. Mit der Durchströmung des Rohres nimmt der Wasserdampfgehalt im Wasserstoff ständig zu. Der Wasserdampf kondensiert z. T. kurz vor seinem Austritt, was jedoch tunlichst vermieden werden muß.

Der verwendete Wasserstoff muß möglichst rein sein. Er darf vor allem keine kohlenstoffabgebenden Gase enthalten. Sein Sauerstoffgehalt soll gering sein (z. B. unter 0,2%). Absolute Freiheit von Feuchtigkeit ist nicht erforderlich, da sich ja bei der Reduktion sofort beträchtliche Mengen an Wasserdampf bilden.

Zur Vortrocknung und Reinigung des meist elektrolytisch erzeugten Wasserstoffes werden die üblichen Anlagen verwendet. Der Elektrolyt besteht z. B. aus einer wäßrigen Lösung von K_2CO_3, Na_2CO_3, NaOH usw. Bei der Vortrocknung durchläuft der Wasserstoff zunächst einen Ölabscheider (bei Verwendung von Wasserstoff, der Stahlflaschen entnommen wird, ist dies wichtig) und dann einen Verbrennungsofen. Um das Gas auf die erforderliche Verbrennungstemperatur anzuwärmen, werden auch häufig Vorwärmöfen benutzt. Der eigentliche Verbrennungsofen kann mit Palladiumasbest, mit Kupferspänen oder anderen Stoffen beschickt sein, mit deren Hilfe die Sauerstoffreste zu Wasserdampf verbrannt werden. Die Hauptmenge des Wassers wird dann in einem Kühler kondensiert. Noch verbliebener Wasserdampf wird durch festes körniges Kaliumhydroxyd absorbiert. Dieses entfernt gleichzeitig Kohlendioxyd aus dem Gas. Zur Feintrocknung dienen Vorlagen mit konzentrierter Schwefelsäure und bei besonders hohen Ansprüchen solche mit Phosphorpentoxyd. (Im Bios-Final-Rep. Nr. 684 wird angegeben, daß bei den Metallwerken Plansee, Reutte Österreich eine Reinigung des Wasserstoffes von Sulfiden, Arseniden und Phosphiden durch Überleitung über aktive Kohle erfolgt. Die Aktivierung der Kohle geschieht durch Glühen an Luft bei 1000° C.)

In älteren Ofenanlagen brennt der Wasserstoff an der Beschickungsseite frei mit offener Flamme oder an mit Rückschlagsicherungen (Netzen) versehenen Pfeifen oder Brennern ab. Bei größeren Anlagen ist dies natürlich unwirtschaftlich. Die zur Reduktion benötigten und zur Aufrechterhaltung einer geringen Wasserdampfkonzentration im Reduktionsgas erforderlichen Wasserstoffmengen sind sehr beträchtlich. Durch die Anwendung von Gasumwälzanlagen wird eine wirtschaftliche Ausnutzung des Reduktionsgases ermöglicht. Das umlaufende Gas wird meistens nach Zwischenschaltung eines Wäschers durch Kondensation in einem Kühler ausreichend getrocknet. An Stelle des Kondensators werden mitunter Trocknungsanlagen, z. B. Kieselgelvorlagen, benutzt. Die Gasumwälzung wird durch eine Pumpe bewirkt. Da beim Beschicken stets eine gewisse Menge von Luft in den Kreislauf gelangt, die in der Abkühlzone eine Oxydation des reduzierten Metallpulvers hervorrufen würde, erscheint es zweckmäßig, den Luftsauerstoff durch Einschaltung von Kontaktöfen mit Pd-, Pt-Mohr-Katalysatoren oder auf andere Weise zu verbrennen. Der dabei entstehende Wasserdampf muß ebenfalls ausgeschieden werden. Dadurch ist die Lage der Kontakt- oder Verbrennungsöfen vor dem Kühler bzw. Trockner gegeben. Man braucht dem Kreislauf nur jene Menge an frischem Gas zuzuführen, die bei der Beschickung und Entleerung verlorengeht oder die infolge Reaktion mit dem Oxyd verbraucht wird. In Abb. 27 ist eine Gasumwälzanlage schematisch dargestellt.

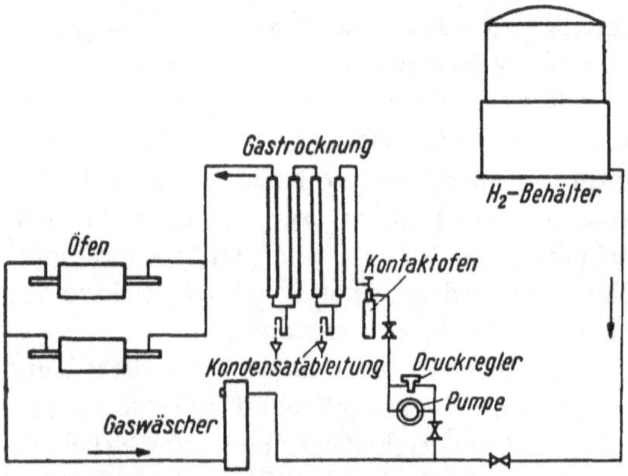

Abb. 27. Schematische Darstellung einer Gasumwälzanlage für Reduktions- und Sinteröfen

Die Erwärmung der Reduktionsöfen erfolgt meist mit elektrischen Widerstandsheizleitern. Als solche werden Nickel-Chrom-80/20-Drähte oder -Wendeln benutzt, die vollständig ausreichen, da die Reduktionstemperatur beim Wolfram und Molybdän technisch selten über 950° C hinausgeht. Höhere Ansprüche erfüllen Widerstandsdrähte oder -wendeln aus Kanthal oder Fe-Al-Legierungen. Die Temperaturen in den verschiedenen Zonen des Ofens werden zweckmäßig über Thermoelemente und Fallbügelregler automatisch geregelt. Eine genaue Temperaturkontrolle und -überwachung ist notwendig, um ein gleichmäßiges Metallpulver definierter Kornbeschaffenheit zu erhalten. Die Strömungsgeschwindigkeit des Wasserstoffes muß regulier- und einstellbar sein.

Moderne Reduktionsanlagen sind mitunter an der Beschickungs- und Entleerungsseite mit Schutzkammern versehen. Diese haben die Aufgabe, den Eintritt von Luft (Sauerstoff) bei der Einführung und Entnahme der mit dem Reduktionsgut beschickten Schiffchen zu verhindern. Die eigentlichen Temperaturzonen des Ofens können durch Schieber zu den Schutzkammern hin abgeschlossen werden. Bei Einführung und Entnahme der Schiffchen werden diese Schieber jeweils geschlossen. Nach Öffnen der Schutzkammern werden die Schiffchen eingesetzt bzw. entnommen und die Kammern mit Wasserstoff durchspült. Erst danach werden die Schieber zur Durchführung des kontinuierlichen Vorschubes wieder geöffnet. Auf diese Weise wird nicht nur eine Schädigung des Reduktionsgutes, sondern auch das Auftreten einer Knallgasbildung vermieden.

Eine genaue Kontrolle des reduzierten Metallpulvers ist notwendig, um später die gewünschten Drahteigenschaften zu erhalten und die beabsichtigte Kristallstruktur [7] zu erzielen. Die betriebliche Kontrolle erstreckt sich vor allem auf die Bestimmung des Grades der Ausreduktion (Oxydationswert) sowie auf die Kornbeschaffenheit des Metallpulvers. Hier ist es besonders die Größe und Verteilung des Kornes, welche von Interesse sind. Man bestimmt sie entweder mikroskopisch oder durch Sedimentationsanalyse, Windsichtung oder andere physikalische Verfahren. Unter Umständen ist auch eine Nachkontrolle des Reinheitsgrades zweckmäßig. Da einer der Autoren dieses Buches [AGTE] gemeinsam mit M. PETRDLIK an anderer Stelle [118] eingehend die einzelnen Meßmethoden zur Bestimmung der Eigenschaften der Metallpulver, insbesondere für Wolfram, beschrieben hat, werden wir hier nicht näher darauf eingehen.

6.30 Pressen, Vorsintern und Formieren (Hochsintern)

6.31 *Pressen*

Das Pressen der Metallpulver des Wolframs und Molybdäns stellt den ersten und einen der wichtigsten Arbeitsgänge dar, welche die Voraussetzung zur Herstellung von duktilen Gegenständen wie Drähten, Blechen und Bändern bilden. Die Metallpulver werden zu diesem Zweck meist auf hydraulischen Pressen in Stahlmatrizen zu Stäben mit rechteckigem bzw. quadratischem Querschnitt verpreßt. Die Eigenschaften der Preßlinge sind ausschlaggebend für die anschließende Sinterung. Sie müssen eine Stabilität besitzen, welche die Entnahme aus der Form einwandfrei ermöglicht, und eine Festigkeit aufweisen, die den Transport gestattet. Die umfangreichen Betrachtungen und Untersuchungen der Preßeigenschaften, wie sie aus dem neueren Schrifttum hervorgehen, lassen die Bedeutung gerade dieses Arbeitsganges im pulvermetallurgischen Arbeitsprozeß erkennen [119].

6.311 Pressen und Preßformen

Die benutzten hydraulischen Pressen müssen von einer äußerst stabilen Bauart sein, um das Auftreten von Preßfehlern in den Stäben zu verhindern, welche die Weiterverarbeitung der gepreßten Stäbe schädlich beeinflussen können. Moderne Pressen sind mit Vorrichtungen ausgerüstet, die eine automatische Regulierung des Druckanstieges, der zeitlichen Dauer des Höchstdruckes und der Druckentlastung gestatten. Der Preßdruck wird z. B. langsam innerhalb von 20 sec bis zum Höchstdruck gesteigert, dort weitere 20 sec belassen und in weiteren 10 bis 15 sec entlastet.

Die Preßformen bestehen aus hartem, verschleißfestem Stahl. Mitunter werden die Innenflächen der Preßform zur Erhöhung ihrer Haltbarkeit mit

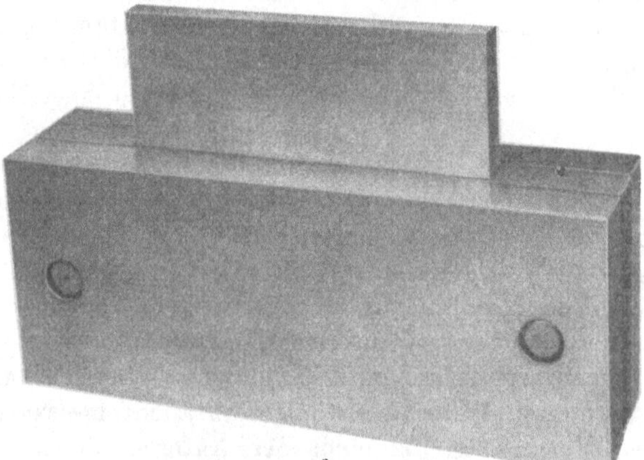

a

b

Abb. 28. Preßform für Wolfram- und Molybdänmetallpulver

Auflagen aus Stelliten oder Hartmetall ausgekleidet. Die Innenflächen der zerlegbaren Preßformen müssen fein geschliffen sein. Eine Preßform, wie sie zur Herstellung von W- und Mo-Stäben in der Glühlampenindustrie benutzt wird, ist in Abb. 28 wiedergegeben.

Die zerlegbare Preßform wird, wie aus der Abbildung ersichtlich ist, mit leicht konischen Bolzen zusammengehalten. Sie wird dann in einen Preßschuh eingesetzt, der sehr stabil sein muß, um eine elastische Federung der Matrize beim Preßvorgang zu verhindern. Zwischen Preßform und Preßschuh setzt man häufig einen Keil von etwa 2° Neigung ein, der durch kräftige Schrauben verspannt wird. Auf diese Weise erfolgt eine gleichmäßige Druckübertragung auf der ganzen Seitenfläche der Preßform. Der durch den Bär der hydraulischen Presse ausgeübte Druck muß genau senkrecht auf den Stempel der Preßform wirken.

Die Preßform wird mit einer genau abgewogenen Menge des Metallpulvers gefüllt. Das Pulver wird mit Hilfe von Vorrichtungen gleichmäßig in der Preßform verteilt (Schlag- und Schütteleinrichtungen), um eine ungleiche Dichteverteilung innerhalb des Preßlings zu verhindern. Das Metallpulver muß möglichst bald nach seiner Herstellung (Reduktion) verarbeitet werden. Falls es längere Zeit an feuchter Luft gelagert hat, muß vor dem Pressen nachreduziert werden, um den Sauerstoffgehalt zu beseitigen. Nach dem Pressen wird die Preßform aus dem Preßschuh herausgenommen. Die gespannten Bolzen werden gelockert und der Preßstempel, der ein genügendes Spiel besitzen muß, um das Entweichen der komprimierten Luft zu gestatten, entfernt. Die Preßform wird vorsichtig zerlegt und der genügend feste stabförmige Preßling entnommen. Die Stäbe werden auf genau ebenen Blechunterlagen in Schiffchen gelegt, in denen sie später vorgesintert werden sollen. Hierbei bedient man sich häufig Schiffchen aus hitzebeständigem Stahl und legt diese mit Wolframschrot bzw. Aluminiumoxyd aus, um dadurch eine gleichmäßige Unterlage für die Preßlinge zu gewährleisten. Dies hat den Vorteil, daß die Schiffchen, welche durch mehrmalige Warmbehandlung zum Verzug neigen, durch die Pulverauflage ausgeglichen werden können. Gleichzeitig ist damit die Gefahr des Anhaftens der Preßlinge während des Vorsinterns behoben.

6.312 Preßbeimengungen

In den meisten Fällen wird trocken gepreßt. Einige Firmen, z. B. Metallwerke Plansee (Österreich), empfehlen die Verwendung von preßerleichternden Zusätzen (Schmiermitteln), wie z.B. eine Lösung von Kampfer in Äther oder Paraffin in Benzin [103]. Auf diese Weise versucht man, die Entstehung von Preßfehlern, welche in Form von Druckkegeln, Kalotten usw. auftreten können, zu verhindern.

Der aufgewendete Preßdruck ist von entscheidender Bedeutung für die Dichte der Preßlinge und, da sich die Dichte von W- und Mo-Stäben bei einer Wärmebehandlung auf 1000 bis 1150° C nicht merklich ändert, auch der vorgesinterten Stäbe. Ein feineres Korn des Metallpulvers verlangt niedrigere Preßdrücke als ein gröberes. Auch Preßfehler treten bei feinkörnigen Pulvern eher in Erscheinung. Die beim Pressen ausgeübten Drücke werden von den verschiedenen Erzeugern und Verarbeitern des Wolframs und Molybdäns nicht einheitlich angegeben. Die Angaben über die spezifischen Preßdrücke schwanken zwischen 0,8 und 6 t/cm². Ein höherer Druck ist für die Erzielung einer höheren Dichte und für eine größere Festigkeit des Preßlings günstig. Andererseits wird dadurch die Entstehung von Preßfehlern begünstigt. Die Tabellen 22 und 23 enthalten Angaben über die von den verschiedenen Erzeugern hergestellten Stabformen

Tabelle 22

Preßbedingungen bei der Herstellung von W-Stäben

Erzeuger	Stababmessungen in mm	Spezif. Preßdruck t/cm²	Tatsächl. Preßdruck t	Einwaage g	Preßdichte g/cm³
Radium Wipperfürth.	10 × 10 × 300	1,7–1,8	51–54	ca. 300	10,0
Metallwerke Plansee, Reutte .	12,5 × 12,5 × 290	6	215	ca. 550	12,0
	25 × 25 × 400	1,5–2,0	150–200	ca. 2800	11,2
GEC (SMITHELLS).	6,5 × 6,5 × 200	1,0	8	190–200	10,7–12,0
CSR	8 × 8 × 220	1,25–1,5	22–26	140–155	10,0–11,0
	10 × 10 × 320	1,25–1,5	40–48	340–360	10,5–11,2

Tabelle 23

Preßbedingungen bei der Herstellung von Mo-Stäben

Erzeuger	Stababmessungen in mm	Spezif. Preßdruck t/cm²	Tatsächl. Preßdruck t	Einwaage g	Preßdichte g/cm³
Metallwerke Plansee, Reutte .	20 × 20 × 300	4–5	240–300	ca. 800	6,6
	25 × 25 × 400	3–4	300–400	ca. 1600	6,4
	40 × 40 × 600	1–1,5	240–360	ca. 5000	5,2
	40 × 70 × 600	1–1,5	240–360	ca. 8000	4,8
CSR	8 × 8 × 220	2–2,5	35–44	70–80	4,8–5,2
	10 × 10 × 320	2–2,5	64–70	160–180	4,8–5,2

Tabelle 24

Einfluß des Preßdruckes auf die Preßdichte von W-Stäben

Spezif. Preßdruck t/cm²	Preßdichte bei feinem W-Pulver g/cm³	Preßdichte bei gröberem W-Pulver g/cm³
1,25	8,9	10,0
1,70	9,5	10,5
2,00	9,9	10,9
2,84	10,9	11,4
3,79	11,5	11,8
4,55	11,8	12,0

Tabelle 25

Einfluß des Preßdruckes auf die Preßdichte von Mo-Stäben

Spezif. Preßdruck t/cm²	Preßdichte bei feinem Mo-Pulver g/cm³	Preßdichte bei gröberem Mo-Pulver g/cm³
1,0	4,8	5,5
1,5	5,2	6,0
2,5	5,8	6,4
3,5	6,4	6,6
4,5	6,6	6,8

des Wolframs und Molybdäns, die benutzten spezifischen und tatsächlichen Preßdrücke, die zur Anwendung kommenden Einwaagen bei den einzelnen Preßlingen und die jeweils erzielten Preßdichten.

Kleinere Stäbe (beim Wolfram bis 10 × 10 mm, beim Molybdän bis 20 × 20 mm) werden häufig zu Drähten verarbeitet, Stäbe mit Querschnitten von mehr als 10 × 10 mm beim Wolfram und bis 25 × 25 mm beim Molybdän zu Blechen. Noch größere Preßlinge dienen zur Herstellung größerer Formstücke.

Auf die beim Pressen erzielbare Preßdichte ist die Korngröße des Metallpulvers von Einfluß. Je feinkörniger das Pulver ist, desto kleinere Preßdichten ergeben sich bei gleichen Preßbedingungen. Mit Erhöhung des spezifischen Preßdruckes steigt die Preßdichte stark an. Der Einfluß des Preßdruckes und der Korngröße des Metallpulvers auf die Preßdichte ist für Wolframstäbe aus Tabelle 22 und Abb. 29 ersichtlich. Das feinkörnige Wolframpulver besaß eine mittlere Korngröße von 0,8 μ, ein Füllvolumen von 110 und ein Klopfvolumen von 63 cm³/100 g; das gröbere Wolframpulver eine mittlere Korngröße von 1,8 μ, ein Füllvolumen von 45 und ein Klopfvolumen von 23 cm³/100 g. Tabelle 23 enthält die entsprechenden Angaben für die Herstellung von Molybdänstäben. Mit erhöhtem Preßdruck gleichen sich die Preßdichten von feinkörnigen und gröberen Wolframmetallpulvern immer mehr einander an.

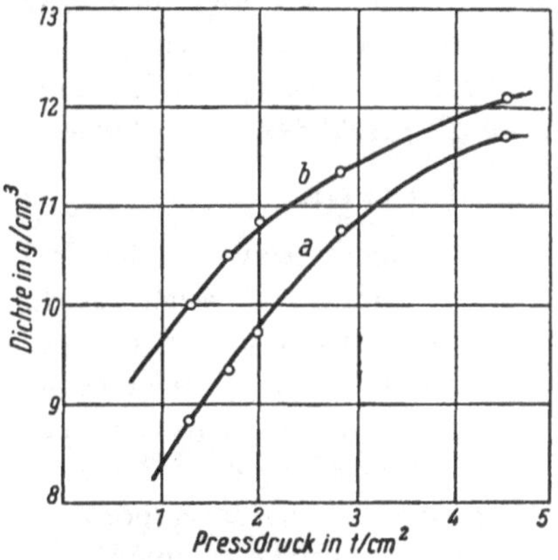

Abb. 29. Einfluß des Preßdruckes und der Korngröße der Metallpulver auf die Preßdichte von Wolframstäben a) feinkörnig; b) grobkörnig

6.313 Preßfehler

Häufig beobachtet man Preßfehler, welche stets ein charakteristisches Aussehen haben. Sie können einmal ihre Ursache in einzelnen Mängeln, häufig aber auch durch das Zusammenwirken mehrerer Umstände haben. Die wesentlichsten Faktoren sind z. B. die Beschaffenheit des Metallpulvers, Ausweichen der Preßform und des Preßschuhes während der Belastung sowie unsachgemäße Behandlung bei der Entnahme aus der Matrize.

Von der Beschaffenheit des Metallpulvers ist der Preßdruck abhängig. Der Grad der Verdichtung richtet sich nach der Form und Größe der Teilchen, welche auch in ihrer Verteilung einer bestimmten Gesetzmäßigkeit unterliegen müssen. So können z. B. vorwiegend flache Teilchen eine ungünstige Orientierung ergeben, indem sie senkrecht zur Druckrichtung liegen und dadurch Querrisse auslösen. Weiterhin ist darauf zu achten, daß möglichst immer ein gleich großes Füllvolumen vorliegt. Abweichungen, welche durch Feuchtigkeit oder vorheriges Mahlen der Pulver entstehen können, sind zu vermeiden.

Auch Konstruktionsfehler der Preßform sind häufig die Ursache zur Rißbildung im Preßling. Dies trifft besonders dann zu, wenn die Formen nicht genügend zerlegbar sind. Es treten dabei oft elastische Verformungen auf, welche während der Entlastung die Zerstörung des Preßlings verursachen. Bei zerlegbaren Formen besteht ebenfalls durch unsachgemäßes Zusammensetzen und

Zerlegen nach dem Preßvorgang die Möglichkeit der Rißbildung. Die Form muß also so beschaffen sein, daß sie in ihren Abmessungen selbst höchsten Drücken standhält und nicht nachgibt. Verunreinigungen der Wände an der Innenseite sind häufig der Anlaß zu Preßfehlern. Die während des Aufbringens der Last entweichende Luft nimmt feine Pulverteilchen mit und diese beschädigen die geschliffene Oberfläche.

6.32 *Vorsintern*

Nach dem Pressen wird der Stab für den nächsten Arbeitsgang, nämlich das Vorsintern und z. T. auch für das Hochsintern mit Markierungen versehen, welche zur Ermittlung des Längsschwundes nach dem Sintern dienen. Zum anderen erhalten die Stäbe eine geringe Einkerbung in der Mitte. Diese hat den Zweck, nach dem Vorsintern eine Kontrolle auf Gleichmäßigkeit des Preßvorganges durchzuführen.

Die Vorsinterung der gepreßten Stäbe hat den Zweck, diesen eine Festigkeit zu verleihen, welche es zuläßt, daß zur Hochsinterung in der Sinterglocke die Einspannung ohne Beschädigung durchgeführt werden kann. Die Vorsinterung ist jedoch nicht in allen Fällen unbedingt notwendig. Molybdänstäbe kleineren Querschnittes, die mit höheren Drucken gepreßt wurden, sind wegen der im Vergleich zum Wolfram größeren Duktilität bereits genügend fest. Stärkere mit geringen Drucken gepreßte Molybdänstäbe bedürfen jedoch einer Vorsinterung.

Wolframstäbe müssen in jedem Fall vorgesintert werden. Die Vorsinterung des Wolframs wird bei Temperaturen von 950 bis 1050° C (SMITHELLS), von 1050 bis 1100°C (Metallwerke Plansee) von 1100 bis 1150° C (Radium Wipperfürth) bzw. 1050 bis 1150° C (CSR) vorgenommen. Molybdän verlangt eine um etwa 100° C niedrigere Vorsintertemperatur als Wolfram. Die Dauer der Vorsinterung beträgt einheitlich etwa $^1/_2$ Std.

Die Vorsinterung wird in trockenem, reinem Wasserstoff durchgeführt. Die Strömungsgeschwindigkeit beträgt etwa 200 l/h. Das Trocknen des Wasserstoffes geschieht mit Hilfe einer Trockenanlage, wie bereits vorher beschrieben. Der H_2O-Gehalt soll nach Möglichkeit 2 bis 3 mg/m^3 nicht übersteigen. Während der Vorsinterung werden die Stäbe auf den Schiffchen, auf welche sie nach dem Pressen gelegt werden, langsam durch den Ofen geschoben. Teilweise werden auch Bleche aus Wolfram, Molybdän u. dgl. als Unterlage benutzt. Die Abkühlung erfolgt in einer mit einem Kühlmantel versehenen Kühlkammer des Ofens unter Wasserstoff. Als Öfen verwendet man vorzugsweise mit Molybdänheizleitern versehene Anlagen, wobei der Heizleiter durch Wasserstoff gegen Oxydation geschützt werden muß. Der Vorschub erfolgt automatisch, wobei eine Vorschubeinrichtung zur Anwendung kommt, wie sie von den Reduktionsöfen her bekannt ist.

Die Temperatur, bei der die Vorsinterung stattfindet, liegt weit unterhalb der Rekristallisationstemperatur. Es findet also kein Kornwachstum im eigentlichen Sinne, sondern nur ein Zusammenfritten statt. Die Festigkeitserhöhung, welche durch die Vorsinterung eintritt, führt man auf die Beseitigung von oberflächlichen Oxydschichten der einzelnen Körner zurück. Die reduzierten Häute wirken als eine Art Bindemittel. Eine merkliche Dichteerhöhung tritt jedoch bei der Vorsinterung noch nicht ein. Falls beim Pressen ein Bindemittel benutzt worden ist, verdampft dieses ebenso wie andere leicht flüchtige Verunreinigungen, wie etwa Ammonsalze und ein Teil der Alkalisalze (NS-Zusätze). Die Stäbe zeigen nach der Vorsinterung eine große Porosität und eine Raumerfüllung von 50 bis 60%. Sie sind demzufolge sehr spröde und erhalten ihre Duktilität erst bei der späteren Hochsinterung (Formieren). Nach der Vorsinterung erfolgt nunmehr die Prüfung auf Seitengleichheit. Dies geschieht, indem die Stäbe mit der Einkerbung auf eine Schneide gelegt werden, wobei die Gewichtsdifferenz bezogen auf das Stabgewicht 1% nicht überschreiten darf. Diese Prüfung gewährleistet, daß nur Stäbe mit gleichmäßiger Dichte zur Verarbeitung kommen.

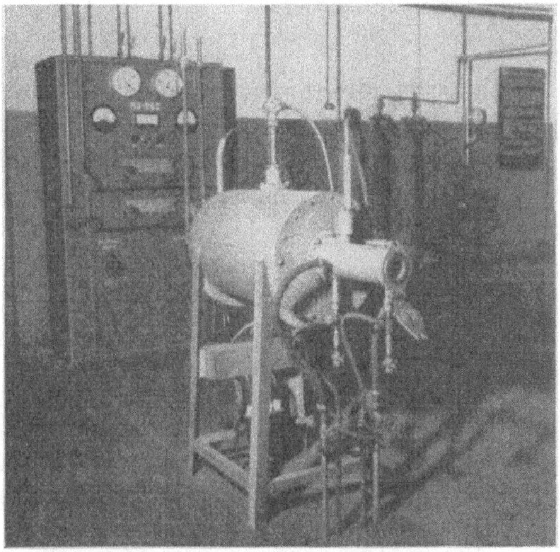

Abb. 30. Ofen zur Vorsinterung von gepreßten W- und Mo-Stäben

Dichte und spezifischer elektrischer Widerstand der vorgesinterten Stäbe stehen in engem Zusammenhang, wie aus den Werten der Tabelle 26 am Beispiel des Wolframs hervorgeht (vgl. auch Abb. 31).

Tabelle 26

Zusammenhang zwischen Dichte und elektrischem Widerstand von vorgesinterten W-Stäben

Spezif. Preßdruck t/cm²	Dichte g/cm³	Spez. elektr. Widerstand in Ohm · mm²/m
0,5	8,7	6,55
1,25	10,0	4,4
1,6	10,3	3,8
2,3	10,8	3,3
3,55	12,0	2,6

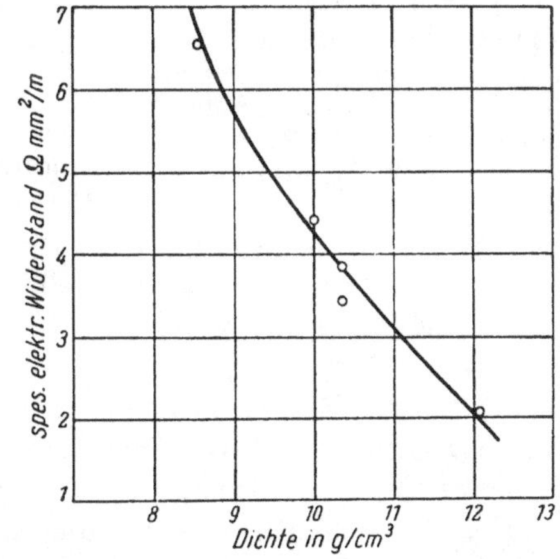

Abb. 31. Zusammenhang zwischen Dichte und spezifischem elektrischem Widerstand von vorgesinterten Wolframstäben

6.33 *Hochsinterung* (*Formieren*)

Ihre Duktilität erlangen die W- und Mo-Stäbe durch die Hochsinterung bei Temperaturen dicht unterhalb des Schmelzpunktes. Diesen Vorgang bezeichnet man als „Formieren".

6.331 Sinterglocken-Anlage

Die Hochsinterung der vorgesinterten W- und Mo-Preßlinge findet im direkten Stromdurchgang in wassergekühlten Glocken statt. Der meist nur etwa $^1/_2$ Std. bei kleineren Stäben und 1 Std. bei größeren Stäben währende Sinterungsvorgang und die sich daran anschließende rasche Abkühlung der hochgesinterten Stäbe macht die Anwendung eines besonderen Wärmeschutzes entbehrlich. Die Hochsinterung findet im trokkenen, gereinigten Wasserstoff statt. Neuerdings ist von amerikanischer Seite darauf hingewiesen worden, daß die Erhitzung auch im Mischgas (75% N_2 + 25% H_2) beim Wolfram durchgeführt werden kann, da Wolfram bei höheren Temperaturen keine Nitride bildet. Dagegen ist es notwendig, Molybdän stets in Wasserstoff und nicht in Mischgas zu formieren.

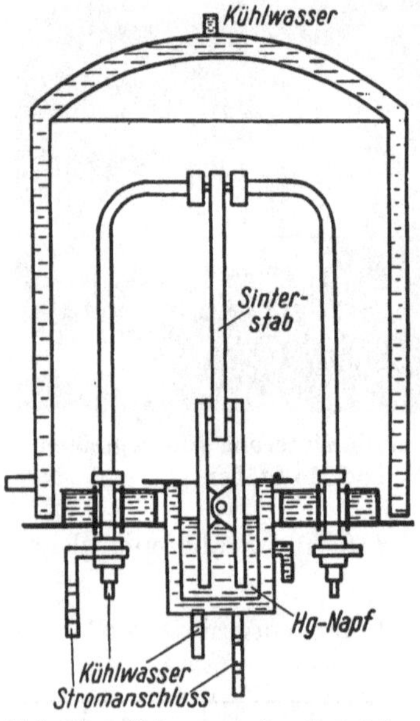

Abb. 32. Schematische Darstellung einer Sinterglocke zur Sinterung von Wolfram- und Molybdändrähten (nach R. KIEFFER u. W. HOTOP)

Mit dem Vorgang der Hochsinterung ist ein bedeutender Schwund der vorgesinterten Preßlinge, d. h. eine Verminderung der äußeren Abmessungen verbunden. Dadurch ist die Anwendung nachgiebiger Stromklemmen notwendig. Abb. 32 zeigt schematisch eine der ältesten Anordnungen zur Sinterung von Wolfram- und Molybdän-Preßstäben, wie sie auch für die Sinterung anderer hochschmelzender Metalle gebräuchlich ist. Das Prinzip dieser Anordnung ist auch bei der späteren Entwicklung im großen und ganzen beibehalten worden. Die Apparatur besteht im wesentlichen aus einer oberen feststehenden und wassergekühlten Klemme und einer in ein Quecksilbergefäß tauchenden unteren Klemme, die beweglich ist. Zwischen diesen beiden Klemmen werden die Stäbe eingespannt. Die obere Klemme enthält wegen der auftretenden hohen Temperaturen Backeneinlagen aus hochgesintertem Wolfram oder Molybdän. Das Quecksilbergefäß ist ebenfalls wassergekühlt. In dieses taucht die untere Klemme ein, deren Gewicht so ausbalanciert wird, daß ein zu starkes Krummwerden der sich bei der Sinterung verkürzenden Stäbe vermieden wird. Als Schutz gegen Oxydation ist über die Anlage eine mit einem Kühlmantel versehene Glocke gestülpt, der als Schutzgas Wasserstoff zugeführt wird. Die vom Stab abgestrahlte Energie wird von der Glocke aufgefangen und durch das

Kühlwasser abgeleitet. Die Glocke ruht in einer mit Quecksilber gefüllten Rille der Grundplatte. Auf diese Weise wird nicht nur eine genügend gute Abdichtung gegen die Außenatmosphäre erreicht, sondern auch die Gefahr einer eventuellen Explosion vermindert. Das den elektrischen Strom zur oberen Klemme leitende wassergekühlte Kupferrohr geht durch die Grundplatte hindurch und ist dieser gegenüber abisoliert. Die Sinterglocken enthalten meist ein Schaurohr, durch welches die Oberfläche des zu sinternden Stabes anvisiert und seine Temperatur mittels eines optischen Pyrometers gemessen werden kann (vgl. Abb. 33). Die stündliche Menge an Wasserstoff beträgt je nach Größe der Anlage 300 bis

Abb. 33. Sinterglocke in Betrieb (Temperaturmessung)

1500 Liter. Bei der Abkühlung muß diese · Wasserstoffmenge etwas erhöht werden, da sich das Gas zusammenzieht und leicht Luft von außen her angesaugt werden kann.

An modernen Sinterglockenanlagen sind die giftigen Quecksilberkontakte durch flexible W- oder Mo-Kontakte mit Mo-Federn ersetzt. Das gleiche gilt auch für das Quecksilbergefäß, welches zum Abdichten der Glocke nach außen hin dient. Hier kommt Schaumgummi als Dichtungsmaterial zur Anwendung. Die Konstruktion erlaubt die gleichzeitige Formierung mehrerer Stäbe. Die Anzahl der eingesetzten Stäbe hängt von der Kapazität des verwendeten Transformators ab. Abb. 34 zeigt ein neues Modell einer Sinterglockenanlage für die Sinterung von 6 Wolfram- bzw. 16 Mo-Stäben. Die Stäbe werden durch Zwischenstücke aus Molybdän in Stellung gehalten. In diesem Zusammenhang muß jedoch bemerkt werden, daß in Anbetracht unterschiedlicher Spannungsverhältnisse es zweckmäßig erscheint, Wolfram nicht auf diese Weise zu sintern.

Die hierbei auftretende Ungleichmäßigkeit wirkt sich nicht immer vorteilhaft auf die Weiterverarbeitung zu Drähten für die Glühlampenproduktion aus.

Zur Sinterung werden Quecksilbertopf und Oberklemme an Spannungen von 20 bis 50 Volt gelegt; man verwendet Ströme von mehreren tausend Ampere. Die Größe der erforderlichen Sinterenergie ist im wesentlichen von der Größe der Sinteroberfläche abhängig. Sie liegt meist zwischen 60 und 300 Watt/cm², auf die Oberfläche des Wolframstabes bezogen. Es ist wichtig, daß der Strom sorgfältig geregelt wird. Eine zu schroffe Temperatursteigerung muß vermieden

a) b)

Abb. 34. Moderne Sinterglocke zur gleichzeitigen Sinterung von mehreren Wolfram- oder Molybdänstäben durch direkten Stromdurchgang (Glocken geöffnet)

a) Sechsstabanordnung zur Sinterung von Wolfram (nach Kieffer u. Benesovsky); b) Sechzehnstabanordnung zur Sinterung von Molybdän (nach R. Kieffer)

werden. Besonders für die Herstellung von Wolframstäben für Glühlampendrähte, welche gewisse Beimengungen enthalten, sollen die Stromdichten bei Beginn der Sinterung nicht zu hoch gewählt werden. Es könnte sonst ein lokales Schmelzen wegen des hohen Widerstandes der Beimengungen an den Korngrenzen stattfinden. Die Stromdichte kann allmählich in dem Maße gesteigert werden, wie sich die Beimengungen verflüchtigen und die Sinterung selbst fortschreitet.

Der Stabwiderstand ist zu Beginn der Sinterung infolge nur punktförmiger Berührung der einzelnen Pulverteilchen sehr hoch ($\varrho =$ ca. 2 bis 7 Ohm/m · mm²).

Mit fortschreitender Sinterung fällt dieser Widerstand ab und nähert sich asymptotisch einem konstanten Endwert nach 20 bis 30 min Sinterzeit ($\varrho = 0{,}06$ bis $0{,}07$ Ohm/m · mm^2). Aus Abb. 35 ist das Schema eines „Sinterdiagramms" (Veränderung von Spannung, Stromstärke und elektrischer Widerstand) ersichtlich. Die Gesamtsinterdauer beträgt meist 30 bis 60 min, wobei der aufgeheizte Stab stufenweise auf eine Formiertemperatur von 2600 bis 3000° C (beim Wolfram) und 2000 bis 2200° C (beim Molybdän) gebracht wird. Stärkere Stäbe verlangen eine etwas längere Sinterdauer. Auf der Höchsttemperatur wird etwa 5 bis 15 min gehalten. Die Stromstärke entspricht etwa 90 bis 95% des Durchbrennstromes. Auf genaue Einzelheiten des Formierschemas gehen wir später ein.

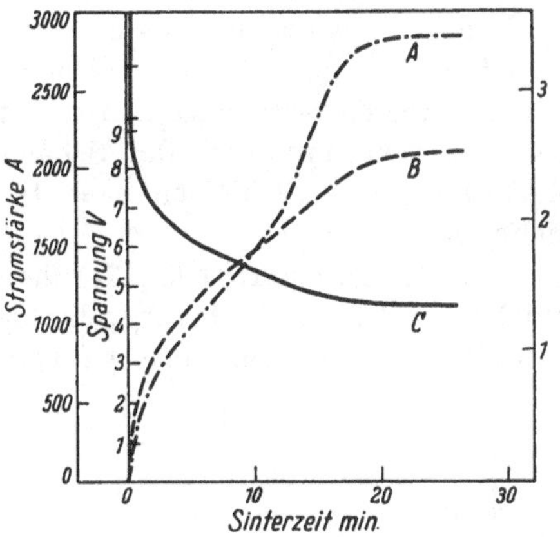

Abb. 35. Sinterdiagramm (Änderung der Stromstärke (A), der Spannung (B) und des elektrischen Widerstandes (C) bei der Sinterung von Wolfram- und Molybdänstäben)

6.332 Einfluß der Formierbedingungen während des Formierens

Die Dichte der vorgesinterten Stäbe wächst durch das Formieren beim Wolfram von 10 bis 12 g/cm^3 auf 17,0 bis 18,5 g/cm^3 (theoretische Dichte 19,3), beim Molybdän von 4,5 bis 6 g/cm^3 auf 9 bis 9,8 g/cm^3 (theoretische Dichte 10,2). Diese Dichtesteigerung ist mit einer beträchtlichen Schwindung verbunden. Dies

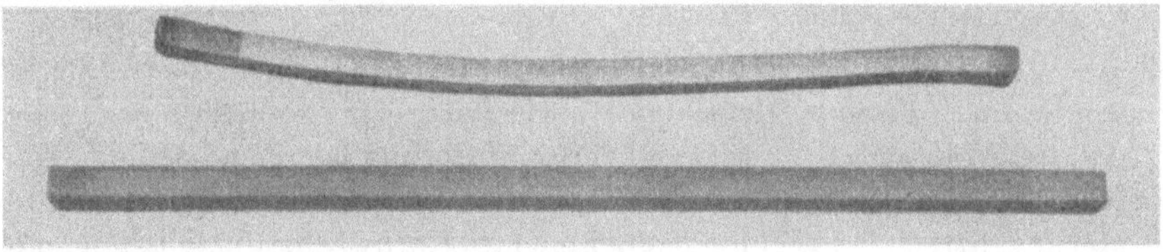

Abb. 36. Gepreßter (unten) und gesinterter (oben) Wolframstab

ist aus Abb. 36 zu ersehen, in welcher ein Vergleich zwischen den Abmessungen eines vorgesinterten und eines formierten Wolframstabes gleichen Gewichtes gegeben ist. Die lineare Schrumpfung beträgt ungefähr 15 bis 18%.

Die in den Sinterstäben erreichte Korngröße hängt im wesentlichen von der Sintertemperatur, der Sinterdauer, der Teilchengröße des Ausgangsmetallpulvers, dem Wassergehalt des Schutzgases, dem Gehalt an oxydischen Verunreinigungen oder absichtlichen Beimengungen des Pulvers und z. T. auch vom Preßdruck ab [120]. Das Kornwachstum beginnt bei etwa 1200° C und zeigt nach Z. Jeffries [121] ein ausgeprägtes Maximum bei Temperaturen von

2600 bis 2800°C (vgl. Abb. 37). Während des Kornwachstums werden die kleinen Kornteilchen von den größeren absorbiert. Es bildet sich im Endeffekt ein fast gleichmäßiges Korn. Abweichungen bei Stäben mit größeren Querschnitten sind jedoch innerhalb der Struktur zwischen Rand und Kern zu beobachten.

Unter gewissen Bedingungen, d. h. bei längerer Sinterung in einem Temperaturbereich dicht unterhalb des Schmelzpunktes in feuchtem Wasserstoff als Schutzgasatmosphäre können nach H. ALTERTHUM [122] sogar Einkristalle erhalten werden.

Nach KIEFFER und HOTOP [10] führen sehr feine Wolframpulver einer mittleren Korngröße von 0,5 bis 2 μ, die kleinere Mengen an Sauerstoff enthalten, zu Stäben mit gröberem Korn. Gröbere Metallpulver dagegen (mittlere Korn-

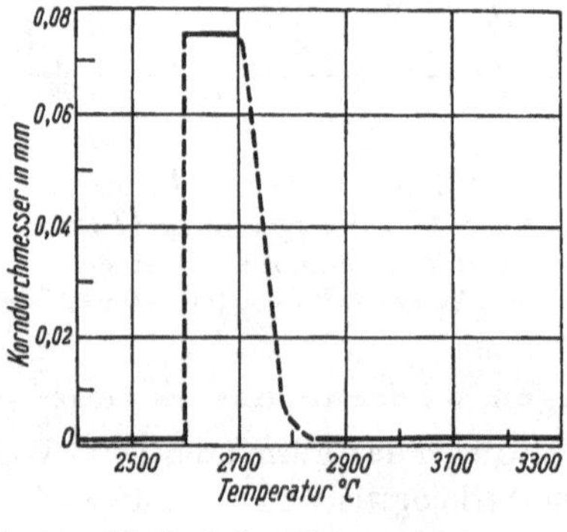

Abb. 37. Einfluß der Sintertemperatur auf die Korngröße eines Wolframsinterstabes (nach Z. JEFFRIES)

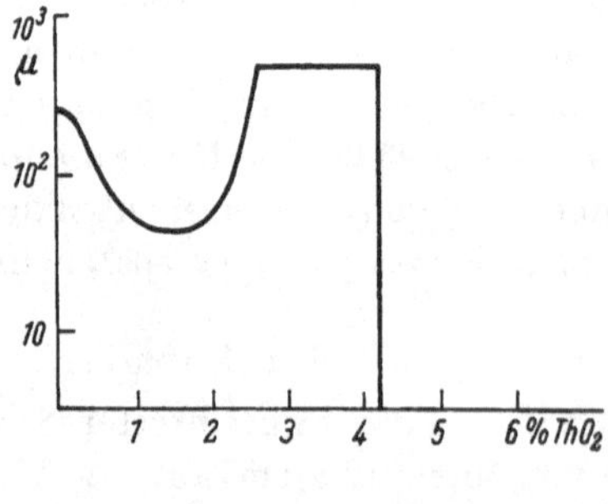

Abb. 38. Abhängigkeit der Kristallgröße im Wolframstab vom Gehalt an Thoriumoxyd (nach Z. JEFFRIES)

größe 5—10 μ) ergeben unter den gleichen Sinterbedingungen Stäbe mit feinkörnigem Gefüge. Fremde Metalloxyde, wie ThO_2 (vgl. Abb. 38), Al_2O_3, CaO, SiO_2 usw. im Wolframpulver wirken bei der Sinterung hemmend auf das Kornwachstum. Dagegen fördern niedere Wolframoxyde das Kornwachstum bei der Sinterung. SMITHELLS [2] fand zunehmendes Kornwachstum mit steigendem Preßdruck bei Wolframstäben, die aus einem Wolframpulver mit einer Korngröße von 0,6 μ hergestellt worden waren. KIEFFER und HOTOP konnten dagegen einen derartigen Effekt an gröberem, sauerstofffreiem Wolframpulver einer mittleren Korngröße von 5 bis 20 μ nicht beobachten. Es muß daher angenommen werden, daß die von SMITHELLS beobachtete Abhängigkeit des Kornwachstums vom Preßdruck im wesentlichen auf den Sauerstoffgehalt des verwendeten Feinstpulvers zurückzuführen ist. Feinstpulver enthalten immer mehr oder weniger große Mengen an Sauerstoff.

Auf Grund von neueren Untersuchungen [123], die um 1945 in Deutschland durchgeführt wurden, kam man zu der Feststellung, daß nicht nur die Korngröße einen bedeutenden Einfluß auf den Sinterungseffekt ausübt, sondern auch die Herkunft des Pulvers. So können z. B. Wolframpulver der gleichen Korngröße (0,5 bis 2 μ), aber verschiedener Herkunft, die unter den gleichen Bedingungen verarbeitet wurden, bei der Sinterung auf Temperaturen von 1700° C Schrumpfungswerte von 3 bis 23,6% zeigen. Diese Untersuchungen wurden von uns weiter vertieft. Über sie wird in einem anderen Zusammenhang näher berichtet werden. Über die Ursachen dieser Erscheinung ist noch keine genügende Klarheit geschaffen worden. Man führt sie vorläufig auf Änderungen in der Beschaffenheit der Kornoberfläche der Pulver zurück. Dies entspricht auch im wesentlichen unseren Ansichten, da die Vorgänge bei der Reduktion einen maßgeblichen Einfluß auf den Effekt ausüben. Nach KURTZ [124] ist auf den Sinterverlauf auch die Art der Gasatmosphäre, im besonderen ihre Feuchtigkeit, von Einfluß.

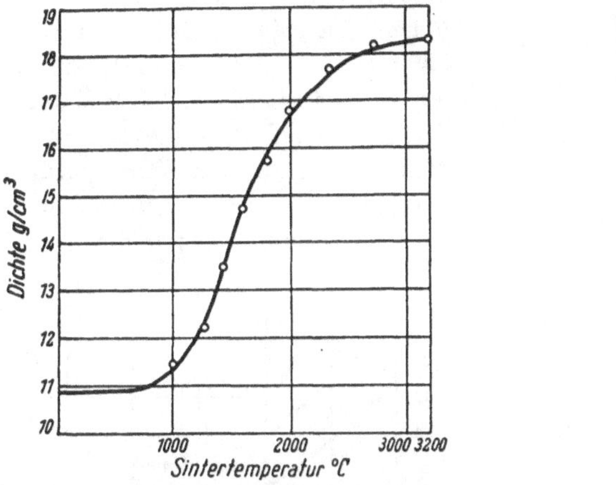

Abb. 39. Einfluß der Sintertemperatur auf die Dichte von reinen Wolframstäben (10 × 10 × 320 mm)

Neuerdings beginnt sich eine Änderung des normalen Formierprozesses durchzusetzen, und zwar insbesondere für Non-sag-wire. Diese Änderung besteht darin, daß nach der Hochsinterung der Wolframstäbe diese zunächst durch Hämmern um 50% ihres Querschnittes verringert werden und daß dann noch-

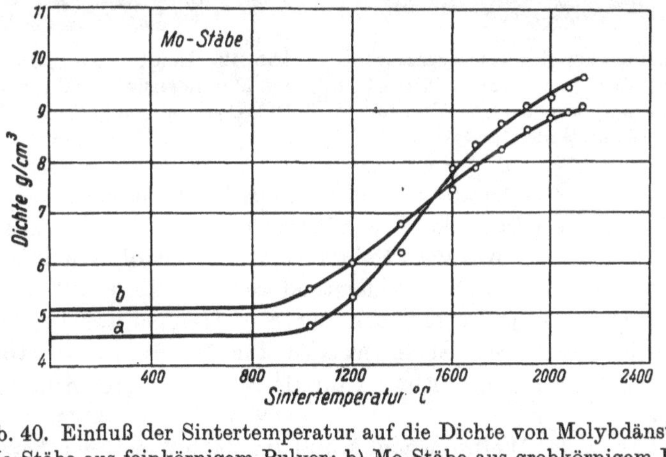

Abb. 40. Einfluß der Sintertemperatur auf die Dichte von Molybdänstäben
a) Mo-Stäbe aus feinkörnigem Pulver; b) Mo-Stäbe aus grobkörnigem Pulver

mals eine Formierung der vorgehämmerten Stäbe erfolgt. Dieses Verfahren kann gegebenenfalls wiederholt werden [125].

Wir haben Dichteveränderungen, welche vorgesinterte Wolfram- oder Molybdänstäbe während der Hochsinterung erfahren, systematisch in Abhängigkeit von der Sintertemperatur bei gleicher Sinterdauer (1/2 Std.) untersucht. In Abb. 39 ist der Verlauf der Dichte mit steigender Sintertemperatur für Stäbe aus reinem Wolfram 10 × 10 × 320 mm wiedergegeben. Im vorliegenden Fall beginnen die Wolframstäbe bei Temperaturen von 1300° C die Dichte zu erhöhen. Die Dichte nimmt sehr stark im Temperaturgebiet zwischen 1400 und 2300° C zu (bis 17,5 g/cm³), um dann bei weiterer Erhöhung der Temperatur nur noch langsam auf den Endwert von etwa 18,3 g/cm³ anzusteigen. Einen ähnlichen Verlauf zeigt die Dichte bei der Sinterung von Molybdänstäben (vgl. Abb. 40). In diesem Falle wurde gleichzeitig der Einfluß der Korngröße des Ausgangspulvers untersucht. Die Dichte der vorgesinterten Molybdänstäbe ist bei Verwendung von feinkörnigem Pulver wesentlich niedriger, als von Stäben,

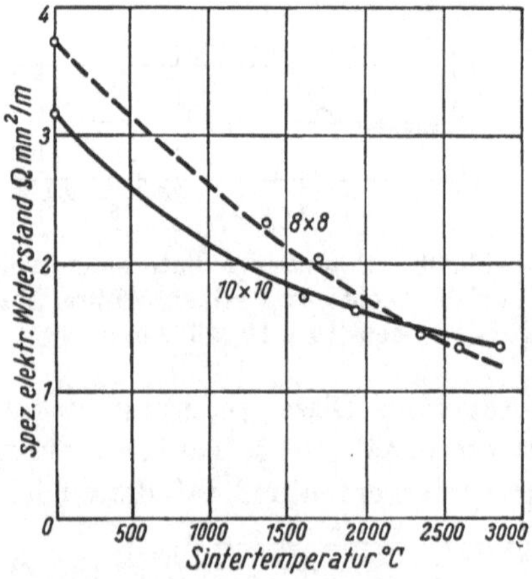

Abb. 41. Einfluß der Sintertemperatur von Wolframstäben (Querschnitt 8 × 8 und 10 mal 10 mm) auf den spezifischen elektrischen Widerstand

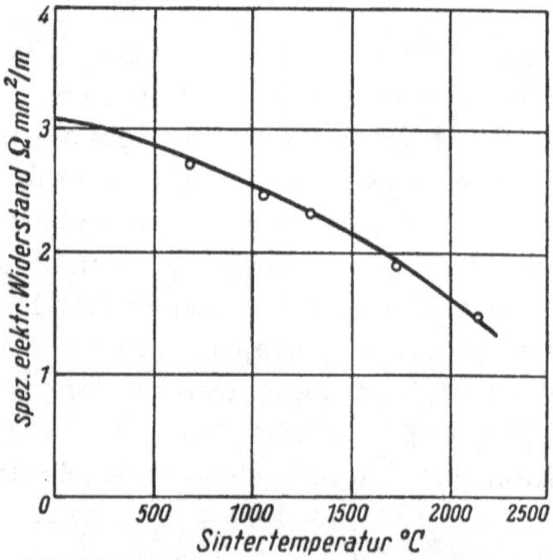

Abb. 42. Einfluß der Sintertemperatur von Molybdänstäben (Querschnitt 10 × 10 mm) auf den spezifischen elektrischen Widerstand

die aus gröberen Pulvern hergestellt worden sind. Die Stäbe aus feinerem Pulver schwinden jedoch stärker, so daß ihre Dichte im hochgesinterten Zustand eine größere ist, als wenn grobkörniges Pulver verarbeitet wird. Wir haben weiterhin den spezifischen elektrischen Widerstand von W- und Mo-Stäben während der Formierung in Abhängigkeit von der Sintertemperatur bestimmt. Das Ergebnis dieser Messungen ist in Abb. 41 für Wolframstäbe (Querschnitt 8 × 8 bzw. 10 × 10 mm) und in Abb. 42 für Mo-Stäbe (Querschnitt 10 × 10 mm) wiedergegeben.

Beim Formieren der Wolfram- und Molybdänstäbe pflegt man betrieblich so zu verfahren, daß man die Sinterung nicht bei festgelegten Temperaturen durchführt, sondern statt dessen bei Prozenten der Durchbrennstromstärke. Zu diesem Zweck ermittelt man zunächst bei jeder größeren Charge für die betrieblich hergestellten Stabquerschnitte den Durchbrennstrom, d. h., man schmilzt die Stäbe durch und ermittelt die dafür erforderliche Stromstärke. Die Formierung erfolgt nach einem bestimmten Schema, welches jeweils der Art des Metallpulvers, den Herstellungsbedingungen des Stabes (z. B. Preßdruck) und vor allem den absichtlich zugegebenen Beimengungen angepaßt sein muß. Die Steigerung der Temperatur geschieht durch Erhöhung der Stromstärke mittels eines Stufentransformators. Die Stromstärke wird bis zu 90–95% des Durchbrennstromes gesteigert.

In Abb. 43 ist die Stromstärke in Prozenten des Durchbrennstromes in Abhängigkeit von der wahren Sintertemperatur für Wolframstäbe angegeben. Abb. 44 zeigt das gleiche für Molybdänstäbe. In beiden Fällen handelt es sich um Stäbe aus reinen Metallpulvern, die keine Zusätze rekristallisationshemmender Art enthalten.

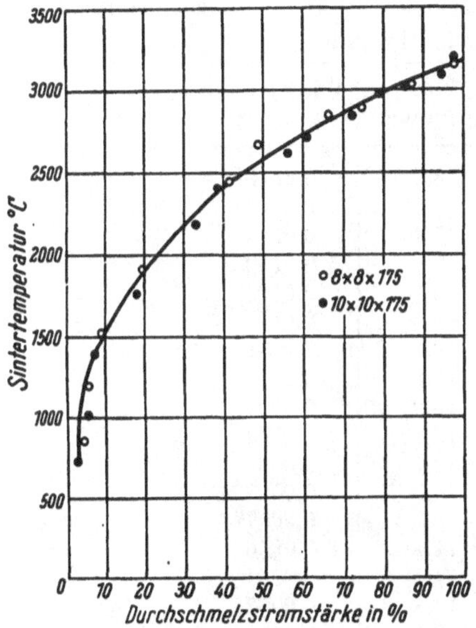

Abb. 43. Abhängigkeit der Sintertemperatur für W-Stäbe 8 × 8 und 10 × 10 mm von der Stromstärke in % des Durchschmelzstromes

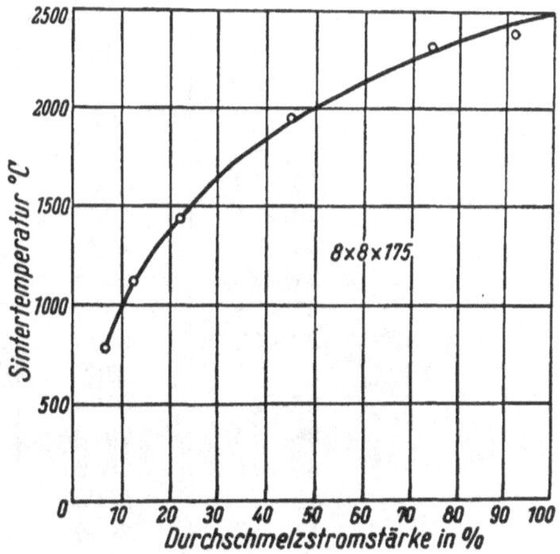

Abb. 44. Abhängigkeit der Sintertemperatur für Mo-Stäbe 8 × 8 mm von der Stromstärke in % des Durchschmelzstromes

6.333 Formierschema

Das Formierschema kann man in 4 Stadien einteilen. Beim Wolfram sind diese Stadien folgende:

1. Schnelle Steigerung der Temperatur (etwa innerhalb 3 bis 4 min) auf Temperaturen von etwa 1200° C.
2. Langsamere Steigerung der Temperatur im Gebiet von 1300 bis 2000° C. Diese langsame Steigerung der Temperatur hat den Zweck, den Verunreinigungen oder Beimengungen Gelegenheit zur Verdampfung zu geben. Dieses Stadium dauert etwa 10 bis 18 min. Erst dann, wenn die flüchtig werdenden Zusätze weitgehend verdampft sind, was aus der nachlassenden Färbung der Brennflamme ersichtlich ist, kann die Temperatur weiter erhöht werden.
3. Schnelle Steigerung der Temperatur von 2000 auf 2600 bis 2800° C.
4. Halten auf Höchsttemperatur während 5 bis 15 min, notfalls auch länger.

Im folgenden bringen wir als Beispiel einige Formierschemen. Im ersten Falle (Tab. 27a) handelt es sich um die Hochsinterung von Wolframstäben (G-Material), im zweiten Fall (Tab. 27b) ebenfalls von Wolframstäben (jedoch BSD-Material) nach dem Schema der Radium Elektrizitäts-Gesellschaft Wipperfürth [49]. Im dritten Fall (Tab. 28) bringen wir ein in der CSR übliches Schema für Wolframstäbe mit NS-Zusätzen, im vierten Fall (Tab. 29) ein Schema für Stäbe aus reinem Wolfram (CSR) und schließlich im fünften Fall (Tab. 30) ein Schema für das Formieren von Molybdänstäben ohne Zusätze.

Tabelle 27a

Formierschema für Wolframstäbe aus G-Material 10 × 10 × 300 mm, Gewicht 300 g
(Radium-Elektrizitäts-GmbH, Wipperfürth)

Minuten (Sinterzeit)	Ampere (Stromst.)	Volt (Spannung)	Widerstand in Ohm
1–4	550	8,2	0,0149
5–6	600	8,4	0,0140
7–10	650	7,4	0,0114
11–15	700	7,9	0,0112
16–19	750	8,1	0,0108
20–21	1000	11,3	0,0113
22–23	1200	10,9	0,0091
24–26	1500	11,8	0,0079
27–28	1300	13,0	0,0100
29–32	2000	12,5	0,0063
33–35	2300	13,7	0,0060
36–37	2400	14,0	0,0058
38–39	2500	14,2	0,0057
40–41	2600	14,4	0,0055
42–44	2600	14,1	0,0054
45–47	2600	13,8	0,0053
48–60	2600	13,6	0,0052

Tabelle 27b

Formierschema für Wolframstäbe aus BSD-Material 10 × 10 × 300 mm, Gewicht 300 g

Minuten (Sinterzeit)	Ampere (Stromst.)	Volt (Spannung)	Widerstand in Ohm
1–4	500	8,3	0,0166
5–6	800	10,2	0,0128
7–9	1000	9,3	0,0093
10–11	1400	12,4	0,0089
12–13	1700	11,8	0,0069
14–18	1900	11,6	0,0061
19–20	2100	12,4	0,0059
21	2300	13,7	0,0059
22–23	2500	14,5	0,0058
24–25	2500	13,8	0,0055
26–27	2500	13,6	0,0054
28–31	2500	13,5	0,00535
32–35	2500	13,4	0,0053

Tabelle 28

Formierschema für Wolframstäbe mit NS-Zusätzen (CSR) 8 × 8 × 220 mm, Gewicht 140 g

Minuten (Sinterzeit)	Ampere (Stromstärke)	Volt (Spannung)	Widerstand in Ohm	Temperatur °C	% Durchbrennstrom
1–4	390	3,2	0,0082	1290	19
5–14	450	3,5	0,0078	1400	21
15–19	500	3,9	0,0077	1520	24
20–22	580	4,4	0,0076	1630	28
23	650	5,2	0,0074	1740	31
24	710	5,7	0,0073	1840	34
25	800	6,4	0,0072	1960	38
26	940	7,4	0,0076	2160	45
27	1150	8,3	0,0072	2340	55
28–43	1950	8,9	0,0046	2950	93

Tabelle 29

Formierschema für Stäbe aus reinem Wolfram (CSR), Stäbe gepreßt: 9,8 × 9,8 × 175 mm, gesintert: 8,6 × 8,6 × 152 mm

Minuten (Sinterzeit)	Volt (Spannung)	Ampere (Stromstärke)	Temperatur °C	Widerstand in Ohm	Spez. elektr. Widerstand in Ohm mm²/m
1/2	2,0	380	650	0,0053	2,9
1/2	2,2	580	900	0,0038	2,07
1	2,5	800	1250	0,0032	1,85
4	3,8	1200	1600	0,0031	1,78
4	4,9	1600	1880	0,0030	1,65
3	5,1	1800	2120	0,0028	1,56
1	6,1	2200	2350	0,0027	1,48
1	6,4	2250	2420	0,0028	1,46
1	7,1	2400	2550	0,0029	1,44
1	7,4	2550	2650	0,0028	1,42
1	7,7	2620	2700	0,0029	1,39
3	8,2	2740	2780	0,0030	1,37
8	8,3	2800	2840	0,0030	1,34

Tabelle 30

Formierschema für reine Molybdänstäbe 10 × 10 × 320 mm, Gewicht 170 g

Minuten (Sinterzeit)	Ampere (Stromstärke)	Volt (Spannung)	Widerstand in Ohm	Temperatur °C	% Durchbrennstrom
1–2	400	2,3	0,0058	920	20
3–4	550	3,0	0,0054	1220	28
5–8	640	3,2	0,0050	1350	32
9–12	820	3,9	0,0048	1500	41
13	1100	4,4	0,0040	1650	56
14	1490	5,2	0,0035	1920	75
15–24	1840	5,4	0,0029	2100	93

Die Stäbe der Radium Elektrizitäts-Gesellschaft Wipperfürth hatten im gepreßten Zustand die Abmessungen 10 × 10 × 300 mm. Es wird zunächst der Durchbrennstrom bestimmt, der im Falle des G-Materials mit 2850 Amp. und im Fall des BSD-Materials mit 2800 Amp. ermittelt wurde.

Die Metallwerke Plansee [103] geben an, daß in einer Sinterglockenanlage gleichzeitig 14 Mo-Stäbe (Abmessungen der Preßlinge 20 × 20 × 300 mm) formiert werden. Die Stromstärke wurde in 25 min auf 4200 Amp. gesteigert. Auf der Höchsttemperatur wurde 30 min gehalten. Die maximale Spannung betrug 56 Volt.

Die gleiche Firma formierte Wolframstäbe 12,5 × 12,5 × 290 mm in der Weise, daß in 10 min auf 4400 Amp. geschaltet wurde. Auf Höchsttemperatur wurde 25 bis 30 min gehalten. In einem anderen Fall (Wolframstäbe 25 × 25 × 400 mm) wurde in 25 min auf 7000 bis 7200 Amp. gegangen. Auf der Endtemperatur wurde 70 min gehalten.

Die Metallwerke Plansee formieren also, im Gegensatz zu dem sonst üblichen Schema, indem sie schnell auf die Höchsttemperaturen gehen und dort sehr lange Haltezeiten aufwenden. Dies ist jedoch nur möglich, wenn es sich um Stäbe handelt, die keine absichtlichen Beimengungen rekristallisationshemmender Art enthalten, wie sie zur Erzielung eines bei den Brenntemperaturen der Glühlampe nicht durchhängenden Drahtes notwendig sind. Es wird behauptet, daß diese Arbeitsweise günstig für das Verhalten bei der späteren Bearbeitung (Hämmern) ist im Gegensatz zum langsamen Hochgehen und kurzen Halten auf Höchsttemperatur. Enthalten jedoch die Stäbe stärkere Verunreinigungen oder Beimengungen, die beim Formieren ganz oder teilweise verdampfen, so schließt sich bei zu schneller Temperatursteigerung sehr bald die Oberfläche der Stäbe. Die Folge ist dann, daß die Stäbe sich aufblähen und unter Umständen aufreißen können.

Wir haben den Einfluß der Sinterzeit (gesamte Formierdauer) auf die Dichte von hochgesinterten W-Stäben (NS-Material) näher untersucht, wobei die Höchsttemperatur 93% der Durchbrennstromstärke entsprach und wobei auf derselben jeweils 10 min gehalten wurde. Aus den Versuchen geht hervor, daß ein langsames Hochgehen günstiger für die Dichte, den spezifischen elektrischen Widerstand und für die Kristallstruktur der Stäbe ist als eine schnelle Steigerung der Temperatur. Das Ergebnis dieser Messungen ist in Tabelle 31 wiedergegeben.

Tabelle 31

Einfluß des Hochschaltens beim Formieren auf die Eigenschaften von W-Stäben (NS-Material)

Art der Hochschaltung	Gesamte Formierdauer (Minuten)	Dichte der formierten Stäbe g/cm³	Spez. elektr. Widerstand der formierten Stäbe Ohm · mm²/m	Struktur der Stäbe
schnell	15	17,9	0,069	feinkörnig
mittelschnell . . .	30	18,2	0,065	fein-mittel
langsam	55	18,3	0,064	grob

BIOS-Final Report No. 684.

Zur Sinterung selbst gehört die Reinigung der Wolframstäbe durch Verdampfen der flüchtigen Oxyde und z. T. auch der Beimengungen. Die Sinterschemen lassen mehr oder weniger durch Variation der Haltezeiten in den jeweiligen Temperaturgebieten diesen Vorgang erkennen. Dabei ist im kontinuierlichen Sinterbetrieb mit einer starken Verunreinigung der Elektrodenhalter und der Innenwandung der Sinterglocken zu rechnen. Die ausqualmenden Substanzen schlagen auf Grund der niederen Temperatur an den gekühlten Flächen nieder. Da sie sich vorwiegend in Form feiner Gewebe abscheiden, können sie sich vor Beginn des eigentlichen thermischen Vorganges, nämlich während der Spülung mit H_2, an den zu sinternden Stäben erneut festsetzen. Demzufolge scheint es ratsam, die Sinterung in zwei Stufen durchzuführen, wobei die erste Stufe zum Ausqualmen bzw. Reinigen in einer eigens für diesen Zweck vorgesehenen Glocke vorgenommen wird. Die zweite Stufe, also die Schlußsinterung, wird dann ebenfalls in einer weiteren Glocke durchgeführt, welche entsprechend rein bleibt, so daß also durchweg die Vorteile dieses Verfahrens voll zur Geltung kommen.

6.334 Eigenschaften der formierten Stäbe

Wie bereits erwähnt wurde, oxydieren sich W- und Mo-Pulver bzw. die daraus hergestellten gepreßten und vorgesinterten Stäbe bei längerer Lagerung an Luft merklich. Diese Erscheinung ist beim Molybdän ausgeprägter als beim Wolfram. Wir halten es daher für zweckmäßig, wenn die Metallpulver sofort nach ihrer Reduktion verpreßt werden. Ist dies nicht möglich, so sind die Metallpulver in einem geschlossenen Gefäß aufzubewahren. Zum Schutz der gepreßten oder vorgesinterten Stäbe benutzen wir eine Druckkammer, wie sie Abb. 45 zeigt. In diese Druckkammer wird Wasserstoff mit geringem Überdruck (bis 1 atü) eingeleitet.

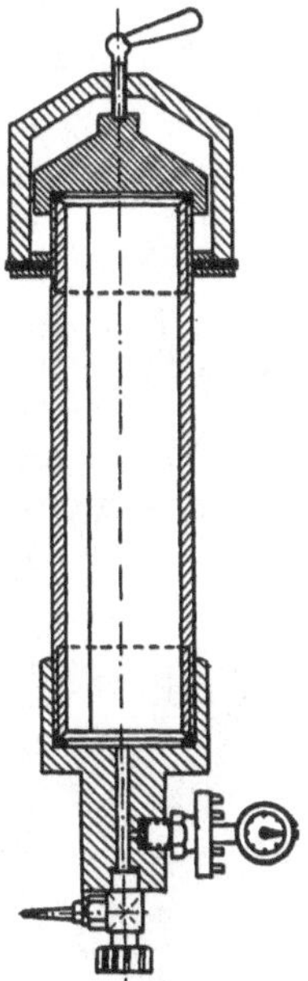

Abb. 45. Druckkammer zur Aufbewahrung gepreßter und vorgesinterter Wolfram- und Molybdänstäbe

Wir haben nun den ungünstigen Einfluß eines längeren Lagerns an Luft am Beispiel vorgesinterter Mo-Stäbe auf die Eigenschaften der formierten Stäbe näher untersucht. Das Ergebnis ist aus Tabelle 32 ersichtlich.

Tabelle 32 *Einfluß der Lagerung an Luft auf die Eigenschaften von Mo-Stäben*

Art der Lagerung	Dichte g/cm³	Spez. elektr. Widerstand Ohm · mm²/m	Vickershärte VH 10
sofort verarbeitet nach Vorsinterung	9,49–9,55	0,0742–0,0752	132
5 Tage an Luft gelagert	9,30–9,38	0,0770–0,0783	155
50 Tage an Luft gelagert	9,08–9,15	0,0825	178

Der spez. elektrische Widerstand der hochgesinterten Stäbe ist um so niedriger, je größer die Dichte ist. Gleichzeitig ist aber auch noch die Reinheit der Stäbe von Einfluß auf den elektrischen Widerstand. Der Zusammenhang zwi-

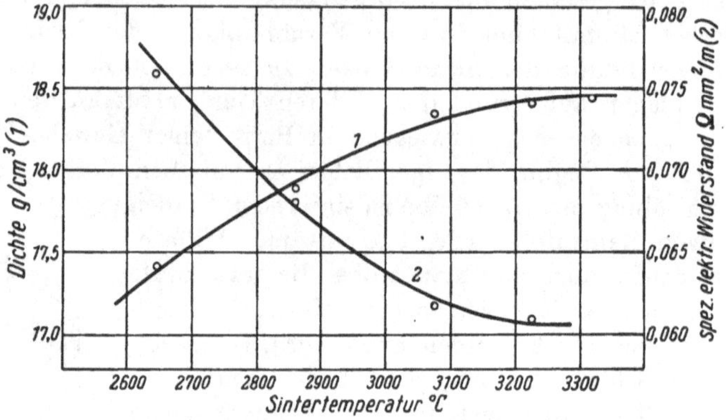

Abb. 46. Einfluß der wahren Sintertemperatur auf Dichte und spezifischen elektrischen Widerstand von Wolframstäben

schen Dichte und spez. elektrischen Widerstand für hochgesinterte W-Stäbe, die bei wahren Temperaturen von 2640 bis 3290° C formiert wurden, ist aus Tabelle 33 zu entnehmen (vgl. Abb. 46).

Tabelle 33

Zusammenhang zwischen Dichte und elektr. Widerstand von hochgesinterten W-*Stäben*

Temperatur in °C		Dichte in g/cm³	Spez. elektr. Widerstand Ohm · mm²/m
gemessene	wahre		
2400	2640	17,4	0,076
2600	2860	17,85	0,0685
2800	3080	18,25	0,0625
2920	3200	18,40	0,061
3020	3290	18,48	0,064

Der spez. elektrische Widerstand hochgesinterter W-Stäbe bildet nach unseren Feststellungen ein annäherndes Maß für die Verarbeitbarkeit (Hämmerbarkeit) der Stäbe. Liegt der spez. elektrische Widerstand bei 20° C unter 0,066 Ohm · mm²/m, so sind die Stäbe, eine genügende Dichte vorausgesetzt, fast stets gut hämmerbar. Liegt der spez. elektrische Widerstand zwischen 0,067 bis 0,073 Ohm · mm²/m, so ist die Verarbeitbarkeit schlecht, aber meist noch möglich. Ist der spez. elektrische Widerstand noch höher, so sind die Stäbe überhaupt nicht mehr einwandfrei hämmerbar. Sie gehen bei der Verarbeitung schon in den ersten Hämmerstufen zu Bruch.

In Abb. 47 ist der spez. elektrische Widerstand, den W-Stäbe verschiedener Reinheit und verschiedener Art haben, in Abhängigkeit von der Sintertemperatur dargestellt. Die Stäbe waren mit einem spez. Druck von 3,8 t/cm² gepreßt worden, die Vorsinterung erfolgte bei der ungewöhnlich hohen Temperatur von 1500° C. Die Abmessungen der Stäbe waren 10 × 10 × 185 mm. Untersucht wurden ungereinigtes Wolfram, gereinigtes Wolfram, NS-Material und G-

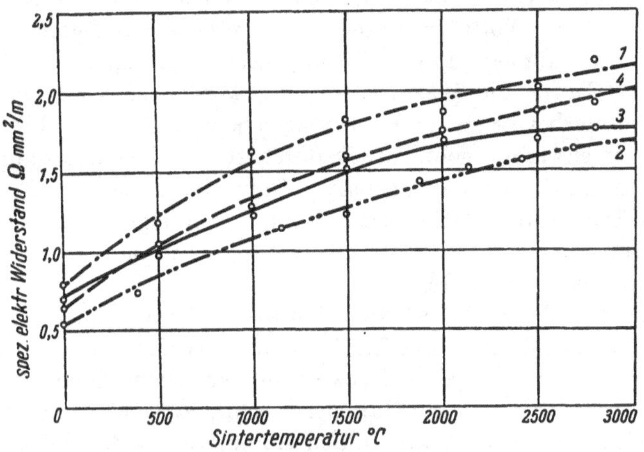

Abb. 47. Spezifischer elektrischer Widerstand von gereinigtem W (*2*), NS-Material (*3*), G-Material (0,75% ThO_2) (*4*) u. ungereinigtem W (*1*) in Abhängigkeit von der Sintertemperatur

Material (0,75% ThO_2). Der spez. elektrische Widerstand wird durch Zusätze wie NS oder G gegenüber reinem Wolfram erhöht. Am höchsten ist der spez. elektrische Widerstand bei einem nicht gereinigten Wolfram.

Nachstehend geben wir noch einige Richtwerte für die Eigenschaften, welche hochgesinterte W- und Mo-Stäbe haben sollen:

W-Stäbe: Dichte 17,8 bis 18,6, spez. elektrischer Widerstand 0,060 bis 0,068 Ohm · mm²/m, Vickershärte 310 bis 340;

Mo-Stäbe: Dichte 9,5 bis 9,9, spez. elektrischer Widerstand 0,062 bis 0,067 Ohm · mm²/m, Vickershärte 130 bis 180.

6.40 Rundhämmern

6.41 *Durchführung des Hämmerprozesses*

Die Weiterverarbeitung der hochgesinterten Wolfram- und Molybdänstäbe für die Herstellung von Drähten erfolgt durch Rundhämmern in der Wärme. Bei diesem Vorgang werden durch zwei gegenüberliegende Hämmerbacken, welche schnell um die Achse des Stabes rotieren, zahlreiche Schläge auf das Material ausgeübt. Während einer Umdrehung erfolgen mittels eines Rollenkranzes 12 oder mehr Schläge. Je nach den Abmessungen der Stäbe läuft die Hämmermaschine mit 600 bis 1200 U/min, so daß ungefähr 10000 Schläge pro Minute durch die Hämmerbacken ausgeübt werden. Die Stäbe werden dadurch von allen Seiten gleichzeitig durchgeschmiedet. Die ursprünglich vierkantigen Stäbe nehmen bei der Verarbeitung eine runde Gestalt an und werden langsam in die Länge gestreckt.

Bei den ersten Verformungsstufen liegen die Vorwärmtemperaturen im Bereich von 1400 bis 1600° C (je nach Stabquerschnitt), d. h. also unterhalb der Rekristallisationsschwelle. Durch die beim Verformungsvorgang investierte Energie wird die Rekristallisationsschwelle zu niedrigeren Temperaturen verschoben, so daß die Vorwärmtemperaturen mit abnehmendem Querschnitt verringert werden können. Die Verformung erfolgt an sich bei relativ hohen Temperaturen. Durch die Warmbearbeitung werden also die porösen Stäbe verdichtet und hierbei die an den Krongrenzen oder in den Kristalliten liegenden Poren zum Verschwinden gebracht. Dadurch steigt die Zugfestigkeit des Materials beim Rundhämmern sprunghaft auf ein Mehrfaches der Festigkeit des Sinterstabes. Die Ursache dafür liegt ebenfalls darin begründet, daß im Verlauf der Verdichtung der Struktur eine bevorzugte Orientierung der Kristalle in Längsrichtung des Stabes erfolgt.

Die Anwärmung der Stäbe erfolgt bei größeren Querschnitten in den ersten Hämmerstufen ausschließlich in Öfen. Verwendet werden meist mit Wasserstoff durchspülte und mit Molybdän-Heizwicklung versehene Öfen. Der Standort dieser Öfen ist möglichst nahe der Hämmermaschine zu wählen, um beim Herausnehmen und Einführen der Stäbe in den Hämmerkanal den Temperaturabfall auf ein Mindestmaß zu beschränken. Zur Anwendung gelangen Öfen mit einem Heizrohrdurchmesser von ca. 30 bis 400 mm und teilweise auch für größere Querschnitte Muffelöfen. Letztere nehmen je nach Größe der Muffel zugleich mehrere Stäbe auf. In Öfen der ersten Ausführungsform, welche als sogenannte Kastenöfen bezeichnet werden (siehe Abb. 48), kann jeweils nur ein Stab aufgenommen werden.

Abb. 48. Hämmermaschine zum Rundhämmern von Wolfram- und Molybdänsinterstäben mit Vorwärmöfen (Werkfoto BGW)

Die in der Abbildung dargestellte Rundhämmermaschine (Type T III) wird zur Warmbearbeitung von hochgesinterten Stäben mit Querschnitten 12 mal 12 mm auf Durchmesser von 6 mm verwendet.

In Abb. 49 ist zum besseren Verständnis der Wirkungsweise der Rundhämmermaschine die schematische Darstellung eines Längs- und Querschnittes derselben wiedergegeben. Abb. 50 zeigt die Form der Hämmerbacken. Auf die Beschaffenheit der Hämmerbacken wird in einem späteren Abschnitt, welcher sich mit dem Material dieser Bearbeitungswerkzeuge beschäftigt, näher eingegangen.

Je nach der Stärke der zu hämmernden Stäbe verwendet man 3 bis 4 Hämmermaschinen verschiedener Größe (Bauart z. B. Arno Loose, Chemnitz, oder Langelier Mfg. Co., Providence Rhode Island, USA. Diese beiden Maschinen

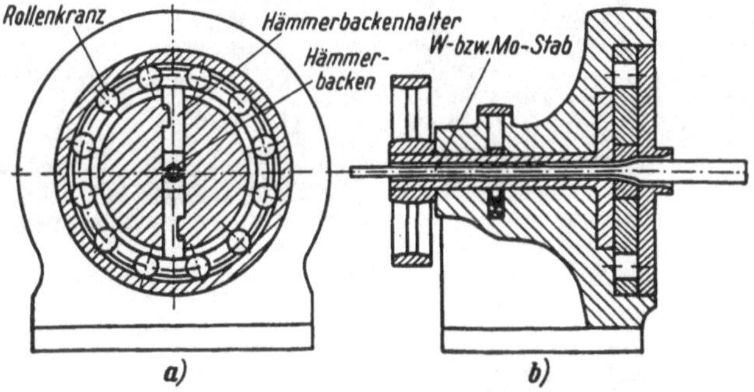

Abb. 49. Schematische Darstellung einer Rundhämmermaschine für Wolfram- und Molybdänstäbe. | a) Vorderansicht; b) Seitenansicht (nach R. KIEFFER u. W. HOTOP)

unterscheiden sich vor allem durch die Konstruktion der Käfige für die Rollen). Die größte Maschine wird für Stäbe über 12 mm $\varnothing$, die zweite für Stäbe von etwa 12,0 bis 5,5 mm $\varnothing$, die dritte für Stäbe bis etwa 3 mm $\varnothing$ und die kleinste Maschine für das Durchmessergebiet von 3,0 bis etwa 1,2 mm eingesetzt. Danach erfolgt das Ziehen des Materials. Einzelne Herstellerfirmen beginnen, wenn von Stäben größeren Anfangsquerschnittes ausgegangen wird, bereits bei größeren Durchmessern (z. B. von 3 mm ab) mit dem Ziehen.

Mit steigendem Bearbeitungsgrad, d. h. mit sinkendem Stabdurchmesser, wird die Temperatur der Warmverformung erniedrigt. Die Anwärmtemperaturen liegen um etwa 200° C höher als die eigentlichen Hämmertemperaturen, da eine Abkühlung bei Herausnahme der Stäbe aus dem Anwärmeofen trotz schneller Arbeitsweise auf dem Wege zur Hämmermaschine erfolgt und weil außerdem eine beträchtliche Ableitung der Wärme durch die Hämmerbacken stattfindet. Man benötigt beim Molybdän gegenüber Wolfram Temperaturen, die um etwa 200 bis 300° C niedriger liegen. Das gleiche wie für das Hämmern gilt auch für das Schmieden, Ziehen und Walzen des Mo im Vergleich zum W. Die Anwärme- bzw. Stabtemperaturen beim Hämmern des W und Mo im einzelnen sind aus den Tabellen 34 und 35 ersichtlich.

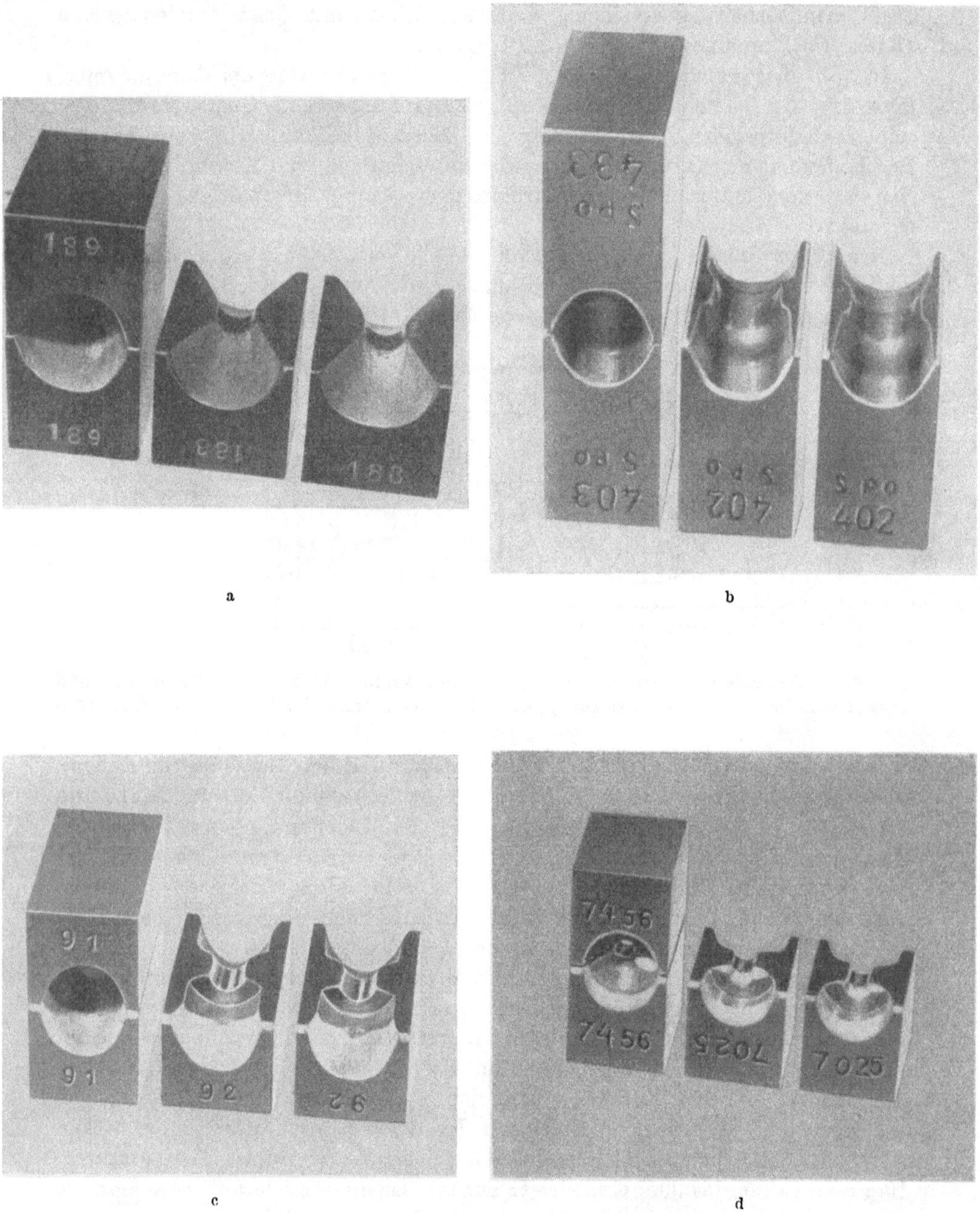

Abb. 50. Hämmerbacken verschiedener Größe zum Rundhämmern von Wolfram- und Molybdänstäben

Tabelle 34

Richtlinien für das Rundhämmern von Wolframstäben

Hämmerstab-durchmesser mm	Querschnitts-verminderung %	Vorwärm-Temperatur °C	Stab-Temperatur °C	Vorschub m/min
		Metallwerke Plansee		
15				
13	19,2	1550	1400	
11,5	21,6	bis		
10	24,5	1600		
9	18,9			von Hand
8,3	14,9			
7,6	16,1			
6,9	17,5	1450		
6,2	19,3	bis	1300	
5,5	27,0	1500		0,9
4,8	21,8			
4,1	27,0			
3,5	27,1			
3,0	26,3			
2,6	24,8			
2,2	27,3	1250	1100	
1,9	25,4	bis	bis	1,5
1,65	24,8	1300	1150	
1,4	28,0			
1,2	26,5			
		Radium-Elektrizitäts-Gesellschaft Wipperfürth		
10,0				
9,2	15			
8,4	16	1650	1500	
7,8	14			
7,3	12			
6,8	14			
6,3	14			von Hand
5,8	15	1500	1350	
5,4	13			
5,0	14			
4,75	10			
4,50	10			
4,25	10			
4,0	11			2,3
3,75	12	1350	1200	
3,50	13			
3,25	14			
3,00	15			
2,75	16	1250		
2,50	17	bis	1150	2,75
2,30	15	1300		
2,10	17			
1,95	14	1150	1000	
1,80	15	bis	bis	

Tabelle 34

Richtlinien für das Rundhämmern von Wolframstäben

Hämmerstab-durchmesser mm	Querschnitts-verminderung %	Vorwärm-	Stab-	Vorschub m/min
		Temperatur °C		
	Radium-Elektrizitäts-Gesellschaft Wipperfürth			
1,65	16	1200	1050	2,50
1,50	17			
1,37	17			
1,25	17			
		CSR		
9,8				
9,2	11,8			
8,6	12,6			
8,1	11,3	1550		
7,6	11,9	bis	1400	
7,2	10,3	1600		
7,0				
6,75	9,6			
6,5	10,0			
6,15	10,5	1450	1300	von Hand
5,75	12,6	bis		
5,4	11,8	1500		
5,05	13,4			
4,7	14,3			
4,35	12,5			
4,0	13,4	1300	1200	
3,6	19,0	bis		
3,2	21,0	1350		
2,8	23,4			
2,45	23,4			
2,15	23,0			1,5
1,90	22,0			
1,65	24,6	1250	1100	
1,45	23,0			
1,30	19,7			
1,15	21,8			

Tabelle 35

Richtlinien für das Rundhämmern von Molybdänstäben

Hämmerstab-durchmesser mm	Vorwärm-	Stab-	Vorschub cm/min
	Temperatur °C		
	Metallwerke Plansee		
22			
20			
18	1400	1250	von Hand
16	bis	bis	
14	1450	1300	

Tabelle 35

Richtlinien für das Rundhämmern von Molybdänstäben

Hämmerstab-durchmesser mm	Vorwärm- Temperatur °C	Stab- Temperatur °C	Vorschub cm/min
	Metallwerke Plansee		
12			
11			
10			
9,2	1300	1150	von Hand
8,5	bis	bis	
8,0	1350	1200	
7,5			
7,0			
6,5		1080	
6,0	1200	bis	90
5,5		1100	
5,0			
4,5	1100	980	
4,0		bis	
3,5		1000	
3,0			
2,6			
2,25			150
1,9	1000	900	
1,65			
1,4			
	CSR		
8,1			
7,6			
7,2	1450	1300	
7,0	bis	bis	
6,75	1500	1350	
6,5			von Hand
6,15			
5,75	1300	1200	
5,40	bis	bis	
5,05	1400	1250	
4,7			
4,35			
4,0			
3,6	1200	1100	
3,2	bis	bis	
2,8	1250	1150	
2,45			150
2,15			
1,90	1100	1000	
1,65	bis		
1,45	1150		
1,30			
1,15			

In den ersten Stufen werden die Stäbe nur bis etwa zur Hälfte ihrer Länge gehämmert. Die Stäbe werden dann umgedreht, nochmals angewärmt, und die andere Hälfte wird durch dieselbe Hämmerbacke bearbeitet. Bei den größeren Stäben erfolgt das Hämmern von Hand. Die Stäbe werden dabei mit einer besonders geformten Zange dem Anwärmeofen entnommen und schnell in die unmittelbar daneben aufgestellte Hämmermaschine eingeführt, wobei ein leichter Druck zur Erzielung des Vorschubes ausgeübt werden muß. Auf dem kurzen Wege vom Anwärmeofen zur Hämmermaschine findet eine unvermeidliche, geringe Oxydation der Oberfläche der heißen Stäbe statt, was jedoch nicht als großer Nachteil anzusehen ist. Die entstehende Oxydschicht erniedrigt ähnlich wie ein Schmiermittel den Verschleiß der Hämmerbacken. Molybdän oxydiert leichter an Luft als Wolfram. Hier kommt es bei hohen Anwärmetemperaturen zu einer merklichen Verdampfung des Oxydes.

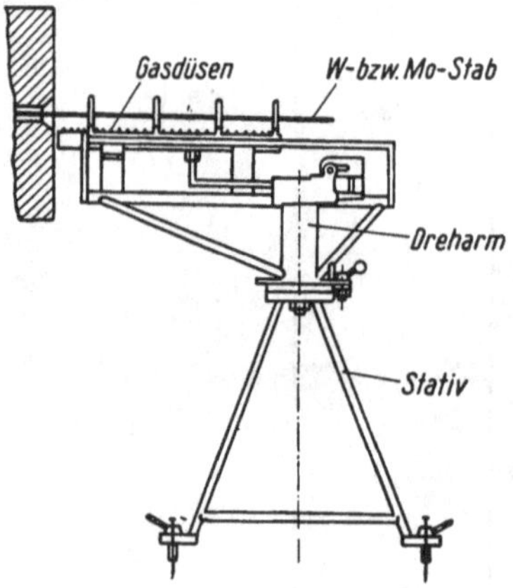

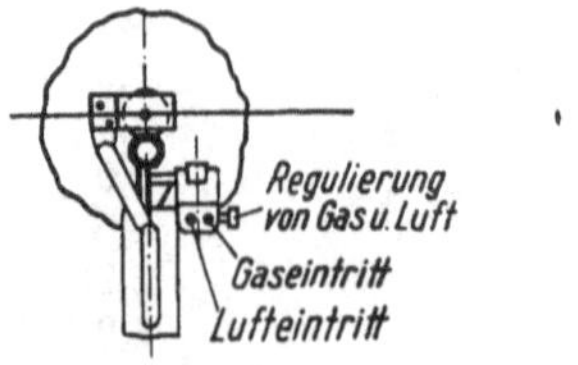

Abb. 51. Vorwärmeeinrichtung für die Bearbeitung (Durchzugshämmern) von W- und Mo-Stäben

Von einem bestimmten Durchmesser ab wird kontinuierlich gehämmert. Dies ist notwendig, weil die Stäbe infolge starker Streckung zu lang werden. Der Durchmesser, bei welchem der Übergang zum kontinuierlichen Hämmern stattfindet, ist daher vom Stabquerschnitt, von dem ausgegangen ist, abhängig. Bei Anfangsquerschnitten von 10×10 bzw. 12×12 mm erfolgt der Übergang zum Durchgangshämmern bei etwa 3 mm $\varnothing$. Die Anwärmung geschieht in diesem Fall dadurch, daß der gehämmerte Stab vor seiner Einführung in die Hämmermaschinen einen Ofen durchläuft. Da die Anwärmetemperatur in diesem Durchmessergebiet nicht mehr so hoch ist wie in den ersten Hämmerstufen, können gasbeheizte Öfen benutzt werden. Nach unseren Erfahrungen hat sich besonders für diesen Zweck die Verwendung von Leuchtgas-Luft-Gemischen bewährt, die durch kleine Löcher eines Rohres ausströmen und verbrennen. Über die Flamme des Rohres wird der zu hämmernde Stab geführt (vgl. Abb. 51). Die Löcher sind kurz vor dem Eintritt in den Hämmerkanal enger angeordnet, so daß die Temperatur unmittelbar vor der Hämmerstelle am höchsten ist. Nach unseren Erfahrungen hat man es durch Einstellung des Druckes und des

Mischungsverhältnisses des Gas-Luftgemisches in der Hand, jede beliebige Temperatur — nach unseren Feststellungen bis zu 1500° C Stabtemperatur — ohne Schwierigkeiten zu erzielen.

Der Vorschub wird meist mechanisch betätigt. Die einzelnen Erzeugerfirmen machen dabei etwas voneinander abweichende Angaben. Es werden Vorschübe von 2 bis 2,5 m/min (Radium-Elektrizitäts-Gesellschaft, Wipperfürth) und von 0,9 bis 1,5 m/min (Metallwerke Plansee G. m. b. H., Reutte-Tirol) genannt. Mit sinkendem Durchmesser der gehämmerten Stäbe wird meist der Vorschub größer gewählt.

Beim kontinuierlichen Durchgangshämmern erfolgt in der Regel eine Schmierung mit Aquadag oder Hydrokollag. Es sind dies Suspensionen von feinverteiltem, kolloidalem Graphit in Wasser. Dieselben Schmiermittel werden auch beim späteren Ziehen der Drähte verwendet. Die Stäbe durchlaufen ein Schmiergefäß mit dem Aquadag. Das aufgenommene Schmiermittel wird beim Anwärmen der Stäbe auf der Oberfläche derselben eingebrannt. Es schützt den Stab gegen Oxydation und erniedrigt außerdem den Verschleiß der Hämmerbacken, was sich vorteilhaft für die Lebensdauer derselben auswirkt.

6.42 *Hämmerstufen*

Auch die beim Hämmern angewendeten Hämmerstufen bzw. die pro Stufe vorgenommenen Querschnittsverminderungen (bezogen auf den Querschnitt der vorhergehenden Stufe) werden von den einzelnen Herstellerfirmen verschieden angegeben und sind keineswegs einheitlich. Jedoch schälen sich bestimmte Durchschnittswerte für die Querschnittsabnahmen heraus, die als Richtzahlen dienen können. In Tabelle 34 geben wir eine Zusammenstellung der von den verschiedenen Herstellerfirmen gemachten Angaben über die Hämmerstufen, die jeweiligen Querschnittsverminderungen, die Anwärme- und Stabtemperaturen und schließlich den Vorschub, die beim Hämmern des Wolframs angewendet werden. Tabelle 35 enthält die gleichen Angaben für das Hämmern des Molybdäns.

Wie aus den Tabellen ersichtlich, nimmt im allgemeinen die Querschnittsabnahme pro Stufe mit fortschreitendem Bearbeitungsgrad zu (vgl. die Richtwerte der Metallwerke Plansee und diejenigen, die in der CSR üblich sind). Dies ist insofern verständlich, weil die hochgesinterten Stäbe zunächst infolge ungenügender Dichte sehr spröde sind. Der Übergang vom Vierkant- zum Rundstab, der in den ersten Stufen erfolgt, muß daher in besonders vorsichtiger Weise vorgenommen werden. Mit zunehmender Verdichtung werden die Stäbe infolge Schließens der Poren fester, so daß größere Querschnittsabnahmen erfolgen können.

Infolge der hier geschilderten Verhältnisse müssen also die zu wählenden Hämmerstufen jeweils den Ausgangsquerschnitten der gepreßten bzw. formierten Stäbe angepaßt werden. Wird von gepreßten Stäben größeren Querschnittes ausgegangen (z. B. 25×25 bzw. 40×40 mm), so wird schon bei größeren Durchmessern (z. B. 6 bis 10 mm) eine nahezu vollständige Verdichtung des

Materials erreicht, während bei kleineren Stäben (z. B. 8 × 8 bzw. 10 × 10 mm) die gleiche Dichte erst bei viel kleineren Durchmessern der rundgehämmerten Metalle (z. B. bei 3 mm) eintritt. Dies ist von Bedeutung für die Frage, welche Abmessungen der duktilen Gegenstände (z. B. Stärke, Breite und Länge von Blechen) jeweils verlangt werden. Im allgemeinen ist es wegen der besseren Durcharbeitung des Materials beim Verformungsvorgang zweckmäßig, von nicht zu kleinen Anfangsquerschnitten der gepreßten bzw. formierten Stäbe auszugehen.

6.43 *Hämmerkanal und Material der Hämmerbacken*

Von großer Bedeutung für die Durchführung des Hämmervorganges ist die Verwendung einer geeigneten Form des Hämmerkanales und einer richtigen Wahl des Materials für die Hämmerbacken. Die Hämmerbacken bestehen entweder aus gehärtetem, am besten Schnellstahl, aus Stelliten, aus zähharten, gesinterten Hartmetallegierungen, aus oberflächlich gehärteten Stählen oder aus Wolfram-Kobalt-Legierungen, die auf dem Sinterwege erzeugt werden.

Von diesen Werkstoffen sind die gesinterten Hartmetallegierungen die interessantesten und wichtigsten. Dies gilt nicht nur für das Material der Hämmerbacken, sondern weit mehr noch für Ziehsteine, die zum Ziehen von stärkeren Wolfram- und Molybdändrähten bis zu Durchmessern von 0,25 bis 0,30 mm benutzt werden. In diesem Fall ersetzt das Hartmetall den teuren und weniger festen, wenn auch härteren Diamanten. Es ist nun interessant, festzustellen, daß die Entwicklung der heutigen, modernen Sinterhartmetalle aus dem technischen Bedürfnis heraus entstanden ist, die größeren Diamantziehsteine durch einen billigeren, aber trotzdem genügend verschleißfesten Werkstoff zu ersetzen. Dies führte zunächst zur Schaffung von auf dem Schmelzwege erzeugten, gegossenen Hartmetallen, die im wesentlichen aus einer eutektischen Legierung der beiden Wolframkarbide WC und W_2C bestanden, und später zur Entwicklung der gesinterten WC-Hartmetalle, die eine geringe Menge eines niedriger schmelzenden Bindemittels der Eisengruppe, wie Kobalt in Mengen von 5 bis 8%, enthielten (entsprechend der heutigen Hartmetallsorte G 1).

Bei den Hämmerbacken dagegen sind die gesinterten Hartmetalle mit einem Kobaltgehalt von 5 bis 8% nicht verwendbar, da sie wegen ihrer großen Härte nicht genügend zäh sind, um der schlagenden Beanspruchung beim Hämmern ohne Gefahr zu widerstehen. In diesen Fällen benutzt man vorteilhaft gesinterte Hartmetallegierungen, die einen höheren Kobaltgehalt (z. B. zwischen 15 bis 25%, entsprechend den heutigen Hartmetallsorten G 3, G 4 und G 5) besitzen. Nach Angaben der Metallwerke Plansee G. m. b. H., Reutte-Österreich [103], verwendet diese Firma statt der sonst üblichen Hämmerbacken aus Wolframstahl (18 bis 20% W) solche aus einer Spezialhartmetallegierung von der Art der heutigen Sorte S3, die jedoch einen Co-Gehalt von 13 bis 15%, einen Titankarbidgehalt von 2 bis 3%, Rest Wolframkarbid, besitzt. Das ganze oder ein Teil des Kobalts kann dabei durch Nickel ersetzt werden, wobei die Ni-Menge so gewählt wird, daß auf einen Teil Co 1,2 Teile Ni entfallen. Die Sinterung dieser

Legierung erfolgt bei 1500° C während der Dauer von 2 Stunden. Die Lebensdauer einer derartigen Hartmetallegierung soll 10mal so groß sein wie diejenige der Hämmerbacken aus bestem Stahl.

Als Material für Hämmerbacken bei der Verarbeitung des Wolframs und Molybdäns sind ferner Wolfram-Kobalt-Legierungen vorgeschlagen worden [10], die durch eine Ausscheidungshärtung vergütet werden. Die Legierungen, die 20 bis 35% W enthalten, werden nach dem Pressen zwischen 1400 und 1450° C 2 Stunden lang gesintert. Nach dieser Wärmebehandlung werden die Legierungen auf Maß bearbeitet und anschließend nach dem Abschrecken aus dem Zustandsgebiet fester Lösung sehr lange Zeit (100 Stunden und mehr) auf 650° C angelassen. Die W-Co-Legierungen zeigen eine sehr gute Warm- und

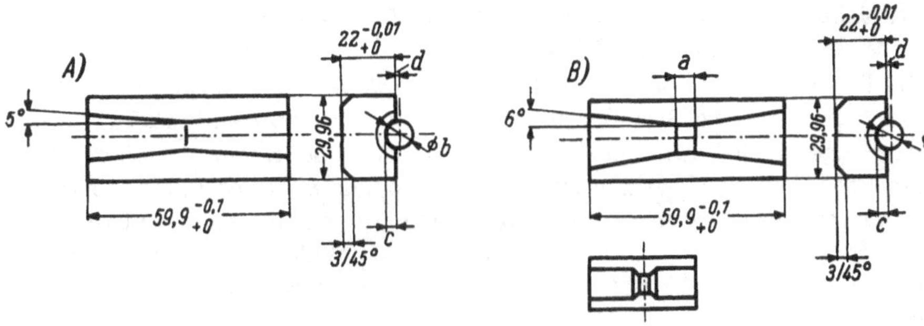

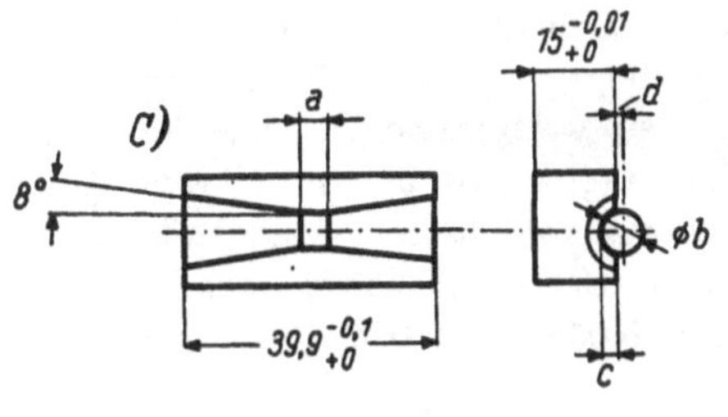

Abb. 52. Verschiedene Formen von Hämmerbacken zum Rundhämmern von Wolfram- und Molybdänstäben

Dauerstandfestigkeit. Eine Legierung mit 20% W, die auf eine Rockwellhärte C von 52 vergütet wurde, hat sich wegen ihrer großen Zähigkeit besser bewährt als eine harte Legierung mit 33 bis 35% W, die nach der Vergütung eine Rockwellhärte C von 63—65 aufweist [126].

Von Einfluß für die einwandfreie Durchführung des Hämmervorganges ist ferner die Form der Hämmerbacken, im besonderen der Hämmerkanäle. Auch hierüber sind die Ansichten der einzelnen Verarbeiter des Wolframs und Molybdäns nicht ganz einheitlich. Die Form der Hämmerkanäle ist meist von dem jeweiligen Stadium des Hämmerprozesses abhängig. In den ersten Stufen wird die Länge des eigentlichen Hämmerkanales im Vergleich zu seinem Durchmesser relativ kurz gehalten. Mit fortschreitendem Verformungsgrad wird die Länge des Hämmerkanales im Vergleich zum Hämmerdurchmesser immer größer gewählt, und zwar meist so, daß sie in den letzten Hämmerstufen 100 bis 130% des Hämmerdurchmessers beträgt. In Abb. 52 bringen wir eine Darstellung von drei verschiedenen Hämmerbacken. Die Form A wird für die ersten Hämmerstufen benutzt, die Form B für mittlere Hämmerdurchmesser und die Form C schließlich für die letzten Hämmerstufen, welche dem Ziehen unmittelbar vorausgehen.

6.44 *Eigenschaften rundgehämmerter Wolframstäbe*

Während des Hämmervorganges erfahren die Wolfram- und Molybdänstäbe eine erhebliche Veränderung ihrer physikalischen, mechanischen und technologischen Eigenschaften, bedingt durch ihre Verdichtung, durch das Schließen von Poren und durch ihre mechanische Verfestigung. Ihre Dichte nimmt zu und nähert sich dem Wert für das vollständig kompakte Material. Die Härte und Zugfestigkeit der Stäbe wird beträchtlich vergrößert und ihr spezifischer elektrischer Widerstand stark erniedrigt.

Die Dichte des Wolframs nimmt beim Hämmern von 17,5 bis 18,3 auf 18,8 bis 19,2 g/cm^3 zu. Die Brinellhärte steigt für einen gesinterten Stab von 18 mal 18 mm^2 Querschnitt von 200 auf ca. 400 Einheiten bei einem auf 5 mm $\varnothing$ gehämmerten Stab. Die Festigkeit steigt rapide an, und zwar von 12 bis 15 kg/mm^2 für den gesinterten Stab auf über 75 kg/mm^2 für einen weitgehend durchgehämmerten Stab. Der spezifische elektrische Widerstand für einen gehämmerten W-Stab kleineren Durchmessers erniedrigt sich auf 0,060 bis 0,065 Ohm mm^2/m.

Die Eigenschaften des Molybdäns ändern sich durch den Hämmervorgang etwa in folgender Weise [127]. Die Dichte steigt von 9,2 bis 9,5 für den gesinterten Stab auf 9,7 bis 10,05 g/cm^3 für den weitgehend durchgehämmerten Stab. Die Brinellhärte beträgt für den gesinterten Stab (18×18 mm^2 Querschnitt) etwa 150 bis 160 und für einen daraus hergestellten rundgehämmerten Stab von 5 mm $\varnothing$ etwa 230 bis 260 Einheiten. Der spezifische elektrische Widerstand wird durch das Hämmern auf etwa 0,058 bis 0,064 Ohm · mm^2/m erniedrigt.

Wie schon erwähnt, erfolgt beim Hämmern bereits eine Gleichrichtung der einzelnen Kristallite im Sinne der Ausbildung einer Faserstruktur. Es tritt eine fast vollständige Entfernung der Poren ein. Ein kleines Kornwachstum, offenbar verursacht durch Rekristallisation, ist bei reinen W-Stäben erkennbar. Rekristallisationshemmende Zusätze, wie sie in der Glühlampentechnik benutzt werden, liegen an den Korngrenzen der einzelnen Kristallite.

Abb. 53 zeigt die Mikrostruktur eines hochgesinterten, eines gehämmerten und eines nachträglich ausgeglühten Stabes (Callite Tungsten Corp.). Der hochgesinterte Stab (Abb. a) zeigt noch eine poröse Struktur mit ziemlich gleichmäßigen Kristallen (Vergr. 500fach). Der gehämmerte Stab (Abb. b) zeigt eine dichte und rekristallisierte Struktur mit sehr gleichmäßigen Körnern (Vergr. 100fach). Abb. c schließlich gibt die Struktur eines ausgeglühten Stabes wieder, welcher 30 Minuten bei 1700° C in einer Sinterglocke nachgesintert wurde (Vergr. 200fach).

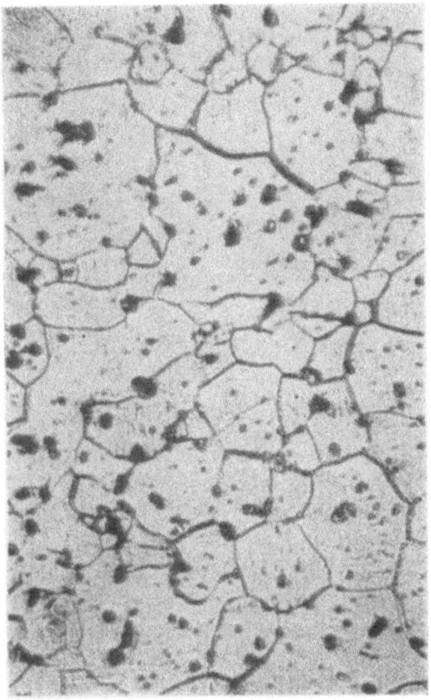

a

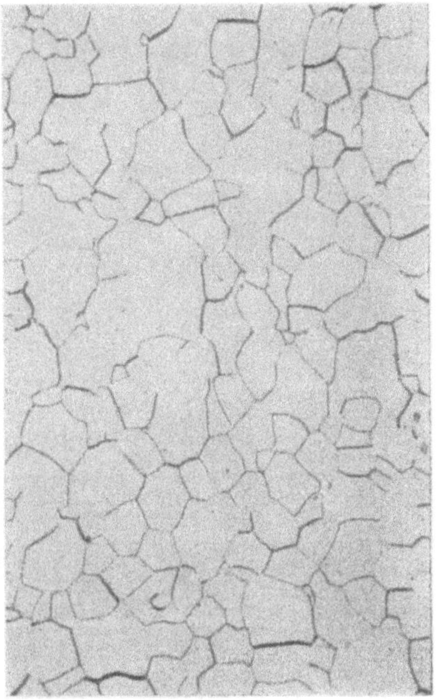

b

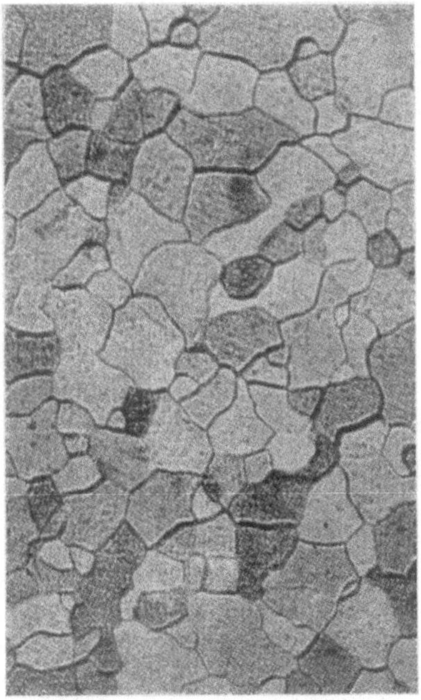

c

Abb. 53. Mikrostruktur von Wolframstäben

a) hochgesinterter Stab mit Poren; b) gehämmerter und geglühter Stab; c) nach dem Rundwerden geglühter Stab (Callite Tungsten Corp.)

6.45 *Zwischenglühung der rundgehämmerten Wolframstäbe*

Durch den Hämmerprozeß, bei welchem zunächst die hochgesinterten Vierkantstäbe bearbeitet werden, ist der Verformungsgrad an den Kanten am stärksten. Wie schon beschrieben, hat die Verformung des Wolframs auf die Dichte und die Verlagerung der Rekristallisationstemperatur erheblichen Einfluß. Somit ist zu beobachten, daß in einem Wolframstab, welcher durch Hämmern zylindrische Form angenommen hat, an den ursprünglichen 4 Kanten Gefüge- und Dichteunterschiede zu verzeichnen sind. Diese wirken sich nachteilig auf die Weiterverarbeitung aus und führen zur Rißbildung an der Oberfläche des rundgehämmerten Stabes. Um nunmehr die Struktur zu homogenisieren und eine Rekristallisation einzuleiten, empfiehlt es sich, die Wolframstäbe in diesem Stadium zwischenzuglühen. Die Temperatur der Zwischenglühung liegt im Bereich zwischen 1800 und 2000° C. Hierbei ist darauf zu achten, daß die Haltezeit nicht zu lange gewählt wird, da sehr schnell Grobkornbildung eintritt, welche ebenfalls bei der Weiterverarbeitung der Stäbe Sprödigkeit auslöst. Die Zwischenglühung muß also so gesteuert werden, daß eine vollendete Rekristallisation, also eine Beseitigung der Bearbeitungsstruktur an der Oberfläche des Stabes möglichst bis zu $^2/_3$ des Stabquerschnittes erfolgt. Um die erforderlichen Festigkeitseigenschaften zu erhalten, muß noch eine leicht bevorzugte Orientierung der Kristalle in der Stabmitte in Längsrichtung erhalten bleiben. Dieser Zwischenglühprozeß ist unbedingt erforderlich, da hierdurch die Bearbeitungsfähigkeit zu kleineren Abmessungen erhalten wird. Ohne die Einschaltung dieses Arbeitsganges ist besonders bei Wolfram, welches für die Verarbeitung zu feinen Drähten vorgesehen ist, sehr häufig bei Durchmessern von 2 bis 3 mm die Grenze der Verformbarkeit erreicht. Die hierbei auftretende Verfestigung führt zu Spannungen, welche bei noch weiterer Verformung Risse in Längsrichtung auslösen. Die thermische Behandlung entspricht einer Sinterung und wird demzufolge in einer Sinterglocke durchgeführt. Neuere Arbeiten [128] haben gezeigt, daß sich die Anwendung von Hochfrequenz für diesen Arbeitsgang als sehr zweckmäßig erwiesen hat.

Die induktive Erwärmung erfolgt mit einem Hochfrequenz-Generator, wobei das Glühgut durch ein wasserstoffgespültes Vitreosilrohr geführt wird und im Bereich der außerhalb des Rohres liegenden Kupferspule aufgeheizt wird. Der konstruktive Aufbau befindet sich innerhalb der Arbeitsspule (vgl. Abb. 54). Das Wasserstoffgas wird von unten eingeleitet, bewegt sich also im Gegenstrom zum Glühgut und brennt am oberen Ende des Rohres ab. Auf diese Weise können je nach Kapazität des Generators gleichzeitig mehrere Wolframstäbe geglüht werden. Werkstoffverluste durch etwaige Einspannenden, wie sie beim direkten Glühen in der Sinterglocke anfallen würden, treten hierbei nicht auf. Als Aufhängung des Glühgutes dient ein aus Wolframstäben gefertigter Korb, in welchem die Stäbe befestigt werden (vgl. Abb. 55). Um eine volle Auslastung des Generators und der damit verbundenen günstigen Energiemenge zu erzielen, wird nach einem Pendelverfahren gearbeitet. Abkühlung und Erwärmung erfolgen kontinuierlich, d.h., die Stäbe in dem einen Rohr senken sich, während der Korb in dem zweiten Rohr nach oben gezogen wird. Hierzu sind zwei Glühspulen erforderlich, welche wechselseitig geschaltet werden können. Durch diese Methode wird etwa nur ein Drittel an Energie und Zeit gegenüber der Glockenglühung benötigt.

Abb. 54. Wasserstoffgespültes Vitreosilrohr als Schutzrohr zur Aufnahme der zu glühenden Wolframstäbe mit Glühspule

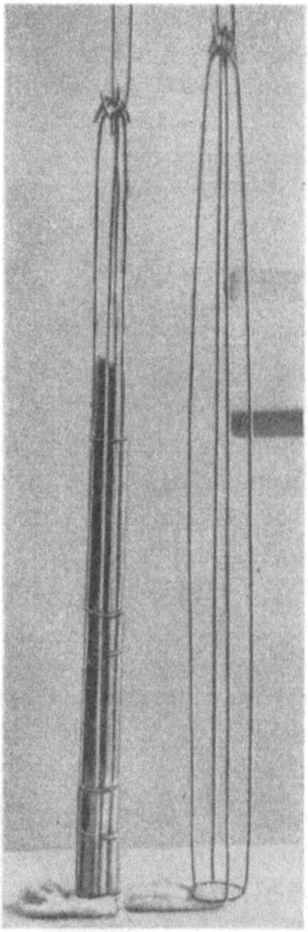

Abb. 55. Aufhängevorrichtung zum senkrechten Einfahren der W-Stäbe in das Glührohr

Vergleichsdaten zwischen Glühung in der Sinterglocke mit direktem Stromdurchgang und mittels Glühsender sind aus Tabelle 36 ersichtlich.

Variationsmöglichkeiten hinsichtlich Temperaturhöhe und Glühzeit sind einmal durch die Vorschubgeschwindigkeit und zum anderen durch Energieveränderung des Senders und der Masse gegeben. Die Genauigkeit der Temperatur

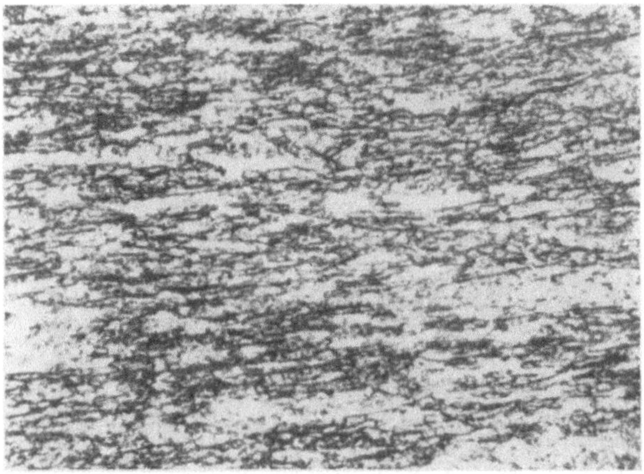

Abb. 56. Struktur eines W-Stabes ungeglüht in Stabmitte. Vergr. 125 ×

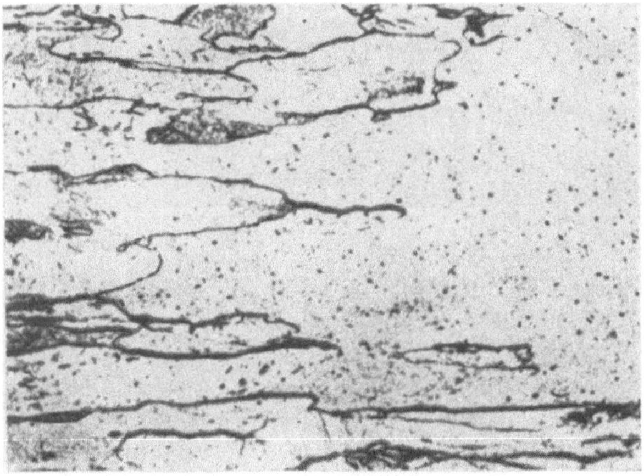

Abb. 57. Gefüge eines ungeglühten Wolframstabes (Randzone). Vergr. 125 ×

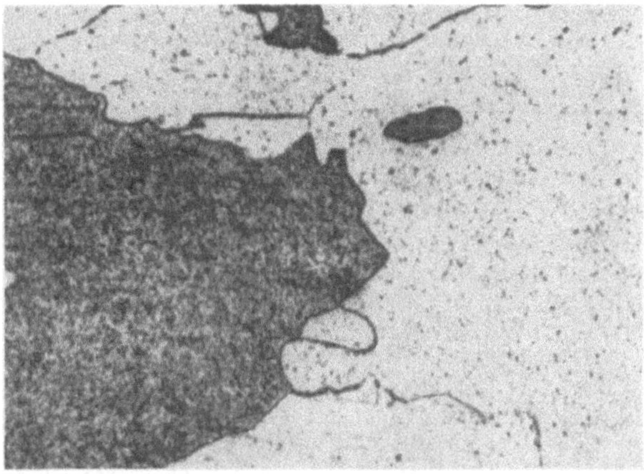

Abb. 58. Gefüge eines in HF-geglühten Wolframstabes (Stabmitte). Vergr. 125×

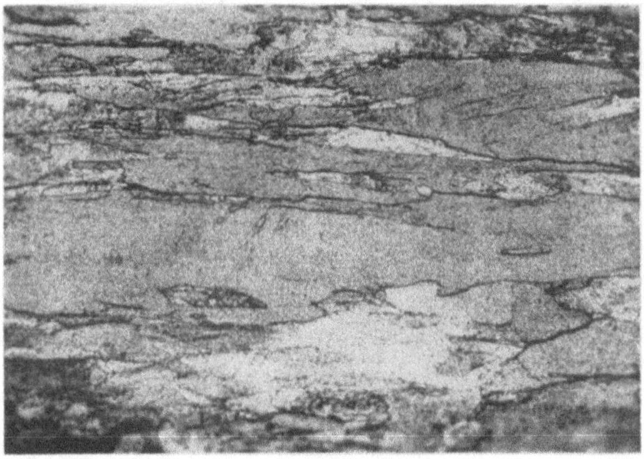

Abb. 59. Gefüge eines in HF-geglühten Wolframstabes (Randzone). Vergr. 125×

Tabelle 36

Vergleichsdaten zwischen Glühung in der Sinterglocke mit direktem Stromdurchgang und Hochfrequenzglühung

	Sinteranlage	Glühsender
W-Stäbe 9 mm ∅	8 Stück	8 Stück
Glühtemperatur	2000° C	2000° C
Bedienung	3 Arbeiter	1 Arbeiter
Gesamtglühzeit	22 Min.	18 Min.
Durchlaufgeschwindigkeit	—	0,07 m/min
H_2-Spülung	8000 l/h	1000 l/h
Spannung	44 V	—
Strom	4000 A	—
Normalleistung	176 kW	23 kW
Spitzenleistung	200 kW	23 kW
Trafo-Verluste	24 kW	—
Energieverbrauch	12 kWh	4,6 kWh
Werkstoffverlust	170 g	—
Anschleifen der Stäbe	5—10 Min.	—

kann innerhalb von ± 10° C durch die genannten Abgleichmöglichkeiten gehalten werden. Temperaturmessungen können durch Spiegelung mit Hilfe eines Glühfadenpyrometers durchgeführt werden. Inwieweit durch Veränderung der genannten Bedingungen die Struktur des Wolframs beeinflußt wird, ist aus den Abb. 56 bis 63 erkennbar. Es handelt sich hierbei um einen Vierkantstab, welcher durch Hämmern in zylindrische Form gebracht wurde.

In Abb. 56 ist die Struktur der Stabmitte eines ungeglühten Wolframstabes dargestellt. Die weiteren Abbildungen zeigen den Einfluß der Temperatur und die auftretenden unterschiedlichen Korngrößen bei gleicher Behandlungszeit. Da bei diesen Querschnitten erhebliche Texturunterschiede zwischen Rand und Kern sichtbar sind, soll in Abb. 60 bis 63 gezeigt werden, inwieweit sich insbesondere die HF-Glühung günstig auf den Rekristallisationsverlauf über den gesamten Querschnitt eines Wolframstabes auswirkt. So ist z. B. in Abb. 56 und 57 das Aussehen eines ungeglühten Stabes dargestellt. Hierbei kommt zum Ausdruck, daß eine durch die Warmverformung an den stark verdichteten Kanten des ehemaligen Vierkantstabes aufgetretene Grobkornbildung ohne Übergang an einen feinkörnigen Kern grenzt. Diese Ungleichmäßigkeit der Korngröße muß also durch die Glühung beseitigt werden. Eine Anpassung der Ausgangsstruktur ist in Abb. 60 und 61 wiedergegeben, wobei die Abb. 60 die Struktur in der Stabmitte nach einer Glühung bei 1600° C (3 Min.) und Abb. 61 nach Glühung bei 1850° C (3 Min.) darstellt. Hiermit soll zum Ausdruck gebracht werden, daß eine individuelle Anpassung der Temperaturhöhe erforderlich ist. Sie ist abhängig vom Verformungsgrad während des Hämmerprozesses und von der Kristallisationsfähigkeit des Wolframs. Wie bereits erwähnt, besteht eine weitere Variationsmöglichkeit zur Erlangung einer Rekristallisation bestimmten Ausmaßes auch durch die Glühzeit.

In Abb. 62 handelt es sich um einen Wolframstab von 9 mm ∅, der 6 Min. bei 1850° C geglüht wurde, während Abb. 63 einen Stab gleicher Abmessung nach einer Glühzeit von 24 Min. bei 1850° C wiedergibt. Beide Abb. stammen aus dem Kern eines Wolframstabes und zeigen eine bevorzugte Orientierung der einzelnen Körner parallel zur Längsrichtung mit geringen Korngrößenabweichungen. Daraus geht also hervor, daß in erster Linie die Temperaturhöhe ausschlaggebend für die Normalisierung des Wolframs ist, die den Zweck hat, die Verformungsfähigkeit insbesondere der Staboberfläche zu gewährleisten.

Mit den Vergleichsdaten zwischen der Glühung in einer Sinterglocke und der HF-Glühung sind die Vorteile hinsichtlich Energie und Zeit dargestellt.

6.50 Ziehen des Wolframs und Molybdäns

Das Ziehen und die nachträgliche thermische und mechanische Behandlung (bis zum Wendeln) der gehämmerten Stäbe stellt die wichtigste Arbeitsoperation dar, durch welche das Leuchtkörpermaterial seine endgültigen, für sein Verhalten in der elektrischen Glühlampe maßgebenden physikalischen Eigenschaften erhält.

Wolframstäbe sind von 1 bis 2 mm ∅ ab genügend duktil, um auf entsprechend große Rollen gewickelt werden zu können, was die Voraussetzung für ein betriebliches Ziehen des Materials bildet. Wann man im einzelnen mit dem Ziehprozeß beginnt, wird davon abhängen, von welchem Ausgangsquerschnitt beim Hämmern der formierten Stäbe ausgegangen wurde. Je größer der Ausgangsquerschnitt ist, bei um so stärkeren Durchmessern kann mit dem Ziehen begonnen werden. Man unterscheidet vier wesentliche Stadien des Ziehprozesses, wie Langziehen, Grob-, Mittel- und Feinzug. Das Langziehen findet bis zu Durchmessern von ca. 0,9 mm statt. Unter Grobzug versteht man meistens das Durchmessergebiet zwischen 0,9 und 0,2 mm. Der Mittelzug umfaßt die Abmessungen zwischen 0,2 und 0,06 mm und der Feinzug die noch schwächeren Durchmesser. Die Durchmesser für die gebräuchlichsten Drähte für Glühlampen bis zu 100 Watt Leistung liegen im Gebiet des Feinzuges. Praktisch sind also fast alle Wolframdrähte, die für die Glühlampentechnik als Leuchtkörper benutzt werden, zu feineren Drähten auszuziehen. Das Ziehen gelingt an sich bis zu Durchmessern von 0,012 bis 0,010 mm. Es ist aber auch möglich, feinere Drähte von 0,007 mm herzustellen, und zwar durch eine chemisch oder elektrolytisch vorgenommene Abätzung etwas stärkerer Drähte. Ein schnelles Abätzen der Drähte ist für eine gleichmäßige Querschnittsverminderung günstig. Es muß daher bei der chemischen Ätzung von Wolframdrähten mit wirksamen Ätzmitteln gearbeitet werden. Ammonpersulfat, alkalische Ferrizyankalium-Lösung und andere langsam ätzende Mittel sind ungeeignet. Eine sehr gleichmäßige Abätzung der Drähte läßt sich z. B. durch eine geschmolzene Mischung von Natriumnitrat und Natriumnitrit oder von Natriumnitrit und Ätznatron erreichen [129]. So kann z. B. ein Draht von 0,014 mm ∅ in 45 sec auf einen sehr gleichmäßigen Draht von 0,007 mm ∅ durch Eintauchen in geschmolzenes $NaNO_3 + NaNO_2$ heruntergeätzt werden, wobei die Temperatur der Schmelze

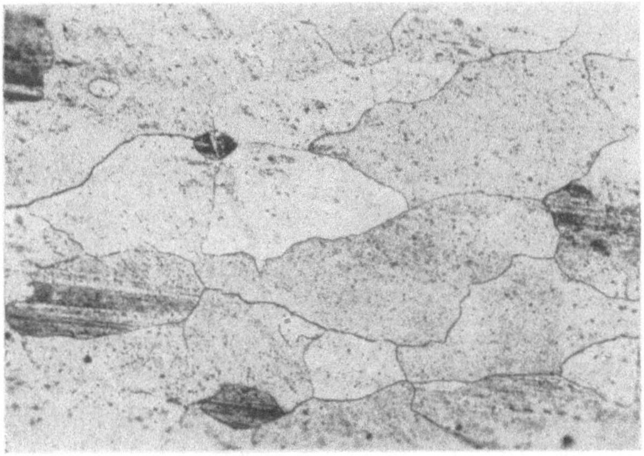

Abb. 60. Gefüge nach Glühung bei 1600° C 3 Min. Vergr. 125×

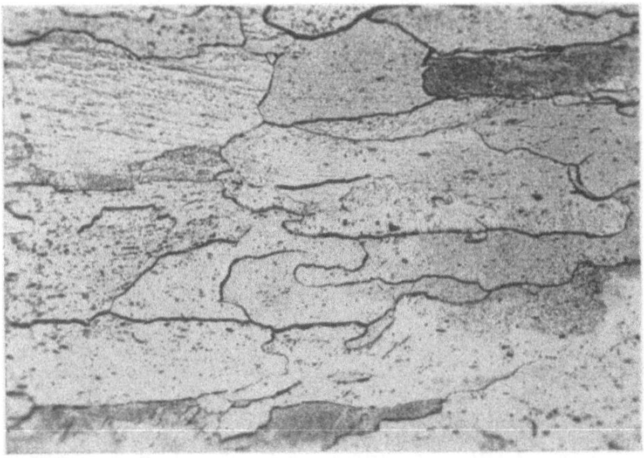

Abb. 61. Gefüge nach Glühung bei 1850° C 3 Min. Vergr. 125×

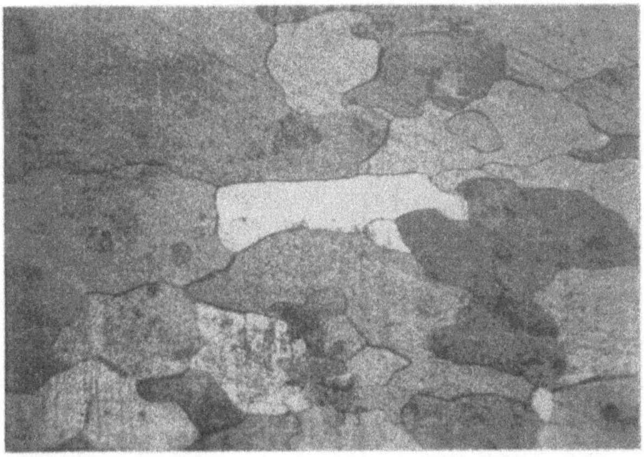

Abb. 62. Gefüge nach Glühung bei 1850° C 6 Min. Vergr. 125×

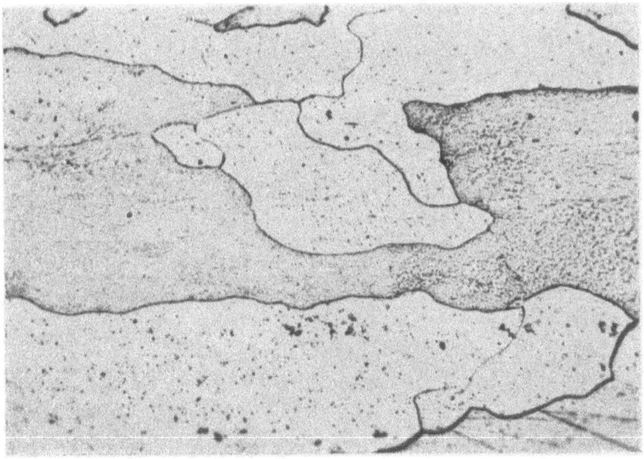

Abb. 63. Gefüge nach Glühung bei 1850° C 24

etwa 340° C beträgt. Durch eine elektrolytische Beizung in einer geschmolzenen Mischung von Natriumnitrit und Ätznatron sind sogar Wolframdrähte des extrem kleinen Durchmessers von 0,002 mm hergestellt worden [10].

Molybdändrähte für die Glühlampen- und Radioröhrentechnik werden meist in etwas stärkeren Durchmessern als Wolframdrähte verlangt. Dies ergibt sich aus dem Verwendungszweck von Mo-Drähten, die z. B. in Glühlampen als Halterdrähte benutzt werden, an deren hakenförmigen Enden der aus W-Drähten oder -Wendeln bestehende Leuchtkörper aufgehängt wird. Mo-Drähte finden ferner Verwendung als Kernmaterial für die Herstellung von Doppelwendeln, d.h., auf einen Mo-Kern wird eine W-Spirale aufgewickelt. Die dadurch bewirkte gedrängte Anordnung des Leuchtkörpers führt natürlich zu einer besonders hohen Leuchtdichte. Es ist klar, daß der Durchmesser von Kerndrähten für Doppelwendeln gleichfalls nicht sehr klein ist. Er liegt meist über 0,2 mm $\varnothing$.

Das Ziehen von W- und Mo-Drähten erfolgt, wenn man von der Erzeugung von Mo-Drähten schwächeren Durchmessers absieht, in der Wärme. Die verwendeten Anwärmtemperaturen werden im Laufe des Ziehprozesses ständig erniedrigt, worüber später noch genauere Ausführungen gemacht werden sollen. Molybdän verlangt beim Ziehen eine niedrigere Ziehtemperatur als Wolfram, und zwar liegt sie im Mittel etwa um 150 bis 200° C niedriger. Feinere Mo-Drähte, etwa von 0,100 mm ab, können kaltgezogen werden, da sie bereits genügend duktil sind.

Während des Ziehprozesses erfolgt eine Verfestigung des Materials. Es handelt sich um eine ausgesprochene „Kaltverfestigung", obwohl an sich bei Temperaturen bis zu 900 und 1000° C gezogen wird, da man sich bei diesen Temperaturen noch weit unterhalb der Rekristallisationstemperatur befindet. Die Kaltverfestigung läßt sich durch Zwischenglühen der Drähte in einer Schutzatmosphäre (z. B. Wasserstoff) rückgängig machen. Drähte, die infolge Verfestigung zu hart geworden sind, können also durch Glühen unter gleichzeitiger Erhöhung ihrer Duktilität weicher gemacht werden. Dies ist besonders beim Wolfram sehr nützlich, da dieses durch die Kaltverfestigung sehr hart wird und unter Umständen eine Zugfestigkeit von mehr als 400 kg/mm^2 erreichen kann. Eine zu große Verfestigung des Drahtes kann nicht nur zu Schwierigkeiten beim Ziehen Veranlassung geben, sondern auch einen unzulässig hohen Verschleiß der Ziehsteine bedingen.

Zum Ziehen von W- und Mo-Drähten in größeren Durchmessergebieten verwendet man schon seit langem, d. h. von der Mitte der zwanziger Jahre ab, Hartmetallziehsteine vom Typus WC-Co, wie z. B. die Hartmetallsorte G 1 (5 bis 6% Co) oder H 1. Es sind aber auch früher in größerem Umfang gegossene Hartmetalle zum Ziehen von W- und Mo-Drähten benutzt worden, so z. B. Wolframkarbid-Ziehsteine, die eine eutektische Legierung zwischen WC und W_2C darstellen. Auch sind andere Hartmetall-Legierungen für diesen Zweck in Anwendung, wie z. B. druckverdichtete Hartmetall- oder Elmarid-Steine. Die letzteren sind durch einen kleinen Gehalt an Chrom zu den üblichen Legierungselementen des Hartmetalls gekennzeichnet. Es ist interessant festzustellen, daß die für die technische Industrialisierung so überaus wichtige Erfindung der gesinterten Hartmetalle ihren Ausgang von diesem hier geschilderten Anwendungsgebiet des Hartmetalls nahm. Sie wurde geboren aus der wirtschaftlichen Notwendigkeit, einen Ersatz für die vor allem bei größeren Durchmessern teuren Ziehdiamanten zu finden [24].

Bei mittleren und kleinen Durchmessern der W- und Mo-Drähte geht man vom Hartmetall-Ziehstein zum Diamanten über. Die einzelnen Erzeugerfirmen beginnen mit dem Einsatz von Ziehdiamanten bei verschiedenen Durchmessern. In manchen Fällen werden von 0,4 bis 0,5 mm ∅ Diamanten eingesetzt, in anderen erst von 0,2 bis 0,15 mm ∅ ab. An die Bohrung der Ziehsteine, ihre Sauberkeit und ihre Rundheit werden hohe Anforderungen gestellt. Dies gilt vor allem für Ziehsteine kleinerer Durchmesser, da sie, wie oben bereits erwähnt, den Enddurchmesser der Drähte für Glühlampenzwecke darstellen. Es ist eine Notwendigkeit, daß die Drähte, welche ja beim Ziehen die Form des Ziehkanals annehmen, möglichst rund sind. Eine ovale Querschnittsform ist aus mancherlei Gründen ungünstig. Weiterhin ist es notwendig, die gewünschten Durchmesser genau einzuhalten, da hiervon bei gegebener Länge des Leuchtkörpermaterials die Strom- und Spannungsverhältnisse der Lampe weitgehend abhängen und damit auch die Lebensdauer der Lampe bei festgelegter Belastung.

Das Ziehen der Wolfram- und Molybdändrähte erfolgt je nach dem Durchmessergebiet auf Ziehmaschinen verschiedener Größe und Bauart, wobei jedoch das Prinzip stets dasselbe ist. Es wird meist im Einfachzug, in größeren modernen Werken jedoch mitunter auch im Mehrfachzug (Tandem-, Dreifachzug usw.) gezogen. Das Verfahren besteht im einzelnen im folgenden. Der bei Grob-, Mittel- und Feinzug auf Trommeln aufgewundene Draht geht zunächst durch ein Schmiergefäß. Der Trommeldurchmesser ist abhängig von der jeweiligen Drahtstärke. Mitunter durchläuft bei stärkeren Drähten dieser vor dem Eintritt in das Schmiergefäß noch einen Ziehstein, durch den aber keine Querschnittsabnahme erfolgt, sondern der nur den Zweck hat, den Draht möglichst genau axial für den eigentlichen Ziehstein zu zentrieren. Durch eine Rollenführung wird der Draht in das Schmiergefäß eingetaucht. Von den einzelnen Werken werden verschiedene Schmiermittel empfohlen, die jedoch alle durch einen hohen Gehalt an kolloidalem Graphit gekennzeichnet sind. Bei größeren Drahtdurchmessern wird meist Hydrokollag, bei feineren Drähten — etwa von 0,06 mm ∅ ab — Aquadag verwendet. Die Konsistenz des Schmiermittels wird durch Zugabe von Wasser so eingestellt, daß ein filmartiger Überzug der Drahtoberfläche mit kolloidalem Graphit erreicht wird. Überflüssiges Schmiermittel kann durch einen Abstreicher von der Drahtoberfläche entfernt werden. Das Schmiermittel hat einen doppelten Zweck. Der Draht soll dadurch gegen eine Oxydation durch Luft bzw. Sauerstoff bei seiner Erhitzung vor dem Ziehstein geschützt werden. Weiterhin soll dadurch eine Schonung des Ziehsteines erreicht und die Abtragung desselben durch Verschleiß verringert werden.

Der Draht durchläuft dann eine Glühzone. In dieser wird das Schmiermittel auf der Drahtoberfläche fest eingebrannt. Es tritt durch die Erhitzung des Drahtes eine beträchtliche Erweichung desselben ein, so daß er für die eigentliche Querschnittsverminderung beim Ziehen vorbereitet wird. Die Temperatur kann beim Ziehen sowohl von Wolfram- als auch Molybdändrähten mit fortschreitender Querschnittsabnahme erheblich verringert werden, und zwar beim Wolfram von 900° C in den ersten Ziehstufen auf 400° C beim Ziehen feinerer Drähte. Beim Molybdän liegt die Anfangstemperatur beim Ziehen etwa bei 700° C. Dünne Drähte aus Mo können bei Raumtemperatur gezogen werden.

Zur Anwärmung der Drähte beim Ziehen werden die verschiedensten Methoden benutzt. Am gebräuchlichsten ist die Beheizung der Drähte mit einer reduzierenden Gasflamme. Der Draht wird dabei auf einer Strecke von 200 bis 300 mm Länge durch das aus kleinen Öffnungen eines Rohres ausströmende Gas erhitzt. Dieses Verfahren bietet gegenüber der Erhitzung durch direkten elektrischen Stromdurchgang nicht unerhebliche Vorteile. Wird nämlich der Draht durch direkten elektrischen Stromdurchgang zwischen zwei stationären Kontakten erhitzt, so besteht ein Temperaturgradient, d. h., der Draht ist am heißesten gerade dann, wenn er den zweiten Kontakt erreicht. Die Erweichung der Drähte, die durch die Glühbehandlung angestrebt wird, ist abhängig von Zeit und Temperatur. Es ist daher günstiger, wenn eine größere Länge des Drahtes vor dem Eintritt in den Ziehstein auf Temperatur gehalten wird. Dies läßt sich in einfacher Weise mittels Gasheizung erreichen. Der gegenüber der elektrischen Erwärmung günstige Einfluß der Gasbeheizung geht deutlich aus Abb. 64 hervor. In dieser Abbildung ist der spezifische elektrische Widerstand (in Mikro-Ohm · cm) von elektrisch sowie gasbeheizten W-Drähten in Abhängigkeit vom Drahtdurchmesser nach SMITHELLS aufgetragen. Der spezifische elektrische Widerstand ist ein Maß für die Duktilität des Drahtes. Die Ziehtemperatur war in beiden Fällen die gleiche.

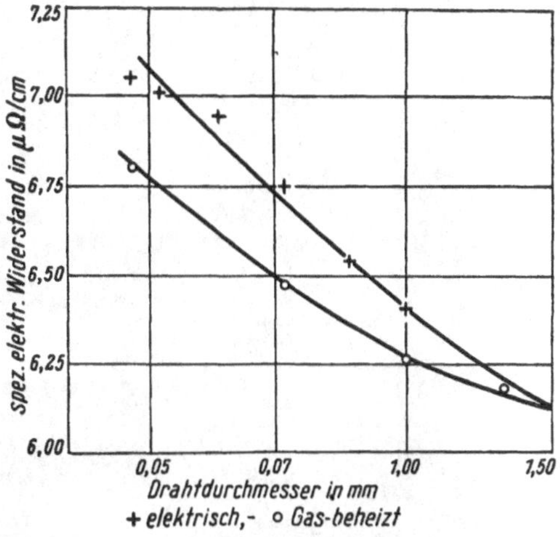

Abb. 64. Einfluß der Beheizungsart auf den spezifischen elektrischen Widerstand von Wolframdraht (nach C. J. SMITHELLS)

Von einigen Werken, wie z. B. den Metallwerken Plansee (Reutte, Österreich), wird eine indirekte Heizung der Drähte beim Ziehen dadurch vorgenommen, daß sie einen elektrischen Widerstandsofen (Heizdraht Ni-Cr) durchlaufen. Die Ofenlänge beträgt ca. 250 mm, die eigentliche Heizlänge jedoch nur 80 bis 100 mm. Die eigentliche Ziehtemperatur liegt in diesem Fall um 150 bis 200° C niedriger als die Ofentemperatur. Bei allen hier beschriebenen Verfahren erfolgt außerdem noch eine Beheizung des Ziehsteines selbst durch eine entsprechend einregulierte Gasflamme.

Die aus Hartmetall oder aus Diamanten bestehenden Ziehsteine werden natürlich im Laufe ihrer Benutzung langsam infolge Ausschleifens aufgeweitet. Man kann damit rechnen, daß die Lebensdauer der Diamanten gleichen Durchmessers gegenüber Hartmetallziehsteinen beim W- und Mo-Zug durchschnittlich die 5- bis 6fache beträgt. Für einen Hartmetallziehstein aus 95% WC + 5% Co, welcher durch Heißpressen hergestellt worden ist, wird nach BIOS-Bericht beim Mo-Zug eine Aufweitung von 0,1 mm nach Ziehen von 150 kg Draht (Durchmesser

Abb. 65. Grobziehmaschine für Wolframdrähte (Werkfoto BGW)

0,35 mm) angegeben. Ein Diamant erfährt bei gleichem Drahtdurchmesser eine Aufweitung von 0,003 mm, wenn 600 m Mo-Draht durch den Stein gezogen werden.

Der Draht wird schließlich auf Trommeln aufgespult, deren Durchmesser ebenfalls von der Stärke des Drahtes abhängig ist. Die Aufspulrollen werden mechanisch angetrieben. Die Ziehgeschwindigkeit ist dabei regulierbar. Der Zug wird mechanisch oder elektrisch etwas gebremst, so daß stets eine straffe Spannung beim Ziehen gewährleistet ist.

Eine auf dem beschriebenen Prinzip beruhende Ziehvorrichtung für stärkere Wolframdrähte ist aus Abb. 65 ersichtlich. Abb. 66 zeigt eine weitere Ziehmaschine, welche für Wolframdrähte eingesetzt wird, wie sie für die Glühlampenindustrie Anwendung finden.

Von großer Bedeutung für den Ziehvorgang ist die Verwendung einwandfrei und richtig gebohrter Ziehsteine mit einem geeigneten Ziehkanal. Die Bohrungen des Ziehdiamanten werden meist mit Hilfe von feinst angespitzten Stahlnadeln unter Verwendung von feingeschlämmtem Diamantbort angefertigt. Hartmetallziehsteine werden bereits mit vorgeformtem Ziehkanal angeliefert, so daß sich

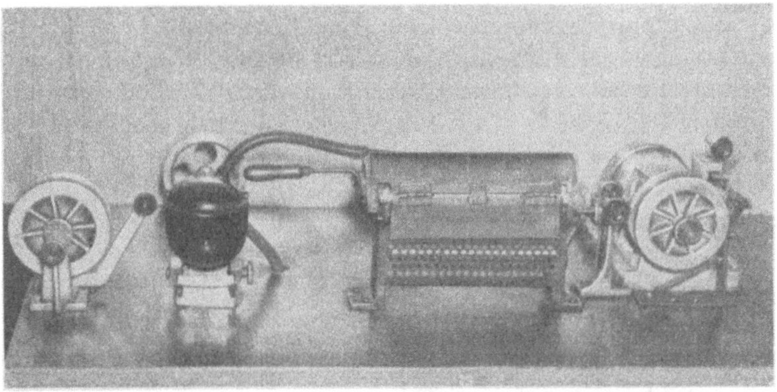

Abb. 66. Feinzugmaschine für Wolframdraht (Werkfoto BGW)

hierbei das Bohren nur auf die Herstellung des eigentlichen Ziehkanals und seine Polierung beschränkt. Schwierig ist die Herstellung von Diamantziehsteinen zum Ziehen sehr feiner Drähte, z. B. von 15 μ und kleiner. Dieser Vorgang stellt eine sehr beachtliche technische Leistung dar. Die Verwendung möglichst spannungsfreier und harter Rohdiamanten ist notwendig. Diamanten, deren hoher Spannungszustand durch geeignete Untersuchungen z. B. mit Hilfe des polarisierten Lichtes oder der Röntgenfeinstrukturanalyse erkennbar ist, sind zweckmäßig auszuschalten. In gewissem Umfang kann eine Beseitigung der inneren Spannungen des Diamanten durch Glühen erreicht werden. Hierbei ist aber äußerste Vorsicht geboten, da bei zu hohen Temperaturen eine Umwandlung des Diamanten in Graphit stattfindet. In den letzten Jahren sind Verfahren zur Anwendung gekommen, bei denen das Vorbohren und z. T. auch das Feinbohren mittels Funkenmethode bzw. auf elektrolytischem Wege erfolgt. Neuerdings wird aus Zeit- und Materialeinsparungsgründen der Diamant aus dem oberen Teil des Ziehkanals durch ein Oxydationsverfahren muldenförmig abgetragen [130].

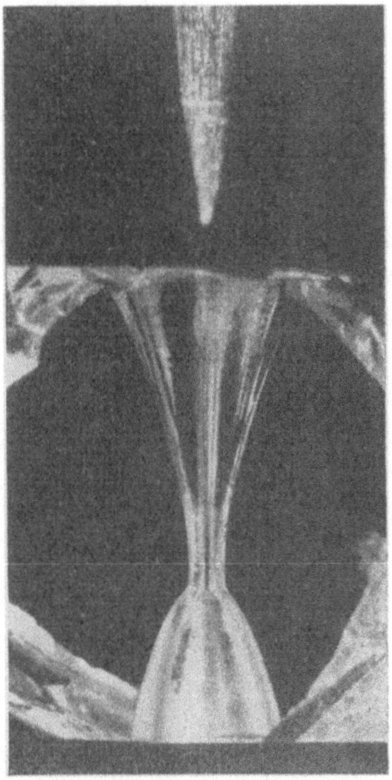

Abb. 67. Bohren eines Diamanten (Philips)

Abb. 67 zeigt eine Werksaufnahme der Fa. Philips, aus der das Bohren von Diamanten mittels Stahlnadeln und die Form des Ziehkanals ersichtlich ist [131]. Der Eintrittswinkel beträgt etwa 30°. Die Länge des Ziehkanals im Verhältnis zu seinem Durchmesser wird mit dem $1^1/_2$- bis 2fachen angegeben.

Die Bestimmung des Durchmessers der W- und Mo-Drähte kann auf verschiedene Weise erfolgen. Es kann dies z. B. durch Messungen mit einem mit Hartmetall bestückten Tastmikrometer geschehen. In der Glühlampenindustrie sind außerdem Verfahren in Anwendung, bei denen die sogenannte Normalstromstärke bestimmt wird. Hierbei handelt es sich um die Stromstärke, welche notwendig ist, um den Draht bei Erhitzung im Vakuum auf eine bestimmte Temperatur zu bringen.

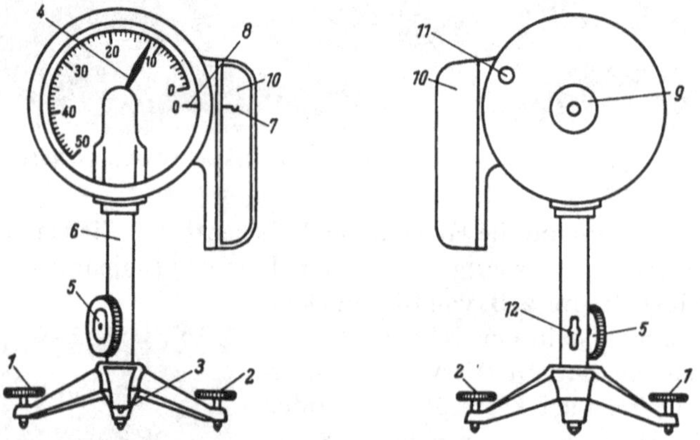

Abb. 68. Schema einer Torsionswaage zur Gewichtsbestimmung von dünnen W- und Mo-Drähten zur Berechnung des Durchmessers
1, 2 — Stellschrauben; *3* — Wasserwaage; *4* — Zeiger; *5* — Schraube für 0-Punkt-Justierung; *6* — Stativ; *7* — Aufhängevorrichtung für Draht; *8* — Zeiger für Lage der Aufhängung; *9* — Schraube für 0-Punktstellung der Aufhängung; *10* — Schutzkasten; *11* — Arretierungsschraube; *12* — Sicherungsschraube

Am weitaus gebräuchlichsten aber ist die Wägung einer Standardlänge des Drahtes und die Berechnung des Drahtdurchmessers aus dem Gewicht, wobei für W eine Dichte von 19,3 und für Mo eine solche von 10,05 g/cm³ angesetzt wird. Die Standardlänge wird in diesem Fall mit 200 mm angegeben. Die Berechnung des Durchmessers D in μ aus dem Gewicht V in mg erfolgt auf Grund folgender Gleichungen [132]:

für Wolfram: $D = 18{,}13836 \cdot \sqrt{V_{200}}$

für Molybdän: $D = 24{,}95997 \cdot \sqrt{V_{200}}$.

Die Bestimmung des Drahtgewichtes erfolgt mittels Torsionswaage. Abb. 68 zeigt eine Torsionswaage, wie sie in gleicher Ausführung für verschiedene Meßbereiche gebaut wird.

Die absolute Gleichmäßigkeit des Drahtdurchmessers über seine ganze Länge ist von großer Bedeutung für die Lebensdauer luftleerer und gasgefüllter Glühlampen. Durchmesserschwankungen bilden bei Lampen mit gestrecktem Leuchtfaden die Hauptursache für das Durchbrennen. Bei Lampen, in welchen der Leuchtkörper wendelförmig angeordnet ist, kommen zu den Ungleichmäßigkeiten des Drahtes, d. h. zu den lokalen verdünnten Stellen, noch weitere wichtige Ursachen für das Durchbrennen des Leuchtkörpers hinzu. Dies sind z. B. Steigungsfehler innerhalb der Wendel. Unter Steigungsfehlern der Wendel sind örtliche Annäherungen der einzelnen Windungen der Wendeln zu verstehen [133, 134].

Bereits ein Durchmesserfehler des Drahtes von 0,2 bis 0,4 μ wird in einer Vakuumlampe die Lebensdauer wesentlich herabsetzen oder zum Ausfall führen. Derart verjüngte Stellen zeigen bereits sehr bald nach Inbetriebnahme der Lampen höhere Temperaturen als ihre Umgebung. In ähnlicher Weise können natürlich alle Stellen wirken, welche einen höheren elektrischen Widerstand als ihre Umgebung haben, bedingt durch Durchmesser- bzw. Querschnittsfehler. An solchen Stellen verdampft das Wolfram schneller als an unversehrten und fehlerlosen. Die Temperatur gegenüber der Umgebung steigert sich ständig und bewirkt ein schnelles Ansteigen der Verdampfung. Schließlich kommt es zum Durchbrennen der Lampe an den Fehlstellen des Drahtes. In gasgefüllten Lampen ist ein Durchmesserfehler gleicher Größe noch gefährlicher. Er führt, gleiche Temperatur des Leuchtkörpers vorausgesetzt, doppelt so schnell zum Durchbrennen als in der Vakuumlampe.

Bei Lampen mit wendelförmigem Leuchtkörper, deren Drahtstärke über 45 μ liegt, führen Steigungsfehler der Wendel, wie sie auch bei sorgfältiger Durchführung des Wendelns vorkommen können, bereits zum Durchbrennen an Lampen, wenn diese keine normalen Drahtfehler aufweisen. Bei gasgefüllten Lampen sind die vorkommenden Steigungsfehler von noch größerer Bedeutung als Einschnürungen innerhalb des Drahtes. Sie bestimmen hier in erster Linie die Lebensdauer der Lampen.

Zur Beobachtung und Registrierung von Durchmesserschwankungen an dünnen Wolframdrähten sind eine ganze Anzahl von Methoden ausgearbeitet worden [135, 136]. Sie setzen meist relativ komplizierte Meßverfahren voraus, durch die auch Abweichungen von der runden Querschnittsform der Drähte bestimmt werden können.

Wir sind auf diese, für die Lebensdauer von luftleeren und gasgefüllten elektrischen Glühlampen so überaus wichtige Frage der Fehlerstellen der Drähte an dieser Stelle deswegen kurz eingegangen, um die große Bedeutung des Ziehprozesses für die Herstellung absolut gleichmäßiger, runder, fehlerfreier Drähte zu unterstreichen. Es ist bekannt, daß die Fehlerursache in Ungleichmäßigkeiten des Ausgangsmaterials, in lokalen Änderungen des elektrischen Widerstandes, z. B. durch Karbidbildung, aber auch in der Durchführung des Ziehprozesses liegen kann. Die Drähte werden im duktilen Zustande warm gezogen. Ihre Dehnung ist bei den Ziehtemperaturen beträchtlich. Ungleichmäßiges, z. B. ruckartiges Ziehen kann daher einer der Gründe für das Auftreten von lokalen Fehlerstellen der Drähte sein.

Mindestens 70% aller Arbeit, welche zum Ziehen des Drahtes aufgewendet werden muß, ist auf die Reibung des Materials in den Ziehsteinen, und zwar vorzugsweise zwischen den einzelnen Lagen des Graphits und nicht zwischen Draht und Diamant bzw. Hartmetall zurückzuführen [133]. Nur der kleinere Teil der Arbeit dient zur Verformung des Materials selbst. Dies bedeutet, daß die Kraft, welche notwendig ist, um das Material durch den Ziehstein hindurchzutreiben, nahezu proportional dem Durchmesser und nicht dem Querschnitt ist. Die Belastung pro Flächeneinheit des Drahtes nimmt daher mit fallendem Durchmesser zu. Wird die Temperatur beim Ziehen mit zunehmendem Verformungsgrad nicht genügend gesenkt, so kann es leicht zu einer Überschreitung der Elastizitätsgrenze kommen.

Es wurde festgestellt, daß die Zugkraft beim Ziehen größer ist, wenn eine Schmierung mit Graphit erfolgt. Trotzdem ist das Ziehen mit einem Schmiermittel bei W und Mo unbedingte Voraussetzung, um den Verschleiß des Ziehsteines auf ein erträgliches Maß herabzusetzen.

Die Handhabung der feinen Drähte beim Ziehen ist sehr schwierig und erfordert entsprechende Geschicklichkeit. Die Hauptschwierigkeit liegt darin, die an sich sehr feinen Drähte immer in den nächstfolgenden Ziehstein einzufädeln. Hierzu bedarf es eines sehr guten Auges und einer feinen Hand. Es handelt sich hierbei um eine typische Frauenarbeit. Zum Einfädeln muß der Draht fein angespitzt werden. Dies geschieht durch Eintauchen in ein Ätzgefäß, welches eine Schmelze von 10 bis 50% Ätznatron und Rest Natriumnitrit enthält. Diese Mischung schmilzt bei etwa 350° C. Man benutzt in der Regel hierzu Eisengefäße, welche über einem kleinen Gasbrenner erwärmt werden.

Die Ziehbedingungen, die von den einzelnen Herstellerfirmen von W- und Mo-Drähten benutzt werden, sind durchaus nicht einheitlich. Allen diesen Bedingungen ist jedoch gemeinsam, daß die Ziehtemperatur mit fortschreitender Verringerung des Durchmessers gesenkt wird. Die Ziehgeschwindigkeit wird mit sinkendem Durchmesser gesteigert. Die Querschnittsverminderung pro Ziehstufe liegt etwa bei 10 bis 20%. Mo kann gegenüber W mit niedrigeren Temperaturen, höheren Ziehgeschwindigkeiten und stärkeren Querschnittsabnahmen gezogen werden, da es wesentlich duktiler ist.

Die Drähte, welche im Laufe der Ziehbehandlung infolge Verfestigung härter werden, werden von einzelnen Herstellern in verschiedenen Stadien des Ziehprozesses zur Entfernung der inneren Spannungen geglüht. Das Glühen geschieht meist dadurch, daß der Draht zwischen zwei Quecksilberkontakten durch elektrischen Stromdurchgang erhitzt wird. Die Glühung selbst wird in Wasserstoffatmosphäre vorgenommen. Die Fa. Radium Elektrizitätsgesellschaft m. b. H. Wipperfürth glüht erstmalig bei einem Durchmesser von 0,180 mm und eine zweite Glühung erfolgt bei 0,06 mm∅. Die Länge zwischen den beiden Kontakten als eigentliche Glühstrecke beträgt bei diesem Verfahren 200 mm. Zum Entspannungsglühen eines Wolframdrahtes von 0,172 mm∅ bzw. 90 mg sind 4,56 Amp. notwendig. Bei einem Durchmesser von 46,5 μ ist zum Ausglühen der Drähte eine Stromstärke von 1,0 Amp. notwendig. Beim ersten

Zwischenglühen läuft der Draht mit einer Geschwindigkeit von 15 m/min durch das wasserstoffgekühlte Glasrohr. Die zweite Glühung erfolgt mit einer Geschwindigkeit von 30 m/min. Nach dem Glühen empfiehlt sich ein kurzes Erhitzen der Drähte über dem Gasbrenner, um etwa vorhandene Oxyde zu entfernen. Erst dann werden die Drähte mit dem erforderlichen Schmiermittel versehen. Andere Firmen wenden überhaupt kein Zwischenglühen an. Nach unserer Meinung ist die Zwischenglühung dann angebracht, wenn die Drähte bei einem Durchmesser von 0,1 bis 0,3 mm eine Zerreißfestigkeit von mehr als 350 kg/mm² und bei feineren Drähten unter 0,05 mm ∅ von 380 bis 400 kg/mm² besitzen. Für Molybdändrähte trifft dies nicht zu, sie werden auch normalerweise nicht zwischengeglüht.

Nachdem der Enddurchmesser eines Drahtes erreicht ist, erfolgt sowohl bei Wolfram- als auch Molybdändrähten eine Endreinigung, die von den einzelnen Herstellerfirmen gleichfalls verschieden vorgenommen wird. Die Metallwerke Plansee G.m.b.H., Reutte/Österr., z.B. lassen Mo-Drähte durch einen Rohrofen mit Molybdän-Heizwicklung in einer feuchten Wasserstoffatmosphäre laufen, wobei die Heizzone etwa 270 mm lang ist und die Temperatur 1300 bis 1400° C beträgt. Die Durchlaufgeschwindigkeit des Drahtes wird mit 30 m/min angegeben, dürfte aber weitgehend vom Durchmesser abhängig sein.

Die Radium Elektrizitätsgesellschaft m. b. H. Wipperfürth reinigt Wolframdrähte chemisch. Hierbei durchlaufen die Drähte ein Gefäß, in welchem sich eine heiße 20%ige NaOH-Lösung befindet. Anschließend wird der Draht durch ein Gefäß mit HCl 1 : 1 geleitet, dann über Wolframwolle durch ein Gefäß mit Wasser und danach aufgespult. Durch diese Reinigungsverfahren werden die dem Draht vom Ziehen anhaftenden Graphitschichten sowie entstandene Oxyde entfernt.

Andere Verfahren, die zur Reinigung von W- und Mo-Drähten benutzt werden, bestehen in einer elektrolytischen Beize, welche aber vor allem bei starken Durchmessern Anwendung findet. Auch das Beizen mit geschmolzenem Natriumnitrit sowie schließlich das Glühen in sauerstoffhaltigem Stickstoff oder, wie oben bereits erwähnt, in feuchtem Wasserstoff bei Temperaturen von 1100 bis 1400° C zählen zu den Reinigungsverfahren.

In Tab. 37 bringen wir eine Übersicht über die Bedingungen des Ziehens von Wolframdrähten, wie sie von den Metallwerken Plansee und von der Radium Elektrizitätsgesellschaft m. b. H., Wipperfürth, empfohlen werden. Die Tabelle umfaßt im einzelnen die Ziehstufen, die zugehörigen Querschnittsverminderungen pro Stufe, die Ziehtemperaturen und die Ziehgeschwindigkeiten. Auf eine Wiedergabe der Ziehbedingungen für Mo-Drähte verzichten wir, da in der Regel dieselben Ziehgeschwindigkeiten benutzt werden. Nur die Ziehtemperaturen des Molybdäns liegen um etwa 150 bis 200° C niedriger als die des Wolframs.

Wie man sieht, unterscheiden sich die von den Metallwerken Plansee und der Radium-Elektrizitätsgesellschaft m. b. H., Wipperfürth, empfohlenen Ziehbedingungen nicht unwesentlich voneinander. Die Radium-Elektrizitätsgesellschaft m. b. H., Wipperfürth, nimmt das Ziehen unter schärferen Bedingungen

Tabelle 37

Ziehbedingungen für Wolframdrähte

Art des Ziehens	∅ mm	Querschnitts-verminderung %	Zieh-geschwindigkeit m/min	Zieh-temperatur ° C
Radium-Elektrizitäts-Gesellschaft Wipperfürth				
Langzug	1,10	22,5		900—950
	0,96	24,0	3,3	
	0,85	21,6		
Grobzug (große Trommel)	0,770	18,0		
	0,680	22,0		800—850
	0,600	22,1	5—6	
	0,540	19,0		
	0,485	19,3		
Grobzug (kleine Trommel)	0,440	17,8	7,5	
	0,400	17,3		900
	0,365	16,8	11,5	
	0,333	16,8		
	0,303	17,2	15	
	0,275	17,5		
	0,250	17,4	20	850
	0,228	16,9		
	0,208	16,8		
	0,190	16,3	21	
	0,180	10,4		800
Zwischenglühung Mittel-	0,172	8,7	14	
zug (gr. Spule)	0,158	16,0	22	800
	0,144	16,0	24	770
	0,132	16,0		760
	0,121	16,0	26	740
	0,111	16,0		720
Mittelzug (mittlere Spule).	0,102	16,1	30	
	0,094	15,8		
	0,086	15,7	33	
	0,079	16,1	40	
	0,0725	16,0	45	700
	0,0668	15,8		
	0,0602	15,8	50	
	0,0559	15,2	55	
	0,0519	13,6		
	0,0485	12,2		680
Zwischenglühung Feinzug	0,0465	9,6	45	680
(kl. Spule)	0,0423	15,4		680
	0,0399	15,5		
	0,0352	15,0	55	650
	0,0337	15,2		630
	0,0301	15,3		
	0,0289	15,5		620
	0,0250	15,0		
	0,0219	15,2		
	0,0212	15,6	60	

Art des Ziehens	Ø mm	Querschnitts-verminderung %	Zieh-geschwindigkeit m/min	Zieh-temperatur °C
Radium-Elektrizitäts-Gesellschaft Wipperfürth				
	0,0207	15,0		
	0,0183	14,5		600
	0,0173	14,2		
	0,0164	12,1		
	0,0156	10,0	55	
	0,014	9,6	50	
Metallwerke Plansee				
Langzug	2,5	20,7	1,52—2	800—500
	2,2	22,4		
	2,0	17,4		
	1,8	19,1		750
	1,6	21,2	3,0	
	1,4	23,0		700
Grobzug (gr. Trommel) . .	1,25	20,2		
	1,1	22,8		
	1,0	17,9		650—700
	0,9	18,7	3,0	
	0,82	17,2		
	0,76	14,2		
	0,70	15,0		
Grobzug (kl. Trommel) . .	0,65	13,8		
	0,60	14,8		500—650
	0,55	10,3	4,5	
	0,50	17,3		
	0,46	15,3		
	0,42	16,8		
	0,39	13,8	6	
	0,36	14,3		
	0,33	16,2		
Mittelzug (gr. Spule) . . .	0,30	17,0		
	0,28	12,7		
	0,26	14,5		
	0,24	14,7	8,5	
	0,22	15,9		
	0,20	17,9		
Mittelzug (mittlere Spule).	0,185	14,6		
	0,170	15,7		
	0,160	11,5		600
	0,150	12,0		
	0,140	12,5	10	
	0,130	13,9	bis	
	0,120	14,7	18	
	0,110	15,9		
	0,105	9,8		
	0,100	9,0		
	0,095	10,3		
	0,090	10,7		

Tabelle 37 (Fortsetzung)

Ziehbedingungeu für Wolframdrähte

Art des Ziehens	Ø mm	Querschnitts-verminderung %	Zieh-geschwindigkeit m/min	Zieh-temperatur °C
		Metallwerke Plansee		
Feinzug (kleine Spule) . .	0,085	10,4		
	0,080	11,4		
	0,075	12,0		550—600
	0,070	12,9		
	0,066	11,5		
	0,062	12,4		
	0,058	12,2		
	0,055	10,5		
	0,052	10,2		
	0,049	11,3	18	
	0,046	12,2	bis	
	0,043	12,7	40	
	0,0405	13,1		550
	0,037	11,1		
	0,035	14,3		
	0,033	10,9		
	0,031	11,7		
	0,029	12,6		

vor, d. h. bei größerer prozentualer Querschnittsverminderung sowie bei höheren Ziehgeschwindigkeiten. Es ist klar, daß sich dabei die Drähte stärker verfestigen, als dies unter den Ziehbedingungen der Metallwerke Plansee der Fall ist. Aus diesem Grunde muß die Radium-Elektrizitätsgesellschaft m. b. H., Wipperfürth, während des Ziehprozesses ein zweimaliges Ausglühen der verfestigten Drähte einschalten.

Beim Ziehen der W- und Mo-Drähte ändern sich die mechanischen und physikalischen Eigenschaften des gezogenen Materials sehr stark. Die Dichte erreicht den theoretischen Wert, d. h. beim W 19,3 und beim Mo 10,2 g/cm³. Die Zugfestigkeit wird ebenfalls stark vergrößert. Sie erreicht z. B. beim W in extremen Fällen Werte von 500 kg/mm². Es ist dies eine Festigkeit, die mehr als zweimal so groß ist wie die vom härtesten Stahl und welche die höchste Festigkeit irgendeines bekannten harten Materials darstellt. Der Elastizitätsmodul für W-Drähte beträgt etwa 42000 kg/mm² und ist damit ebenfalls zweimal so hoch wie der des Stahls. Der lineare Warmausdehnungskoeffizient von W-Drähten liegt bei $4{,}6 \cdot 10^{-6}$ pro °C und ist der niedrigste aller reinen Metalle. Der spez. elektrische Widerstand wird im Verlaufe des Ziehprozesses ebenso wie der Elastizitätsmodul und die Festigkeit durch Verfestigung stark erhöht. Durch Ausglühen bzw. Rekristallisation und die dadurch eintretende Entfestigung werden Zugfestigkeit, elektrischer Widerstand und Elastizitätsmodul wieder erniedrigt. Die Dehnung ist ziemlich gering und beträgt bei hart gezogenen

Drähten nur etwa 1 bis 4%, während ein nicht deformierter W-Einkristall Werte von 20% Dehnung erreichen kann. Im ausgeglühten Zustand zeigt W-Draht praktisch keine nennenswerte Dehnung.

Ähnlich liegen die Verhältnisse beim Molybdän. Auch hier ist die Veränderung der physikalischen und mechanischen Eigenschaften der Drähte eine überaus drastische. Die Zugfestigkeit erreicht beim Ziehen Werte von mehr als 200 kg/mm². Sie nimmt mit steigender Verformung, ähnlich wie beim W, zu. Wegen der höheren Duktilität zeigen Mo-Drähte eine höhere Dehnung gegenüber W. Sie beträgt im hartgezogenen Zustand bis 5%, im ausgeglühten Zustand dagegen 10 bis 30%, wobei die höheren Zahlen für feinere Drähte gelten. Die Dichte erreicht beim Ziehen ebenfalls den theoretischen Wert, nämlich 10,2 g/cm³. Der Elastizitätsmodul liegt bei etwa 30 bis 32000 kg/mm². Der spez. elektrische Widerstand schließlich nimmt mit steigendem Verformungsgrad stark zu. Diese Zunahme wird durch Ausglühen wieder beseitigt.

Wir haben an dieser Stelle nur einen kurzen Überblick über die Veränderungen der physikalischen und mechanischen Eigenschaften gegeben, die beim Ziehprozeß eintreten. Es wird notwendig sein, im Kapitel 9.00 eine genaue Beschreibung dieser Eigenschaftsänderungen in Abhängigkeit von dem Ziehprozeß und von der Wärmebehandlung zu geben.

Beim Ziehen von W und Mo können verschiedene Erscheinungen eintreten, die die Eigenschaften der Drähte verschlechtern oder als Fehler bezeichnet werden müssen. Da Mo, wie schon mehrfach gesagt wurde, wesentlich duktiler als W ist, treten diese Fehler beim Ziehen dort weit weniger in Erscheinung als beim W. Ein manchmal bereits bei stärkeren Drähten, d. h. beim Lang- oder stärkeren Grobzug, auftretender Fehler besteht im Splittern und Zerfasern der Drähte. Dieser Fehler ist meist auf ein unreines Ausgangsmaterial oder auf eine nicht einwandfreie Durchführung des Hämmerprozesses zurückzuführen. Mitunter kann es auch zu einem Reißen der Drähte beim Ziehen kommen, und zwar im besonderen bei feineren Drähten. Diese Erscheinung kann verschiedene Ursachen haben. Es kann sich um Fehlerstellen innerhalb des Drahtes handeln, aber auch um eine nicht richtige Durchführung des mechanischen Teiles des Ziehvorganges.

6.60 Wendeln von Drähten

In den modernen elektrischen Glühlampen werden die W-Drähte nicht in Form gerader, gestreckter Fäden, sondern als Wendeln oder auch Doppelwendeln benutzt. Die wendelförmige Anordnung des Leuchtkörpers gestattet die Anwendung höherer Brenntemperaturen, ermöglicht damit größere Belastungen der Lampe und führt zu höheren Leuchtdichten in gasgefüllten Lampen. Bei Lampen mittlerer Größe (60 bis 100 Watt) werden Brenntemperaturen von 2500 bis 2600° C erzeugt. Durch die Gasfüllung (reinster Stickstoff, Argon, Krypton usw. in Drucken von 300 bis 500 mm) wird der Dampfdruck des Leuchtkörpermaterials erheblich erniedrigt. Da aber durch das Gas bei langgestrecktem Leuchtfaden eine starke, energieverbrauchende Wärmeableitung stattfinden würde, ist es notwendig, dem Leuchtkörper eine möglichst zusammengedrängte Form zu geben. Dies wird dadurch erreicht, daß der Leuchtkörper die Form einer einfachen Wendel oder unter Umständen auch einer Doppelwendel erhält.

Das Wickeln der Drähte zu Wendeln erfolgt maschinell auf geeigneten Maschinen. Diese Operation wird entweder bei Raumtemperaturen oder aber bei Temperaturen bis zu 500° C durchgeführt. Man wickelt die Drähte zu diesem Zweck um einen Eisen- oder Mo-Kern, bei Doppelwendeln stets um einen Mo-Kern, mit einer bestimmten Steigung der Windungen. Wird warmgewickelt, so kann die gewünschte Verformungstemperatur dadurch erreicht werden, daß durch den Draht ein elektrischer Strom geleitet wird. Auf eine genaue Einhaltung der Steigung der Wendeln kommt es sehr wesentlich an. Enthält nämlich die Wendelsteigung Fehler, so können diese, besonders in gasgefüllten Lampen, die Ursache für ein späteres Durchbrennen des Leuchtkörpers sein.

Wenn man Eisenkerne verwendet, so können dieselben leicht durch Salzsäure herausgelöst werden. Falls man einen Kerndraht aus Mo verwendet, so wird dieser durch Lösen mit Schwefelsäure-Salpetersäure-Mischungen entfernt.

Bei der sogenannten Doppelwendel für gasgefüllte Lampen oder für Kathoden in Fluoreszenz-Lampen wird eine W-Spirale um einen Mo-Kern gewickelt. Der Kerndurchmesser muß äußerst genau sein, um die verlangten Ausmaße der Wendel einzuhalten. Die Verwendung sehr genau geschliffener Kerndrähte aus Mo ist notwendig. Da bei einer Doppelwendel die Steigung zwischen den einzelnen Windungen außerordentlich klein ist, kann bereits ein leichtes Durchsacken der Wendel während der Rekristallisation einen Kurzschluß innerhalb eines Teiles des Leuchtkörpers hervorrufen. Aus diesem Grunde wird daher die Wendel auf dem Mo-Kern rekristallisiert. Es geschieht dies durch Erhitzung in einem rohrförmigen Ofen in Wasserstoff bei Temperaturen von 1600 bis 2000° C. Es sind zu diesem Zweck für die niedrigeren Temperaturen Mo-Öfen, für höhere solche mit W als Heizelement in Benutzung. Die Rekristallisation kann statt in Wasserstoff auch in Formiergas, d. h. in einer Mischung von 75% N_2 + 25% H_2, durchgeführt werden. Auf diese Weise erhält die Wendel ein Stapelkristallgefüge, welches seinerseits zu einer höheren Formbeständigkeit des Leuchtkörpers führt.

Abb. 69. Doppelwendelleuchtkörper aus Wolframdraht für D-Glühlampen

In Abb. 69 ist ein Doppelwendel-Leuchtkörper aus W-Draht, wie er in den sogenannten D-Glühlampen benutzt wird, wiedergegeben.

6.70 Schmieden und Walzen

6.71 *Flachschmieden*

Unter den duktilen Erzeugnissen des Wolframs und Molybdäns nehmen neben den Drähten Bleche und Bänder insbesondere für die Elektrotechnik einen erheblichen Raum ein. Ihr gewichtsmäßiger Bedarf für die Elektrotechnik ist größer als derjenige von Drähten, da sie meistens in stärkeren Abmessungen gefordert werden als die durchschnittlich sehr feinen Wolframdrähte. Beim Draht wird durch seine Warmverformung eine Längsstreckung des Materials unter gleichzeitiger Querschnittsverminderung bewirkt, was durch Rundhämmern der hochgesinterten Stäbe und durch nachfolgendes Ziehen der gehämmerten Stäbe erreicht wird. Demgegenüber verlangt die Herstellung von Blechen und Bändern nicht eine Verformung nach einer Richtung, sondern nach verschiedenen hin, um so zu einer größeren Fläche des Gegenstandes bei kleinen Stärken zu gelangen. An Stelle des Rundhämmerns tritt daher das Flachschmieden und an Stelle des Ziehens das Walzen. Beim Flachschmieden geht man fast ausschließlich von hochgesinterten Stäben aus, selten aber von rundgehämmerten, vorverdichteten Querschnitten. Das Schmieden wird gewöhnlich in einem Temperaturbereich durchgeführt, welcher noch etwas höher liegen muß als derjenige des Rundhämmerns. Wolfram wird zu Anfang mit Temperaturen von 1600 bis 1750° C und Molybdän mit Temperaturen von 1500 bis 1600° C geschmiedet. Diese Temperaturen können im Laufe der Bearbeitung ständig gesenkt werden, und zwar beim Wolfram auf etwa 1200° C und beim Molybdän auf etwa 1000° C. Zweckmäßig ist es, während der Querschnittsabnahme der Sinterlinge diese ständig auf Temperatur zu halten, was ja letzten Endes in Praxis leicht zu ermöglichen ist.

Das Flachschmieden wird in der Regel auf Drucklufthämmern vom Typ Beché (Bärgewicht 30 bis 70 kg) durchgeführt. Nach unseren Erfahrungen hat sich folgendes Arbeitsverfahren bewährt [137]. Die zu schmiedenden Stäbe werden zunächst durch Brechen der Kanten mit einem Radius von etwa 0,5 mm vorbereitet. Die Anwärmung nahmen wir in einem unmittelbar vor dem Hammer liegenden Muffelofen vor, der mit einem Wasserstoff-Luft-Gemisch betrieben wurde und welcher bei geeigneter Keramik die Erreichung von Temperaturen zwischen 1700 und 1800° C ermöglicht. Bär und Amboß müssen aus gehärtetem Stahl (z. B. Poldi 2002) bestehen. Die wirkenden Flächen müssen sauber und plangeschliffen sein. Der Bär besitzt eine besondere Form, welche in der Abb. 70 wiedergegeben ist. Er ist am Eintrittsende des Stabes abgeschrägt (Winkel 7°). Dadurch wird das Auftreten schroffer Übergänge im Schmiedestück vermieden. Benutzt wird eine Anschlagvorrichtung, welche eine Vorschubbewegung des Rohlings um eine bestimmte Strecke nach jedem Schlag zuläßt. Das Flachschmieden muß bis zur Erreichung einer so hohen Dichte des Materials fortgeführt werden, bis es ohne Schwierigkeiten walzbar ist. Es wird also wesentlich von dem Ausgangsquerschnitt des hochgesinterten Stabes abhängen, bis zu welcher Stärke des Rohlings geschmiedet wird. Man schmiedet durchschnittlich bei stärkeren Stäben bis auf ein Drittel, bei schwächeren Stäben auf etwa ein Viertel der ursprünglichen Höhe des Sinterlings, bevor mit dem Walzen begonnen wird. Beträgt z. B. die Höhe des gepreßten Stabes 25 mm, so wird bis zu einer Stärke von 8 bis 10 mm geschmiedet. Hat der gepreßte Stab einen Querschnitt von 12,5 × 12,5 mm im gesinterten Zustand, so schmiedet man bis zu einer Höhe von etwa 4 mm. Liegt die Anfangshöhe des Stabes bei 8 mm, so beginnt man mit dem Walzen erst bei einer Stärke des Schmiedestückes von etwa 2 mm.

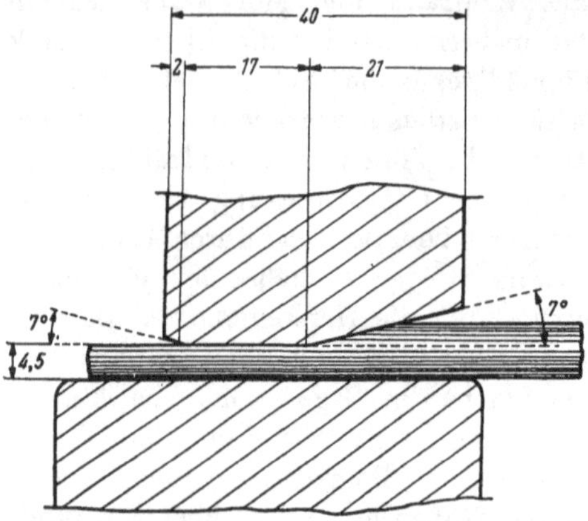

Abb. 70. Schematische Darstellung einer Flachschmiedeeinrichtung (Bär und Amboß)

Zuweilen kann aber auch, und dies gilt besonders für Molybdän, der Sinterling ohne vorheriges Schmieden verarbeitet werden. Dies setzt jedoch voraus, daß die Ausgangsform ein flaches Profil hat.

Vor dem Walzen werden die geschmiedeten Rohlinge zur Entfernung der entstandenen Oxydschicht durch Eintauchen in eine Schmelze aus Natriumhydroxyd mit 10% Natriumnitrit gereinigt. Kleinere Risse, welche vom Schmieden her an den Kanten entstehen können, müssen vor der Weiterverarbeitung durch Abschleifen entfernt werden.

Aus Wolframschmiedestücken lassen sich durch Schneiden mit hochtourigen Karborundumscheiben, durch Stanzen, Schleifen und spanabhebende Bearbeitung mit Hartmetallwerkzeugen beliebige Formkörper, wie Ronden, Platten usw. herstellen [10].

6.72 *Walzen*

Das Walzen der geschmiedeten Rohlinge zu Blechen und Bändern wird sowohl beim Wolfram als auch beim Molybdän in zwei verschiedenen Arbeitsgängen durchgeführt. Zunächst wird warm- und von einer bestimmten Stärke ab, die wiederum vom Anfangsquerschnitt der gepreßten Stäbe abhängig ist, kaltgewalzt. Das Walzen wird auf Duo- oder Mehrfachwalzwerken, ähnlich wie sie zum Kaltwalzen von Edelmetallblechen verwendet werden, vorgenommen. Die Walzwerke müssen von einer äußerst stabilen Bauart sein, da die auftretenden Drücke bei der Verformung von W und Mo sehr beträchtlich sind. Vor allem muß eine gute Lagerung der Walzen erfolgen. Verwendet werden in der Regel Lager aus Phosphorbronze, welche eine sehr gute Schmierung haben müssen. Das Material der Walzen besteht bei Kaltwalzen aus mittelhartem Grauguß und bei Warmwalzen aus hochwertigem Nickel-Chrom-Stahl. Die Walzen müssen genau geschliffen sein, so daß der Walzspalt über die ganze wirksame Walzenlänge gleichmäßig ist. Etwaige Profile, welche konkav oder konvex sein können, sind unerwünscht.

Beim Walzen tritt im Laufe der Zeit ein Angriff und ein Verschleiß der genau geschliffenen Flächen ein. Dieser ist natürlich beim Warmwalzen größer als beim Kaltwalzen. Beim Warmwalzen ist durchschnittlich nach etwa 4 Monaten und beim Kaltwalzen nach etwa 6 bis 12 Monaten ein Nachschleifen erforderlich. Die hier angegebenen Zahlenwerte beziehen sich auf Betriebserfahrungen, wie sie beim Walzen von Molybdänblechen gewonnen wurden. Beim Walzen von Wolframblechen ist eine noch vorsichtigere Arbeitsweise vorauszusetzen, da das Nachschleifen in noch kürzeren Zeitabständen erforderlich wird.

Beim Warmwalzen wird meist nur das zu verformende Material in einer reduzierenden Atmosphäre auf die erforderliche Anwärmetemperatur gebracht. Eine Anwärmung der Walzen selbst erfolgt normalerweise nicht. Sollte dies jedoch der Fall sein, so geht die Temperatur über 300 bis 350° C nicht hinaus. Das Anwärmen der Walzen erfolgt durch eingebrachte Patronen, welche als elektrische Widerstandskörper wirken. Sowohl beim Wolfram als auch beim Molybdän wird während des Warmwalzens die Anwärmtemperatur langsam gesenkt. Bei der Herstellung von Wolframblechen beginnt man mit Temperaturen von 1300 bis 1400° C und bei der Fertigung von Molybdänblechen bei 1200° C. Diese Anwärmtemperaturen werden beim Wolfram auf etwa 1000 bis 1100° C, beim Molybdän auf 800 bis 900° C gesenkt, bevor mit dem Kaltwalzen begonnen wird. Die Anwärmtemperaturen liegen durchschnittlich um 150 bis 200° C höher als die tatsächlichen Walztemperaturen.

Es werden gegeneinander laufende Walzenpaare verwendet, welche einen Durchmesser von 200 mm beim Warmwalzen und etwa 300 mm beim Kaltwalzen haben. Die Arbeitslänge der Walze beträgt in der Regel 200 bis 300 mm. Auch kleinere Walzen sind in Anwendung, z. B. solche von 70 bis 100 mm⌀. Für besonders feine Bleche werden häufig noch kürzere Walzen verwendet.

In diesem Fall werden zweckmäßig profilierte Walzen verwendet, um eine bessere Führung des runden Ausgangsmaterials zu erhalten. Besonders für Blechbreiten mit einem maximalen Endwert von 10 mm wird vorzugsweise von Draht ausgegangen, weil dadurch eine nicht so starke Kantenbrüchigkeit auftritt wie beim Einsatz vorgewalzter Bleche. Voraussetzung ist, daß die Drahtoberfläche keine Riefen aufweist und eine gute Verformbarkeit des Wolframs und Molybdäns gegeben ist. Bei diesen Feinwalzungen wird ebenfalls warm und kalt gewalzt. Das Material kann in Öfen, welche in Walzennähe aufgestellt sein müssen, vorgewärmt werden oder, was sich ebenfalls in Praxis bewährt hat, durch eine unmittelbar vor dem Walzenpaar angebrachte Heizung. Hierbei genügt allgemein eine Temperatur, wie sie beim Herunterziehen des Wolframdrahtes z. B. im Mittelzug benötigt wird. Die Umdrehungszahl der Walzen ist vom Durchmesser derselben und vom Verformungszustand der Bleche abhängig. Moderne Walzwerke besitzen Regeleinrichtungen, die es gestatten, die Umdrehungszahl der Walzen zu regulieren. Die Umdrehungsgeschwindigkeit liegt bei Walzen von 200 mm ⌀ zwischen 6 bis 10 U/min, bei Walzen von 300 mm ⌀ bei 12 bis 15 U/min. Die Zustellung, d. h. die Stichabnahme durch Einregulierung des Walzenspaltes, erfolgt meist von Hand durch Betätigung eines über den Walzenpaaren angebrachten Rades, welches durch Ablesen an einer Skala die gewünschte Einstellung des Walzspaltes gestattet.

Wie schon erwähnt, hängt es von dem Ausgangsquerschnitt der gepreßten bzw. hochgesinterten Stäbe und von den Stärken der geschmiedeten Rohlinge ab, wann man zum Heißwalzen übergeht. Es ist dies eine Stärke von $^1/_3$ bis $^1/_4$ der ursprünglichen Höhe der gepreßten Stäbe. Das Heißwalzen wird so lange fortgetrieben, bis das Blech eine Stärke von etwa $^1/_6$ bis $^1/_8$ des geschmiedeten Rohlings aufweist. Wird z. B. von einem gepreßten Stabe von 25×25 mm Querschnitt ausgegangen, so wird zunächst bis zu einer Stärke von 8 mm geschmiedet und dann warm bis 1 bzw. 1,2 mm gewalzt (Mo). Verwendet man als Ausgangsquerschnitt einen Stab von $12{,}5 \times 12{,}5$ mm, so schmiedet man zunächst bis zu einer Stärke von 4 mm und walzt dann warm bis zu etwa 0,6 mm (W). Werden noch schwächere Stäbe verwendet, z. B. mit einem Anfangsquerschnitt von 8×8 mm, so führt man das Warmwalzen nach dem Schmieden auf 2 mm bis zu Stärken der Bleche von 0,35 bis 0,40 mm durch. Die Größe der Zustellung ist ebenfalls davon abhängig, welche Ausgangsquerschnitte der Stäbe man verwendet bzw. von welchen Stärken der geschmiedeten Rohlinge man ausgeht.

Die Zustellung beim Warmwalzen beträgt 0,05 bis 0,2 mm pro Walzstich, d.h., die einzelnen Verformungsstufen liegen zwischen 8 bis 35%; beim Warmwalzen von Wolfram sind die Verformungsstufen kleiner, beim Molybdän größer. Die Größe der einzelnen Verformungsstufen hängt vor allem von der Reinheit des zu walzenden Materials ab.

Nach dem Warmwalzen werden die Bleche von anhaftenden Oxydschichten gereinigt, und zwar in der gleichen Weise, wie dies beim Reinigen der geschmiedeten Rohlinge bereits beschrieben wurde. Die Reinigung erfolgt also durch Eintauchen in eine Schmelze von $NaOH + NaNO_2$. Es sind auch andere chemische Reinigungsverfahren in Anwendung, die indessen meist weniger wirksam sind als die gebräuchlichste Reinigung in einer alkalischen Schmelze. Verwendet werden z. B. eine ammoniakalische Wasserstoffsuperoxyd-Lösung [138], eine alkalische Kaliumpermanganatlösung (speziell für Wolfram) oder eine saure Kaliumbichromatlösung (speziell für Molybdän) [139]. Weiterhin eine alkalische Ammonpersulfat- oder eine alkalische Kaliumferricyanidlösung als Reinigungsmittel. Alle diese chemischen Reinigungsmittel sind jedoch nicht so wirksam wie die alkalische Natriumnitritschmelze, an deren Stelle beim Wolfram nach unseren Untersuchungen auch Natriumhydroxyd für sich allein benutzt werden kann. Die Dauer der Reinigung ist bei ihnen wesentlich länger als bei Verwendung der Schmelze; die Oberfläche des gereinigten Gegenstandes ist außerdem meist schlechter.

Auch eine Reinigung der Bleche durch Ausglühen in feuchtem oder trockenem Wasserstoff sowie auch in Formiergas ist möglich, vor allem beim Wolfram, weniger dagegen beim Molybdän (Temperatur für W 800 bis 900° C, für Mo 650 bis 750° C).

Anschließend an die Reinigung beginnt das Kaltwalzen, durch welches den Blechen die erforderliche Duktilität gegeben wird. Technisch wird meist nur in einer Richtung gewalzt. Es kann aber vorteilhaft sein, die Bleche bei jedem Walzstich um 180° zu drehen und sie außerdem um ihre eigene Achse umzuwenden. Die Zustellung beim Walzen wird weiterhin verkleinert. Zum Beispiel sind beim Kaltwalzen eines Bleches, welches bis zu einer Stärke von 1 bis 1,1 mm gewalzt wurde, 15 bis 20 Walzstiche erforderlich, um auf eine Stärke von 0,2 mm zu kommen. Hierbei handelt es sich um eine Abmessung, bei welcher das Hauptanwendungsgebiet der Molybdänbleche liegt. Verfestigt sich das Blech während des Kaltwalzens sehr stark, so ist mitunter eine Zwischenglühung in reduzierender Atmosphäre zweckmäßig. Dabei ist jedoch zu beachten, daß die Glühung nicht über die Rekristallisationstemperatur hinausgehen darf. Die Rekristallisationstemperatur wird bekanntlich mit steigender Verformung erniedrigt. Beim Wolfram sollte daher die Glühung nicht über 900 bis 950° C erfolgen. Die Einschaltung von Zwischenglühungen beim Kaltwalzen von Molybdän ist im allgemeinen nicht erforderlich, geschieht es dennoch, so darf die Temperatur nicht über 800 bis 850° C hinausgehen.

Während man bei der Herstellung von Mo-Blechen diese meist durch Kaltwalzen auf die erforderlichen Stärken bringt, hat es sich bei Wolframblechen als vorteilhaft erwiesen, die letzten Stufen des Kaltwalzens in Paketen vorzunehmen. Zu diesem Zwecke werden verschiedene Wolframbleche gleicher Stärke aufeinandergelegt, gerichtet und in stärkeren Mo-Blechen eingepackt. Die Mo-Bleche verformen sich wegen ihrer größeren Duktilität leichter als die eingepackten W-Bleche. Sie werden daher, obwohl sie ursprünglich stärker waren, im Laufe des Walzvorganges schwächer als die Wolframbleche. Zweckmäßig verfährt man so, indem man zu den Wolframblechen nach Durchführung von ein oder mehreren Walzstichen neue Bleche hinzugibt, um das Gesamtpaket stets auf annähernd gleicher Stärke zu halten. Ein Einpacken in Eisenbleche hat sich als unvorteilhaft erwiesen. Auf diese Weise gelingt es, beim Wolfram sehr dünne Blechfolien von 0,02 bis 0,03 mm Stärke herzustellen [140]. Nach Angabe von P. SCHWARZKOPF [125] kann man sogar durch Walzen in Paketen Wolframfolien herstellen, die nur 3 bis 5 μ stark sind. Dabei wird so vorgegangen, daß das Wolframblech zwischenoxydiert und zwischen mit Asbest bedeckten Eisenblechen eingeschlossen wird, so daß überhaupt keine Luft mehr eintreten kann.

Nach dem Kaltwalzen werden die Bleche nochmals gereinigt. Dies kann entweder chemisch, wie oben beschrieben, geschehen oder aber auch durch Ausglühen in Wasserstoff bei Temperaturen von 950 bis 1000° C (W), falls geglühte Bleche im Endzustand verlangt werden. Die Bleche werden dann häufig noch mit feinstem Pulver aus Al_2O_3 poliert, um ihnen eine saubere, glänzende Oberfläche zu verleihen. Durch Tiefziehen der Bleche können Formteile der verschiedensten Art hergestellt werden, wie sie besonders von der Elektrotechnik in großen Mengen verlangt werden. Man verwendet unausgeglühte Bleche. Das Tiefziehen erfolgt in der Wärme, dabei oxydiert das Blech etwas an seiner Oberfläche. Dies macht jedoch am Schluß der Operation eine nochmalige Reinigung in einem geschmolzenen Salzbad erforderlich. Die Tiefe beim Tiefziehen pro Tiefziehstufe beträgt etwa 2 bis 3 mm.

7.00 Herstellung und Verarbeitung von gut sinterfähigem Wolfram

Das Sintern als der wichtigste Arbeitsgang beim pulvermetallurgischen Herstellungsverfahren war immer Gegenstand ausgedehnter Untersuchungen. Über die Theorie des Sinterns wurden viele Arbeiten veröffentlicht. Zur Verbreitung der theoretischen Kenntnisse über das Sintern trugen in weitem Umfange die Untersuchungen sowjetischer Wissenschaftler bei. Grundlegende Erkenntnisse brachten vor allem J. M. FEDORCENKO [141], V. I. LICHTMAN [142], L. T. NAZAROV [143], M. J. BALSCHIN [144] und viele andere.

Der Sinterung bei niedrigen Temperaturen wurde jedoch keine Beachtung geschenkt, obwohl es sich wissenschaftlich und technisch lohnt, die besonderen Eigenschaften der Metallpulver hinsichtlich ihrer Sinterfähigkeit zu nutzen.

Neuerdings ist der Versuch gemacht worden, schon durch Sinterung bei verhältnismäßig niedrigen Temperaturen zu möglichst dichten und kompakten Körpern aus Wolfram und Molybdän zu gelangen [145]. Die Verarbeitung der Wolfram- und Molybdänmetallpulver ist dabei gleichfalls eine pulvermetallurgische. Es fehlt aber eines der wichtigsten Merkmale des Coolidge-Prozesses, nämlich die Hochsinterung durch elektrische Widerstandserhitzung bei Temperaturen, die dicht unterhalb des Schmelzpunktes der Metalle liegen. Es ist klar, daß die Sinterung bei Temperaturen weit unterhalb des Schmelzpunktes erhebliche wirtschaftliche Vorteile gegenüber der klassischen Methode des Coolidge- (Wolfram) und des Finck-Prozesses (Molybdän) zu bieten vermag.

Das im Zusammenhang mit der Verarbeitung des Wolframs ausgearbeitete Verfahren der Dichtsinterung bei niederen Temperaturen hat darüber hinaus eine allgemeinere technische Bedeutung. Es ist schon immer das Bestreben der Pulvermetallurgie gewesen, durch Anwendung der Preß- und Sintertechnik zu möglichst dichten Sinterkörpern zu gelangen. Auch andere, mit Wasserstoff reduzierte und reduzierbare Metallpulver können unter bestimmten Voraussetzungen, wie anschließend an die Versuche mit gut sinterfähigem Wolfram festgestellt werden konnte, schon bei relativ niedrigen Temperaturen zu dichten Körpern zusammengesintert werden, so z. B. Kobalt [146], Molybdän [147], Nickel [147] usw. Der Effekt ist jedoch bei Wolfram besonders ausgeprägt.

7.10 Definition der Sinterfähigkeit

Bei dem neu entwickelten Verfahren wurde eine bisher viel zu wenig beachtete Eigenschaft der Metallpulver technisch ausgenutzt, für die von C. AGTE der Begriff der „Sinterfähigkeit" vorgeschlagen wurde. Hierunter ist die Eigenschaft von gepreßten Metallpulvern zu verstehen, schon bei niederen Temperaturen dicht zu sintern. Von C. AGTE wurde folgende technische Definition der Sinterfähigkeit in Vorschlag gebracht:

„Die Sinterfähigkeit eines Metalles oder einer Metallverbindung ist gekennzeichnet durch das Verhältnis der Sintertemperatur zur Schmelztemperatur (beide in ° K gerechnet). Dabei muß die Sintertemperatur so hoch liegen, daß ein Preßling von 5 mm Höhe, hergestellt aus einem Metallpulver durch Pressen mit einem spezifischen Druck von 3 t/cm², während einer einstündigen Sinterung im Schutzgas oder im Vakuum eine Raumerfüllung von 75% des kompakten Körpers ergibt."

Dieser Vorschlag trägt dem Gesichtspunkt der pulvermetallurgischen Erzeugung insofern weitgehend Rechnung, als der normalerweise angewendete spezifische Druck beim Pressen von Metallpulvern im Mittel bei 3 bis 4 t/cm² liegt. Bei diesem Druck wird bei einer nicht zu großen Höhe des Preßlings eine gleichmäßige Dichteverteilung erzielt [118]. Die Sinterung kann bei einer Temperatur durchgeführt werden, welche 67 bis 80% der Schmelztemperatur des betreffenden Metalles (in ° K gerechnet) beträgt [12].

7.20 Einflüsse, die für das Auftreten einer guten Sinterfähigkeit maßgebend sind

Nach den Untersuchungen von C. AGTE [148] und Mitarbeitern [149] sind für das Auftreten einer guten Sinterfähigkeit bei Wolframmetallpulvern unter anderem folgende Ursachen maßgebend:

a) Die Korngröße des reduzierten Wolframmetallpulvers muß möglichst klein sein.

b) Die zur Reduktion verwendete Ausgangs-Wolframsäure darf nicht zu feinkörnig sein.

c) Bei der Reduktion der Wolframsäure zum Wolframmetallpulver mit Wasserstoff darf es zu keiner wesentlichen Kornvergröberung kommen.

d) Das reduzierte Wolframmetallpulver darf keine kugelförmige Korngestalt haben, sondern muß vielmehr eine rauhe, zerklüftete Oberfläche aufweisen.

e) Es dürfen bei der Reduktion keine größeren Gitterstörungen dritter Ordnung (Dislokationen) entstehen.

f) Die verwendete Ausgangs-Wolframsäure muß von einer hohen Reinheit sein. Im besonderen dürfen keine die Rekristallisation hemmenden Verunreinigungen vorhanden sein.

g) Die Sinterfähigkeit des Wolframmetallpulvers wird durch Zusatz kleinerer Mengen an Metallen der Eisengruppe, die mit dem Wolfram Legierungen bilden, im besonderen durch Nickel in Mengen von 1 bis 2% verbessert.

Diese Grundbedingungen für das Auftreten einer guten Sinterfähigkeit sind im einzelnen aus den nachstehend beschriebenen Versuchen zu ersehen, wobei die Sinterung der mit 3 t/cm² spezifischem Druck gepreßten Wolframpulver während der Dauer von einer Stunde bei 1300° C im Wasserstoff durchgeführt und die erreichte Dichte, Vickers-Härte und teilweise auch der spezifische elektrische Widerstand an den Sinterkörpern bestimmt wurde.

Zu a): Abb. 71 zeigt die Abhängigkeit der Dichte vom Füllvolumen der Wolframmetallpulver, Abb. 72 vom Klopfvolumen. Abb. 73 und Abb. 74 geben die Abhängigkeit der Vickers-Härte von diesen die Korngröße von Wolfram-

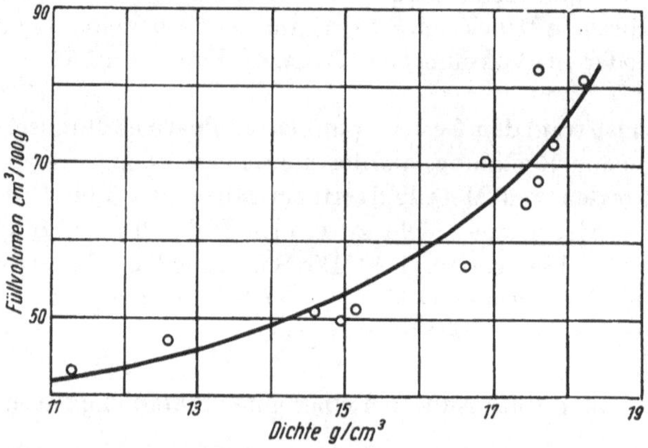

Abb. 71. Abhängigkeit der Dichte der Sinterstäbe vom Füllvolumen der Wolframpulver

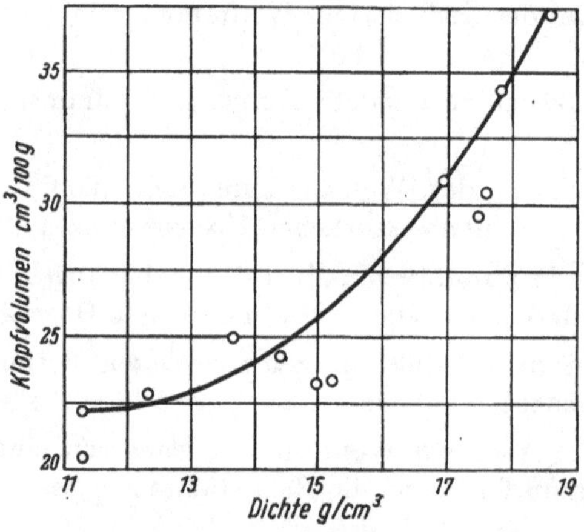

Abb. 72. Abhängigkeit der Dichte der Sinterstäbe vom Klopfvolumen der Wolframpulver

pulvern roh kennzeichnenden Eigenschaften wieder. Aus den Abbildungen ist ersichtlich, daß die beste Sinterfähigkeit dann vorliegt, wenn das Wolframmetallpulver möglichst feinkörnig ist, also ein hohes Füll- und Klopfvolumen zeigt (vgl. auch die unter e) besprochenen röntgenographischen Untersuchungen).

Zu b): Im Gegensatz zum Einfluß der Korngröße der Wolframmetallpulver darf die Korngröße der verwendeten Ausgangs-Wolframsäure nicht zu hoch liegen. Dies zeigt Tabelle 38, in welcher Wolframmetallpulver verschiedener Sinterfähigkeit in mehreren Gruppen zusammengefaßt wurden. Die Füll- und Klopfvolumen der Wolframsäure sollen also relativ niedrig liegen.

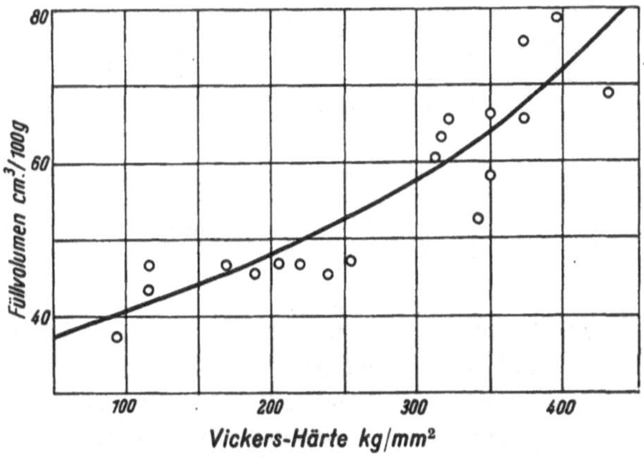

Abb. 73. Einfluß des Füllvolumens der Wolframpulver auf die Vickers-Härte von Wolframsinterkörpern

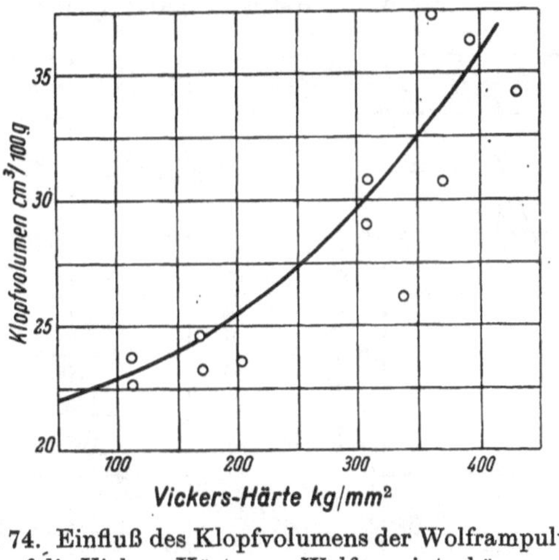

Abb. 74. Einfluß des Klopfvolumens der Wolframpulver auf die Vickers-Härte von Wolframsinterkörpern

Zu c): Dies bedeutet, daß eine wesentliche Kornvergröberung bei der Reduktion nicht stattfinden darf. Das Verhältnis der Füll- und Klopfvolumen von Wolframsäure zu Wolframmetallpulver muß möglichst niedrig liegen und nicht wesentlich über 1,0 hinausgehen. Abb. 75 zeigt die Abhängigkeit der Sinterfähigkeit (dargestellt durch die Dichte der Sinterkörper) von dem Verhältnis

Tabelle 38

Gruppe	Wolframsäure Füll- volumen cm³/100 g	Wolframsäure Klopf- volumen cm³/100 g	Wolfram-metallpulver Füll- volumen cm³/100 g	Wolfram-metallpulver Klopf- volumen cm³/100 g	WO_3/W Füll- volumen cm³/100 g	WO_3/W Klopf- volumen cm³/100 g	Dichte g/cm³	Vickers-Härte $V_{H\,10}$ kg/mm²
I sehr gut sinterfähig	87,5	56,5	77,1	37,0	1,13	1,25	17,91	383
II weniger gut sinterfähig	96,5	58,0	59,3	28,6	1,62	2,02	16,87	330
III schlecht sinterfähig	100,4	63,1	48,0	25,2	2,02	2,50	14,12	160
IV sehr schlecht sinterfähig	123,5	73,7	38,6	22,4	3,17	3,30	11,29	47

der Füllvolumen von Wolframsäure zu Wolframmetallpulver und Abb. 76 von dem Verhältnis der Klopfvolumen WO_3/W.

Zu d): Untersuchungen mit dem Elektronenmikroskop, die von A. Roszival [150] durchgeführt wurden, haben in Übereinstimmung mit Angaben von Hinnüber und Rüdiger [151] ergeben, daß eine schlechte Sinterfähigkeit immer dann vorliegt, wenn das reduzierte Wolframmetallpulver eine kugelförmige Gestalt besitzt. Die Sinterfähigkeit ist dagegen gut, wenn das Metallpulver eine rauhe, zerklüftete und teilweise zackige Oberfläche aufweist.

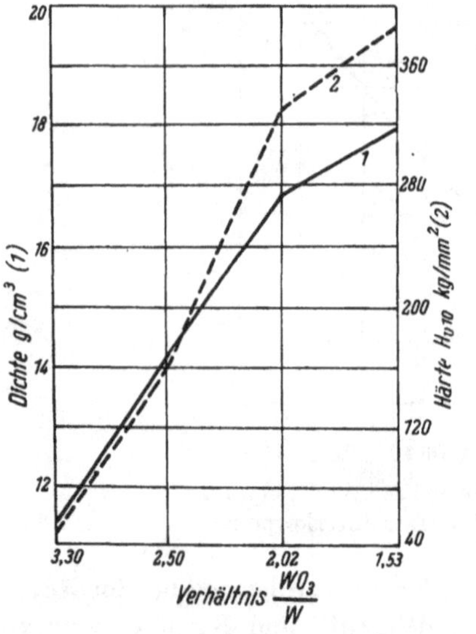

Abb. 75. Einfluß des Verhältnisses der Füllvolumen von Wolframsäure zu Wolframmetallpulver auf die Sinterfähigkeit (dargestellt durch Dichte und Härte $H_{V\,10}$)

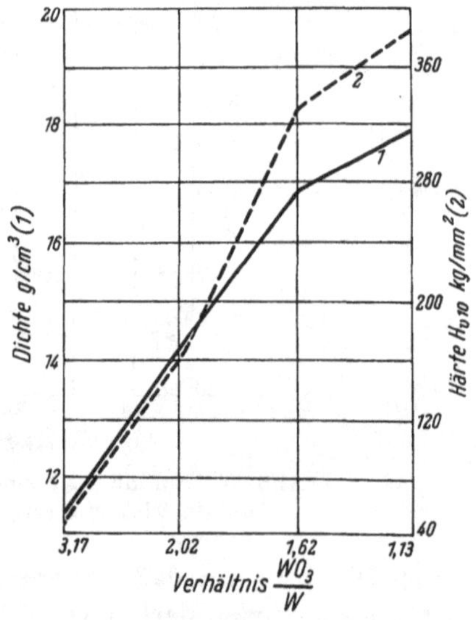

Abb. 76. Einfluß des Verhältnisses der Klopfvolumen von Wolframsäure zu Wolframmetallpulver auf die Sinterfähigkeit (dargestellt durch Dichte und Härte $H_{V\,10}$)

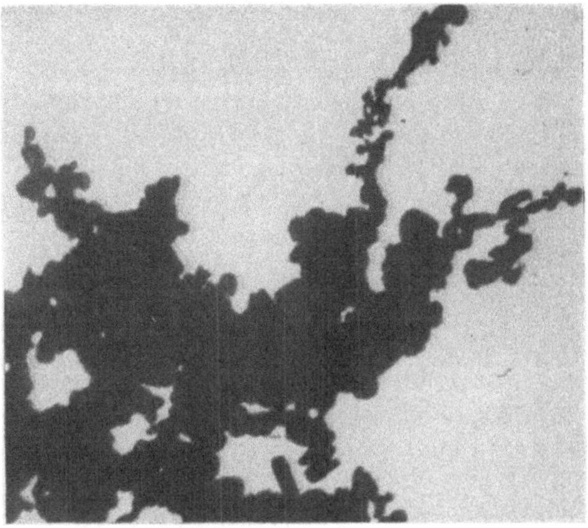

a

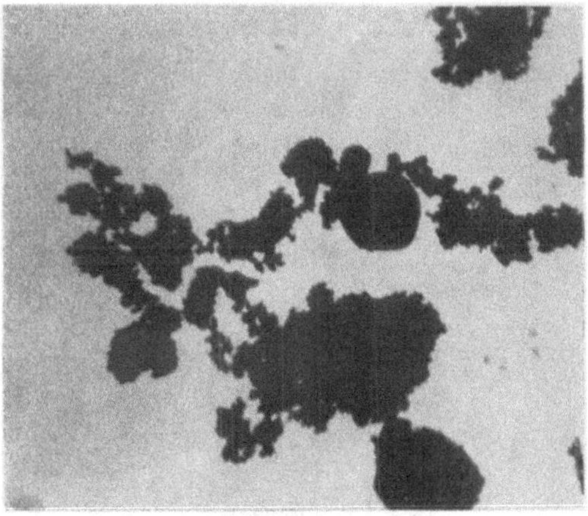

b

Abb. 77. Elektronenmikroskopische Aufnahmen
a) gut sinterfähiges Wolframpulver; b) dazugehörige Wolframsäure vor der Reduktion

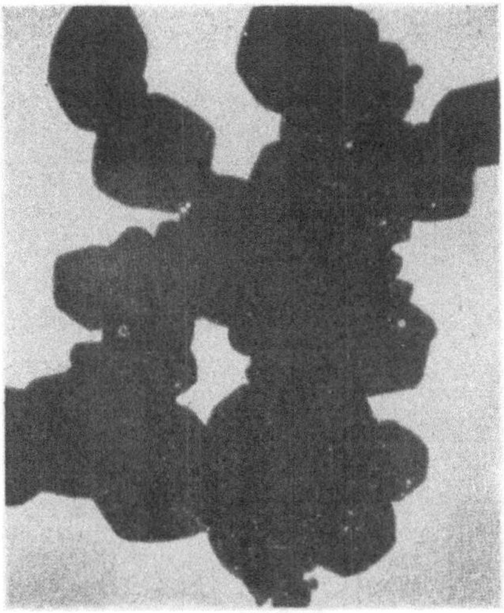

a

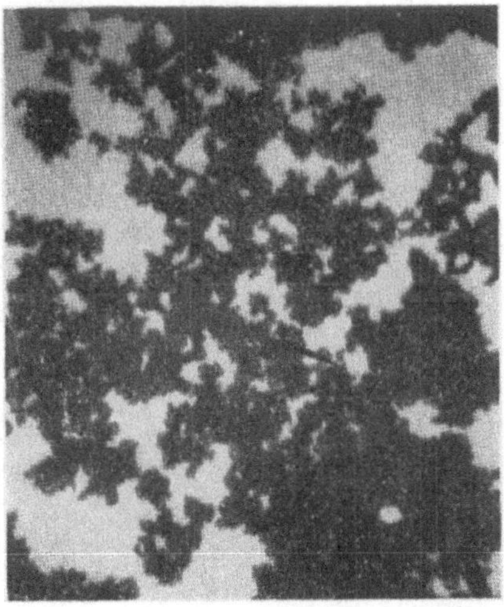

b

Abb. 78. Elektronenmikroskopische Aufnahmen
a) schlecht sinterfähiges Wolframpulver; b) dazugehörige Wolframsäure vor der Reduktion

Die elektronenmikroskopischen Untersuchungen haben ferner ergeben, daß — in Übereinstimmung mit c) — bei gut sinterfähigem Wolframmetallpulver eine wesentliche Kornvergröberung während der Reduktion nicht stattfindet und daß die Korngröße eines solchen Pulvers sehr fein ist. Abb. 77a zeigt in elektronenmikroskopischer Aufnahme ein gut sinterfähiges Wolframmetallpulver Abb. 78a dagegen ein schlecht sinterfähiges nach ROSZIVAL. Abb. 77b und 78b stellen Wolframsäuren dar, aus welchen die Metallpulver ausreduziert wurden.

Zu e): Röntgenographische Untersuchungen von A. KOCHAŅOVSKÁ [152] haben in Übereinstimmung mit den obigen Erkenntnissen gezeigt, daß die Sinterfähigkeit von Wolfram-Preßlingen am günstigsten ist, wenn das Metallpulver feinkörnig ist (vgl. Tab. 39), und daß in diesem Fall die röntgenographisch ermittelte Korngröße nicht wesentlich größer als diejenige der Ausgangs-Wolframsäure ist. Besonders interessant erscheint aber die Beobachtung, daß mit Verschlechterung der Sinterfähigkeit das Auftreten von Gitterstörungen dritter Ordnung (Dislokationen) stark zunimmt. Dies darf aus Untersuchungen geschlossen werden, die die Messung der relativen Intensität der Linie (222) betreffen. In Tabelle 39 sind die Gitterkonstanten, die relativen Linienintensitäten

Tabelle 39

Probe Nr.	Gitterkonstante in Å	Relat. Intensität der Linie [222]	Kristallgröße	Dichte der gesinterten Preßlinge (1300° C) g/cm³
42	3,1579	0,994	I	18,22
99	3,1576	0,972	I	17,84
13	3,1582	0,963	I	17,74
79	3,1584	0,905	I	17,58
78	3,1578	0,885	I	17,35
16	3,1580	0,841	II	17,28
14	3,1584	0,711	II	16,85
32	3,1583	0,710	II	15,18
98	3,1580	0,674	III_1	14,60
92	3,1578	0,543	III_1	12,63
96	3,1584	0,506	III_4	13,21
27	3,1583	0,442	III_3	14,95
6	3,1584	0,384	$III/_7$	11,20

und die röntgenographischen ermittelten Korngrößen von Wolframmetallpulver verschiedener Sinterfähigkeit zusammengestellt. Die Kornklasse I bedeutet ein besonders feines Korn, II ein weniger feines und III ein gröberes. Je größer der arabische Index bei der Kornklasse III ist, um so gröber ist das Pulver. In Abb. 79 ist die Abhängigkeit der Sinterfähigkeit (Dichte) von der relativen Linienintensität (Gitterstörungen dritter Ordnung) wiedergegeben.

Interessante Messungen führten die sowjetischen Autoren L. I. GALPERINA, J. J. GEGUZIN, B. J. PINES und J. V. SMUSKOV [153] beim Kupfer durch. Die Ergebnisse ihrer Arbeit wurden mit denen von A. KOCHANOVSKÁ verglichen. Hieraus ist ersichtlich, daß noch umfangreiche Untersuchungen erforderlich sind, um ein klares Bild über den Einfluß der Kornbeschaffenheit bzw. der Gitterordnungen auf die Sinterfähigkeit zu erhalten.

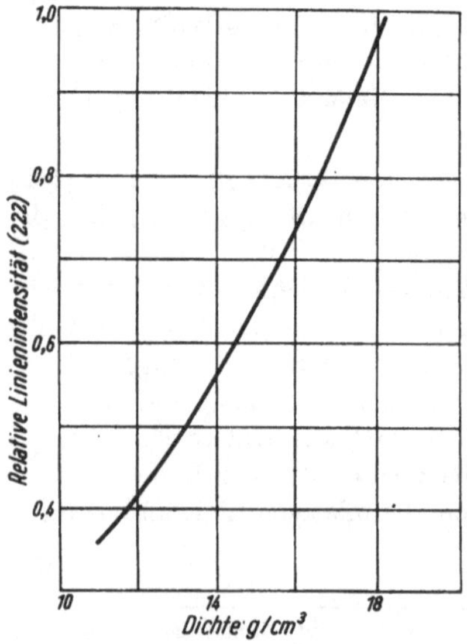

Abb. 79. Abhängigkeit der Sinterfähigkeit (Dichte) von der relativen Linienintensität (222)

Zu f): Die Sinterfähigkeit ist um so schlechter, je weniger rein das Korn ist. Im besonderen bremsen verständlicherweise, wie aus Tab. 40 hervorgeht, kleinere Zusätze an rekristallisationshemmenden Substanzen die Sinterfähigkeit. Durch eine systematische, immer weiter getriebene Reinigung der Ausgangs-Wolframsäure läßt sich die Sinterfähigkeit laufend verbessern [154].

Zu g): Von besonderem technischen Interesse ist die Tatsache, daß kleinere Mengen an Zusätzen von Metallen der Eisengruppe, im besonderen von 1 bis 2% Nickel, die Sinterfähigkeit stark erhöhen können. Kobalt wirkt weniger gut als Nickel; Eisen hat überhaupt keinen merklichen Einfluß. Innerhalb gewisser Grenzen kann man daher die Sinterfähigkeit des Wolframs durch Zusätze von Nickel (am besten in einer Menge von 1,5% durch Tränkung mit einem Nickelsalz ins Grundmetall eingeführt) verbessern und aus einem schlechter sinterfähigen ein besser sinterndes Metall machen.

Tabelle 40

Art und Menge des Zusatzes	Sinterfähigkeit von W	
	Dichte g/cm³	Vickers-Härte $V_{H\,10}$ kg/mm²
ohne Zusatz (gut sinterfähig)	17,89	395
+ 0,3% K_2O	16,78	334
+ 0,3% SiO_2	14,22	171
+ 0,2% NaCl + 0,4% K_2SiO_3 (NS)	12,01	80
ohne Zusatz (weniger gut sinterfähig)	15,32	211

Tabelle 41 zeigt, daß die Sinterung eines mit 1 bis 2% Nickel versehenen, allerdings an sich gut sinterfähigen Wolframs bereits bei Temperaturen von 1100° C zu Körpern von über 17 g/cm³ Dichte führt. Die Sinterung beginnt in

Tabelle 41

Sinter-temperatur °C	W + 1% Ni			W + 2% Ni		
	Dichte g/cm³	Härte $V_{H\,10}$ kg/mm²	spez. elektr. Widerstand Ohm · mm²/m	Dichte g/cm³	Härte $V_{H\,10}$ kg/mm²	spez. elektr. Widerstand Ohm · mm²/m
gepreßt	9,1	—	—	8,9	—	—
1000	14,9	286	0,094	15,3	278	0,103
1100	17,6	430	0,087	17,2	401	0,084
1200	18,0	422	0,083	17,8	414	0,087
1300	17,8	401	0,090	17,6	390	0,092
1400	17,6	383	0,091	17,4	376	0,093
1470	17,4	368	0,093	17,35	354	0,095

diesem Fall bereits bei 900° C deutlich zu werden. In Ausnahmefällen wurde sogar der Beginn der Sinterfähigkeit bei 800° C beobachtet.

In Abb. 80 ist nach Literaturangaben und nach eigenen Messungen ein Vergleich der Sinterfähigkeit verschiedener Wolframmetallpulver gegeben. Die Kurve *C* bezieht sich auf ein feinkörnigeres Wolframpulver, die Kurve *D* auf ein

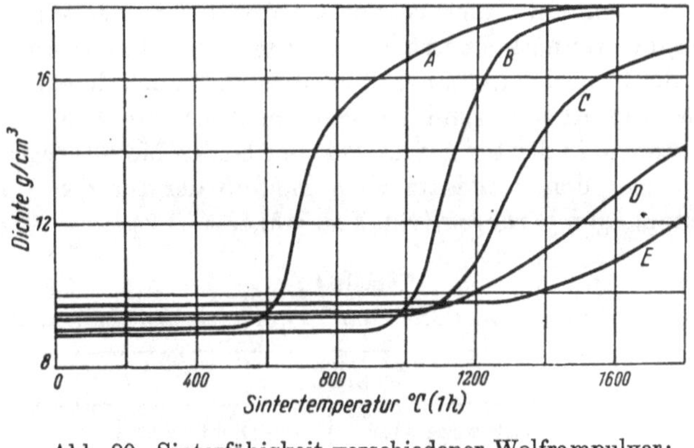

Abb. 80. Sinterfähigkeit verschiedener Wolframpulver:

Kurve *A* — gut sinterfähiges Wolframpulver mit 1% Nickelzusatz
Kurve *B* — gut sinterfähiges Wolframpulver
Kurve *C* — feinkörniges Wolframpulver (nach AVERY, SMITHELLS u. PITKIN)
Kurve *D* — grobkörniges Wolframpulver (nach AVERY, SMITHELLS u. PITKIN)
Kurve *E* — schlecht sinterfähiges Wolframpulver mit NS-Zusätzen

weniger feines, wobei die Messungen von J. V. AVERY, C. J. SMITHELLS und W. R. PITKIN [155] stammen. Auch aus diesen Untersuchungen geht hervor, daß die Sinterfähigkeit eines Wolframmetallpulvers um so besser ist, je feinkörniger das verwendete Wolfram war. Kurve *E* stellt ein besonders schlecht sinterfähiges Wolfram mit rekristallisationshemmenden Zusätzen entsprechend dem für NS-Drähte verwendeten Material dar. Kurve *B* zeigt den Dichteverlauf eines gut sinterfähigen Wolframs aus der Erzeugung der CSR in Abhängigkeit von der Sintertemperatur, Kurve *A* schließlich das gleiche Wolframmetallpulver, dessen Sinterfähigkeit durch einen Zusatz von 1% Ni (eingebracht durch Tränkung) weiter erheblich verbessert wurde.

Andere Einflüsse als die unter a) bis b) genannten haben nach unseren bisherigen Feststellungen keinen so großen Einfluß auf die Sinterfähigkeit wie die angegebenen. Dies gilt im besonderen für den Sauerstoffgehalt des reduzierten Metallpulvers, den Preßdruck und schließlich für die Verwendung von feuchtem Wasserstoff bei der Sinterung. Der Einfluß des Wasserdampfes des Schutzgases bei der Sinterung ist jedenfalls wesentlich geringer, als nach amerikanischen Patentschriften [156] anzunehmen ist.

In neueren Untersuchungen [416, 417, 418] hat F. THÜMMLER nachgewiesen, daß die stark „sinterfördernde" Wirkung von Mischkristallen nur dann in Erscheinung tritt, wenn diese in Bildung begriffen sind. Dagegen konnte kein wesentlicher Einfluß bereits vorgebildeter Mischkristalle auf die Sinterfähigkeit beobachtet werden. Die Messungen von F. THÜMMLER wurden mittels des von ihm verbesserten Kuczynskischen Modells [419] durchgeführt.

C. AGTE und J. VACEK [420] haben gezeigt, daß die sinterfördernde Wirkung von mischkristallbildenden Zusätzen von der Atomradiendifferenz Grundmetall-Zusatzmetall abhängig ist. Auch ist der Unterschied in der Wirkung gleicher Mengen von größeren und kleineren Fremdatomen beachtenswert [421].

Ebenso wie die Sinterfähigkeit des Wolframs wird auch diejenige des Molybdäns durch die besprochenen Einflüsse weitgehend bestimmt. Es sind allerdings gewisse Unterschiede in der Sinterfähigkeit der beiden Metalle festzustellen, die indessen aber nicht den grundsätzlichen Einfluß der für die Sinterfähigkeit günstigen Bedingungen berühren (vgl. Tab. 42).

Tabelle 42

Sinterfähigkeit von Wolfram und Molybdän in trockenem und feuchtem Wasserstoff

Wolfram			
Wasserstoff gesättigt bei °C	Sintertemperatur °C	Dichte g/cm^3	Härte H_{V10} Sinterzeit 1 Std.
14	1100	15,58	292
	1200	17,20	354
	1300	17,40	383
50	1100	15,78	181
	1200	17,57	376
	1300	17,28	397
75	1100	12,93	124
	1200	17,28	383
	1300	16,30	198
trockener Wasserstoff	1100	16,20	345
	1200	16,65	336
	1300	17,41	376

Tabelle 42 (Fortsetzung)

Wasserstoff gesättigt bei °C	Sintertemperatur °C	Dichte g/cm³	Härte $H_{V\,10}$ Sinterzeit 1 Std.
	Molybdän		
14	1100	6,03	59,1
	1200	6,27	67,8
	1300	6,52	74,5
50	1100	6,55	58,3
	1200	6,46	66,1
	1300	6,78	91,6
75	1100	5,77	56,5
	1200	6,22	64,8
	1300	6,34	67,6
trockener Wasserstoff	1100	5,77	45,9
	1200	5,96	48,5
	1300	6,92	105,0

Ordnen wir die hier besprochenen neueren Untersuchungen über gut sinterfähiges Wolfram und Molybdän in das Gesamtbild ein, so können wir feststellen, daß hier ein neuer Weg zur Herabsetzung der Sintertemperatur beschritten

Abb. 81 a. Spannbacken aus gut sinterfähigem Wolfram in Kupferprofilen als Elektrodenhalter für die Sinterung

wurde, der von erheblicher wirtschaftlicher Bedeutung werden kann. Wir verweisen in diesem Zusammenhang auf die Verwendung von Kontakten aus gut sinterfähigem Wolfram (Kap. 11.713) und auf die Herstellung größerer, kompakter Formen aus Wolfram und Molybdän komplizierter Gestalt [157] (vgl. Kap. 11.84), wovon Abb. 81a, b und c einige Beispiele geben.

Vorläufige Versuche, Molybdän, gesintert bei niedrigen Temperaturen, durch Flachschmieden zu verarbeiten und aus den geschmiedeten Rohlingen Bleche

Abb. 81 b. Formkörper aus gut sinterfähigem Wolfram

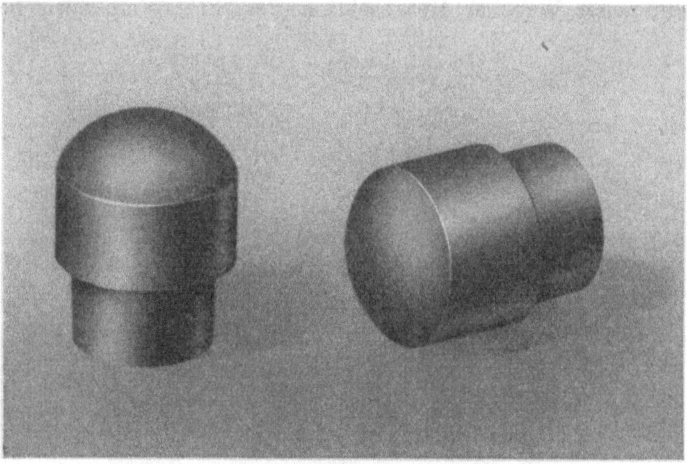

Abb. 81 c. Kontakte aus gut sinterfähigem Wolfram

herzustellen, erwiesen sich durchaus als aussichtsreich [158], wogegen die Verarbeitung des bei niedrigen Temperaturen gesinterten, wesentlich spröderen Wolframs schwieriger sein dürfte.

8.00 Metallographie des Wolframs und Molybdäns

Mit Hilfe der Metallographie und ihrer Untersuchungsmethoden wird die Kristallstruktur des Wolframs und Molybdäns bestimmt. Im Rahmen der allgemeinen metallographischen Untersuchungen gewinnen diese Metalle durch ihren Verwendungszweck besondere Bedeutung. Im Gegensatz zu den meisten Metallen und Legierungen, welche in der Technik Verwendung finden, wird Wolfram in der Praxis meist, Molybdän häufig weit über die Rekristallisationstemperatur beansprucht, so z. B. Wolfram als Glühlampendraht bei Temperaturen von 2200 bis 2800° C, Molybdän als Heizleiter bei Temperaturen von 1600° C. Aus diesem Grunde ist eine genaue Kontrolle der Rekristallisationserscheinungen von sehr großer technischer Bedeutung. Außerdem unterscheidet sich Wolfram von anderen Metallen dadurch, daß seine Kristallfestigkeit größer als die Korngrenzenfestigkeit ist. Die Zerreißfestigkeit eines Wolframdrahtes wird daher beträchtlich erniedrigt, wenn durch die Rekristallisation ein Korngrenzengebiet entsteht, welches im Verhältnis zum Querschnitt des Drahtes relativ groß ist. Hierin liegt die Bedeutung der Untersuchungen der Mikrostruktur des Molybdäns, besonders aber des Wolframs.

8.10 Gitterstruktur

Wolframkristalle haben ebenso wie Molybdänkristalle ein kubisch-raumzentriertes Gitter. Der Gitterparameter des Wolframs beträgt nach genauen Messungen 3,158 Å, derjenige des Molybdäns 3,140 Å ± 0,001 [159]. Hieraus errechnet sich für die Dichte von ungestörten Wolframkristallen, bei einem Atomgewicht von 184,0, ein Wert von 19,32 g/cm³. Für Molybdäneinkristalle ergibt sich bei einem Atomgewicht von 96,0 eine Dichte von 10,20 g/cm³. Die Festigkeit eines nicht deformierten, thorierten Einkristalldrahtes aus Wolfram mit 0,75% ThO_2 beträgt etwa 110 kg/mm², diejenige eines Molybdäneinkristalles dagegen nur 35 kg/mm² [160].

Die Spaltflächen von Wolfram sind die (110)-Ebene [161], die Gleitflächen der (112)-Ebene bzw. (110)-Ebene [162]. Polykristalline Molybdändrähte zeigen die (110)-Richtung parallel zur Drahtachse. In gewalzten Mo-Blechen liegt die (100)-Ebene in der Walzebene und die (110)-Ebene parallel zur Walzrichtung. Zwischen Raumtemperatur und Schmelzpunkt treten sowohl beim Wolfram als auch beim Molybdän keine Änderungen im Kristallgitter auf, mit Ausnahme derjenigen, die sich aus der thermischen Ausdehnung des Materials ergeben. Andere Modifikationen bestehen nicht. Der in der Literatur gemachte Hinweis, daß sich Molybdän über 1800° C umwandelt und eine andere Modifikation erhält, erscheint unglaubwürdig [163]. Die Metallpulver, die bearbeiteten Metalle, elektrolytisch abgeschiedene Niederschläge, Aufwachsdrähte usw. zeigen stets dasselbe kubisch-raumzentrierte Gitter.

In Einkristalldrähten des Wolframs und Molybdäns herrscht keine bevorzugte Orientierung der Kristallachse vor. Sowohl spröde als auch plastische Einkristalle zeigen beide eine vollständig willkürliche Achsenorientierung. Der Deformationsvorgang beim Ziehen oder Walzen ist je nach dem Ziehgrad mit einer mehr oder weniger starken Gitterdeformation verbunden. Diese Gitterdeformation beträgt bis zu 0,2% der Gitterkonstanten. Die Gitterkonstante gezogener Drähte schwankt zwischen 3,157 und 3,149 Å. Durch Wärmebehandlung geht die Gitterdeformation wieder zurück [164]. Dieser Vorgang wird als Kristallvergütung bezeichnet [165]. Durch die Wärmebehandlung unterhalb der Rekristallisationsschwelle tritt zwar ein Rückgang der Gitterdeformation ein, aber keine Verlagerung der Einkristalle.

Durch geringe, mischkristallbildende Zusätze wird die Vergütungstemperatur, bei der die Gitterdeformation durch Kaltbearbeitung zurückgeht, erhöht. Die Erhöhung der Temperatur ist proportional der Änderung des Gitterparameters, wie C. Agte und K. Becker [159] beim Wolfram nachgewiesen haben, welches kleine Zusätze von Molybdän und Tantal enthielt. Durch Zusätze von Molybdän zu Wolfram wird das Gitter kontrahiert, durch Zusätze kleinerer Mengen an Tantal dilatiert. Dies geht im einzelnen aus Tabelle 43 hervor.

Tabelle 43

Zusatz	Gewicht %	Atom %	Vergütungs-temperatur	Gitteränderung in % der Gitterkonstanten
keine Zusätze (reines W) .	0	0	575° C	0
Mo	3,8	7,1	650° C	−0,032
Mo	0,7	1,3	600° C	−0,006
Ta	3,7	3,75	950° C	+1,50
Ta	2,1	2,12	800° C	+0,86

Wie man sieht, wirken also mischkristallbildende Zusätze ähnlich wie Deformationen des Gitters durch Kaltbearbeitung [166]. Allgemein kann man feststellen, daß Verunreinigungen die Gitterkonstante der Metalle verändern; so z. B. bewirkt eine geringe Aufnahme von Eisen eine Verkleinerung des Mo-Gitters. Während die Gitterkonstante bei reinem Mo 3,142 Å beträgt, ergaben Vergleichsmessungen an 98% Mo 3,136 Å. Eine Aufnahme von Wolfram im Molybdängitter führt zu einer Vergrößerung der Gitterkonstanten des Molybdäns.

Bei gezogenen Wolframdrähten ist das Kristallgitter in der Randzone stärker deformiert als im Kern. Polykristalline gezogene Wolframdrähte zeigen ähnlich wie Molybdändrähte eine Orientierung der (110)-Richtungsparallele zur Drahtachse. Beim Ausglühen bleibt die Ziehstruktur noch eine gewisse Zeit erhalten, danach gehen aber die Kristalle in eine regellose Orientierung über.

8.20 Herstellung von metallographischen Schliffen

8.21 *Vorbereitung und Halterung der Proben.*

Die Vorbereitung von metallographischen Schliffen für die mikroskopische Untersuchung hat die Entwicklung einiger Spezialmethoden erforderlich gemacht. Dies gilt besonders für die Herstellung von Schliffen von überaus feinen Wolframdrähten und -wendeln. Demgegenüber bereitet die Schliffherstellung von Proben aus vorgesinterten Preßlingen, formierten oder gehämmerten Stäben weniger Schwierigkeiten. Große Wolfram- und Molybdänstücke werden in der Regel in Messing oder Bronze eingebettet, wenn es auf die besondere Untersuchung der Ränder ankommt. Eine genaue Beschreibung des Verfahrens der Einbettung ist in allen Einzelheiten von SMITHELLS gegeben worden [167].

Zu den neueren Methoden der Schliffherstellung gehört auch für die Untersuchung des Wolframs und Molybdäns das Einbetten der Proben in Kunstharz (Polystyrol und Plexiglas). Neben der Einsparung des Buntmetalles als Einbettmaterial ist die Beobachtung während des Schleif- und Poliervorganges, besonders feiner Drähte und Wendeln, in der durchsichtigen Masse von erheblichem Vorteil. Weiterhin wirkt sich die geringe Temperatur, welche etwa um 100° C liegt, auf den zu untersuchenden Gegenstand in keiner Weise ungünstig aus. Die zur Untersuchung gelangenden Proben werden in eine angemessene Form gelegt und das Kunstharz in Pulverform je nach Größe zugegeben. Durch gleichzeitiges Erhitzen auf etwa 100° C und Pressen des Kunstharzes wird eine ausreichende Festigkeit des Preßlings erreicht. Nach Erkalten der Form wird der Preßling, in dem sich die Probe befindet, entfernt; er kann dann weiter bearbeitet werden. Ein weiterer Vorteil in der Anwendung des Kunstharzes gegenüber Buntmetallen liegt darin begründet, daß bei einem Ätzen der Struktur des Wolframs und Molybdäns ein Angriff des Kunststoffes nicht erfolgt.

Da Wolfram sehr hart ist, müssen die in kleinen zylindrischen Formen eingebetteten Proben zunächst mit Korund- oder besser mit Karborundumscheiben geschliffen werden. Das Polieren wird in der üblichen Weise mit Schmirgelpapier durchgeführt, wobei man mit dem feinsten Grad der Körnung 000 endet. Das Endpolieren wird dann mit Pariser Rot oder sehr feinem Aluminiumoxyd oder Kupferoxyd auf rotierenden Filzscheiben vorgenommen. Vollständige Riefenfreiheit der zu polierenden Oberfläche der Proben ist auf diese Weise leicht zu erhalten.

Eine weitere Möglichkeit zur Untersuchung kleiner Molybdän- und Wolframproben besteht darin, daß man sie als Feindrähte oder Wendeln unter einem Kupferblock durch Druck einpreßt. Sind die Drähte zu spröde (rekristallisiert), dann kann es dabei jedoch leicht zu einer Zerstörung derselben kommen. Besser erscheint es auf jeden Fall, wenn die Proben in geschmolzenes Kunstharz oder Plexiglas eingebettet werden. Weiterhin besteht die Möglichkeit, die Proben in geschmolzenes Glas von niederem Schmelzpunkt einzubetten, welches dann leicht mit heruntergeschliffen werden kann, bis der zu untersuchende Gegenstand freigelegt ist [167]. Bleiborat, hergestellt aus 80 g Bleidioxyd und 20 g Borsäure, ist besonders geeignet. Dieses Glas schmilzt bereits unterhalb

200° C. Setzt man der Glasschmelze 1% Braunstein hinzu, dann gibt die dunkle Färbung des Glases einen guten Hintergrund für die photographischen Aufnahmen der Wolfram- bzw. Molybdänproben. Bei besonders feinen Drähten werden die Proben in feines Glasrohr eingebettet, welches gemeinsam mit der Probe heruntergeschliffen wird. Dies gilt besonders für die Herstellung von Querschliffen an dünnen Drähten. Man verwendet am besten Pyrexglas, welches etwa denselben Ausdehnungskoeffizienten wie Wolfram besitzt, nämlich ungefähr $5 \cdot 10^{-6}$.

Bezüglich der Herstellung von Schliffbildern zur Untersuchung von Wolfram- oder Molybdänpulvern verweisen wir auf das Buch „Vlastnosti kovových prášků a jejich měřeni" von C. AGTE und M. PETRDLIK [118], wo auch die verschiedenen Meßverfahren, die der Bestimmung der Korngröße, der Korngestalt sowie der Kornverteilung dienen, ausführlich besprochen worden sind.

8.22 *Ätzen der metallographischen Schliffe*

Die Struktur von längere Zeit bei hohen Temperaturen erhitzten Wolframstäben und -drähten ist häufig schon ohne Anätzen zu erkennen. Die Ursache hierfür wird von SMITHELLS darin gesehen, daß verschiedene Verdampfungsgeschwindigkeiten der einzelnen Kristallite an der Oberfläche auftreten. So zeigt z. B. ein Draht, der 300 Std. und mehr in der Lampe gebrannt hat, eine sehr bemerkenswerte Verdampfung an den Korngrenzen. Demzufolge zeigen Wolframdrähte mit feinem Kristallgefüge eine höhere Verdampfungsgeschwindigkeit als grobkristalline Drähte [168]. Wenn ein Kristall den gesamten Querschnitt des Drahtes einnimmt, dann verliert er beim Brennen auf hohen Temperaturen seine ursprüngliche runde Form. Er entwickelt statt dessen seine natürlichen Kristallflächen, besonders wenn die Erhitzung in einem neutralen Gas vorgenommen wird. In Abb. 82 ist ein Querschliff durch einen Wolframdraht wiedergegeben, welcher die natürliche Kristallform des Einkristalles nach längerem Brennen erkennen läßt (erhitzt 1 Std. bei 2400° C in Argon).

Ein polierter, aber nicht geätzter Schliff eines ungebrannten Drahtes oder Stabes zeigt keine Kristallstruktur unter dem Mikroskop. Es sind jedoch Einschlüsse oder Beimengungen, wie z. B. ThO_2, gut erkennbar. Formierte Stäbe, die immer eine Dichte haben, die niedriger ist als die wahre Dichte des Wolframs, zeigen im ungeätzten Schliff zahlreiche mehr oder weniger große Poren.

Wolfram, ebenso wie Molybdän, wird durch schnellätzende Reagenzien stark angegriffen. Im Gegensatz zu Eisen, welches die gleiche kubisch-raumzentrierte Kristallstruktur zeigt, tritt die Ätzung besonders an den (112)-Ebenen und nicht an den (100)-Ebenen ein. Zum langsamen Ätzen eignet sich eine kochende Lösung von 3% Wasserstoffsuperoxyd. Die günstigste Ätzzeit schwankt bei diesem Ätzmittel zwischen 20 und 30 Sekunden. Eine schnellere Ätzung wird durch eine kalte Lösung von 10% NaOH und 30% Kaliumferricyanid erzielt. Hierbei sind bereits nach 10 Sekunden Ätzzeit die Korngrenzen deutlich erkennbar. Nach weiterem Anätzen entwickeln sich Ätzfiguren, welche es ermöglichen, auch die Orientierung der Kristalle zu bestimmen.

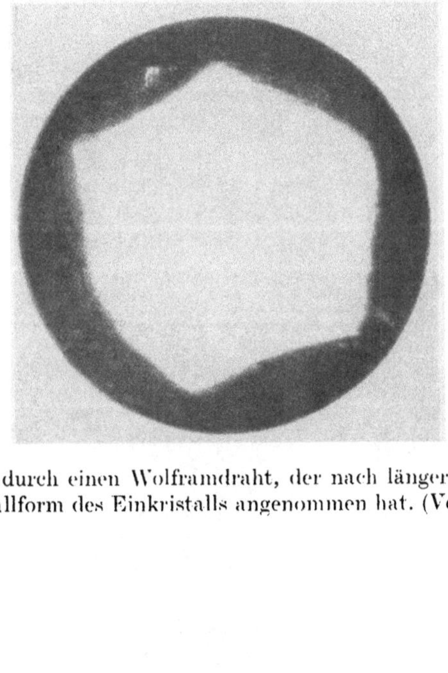

Abb. 82. Querschnitt durch einen Wolframdraht, der nach längerem Brennen die natürliche Kristallform des Einkristalls angenommen hat. (Vergr. 1000×)

T. Berglund [169] führt in seinem Buch an, daß Wolfram auch von einer ammoniakalischen Kaliumferricyanidlösung angegriffen wird. Bei einer Konzentration von 2,5% werden die Korngrenzen nur teilweise sichtbar. Besser ist die Verwendung eines Ätzmittels höherer Konzentration (4 bis 5%) und einer größeren Ammoniakmenge (ca. 20 Tropfen auf 5 cm³ Kaliumferricyanidlösung). Bei Anwendung dieses Ätzmittels zur elektrolytischen Ätzung werden die Korngrenzen noch deutlicher sichtbar.

Es ist allgemein üblich, nach dem ersten Ätzen bei nochmaliger, nach einiger Zeit durchgeführter Beobachtung des Schliffbildes neu zu polieren und die Ätzung zu wiederholen.

Besonders schnell wird Wolfram durch eine heiße Lösung von Salpeter- und Flußsäure geätzt. Man verwendet dabei eine Lösung von 3 Teilen Flußsäure, 1 Teil Salpetersäure und 4 Teilen Wasser. Ein elektrolytisches Ätzen kann in einer Mischung von 25 cm³ normaler Natronlauge und 20 cm³ Wasserstoffsuperoxyd ausgeführt werden. Dieses Verfahren verlangt jedoch eine sorgfältige Kontrolle des Stromes, um eine Überätzung zu vermeiden.

8.30 Kornwachstum an gesinterten Stäben

Wird ein gepreßter Stab aus Wolfram oder Molybdän auf höhere Temperaturen durch elektrischen Stromdurchgang erhitzt, wie es beim Formieren geschieht, so findet zunächst bis zu einer bestimmten Temperatur keine Veränderung der einzelnen Körner statt. In diesem Stadium sind auch noch keine Schwindungserscheinungen und Dichteänderungen bemerkbar. Diese Temperatur liegt bei reinem Wolfram bei 1000 bis 1100° C, bei reinem Molybdän bei 900 bis 1050° C. Enthält der Stab rekristallisationshemmende Zusätze, wie ThO_2, SiO_2, CaO, Al_2O_3 usw., so wird die Rekristallisationsschwelle zu höheren Temperaturen verschoben.

Wenn man den Stab über diese Temperaturgrenzen hinaus erhitzt, beginnt das Kornwachstum, d.h., die mittlere Korngröße nimmt zu. Der Stab beginnt zu schwinden; die Dichte wird erhöht. Nach einer Zeit von 15 bis 30 Sek. stellt sich ein Gleichgewicht ein, so daß eine weitere Erhitzung bei der gleichen Temperatur keine merkliche Änderung der Struktur auslöst.

8.31 *Korngrößenbestimmung an Stäben*

Die mittlere Korngröße von gepreßten, vor- und hochgesinterten Stäben des Wolframs und Molybdäns wird dadurch gemessen, daß ein metallographischer Schliff hergestellt und die Anzahl der Körner pro mm²-Fläche gezählt wird. Dies geschieht in der Weise, daß die geätzten Schliffproben photographiert oder bei bekannter Vergrößerung projektiert werden und daß die innerhalb eines großen Kreises liegenden Körner zahlenmäßig bestimmt werden. Dabei ist es notwendig, die Hälfte derjenigen Körner mit einzurechnen, die von dem gezogenen Kreis geschnitten werden. Aus den erhaltenen Werten wird die mittlere Kornzahl pro Flächeneinheit und aus ihr wiederum die mittlere Korngröße berechnet.

Die mittlere Korngröße bzw. die Struktur der Stäbe wird hauptsächlich durch folgende Faktoren beeinflußt: Temperatur, Dauer der Temperatureinwirkung, Art der Temperatursteigerung, Korngröße des Ausgangspulvers, Preßdruck, Feuchtigkeit des Schutzgases beim Formieren und vor allem unabsichtliche Verunreinigungen oder absichtliche Beimengungen. Durch geeignete Wahl der Bedingungen ist man in der Lage, Stäbe herzustellen, deren mittlere Kornzahl pro mm^2 zwischen 1 bis 10^8 liegt. Normalerweise beträgt die mittlere Kornzahl pro mm^2 im Querschnitt hochgesinterter Wolframstäbe 1000 bis 3000.

Nachstehend werden die Verfahren genannt, welche verhältnismäßig genaue Messungen ergeben. Die Durchführung dieser Meßverfahren ist mit relativ einfachen Mitteln möglich, ohne daß besondere Spezialeinrichtungen, wie z. B. der Leitzsche Integrationstisch o. ä., erforderlich sind.

Einer der ersten, welcher sich mit der Messung der Kristallgröße befaßte, war ROSZIVAL [170]. Er verwendete zur Bestimmung der Korngröße ein Drei-Koordinaten-System, wobei sich die Koordinaten entsprechend der Orientierung der Kristalle in einem bestimmten Winkel schnitten.

Zu erwähnen wären auch die Arbeiten sowjetischer Autoren, von welchen besonders S. A. SALTYKOV [171] dieser Frage viel Aufmerksamkeit gewidmet hat.

1. JEFFRIES [172] gibt eine Methode zur Berechnung der mittleren Kornfläche (P) gemäß folgender Formel an:

$$P = \frac{K \cdot 10^6}{cn + z} \cdot \frac{1}{V^2} \text{ (in } \mu^2\text{)}$$

K = Fläche des umrissenen Kreises (mm^2)
c = Kreisfaktor = 0,6
n = Anzahl der von der Kreislinie geschnittenen Körner
z = Anzahl der ganzen Körner im Kreis
V = lineare Vergrößerung.

Entweder wird in die Gleichung für die Berechnung von P für c der Wert 0,6 eingesetzt, oder der Kreisfaktor wird nach folgender Formel berechnet:

$$c = \frac{K - F}{n} \cdot \frac{z}{F},$$

wobei F die Fläche der ganzen, nicht geschnittenen Kristallite im Kreis darstellt.

Bei Anwendung dieser Methode wird zweckmäßig folgendermaßen verfahren: Auf der Mikrophotographie wird eine Kreislinie mit einem beliebigen Radius (z. B. 20 mm) gezogen. Danach werden die von dieser Kreislinie geschnittenen Körner (= n) gezählt, anschließend die ganzen Körner im Kreis (= z). Wenn die Fläche der ganzen Kristallite im Kreis (= F) gemessen wird, z. B. mit Hilfe eines Planimeters oder durch Ausschneiden der einzelnen Körner und anschließendes Wiegen, kann der Kreisfaktor mit dem Wert 0,6 (= c) angewandt werden. In diesem Fall wird die Kreisfläche (K) in mm^2 angegeben.

2. H. MÜLLER gibt in seinem Buch [173] eine Methode zur Messung der mittleren Fläche P (in μ^2) des Kornes an:

$$P = \frac{F \cdot 10^6}{z V^2}$$

F = Gesamtfläche in mm^2, welche die ganzen Körner einschließt (die Messung geschieht mit Hilfe eines Planimeters oder durch Ausschneiden und Wiegen der Körner)
V = lineare Vergrößerung
z = Anzahl der ganzen Körner in der Kreisfläche.

Man verfährt bei dieser Methode wie folgt:

Die Mikrophotographie wird gemessen und gewogen. Dann wird die von einem Kreis mit beliebigem Radius umrissene Fläche, welche die ganzen Körner enthält, ausgeschnitten und wieder gewogen. Danach wird die Fläche der ganzen Körner (F) berechnet und die Anzahl (z) der Körner ermittelt. Außerdem kann die Fläche auch planimetrisch ausgemessen werden. Demgegenüber ist es aber leichter und schneller durchführbar, die ausgeschnittene Fläche durch Wiegen zu bestimmen. Die ermittelten Werte werden in der vorstehenden Formel eingesetzt und die mittlere Kornfläche berechnet.

3. Eine vereinfachte Methode zur Bestimmung der mittleren Korngröße in einem Kreis hat Z. MINISTR [174] ausgearbeitet. Gleichzeitig wurde auch von ihm in Zusammenarbeit mit J. VACEK diese vereinfachte Methode zur Bestimmung der Korngröße in einem Viereck entwickelt.

Bei der JEFFRIESschen Methode wird mit Millimeterpapier gearbeitet. Es hat sich herausgestellt, daß man quadratische Körner berechnen kann, ohne daß die Genauigkeit geringer wäre. Da Wolfram und Molybdän Vielecke darstellen (Mo überwiegend Fünf- und Sechsecke) können die mit Millimeterpapier erhaltenen Werte auf die Messungen übertragen werden.

a) Bei der vereinfachten Kreismethode wird folgendermaßen verfahren:

Auf der Mikrophotographie wird eine Kreislinie mit beliebigem Radius umrissen. Dann werden die von der Kreislinie geschnittenen Körner (= n) gezählt, die im Kreis vorhandenen dagegen nicht. Die mittlere lineare Korngröße (L) (gemessen wird bei Kreisform des Kornes der Durchmesser, bei quadratischer Form die Seitenlänge in μ) wird nach folgender Formel berechnet:

$$L = \frac{3{,}5 \cdot d \cdot 10^3}{V \cdot n} \ (\mu)$$

d = Halbmesser der Kreislinie
V = lineare Vergrößerung
n = Anzahl der von der Kreislinie geschnittenen Körner.

Der Faktor 3,5 gilt dann, wenn auf der Mikrophotographie das Verhältnis des Korndurchmessers zum Kreisliniendurchmesser etwa 1 : 8 bis 1 : 12 beträgt. Je größer das Verhältnis ist, um so mehr nähert sich der Faktor dem Werte π.

b) Bei Anwendung der vereinfachten Viereckmethode wird folgendermaßen verfahren:

Zunächst zeichnet man auf die Mikrophotographie ein Viereck. Die von diesem Viereck geschnittenen Körner werden an zwei Seiten des Vierecks (und zwar an einer waagerechten und einer senkrechten Kante) an der Außenkante der Umrißlinie, die Körner der gegenüberliegenden Seiten an der Innenkante der Umrißlinie gezählt (s. Abb. 83). Danach werden die ganzen Körner innerhalb der umrissenen Fläche gezählt ($= z$) und die Fläche des Vierecks ausgemessen (0). Diese Werte werden in folgende Formel eingesetzt:

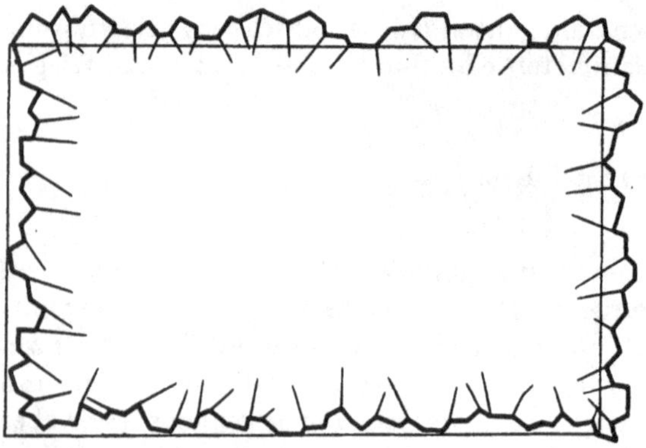

Abb. 83. Schematische Darstellung der auf der Fotografie umrissenen Körner bei der vereinfachten Rechteckmethode

$$P = \frac{0 \cdot 10^6}{z \cdot V^2} \text{ (in } \mu^2\text{)} .$$

In der Praxis werden die gewonnenen Ergebnisse auf die Anzahl der Körner auf 1 mm² umgerechnet.

In Tabelle 44 sind die Ergebnisse der mit den vier Methoden durchgeführten Korngrößenmessungen an hochgesinterten Molybdänstäben wiedergegeben.

Tabelle 44

Vergleichswerte der mit den einzelnen Methoden ermittelten Korngrößen

Methode	Mittlere Kornfläche μ^2	Mittlere Länge des Kornes als: Seite des Quadrates	Mittlere Länge des Kornes als: Kreisdurchmesser	Anzahl der Körner pro mm²
JEFFRIES	354	18,8	21,2	2,824
MÜLLER	403	20,2	22,7	
vereinfachte Kreismethode				2,481
nach MINISTR.	415	—	23	2,409
vereinfachte Viereckmethode nach MINISTR und VACEK	364	19,1	21,5	2,747

Aus den Werten der Tabelle geht hervor, daß die Methode nach JEFFRIES sowie die vereinfachte Kreismethode höhere Resultate ergeben. Obwohl im einzelnen Unterschiede zwischen den Meßwerten auftreten, kann man diese Verfahren allgemein anwenden. In Anbetracht der großen Kornzahl pro mm² in gesinterten Stäben (Größenordnung mehrere Tausend) fallen die aus den Meßmethoden resultierenden Abweichungen nicht ins Gewicht.

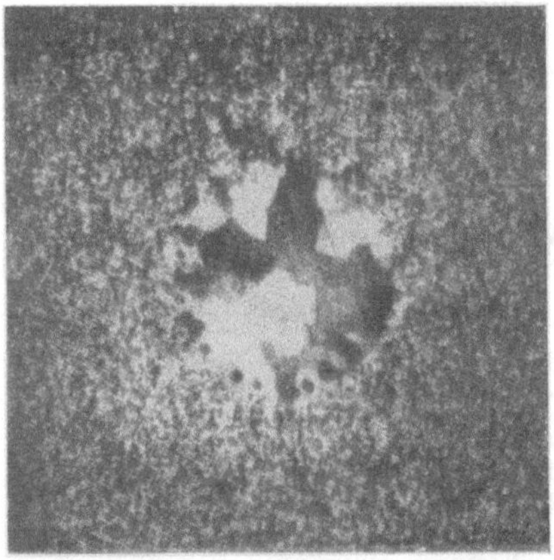

Abb. 83a. Struktur eines gesinterten Wolframstabes mit angeschmolzenem Kern (große Radialkristalle)

Abb. 84. Erhitzt auf 65% der Durchschmelzstromstärke 1,150 Körner pro mm²

Abb. 85. Erhitzt auf 75% der Durchschmelzstromstärke 2 Körner pro mm²

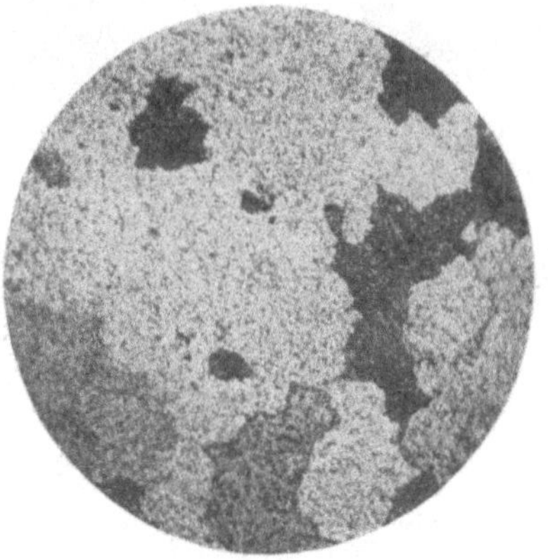

Abb. 86. Erhitzt auf 80% der Durchschmelzstromstärke 3 Körner pro mm²

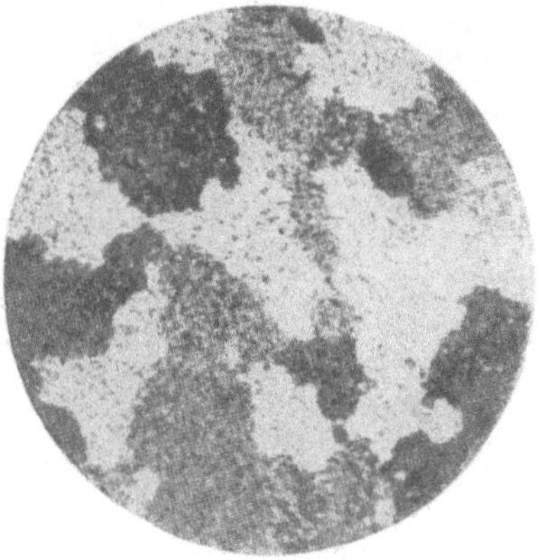

Abb. 87. Erhitzt auf 88% der Durchschmelzstromstärke 5 Körner pro mm²

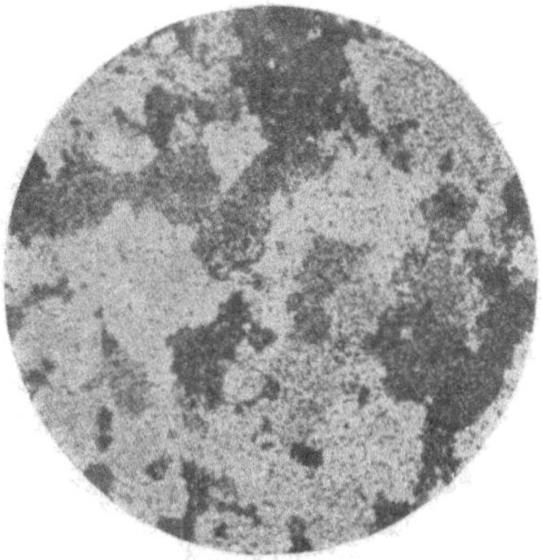

Abb. 88. Erhitzt auf 90% der Durchschmelzstromstärke 15 Körner pro mm^2

Abb. 89. Erhitzt auf 92 bis 93% der Durchschmelzstromstärke 1140 Körner pro mm^2

Abb. 84 bis 89. Einfluß der Stromstärke beim Sintern auf die Korngröße von Wolframstäben mit einem Gehalt von 0,75% ThO_2 (nach SMITHELLS) Vergr. 50×

8.32 *Einfluß der Temperatur auf das Kornwachstum der gesinterten Stäbe*

Die Temperaturverhältnisse beim Formieren werden dadurch kompliziert, daß die Erhitzung durch direkten Stromdurchgang erfolgt. Die Temperatur an der Oberfläche der Stäbe ist etwas niedriger als diejenige des Kernes, was dadurch bedingt ist, daß die Abstrahlungswärme durch das Schutzgas abgeleitet wird. Der Temperaturgradient, der zwischen Oberfläche und Kern besteht, hängt von den Abmessungen des Stabes, der Temperatur, der Strömungsgeschwindigkeit sowie der Art des Schutzgases ab. Die Temperaturdifferenzen zwischen Oberfläche und Kern betragen bei Wolfram in der Nähe des Schmelzpunktes 150 bis 200° C. Wird der Stab dicht unterhalb des Durchschmelzstromes formiert, so kann es infolge Erhitzung zum Schmelzen des Kernes kommen, während die Randzonen noch vollständig fest bleiben. Das sofort abgekühlte, geschmolzene Metall des Kernes bildet große Radialkristalle (vgl. Abb. 83a). Wenn jedoch der Stab eine Minute auf Temperatur gehalten wird, dann durchbricht das geschmolzene Metall die Oberfläche und hinterläßt einen entsprechenden Hohlraum im Kern.

Eine weitere Temperaturdifferenz besteht zwischen der Mitte des Stabes und seinen Enden. Die Temperaturdifferenz ist in diesem Falle bedeutend größer, weil die Enden durch die wassergekühlten Kontakte, zwischen denen der Stab eingespannt wird, stark gekühlt werden.

Diese Temperaturdifferenz zwischen den verschiedenen Teilen der Stäbe führt notwendigerweise zu einer Ungleichmäßigkeit des Kornwachstums. Da sich bekanntlich die Geschwindigkeit des Kornwachstums stark mit der Temperatur erhöht, werden im Kern oft größere Kristalle als in der Randzone gebildet. Die größeren Kristalle des Kernes absorbieren bei längerer Erhitzung allmählich die kleineren der Randzone, bis auch sie die Oberfläche der Stäbe erreichen.

Das starke Kornwachstum findet vor allem im Temperaturgebiet zwischen 2500 bis 2800° C statt. Unterhalb dieses Temperaturgebietes bleibt das Korn relativ fein. Die größten Kristalle werden bei denjenigen Temperaturen erhalten, bei denen das starke Kornwachstum gerade einsetzt. Bei weiterer Steigerung der Temperatur nimmt die mittlere Korngröße wieder etwas ab. Wird die Temperatur schnell bis in die Nähe des Schmelzpunktes gesteigert, erhält man eine normale relativ feinkörnige Struktur. Dies geht im einzelnen aus den Abb. 84 bis 89 hervor. In diesen Abbildungen ist der Einfluß des Formierstromes (in % des Durchbrennstromes) auf die Korngröße von Wolframstäben, welche 0,75% ThO_2 enthalten, nach SMITHELLS wiedergegeben. Die Stäbe wurden jeweils auf den in den Abbildungen wiedergegebenen prozentualen Durchbrennstrom erhitzt.

Von J. JEFFRIES [175] ist gezeigt worden, daß der hier geschilderte Effekt verstärkt wird, wenn ein rekristallisationshemmender Zusatz von Thoriumoxyd im Stabe enthalten ist (vgl. Abb. 90). Genauere Untersuchungen über die Kristallbildung in Wolframsinterstäben sind unter anderem von M. HÜNIGER

[120] durchgeführt worden. Die Untersuchungen von M. HÜNIGER beziehen sich unter anderem auf den Einfluß des Thoriumoxydgehaltes, der Korngröße des Metallpulvers, der Reduktionstemperatur, des Temperaturanstieges während der Reduktion und des Preßdruckes sowie des Mahlens der Pulver auf die

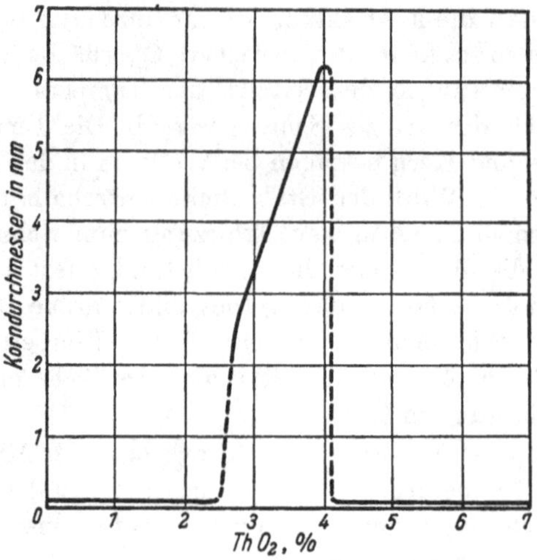

Abb. 90. Einfluß von Thoriumoxyd auf die Korngröße gesinterter Wolframstäbe (nach Z. JEFFRIES)

Kristallgröße der Wolframsinterstäbe. Weiterhin haben I. TARJAN und P. TURY [120] wichtige Beiträge über den Einfluß des Wolframpulvers auf das Kornwachstum in Wolframstäben gebracht. Unter Umständen gelingt es nach H. ALTERTHUM [176], Einkristalle in den gesinterten Stäben herzustellen. Hierzu ist es notwendig, die Stäbe längere Zeit dicht unterhalb des Schmelzpunktes zu halten und dabei in einem Gas zu arbeiten, welches einen nicht unerheblichen Gehalt an Wasserdampf besitzt.

8.33 *Einfluß der Feuchtigkeit des Schutzgases*

Bei der Besprechung des Reduktionsverlaufes für die Herstellung von Wolframpulvern aus WO_3 ist bereits eingehend auf die große Bedeutung der Wasserdampfkonzentration für die Korngröße des Metallpulvers eingegangen worden. Es ist anzunehmen, daß das Kornwachstum bei der Sinterung mindestens z. T. auf einen ähnlichen Effekt zurückzuführen ist. In einem System, welches sich im Gleichgewicht befindet, kommt es zur Oxydation bei höheren und zur Reduktion bei niedrigeren Temperaturen. Wird ein Wolframstab durch elektrischen Stromdurchgang im feuchten Wasserstoff erhitzt, dann oxydiert sich teilweise das Wolfram an der Oberfläche. Das verdampfte Oxyd wird unter Reduktion aus der Gasphase an den kälteren Teilen des Stabes als Metall niedergeschlagen.

Dies geht deutlich aus Abb. 91 hervor, in welcher ein Wolframstab gezeigt ist, der in einer mit Wasserdampf bei Raumtemperatur gesättigten Wasserstoff-atmosphäre erhitzt wurde. Ein ähnlicher Effekt tritt in gasgefüllten Glühlampen ein, wenn geringe Spuren an Wasserdampf vorhanden sind [177]. Wird ein Wolframstab in feuchtem Wasserstoff formiert, dann bilden sich an der Oberfläche infolge der geschilderten Erscheinungen große Kristalle, die auf Kosten der Nachbarkristalle wachsen. Das Wachstum schreitet nach dem Inneren hin fort, so daß es wie bei den oben erwähnten Versuchen nach ALTERTHUM zur Bildung größerer Einkristalle im Stabe kommen kann.

Abb. 91. Wolframstab, hochgesintert in mit feuchtem Wasserstoff gesättigter Atmosphäre

8.34 *Einfluß der Korngröße des Metallpulvers und des Preßdruckes*

Einen ziemlich bedeutenden Einfluß auf das Kornwachstum gesinterter Wolframstäbe haben die Korngröße des Ausgangsmetallpulvers und der Preßdruck. Unter gleichen Bedingungen von Formierdauer und von Formiertemperatur ist die Kristallgröße eines hochgesinterten Stabes um so größer, je feinkörniger das Metallpulver ist. Gröberes Metallpulver ergibt stets ein feinkörniges Gefüge des formierten Stabes. Selbst unter den für die Bildung von größeren Kristallen günstigen Bedingungen sind keine größeren Kristalle bei Verwendung von grobkörnigem Wolframpulver zu erhalten. Dagegen ist es schwierig, eine Grobkristallbildung zu vermeiden, wenn feinkörniges Pulver verwendet wird und wenn außerdem eine schnelle Temperatursteigerung beim Formieren erfolgt.

Bei der technischen Herstellung von Wolframstäben benutzt man in der Regel keine absolut gleichmäßigen Pulver. Die Pulver stellen vielmehr eine Mischung von Anteilen dar, deren Korngröße verschieden ist. Sie zeigen eine mittlere Korngröße von 1,5 bis 2,5 μ mit einer Streuung von 0,5 bis 6 μ. Mitunter verwendet man absichtlich Pulvermischungen, die aus Körnern definierter Größe hergestellt werden. Hierdurch verbessert man nicht nur die Preßfähigkeit des Metallpulvers, sondern kann auch das Kornwachstum der formierten Stäbe in einem gewünschten Sinne beeinflussen.

Auch die Reduktionsbedingungen, die ja ihrerseits wesentlich die Korngröße des Metallpulvers bestimmen, besitzen einen bedeutenden Einfluß. Vor allem gilt dies nach HÜNIGER [120] für den Temperaturanstieg bei der Reduktion.

Bekanntlich bewirken Deformationen in Verbindung mit nachfolgender thermischer Behandlung, insbesondere bei zusammenhängenden Metallstücken, aber auch bei Pulvern, die Bildung größerer Kristalle [178]. Im Einklang damit wird durch mechanische Bearbeitung des Wolframpulvers die Neigung zur Großkristallbildung in Sinterstäben erheblich verstärkt. Als mechanische Bearbeitung kann bereits ein Sieben und Reiben, vor allem aber das Mahlen des Metallpulvers angesehen werden. Bisher unveröffentlichte, von C. AGTE gemeinsam mit A. KOCHANOVSKÁ [152] durchgeführte röntgenographische Versuche an Metallpulvern, welche unter verschiedenen Bedingungen in der Kugelmühle gemahlen wurden, haben erkennen lassen, daß dadurch eine starke Gitterdeformation der Körner eintritt. Diese Gitterdeformation ist um so größer, je länger das Pulver gemahlen wird; sie sinkt durch ein Mahlen in Flüssigkeiten gegenüber der Trockenmahlung.

Der Einfluß des Preßdruckes auf das Kornwachstum in gesinterten Wolframstäben äußert sich darin, daß die Kristallgröße im formierten Stab mit Erhöhung des Preßdruckes sinkt. Eine maximale Kristallgröße wird bei niedrigen Drücken (ca. 0,8 bis 0,9 t/cm^2) erreicht. Von F. SAUERWALD [179] ist nachgewiesen worden, daß ein Kornwachstum bei 2500° C auch in einem lose geschütteten Wolframpulver infolge des Eigengewichtes entstehen kann.

Die Temperatur, bei welcher das Kornwachstum beginnt, hängt ebenfalls von der Korngröße des Pulvers und dem Preßdruck ab. Zum Beispiel beginnt das Kornwachstum eines Wolframpulvers von 0,6 μ mittlerer Korngröße bei 950° C, während ein Metallpulver der mittleren Korngröße von 3 μ, welches bei demselben Druck gepreßt wurde, erst bei 1020 bis 1030° C Anzeichen eines beginnenden Kornwachstums aufweist. Mit steigendem Preßdruck wird die Temperatur des beginnenden Kornwachstums erniedrigt, z. B. bei einem Druck von 1,5 t/cm^2 von 1200° C auf 900° C bei einem spezifischen Preßdruck von 6 t/cm^2.

Der wirkliche Grund für das Kornwachstum ist darin zu sehen, daß das System einen Gleichgewichtszustand zu gewinnen versucht. Die Oberflächenenergie verringert sich, wenn die Korngröße zunimmt. Dies bedeutet, daß das Kornwachstum um so größer sein muß, je feiner die Teilchen sind.

8.35 *Einfluß von Verunreinigungen*

Die im W-Pulver vorkommenden Verunreinigungen muß man im Hinblick auf ihren Einfluß auf das Kornwachstum in 2 Gruppen einteilen, in die flüchtigen und nicht flüchtigen Verunreinigungen. Die meisten Elemente und Verbindungen sind bei den hohen Temperaturen, bei denen der Stab formiert wird, flüchtig. Diejenigen Verunreinigungen, die bei relativ niedrigen Temperaturen flüchtig sind, entweichen aus dem Stab durch vorhandene Poren, bevor es zu einer Schrumpfung kommt. Sie beeinflussen daher nicht das Kornwachstum. Substanzen, die sich dagegen erst bei höheren Temperaturen verflüchtigen, können schwieriger entweichen und u. U. den Stab aufblähen oder zerstören.

Es ist festgestellt, daß die absichtliche Hinzufügung gewisser Substanzen, welche sich zwischen 1000 bis 2000° C verflüchtigen, das Entweichen der weniger flüchtigen Verunreinigungen erleichtern kann. Solche Substanzen sind z. B. Alkalioxyde und im gewissen Sinne auch Kieselsäure.

Zu den nichtflüchtigen Beimengungen, die dem Wolframpulver absichtlich hinzugefügt werden, gehört vor allem Thoroxyd. Aber auch Kalziumoxyd, Aluminiumoxyd und Kieselsäure müssen zu den Substanzen gezählt werden, die beim Formieren der Wolframstäbe nicht oder nur teilweise herausdampfen. Diese Beimengungen oder Verunreinigungen sind im Wolfram nicht löslich. Sie lagern sich daher an den Korngrenzen der einzelnen Wolframkristallite an und sind außerordentlich fein im Grundmetall verteilt. Diese feine und gleichmäßige Verteilung der Beimengungen wird durch die Art der Einbringung derselben in die Wolframstäbe unterstützt. Die Einbringung geschieht in der Regel durch Tränkung der Wolframsäure mit einem in Wasser löslichen Metallsalz, wie z. B. Thornitrat. Hierüber werden unter 8.52 nähere Ausführungen gemacht.

Die Rolle der nicht flüchtigen Beimengungen von der Art des Thoroxydes beim Formieren besteht darin, daß sie die Vereinigung der einzelnen Kristallite zu größeren Kristallen verhindern oder bremsen. Sie hemmen also die Rekristallisation des Wolframs.

Obgleich Thoroxyd in diesem Sinne wirkt, kann es unter günstigen Bedingungen (wie z. B. bei lokaler Abwesenheit von Thoroxyd, bei stärkeren Temperaturunterschieden zwischen Kern und Randzone des formierten Stabes) zur Entstehung größerer Kristalle kommen. Die Verhinderung des Kornwachstums kleinerer Teile kann nämlich durch den Kontrast mit dem Wachstum anderer bevorzugter Teile unter Umständen zur Entstehung besonders großer Kristalle führen. JEFFRIES [180] hat gezeigt, daß es einen optimalen Wert für das Kornwachstum bei einem bestimmten Gehalt von Thoroxyd gibt, sofern das Wolfram längere Zeit in Nähe des Schmelzpunktes erhitzt wird. Das Maximum liegt nach Untersuchungen von JEFFRIES bei einem Gehalt von 3 bis 4% ThO_2, wie aus Abb. 90 ersichtlich ist. Im übrigen beruht die günstige Wirkung eines Thoroxydzusatzes zum Wolfram darauf, daß durch die verlangsamte Rekristallisation die Festigkeit des Drahtes bei den Brenntemperaturen der Lampe erheblich vergrößert wird [181].

In thoroxydhaltigen Wolframleuchtdrähten tritt nach längerem Brennen in der Glühlampe eine vom Rande her beginnende Verarmung an Thoroxyd und im gleichen Maß eine nach innen fortschreitende Rekristallisation ein. Beides läßt sich dadurch vermeiden, daß die Lampen eine Füllung von Phosphorpentoxyd erhalten. Die Wirkung des P_2O_5 beruht auf dem Sauerstoffpartialdruck dieser Substanz, durch welchen die Reduktion des Thoroxydes zu metallischem Thorium verhindert wird [177, 182].

Sowohl die flüchtigen als auch die nicht flüchtigen Verunreinigungen und die absichtlichen Beimengungen sind für die Entwicklung eines geeigneten Kristallgefüges von hoher Bedeutung, da hierdurch die Formbeständigkeit des Leuchtkörpermaterials bei den Brenntemperaturen der Lampe verbessert wird. Ohne diese Erkenntnisse wäre die hohe Lichtausbeute, die von wendelförmigen Leuchtkörpern in den heutigen modernen, gasgefüllten Glühlampen infolge Steigerung der Brenntemperatur erreicht wird, nicht möglich.

8.40 Einkristall

Die ersten Erwägungen gingen davon aus, dem Leuchtdraht eine Einkristallstruktur zu verleihen. In der Tat handelt es sich hier um die erste praktische Ausnutzung metallischer Einkristallkörper. In diesem Zusammenhang sei auf die von ORBIG stammende Entwicklung des Pintsch-Einkristalles verwiesen, auf die bereits auf Seite 56 näher eingegangen wurde.

Die Bedeutung, die man dem Wolframeinkristall beimaß, beruht auf den bekannten mechanischen Eigenschaften des kalten Wolframdrahtes. Gezogener Wolframdraht ist bekanntlich in der Kälte duktil und biegsam. Wird er auf Brenntemperatur der Glühlampe erhitzt, so rekristallisiert er. Er wird kleinkristallin und verliert dabei seine Kaltduktilität. Diese Erscheinung beruht darauf, daß beim Wolfram im Gegensatz zu den leichter bearbeitbaren Metallen die Korngrenzen bei gewöhnlicher Temperatur eine stark verringerte Festigkeit besitzen, verglichen mit der Festigkeit des Kristallkornes selbst. Dies bedeutet, daß die interkristalline Festigkeit im Verhältnis zur intrakristallinen klein ist. Ein Einkristalldraht dagegen kristallisiert nicht und behält deshalb seine Kaltduktilität dauernd bei. Bei erhöhter Temperatur, etwa von 600° C ab, ist auch beim Wolfram die interkristalline Festigkeit größer als die intrakristalline, wie unter anderen F. S. GOUCHER gezeigt hat [183].

Der Pintsch-Einkristall hat aber einen entscheidenden Nachteil, welcher dazu geführt hat, daß er inzwischen seine praktische Bedeutung fast vollständig verloren hat, ganz abgesehen davon, daß das Verfahren schwierig und kostspielig ist. Es gelingt nur in Ausnahmefällen, die Kristallänge so zu steigern, daß die Gebrauchslänge eines Glühlampenleuchtkörpers von normaler Spannung nur aus einem einzigen Kristall besteht. Im allgemeinen befinden sich aber in einem Leuchtkörper einer normalen Wolframfadenlampe mehrere Korngrenzen, sogenannte Stoßstellen, die meist senkrecht zur Drahtachse liegen. Hierdurch wird aber die Festigkeit des Drahtes an dieser Stelle stark herabgesetzt.

Durch langwierige Forschungsarbeit ist es gelungen, dem Wolframdraht mit Hilfe eines technisch vollkommneren und billigeren Verfahrens eine Kristallstruktur zu verleihen, welche der Einkristallstruktur ganz oder nahezu gleichwertig ist. Dabei hat man auf die Erzielung eines einzigen Kristalles für die Gebrauchslänge des Leuchtkörpers überhaupt verzichtet. Die Länge des Kristalles muß jedoch ein Vielfaches des Drahtdurchmessers betragen. Außerdem sorgt man für eine gute Verzahnung der Korngrenzen. Man kann also, strenggenommen, nicht von einer Einkristallstruktur sprechen, sondern nur von einer Groß- oder Langkristallstruktur. Sie wird als Stapeldrahtkristallstruktur bezeichnet, weil die einzelnen Kristalle zueinander wie die Stapel in der Textilfaser angeordnet sind.

Die soeben beschriebene Langkristallstruktur kann auf zweierlei Weise erzeugt werden. Der erste Weg, welcher jedoch nicht besonders gut reproduzierbar ist, beruht auf einer mechanisch-thermischen Vorbehandlung gemäß einem Verfahren von JACOBY. Man erhitzt zu diesem Zweck den Draht zunächst bis zum beginnenden Zerfall der Faserstruktur. Danach deformiert man ihn schwach, z. B. durch Wickeln in Wendelform oder besser durch Herunterziehen des Drahtes um 1 bis 2 Ziehstufen. Der zweite, wichtigere Weg besteht darin, daß dem Ausgangsmetall bestimmte kleinere Zusätze hinzugefügt werden. Diese Frage wird im nächsten Abschnitt ausführlicher behandelt. In beiden Fällen, d. h. sowohl bei dem mechanisch-thermischen als auch bei dem chemischen Verfahren, nimmt der Draht bei Erhitzung auf Kristallisations-, d. h. Glühlampentemperatur, eine Langkristallstruktur an, die dadurch gekennzeichnet ist, daß der Draht aus Kristallen von einer Länge besteht, welche ein Mehrfaches des Drahtdurchmessers beträgt und wobei die einzelnen Stoßstellen zwischen den Kristallen etwa in der Richtung der Drahtachse liegen.

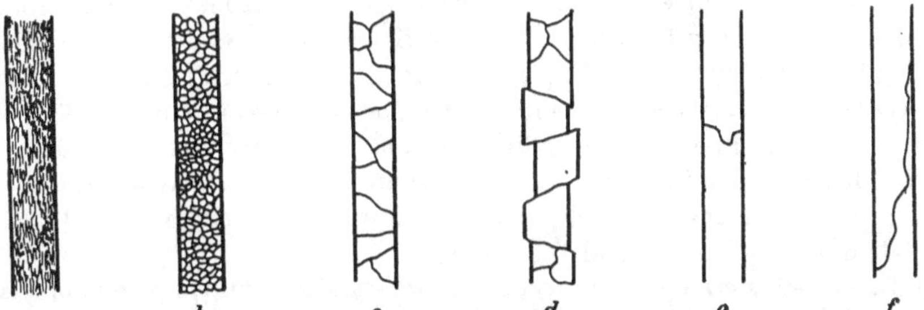

Abb. 92. Verschiedene Kristallstrukturen von Wolframdraht:

a) Faserstruktur des gezogenen Drahtes; b) Struktur von reinem Wolframdraht nach der Rekristallisation; c) Grobe Struktur eines längere Zeit geglühten W-Drahtes; d) „offsetting"-Effekt; e) Einkristalle, mit senkrecht zur Drahtachse verlaufenden Stoßstellen; f) Struktur von langen, sich überlappenden Kristallen mit in Längsrichtung verlaufenden Stoßstellen

Zur Veranschaulichung der hier besprochenen Kristallstrukturen bringen wir in Abb. 92 eine zeichnerische Wiedergabe der wichtigsten Strukturen eines Wolframdrahtes, und zwar:

a) die Faserstruktur eines gezogenen Drahtes,
b) die polykristalline Struktur eines gezogenen Drahtes nach seiner Rekristallisation,
c) die sich während des Brennens ausbildende Grobstruktur,
d) den sogenannten off-setting-Effekt,
e) die Einkristallstruktur mit Stoßstellen, welche senkrecht zur Drahtachse liegen, und schließlich
f) die Stapeldraht- oder Langkristallstruktur mit Stoßstellen, die etwa in der Längsachse des Drahtes liegen.

Der sogenannte off-setting-Effekt hat folgende Ursachen. Wird der Draht mit Wechselstrom gebrannt, so tritt eine Versetzung der einzelnen gröberen Kristalle in dem in der Abb. 92 unter d) wiedergegebenen Sinne auf. Es ist verständlich, daß dadurch die Festigkeit des gebrannten Drahtes in einem äußerst ungünstigen Sinne beeinträchtigt wird.

8.50 Herstellung von Wolframdrähten mit Formbeständigkeit bei Brenntemperaturen

8.51 *Verwendete Drahtsorten*

Die Herstellung von Glühlampendrähten oder -wendeln aus Wolfram, die bei den Brenntemperaturen der Lampe — also bei Temperaturen von 2500° C — formbeständig sind, beruht, wie in den vorangegangenen Abschnitten eingehend dargelegt wurde, auf einer besonderen Kristallstruktur dieser Drähte, die durch die absichtliche Hinzufügung von wenigstens teilweise flüchtigen Substanzen einerseits und nicht flüchtigen Stoffen andererseits hervorgerufen wird. Im ersteren Falle handelt es sich im wesentlichen um Alkalioxyde oder -silikate, im zweiten Falle um schwer verdampfbare Substanzen von der Art der Kieselsäure oder der Oxyde des Aluminiums, des Kalziums und Thoriums. Beide Arten von Substanzen können unter Umständen in einem einzigen Salz vereinigt sein, so z. B. in Natriumsilikowolframat. Letzteres hat außerdem den Vorteil, daß das Alkalioxyd und die Kieselsäure direkt an die Wolframsäure gebunden sind und daß dadurch naturgemäß eine sehr innige Verteilung der Zusatzkomponenten im Grundstoff vorliegt.

In Tabelle 45 sind die wichtigsten, heute in der Glühlampentechnik verwendeten Drahtsorten des Wolframs angegeben, wobei die Tabelle Angaben über die Art und Menge der verschiedenen Zusätze enthält. Hierbei wird unter-

Tabelle 45

Mengen und Art der Zusätze zu Wolframdrähten

Drahtsorte	Art und Menge der Zusätze, welche die Rekristallisation beeinflussen
G 7-Draht	0,75% ThO_2
G 12-Draht	1,20% ThO_2
G 15-Draht	1,50% ThO_2
G 20-Draht	2,00% ThO_2
NS-Draht	0,45% K_2O + 0,20% SiO_2 — umgerechnet auf WO_3 0,35% K_2O + 0,30% SiO_2 — umgerechnet auf WO_3 0,15% K_2O + 0,25% Na_2O + 0,24% SiO_2 — umgerechnet auf WO_3
BSD-Draht	0,15% K_2O + 0,10% SiO_2 + 0,04% Al_2O_3 — umgerechnet auf WO_3
D-Draht	0,15% K_2O + 0,24% SiO_2 + 0,05% Al_2O_3 0,145% K_2O + 0,30% SiO_2 — umgerechnet auf Oxyd + 0,025% Al_2O_3 (zugegeben zum Metallpulver)
DK-Draht	bis 0,15% K_2O + 0,15% SiO_2 und bis 0,1% CaO — umgerechnet auf Oxyd

schieden zwischen den thoroxydhaltigen G-Drähten einerseits und Drähten mit Zusätzen von Alkalioxyden, Alkalisilikaten sowie Erdalkalioxyden und Aluminiumoxyd andererseits, wie z. B. NS- (nicht durchhängende Drähte = non-sag-wire), BSD- und D-Drähten. Nur die zuletzt genannten sind im eigentlichen Sinne als die bei höheren Temperaturen formbeständigen Drähte anzusehen.

Das wichtigste Anwendungsgebiet der Drahtsorten [132], wie sie z. Z. in den europäischen Ländern erzeugt und benutzt werden, ist im einzelnen aus Tabelle 46 zu ersehen. Der wichtigste als Leuchtkörpermaterial in der elektrischen Glühlampe benutzte Draht ist der NS-Draht, dessen Anteil an der Gesamt-

Tabelle 46

Zusammensetzung und Anwendung der wichtigsten Drahtsorten, wie sie in Europa verwendet werden

Drahtsorte	Zusammensetzung	Anwendung
reines Wolfram	Spuren von Verunreinigungen	Stäbe für Konstruktionsteile von Radioröhren, besonders von Senderöhren, wie Stromzuführungen und Streben. Einschmelzungen (geschliffen)
NS-Draht	W + Spuren alkalischer Silikate (0,01 – 0,02%)	für Glühlampen mit Doppelwendeln, auch für Halterdrähte in Elektronenröhren sowie für gleiche Verwendung wie BSD-Draht
BSD-Draht	W + Spuren Al_2O_3 (0,01 – 0,02%)	sehr stabiles Material, Rekristallisationstemperatur höher, Plastizität schlechter als bei NS-Draht. Für direkt geheizte Kathoden aus reinem Wolfram mit thermischer Emission. Für Glühwendeln bei indirekt geheizten Kathoden
D-Draht	W mit Zusatz von SiO_2 und Spuren Al_2O_3	dieser Draht ist sehr formbeständig. Für allgemeine Verwendung, z. B. für Einfachwendeln bei stoßfesten und Signallampen
DK-Draht	W + 0,05% Verunreinigungen	wird nur in größeren Durchmessern hergestellt. Verwendung für Spezialwendeln, für Autolampen, ferner für Konstruktionsteile, Glaseinschmelzungen und Spanndrähte mit großem Durchmesser (sonstige Verwendung wie NS-Draht)
G 7-Draht	W + 0,75% ThO_2	für direkt geheizte Kathoden mit oder ohne Emissionspaste auf der Oberfläche
G 12-Draht	W + 1,2% ThO_2	Drähte für direkt geheizte Kathoden mit Thorium-Emissionspaste
G 15-Draht	W + 1,5% ThO_2 nur für Durchmesser 0,1 mm	
G 20-Draht	W + 2,0% ThO_2 nur für Durchmesser 0,2 mm	

Tabelle 47

Spektrografisch in NS-Drähten festgestellte Beimengungen bzw. Verunreinigungen

Herkunft	Al %	Ca %	Fe %	Mg %	Mn %	Si %	V %
Berliner Glühlampenwerk.	Sp.	Sp.	—	Sp.	Sp.	0,02—0,08	—
Phillips, Holland	Sp.	Sp.	0,01—0,05	Sp.	Sp.	0,02—0,08	—
Calitte-Tungsten	—	0,01—0,08	Sp.	Sp.	Sp.	0,03—0,08	—
Castyrone-USA	Sp.	Sp.	—	Sp.	Sp.	0,02—0,08	0,01—0,05
Lumalampen	0,01—0,08	Sp.	Sp.	Sp.	0,01—0,05	0,02—0,08	0,01—0,05
Russko	Sp.	Sp.	Sp.	Sp.	Sp.	0,02—0,08	—
Nijmegen	—	Sp.	—	Sp.	Sp.	0,02—0,08	—
Gen. El. Co	Sp.	Sp.	—	Sp.	Sp.	0,02—0,08	—
Minthorne, USA	—	Sp.	Sp.	Sp.	Sp.	0,02—0,08	—
Tungsten, London	—	Sp.	Sp.	Sp.	Sp.	0,02—0,08	—

Sp. = Spuren = Mengen von einigen $^1/_{1000}$ %.

erzeugung von Glühlampendraht bei den meisten Herstellern von elektrischen Lampen in der Regel mehr als 70% beträgt.

Die in Tabelle 45 angegebenen Zusatzmengen stellen diejenigen prozentualen Beimengungen dar, welche der Wolframsäure einverleibt werden, beziehen sich aber auf die in der Wolframsäure enthaltene Wolframmenge. Ein wesentlicher Teil dieser absichtlichen Zusätze, im besonderen solche leicht verdampfbarer Art, werden während des Herstellungsprozesses, vor allem beim Formieren der Stäbe flüchtig. Im ungebrannten NS-Draht oder in Drähten, welche dem NS-Material ähnlich sind, wie BSD-, DK- und D-Draht, verbleiben nur noch relativ geringe Mengen des Zusatzes, die normalerweise 0,08% nicht übersteigen. Der in den Drähten verbleibende Rest besteht vorzugsweise aus SiO_2 (NS-Draht) oder aus Al_2O_3 (BSD- oder D-Draht). Während des Brennens auf Glühlampentemperatur findet eine weitere Verarmung des Wolframs an diesen Zusätzen statt. Dagegen verdampft Thoroxyd während des Verarbeitungsprozesses zum Draht fast nicht. Erst beim Brennen in der Lampe findet eine langsam fortschreitende Erniedrigung des ThO_2-Gehaltes statt, und zwar von der Drahtoberfläche her infolge geringer Reduktion des Thoroxydes zu Thormetall (vgl. Seite 159).

In Tabelle 47 bringen wir das Ergebnis spektrografischer Untersuchungen von ungebrannten NS-Drähten verschiedener Herkunft. Aus der Tabelle ist ersichtlich, daß neben SiO_2, welches in einer Menge von 0,01 bis 0,08% vorhanden ist, in einigen Fällen auch CaO und Al_2O_3 in Mengen von einigen $^1/_{100}$% zugegen ist. Bei einigen Drähten konnte außerdem Vanadin in Mengen von einigen $^1/_{100}$% nachgewiesen werden, welches wahrscheinlich jedoch eine Verunreinigung und keinen absichtlichen Zusatz darstellt. Die sonstigen Elemente sind nur in Spuren, d. h. in Mengen von einigen $^1/_{1000}$%, nachweisbar und sind sicherlich unabsichtliche Verunreinigungen.

8.52 *Die Beigabe von Zusätzen durch Antränken*

Die oben erwähnten Zusätze zum Wolfram, welche die Rekristallisation beeinflussen, werden in den meisten Fällen bereits der Wolframsäure zugeführt. Notwendig ist die Verwendung einer sehr reinen Wolframsäure (vgl. Kap. 4.00). Nur in Ausnahmefällen wird der Zusatz zum Wolframmetallpulver hinzugegeben. Die Einbringung des Zusatzes erfolgt durch Tränkung der Wolframsäure mit einem in Wasser löslichen Salz, welches den verlangten Zusatz enthält. In der Glühlampentechnik haben sich für die Durchführung des Tränkungsprozesses bestimmte Vorschriften herausgebildet, die bei den einzelnen Erzeugern nur unwesentlich voneinander abweichen. Diese Abweichungen betreffen im wesentlichen die Menge der Zusätze, die von den einzelnen Erzeugern von formbeständigen Wolframdrähten etwas verschieden angegeben werden. Dagegen besteht Einigkeit über den Tränkungsprozeß an sich und darüber, daß durch die Tränkung der Wolframsäure mit einem wasserlöslichen Salz eine sehr innige und gleichmäßige Verteilung des Zusatzes erfolgt, vorausgesetzt, daß für eine ständige und gleichmäßige Rührung während des Eindampfens gesorgt wird.

Im folgenden geben wir Beispiele für die Vorbereitung von Wolframsäure a) für thoroxydhaltige G-Drähte, b) für NS-Drähte und c) schließlich für BSD-Drähte durch Tränkung mit dem Zusatzmittel.

8.521 Thoriertes Wolfram G 7

Die zur Tränkung vorgesehene Wolframsäure wird durch ein Sieb mit 0,06 mm Maschenweite gegeben. Hierauf erfolgt eine Zugabe von destilliertem Wasser, bis ein dicker Brei entsteht. In die so vorbereitete Wolframsäure wird die erforderliche Menge an Thoriumnitratlösung gegeben und der Brei unter ständigem Rühren auf dem Wasserbad bis zur Trocknung eingedampft. Das ständige Rühren bewirkt, daß die Zusätze in der Säure gut verteilt bleiben. Die getränkte Säure wird eventuell im Trockenschrank nachgetrocknet, anschließend zerrieben, bei 350 bis 400° C geglüht und wieder gesiebt (Maschenweite auch hierbei 0,06 mm).

Die zur Antränkung erforderliche Thoriumnitratlösung wird aus dem chemisch reinen Salz hergestellt. 12,44 g $Th(NO_3)_4 \cdot 4H_2O$ (der theoretische Gehalt an ThO_2 beträgt 48%) werden abgewogen und in 150 cm³ dest. Wasser gelöst. Bei einer auftretenden Trübung wird die Lösung filtriert. Die aus der angegebenen Salzmenge hergestellte Lösung enthält 5,95 g ThO_2 und genügt zur Tränkung von 1 kg Wolframsäure. Das aus dieser getränkten Säure durch Reduktion gewonnene Metallpulver enthält dann 0,75% ThO_2.

Die getränkte Wolframsäure hat nach der Glühung folgende Eigenschaften:

Füllvolumen	80 bis 105 cm^3/100 g
Klopfvolumen	40 bis 55 cm^3/100 g
Trockenverlust bei 170° C	max. 0,20%
Glühverlust bei 500° C	max. 0,50%
Glühverlust bei 800° C	max. 0,70%.

Das ausreduzierte Wolframpulver (G 7) weist folgende Eigenschaften auf:

Füllvolumen	40 bis 60 cm^3/100 g
Klopfvolumen	18 bis 30 cm^3/100 g
Oxydationswert	25,65 bis 25,89% (theoret. 25,89%).

Materialien mit höherem ThO_2-Gehalt werden ähnlich vorbereitet.

8.522 Das NS-Material (non-sag-wire)

Zur Herstellung des NS-Materials (non-sag-wire) wird analog verfahren. Die mit NS-Zusätzen zu tränkende Säure wird ebenfalls durch 0,06 mm Maschenweite gesiebt. Dann erfolgt zunächst die Zugabe von dest. Wasser, bis sich ein Brei gebildet hat. Im Anschluß daran folgt die Antränkung der für NS-Material erforderlichen Zusätze. Weiterhin wird durch ständiges Rühren der Brei auf dem Wasserbad eingedampft. Nach dem Nachtrocknen im Trockenschrank wird die getränkte Wolframsäure zerrieben, bei 350 bis 400° C geglüht und ebenfalls durch ein Sieb mit 0,06 mm Maschenweite gegeben. Zweckmäßig erscheint es, mit der Reduktion sofort zu beginnen, da durch Anwesenheit der Tränkungszusätze die Wolframsäure sehr stark hygroskopisch ist.

Zur Tränkung der Wolframsäure werden folgende Lösungen verwendet:

1. $K_2Si_4O_9$-Lösung (Kaliumwasserglas).

Hierbei handelt es sich um eine Qualität, welche mit den handelsüblichen Reinheitsgraden der chemischen Fabriken zum Einsatz kommt. Die Lösung muß möglichst rein sein, wobei der SiO_2-Gehalt analytisch ermittelt wird und sich daraus die K_2O-Menge in der Lösung ergibt.

2. Kaliumhydroxyd-Lösung.

33,06 g KOH werden in destilliertem Wasser gelöst und auf 500 cm^3 aufgefüllt.

3. Natriumchlorid-Lösung.

22,43 g NaCl werden in dest. Wasser gelöst und auf 500 cm^3 aufgefüllt.
Für die Verarbeitung der angegebenen Lösungen verwendet man chemisch reine Chemikalien.

Auf 1 kg Wolframsäure berechnet werden jeweils folgende Mengen der vorbereiteten Lösungen zugegeben:

a) Gemäß Analyse des Kaliumwasserglases (Lösung I) werden so viel Kubikzentimeter genommen, daß die Lösung 1,982 g SiO_2 und dementsprechend

0,777 g K_2O enthält. Die abgemessene Menge wird vor der Zugabe zur Wolframsäure im Verhältnis 1 : 6 mit dest. Wasser verdünnt.

b) 50 cm^3 der Kaliumhydroxyd-Lösung (Lösung II). In dieser muß eine Menge von 2,791 g K_2O enthalten sein.

c) 50 cm^3 Natriumchlorid-Lösung (Lösung III). Der Gehalt an Na_2O beträgt 1,1895 g.

Demzufolge enthalten die mit diesen Lösungen getränkten reduzierten Metallpulver folgende NS-Zusätze:

I. 0,25% SiO_2
II. 0,45% K_2O
III. 0,15% Na_2O.

Die NS-Wolframsäure soll nach dem Verglühen folgende Eigenschaften haben:

Füllvolumen	70 bis 100 cm^3/100 g
Klopfvolumen	42 bis 58 cm^3/100 g
Trockenverlust bei 170° C	max. 0,20%
Glühverlust bei 500° C	max. 0,80%
Glühverlust bei 800° C	max. 1,00%.

Das ausreduzierte Wolframmetallpulver muß möglichst folgende Eigenschaften besitzen:

Füllvolumen	30 bis 45 cm^3/100 g
Klopfvolumen	18 bis 30 cm^3/100 g
Oxydationswert	25,60 bis 25,86%.

Die NS-Zusätze verschlechtern bekanntlich die Preßbarkeit des Metallpulvers. Demzufolge muß dem Preßvorgang besondere Bedeutung beigemessen werden. Weiterhin empfiehlt sich, das ausreduzierte Metallpulver zu trocknen, möglichst in verschlossenen Flaschen aufzubewahren, da auch hier die Zusätze das Material hygroskopisch machen.

8.523 Das BSD-Material

BSD-Material unterscheidet sich vom NS-Material dadurch, daß es an Stelle von Natriumsalz als Zusatz Aluminiumsalz enthält. Die weiteren Komponenten, wie z. B. Kaliumoxyd und Siliziumoxyd, sind ebenfalls, jedoch in anderen Mengen enthalten.

Bei der Tränkung der Wolframsäure mit BSD-Zusätzen verfährt man in gleicher Weise wie oben beschrieben. Die Säure wird mit 0,06 mm Maschenweite gesiebt, dest. Wasser zugegeben, der sich bildende Brei auf dem Wasserbad unter ständigem Rühren eingedampft und im Trockenschrank nachgetrocknet. Die Säure wird dann zerrieben, bei 350 bis 400° C geglüht und erneut mit 0,06 mm Maschenweite gesiebt.

Zur Tränkung werden folgende Lösungen vorbereitet:

I. $K_2Si_4O_9$ (Kaliumwasserglas) in handelsüblicher Qualität.

II. Kaliumhydroxyd. Hiervon wiegt man 20,87 g KOH ab, löst in kleineren Mengen destillierten Wassers und füllt auf 500 cm³ auf.

III. Wasserfreies Aluminiumsulfat. 53,23 g $Al_2(SO_4)_3$ werden eingewogen, in destilliertem Wasser gelöst und ebenfalls auf 500 cm³ aufgefüllt.

Vor der Weiterverarbeitung der Salze wird der Wassergehalt bestimmt und die festgestellte Menge bei der Einwaage korrigiert.

Auf 1 kg Wolframsäure werden folgende Mengen zugegeben:

a) Entsprechend der Zusammensetzung des Kaliumwasserglases so viel Kubikzentimeter, daß in der Lösung 1,586 g SiO_2 und 0,619 g K_2O enthalten sind. Diese Menge wird mit destilliertem Wasser im Verhältnis 1 : 6 verdünnt.

b) 50 cm³ Kaliumhydroxydlösung, deren K_2O-Gehalt auf den erforderlichen Wert eingestellt wird. Die fertige Lösung enthält dann 1,752 g K_2O.

c) 50 cm³ Aluminiumsulfatlösung, deren Aluminiumsesquioxyd-Gehalt 1,586 g beträgt.

Im BSD-Metallpulver sind dann nach der Reduktion folgende Zusätze enthalten:

0,20% SiO_2
0,30% K_2O
0,020% Al_2O_3.

Sowohl die BSD-Säure als auch das aus ihr reduzierte Metallpulver müssen in gut verschlossenen Flaschen aufbewahrt werden, da die Zusätze das Material stark hygroskopisch machen.

Die mit BSD-Zusätzen angetränkte W-Säure weist nach der Glühung folgende Eigenschaften auf:

Füllvolumen	70 bis 100 cm³/100 g
Klopfvolumen	42 bis 58 cm³/100 g
Trockenverlust bei 170° C	max. 0,20%
Glühverlust bei 500° C	max. 0,80%
Glühverlust bei 800° C	max. 1,00%.

Das reduzierte Metallpulver (BSD) soll folgende Eigenschaften besitzen:

Füllvolumen	30 bis 45 cm³/100 g
Klopfvolumen	18 bis 30 cm³/100 g
Oxydationswert	25,65 bis 25,90%.

Wesentliche Abweichungen zwischen den Säuren und Metallpulvern von BSD- und NS-Material bestehen nicht. Sie unterscheiden sich lediglich im Oxydationswert der Metallpulver. Das BSD-Material setzt allerdings eine sorgfältigere Verarbeitung, insbesondere beim Pressen voraus, da die Zusätze hierbei die Preßeigenschaften verschlechtern.

8.524 Herstellungsverfahren der Radium Elektrizitätsgesellschaft Wipperfürth

Die Radium Elektrizitätsgesellschaft Wipperfürth [49] stellt kein G-Material in bekanntem Sinne her. Sie verarbeitet lediglich eine Wolframqualität, die durch Zusätze von SiO_2 und K_2O einem NS-Material entspricht. Zur Vorbereitung dieses Materials wird folgendermaßen verfahren:

50 kg Wolframsäure werden in einen Kupferkessel, welcher mit einem Rührwerk versehen und mit Wasserdampf beheizt ist, eingebracht. Dann werden langsam 5 Liter der Tränkungslösung (Kaliumsilikat), deren Herstellung im folgenden beschrieben wird, hinzugegeben. Die Lösung wird in die erwärmte Wolframsäure unter ständigem Rühren mit Preßluft eingespritzt. Der Tränkungsvorgang dauert etwa 1 Stunde. Nach der eigentlichen Tränkung wird die Säure so lange auf Temperatur gehalten und weiter gerührt, bis sie trocken und pulverförmig ist (in F. I. A. T. Final Report Nr. 413 wird für den Trocknungsvorgang eine Zeit von 2 Std. angegeben). Die so getränkte Wolframsäure wird in Quarzschalen bei 200° C im Ofen nachgetrocknet. Hierzu verwendet man Muffelöfen, welche mit einem Quarzrohr ausgelegt sind, um möglichst Verunreinigungen, welche aus einem nicht so temperaturbeständigen Material hineingetragen werden können, auszuschalten. Die Temperatur wird 1 Std. lang gehalten und das Glühgut im Ofen abgekühlt. Danach wird die getrocknete Wolframsäure durch ein Sieb mit etwa 0,11 mm Maschenweite gegeben.

Für die Tränkungslösung gelangen folgende Chemikalien zur Anwendung:

a) Kaliumhydroxyd (Riedel de Häen), welches durchschnittlich 85,4% K_2O in Form von KOH und 1% K_2O in Form von K_2CO_3, d. h. insgesamt 86,4% K_2O enthält.

b) Kaliumsilikat (Kaliumwasserglas) mit einer Dichte von 30 Bé und 20,8% SiO_2; 8% K_2O, weiterhin 0,10% Na_2O, 0,28% K_2SO_4, 0,02% NaCl, 0,01% Fe_2O_3, 0,10% Al_2O_3, 0,02% CaO sowie 0,01% MgO.

Die Lösung ist also als nicht besonders rein zu betrachten. Es muß allerdings festgestellt werden, daß der größte Teil der angegebenen Verunreinigungen ähnlich wie SiO_2 und K_2O bei der Hochsinterung flüchtig wird und somithin keinen schädigenden Einfluß ausübt. Da relativ kleine Mengen gerade dieser Tränkungslösung beigegeben werden, wird also die zulässige Grenze der Verunreinigungen, welche störend wirken könnten, wie z. B. Fe_2O_3, MgO, S usw., nicht überschritten.

Die Vorbereitung der Tränkungslösung geschieht folgendermaßen: 500 g Kaliumhydroxyd werden in destilliertem Wasser gelöst und auf 1000 cm³ aufgefüllt. 384 cm³ dieser Lösung (= 192 g KOH oder 166 g K_2O) werden zu 2 kg des Wasserglases hinzugegeben, und die so gewonnene Lösung wird auf 8780 cm³ aufgefüllt. Zur Antränkung von 1 kg Wolframsäure werden 100 cm³ dieser Lösung eingesetzt.

Die Konzentration dieser Lösung ist so eingestellt, daß man also zu einem Kilo Wolframsäure mit diesen 100 cm³ Lösung 4,76 g SiO_2 und 3,77 g K_2O zugibt. Das nach der Reduktion gewonnene Metallpulver enthält dann 0,6% SiO_2 und 0,475% K_2O. Ein Beispiel zeigt, wie die Berechnung der erforderlichen Zusätze durchgeführt wird.

Um ein Wolframpulver mit 0,6% SiO_2 und 0,475% K_2O herzustellen, muß man einem Kilogramm Wolframsäure 100 cm³ einer Tränkungslösung, welche 4,76 g SiO_2 und 3,77 g K_2O enthält, zugeben. Man erhält demzufolge 793 g Wolfram-Metallpulver angegebener Zusammensetzung.

Im Wasserglas sind enthalten 20,8% SiO_2 und 8,1% K_2O. Demnach enthalten also 2 kg Wasserglas 416 g SiO_2 und 162 g K_2O. Um also in 100 cm³ Lösung 4,76 g SiO_2 und 3,77 g K_2O zu haben, muß nach Zugabe weiterer Mengen KOH die Lösung auf 8780 cm³ aufgefüllt werden. Mit dem Wasserglas kommen auf 100 cm³ der Tränkungslösung außer der notwendigen Menge SiO_2 nur 1,85 g K_2O. Daher muß der Rest in Form von KOH zugegeben werden, um in 100 cm³ 1,92 g K_2O in Lösung zu haben. Dies bedeutet also, daß auf die erforderliche Menge von 8780 cm³ Lösung 166 g K_2O zugegeben werden müssen. Da das verwendete Hydroxyd einen K_2O-Gehalt von 86,4% hat, müssen der Lösung 192 g KOH zugesetzt werden.

Die so getränkte Wolframsäure wird mit Wasserstoff in zwei Reduktionsöfen reduziert. Der Durchsatz eines Ofens beträgt jeweils 25 kg. Das reduzierte Wolframpulver (20 kg je Ofen) wird anschließend 4 Std. lang gemischt. Danach werden 4 reduzierte Chargen (ca. 80 kg) mit etwa 20 kg Wolframpulver ohne Zusätze weitere 4 Std. gemischt. Demnach werden also die Pulver im Verhältnis 4 : 1, d. h. 4 Teile getränktes Pulver und 1 Teil ungetränktes Pulver, gemischt.

Die so gemischten Chargen von ca. 100 kg werden in Flaschen von 5 kg Inhalt gefüllt, welche möglichst mit Gummistopfen zu verschließen sind. Der Inhalt einer Flasche ist als Versuchscharge einzusetzen.

Im gleichen Werk wird auch D-Material hergestellt. Dieses Material entspricht dem BSD. Hierbei erhält die Wolframsäure die üblichen Tränkungszusätze, wie sie für G-Material verwendet werden. Die Zusätze sind Kaliumsilikat und Kaliumhydroxyd. Hierbei wird die Reduktion so vorgenommen, daß zuerst die Sorte G reduziert wird und dieses Pulver dann mit Aluminiumnitratlösung getränkt und nachreduziert wird.

Im Anschluß an die Reduktion des G-Metallpulvers wird dieses mit Flußsäure (40%ig) 15 Minuten in mit Blei ausgelegten Eisenkästen gewaschen. Für 1 kg Wolframpulver werden 140 cm³ Flußsäure benötigt. Das so durchgewaschene Metallpulver wird mit destilliertem Wasser dekantiert, bis keine Reaktion auf Lackmuspapier beobachtet wird. Danach erfolgt das Absaugen über ein Gesteinsfilter. Das abgefilterte Pulver wird mit Aluminiumnitratlösung in säurebeständigen Gefäßen, welche auf 80 bis 100° C erwärmt werden, getränkt. Um ein Anbacken auf dem Boden der Gefäße zu vermeiden, ist ein gutes Durchmischen erforderlich. Die Nachtrocknung erfolgt zweckmäßig im Vakuum-Trockenschrank. Die zur Anwendung kommende Aluminiumnitratlösung wird durch Auflösen von 250 g $Al(NO_3)_3 \cdot 9H_2O$ in 3000 cm³ dest. Wasser zubereitet. Somit sind in 1000 cm³ Lösung 11 g Al_2O_3 enthalten. 22,8 cm³ dieser Lösung mit einem

Gehalt von 0,25 g Al_2O_3 werden zur Tränkung von 1 kg Wolframpulver benötigt. Dies entspricht 0,025% Al_2O_3 im Metallpulver.

Das getrocknete und getränkte Wolframpulver muß sorgfältig in Porzellanmörsern zerrieben, gesiebt und dann nachreduziert werden (3. Reduktion). Dieses Wolframpulver wird zur Weiterverarbeitung im Verhältnis 85 : 15 mit ungetränktem reinem Wolframpulver 4 Std. lang gemischt.

Aus diesen Ausführungen geht hervor, daß sich das Verfahren dieses Werkes von den sonst üblichen Verfahren zur Herstellung von BSD-Material dadurch unterscheidet, daß ein Teil der Zusätze zur Wolframsäure zugegeben werden, ein anderer Teil, nämlich Al_2O_3, zum Wolframmetallpulver. Es muß allerdings bemerkt werden, daß, bedingt durch den Reduktionsablauf, eine starke Kornvergröberung eintreten kann.

8.525 Tränkung mit Alkalisilikowolframat-Lösung

Die Radium Elektrizitätsgesellschaft Wipperfürth tränkt vor der Glühung des Ammoniumparawolframates die Wolframsäure mit den üblichen NS-Zusätzen (K_2O und SiO_2). Das Ammonparawolframat wird durch Zersetzung des Scheelits gewonnen, wie bereits in einem früheren Absatz unter Reinigung der Wolframsäure beschrieben wurde. Das Wolframpulver, welches durch Reduktion der Wolframsäure gewonnen wird, hat vermutlich durch die Glühung des Ammonparawolframates bei 600° C ein etwas gröberes Korn. Es ist nicht bekannt, für welche Zwecke das gröbere Pulver mit NS-Zusätzen verwendet wird.

Die Art der Antränkung mit den angegebenen Zusätzen ist ebenfalls verschieden. So wird z. B. die Wolframsäure mit einer Lösung von Kaliumsilikat und Silikowolframat in Gesteinsschalen von 180 Liter Inhalt getränkt. Nach dem Trocknen auf dem Wasserbad wird die getränkte Wolframsäure 4 Std. bei 300° C nachgetrocknet und anschließend durchgesiebt. Sie enthält 0,45% K_2O und 0,30% SiO_2.

Die Herstellung von Kaliumsilikowolframat wird in diesem Werk auf folgende Weise selbst durchgeführt:

In eine Lösung von 5 kg Kaliumsilikat in dest. Wasser wird die Wolframsäure im Überschuß zugegeben (insgesamt etwa 50 kg), welche entweder frisch gefällt oder bei 100° C getrocknet wurde. Danach wird die Lösung 2 Std. lang gekocht (durch Einführung von Wasserdampf) und auf 200 Liter verdünnt. Nach dem Absetzen der bei der Reaktion verbrauchten Säure läßt man die Lösung stehen und filtriert sie in Kristallisationsschalen. Die ausgeschiedenen Kristalle werden abgesaugt und im Trockenschrank bei 90° C getrocknet. Das Salz enthält 1,6% SiO_2 und 6% K_2O. Die Glühverluste betragen 1,40% und der Chlorierungsrückstand 11,38%.

Die Silikatlösung wird für diese Zwecke folgendermaßen vorbereitet: Siliziumdioxyd (Hydrat) von der Fa. Kahlbaum wird durch Kochen (Sieden) in einer Lösung von Kaliumhydroxyd im Verhältnis 0,15 K_2O : 0,22 SiO_2 gelöst. Nach der Filtration wird die Lösung zur Tränkung der Wolframsäure verwendet.

Auf 100 kg Säure verbraucht man etwa 5,78 kg Kaliumsilikowolframat. Die getränkte Wolframsäure enthält 0,3% K_2O, 0,47% KCl und 0,08% SiO_2. Bei der Antränkung von Kaliumsilikat sind enthalten: 0,15% K_2O, 0,25% KCl und 0,22% SiO_2. Insgesamt enthält die getränkte Säure 0,45% K_2O, 0,72% KCl und 0,30% SiO_2.

8.526 Die Stapeldrahtstruktur

Eine Deutung für die Entstehung der Stapeldrahtstruktur hat P. E. WRETBLAD [184] (in J. WULFF, Powder Metallurgy Cleveland, Americ. Soc. Metals., 1942, S. 433) gegeben. Er behandelt die Wirkung von Zusätzen, welche einerseits die Rekristallisation hemmen, wie z. B. SiO_2, und welche sich andererseits während des Formiervorganges fast vollständig verflüchtigen, wie z. B. Alkali, auf die Kristallstruktur von Wolframdrähten. WRETBLAD geht bei seiner Erklärung von der spezifischen Wirkung dieser beiden Arten von Zusätzen aus und diskutiert zunächst jede dieser Wirkungen der Zusätze für sich allein. Allein nicht flüchtige Beimengungen hemmen das Kornwachstum, während allein flüchtige Zusätze an Alkali das Kornwachstum beschleunigen, ohne daß es aber zu einer Überlappung der Korngrenzen wie beim Stapeldraht kommt. Das ausgesprochene Kornwachstum setzt bei Drähten mit dieser Art von Zusätzen in einem Temperaturbereich ein, bei dem die Alkalizusätze sich zu zersetzen beginnen. Auf diese Weise wird eine Diffusion an den Korngrenzen wahrscheinlich. Das Kornwachstum kann aber dabei in den verschiedensten Richtungen verlaufen.

Ist jedoch noch eine andere, schwer verdampfbare Komponente außer der flüchtigen zugegen, dann ist dieser Effekt erst bei sehr hohen Temperaturen, z. B. 2500° C möglich, wie etwa im Falle des Thoroxydes. Aus diesem Grunde muß daher die Hinzufügung der zwei verschiedenen Typen des Zusatzes, falls sie in geeigneten Verhältnissen erfolgt, in bezug auf ihre Wirkung miteinander in Wettbewerb treten. Die Folge ist ein starkes Kornwachstum in einer bevorzugten Richtung. Während des Ziehens, welches bei erhöhten Temperaturen durchgeführt wird, werden die Kristalle in eine bestimmte Richtung, nämlich in Richtung der Drahtachse, gezwungen. Auf diese Weise wird aber die senkrecht zur Drahtachse verlaufende Diffusion behindert, wogegen die Diffusion und das Kornwachstum in der longitudinalen Richtung ungehindert fortschreiten können. Im Endeffekt neigen dann die Korngrenzen dazu, sich in einer bestimmten Orientierung einzustellen, die nur wenig von der Drahtachse abweicht. Es entsteht die „Stapeldrahtstruktur", bei der die einzelnen großen Kristallite sich überlappen.

Wenngleich diese Erklärung nach unserer Meinung nicht vollständig befriedigen kann, weil ja die Ausbildung der Endstruktur des Drahtes erst durch eine Erhitzung des gezogenen Drahtes auf die Brenntemperatur der Lampe erfolgt, so kann jedoch an ihre Stelle zunächst keine bessere gesetzt werden.

Einen vollständig anderen Weg zur Erzielung einer geeigneten Kristallstruktur durch mechanisch-thermische Behandlung hat, wie bereits erwähnt, R. JACOBY beschritten. Neuerdings hat J. A. M. van Liempt (vgl. USA-Patent 2439913) [185] versucht, eine geeignete Kristallstruktur, die ein Durchhängen der Drähte bzw. Wendeln verhindert, auf andere Weise zu erzeugen. Das Verfahren besteht in der Verwendung von grobkristallinen Wolframdrähten ohne Zusätze der oben genannten Art, die einer speziellen Wärmebehandlung unterworfen werden. Durch sie wird eine Erholung des Kristallgitters vor der Rekristallisation erreicht. Es ist jedoch nicht bekannt, ob dieses Verfahren bereits eine größere technische Anwendung gefunden hat. Bei dem Verfahren von R. Jacoby ist dies jedenfalls nicht der Fall.

J. L. Meijering [186] hat in neueren Untersuchungen durch Modellversuche die Entstehung der Stapelkristallstruktur in NS-Drähten als Folge einer statistischen Verteilung der wachstumshemmenden Zusätze zu erklären versucht. In seinen Aufzeichnungen vergleicht er die wachstumshemmenden Zusätze als Dämme und die wachstumsfördernden Zusätze als Lecke in den Faserwänden. Er führt als Beispiel für den Vorgang des Kristallwachstums eine Überschwemmung in einer Landschaft mit parallelen Deichen, die sogenannte schwache Stellen haben, und Querdämmen an. Seine Modellversuche stellen praktisch eine Kontrolle der Wirkungsweise der wachstumshemmenden und wachstumsfördernden Beimengungen mit ihren verschiedenen Einflüssen auf die Bildung der Stapeldrahtstruktur dar.

Gleichfalls wird in diesem Zusammenhang eine Erklärung der Stapelkristallstruktur von dem eigentlichen Schöpfer dieses Begriffes F. Koref (Aarau) gegeben, welcher diese Bezeichnung aus der Faserstofftechnik entliehen hat. Weiterhin wurden zur Deutung dieses Vorganges auch Arbeiten von R. Gross (Greifswald) angeführt. Die Untersuchungen von R. Gross über die Bildung der Stapelkristallstruktur wurden ursprünglich an übersättigten Lösungen und unterkühlten Schmelzen durchgeführt und auf den Kristallhabitus von Wolframdrähten übertragen. Danach sind diejenigen Kristallkeime, bei denen die bevorzugte Wachstumsrichtung in die Drahtachse fällt, wachstumsbegünstigt. Diese Kristalle überholen die kristallographisch weniger günstig gelagerten sogenannten Konkurrenzkeime, was die Bildung einer Stapelkristallstruktur zur Folge hat.

Wenn man die große Zeitspanne betrachtet, welche zwischen der Einführung des Coolidge-Verfahrens in den pulvermetallurgischen Prozeß und den heutigen Erkenntnissen von der Kristallstruktur der Metalldrähte für Glühlampen liegt, so ist zu erwarten, daß dieses Problem auch künftighin die Pulvermetallurgie beschäftigen wird.

8.60 Verhalten des Wolframdrahtes bei der Weiterverarbeitung zu Leuchtkörperwendeln

Wie bereits erwähnt, treten Veränderungen in der Struktur der Wolframdrähte erst bei Temperaturen oberhalb 1000 bis 1400° C auf. Die Höhe der Temperatur ist abhängig von der Reinheit der Drähte, ihrem Gehalt an absichtlichen Beimengungen und schließlich vom Bearbeitungszustand (Verfestigung). Zunächst zeigen reine Wolframdrähte bei etwa 1400° C einen Zerfall der vom Ziehen herrührenden Faserstruktur, ohne daß aber deswegen die Duktilität vollständig verlorengeht. Die eigentliche Kristallstruktur, welche die Steifigkeit des Drahtes oder der Wendel bzw. Doppelwendel und somit das Verhalten bei den Brenntemperaturen der Glühlampe bestimmt, bildet sich erst bei weit höheren Temperaturen, mitunter auch erst nach mehrstündigem Brennen der Lampe selbst aus.

Zunächst besteht die Aufgabe darin, die vom Ziehen der Drähte herrührende Grafitschicht zu entfernen. Dies kann (vgl. Seite 125) durch chemische Mittel oder durch ein Ausglühen der Drähte unterhalb der Rekristallisationstemperatur in feuchtem Wasserstoff geschehen. Die Höhe der zu wählenden Temperatur ist dabei im wesentlichen abhängig von der Geschwindigkeit, mit der der Draht die Glühzone durchläuft. Weiterhin spielt natürlich auch die Wasserdampfkonzentration des Wasserstoffes eine Rolle. Durch die Wärmebehandlung beim Ausglühen tritt bereits eine ziemlich weitgehende Entfestigung der Wolframdrähte ein.

Die zum Ausglühen der Drähte, d. h. zur Beseitigung ihrer Grafitschicht, notwendige Temperatur wird technisch meist durch elektrische Widerstandserhitzung des Drahtes, welcher kontinuierlich ein mit feuchtem Wasserstoff durchspültes Rohr durchläuft, erzielt. Die Zuleitung des elektrischen Stromes erfolgt meist durch zwei Quecksilberkontakte. Die Temperatur wird je nach der Stärke des auszuglühenden Drahtes entsprechend einreguliert. In manchen Werken wird aber auch so gearbeitet, daß der Draht indirekt dadurch erwärmt wird, daß er einen elektrischen Widerstandsofen durchläuft.

Bei geradfädigen Lampen wird dann der ausgeglühte, weitgehend entfestigte und von seiner Grafitschutzschicht befreite Wolframdraht auf die Lampengestelle montiert. Die Ausbildung der Kristallstruktur des Drahtes erfolgt beim Einbrennen der Lampe. Bezüglich der Herstellung von elektrischen Glühlampen muß auf die einschlägige Spezialliteratur verwiesen werden.

Mit der Einführung der gasgefüllten Glühlampen etwa im Jahre 1913 ergab sich die Notwendigkeit, die Drähte in Form einer feinen Wendel zu wickeln. Dies erfordert eine viel größere Steifigkeit der Drähte als es bei den Metallfadenlampen der Fall war. Bei der Herstellung von gewendelten Leuchtkörpern geht man so vor, daß man feine Wolframdrähte über einen Molybdänkern wickelt. Die hierbei zur Anwendung kommenden Temperaturen, welche durch elektrischen Stromdurchgang erzeugt werden, liegen zwischen 400 und 700° C. Zu hohe Temperaturen sind zu vermeiden, da das Wickeln an Luft erfolgt und unter Umständen eine Beschädigung der Oberfläche des Wolframdrahtes durch Oxydation eintreten kann. Bezüglich der mechanischen Durchführung des Wickelvorganges sowie der Wendelabmessungen (Kerndurchmesser, Steigung usw.) sei auf die diesbezügliche Spezialliteratur verwiesen. Die gewickelte Wendel wird zwecks Erzeugung des Stapelkristallgefüges (vgl. unter 8.50) und der dadurch bedingten höheren Formbeständigkeit geglüht. Das Glühen erfolgt bei Temperaturen von etwa 1600° C unter Wasserstoff oder Formiergas.

Hierzu benutzt man vielfach die in Kapitel 11.00 beschriebenen Öfen mit W- oder Mo-Heizleitern (diese meist in Form von Blechen). Erst nach dieser Behandlung wird der Kerndraht chemisch herausgelöst. In diesem Zusammenhang verweisen wir auf Kapitel 6.60.

Durch diese Warmbehandlung bei hohen Temperaturen erfolgt eine Rekristallisation des gewendelten Wolframdrahtes und eine, wenn auch nicht vollständige, so doch weitgehende Ausbildung der eigentlichen Kristallstruktur. Beim Einbrennen in der Lampe bzw. nach mehrstündigem Brennen im Gebrauch entwickelt sich schließlich die endgültige Struktur des Drahtes bzw. der Wendel.

Noch höhere Ansprüche an die Drahteigenschaften, im besonderen an seine Festigkeit bei Brenntemperaturen, werden dann gestellt, wenn die Wendel ihrerseits zu einer Wendel (Doppelwendel) gewickelt wird. Einmal sind die Kräfte, die auf die Doppelwendel wirken, ungleich größer als bei der Einfachwendel, und zum anderen ist auch die Betriebstemperatur eine bedeutend größere. Das Durchhängen ist noch weit gefährlicher und kann noch leichter zum Kurzschluß einiger Windungen führen. Die Herstellung der Doppelwendeln erfolgt prinzipiell in gleicher Weise, wie bei Einfachwendeln beschrieben.

Es erscheint sicher, daß durch den mechanischen Verfestigungsvorgang, welcher mit der Herstellung der Einfach- oder Doppelwendeln verbunden ist, und durch die anschließende Wärmebehandlung der Wendeln auch der Kristallisationsvorgang, d. h. die Ausbildung der Kristallstruktur, beeinflußt wird. Auf diese für den Glühlampentechniker wichtige Frage wird hier nicht näher eingegangen.

9.00 Eigenschaften von Wolfram und Molybdän

Auf die hohe Bedeutung der beiden hochschmelzenden Metalle Wolfram und Molybdän für Industrie und Technik wurde mehrfach bei unseren bisherigen Darlegungen hingewiesen (Kap. 5.00). Aus diesem Grunde ist es notwendig, sich eingehend mit diesen Eigenschaften zu beschäftigen, und zwar nicht nur an den während der Verarbeitung der beiden Metalle entstehenden Zwischenprodukten, sondern auch an den verschiedenen Endprodukten, im besonderen an Drähten und Blechen. Dabei interessieren nicht allein die Eigenschaften bei Raumtemperatur, sondern in vielen Fällen in noch stärkerem Maße diejenigen bei höheren Temperaturen, im Hinblick auf die technische Anwendung dieser Metalle.

Bezüglich der physikalischen Eigenschaften des Wolframs bei höheren Temperaturen sei vor allem auf die Arbeiten von C. ZWICKER [187] und von W. R. FORSYTHE und A. G. WORTHING [188] sowie von H. A. JONES und J. LANGMUIR [189] verwiesen. (Vgl. auch die zusammenfassende Darstellung von E. LAX und M. PIRANI [190].) Der Einfluß einer Kaltbearbeitung auf die Eigenschaften des Wolframs ist besonders ausführlich von G. J. SMITHELLS (Tungsten 2. Aufl. Chapmann und Hall Ltd. London 1945, Kap. 7) sowie von C. AGTE und K. BECKER [166] behandelt worden. Die chemischen Eigenschaften des Wolframs finden vor allem eine eingehende Würdigung in GMELINs Handbuch der anorganischen Chemie [8] sowie bei H. ALTERTHUM [5, 47]. Über die chemischen Eigenschaften des Molybdäns haben unter anderen zusammenfassend berichtet: E. POKORNY [6] und H. ALTERTHUM [47].

9.10 Einfluß der Kaltbearbeitung auf die physikalischen Eigenschaften von Wolfram und Molybdän

Die Kaltbearbeitung hat einen bedeutenden Einfluß auf die physikalischen Eigenschaften des Wolframs und Molybdäns, zumal es sich bei diesen Metallen um relativ schwer bearbeitbare, also nicht um ausgesprochen zähe Materialien handelt. Unter Kaltbearbeitung ist in vorliegendem Falle auch eine Bearbeitung in der Wärme zu verstehen, sofern sie unterhalb der Rekristallisationstemperatur durchgeführt wird. Dies ist aber (vgl. Kap. 6.00) bei der Herstellung und Verarbeitung von duktilem Wolfram und Molybdän der Fall.

9.11 *Wolfram*

Das Endprodukt der Wolframverarbeitung sind, ebenso wie beim Molybdän, meist Drähte und Bleche. In beiden Fällen wird von hochgesinterten Stäben ausgegangen, deren Eigenschaften unter 6.50 eingehend besprochen wurden.

Bei der Verarbeitung dieser noch etwas porösen Stäbe durch Rundhämmern oder Flachschmieden tritt zunächst eine Verdichtung des Materials unter weitgehender Beseitigung der vorhandenen Porosität ein. Hierdurch ändern sich naturgemäß die physikalischen Eigenschaften des Materials. Die weitere Bearbeitung führt dann zu einer mehr oder weniger starken Verfestigung mit allen den Einwirkungen auf die physikalischen Eigenschaften, wie sie bei jeder Kaltverformung auch anderer Metalle auftreten.

9.111 Änderungen der Dichte durch Kaltverformung

Beide oben genannten Erscheinungen der Verdichtung und Verfestigung bestimmen den Verlauf der Dichte in Abhängigkeit vom Verformungsgrad. Schwierigkeiten bei der Bestimmung der Dichte ergeben sich vor allem bei sehr dünnen Drähten und z. T. auch bei schwachen Blechen.

Die theoretische Dichte von ungestörten, reinen Wolframkristallen kann aus den Gitterkonstanten und dem Atomgewicht berechnet werden. Es gibt 4 Isotope des Wolframs. Ihre relative Häufigkeit nach Bestimmungen von ASTON [191] (vgl. Tab. 48) ergibt einen mittleren Wert für das Atomgewicht von 184,0, der mit dem von der internationalen Atomgewichtskommission anerkannten Wert übereinstimmt.

Tabelle 48

Relative Häufigkeit der Isotope des Wolframs nach ASTON

Isotope Atomgewicht	Relative Häufigkeit %
182	32,6
183	17,2
184	30,1
186	30,0

Wolfram hat ein körperzentriertes kubisches Atomgitter (vgl. Seite 147). Die einzelnen Autoren geben die in Tabelle 49 aufgeführten Gitterkonstanten an, aus denen sich die in der letzten Spalte der Tabelle aufgeführten Dichten berechnen.

Tabelle 49

Gitterabstände und Dichten von reinem Wolfram

Autor	Gitterabstand in Å	Dichte g/cm³	Literaturstelle
W. P. DAVEY (1925) . . .	3,155	19,32	Phys. Rev. 2,26, 1925, 736
E. VAN ARKEL (1928) . .	3,158	19,28	J. Krist. 67, 1928, 235
K. BECKER (1928)	3,155	19,32	Zs. f. Phys. 51, 1928, 481
E. A. OWEN und J. IBALL (1932)	3,159	19,295	Phil. Mag. (6), 13, 1932, 1020

Da (vgl. Seite 122) der Durchmesser von Wolframdrähten üblicherweise aus dem Gewicht pro Längeneinheit berechnet wird, ist die Dichte von großer praktischer Bedeutung für die Technik, im besonderen für die Glühlampenindustrie.

Die Dichte von Wolframdrähten wird nach AVERY und SMITHELLS [192] durch das auf der Oberfläche der Drähte befindliche Schmiermittel beeinflußt [193, 194, 195]. Die Wolframdrähte können leicht chemisch oder durch Ausglühen in Wasserstoff von der äußeren Grafitschutzschicht befreit werden. Im Falle eines Drahtes von 0,05 mm ∅ tritt dadurch ein Gewichtsverlust von ca. 0,5 % ein. Hiervon ist ungefähr $^1/_{10}$ Kohlenstoff. Der Rest sind Wolframoxyde, die aus den vorhergehenden Stadien des Ziehprozesses stammen. Entfernt man sukzessive dünne Schichten von der Oberfläche des Drahtes durch Ätzen, dann nimmt die Dichte mit fortschreitendem Ätzungsgrad zu, bis ein Grenzwert erreicht wird. Dies zeigt Tabelle 50. Es handelt sich dabei um einen Wolframdraht mit 0,75% Thoroxyd ∅ 0,05 mm.

Tabelle 50

Änderungen der Dichte durch Ätzen von Wolframdrähten

Gewichtsverlust in % beim Ätzen	Scheinbare Dichte g/cm³
0	18,50
0,1	18,51
1,86	18,80
3,87	18,92
9,31	18,90
14,50	18,91

Die Oberflächenlagen von Wolframdrähten sind vom Standpunkt der Gitterstörungen aus von W. G. BURGERS [196] bestimmt worden. Es wurde eine viel größere Störung in den Randzonen als im Kern der Drähte festgestellt.

Die Dichte hochgesinterter Stäbe nimmt in den ersten Stadien des Rundhämmerprozesses stark zu. Nach einer Querschnittsreduktion von etwa 75% nähert sich die Dichte dem theoretischen Wert (bei reinem Wolfram 19,32). Eine weitere Reduktion des Querschnittes durch Hämmern und Ziehen bedingt eine leichte Dichteerniedrigung. Die Dichteänderungen durch Kaltbearbeitung sind für reines Wolfram einerseits und für Wolfram mit 0,75% ThO_3 andererseits in Tabelle 51 wiedergegeben. Die Dichteerniedrigung bei der weiteren Bearbeitung ist wahrscheinlich auf eine Lockerung der Korngrenzen zurückzuführen. Werden die Drähte rekristallisiert, dann steigt die Dichte wieder etwas an. Es werden Werte von 19,15 g/cm³ für reines Wolfram und von 10,95 g/cm³ für thoriertes Wolfram erreicht. Durch F. KOREF [197] wurde nachgewiesen, daß die Dichteänderungen bereits im Gebiet der Kristallvergütung, also weit unterhalb der Rekristallisation, stattfinden (vgl. Tab. 52).

Ähnlich wie die Dichteänderungen beim Rundhämmern und Ziehen verlaufen diejenigen, die durch Flachschmieden und Walzen hervorgerufen werden. Verfestigte Wolframbleche von 0,2 mm Stärke zeigen eine Dichte von 19,20 g/cm³. Durch Rekristallisation der Bleche wird die Dichte auf 19,26 g/cm³ gesteigert.

Tabelle 51

Einfluß des Ziehens auf die Dichte von Wolfram (nach SMITHELLS)

Durchmesser	Dichte in g/cm³	
	reines Wolfram	W + 0,75% ThO_2
5,6 × 5,6	17,0	17,25
5,0	18,45	18,70
4,0	19,0	19,04
3,0	19,20	19,09
2,0	19,22	19,10
1,0	19,23	19,10
0,5	19,22	19,02
0,3	19,22	19,00
0,1	19,21	19,00
0,05	19,20	18,97
0,03	18,95	18,82

Tabelle 52

Dichteänderungen von gezogenen Wolframdrähten durch Ausglühen (nach KOREF)

Temperatur in °C	Dichte g/cm³
ungetempert	19,19
1050	19,23
1225	19,23
1525	19,26
1900	19,26
2200	19,26
2500	19,26

9.112 Festigkeitsänderung durch Kaltverformung

Wenn ein hochgesinterter Wolframstab rundgehämmert und gezogen wird, so findet mit fortschreitendem Bearbeitungsgrad eine starke Erhöhung der Zugfestigkeit statt. Ein gesinterter Wolframstab 10 × 10 mm zeigt z. B. eine Festigkeit von ca. 8 kg/mm². Durch Rundhämmern auf 2 mm ∅ wird die Zugfestigkeit bereits auf 100 kg/mm² gesteigert. Durch weiteres Herunterziehen wird die Festigkeit abermals stark erhöht. Sie kann bei dünnen Drähten auf fast 500 kg/mm² gesteigert werden. Dies geht im einzelnen aus Tabelle 53 hervor. In dieser Tabelle, welche auf Messungen von SMITHELLS beruht, sind außerdem die Änderungen aufgeführt, die der Elastizitäts- und der Torsionsmodul von gezogenen Wolframdrähten durch Kaltverformung erfährt. Es tritt eine Erhöhung dieser Werte mit fortschreitendem Verformungsgrad ein. Die Erhöhung von Festigkeits- und Torsionsmodul durch die Kaltverformung ist natürlich im einzelnen weitgehend abhängig von den Bedingungen derselben, also z. B. von der Höhe der Hämmer- und Ziehtemperatur, der Querschnittsverminderung beim Hämmern, Ziehen usw.

Tabelle 53

Änderungen der mechanischen Eigenschaften von Wolframdrähten in Abhängigkeit vom Durchmesser (nach SMITHELLS)

Draht-∅ mm	Zugfestigkeit kg/mm²	Elastizitäts-modul kg/mm²	Torsionsmodul kg/mm²
ges. Stab 6 × 6	13		
5	40		
3	75		
2	100		
1	140		13000
0,5	185		15000
0,3	220	9000	16000
0,15	270	26000	16800
0,10	300	31600	17200
0,05	345	33200	17800
0,03	385	34000	18500
0,02	425		
0,015	470		

In Abb. 93 ist die Zugfestigkeit von Wolframdrähten in Abhängigkeit vom Logarithmus des Durchmessers aufgetragen. Die Kurve A gilt für das normale Ziehen. Bei der Kurve B ist eine Zwischenglühung der Drähte bei einem Durchmesser von 0,13 mm erfolgt.

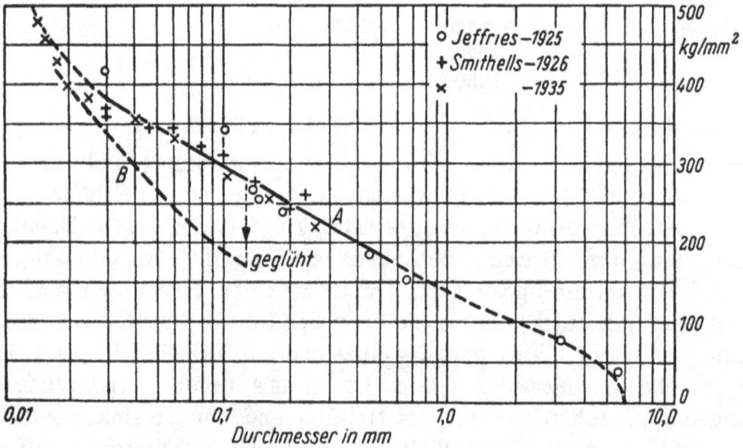

Abb. 93. Zugfestigkeit von gezogenem Wolframdraht in Abhängigkeit vom Durchmesser

Ein Ausglühen bis zu 650° C der gezogenen Wolframdrähte führt, wie C. AGTE und K. BECKER [198] nachgewiesen haben, zunächst zu einer leichten Erhöhung der Festigkeit. Oberhalb dieser Temperatur fällt die Festigkeit schnell ab. Bei einem voll rekristallisierten Wolframdraht beträgt die Festigkeit nur noch etwa $^1/_{10}$ der eines gezogenen, nicht geglühten Drahtes. Der Knickpunkt in der Kurve fällt nach Untersuchungen der genannten Autoren sehr genau mit der röntgenographisch festgestellten Vergütungstemperatur, bei der eine Ausglättung des Gitters infolge Beseitigung der inneren Spannungen stattfindet, zusammen. In Abb. 94 ist der Einfluß der Ausglühtemperatur auf die Festigkeit von Wolframdrähten nach C. AGTE und K. BECKER wiedergegeben.

Bei den vorstehend mitgeteilten Zahlenwerten für die Festigkeit handelt es sich um polykristalline Drähte. Die Festigkeit gezogener Einkristalldrähte ist viel niedriger. Sie beträgt im unbearbeiteten Zustand etwa 100 bis 110 kg/mm² und wird durch Ziehen etwas gesteigert, wie unter anderem F. KOREF [165] nachgewiesen hat (vgl. Tab. 54). Der Einfluß des Ausglühens auf die Festigkeit von Pintsch-Einkristall- oder gezogenen Einkristalldrähten ist aus Tabelle 55 ersichtlich.

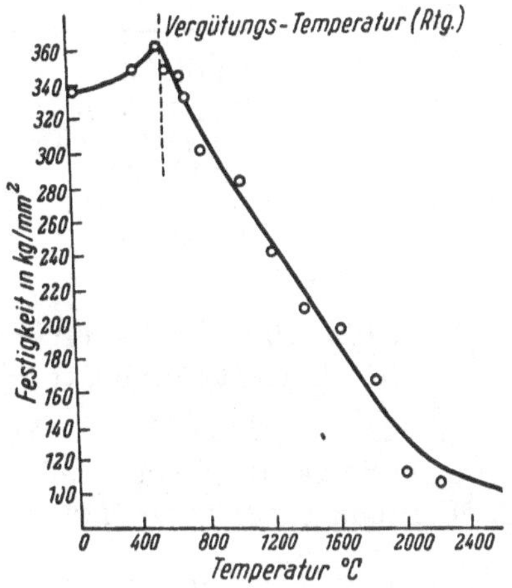

Abb. 94. Einfluß der Glühtemperatur auf die Festigkeit von gereinigtem Wolframdraht

Tabelle 54

Einfluß der Kaltverformung auf die Festigkeit von Wolfram-Einkristalldrähten

Material	Durchmesser in mm	Festigkeit in kg/mm²
Pintsch-EK-Draht	0,160	115,5
	0,149	135
	0,142	137
	0,125	149
	0,070	178
EK gezogener Draht	0,068	98
	0,065	120
	0,060	125
	0,057	135
	0,053	139
	0,050	142
	0,047	149

Die Änderungen der Festigkeit bei der Verformung von Wolframblechen sind ähnlich denjenigen, die beim Ziehen von Wolframdrähten auftreten. Angaben in der Literatur hierüber sind jedoch bisher nicht vorhanden.

Tabelle 55

Einfluß der Ausglühtemperatur auf die Festigkeit von Wolfram-Einkristall-Drähten (nach KOREF)

Materialbehandlung	Festigkeit kg/mm²
Pintsch-EK-Draht 0,07 mm ∅ .	119
gezogen auf 0,052 mm ∅	133
ausgeglüht 10′ 1500° C	130
dto. 10′ 1800° C	130
dto. $^1/_2$′ 2100° C	130
dto. 10′ 2100° C	119

9.113 Änderung der Kontraktion und Dehnung durch Kaltbearbeitung des Wolframs

Während die Festigkeit des Wolframs durch Kaltbearbeitung stark erhöht wird, wird die Bruchquerschnittsverminderung nach Untersuchungen von C. AGTE und K. BECKER [166] entsprechend erniedrigt, so daß eine ziemlich

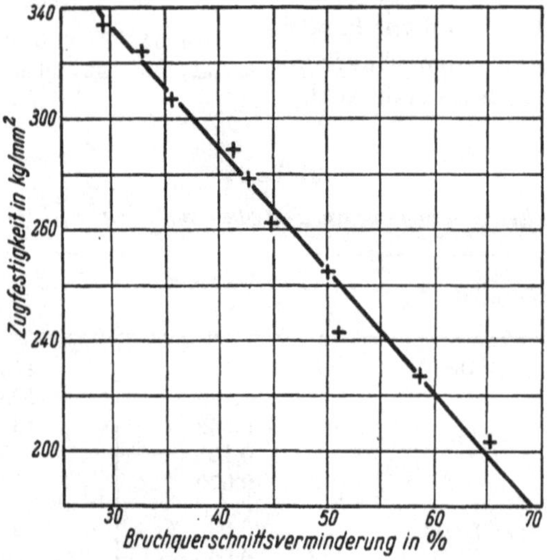

Abb. 95. Einfluß der Zugfestigkeit auf die Bruchquerschnittsverminderung von Wolframdraht (nach C. AGTE u. K. BECKER)

genaue, proportionale Abhängigkeit dieser beiden Eigenschaften besteht. Dies geht im einzelnen aus Abb. 95 hervor. Abb. 96 zeigt die Querschnittsverminderung beim Bruch eines auf 175 μ gezogenen und dann zerrissenen Wolframdrahtes nach H. W. WOODS [199].

Die prozentuale Dehnung eines gezogenen Wolframdrahtes beim Bruch ist verhältnismäßig klein. Sie überschreitet nur in seltenen Fällen 3% bei einer

Prüflänge von 20 cm. Die Dehnung wird durch Ausglühen auf 1000° C erniedrigt. Rekristallisierte Drähte zeigen überhaupt keine Dehnung, soweit es sich um

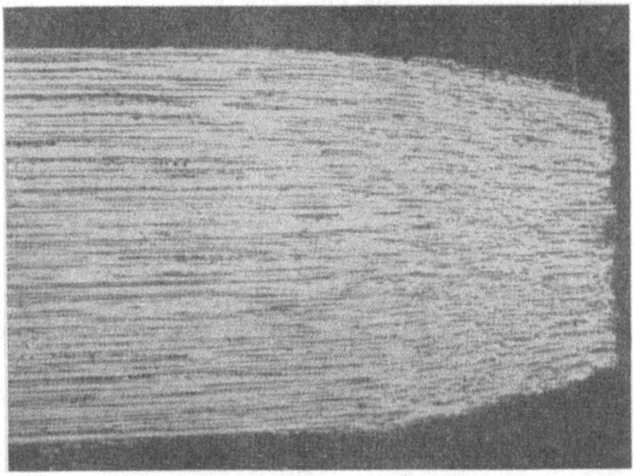

Abb. 96. Querschnittsverminderung eines auf 175 μ gezogenen Wolframdrahtes an der Bruchstelle (nach H. W. Woods)

Wolfram handelt. Bei Pintsch-Einkristalldrähten sind Dehnungen von 20% beim Zugversuch bis zum Bruch gemessen worden.

9.114 Einfluß der Kaltbearbeitung auf die Elastizitätseigenschaften

Der Elastizitätsmodul von gezogenen Wolframdrähten wird mit steigendem Verformungsgrad erhöht. Für Feinstdrähte wurden Werte von 34000 bis 38000 kg/mm² ermittelt. In Abb. 97 ist im oberen Teil die Abhängigkeit des Elastizitätsmoduls vom Logarithmus des Drahtdurchmessers dargestellt (vgl. auch P. W. Bridgman [200]). Wie man sieht, ist der Elastizitätsmodul bei Drähten kleineren Durchmessers nahezu konstant. Durch Ausglühen bei einer Temperatur von 1000° C wird er nur wenig erniedrigt [201]. (K. Schönborn, Zeitschr. Phys. 8, 1921, 377.) Die Werte für den Elastizitätsmodul übertreffen die ent-

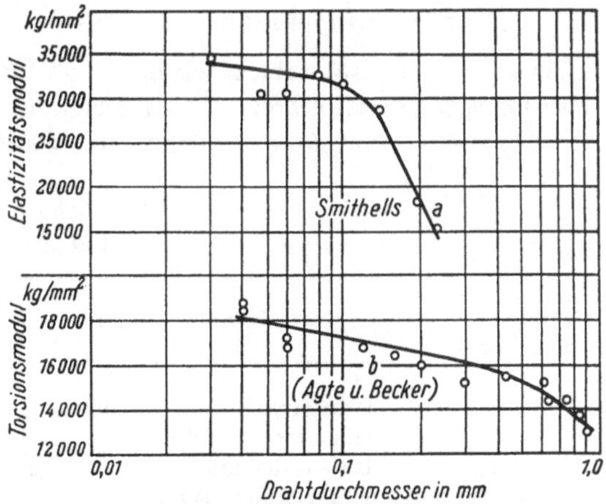

Abb. 97. Elastizitäts- und Torsionsmodul von Wolframdraht in Abhängigkeit vom logarithmisch aufgetragenen Drahtdurchmesser

sprechenden Werte fast aller metallischen Werkstoffe, mit Ausnahme des Iridiums, welches einen etwas höheren Elastizitätsmodul als Wolfram besitzt.

Der Torsionsmodul steigt ebenfalls mit steigendem Verformungsgrad, wie aus dem unteren Teil der Abb. 97 ersichtlich ist. Es werden maximale Werte von 22000 kg/mm² erreicht. Der Torsionsmodul wird, wie von C. AGTE und K. BECKER [166] nachgewiesen wurde, mit steigender Ausglühtemperatur noch weiter erhöht (vgl. Abb. 98). Er ist abhängig von dem Auftreten von Spalten im Draht (nach C. AGTE und K. BECKER) und von der Korngröße (SIEG [202] sowie SHRIEVER [203]).

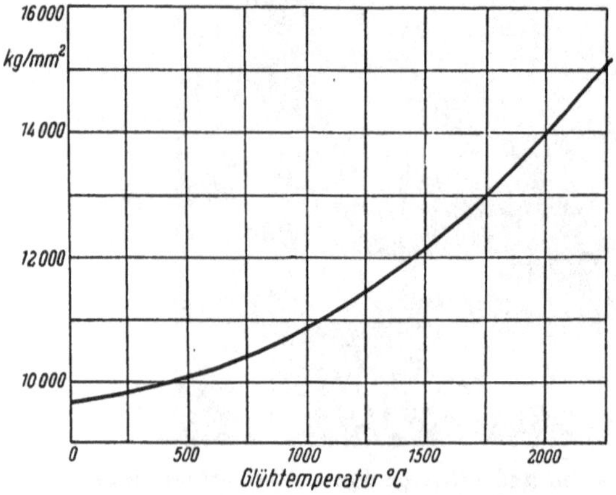

Abb. 98. Einfluß der Glühung auf den Torsionsmodul von kaltgezogenem Wolframdraht (nach C. AGTE u. K. BECKER)

S. J. WRIGHT [204] hat die elastischen Eigenschaften eines Pintsch-Einkristalldrahtes von 0,9 mm ∅ näher untersucht. Er hat festgestellt, daß Wolframkristalle nahezu isotrop sind. Die Unterschiede in den elastischen Eigenschaften für Kristalle verschiedener Orientierung sind nur sehr gering (weniger als 0,2%). WRIGHT hat an Pintsch-Einkristalldrähten einen Elastizitätsmodul von 39400 und einen Torsionsmodul von 15350 kg/mm² bestimmt.

9.115 Einfluß der Kaltbearbeitung auf die Härte des Wolframs

Die Härte von Halbfabrikaten aus Wolfram wird mit fortschreitendem Bearbeitungsgrad etwas erhöht. Durch Ausglühen wird die Härte nicht wesentlich erniedrigt. In Tabelle 56 sind Messungen von C. J. SMITHELLS wiedergegeben,

Tabelle 56
Härte von Wolframprodukten (nach C. J. SMITHELLS)

Materialzustand	Diamanthärte Nr.
gesinterter Stab, 9 × 9 mm . . .	255
gehämmert auf 8 mm∅	400
dto. auf 5,0 mm ∅	407
wieder erhitzt auf 2700° C . . .	392
gehämmert auf 3,5 mm ∅ . . .	474
dto. 2,7 mm ∅	483
dto. 1,8 mm ∅	488

welche dieser an gesinterten und rund gehämmerten Wolframstäben durchgeführt hat.

Bezüglich der Härte und auch Dichte sowie elektrischen Leitfähigkeit von gut sinterndem Wolfram siehe Seite 138.

9.116 Kompressibilität

BRIDGMAN [205] hat die Kompressibilität einiger gehämmerter Wolframstäbe und gezogener Wolframdrähte bei 30 und 75° C bestimmt. Innerhalb dieses Temperaturbereiches war der Einfluß derselben relativ gering. Es wurde ein Kompressibilitätskoeffizient β für einen gehämmerten Wolframstab von 4,8 mm ∅ von $2{,}93 \cdot 10^{-7}$ und für einen gezogenen Wolframdraht von 0,52 mm ∅

Tabelle 57

Kompressibilität einiger Metalle

Metall	Kompressibilitätskoeffizient β bei 20° C in 10^{-7} kg/cm²
Kupfer	7,75
Blei	24,0
Quecksilber	40,4
Molybdän	5,51
Wolfram	2,85

von $3{,}15 \cdot 10^{-7}$ kg/cm² bei 30° C und einem Druck von 1 kg/cm² bestimmt. W. RICHARDS und P. BARTLETT [206] kamen zu einem Wert von $2{,}85 \cdot 10^{-7}$ kg/cm². Wie aus den in der Tabelle 57 angegebenen Vergleichswerten hervorgeht, hat Wolfram die niedrigste Kompressibilität aller Metalle.

Nur die Kompressibilität gesinterter Hartmetalle ist anscheinend noch niedriger als die des Wolframs.

9.117 Elektrische Leitfähigkeit in Abhängigkeit von der Kaltbearbeitung

Der spezifische elektrische Widerstand von gezogenen Wolframdrähten hängt stark von dem Grad der Kaltbearbeitung ab, ist also abhängig vom Drahtdurchmesser, von der Ziehtemperatur, von Zwischenglühungen sowie von der Struktur u. a. m. Die Änderungen des elektrischen Widerstandes in Abhängigkeit vom Drahtdurchmesser sind besonders eingehend von TSUKOMOTO [207], von C. AGTE und K. BECKER [166] sowie von AVERY und SMITHELLS [192] studiert worden.

Die Resultate dieser Untersuchungen, die sich in guter Übereinstimmung miteinander befinden, sind in Abb. 99 wiedergegeben, und zwar ist der spezifische elektrische Widerstand in Abhängigkeit vom Logarithmus des Drahtdurchmessers aufgetragen. Durch Bearbeitung des gesinterten Stabes fällt zunächst der elektrische Widerstand und erreicht bei 2,5 mm ∅ einen niedrigsten Wert von $5{,}4 \cdot 10^{-6}$ Ohm · cm. Diese Erniedrigung des elektrischen Widerstandes geht parallel mit einer Dichteerhöhung, die bei dem gleichen Durchmesser ein Maximum zeigt. Durch die weitere Kaltbearbeitung steigt der spezifische elektrische Widerstand infolge Verfestigung weiter an. Bei sehr dünnen

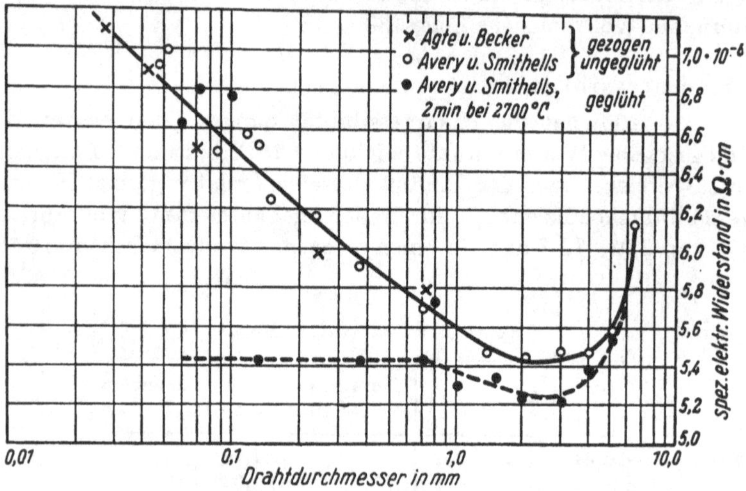

Abb. 99. Spezifischer elektrischer Widerstand von gezogenem und geglühtem Wolframdraht in Abhängigkeit vom Durchmesser des Drahtes (nach C. Agte u. K. Becker, J. W. Avery u. C. J. Smithells)

Drähten werden Werte von mehr als $7{,}0 \cdot 10^{-6}$ Ohm · cm erhalten. Aus der Abb. 100 geht hervor, daß im Gebiet zwischen 1,0 und 0,03 mm ∅ der spezifische elektrische Widerstand nahezu eine Exponentialfunktion des logarithmisch aufgetragenen Drahtdurchmessers ist. Die Änderung des elektrischen Widerstandes entspricht etwa der Änderung, welche die Festigkeit durch Kaltbearbeitung erfährt. Während sich der spezifische elektrische Widerstand mit zunehmendem Verformungsgrad erhöht, fällt der Temperaturkoeffizient des elektrischen Widerstandes. Das Produkt dieser beiden Werte bleibt entsprechend dem Mathiessenschen Gesetz konstant, worauf u. a. C. Agte und K. Becker aufmerksam gemacht haben.

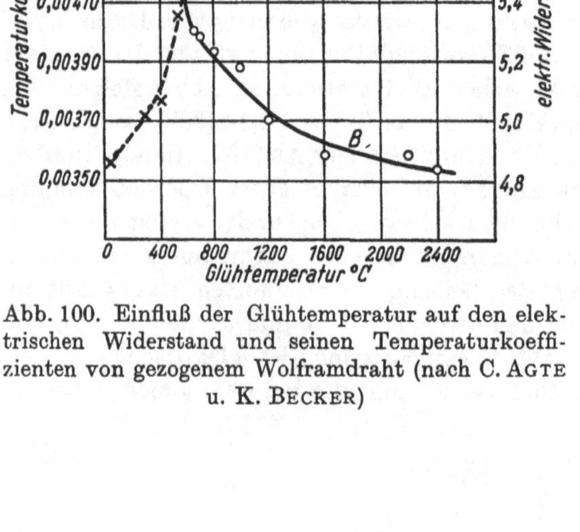

Abb. 100. Einfluß der Glühtemperatur auf den elektrischen Widerstand und seinen Temperaturkoeffizienten von gezogenem Wolframdraht (nach C. Agte u. K. Becker)

Der Einfluß der Ausglühtemperatur auf den spezifischen elektrischen Widerstand und seinen Temperaturkoeffizienten ist in Abb. 100 und in Tabelle 58 wiedergegeben. Der elektrische Widerstand wird bereits durch Ausglühen bei

Tabelle 58

Einfluß der Ausglühtemperatur auf den spezifischen elektrischen Widerstand von gezogenen Wolframdrähten (nach C. AGTE und K. BECKER)

Ausglüh-temperatur in °C	Spez. elektr. Widerstand ($\varrho \cdot 10^6$) in Ohm · cm	Temperatur-koeffizient (a) zw. 0—100° C	$\varrho \cdot a \cdot 10^6$ Mathiessensches Gesetz
—	6,17	0,00355	0,0220
300	6,00	0,00371	0,0222
400	5,91	0,00376	0,0223
550	5,47	0,00405	0,0221
600	5,43	0,00415	0,0225
650	5,30	0,00432	0,0229
700	5,28	0,00432	0,0228
800	5,23	0,00433	0,0227
1000	5,18	0,00440	0,0228
1200	5,00	0,00432	0,0226
2500	4,84	0,00481	0,0232

Temperaturen von 300° C erheblich geändert, wogegen (vgl. unter 9.112) sich die Festigkeit erst bei Temperaturen oberhalb 700° C erniedrigt. Auch für ausgeglühte Wolframdrähte ist das Mathiessensche Gesetz erfüllt, d.h., das Produkt aus elektrischem Widerstand und seinem Temperaturkoeffizienten ist konstant (etwa $0{,}0226 \cdot 10^{-6}$), vgl. letzte Spalte der Tabelle 58.

Der spezifische elektrische Widerstand eines gezogenen Wolframdrahtes wird erhöht, wenn der Draht unter Last steht, wie gleichfalls C. AGTE und K. BECKER nachgewiesen haben. Innerhalb des elastischen Gebietes ist die Zunahme des elektrischen Widerstandes proportional der Last (vgl. Abb. 101). Jenseits der Elastizitätsgrenze wurde eine starke Zunahme des elektrischen Widerstandes beobachtet, ähnlich derjenigen, die beim Ziehen des Drahtes oder bei einer anderen Art von Kaltbearbeitung stattfindet.

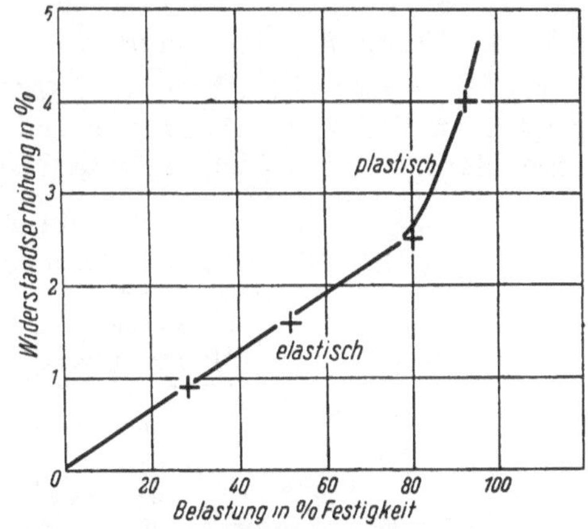

Abb. 101. Einfluß der Belastung auf den elektrischen Widerstand bei gezogenen W-Drähten (nach C. AGTE u. K. BECKER)

9.118 Einfluß der Kaltbearbeitung auf den thermischen Ausdehnungskoeffizienten

Der Ausdehnungskoeffizient von Wolfram wird durch Kaltbearbeitung erhöht. In Abb. 102 ist die Längenänderung eines Wolframstabes von 1 mm ∅ in Abhängigkeit von der Temperatur dargestellt, und zwar für einen bearbeiteten Stab einerseits und für einen bei 2800° C für die Dauer von 2 Min. ausgeglühten Stab andererseits. Der mittlere Ausdehnungskoeffizient zwischen 0 und 500° C für den bearbeiteten Stab beträgt $4{,}98 \cdot 10^{-6}$, für die ausgeglühte Probe $4{,}45 \cdot 10^{-6}$.

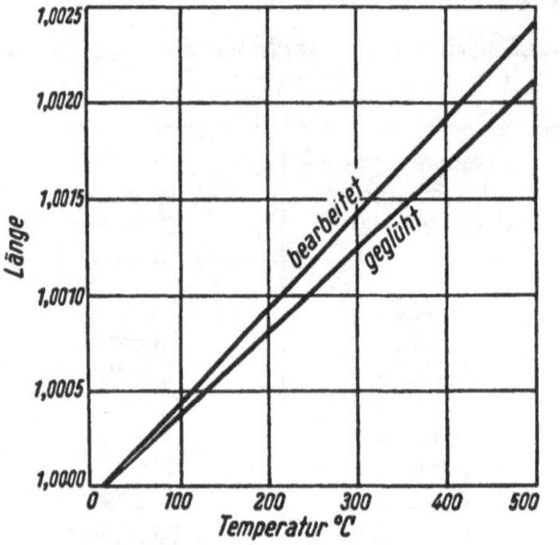

Abb. 102. Wärmeausdehnung von Wolframstäben zwischen 20° und 500° C (nach C. J. SMITHELLS)

9.20 Molybdän

Der Einfluß der Kaltbearbeitung auf die physikalischen Eigenschaften des Molybdäns ist in qualitativer Beziehung etwa der gleiche wie beim Wolfram. Aus diesem Grunde können wir uns bei der folgenden Darstellung kurz fassen und auf das Wichtigste beschränken. Da jedoch von Natur aus Molybdän duktiler als Wolfram ist, ist der Einfluß der Kaltbearbeitung in quantitativer Beziehung beim Molybdän nicht so groß wie beim Wolfram.

9.21 *Dichte und Kristallstruktur*

Nach Untersuchungen, die F. W. ASTON [208] mit Hilfe eines Massenspektrographen an Molybdänkarbonyl durchgeführt hat, besitzt Molybdän 7 Isotope, deren Häufigkeit und Atomgewichte (Massen) in Tabelle 59 aufgeführt sind.

Tabelle 59

Häufigkeit der Isotope des Molybdäns (nach F. W. ASTON)

Isotope Atomgewicht	Häufigkeit der Isotope in %
93	14,2
94	10,0
95	15,5
96	17,8
97	9,6
98	23,0
100	9,8

Das für Isotopengemisch berechnete Atomgewicht des Molybdäns beträgt 95,97 ± 0,05, während das chemisch bestimmte Atomgewicht mit 96,0 festgestellt wurde (gemäß der Tabelle der Atomgewichtskommission der Internationalen Union für Chemie).

Molybdän kristallisiert, ebenso wie Wolfram, kubisch raumzentriert. Die Gitterkonstanten des Molybdäns wurden von den verschiedenen Autoren, wie in Tabelle 60 angegeben, bestimmt.

Tabelle 60

Gitterkonstanten des Molybdäns

Bestimmte Gitterkonstante in Å	Literaturangabe
3,143	A. W. HULL, Phys. Rev. (2), 17, 1921, 371
3,142	W. P. DAVEY, Phys. Rev. (2), 25, 1925, 753
3,140	A. E. VAN ARKEL, Physica 6, 1926, 680, Zs. Krist. gr. 67, 1928, 237.
3,142	C. AGTE und K. BECKER, Zs. f. techn. Phys. 11, 1930, 110
3,139	G. HÄGG, Zs. phys. Chem. B 7, 1930, 343
3,140	E. A. OWEN und J. IBALL, Phil. Mag. (7), 13, 1932, 1027

Die Gitterkonstante, die bei reinem Molybdän 3,142 Å + 0,004 beträgt, ist stark von dem Reinheitsgrad des Metalles abhängig. Verunreinigungen können das Gitter dilatieren oder komprimieren [198]. C. AGTE und K. BECKER haben z. B. festgestellt, daß durch Aufnahme von Tantal das Gitter des Molybdäns dilatiert, durch Zusatz von Wolfram dagegen komprimiert wird. Menge und Art der Zusätze haben nach den gleichen Autoren einen Einfluß auf die Höhe der röntgenographisch und mechanisch festgestellten Vergütungstemperatur, die durch mischkristallbildende Zusätze ebenso wie durch Verfestigung erhöht wird.

Aus den Bestimmungen der Gitterstruktur ergibt sich im Mittel eine Dichte des Molybdäns von 10,20 g/cm^3. Bearbeitete Mo-Gegenstände erreichen diese Dichte und überschreiten sie sogar etwas, gleichgültig, ob sie auf pulvermetallurgischem Wege oder durch Schmelzen hergestellt wurden. Gesinterte Mo-Stäbe, die bis dicht unterhalb des Schmelzpunktes erhitzt worden sind, erreichen Dichten von 9,8 bis 10,0 g/cm^3. Gegenstände aus gut sinterndem Molybdän erreichen schon durch Sinterung auf Temperaturen von 1300° C Dichten von 9,8 g/cm^3, also Raumerfüllungen von mehr als 96%, wie C. AGTE [145, 147] nachgewiesen hat (Vortrag auf der pulvermetallurgischen Tagung in Brno 1953, 12. bis 14. 5.).

Genaue Untersuchungen über den Einfluß der Kaltbearbeitung auf die Dichte von Mo-Halberzeugnissen oder -Endprodukten hat u. a. C. G. FINK [209] durchgeführt. Er stellte fest, daß mit steigendem Verformungsgrad die Dichte des bearbeiteten Molybdäns ständig zunimmt. Die Dichtesteigerung, die Molybdän im Zuge seiner Verarbeitung zu Feinstdraht erfährt, geht im einzelnen aus Abb. 103 hervor. In dieser Abbildung sind Messungen von R. KIEFFER und W. HOTOP [10], Pulvermetallurgie und Sinterwerkstoffe, 1. Aufl., Verlag Springer, Berlin 1943, Seite 245, ausgewertet.

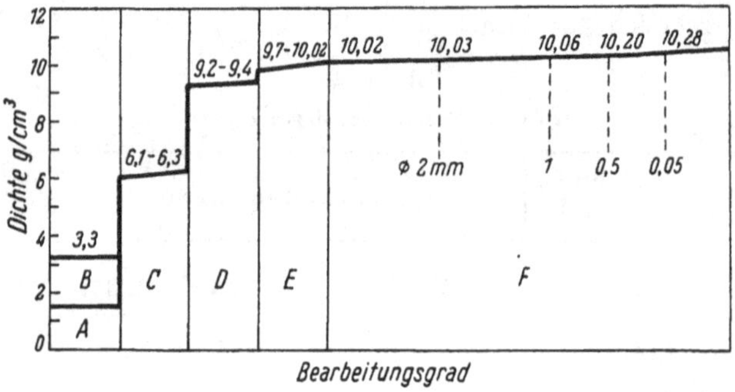

Abb. 103. Dichtesteigerung von Molybdän in Abhängigkeit vom Bearbeitungsgrad
A — reduziertes Mo-Pulver; *B* — getrommeltes Mo-Pulver; *C* — gepreßter Mo-Stab 18 × 18 × 300 mm; *D* — gesinterter Mo-Stab 18 × 18 × 300 mm; *E* — gehämmerter Mo-Stab 10 bis 3 mm ∅; *F* — gezogener Mo-Draht 3 bis 0,05 mm ∅

Ebenso wie beim Wolfram wird der Durchmesser von Molybdändrähten aus dem Gewicht der Drähte bei gegebener Länge (meist 200 mm) bestimmt (vgl. Seite 122).

Die Dichte von Mo-Blechen beträgt nach unseren Untersuchungen 10,10 bis 10,25 g/cm³. Sie ist vom Verformungsgrad, den das Blech während seiner Herstellung erfahren hat, abhängig.

9.22 *Einfluß der Kaltbearbeitung auf die Festigkeit von Molybdän*

Ebenso wie Wolfram erfährt auch Molybdän bei seiner Kaltverformung eine erhebliche Steigerung seiner Festigkeit, eine Erscheinung, die ja allgemein bei duktilen Metallen zu beobachten ist. Nach C. G. FINK [209] nimmt bei polykristallinen Mo-Drähten die Festigkeit in folgender Weise zu:

Draht ∅	0,125 mm	140 bis 183 kg/mm²
	0,070 mm	161 bis 189 kg/mm²
	0,038 mm	189 bis 217 kg/mm².

Die Festigkeitserhöhung durch Kaltbearbeitung ist beim Wolfram, welches weniger duktil ist als Molybdän, wesentlich größer als bei seinem Schwestermetall. Dies geht aus Abb. 104 hervor, wo die Zugfestigkeit von gezogenen, schwach geglühten Mo- und W-Drähten in Abhängigkeit vom Drahtdurchmesser dargestellt und miteinander verglichen ist (vgl. [210]). Einen Vergleich der Zugfestigkeit und Dehnung von Molybdändrähten und -blechen, welche einerseits pulvermetallurgisch und andererseits nach dem Schmelz- und Gießverfahren hergestellt und verarbeitet wurden, hat neuerdings J. J. HAARWOOD [211] gegeben. Bei gleichem Reinheits- und bei gleichem Verformungsgrad der beiden auf verschiedenem Wege hergestellten Mo-Gegenstände zeigen diese etwa die gleichen Eigenschaften.

Die Festigkeit von Molybdän-Einkristalldrähten haben u. a. J. KOENIGSBERGER [212] und C. AGTE [160] bestimmt. Letzterer gibt eine Festigkeit für den Mo-Einkristall (Aufwachsdraht) von 35 kg/mm² an, wogegen Wolfram-Einkristalle im unbearbeiteten Zustand eine wesentlich größere Festigkeit, nämlich etwa 110 kg/mm², zeigen.

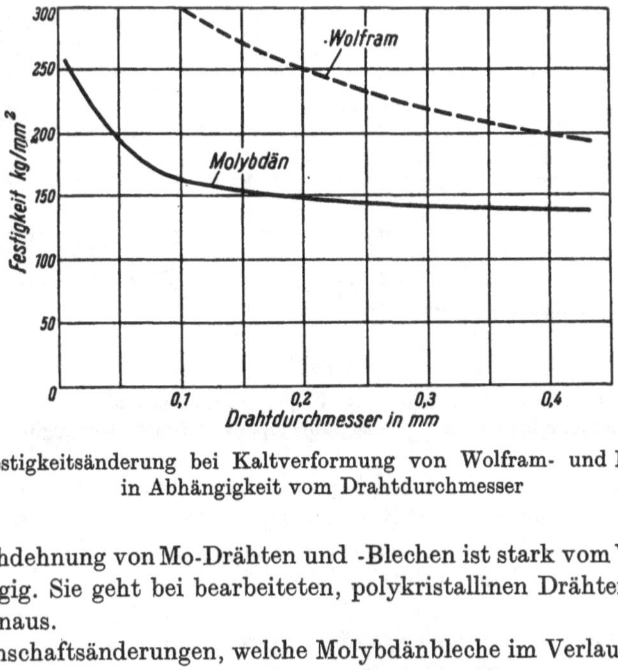

Abb. 104. Festigkeitsänderung bei Kaltverformung von Wolfram- und Molybdändraht in Abhängigkeit vom Drahtdurchmesser

Die Bruchdehnung von Mo-Drähten und -Blechen ist stark vom Verformungsgrad abhängig. Sie geht bei bearbeiteten, polykristallinen Drähten meist nicht über 3% hinaus.

Die Eigenschaftsänderungen, welche Molybdänbleche im Verlaufe ihrer Kaltverformung erfahren, haben kürzlich die Autoren näher untersucht (C. AGTE und J. VACEK [213]). Nach T. FUJIWARA [214] ist die Festigkeit der Bleche am größten, wenn Zug- und Walzrichtung zusammenfallen. Sie ist am kleinsten, wenn die Zurichtung unter 45° oder 90° zur Walzrichtung steht.

Durch Ausglühen der durch Kaltziehen verfestigten Drähte nimmt die Zugfestigkeit von einer bestimmten Temperatur, die als Kristallerholung bezeichnet werden muß, ab. Diese Temperatur liegt bei auf 0,100 mm gezogenen, polykristallinen Drähten bei etwa 800° C. Bei Ausglühtemperaturen von über 1600° C wird die Festigkeit des Einkristalles erreicht. Die Bruchdehnung nimmt bei Ausglühtemperaturen von 1100 bis 1200° C an sprunghaft von etwa 3 auf 25% zu. Erst im Gebiet der Rekristallisation (etwa 1600° C) beginnt die Dehnung wieder abzusinken. Man spricht dann von „überglühten“ Drähten. Die

Änderungen der Zugfestigkeit und Bruchdehnung in Abhängigkeit von der Ausglühtemperatur sind in Abb. 105 dargestellt [210].

Über den Einfluß der Korngröße bei zunehmender Rekristallisation auf die Festigkeit von Mo-Drähten haben u. a. Z. JEFFRIES und R. S. ARCHER [215] berichtet.

Über den Einfluß der Ausglühtemperatur auf die Festigkeit und Bruchdehnung von Mo-Blechen vergleiche C. AGTE und J. VACEK [213].

Die Bruchquerschnittsverminderung (Kontraktion) nimmt mit steigender Ausglühtemperatur zu und mit steigendem Verformungsgrad etwas ab [216].

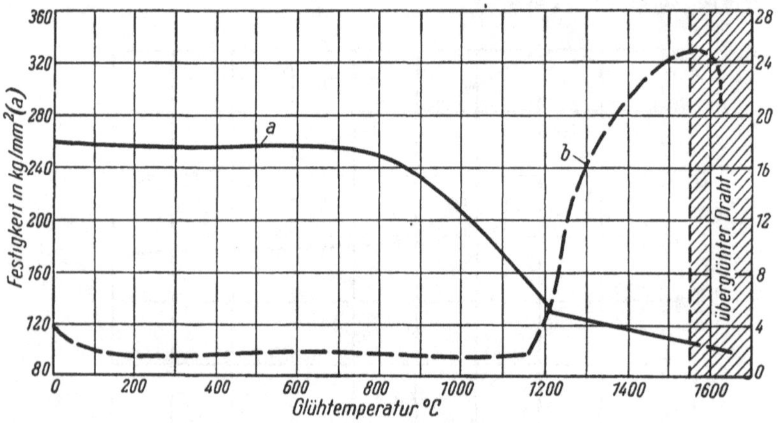

Abb. 105. Zugfestigkeit und Bruchdehnung von polykristallinem Molybdändraht ∅ 0,1 mm in Abhängigkeit von der Ausglühtemperatur (kurzzeitig geglüht)

Über die Änderungen der Festigkeit und Dehnung, die kalt oder warm gewalzte Mo-Bleche während ihrer Bearbeitung erfahren und bei deren Herstellung von gegossenem Molybdän ausgegangen wurde, hat neuerdings J. J. HAARWOOD [211] Untersuchungen durchgeführt.

9.23 *Einfluß der Kaltbearbeitung auf die Härte des Molybdäns*

Die Härte von bearbeitetem Molybdän steigt mit zunehmender Verformung beträchtlich an. Dies haben z. B. R. KIEFFER und W. HOTOP [10] an Molybdänblechen gezeigt, welche durch Flachschmieden und Walzen eines hochgesinterten Mo-Stabes 18 × 18 mm hergestellt wurden. Zur Untersuchung gelangten Bleche mit einer Stärke von 4 bis 1 mm (vgl. Abb. 106).

Nach bisher unveröffentlichten Untersuchungen von C. AGTE und J. VACEK [213] nimmt nicht nur die Härte, sondern auch der spezifische elektrische Widerstand von Molybdänblechen mit steigendem Verformungsgrad beträchtlich zu. Dies geht im einzelnen aus der Abb. 107 hervor, in welcher die Änderungen der Vickershärte und des spezifischen elektrischen Widerstandes bei kaltgewalzten Mo-Blechen in Abhängigkeit von der Blechstärke (0,7 bis 0,1 mm) wiedergegeben sind.

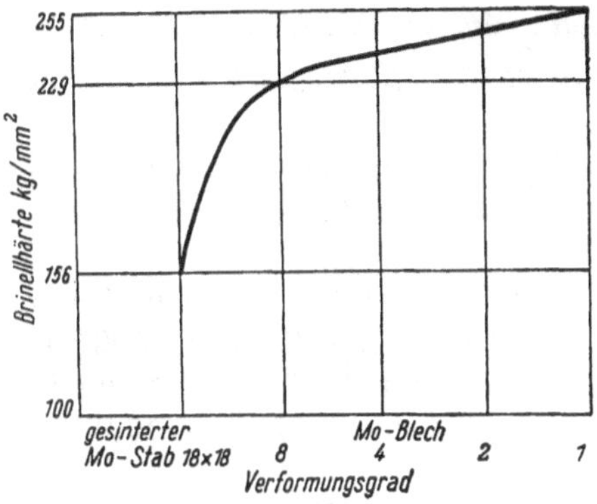

Abb. 106. Brinellhärte von Molybdän bei Normaltemperatur in Abhängigkeit vom Verformungsgrad (nach R. KIEFFER u. W. HOTOP, HB 10/3000/30)

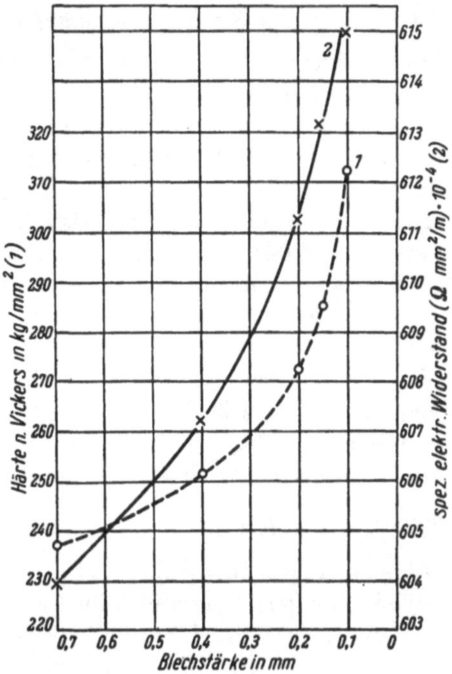

Abb. 107. Abhängigkeit von Härte $H_{V\,10}$ und spezifischem elektrischem Widerstand von der Blechstärke (für kaltgewalzte Mo-Bleche — nach J. VACEK)

Die gleichen Autoren haben auch den Einfluß der Ausglühtemperatur auf die Eigenschaften (Vickershärte und spezifischer elektrischer Widerstand) von kaltgewalzten Molybdänblechen untersucht, welche eine Dicke von 0,2 mm hatten. Härte und elektrischer Widerstand werden durch Ausglühen der Bleche im Wasserstoff stark erniedrigt, wie aus Abb. 108 hervorgeht. Die Erniedrigung der Härte setzt bei etwa 700° C ein. Der spezifische elektrische Widerstand erfährt schon Änderungen bei Glühtemperaturen von etwa 300 bis 400° C.

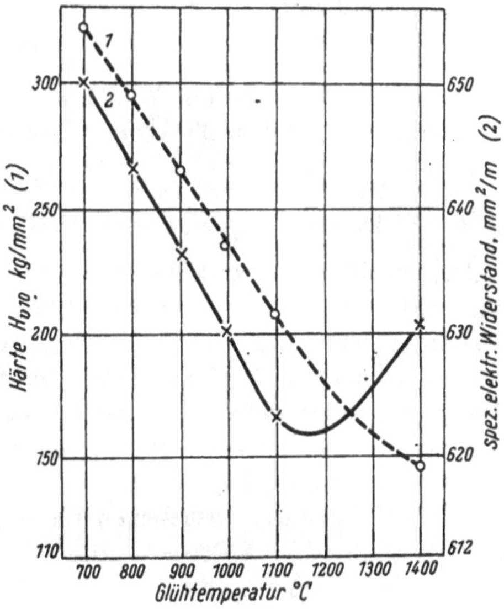

Abb. 108. Einfluß der Glühtemperatur auf Härte $H_{V\,10}$ und spezifischen elektrischen Widerstand ($\times 10^4$) von kaltgewalzten Molybdänblechen (nach J. VACEK)

9.24 *Einfluß der Kaltbearbeitung auf die Elastizitätseigenschaften des Molybdäns*

Ebenso wie Wolfram zeigt auch Molybdän einen hohen Elastizitätsmodul, der mit steigendem Verformungsgrad weiter vergrößert wird. J. J. HAARWOOD [211] gibt für bearbeitetes Molybdän einen Elastizitätsmodul von 32500 kg/mm² an. Ebenso wie beim Wolfram wird der Elastizitätsmodul durch Ausglühen etwas erniedrigt.

Der Torsionsmodul von polykristallinen Molybdändrähten mit einem Durchmesser von 0,041 mm wurde von J. KOENIGSBERGER [212] mit 13800 bis 15300 kg/mm² bestimmt. Demgegenüber zeigen Einkristalldrähte aus Molybdän nach dem gleichen Autor (0,0365 mm ∅) einen Torsionsmodul von 18300 kg/mm².

Den Verlauf des Elastizitäts- und Torsionsmoduls von Molybdändrähten bei Temperaturen von 20 bis 900° C gibt neuerdings J. J. HAARWOOD [211] an. Nach seiner Auffassung ist die gute Elastizität des Molybdäns bei höheren Temperaturen technisch ausnutzbar.

9.25 *Kompressibilität*

Ähnlich wie beim Wolfram hat P. W. BRIDGMAN [205, 217] auch beim Molybdän an gehämmerten Stäben und gezogenen Drähten den Kompressibilitätsfaktor β im Druckintervall zwischen 0 bis 12000 kg/cm² bestimmt. Im Bereich von 30 bis 75 °C ist der Einfluß der Temperatur auf die Kompressibilität nur gering. BRIDGMAN hat folgende Werte für den Kompressibilitätsfaktor β erhalten:

gehämmerter Stab	30° C	$3{,}47 \cdot 10^{-7}$ kg/cm²
	75° C	$3{,}48 \cdot 10^{-7}$ kg/cm²
gezogener Draht	30° C	$3{,}61 \cdot 10^{-7}$ kg/cm²
	75° C	$3{,}62 \cdot 10^{-7}$ kg/cm².

Demgegenüber haben T. W. RICHARDS und E. P. BARTLETT [206] zwischen 100 und 500 kg/cm² bei 20° C einen Kompressibilitätsfaktor von $4{,}6 \cdot 10^{-7}$ kg/cm² erhalten.

9.26 *Elektrische Leitfähigkeit in Abhängigkeit von der Kaltbearbeitung*

Der spezifische elektrische Widerstand des Molybdäns ist wie beim Wolfram und anderen Metallen sehr stark vom Grade der Kaltbearbeitung abhängig. Der spezifische elektrische Widerstand nimmt mit steigendem Verformungsgrad zu, der Temperaturkoeffizient des elektrischen Widerstandes ab. Die Regel von Mathiessen, derzufolge das Produkt aus spez. elektr. Widerstand und seinem Temperaturkoeffizienten konstant ist, wird auch für kaltbearbeitetes Molybdän annähernd erfüllt [218].

Die in Tabelle 61 angegebenen Werte für den elektrischen Widerstand zeigen den Einfluß der Kaltbearbeitung, als deren Maß der Drahtdurchmesser anzusehen ist, im einzelnen.

Tabelle 61

Einfluß der Kaltbearbeitung auf die elektrischen Eigenschaften von gezogenen Molybdändrähten

Drahtdurchmesser in μ	Spez. elektr. Widerstand ($\varrho \cdot 10^6$) bei 20° C in Ohm · cm	Temperaturkoeffizient des elektr. Widerstandes (α) zwischen 0 u. 100° C	$\varrho \cdot \alpha \cdot 10^{10}$ (Mathiessensches Gesetz)
500	6,10	0,00423	252
300	6,40	0,00398	255
100	6,75	0,00387	260
50	7,03	0,00378	266
30	7,25	0,00371	268
15	7,56	0,00365	268

Durch Ausglühen gezogener Molybdändrähte erniedrigt sich der spezifische elektrische Widerstand, während sein Temperaturkoeffizient erhöht wird, und zwar ebenfalls wieder so, daß das Mathiessensche Gesetz annähernd erfüllt ist. Die in Tabelle 62 wiedergegebenen Werte gelten für einen auf 30 μ gezogenen Molybdändraht.

Wie aus Tabelle 62 ersichtlich ist, zeigt der spezifische elektrische Widerstand durch die Grobkristallbildung (Rekristallisation) wieder einen Anstieg, eine Erscheinung, die von den Verfassern auch kürzlich an geglühten Mo-Blechen festgestellt werden konnte [213].

Tabelle 62

Einfluß der Ausglühtemperatur auf die elektrischen Eigenschaften von gezogenen Molybdändrähten

Ausglüh-temperatur °C	Spez. elektr. Widerstand ($\varrho \cdot 10^6$) bei 20° C in Ohm · cm	Temperaturkoeffizient des elektr. Widerstandes (α) zwischen 0 u. 100° C	$\varrho \cdot \alpha \cdot 10^{10}$ (Mathiessensches Gesetz)
500	6,60	0,00398	263
600	6,44	0,00401	259
700	6,30	0,00405	255
800	6,22	0,00411	254
900	6,15	0,00425	260
1100	6,20	0,00420	260
1300	6,30	0,00419	263
rekristallis.	6,35	0,00420	267

Bei Molybdäneinkristalldrähten wurde der spezifische elektrische Widerstand von W. Geiss und I. A. M. van Liempt [219] mit 5,03 · 10^{-6} Ohm · cm festgestellt. Der Temperaturkoeffizient des elektrischen Widerstandes beträgt in diesem Falle zwischen 0 und 100° C 0,00498. Ebenso wie eine Verfestigung durch Kaltbearbeitung wirkt auf den spezifischen elektrischen Widerstand auch der Einbau von mischkristallbildenden Zusätzen oder Verunreinigungen in das Kristallgitter [198].

Über den Widerstand von Molybdän im Magnetfeld vgl. P. KAPITZA [220], über die Wirkung eines elektrischen Feldes siehe u. a. G. B. ESTABROOK [221] und A. G. WORTHING [222]. Mit der Messung des elektrischen Widerstandes von Molybdän beschäftigten sich auch J. KIKOJIN und B. LAZAREV [223].

9.30 Einfluß der Temperatur auf die Eigenschaften von Wolfram und Molybdän

Wie schon erwähnt, sind die Eigenschaften, welche Wolfram und Molybdän bei höheren Temperaturen zeigen, für viele technische Anwendungszwecke noch wesentlich wichtiger als diejenigen bei Raumtemperatur. Dies gilt vor allem für diejenigen Eigenschaften, die im Hinblick auf die Verwendung des Wolframs als Leuchtkörpermaterial in der elektrischen Glühlampe oder als Bauteile in anderen für die Hochvakuumtechnik wichtigen Geräten gefordert werden müssen. Daher ist es notwendig, sich eingehender mit dieser Frage zu beschäftigen, wobei wir zunächst die Eigenschaften des Wolframs bei höheren Temperaturen und dann die des Molybdäns besprechen werden.

9.31 *Eigenschaften des Wolframs bei höheren Temperaturen*

Von den Eigenschaften des Wolframs bei höheren Temperaturen interessieren vor allem die mechanischen, thermischen, elektrischen und optischen.

9.311 Festigkeitseigenschaften bei höheren Temperaturen

Wie bereits aufgeführt, hängt die Festigkeit des Wolframs bei Raumtemperatur von der mechanischen und thermischen Behandlung der Drähte (Kaltbearbeitung und Verfestigung) ab. Aber auch andere Einflüsse, wie Reinheit, Korngröße usw., spielen eine Rolle.

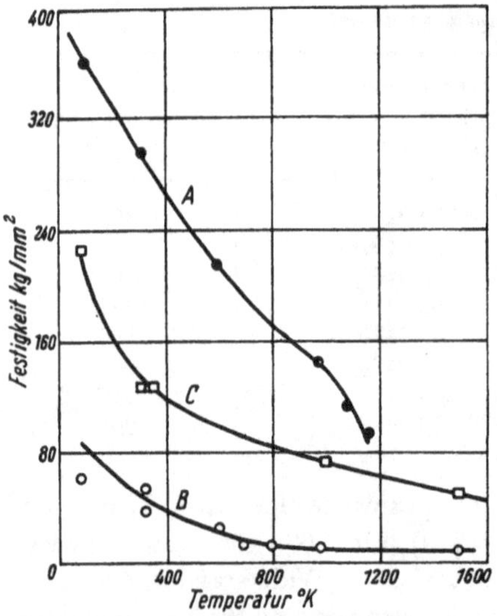

Abb. 109. Kurvenverlauf Festigkeit — Temperatur. *A* — gezogener Wolframdraht; *B* — gezogener W-Draht, rekristallisiert bei 3000° K; *C* — Pintsch-Einkristalldraht

Die Festigkeit von Wolframdrähten bei höheren Temperaturen ist sowohl für den polykristallinen als auch für den Einkristalldraht für Drähte mit verschiedenen technisch wichtigen Zusätzen (NS, G, BSD usw.) in einem ziemlich weiten Temperaturgebiet (bis zu 3000° C) untersucht worden. So hat z. B. F. S. GOUCHER [224] die Festigkeit von gezogenen und von Einkristalldrähten aus Wolfram im Temperaturgebiet zwischen 20 bis 1600° K eingehend untersucht. Die Festigkeit aller vorgenannten Drähte wird, wie Abb. 109 zeigt, mit steigender Temperatur stark erniedrigt, und zwar auf kleine Bruchteile der Ausgangsfestigkeit. Der schnelle Abfall der

Festigkeit des gezogenen Drahtes bei 1000° K ist wahrscheinlich auf die beginnende Rekristallisation zurückzuführen (Kurve A). Wird der Draht zur Bildung größerer, den gesamten Drahtquerschnitt einnehmender Kristalle kurzfristig auf 3000° K erhitzt, dann resultiert ein Draht mit sehr geringer Festigkeit im Temperaturgebiet zwischen 20 und 1600° K (Kurve *B* der Abb. 109). Der Pintsch-Einkristalldraht (mit Zusatz von 2% ThO_2) dagegen hat eine Festigkeit, welche dreimal so groß ist wie die eines nicht thorierten Einkristalldrahtes (Kurve *C*).

G. FONDA [225] hat die Festigkeit verschiedener gezogener und rekristallisierter Wolframdrähte im Temperaturgebiet zwischen 1600 und 3000° K untersucht. Seine Werte schließen sich gut an die von GOUCHER an.

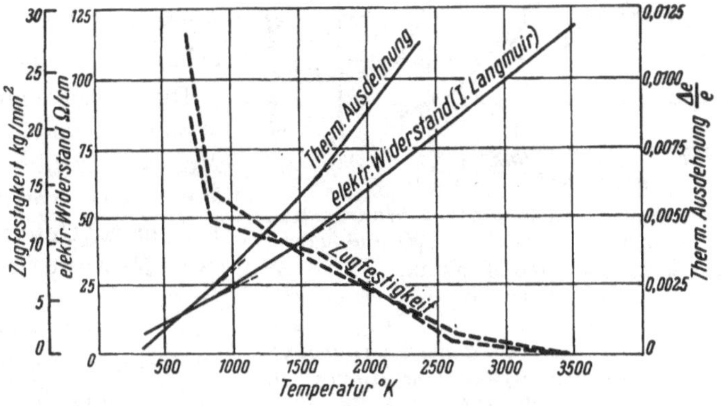

Abb. 110. Festigkeit von Wolframeinkristalldrähten in Abhängigkeit von der Temperatur

In Abb. 110 ist die Festigkeit von Einkristalldrähten aus Wolfram in Abhängigkeit von der Temperatur im Gebiet zwischen 300 und 3500° K wiedergegeben. Die Abbildung enthält gleichzeitig Kurven für den Verlauf der thermischen Ausdehnung und den spezifischen elektrischen Widerstand. Bemerkenswert ist der diskontinuierliche Kurvenverlauf im Gebiet von 800 bis 900°, bei 1600 und bei 2600 bis 2700° K, der bei sämtlichen Eigenschaften zum Ausdruck kommt und den u. a. C. J. SMITHELLS näher interpretiert hat.

Sehr bemerkenswerte Angaben über die Festigkeit und Dehnung von verschiedenen Wolframdrähten bei höheren Temperaturen haben W. ESPE und M. KNOLL in ihrem bekannten Buch [25] Werkstoffkunde der Hochvakuumtechnik gemacht, und zwar im Temperaturbereich zwischen 1200 und 3000° C. Untersucht wurden u. a. NS-Draht, G-Drähte mit verschiedenem Gehalt an Thoroxyd, Pintsch-Einkristalldrähte usw. Das Ergebnis dieser Messungen ist in Abb. 111 wiedergegeben. Wie man sieht, hat der Pintsch-Einkristalldraht bei höheren Temperaturen die größte Festigkeit. Die Festigkeit ist stark abhängig vom Gehalt an Thoriumoxyd der Drähte, und zwar in dem Sinne, daß mit steigendem ThO_2-Gehalt bei gleicher Temperatur die Festigkeit erhöht wird. Am niedrigsten ist die Festigkeit des NS-Drahtes und des thoriumfreien Drahtes,

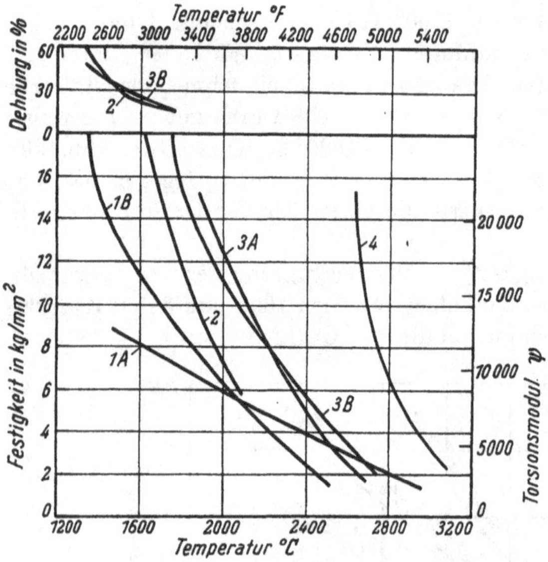

Abb. 111. Festigkeitseigenschaften von Wolframdrähten im Temperaturbereich zwischen 1200 und 3200° C (nach W. ESPE und M. KNOLL).
Kurve *1A* — NS-Draht; Kurve *1B* — thoriumoxydfreier Draht; Kurve *2* — mit 0,75% ThO_2; Kurve *3A* — mit 1,5% ThO_2; Kurve *3B* — Thoriumoxydgehalt nicht angegeben; Kurve *4* — Pintsch-Einkristalldraht mit 2% ThO_2

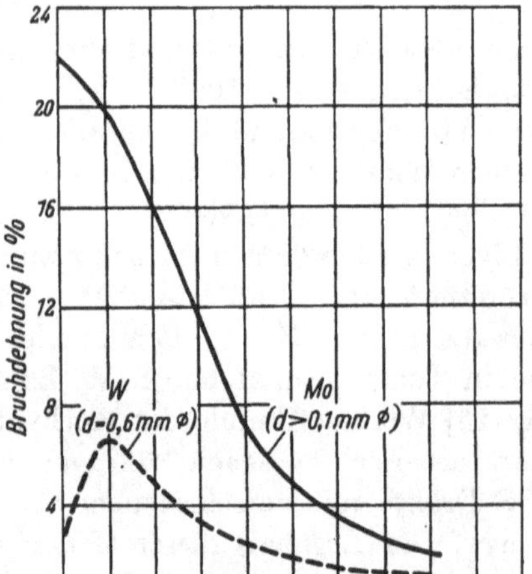

Abb. 112. Bruchdehnung von Wolfram- und Molybdändraht in Abhängigkeit von der Temperatur (nach Metallwerke Plansee)

sofern man das Temperaturgebiet unter 2000° C betrachtet. Erst bei den Brenntemperaturen der Lampen macht sich die gute Formbeständigkeit der NS-Drähte vorteilhaft bemerkbar.

Die Festigkeit der Wolframdrähte bei den Brenntemperaturen der elektrischen Glühlampe beträgt, wie aus den Angaben von ESPE und KNOLL hervorgeht, nur wenige kg/mm².

Die Bruchdehnung von Wolfram- und auch von Molybdändrähten wird mit steigender Arbeitstemperatur nach Untersuchungen der Metallwerke Plansee G. m. b. H. [210] geringer, wie Abb. 112 zeigt. Beim Wolfram zeigt sich eine kleine Anomalie im Kurvenverlauf. Die Bruchdehnung nimmt zunächst von etwa 3% bei Raumtemperatur auf etwa 7% bei 100°C zu und sinkt dann kontinuierlich auf etwa 1,5% bei etwa 800° C ab. Demgegenüber zeigen Molybdändrähte ein kontinuierliches Absinken der Bruchdehnung von etwa 23% bei Raumtemperatur auf ca. 2% bei 800° C.

9.312 Einfluß höherer Temperaturen auf die Härte des Wolframs

Die Härte von gehämmerten Wolframstäben in Abhängigkeit von der Temperatur wurde von ENGL und FÖHNER [226] bestimmt. Das Ergebnis der Messungen ist aus Abb. 113 ersichtlich. Die dabei verwendete Methode war folgende: Es wurde eine bestimmte Last P auf eine Kegelspitze (Spitzenwinkel 120°) aufgebracht und der Durchmesser des Eindruckes d gemessen. Die Härtezahl H ist dann durch die Gleichung

$$H = \frac{P}{0{,}25\pi d^2}\ \mathrm{kg/mm^2}$$

gegeben. Der Härtewert hängt von der Dauer der Einwirkung der Last ab. Für die Messung wurde eine Belastungsdauer von 1 Min. zugrunde gelegt. Interessant

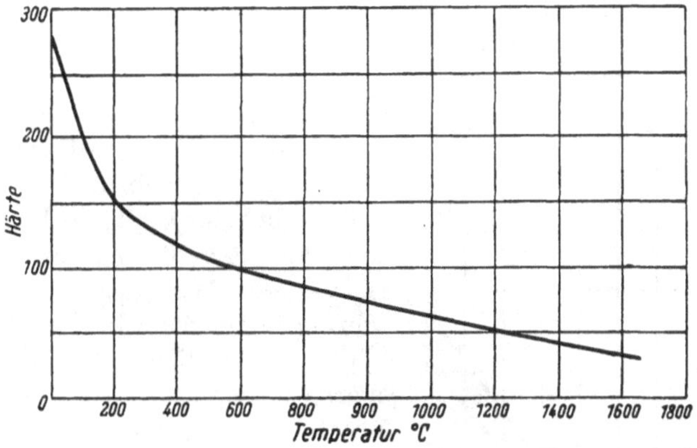

Abb. 113. Härte von gehämmerten Wolframstäben in Abhängigkeit von der Temperatur (nach ENGL u. FÖHNER)

erscheint hierbei die schnelle Zunahme der Härte unter 200° C. Diese Erscheinung steht in Übereinstimmung mit der Erfahrung, daß Wolfram, welches bei Raumtemperatur überhaupt nicht bearbeitet werden kann, schon durch Erwärmen auf 150 bis 200° C wesentlich duktiler wird.

9.313 Thermische Eigenschaften

9.3131 Ausdehnungskoeffizient

Die thermische Ausdehnung von Wolfram und auch von Molybdän ist bei höheren Temperaturen bekannt und von den verschiedensten Forschern gemessen worden, so z. B. am Wolfram (gut ausgeglühte Proben) von A. G. WORTHING [227] sowie von P. HIDNERT und W. T. SWEENEY [228]. Der lineare Wärmeausdehnungskoeffizient nimmt mit steigender Temperatur zu. WORTHING bestimmte ihn bei 300° K mit $4{,}44 \cdot 10^{-6}$, bei 1300° K mit $5{,}19 \cdot 10^{-6}$ und bei 2300° K mit $7{,}26 \cdot 10^{-6}$ pro Grad. K. BECKER [229] hat den Wärmeausdehnungskoeffizienten durch Messung der Gitterparameter röntgenographisch ermittelt und einen mittleren Wert zwischen 20 und 1375° C von $5{,}8 \cdot 10^{-6}$

pro Grad erhalten. J. DISCH [230] hat den linearen Wärmeausdehnungskoeffizienten des Wolframs bei niederen Temperaturen bis zu $-190°$ C bestimmt.

Tabelle 62a

Mittlerer Wärmeausdehnungskoeffizient für Wolfram und Molybdän $\cdot 10^{-6}/°C$
(nach APBLETT und PELINI)

Von 20° C bis	315	650	870	1090	1315	1650	2630° C
Wolfram	4,3	4,5	4,9	5,2	5,6	5,9	7,0
Molybdän	4,3	4,7	5,4	5,4	6,1	6,5	—

APBLETT und PELINI [231] haben unlängst neue Daten über den mittleren Wärmeausdehnungskoeffizienten von Wolfram und Molybdän veröffentlicht, welche sie mit Hilfe eines neuen Registrierdilatometers für hohe Temperaturen eigener Konstruktion ermittelt haben. Die Ergebnisse dieser Messungen sind in Tabelle 62a angegeben.

Bezüglich der Einflüsse der Kaltbearbeitung auf den Wärmeausdehnungskoeffizienten des Wolframs sei auf die Ausführungen auf Seite 188 verwiesen.

Einen Vergleich zwischen der linearen Wärmeausdehnung von Wolfram und Molybdän haben die Metallwerke Plansee [210] gegeben. Die Abb. 114 ist der Druckschrift „Metallkeramik“ Bd. Molybdän entnommen. Wie ersichtlich, ist die Wärmeausdehnung von Wolfram etwas niedriger als diejenige von Molybdän, und zwar im gesamten untersuchten Temperaturgebiet zwischen 0 und 2000° C.

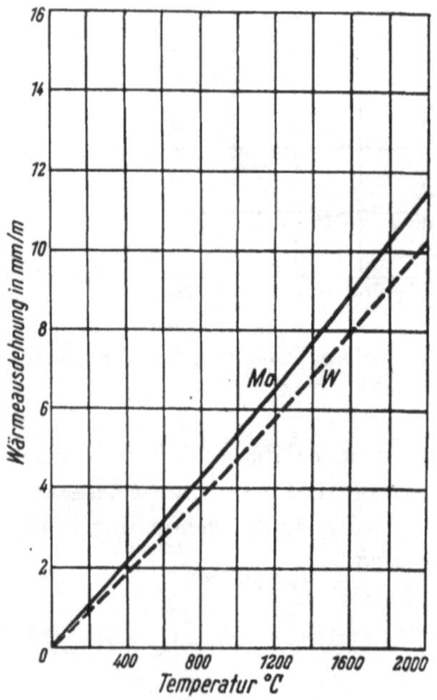

Abb. 114. Wärmeausdehnung von Wolfram und Molybdän im Temperaturbereich zwischen 0° und 2000° C (nach Metallwerke Plansee)

9.3132 Spezifische Wärme

Die spezifische Wärme des Wolframs ist von den verschiedensten Forschern sowohl bei tiefen, mittleren, hohen als auch höchsten Temperaturen untersucht worden. Die spezifische Wärme von polykristallinen und Einkristalldrähten aus Wolfram zeigt nach W. GEISS und I. A. M. VAN LIEMPT [232] keinen Unterschied. Dagegen erhöhen oxydische Verunreinigungen die spezifische Wärme. Die tatsächliche spezifische Wärme des Wolframs beträgt etwa 0,033 cal/g und pro Grad. Sie nimmt mit steigender Temperatur langsam zu. Dagegen steigt die spezifische tatsächliche Wärme des Molybdäns, die bereits bei Raumtemperatur mit 0,06 cal pro Gramm und Grad wesentlich höher als die des Wolframs ist, mit steigender Temperatur stärker an (vgl. Abb. 115).

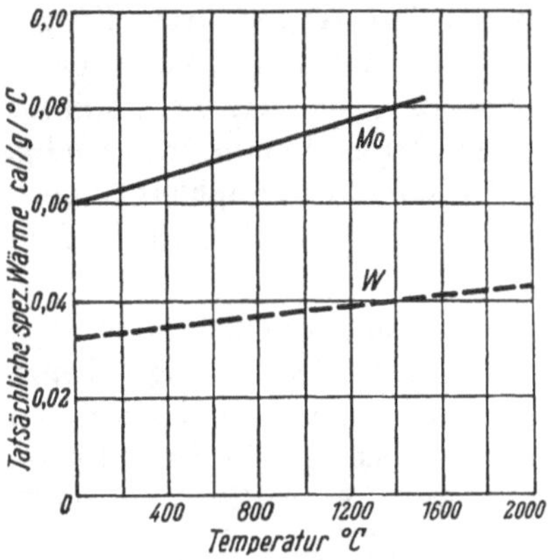

Abb. 115. Tatsächliche, spezifische Wärme von W und Mo in Abhängigkeit von der Temperatur

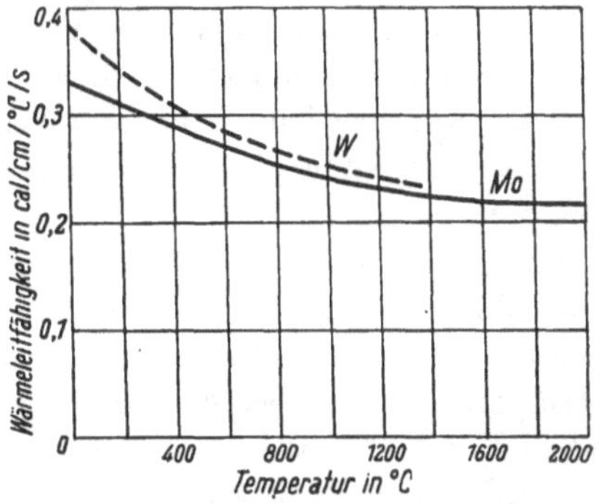

Abb. 116. Wärmeleitfähigkeit von W und Mo in Abhängigkeit von der Temperatur

9.3133 Wärmeleitfähigkeit

Die Wärmeleitfähigkeit des Wolframs ist wegen der Wärmeableitungsverluste in elektrischen Glühlampen wichtig. Diese Eigenschaft ist daher eingehend untersucht worden. Mit der Untersuchung der Wärmeverluste an den Enden von glühenden Wolframdrähten haben sich I. LANGMUIR, M. LANE und K. B. BLODGETT [233] beschäftigt.

Das Wärmeleitvermögen des Wolframs wird stark von dem Grad der Reinheit und von der Verfestigung beeinflußt. Nach Untersuchungen von E. GRÜNEISEN und E. GOENS [234] hat die Korngröße keinen Einfluß auf das Wärmeleitvermögen.

Die Messungen über die Abhängigkeit der Wärmeleitfähigkeit von der Temperatur, die in der Literatur angegeben sind, weichen in ihren Ergebnissen stark voneinander ab, und zwar sogar in der Richtung der Temperaturabhängigkeit. Ältere Messungen verdienen weniger Beachtung. Am zuverlässigsten erscheinen die in Abb. 116 wiedergegebenen Werte. In dieser Abbildung ist die Wärmeleitfähigkeit des Wolframs und Molybdäns im Temperaturgebiet zwischen 0 und 2000° C miteinander verglichen. Die Wärmeleitfähigkeit des Wolframs ist im gesamten untersuchten Temperaturgebiet etwas größer als die des Molybdäns.

9.3134 Schmelz- und Siedepunkt

Der Schmelzpunkt des Wolframs ist, unter Berücksichtigung seiner Höhe, sehr genau gemessen worden. Als zuverlässigster Wert muß

$$3638 \pm 60° \text{ K},$$

gemessen von M. PIRANI und H. ALTERTHUM [235] nach der Bohrlochmethode, gelten. In befriedigender Übereinstimmung mit diesem Wert befinden sich die Messungen von G. A. WORTHING [236] und F. HENNING sowie W. HEUSE [237]. Bei allen diesen als zuverlässig zu bezeichnenden Messungen wurde das Wolfram unter solchen Bedingungen geschmolzen, daß es selbst als schwarzer Körper betrachtet werden kann. Wird jedoch die Schmelztemperatur des Wolframs an der Oberfläche mittels optischer Methoden gemessen, dann ist die Kenntnis der Strahlungsverhältnisse, d. h. der optischen Eigenschaften, notwendig. Da sich nun das Emissionsvermögen mit dem Zustand des Strahlers ändert, sind alle Messungen der Schmelztemperatur an der Oberfläche mit Fehlern behaftet.

Der Siedepunkt des Wolframs ist sowohl aus der Dampfdruckkurve als auch nach der Bogenmethode berechnet worden. Die in der Literatur angegebenen Werte streuen außerordentlich. Am zuverlässigsten erscheinen die aus der Dampfdruckkurve berechneten Werte, die zu einem Siedepunkt von 5100 bis 5200° K geführt haben (vgl. u. a. I. A. M. VAN LIEMPT [238], C. ZWIKKER [187] und I. LANGMUIR [239]).

Die Verdampfungswärme, berechnet aus den Dampfdruckkurven, liegt zwischen 192000 und 221800 cal/g Atom. Die latente Schmelzwärme beträgt etwa 3000 cal/g Atom (vgl. die oben genannten Verfasser sowie H. A. JONES, I. LANGMUIR und J. MACKAY [240]).

9.3135 Dampfdruck und Verdampfungsgeschwindigkeit

Der Dampfdruck bei höheren Temperaturen, nämlich den Brenntemperaturen der elektrischen Glühlampe, ist ebenfalls für die Glühlampentechnik eine besonders wichtige Eigenschaft. Ihrer einwandfreien Bestimmung ist daher eine besondere Aufmerksamkeit gewidmet worden.

Die Messungen des Dampfdruckes beruhen auf der Bestimmung der Verdampfungsgeschwindigkeit, d. h. der Gewichtsabnahme, die ein auf eine bestimmte Temperatur erhitzter Wolframdraht erleidet. Die genauesten Messungen der Verdampfungsgeschwindigkeit des Wolframs dürfte C. ZWIKKER [187] durchgeführt haben. Die ersten Messungen stammen jedoch von I. LANGMUIR, der indessen eine vollständig unzuverlässige Temperaturskala benutzt hat. Rechnet man seine Werte auf die heute gültige Temperaturskala um, dann ergibt sich eine befriedigende Übereinstimmung mit den Messungen von ZWIKKER und anderen.

Die Beziehung zwischen dem Dampfdruck p (in mm Hg) und der Verdampfungsgeschwindigkeit m (in g/cm² · sec) ergibt sich aus der Gleichung

$$m = p \sqrt{\frac{M}{2\pi R T}}\,.$$

Hierin bedeutet M das Molekulargewicht und R die Gaskonstante. Die Messungen von ZWIKKER sind in Tabelle 63 wiedergegeben.

Tabelle 63

Messungen der Verdampfungsgeschwindigkeit von Wolfram (nach C. ZWIKKER)

Temperatur in °K	Verdampfungs-geschwindigkeit m, g/cm²·s	Dampfdruck p mm Hg
1927	$2 \cdot 10^{-15}$	$100 \cdot 10^{-15}$
2093	$170 \cdot 10^{-15}$	$9{,}5 \cdot 10^{-12}$
2220	$3{,}3 \cdot 10^{-12}$	$264 \cdot 10^{-12}$
2331	$34 \cdot 10^{-12}$	$2{,}0 \cdot 10^{-9}$
2504	$890 \cdot 10^{-12}$	$51 \cdot 10^{-9}$
2642	$8{,}3 \cdot 10^{-9}$	$430 \cdot 10^{-9}$
2831	$123 \cdot 10^{-9}$	$8{,}3 \cdot 10^{-6}$
3049	$1{,}86 \cdot 10^{-6}$	$130 \cdot 10^{-6}$
3287	$24{,}0 \cdot 10^{-6}$	$1{,}74 \cdot 10^{-3}$
3426	$87 \cdot 10^{-6}$	$6{,}5 \cdot 10^{-3}$

In Abb. 117 ist der Dampfdruck von Wolfram im Vergleich zum Molybdän im Vakuum in Abhängigkeit von der Temperatur dargestellt.

Wie man sieht, ist der Dampfdruck des Wolframs im Vergleich zum Molybdän um 3 bis 4 Größenordnungen kleiner.

In enger Beziehung zur Verdampfungsgeschwindigkeit des Wolframs steht die Lebensdauer einer elektrischen Glühlampe. Ihre mittlere Lebensdauer ist umgekehrt proportional der Verdampfungsgeschwindigkeit. Sie nimmt in Vakuum-Glühlampen mit der 39. Potenz der absoluten Temperatur ab. Erfahrungsgemäß brennen Vakuum-Glühlampen mit gestrecktem Leuchtfaden infolge von Drahtfehlern im Mittel dann durch, wenn sich der Durchmesser des Leuchtfadens durch Verdampfung des Wolframs um 0,5% bei dünnen Drähten und um 2,5% bei dicken Drähten verringert hat (vgl. R. BECKER [133]).

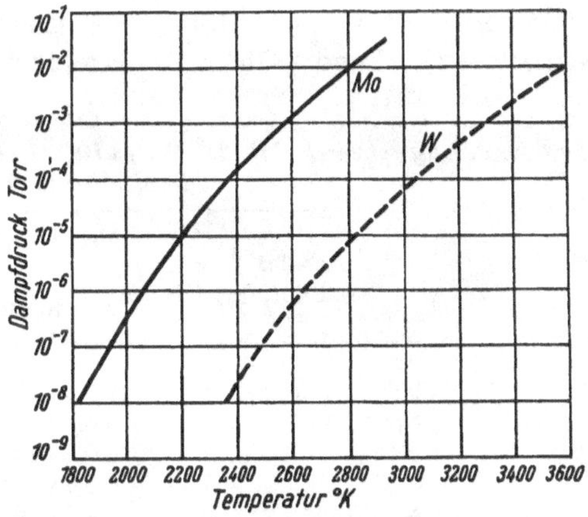

Abb. 117. Dampfdruck von Wolfram und Molybdän im Vakuum in Abhängigkeit von der Temperatur

Die Verdampfungsgeschwindigkeit im Vakuum ist im Gebiet von 0,05 bis 0,25 mm unabhängig vom Drahtdurchmesser. Sie liegt allgemein für feinkörnige Drähte um 40% höher als für grobkörnige. In Stickstoff ist die Verdampfungsgeschwindigkeit um 2 bis 5%, in Argon um 1,3 bis 3% niedriger als im Vakuum. In Gegenwart dieser Gase nimmt die Verdampfungsgeschwindigkeit mit abnehmendem Drahtdurchmesser zu. Dies ist dadurch zu erklären, daß sich eine den Draht umhüllende stationäre Gasschicht bildet (G. R. FONDA [168]). Durch diese Gasschicht diffundieren die verdampften Wolframatome.

FONDA gibt die in Tabelle 64 aufgeführten Werte für die Verdampfungsgeschwindigkeit eines Wolframdrahtes von 97,8 μ Durchmesser in einer Atmosphäre von 86% Ar und 14% N_2 in Abhängigkeit vom Gasdruck P (in cm Hg) an.

Tabelle 64

Verdampfungsgeschwindigkeit von Wolfram (Draht-∅ 97,8 μ) in einem Gas von 86% Ar *und 14%* N_2 *bei verschiedenen Gasdrücken P (in* cm Hg) *für eine Temperatur von 2870° K* (nach G. FONDA)

Gasdruck P in cm Hg	Verdampfungsgeschwindigkeit m, g/cm²·s
0	$230 \cdot 10^{-9}$
1	$57{,}5 \cdot 10^{-9}$
5	$23{,}5 \cdot 10^{-9}$
10	$20{,}5 \cdot 10^{-9}$
25	$10{,}3 \cdot 10^{-9}$
50	$5{,}4 \cdot 10^{-9}$
70	$4{,}2 \cdot 10^{-9}$
165	$2{,}0 \cdot 10^{-9}$

Wie man sieht, nimmt die Verdampfungsgeschwindigkeit mit steigendem Druck des Füllgases (86% Ar und 14% N_2) in den Lampen etwas ab.

H. ALTERTHUM hat die Verdampfungsgeschwindigkeit des Wolframs in Vakuumlampen in Gegenwart von Salzdämpfen gemessen [241]. Das Ergebnis seiner bei 2770° und 2875° K durchgeführten Messungen zeigt Tabelle 65.

Tabelle 65

Verdampfungsgeschwindigkeit des Wolframs in Vakuumlampen und in Gegenwart von Salzdämpfen (nach H. ALTERTHUM)

Art des Salzdampfes	Verdampfungsgeschwindigkeit m g/cm² · s bei 2770° K	2875° K
P	$5{,}9 \cdot 10^{-8}$	$24{,}6 \cdot 10^{-8}$
NaCl	$6{,}9 \cdot 10^{-8}$	$29{,}5 \cdot 10^{-8}$
KBr	$10{,}6 \cdot 10^{-8}$	$30{,}0 \cdot 10^{-8}$
CaF_2	$6{,}7 \cdot 10^{-8}$	$28{,}5 \cdot 10^{-8}$
Na_2SiF_6	$4{,}8 \cdot 10^{-8}$	$38{,}0 \cdot 10^{-8}$
Na_2FeF_4	$6{,}7 \cdot 10^{-8}$	$33{,}0 \cdot 10^{-8}$
K_3AlF_6	$7{,}0 \cdot 10^{-8}$	—
BPO_4	$4{,}5 \cdot 10^{-8}$	—
ohne Salzzusatz .	$4{,}6 \cdot 10^{-8}$	$19{,}0 \cdot 10^{-8}$

Wie aus Tabelle 65 zu entnehmen ist, wird die Verdampfungsgeschwindigkeit des Wolframs durch Salzdämpfe etwas verschlechtert. Nach H. PLAUT [242] ist es für die Verdampfung von Wolframglühfäden nicht gleichgültig, ob als Heizstrom Gleich- oder Wechselstrom benutzt wird. Die Verdampfungsgeschwindigkeit von thoriumhaltigen Wolframdrähten ist u. a. von M. A. ANDREWS [243] gemessen worden.

9.314 Spezifischer elektrischer Widerstand des Wolframs bei höheren Temperaturen

Neben den mechanischen und thermischen Eigenschaften des Wolframs bei höheren Temperaturen sind auch die elektrischen Eigenschaften für die Glühlampentechnik von großer Bedeutung. A. G. WORTHING [244] hat gezeigt, daß eine lineare Beziehung zwischen dem Logarithmus des spezifischen elektrischen Widerstandes und dem Logarithmus der Temperatur besteht, zum mindesten im Gebiet zwischen 1200 und 2800° K. Diese Beziehung kann ausgedrückt werden durch die Gleichung:

$$\frac{R_T}{R_0} = \left(\frac{T}{T_0}\right)^k .$$

Hierin bedeuten R_T und R_0 die elektrischen Widerstände bei der höheren Temperatur T und der niederen Temperatur T_0 (Raumtemperatur). k ist ein Faktor, der die Neigung der Geraden angibt. Er beträgt unterhalb von 1200° K 1,219, oberhalb von 1200° K 1,195. Weiterhin ist der spezifische elektrische Widerstand von Wolfram als Funktion der Temperatur von W. GEISS [245], JONES [246], FORSYTHE und WATSON [247] sowie anderen bestimmt worden. Die Werte der einzelnen Autoren befinden sich in guter Übereinstimmung miteinander. In Abb. 118 ist der spezifische elektrische Widerstand von reinem Wolfram, von reinem Molybdän und einer Wolfram-Molybdän-Legierung (Mo-B 100) in Abhängigkeit von der Temperatur wiedergegeben. Wegen der großen Bedeutung des elektrischen Widerstandes bei höheren Temperaturen wird diese Eigenschaft in der zusammenfassenden Tabelle 68 aufgenommen. Darin sind die Eigenschaften des Wolframs im Temperaturgebiet zwischen 0 und 3380° C in Anlehnung an W. ESPE [132] aufgeführt. Die Eigenschaften des Wolframs bei Raumtemperatur sind in der Tabelle 68a zusammengefaßt worden, wobei der Schwerpunkt auf die mechanischen, thermischen und elektrischen Eigenschaften gelegt wurde.

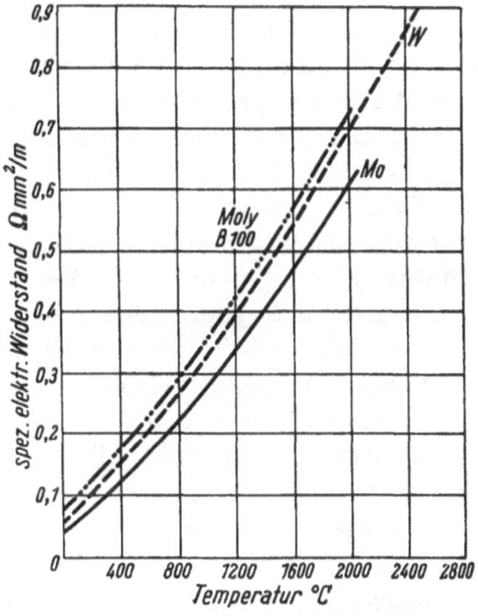

Abb. 118. Spezifischer elektrischer Widerstand von reinem Wolfram und Molybdän sowie einer W-Mo-Legierung (Moly B 100) als Funktion der Temperatur

Aus dem gleichen Grunde ist in der zusammenfassenden Tabelle 68 auch die Oberflächenbelastung des Wolframs in Watt/cm² in Abhängigkeit von der Temperatur aufgeführt worden. Diese Eigenschaft ist nicht nur für die Hochvakuumtechnik (Glühlampen, Elektronenröhren usw.) wichtig, sondern in noch stärkerem Maße für die Ofenbautechnik. Die zulässige spezifische Oberflächenbelastung bestimmt letzten Endes die Temperatur, bis zu der die Öfen betrieben werden können. Es ist dies an sich die Schmelztemperatur des Werkstoffes. Wie man sieht, sind beim Wolfram spezifische Oberflächenbelastungen bei 2500° C von mehr als 100 Watt/cm², bei 3000° C von fast 2500 Watt/cm² möglich. Demgegenüber liegen für Chrom-Nickel-Drähte die Belastungen bei den in Betracht kommenden Höchsttemperaturen für diesen Werkstoff bei 1 bis 2 Watt/cm². Für Siliziumkarbid (SiC = Silit) sind je nach der Betriebs- und Ofentemperatur Oberflächenbelastungen zwischen 5 und 25 Watt/cm² möglich [248].

9.315 Optische Eigenschaften des Wolframs

Die für die Glühlampentechnik wichtigsten Eigenschaften des Leuchtkörpermaterials sind seine Leuchtdichte und Lichtausbeute, also seine optischen Eigenschaften. Hier ergibt sich zunächst die große Schwierigkeit einer einwandfreien und unter gleichen Bedingungen durchgeführten Temperaturmessung. Mit der Einführung der Metallfadenlampen erwies es sich daher als notwendig, vorerst eine Temperaturskala zu schaffen, die für höhere Temperaturen Gültigkeit besitzt. Diese Aufgabe wurde von den großen Industrielaboratorien und vor allem von den staatlichen Forschungsanstalten der verschiedenen Länder mit Erfolg durchgeführt (z. B. Bureau of Standards, Physikalisch-technische Reichsanstalt usw.). Hier genügt die Feststellung, daß die Verhältnisse eines schwarzen Körpers, durch den die wahre Temperatur gemessen wird, nur unter bestimmten, außergewöhnlichen Bedingungen, nicht aber in der normalen Glühlampe realisiert werden können. Es ergaben sich infolge des Reflexionsvermögens der Temperaturstrahler, also im vorliegenden Falle des Wolframs, sehr beträchtliche Unterschiede zwischen der Temperatur des schwarzen Körpers und der tatsächlichen, gemessenen. Diese Unterschiede betragen bei der Schmelztemperatur des Wolframs etwa 500° C und sind auch noch bei den normalen Brenntemperaturen der elektrischen Glühlampe sehr erheblich (mehrere hundert Grad).

Das Reflexionsvermögen des Wolframs und Molybdäns ist abhängig von der Wellenlänge des Lichtes. Im Ultrarot ist es erheblich größer als im ultravioletten Gebiet. Das sichtbare Gebiet liegt dazwischen. Wesentliche Unterschiede zwischen dem Reflexionsvermögen des Wolframs und Molybdäns sind im ultraroten und im sichtbaren Gebiet nicht vorhanden. Im Ultrarot beträgt das Reflexionsvermögen 60 bis 80%. Dies geht im einzelnen aus Abb. 119 hervor, in welcher das Reflexionsvermögen des Wolframs und Molybdäns in Abhängigkeit von der Wellenlänge des Lichtes bei Zimmertemperatur dargestellt ist.

Abb. 120 zeigt das spektrale Emissionsvermögen von Wolfram und Molybdän, verglichen mit dem des schwarzen Körpers, in Abhängigkeit von der Wellenlänge des Lichtes bei Zimmertemperatur. Der in der Abbildung für das ultrarote, sichtbare und ultraviolette Gebiet angegebene Kurvenverlauf ist im wesentlichen auf Messungen von A. G. WORTHING [249], MENDENHALL und FORSYTHE [250], H. C. VAN ALPHEN [251] sowie C. ZWIKKER [187] zurückzuführen. Wie man sieht, sind auch hier wieder ebenso wie beim Reflexionsvermögen wesentliche Unterschiede im spektralen Emissionsvermögen zwischen Wolfram und Molybdän nicht festzustellen.

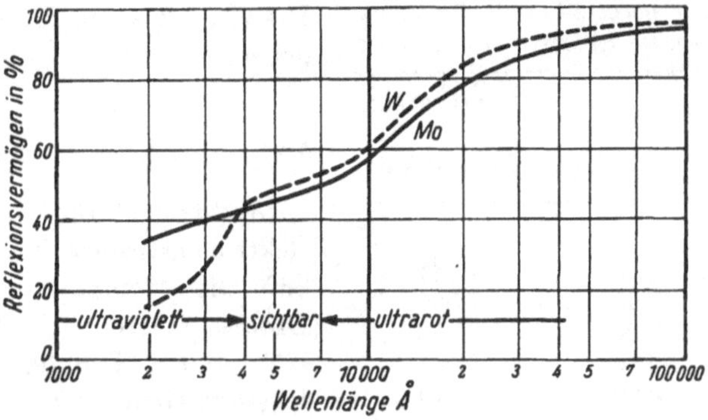

Abb. 119. Reflexionsvermögen von Wolfram und Molybdän bei Normaltemperatur in Abhängigkeit von der Wellenlänge des Lichtes

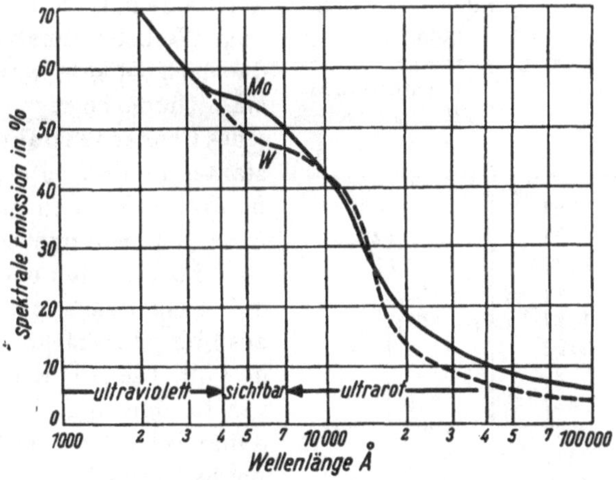

Abb. 120. Spektrale Emission von W und Mo bei Raumtemperatur in Abhängigkeit von der Wellenlänge des Lichtes

Für die Glühlampentechnik von außerordentlicher Bedeutung ist die Frage nach einer möglichst großen Lichtausbeute, welche ein Draht bzw. eine Wendel aus Wolfram bei den Brenntemperaturen der gasgefüllten Lampe zeigt. Diese Lichtausbeute (in Lumen pro Watt) ist in der zusammenfassenden Tabelle 66 wiedergegeben. Für Wolfram werden bei den Brenntemperaturen einer gasgefüllten Glühlampe verschiedener Belastung die in Tabelle 66 angegebenen Lichtausbeuten genannt.

Die Abhängigkeit der Leuchtdichte in Hefnerkerzen bei verschiedenen Temperaturen, bezogen auf die Oberflächeneinheit eines glühenden Wolframdrahtes (HK/cm²), ist auf Grund von Messungen von E. LAX und M. PIRANI [252] in Tabelle 67 angegeben.

Tabelle 66

Lichtausbeute von gasgefüllten Wolframglühlampen bei verschiedenen Brenntemperaturen

Wahre Temperatur °C	Wahre Temperatur °K	Lichtausbeute in Lumen/Watt
2227	2500	11,72
2327	2600	14,35
2427	2700	17,60
2527	2800	20,53
2627	2900	23,64
2727	3000	27,25

Tabelle 67

Abhängigkeit der Leuchtdichte, bezogen auf die Oberflächeneinheit eines glühenden W-Drahtes, von der Temperatur

(nach E. LAX und M. PIRANI)

Temperatur °K	Temperatur °C	Leuchtdichte in Hefnerkerzen pro cm² Oberfl.
1000	727	0,00013
1400	1127	0,122
1800	1527	5,61
2000	1727	22,2
2200	1927	68,1
2400	2127	174,4
2600	2327	385,0
2800	2527	770
3000	2727	1395
3200	2927	2340
3400	3127	3740
3655	3382	6370

9.316 Elektronenemission

Die Stromstärke (i) des Thermoelektronenstromes in Amp./cm² des auf die Temperatur T erhitzten Drahtes ist nach O. W. RICHARDSON [253] und S. DUSHMAN [254] durch folgende Gleichung gegeben:

$$i = A \cdot T^2 \cdot e^{-\frac{b}{T}} .$$

Hierin sind A und b Konstanten. A ist eine universelle Konstante, die vom Werkstoff unabhängig ist und die nach DUSHMAN 60,2 Amp. pro cm² · Grad² beträgt. b ist eine für jedes Element charakteristische Konstante, die ihrerseits durch die Beziehung $b = \Phi/k$ definiert ist. Hierin ist k die Boltzmannkonstante, also die Gaskonstante für ein Atom, und Φ die Austrittsarbeit eines Elektrons aus der Oberfläche eines Elements in Volt. Die Austrittsarbeit ist temperaturabhängig. Sie kann thermodynamisch, thermoelektrisch und photoelektrisch bestimmt werden.

Diese hier genannten Beziehungen sind maßgebend für die Funktion der Elektronenröhren (Radioröhren). Die Abhängigkeit des Elektronenstromes sowie der Austrittsarbeit von der Temperatur ist von zahlreichen Forschern gemessen worden, so z. B. von I. LANGMUIR und H. A. JONES [189], von C. ZWIKKER [187] usw. Wegen der Bedeutung dieser beiden Werte für die Hochvakuumtechnik sind die vorgenannten Eigenschaften in der zusammenfassenden Darstellung (Tabelle 68) aufgeführt.

Tabelle 68

Wichtige Eigenschaften von Wolfram bei höheren Temperaturen

Wahre Temperatur °C	Wahre Temperatur °K	Oberflächenbelastung W/cm²	Spez. elektr. Widerstand Ohm · cm	Verhältnis der Widerstände $R_T/R_{293°}$	Wärmeleitfähigkeit W/cm °C	Wärmeausdehnung $\frac{l_T - l_{293°}}{l_{293°}}$
0	273		$5{,}00 \cdot 10^{-4}$	0,91		
20	293		5,49	1,00		
27	300	$3{,}1 \cdot 10^{-5}$	5,65	1,03		
127	400	$2{,}0 \cdot 10^{-3}$	8,065	1,467		$0{,}5 \cdot 10^{-3}$
227	500	$9{,}7 \cdot 10^{-3}$	10,56	1,924		1,0
327	600	$3{,}0 \cdot 10^{-2}$	13,23	2,41		1,4
427	700	$7{,}6 \cdot 10^{-2}$	16,09	2,93		1,8
527	800	0,169	19,00	3,46		2,3
627	900	0,322	21,94	4,00		2,8
727	1000	0,602	24,93	4,54	0,84	3,2
827	1100	1,027	27,94	5,08	0,87	3,6
927	1200	1,66	30,98	5,65	0,90	4,1
1027	1300	2,57	34,08	6,22	0,93	4,6
1127	1400	3,83	37,19	6,78	0,96	5,2
1227	1500	5,52	40,36	7,36	0,99	5,7
1327	1600	7,74	43,55	7,93	1,02	6,3
1427	1700	10,62	46,78	8,52	1,04	6,9
1527	1800	14,91	50,05	9,12	1,07	7,5
1627	1900	18,64	53,35	9,72	1,09	8,1
1727	2000	24,04	56,67	10,33	1,11	8,8
1827	2100	30,50	60,06	10,93	1,13	9,4
1927	2200	38,20	63,48	11,57	1,15	10,1
2027	2300	47,2	66,91	12,19	1,17	10,8
2127	2400	57,7	70,39	12,83	1,19	11,6
2227	2500	69,8	73,91	13,47	1,21	12,4
2327	2600	83,8	77,49	14,12		13,2
2427	2700	99,6	81,04	14,76		14,0
2527	2800	117,6	84,70	15,43		14,8
2627	2900	137,8	88,33	16,10		15,6
2727	3000	160,5	92,04	16,77		16,4
2827	3100	185,8	95,76	17,46		17,2
2927	3200	214,0	99,54	18,15		18,1
3027	3300	245,4	103,3	18,83		18,9
3127	3400	280,0	107,2	19,53		19,8
3227	3500	318,0	111,1	20,24		20,7
3327	3600	360,0	115,0	20,95		21,6
3382	3655	382,6	117,1	21,34		22,1

Tabelle 68 (Fortsetzung)

Wichtige Eigenschaften von Wolfram bei höheren Temperaturen

Wahre Temperatur ° K	Verdampfungsgeschwindigkeit g/cm²·sec.	Dampfdruck mm Hg	Lichtausbeute Lm/W	Elektronen-Emissionsstrom A/cm²	Elektronenausbeute A/W
273					
293					
300					
400					
500					
600					
700					
800					
900					
1000		$1{,}40 \cdot 10^{-32}$	$6{,}93 \cdot 10^{-4}$	$1{,}07 \cdot 10^{-15}$	$1{,}77 \cdot 10^{-15}$
1100		$9{,}1 \cdot 10^{-29}$	$3{,}44 \cdot 10^{-3}$	$1{,}52 \cdot 10^{-13}$	$1{,}48 \cdot 10^{-13}$
1200		$1{,}4 \cdot 10^{-25}$	$1{,}26 \cdot 10^{-2}$	$9{,}73 \cdot 10^{-12}$	$5{,}88 \cdot 10^{-12}$
1300		$6{,}14 \cdot 10^{-23}$	$3{,}55 \cdot 10^{-2}$	$3{,}21 \cdot 10^{-10}$	$1{,}24 \cdot 10^{-10}$
1400		$1{,}22 \cdot 10^{-20}$	$8{,}99 \cdot 10^{-2}$	$6{,}62 \cdot 10^{-9}$	$1{,}73 \cdot 10^{-9}$
1500	$1{,}69 \cdot 10^{-22}$	$1{,}15 \cdot 10^{-18}$	0,199	$9{,}14 \cdot 10^{-8}$	$1{,}65 \cdot 10^{-8}$
1600	$1{,}69 \cdot 10^{-20}$	$6{,}32 \cdot 10^{-17}$	0,395	$9{,}27 \cdot 10^{-7}$	$1{,}20 \cdot 10^{-7}$
1700	$9{,}90 \cdot 10^{-19}$	$2{,}12 \cdot 10^{-15}$	0,724	$7{,}08 \cdot 10^{-6}$	$6{,}66 \cdot 10^{-7}$
1800	$3{,}61 \cdot 10^{-17}$	$4{,}73 \cdot 10^{-14}$	1,19	$4{,}47 \cdot 10^{-5}$	$3{,}15 \cdot 10^{-6}$
1900	$8{,}83 \cdot 10^{-16}$	$7{,}6 \cdot 10^{-12}$	1,94	$2{,}28 \cdot 10^{-4}$	$1{,}22 \cdot 10^{-5}$
2000	$1{,}47 \cdot 10^{-14}$	$1{,}0 \cdot 10^{-11}$	2,84	$1{,}00 \cdot 10^{-3}$	$4{,}18 \cdot 10^{-5}$
2100	$2{,}01 \cdot 10^{-12}$	$9{,}6 \cdot 10^{-11}$	4,08	$3{,}93 \cdot 10^{-3}$	$1{,}28 \cdot 10^{-4}$
2300	$2{,}09 \cdot 10^{-12}$	$7{,}42 \cdot 10^{-10}$	5,52	$1{,}33 \cdot 10^{-2}$	$3{,}48 \cdot 10^{-4}$
2300	$1{,}82 \cdot 10^{-11}$	$4{,}85 \cdot 10^{-9}$	7,24	$4{,}07 \cdot 10^{-2}$	$8{,}75 \cdot 10^{-4}$
2400	$1{,}28 \cdot 10^{-10}$	$2{,}60 \cdot 10^{-8}$	9,39	0,116	$2{,}01 \cdot 10^{-3}$
2500	$7{,}58 \cdot 10^{-10}$	$1{,}28 \cdot 10^{-7}$	11,72	0,298	$4{,}26 \cdot 10^{-3}$
2600	$3{,}92 \cdot 10^{-9}$	$5{,}43 \cdot 10^{-7}$	14,34	0,716	$8{,}55 \cdot 10^{-3}$
2700	$1{,}78 \cdot 10^{-8}$	$2{,}14 \cdot 10^{-6}$	17,60	1,631	$1{,}64 \cdot 10^{-2}$
2800	$7{,}40 \cdot 10^{-8}$	$7{,}38 \cdot 10^{-6}$	20,53	3,54	$3{,}01 \cdot 10^{-2}$
2900	$2{,}76 \cdot 10^{-7}$	$2{,}25 \cdot 10^{-5}$	23,64	7,31	$5{,}31 \cdot 10^{-2}$
3000	$9{,}47 \cdot 10^{-7}$	$6{,}90 \cdot 10^{-5}$	27,25	14,15	$8{,}82 \cdot 10^{-2}$
3100	$3{,}00 \cdot 10^{-6}$	$1{,}87 \cdot 10^{-4}$	30,95	26,44	0,142
3200	$8{,}85 \cdot 10^{-6}$	$4{,}61 \cdot 10^{-4}$	34,70	47,84	0,224
3300	$2{,}44 \cdot 10^{-5}$	$1{,}13 \cdot 10^{-3}$	38,90	84,45	0,344
3400	$6{,}35 \cdot 10^{-5}$	$2{,}56 \cdot 10^{-3}$	43,20	142,1	0,507
3500		$5{,}64 \cdot 10^{-3}$	47,15	233,2	0,734
3600		$1{,}15 \cdot 10^{-2}$	50,70	383,5	1,04
6355		$1{,}75 \cdot 10^{-2}$	53,10	479,9	1,25

Tabelle 68a

Eigenschaften des Wolframs bei Normaltemperatur

Eigenschaften	Bearbeitungszustand	Werte
Kristallgitter		Typ: kubisch raumzentriert Parameter: 3,158 Å
Atomgewicht		183,92 Anzahl der Isotopen: 4
Dichte in g/cm^3	theoretische	19,32
	vorgesintert bei 1000 bis 1200° C	10,0–12,5
	hochgesintert bei ca. 3000° C	16,8–18,0
	gehämmert auf 2 mm ∅	17,2–19,0
	gezogen auf 0,150 bis 0,010 mm ∅	19,2–19,3
	Gewicht bei 200 mm Drahtlänge V_{200}	$\varnothing = \sqrt{329 \cdot V_{200}}$ (mg/200 mm)
Brinellhärte	gehämmert	bis 350
	gehämmert und geglüht bei 1000° C	125–250
	hochgesintert (3000° C)	250–400
Elastizitätsgrenze $\sigma_{0,2}$ kg/mm^2	gehämmert	10–50
	gezogen	bis 150
	geglühter Draht (1500° C)	72–83
Zugfestigkeit kg/mm^2	hochgesintert	8–20
	gehämmert	35–150
	gezogen (∅ 1,0–0,02 mm)	180–415
	geglüht (1200–1400° C)	(70)–110
	Pintsch-Einkristalldraht ∅ 0,07 mm (ThO_2)	ca. 110
	deform. ∅ 0,04 mm (ThO_2)	ca. 165
Dehnung %	gezogen (∅ 1,0–0,02 mm)	4–1
	geglüht (rekristallisiert)	0
	nicht deformierter Einkristalldraht	ca. 20
Elastizitätsmodul kg/mm^2	gezogen ∅ 0,03–0,15 mm	34000–42000
	Einkristalldraht	45000–52000
Torsionsmodul kg/mm^2	gezogen ∅ 0,03–0,15 mm	14000–19000
	Einkristalldraht	22000
Schmelzpunkt		3363° C 3636° K 6100° F
Siedepunkt		ca. 5100° C 10800° F
Rekristallisationstemperatur	entsprechend Bearbeitung	1500–2200° C
Linearer Ausdehnungskoeffizient	0–100° C	$4{,}44 \cdot 10^{-6}$
	0–1000° C	$4{,}98 \cdot 10^{-6}$
	0–2400° C	$5{,}82 \cdot 10^{-6}$

Tabelle 68a (Fortsetzung)

Eigenschaften	Bearbeitungsstand	Werte
Wärmeleitfähigkeit cal/cm · s · °C	bei 20° C	0,31
	827° C	0,28
	1727° C	0,24
Spezifische Wärme cal/g · °C	zwischen 20 u. 100° C	$3{,}4 \cdot 10^{-2}$
	bei 1000° C	$3{,}65 \cdot 10^{-2}$
Schmelzwärme cal/g		ca. 60
Verdampfungswärme cal/g		ca. 1150
Spez. elektr. Widerstand Ohm/m · mm²	entsprechend Bearbeitung (Draht)	0,058–0,083
	hochgesinterter Stab (entsprechend Dichte u. Reinheit)	0,058–0,072
	gehämmerter Stab	0,060–0,070
	reiner Draht, rekrist.	0,055
elektr. Leitfähigkeit bei 20° C	rein	ca. 18
Temperaturkoeffizient d. elektr. Widerstandes 20–100° C	entsprechend Reinheit und Bearbeitungsgrad	$4{,}5-3{,}1 \cdot 10^{-3}$ pro °C
	reiner Draht, rekrist.	$4{,}8 \cdot 10^{-3}$ pro °C

Wir beschränken uns auf diese kurzen Hinweise, behandeln also nicht den Einfluß von Gasen und Dämpfen auf die Elektronenemission sowie den Einfluß von Zusätzen zum Wolframdraht auf diese Eigenschaft. Auch der Einfluß von oxydischen Oberflächenschichten auf die Elektronenemission, der z. B. für Oxydkathoden von Bedeutung ist (W. Espe [255]), bleibt unberücksichtigt.

9.32 *Eigenschaften des Molybdäns bei höheren Temperaturen*

9.321 Mechanische Eigenschaften des Molybdäns bei höheren Temperaturen

Ebenso wie beim Wolfram nimmt auch beim Molybdän die Festigkeit mit steigender Temperatur stark ab. Dies geht im einzelnen aus der Tabelle 69 hervor, in welcher die Festigkeit eines ungeglühten Molybdändrahtes von 0,6 mm ∅

Tabelle 69

Zugfestigkeit von ungeglühtem Mo-*Draht in Abhängigkeit von der Arbeitstemperatur*

Temperatur °C	Zugfestigkeit kg/mm²
20	115
200	90
400	72
600	65
800	60
1000	56
1200	53
1400	50

(Bearbeitungsgrad etwa 93%) in Abhängigkeit von der Temperatur nach Angaben der Metallwerke Plansee wiedergegeben ist.

Die Festigkeit von Wolframdraht des gleichen Durchmessers ist in dem untersuchten Temperaturgebiet etwas größer als die des Molybdäns.

Bezüglich der Bruchdehnung von Mo- im Vergleich zu W-Drähten bei höheren Temperaturen vgl. Abb. 112. Die Bruchdehnung eines Mo-Drahtes 0,1 mm ∅ sinkt von ca. 22% bei 20° C auf ca. 12% bei 300° C, ca. 5% bei 500° C und ca. 2,5% bei 800° C.

9.322 Thermische Eigenschaften

Die thermischen Eigenschaften des Molybdäns bei höheren Temperaturen sind bereits unter 9,313 behandelt worden, und zwar im Vergleich zum Wolfram.

Dies gilt im besonderen für den thermischen Ausdehnungskoeffizienten (vgl. Abb. 114), für die spezifische Wärme (vgl. Abb. 115) und für die Wärmeleitfähigkeit (Abb. 116).

Der Schmelzpunkt des Molybdäns, sehr genau bestimmt nach der Bohrlochmethode, beträgt 2840 ± 40° K (M. Pirani, H. Alterthum [235]). H. G. Worthing [256] fand nach einer anderen Methode den Wert von 2895 ± 40° K. Der Siedepunkt des Molybdäns, wie er aus der Dampfdruckkurve errechnet wurde, liegt bei etwa 3850° K [257, 238].

Die Verdampfungswärme beim absoluten Nullpunkt, ebenfalls berechnet aus den Dampfdruckkurven, liegt zwischen 146000 und 177000 cal/g Atom. Die latente Schmelzwärme des Molybdäns berechnet sich wie beim Wolfram zu etwa 3000 cal/g Atom.

Bezüglich des Dampfdruckes bzw. der Verdampfungsgeschwindigkeit von Molybdän im Vergleich zu Wolfram im Temperaturgebiet von 1000° K bis zum Schmelzpunkt vgl. Abb. 117. (Nach Messungen von I. A. M. van Liempt [248, 258], H. A. Jones, J. Langmuir und G. M. J. Mackay [240] sowie C. Zwikker [259].) Die Verdampfungsgeschwindigkeit bzw. der Dampfdruck des Molybdäns sind für die Hochvakuumtechnik zwar wichtig, jedoch nicht so von Bedeutung wie die vergleichbaren Eigenschaften des Wolframs. Eine Beanspruchung bei sehr hohen Temperaturen als Temperaturstrahler in elektrischen Glühlampen, wo teilweise bei hochbelasteten Lampen die Nähe des Schmelzpunktes erreicht wird, trifft für Molybdän nicht zu.

9.323 Elektrische Eigenschaften

Auch die elektrischen Eigenschaften des Molybdäns bei höheren Temperaturen sind zum großen Teil bereits aus Vergleichsgründen beim Wolfram besprochen worden (vgl. 9.314). Die meisten physikalischen Eigenschaften des Molybdäns treten an sich an Bedeutung hinter denen des Wolframs etwas zurück. Im besonderen wurden bereits besprochen der Verlauf des spezifischen elektrischen Widerstandes bei höheren Temperaturen, das Verhältnis der elektrischen Widerstände bei höheren Temperaturen im Vergleich zu denen bei Zimmertemperatur, das Verhalten des Temperaturkoeffizienten des elektrischen

Widerstandes usw. Die für die Ofentechnik wichtige Frage der zulässigen Oberflächenbelastung wird in Kapitel 11.00 eingehender behandelt werden. Die Abhängigkeit des spezifischen elektrischen Widerstandes von Molybdän im Vergleich zu Wolfram und einer W-Mo-Legierung (Mo-B-100) ist in Abb. 118 wiedergegeben. Eine zusammenfassende Darstellung der Eigenschaften des Molybdäns bei Raumtemperatur ist in Tabelle 70, bei höheren Temperaturen in Tabelle 71 gegeben worden.

Die optischen Eigenschaften des Molybdäns interessieren weniger, da dieses Metall nicht als Temperaturstrahler im eigentlichen Sinne verwendet wird.

9.40 Chemische Eigenschaften des Wolframs und Molybdäns

Die Möglichkeiten der Verwendung beider hochschmelzenden Metalle sind bestimmt oder begrenzt durch ihre physikalischen, mechanischen, thermischen, elektrischen, magnetischen, eventuell optischen und weiter elektrochemischen und chemischen Eigenschaften. Die Kenntnis der chemischen Eigenschaften (d. h. hauptsächlich der Widerstandsfähigkeit beider Metalle gegen verschiedene Gas- und Flüssigkeitsmedien) ermöglicht nicht nur, beide Metalle richtig zu verwenden, sondern verhindert auch ihre unzweckmäßige Anwendung.

Tabelle 70

Eigenschaften von Molybdän bei Raumtemperatur

Eigenschaft	Zustand	Wert
Kristallgitter		Typ: kubisch raumzentriert Parameter: 3,140 Å
Atomgewicht		95,95 Anzahl der Isotopen: 7
Dichte in g/cm³	theoretische	10,20
	vorgesintert bei 1000° C	4,8–6,2
	hochgesintert bei 2000° C	9,0–9,5
	gehämmert auf 2 mm ∅	9,7–10,2
	gezogen auf 0,15–0,010 mm ∅	10,03–10,28
	Gewicht bei 200 mm Drahtlänge	$\varnothing = \sqrt{623 \cdot V_{200}}$ (mg/200 mm)
Brinellhärte	hochgesintert 18 × 18 mm	150–160
	gehämmert auf 8 mm rund	200–230
	Blech 1 mm	250–255
	Draht gezogen auf ca. 0,2 mm ∅, hart	160–250
	Draht geglüht (1000° C) ca. 0,2 mm ∅	145–155
Elastizitätsgrenze $\sigma_{0,2}$ kg/mm²	Draht hart gezogen ca. 0,2 mm ∅	40–60
	Draht geglüht (1200° C) 0,2 mm ∅	bis 40

Tabelle 70 (Fortsetzung)

Eigenschaften	Bearbeitungszustand	Werte
Zugfestigkeit (kg/mm^2)	Draht hart gezogen auf 1,2 mm ∅	100—130
	0,4 mm ∅	145—170
	0,05 mm ∅	175—250
	rekristallisiert, geglüht 1,2 mm ∅	70—100
	0,4 mm ∅	80—135
	0,05 mm ∅	90—150
	Einkristalldraht 0,15 mm ∅	35
Dehnung (%)	Draht hart gezogen auf 1,2 mm ∅	2—5
	0,4 mm ∅	2—5
	0,05 mm ∅	2—5
	rekristallisiert, geglüht 1,2 mm ∅	10—50
	0,4 mm∅	10—25
	0,05 mm ∅	20—30
Elastizitätsmodul	Draht hart gezogen	28000—30000
	Draht rekristallisiert, geglüht	32000
	Einkristalldraht	26000—28000
Torsionsmodul (kg/mm^2)	Draht hart gezogen	ca. 15000
	Einkristalldraht	13000—14000
Schmelzpunkt		2620° C = 2398° K = 4750° F
Siedepunkt		etwa 3700° C = 3900° K = 6700° F
Rekristallisations-temperatur	entspr. Bearbeitung	1250° C—1800° C
linearer Ausdehnungs-koeffizient	25—300° C	$5{,}3$—$5{,}7 \cdot 10^{-6}$
	25—700° C	$5{,}8$—$6{,}2 \cdot 10^{-6}$
Wärmeleitfähigkeit (cal/cm · s °C)	bei 20° C	0,35
	1200° C	0,29
	1800° C	0,21
	2000° C	0,19
spez. Wärme (cal/g · °C)	20—100° C	$6{,}5 \cdot 10^{-2}$
	bei 1000° C	$7{,}5 \cdot 10^{-2}$
Schmelzwärme (cal/g)		ca. 50
Verdampfungswärme (cal/g)	bei normalem Siedepunkt	ca. 1600
spez. elektr. Widerstand	hochgesinterter Stab (entsprechend Reinheit)	0,060—0,075
	gehämmerter Stab	0,058—0,072
	Draht (entsprechend Bearbeitungsgrad)	0,060—0,085
	Draht rekristallisiert, rein	0,051
elektr. Leitfähigkeit bei 20° C	Draht rekristallisiert, rein	ca. 19
Temperaturkoeffizient d. elektr. Widerstandes (20—100° C pro °C)	entsprechend Reinheit und Bearbeitungsgrad	$4{,}8$—$3{,}2 \cdot 10^{-3}$
	reiner Draht, rekristallisiert	$4{,}5 \cdot 10^{-3}$

Tabelle 71

Wichtige Eigenschaften des Molybdäns bei höheren Temperaturen

Wahre Temperatur °C	Wahre Temperatur °K	Oberflächenbelastung W/cm²	Spez. elektr. Widerstand Ohm · cm	Verhältnis der Widerstände $R_T/R_{293°}$	Wärmeausdehnung $\frac{l_T - l_{293°}}{l_{293°}}$
20	293		$5{,}20 \cdot 10^{-4}$	1,00	
127	400		7,6	1,46	
327	600		13,4	2,58	$3{,}6 \cdot 10^{-3}$
527	800		18,6	3,58	4,6
727	1000		23,9	4,60	5,7
827	1100		26,5	5,10	6,1
927	1200		29,2	5,59	6,6
1027	1300		32,2	6,19	7,3
1127	1400		35,2	6,77	8,0
1227	1500		38,2	7,35	8,6
1327	1600		41,2	7,92	9,2
1427	1700		44,2	8,50	9,7
1527	1800		47,3	9,10	10,2
1627	1900		50,4	9,69	10,8
1727	2000	20	53,5	10,29	11,3
1827	2100	25	56,4	10,85	
1927	2200	32	59,2	11,38	
2027	2300	39	62,8	12,08	
2127	2400	48	66,0	12,69	
2227	2500	58	68,9	13,25	
2327	2600	70	71,8	13,81	
2427	2700	83	75,0	14,42	
2527	2800	100	78,2	15,01	
2622	2895	115	81,4	15,64	

Die Frage der chemischen Eigenschaften beider Metalle stellt ein großes Gebiet dar. Im Rahmen dieses Buches werden nur die wichtigsten Eigenschaften genannt, soweit sie in engerem Zusammenhang mit der Praxis stehen. Die Erzeugung von Wolfram-Molybdän-Verbindungen sowie die sich daraus ergebenden Eigenschaften werden ebenfalls nicht näher behandelt. Soweit die analytischen Methoden zur Bestimmung der Verunreinigungen des Wolframs und Molybdäns im Zusammenhang mit den chemischen Eigenschaften stehen, wird eine kurze Übersicht gegeben, darüber hinaus auf die einschlägige Fachliteratur verwiesen.

9.41 *Widerstandsfähigkeit des Wolframs und Molybdäns gegen Gase*

Wolfram bildet mit Wasserstoff keine Hydride. Wasserstoff löst sich mit größter Wahrscheinlichkeit bis zu Temperaturen von 1500° C [37] nicht in Wolfram. Die Adsorption des Wasserstoffes mit Wolfram ist vollkommen reversibel. Diese Tatsache spricht auch dafür, daß Hydride des Wolframs nicht bestehen. I. LANGMUIR [260] bestätigt diese Erscheinung durch den Nachweis, daß unterschiedliche Elektronenemissionen des glühenden Wolframs in Wasserstoff

Tabelle 71 (Fortsetzung)

Wichtige Eigenschaften des Molybdäns bei höheren Temperaturen

Wahre Temperatur °K	Wärmeleitfähigkeit W/cm · °C	Elektronenemissionsstrom A/cm²	Verdampfungsgeschwindigkeit g/cm² · sec	Dampfdruck mm Hg
293				
400				
600				
800				
1000	0,76		$1{,}37 \cdot 10^{-24}$	$1{,}01 \cdot 10^{-21}$
1100	0,79			
1200	0,82	$4{,}44 \cdot 10^{-11}$	$1{,}23 \cdot 10^{-20}$	$7{,}47 \cdot 10^{-19}$
1300	0,85			
1400	0,88	$2{,}25 \cdot 10^{-8}$	$1{,}26 \cdot 10^{-16}$	$7{,}88 \cdot 10^{-15}$
1500	0,91			
1600	0,94	$2{,}90 \cdot 10^{-6}$	$1{,}23 \cdot 10^{-13}$	$8{,}63 \cdot 10^{-12}$
1700	0,97			
1800	1,00	$1{,}33 \cdot 10^{-4}$	$2{,}82 \cdot 10^{-11}$	$2{,}10 \cdot 10^{-9}$
1900	1,02			
2000	1,05	$2{,}88 \cdot 10^{-3}$	$2{,}07 \cdot 10^{-9}$	$1{,}62 \cdot 10^{-7}$
2100				
2200		$3{,}58 \cdot 10^{-2}$	$7{,}30 \cdot 10^{-8}$	$6{,}07 \cdot 10^{-6}$
2300				
2400		$3{,}16 \cdot 10^{-1}$	$1{,}40 \cdot 10^{-6}$	$1{,}20 \cdot 10^{-4}$
2500				
2600		$8{,}52 \cdot 10^{-1}$	$1{,}79 \cdot 10^{-4}$	
2700				
2800			$1{,}81 \cdot 10^{-3}$	

und Vakuum nicht auftreten. Auch dünne Oberflächenschichten, welche auf eine Verbindung hindeuten könnten, entstehen nicht.

Ergänzend zu den Versuchen von I. LANGMUIR [260] ist festzustellen, daß eine Erhöhung der Elektronenemission einer glühenden Wolframkathode, welche durch Zugabe eines inerten Gases oder von Hg-Dämpfen zur Wasserstoffatmosphäre entsteht, durch anschließende Behandlung in reinem Wasserstoff wieder beseitigt wird. Es ist nicht möglich, daß sich Einlagerungen von Wasserstoffatomen im Wolframgitter bilden, da die Durchmesser beider Atome im Verhältnis $r_H : r_W = 0{,}33$ zueinander stehen [261].

Molekularer Wasserstoff wird an glühendem Wolfram zersetzt; beim Erkalten der Oberfläche findet dann wieder eine Vereinigung der Wasserstoffatome zu -molekülen statt. Über die technische Ausnutzung dieser Erscheinung machen R. A. WEIMANN und I. LANGMUIR [262] einige Angaben.

Diese älteren Angaben über die Widerstandsfähigkeit des Wolframs gegen Wasserstoff sind in neuerer Zeit dahingehend erweitert worden. Es wurde festgestellt, daß Wolfram bis zum Schmelzpunkt dem Wasserstoff gegenüber inert ist [263].

Ähnlich liegen die Verhältnisse auch beim Molybdän. Molybdän bildet ebenfalls keine Hydride. Der Wasserstoff wird auch hierbei an der Oberfläche des Metalls adsorbiert. An feinem Mo-Pulver hat L. HAMBURGER [264] festgestellt, daß der bei Raumtemperatur okkludierte Wasserstoff bei 300° C wieder beseitigt wird. Angaben über die Größenordnung des Molybdänpulvers werden nicht gemacht, obwohl diese Erscheinung sehr eng mit der Oberfläche des Pulvers verbunden sein muß. Je feinkörniger das Pulver ist, desto größer ist seine Oberfläche und um so mehr Wasserstoff kann okkludiert werden. Auch Molybdän verhält sich, ähnlich wie Wolfram, bis zu seinem Schmelzpunkt inert gegenüber Wasserstoff.

Ohne Wirkung auf Wolfram und Molybdän sind gleichfalls die Edelgase. Ältere Beobachtungen, daß in Argon ($7 \cdot 10^{-2}$ bis 55 mm Hg) die gleiche Elektronenemission wie im Vakuum auftritt [260], werden durch die Praxis bestätigt. Es bilden sich hierbei gleichfalls keine Verbindungen. Beide Metalle können z. B. sowohl in Wasserstoff als auch im Vakuum oder einem inerten Gas hochgesintert werden. Dies wird durch Angaben der Climax Molybdenum Comp. bestätigt. Das Schmelzen von Molybdän nach dem Climax-Verfahren wird sowohl im Vakuum als auch in einer Atmosphäre von inertem Gas durchgeführt.

Stickstoff zeigt mit Wolfram bis zu 1800° C keine Reaktion [265], erst bei Temperaturen von 2300° C entsteht Nitridbildung. Wolframmetallpulver bindet allerdings in einem Temperaturbereich von 0 bis 600° C Stickstoff in gewissen Mengen an der Oberfläche [266], welche jedoch im Vakuum beseitigt werden können.

Ältere Literaturangaben über die Bildung von Nitriden in Wolfram sind sehr unterschiedlich. In den meisten Fällen handelt es sich jedoch um nicht einwandfrei definierte Zusammensetzungen der Gase, welche neben Stickstoff noch Wasserstoff, Sauerstoff u. ä. enthalten.

Molybdän ist Stickstoff gegenüber weit empfindlicher als Wolfram. Die Nitridbildung beginnt bei wesentlich geringeren Temperaturen. Demzufolge ist es ratsam, Stickstoff von Molybdän grundsätzlich fernzuhalten und nur reinen Wasserstoff anzuwenden.

Stickstoff neigt nach älteren Angaben bei höheren Temperaturen mit Wolfram und Molybdän zur Bildung höherer oder niederer Nitride der genannten Metalle.

Ammoniak in Gasform übt praktisch auf Wolfram keine Einwirkung aus. Molybdän ist dagegen Ammoniak gegenüber nur bei niederen Temperaturen beständig (Rotglut). Die Absorption des gasförmigen Ammoniaks an der Oberfläche des Wolframpulvers ist ein reversibler Vorgang, welcher bis zu 250° C zu beobachten ist (Druck von NH_3 max. 300 mm Hg). In einem Temperaturgebiet von 250 bis 750° C wird dann der Ammoniak zersetzt und bildet Wolframamide nach der Gleichung:

$$W_x + NH_3 = W_xHN + H_2.$$

Mit steigender Temperatur nimmt die Bildung der Wolframamide zu, bis schließlich die Grenze der Nitridbildung erreicht wird [267]. Selbstverständlich ist dieser Vorgang von der Größenordnung der Oberfläche des Metallpulvers abhängig.

Gegenüber Luft oder Sauerstoff reagiert Wolfram und Molybdän bis 20° C praktisch nicht. Eine merkliche Oxydation beginnt erst in einem Temperaturbereich zwischen 400 und 500° C. Noch stärkere Oxydation (WO_2) tritt bei höheren Temperaturen ein. Dies trifft für Metallpulver und kompakte Teile aus beiden Metallen zu. Metallpulver macht allerdings insofern eine Ausnahme, da es durch Lagerung an Luft auch schon bei Raumtemperatur unter Einwirkung der vorhandenen Luftfeuchtigkeit reagiert. Daher wird in Praxis immer eine Lagerung der Pulver in verschlossenen Flaschen vorgenommen.

Kompaktes Metall zeigt nach der Oxydation verschiedene Farben, entsprechend der je nach Temperaturhöhe auftretenden Oxyde.

In Wasserdampf oxydiert Wolfram bei Rotglut sehr stark, wobei sich ein Gleichgewicht in der Gasphase nach folgender Gleichung einstellt:

$$W + 2\,H_2O \rightleftharpoons WO_2 + 2\,H_2.$$

Die genannte Oxydation des Wolframs und Molybdäns an Luft ist stark von der Korngröße des Metallpulvers abhängig. Feinkörniges Pulver oxydiert wesentlich leichter als grobkörniges. Den Extremfall stellen z. B. die pyrophoren Pulver dar, welche schon bei normaler Temperatur schnell oxydieren. Die bei der Reaktion entstehende Wärmemenge ist so groß, daß sich die höchsten Oxyde, nämlich WO_3 und MoO_3 bilden.

Die Oxydation des Molybdäns geht leichter vor sich als die des Wolframs. Sie beginnt bereits bei 400° C und wird bei 600° C schon sehr heftig. Das entstandene Oxyd wird flüchtig, da bereits bei 1155° C der Dampfdruck auf 760 mm Hg ansteigt. Die Sublimation des MoO_3 beginnt schon bei 610 bis 650° C, so daß das entstandene Oxyd nicht zum Schmelzen kommt (Schmelzpunkt des MoO_3 = 795° C). Eine Oxydation des Molybdäns in Wasserdampf verursacht ähnliche Erscheinungen wie die des Wolframs, nur geht sie schneller vor sich. Bereits bei dunkler Rotglut entsteht MoO_2, und in einem Temperaturbereich um 800° C bei einem Partialdruck des Wasserdampfes von 350 mm Hg stellt sich ein Gleichgewicht nach folgender Gleichung ein:

$$Mo + 2H_2O \rightleftharpoons MoO_2 + 2H_2.$$

In einem vorhergehenden Absatz, der sich mit der Reduktion von Wolfram- und Molybdänsäure mit Wasserstoff beschäftigte, wurde bereits darauf hingewiesen, daß Wasserdampf in der Reduktionsatmosphäre eine Kornvergröberung verursacht. Dadurch erklärt sich, daß WO_2 und MoO_2, welche bei der Oxydation des Wolfram- oder Molybdänpulvers in Anwesenheit von Wasserdampf entstehen, mit Wasserstoff in der Gasphase reduziert werden.

G. Meerson [268] und auch andere Autoren geben an, daß zur Erzeugung grobkörnigen Wolframpulvers bei der Reduktion mit Wasserstoff bewußt Wasserdampf zugegeben wird. Eine ähnliche Wirkung übt auch die Anwesenheit von Wasserdampf in der Wasserstoffatmosphäre bei der Hochsinterung von Wolfram- oder Molybdänstäben aus.

Die Reaktion der Halogene mit Wolfram oder Molybdän verringert sich mit ihrer Atomzahl. Das bedeutet, daß die stärkste Wirkung durch Fluor ausgeübt wird. Weniger aggressiv sind dann Chlor, Brom und Jod.

Fluor wirkt bereits bei normalen Temperaturen sehr stark auf Wolfram und auch auf Molybdän. Chlor reagiert mit Wolfram erst bei Temperaturen zwischen 250 und 300° C unter Bildung des WCl_6, vorausgesetzt, daß es trocken und sauerstofffrei ist. Bei Anwesenheit von Feuchtigkeit oder Sauerstoff bildet sich Oxychlorid oder Wolframtrioxyd. Molybdän reagiert mit Chlor- und Bromdämpfen erst bei Rotglut. Brom- und Joddämpfe verbinden sich bei heller Rotglut mit Wolfram zu Halogeniden. Joddämpfe reagieren selbst in der Wärme nicht mit Molybdän.

Gefährlich für Wolfram sind die Gasverbindungen des Kohlenstoffs mit Sauerstoff (Kohlenmonoxyd und Kohlendioxyd) oder mit Wasserstoff (gasförmige Kohlenwasserstoffe, wie Methan, Äthan, Äthylen, Acetylen oder Benzoldämpfe). In einer Kohlenmonoxydatmosphäre bilden sich bei einer Temperatur von 800° C ab Wolframkarbide [269]. Ähnlich wirken die gasförmigen Kohlenwasserstoffe ab 900° C [270]. Die Anwesenheit kleinster Mengen dieser Karbide ist für die Verarbeitung des Wolframs zu Draht sehr schädlich, da sie zur Versprödung des Materials führt. Die entstandenen Karbide können jedoch durch Ausglühen in feuchtem Wasserstoff beseitigt werden. Eine Oxydation des Wolframs durch Kohlendioxyd erfolgt erst ab 1200° C. Ähnlich ist auch die Wirkung auf Molybdän, jedoch setzt eine Oxydation hier schon bei 1000° C ein [271]. Bei dieser Reaktion wird das CO_2 zu CO reduziert. Die Bildung von Molybdänkarbid durch Kohlenmonoxyd oder gasförmige Kohlenwasserstoffe erfolgt leichter als beim Wolfram.

Schwefelkohlenstoffdämpfe (CS_2) reagieren bei Rotglut mit Wolfram unter Bildung von WS_2. Die Reaktion von Schwefelwasserstoff ist beträchtlich schwächer (auch bei Rotglut), sie führt nur zum Anlaufen des Wolframs. Molybdän reagiert mit Schwefelwasserstoff ab 1200° C. Es entsteht hierbei ein blaugraues Sulfid mit ähnlichen Eigenschaften, wie sie das Naturmolybdänit aufweist.

Schwefeldioxyd oxydiert beide Metalle bei höheren Temperaturen zu niederen Oxyden, wobei die Oxydation beim Wolfram langsamer verläuft als beim Molybdän. Die niederen Oxyde des Molybdäns entstehen bei Einwirkung von Schwefeldioxyd schon bei Rotglut.

Aus dem bisher Angeführten geht hervor, daß Wolfram und Molybdän in der Wärme nur im Vakuum, mit Wasserstoff oder inertem Gas (Argon) verarbeitet werden können. Für Wolfram ist auch die Anwendung von Mischgas (Formiergas) zulässig. Dies trifft vor allem für die Arbeitsgänge Sintern, Vorwärmen bei der Formgebung, Zwischenglühen usw. zu. Weiterhin resultiert aus dem bisher Gesagten die Forderung, daß die Schutzgase (Wasserstoff, Argon, Mischgas) vor der Verwendung sorgfältig von Sauerstoff, Wasserdampf und den gasförmigen Verbindungen des Kohlenstoffs und Schwefels gereinigt werden müssen. Für die Verarbeitung von Molybdän ist außerdem eine Reinigung des Schutzgases von Stickstoff erforderlich.

Die Wirkung der bisher angeführten Gase, insbesondere von Wasserstoff, Sauerstoff, Wasserdampf und Stickstoff auf Wolfram und Molybdän ist im Hinblick auf die Verwendung der beiden Metalle in der Vakuumtechnik von sehr großer Bedeutung, besonders wegen der Tatsache, daß die angeführten Metalle auf hohe und höchste Temperaturen erhitzt werden. Daher wird bei der Glühlampen- und Elektronenröhrenerzeugung die größte Aufmerksamkeit der Beseitigung letzter Spuren von schädlichen Gasen bei der eigentlichen Lampenherstellung bzw. der Bindung freiwerdender Gase beim Betrieb der Lampen geschenkt. In diesem Zusammenhang sei an die Wirkung des Phosphors erinnert, welcher auf den Glasstab, der die Halterdrähte für die Glühfäden oder -wendeln trägt, aufgebracht wird. Auch die Anwendung sogenannter Getter dient zur Bindung schädlicher Gase.

9.42 *Widerstandsfähigkeit gegen Flüssigkeiten und Schmelzen*

Dieser Abschnitt behandelt kurz die Wirkung starker anorganischer Säuren und Laugen sowie einiger Schmelzen auf Wolfram und Molybdän.

Über die Wirkung der Salzsäure auf Molybdän stimmen die Angaben in der Literatur praktisch überein. In der Kälte wird Wolfram von Salzsäure (gleich welcher Konzentration) nicht angegriffen. Warme HCl bewirkt eine leichte Ätzung des Wolframs. Auch hierbei spielt die Konzentration der Säure keine Rolle.

Auch auf Molybdän ist Salzsäure in der Kälte ohne Wirkung. Gegenüber erwärmter Säure (110° C) ist Molybdän empfindlicher als Wolfram. Hierbei ist zu beobachten, daß der Angriff verdünnter Säure wesentlich aggressiver ist als der konzentrierter. Dies erklärt sich aus der eintretenden Passivierung der Metalloberfläche.

Schwefelsäure, verdünnt oder konzentriert, wirkt kalt weder auf Wolfram noch auf Molybdän. Erst bei 110° C werden die Metalle unter Bildung niederer Oxyde und des Schwefeldioxyds durch konzentrierte Schwefelsäure leicht geätzt. Die Wirkung verdünnter H_2SO_4 in der Wärme ist nur gering.

Gegenüber Salpetersäure (verdünnt oder konzentriert) ist Wolfram praktisch beständig, es tritt höchstens die Bildung eines dünnen Oxydhäutchens auf. Auch bei 110° C ist konzentrierte Salpetersäure nicht aktiver, da sie die Oberfläche des kompakten Metalls passiviert. Heiße, verdünnte Salpetersäure dagegen zerstört die Metalloberfläche, und es entsteht Wolframtrioxyd. Wolframpulver läßt sich daher in der Wärme sehr schnell mit HNO_3 (auch mit konzentrierter) oxydieren.

Molybdän wird bereits von kalter Salpetersäure angegriffen, jedoch wirkt auch hier verdünnte Säure stärker als konzentrierte. In der Wärme wird Molybdän von Salpetersäure, unabhängig von der Konzentration, schnell gelöst. Die Reaktion ist sehr heftig.

Von Königswasser wird Wolfram in der Kälte sehr schwach an der Oberfläche oxydiert, von heißer Lösung jedoch sehr stark angegriffen.

Molybdän wird von kaltem Königswasser leicht, von warmer Säure dagegen sehr stark und schnell gelöst.

Durch Flußsäure (HF) in allen Konzentrationen wird Wolfram und Molybdän praktisch nicht angegriffen, gleichgültig, ob die Säure warm oder kalt verwandt wird.

In einer Mischung von Fluß- und Salpetersäure löst sich Wolfram unter Bildung von Fluorid und Oxyfluorid sehr schnell. Ähnlich ist es mit Molybdän.

In syrupartiger Phosphorsäure löst sich Wolframpulver bei einer Temperatur von 230° C. In kalter Säure (10%ig) lösen sich 0,03 g/dm² duktiles W in 24 Std., in warmer Säure wird eine Menge von 0,009 g/dm² in einer Std. [272] gelöst.

Eine Reaktion mit Chromsäure ist weder bei Wolfram noch bei Molybdän zu beobachten, auch dann nicht, wenn es sich um eine Mischung mit Schwefelsäure (Chromschwefelsäure) handelt.

Die verschiedenen Konzentrationen der wässerigen Lösungen des NaOH oder KOH greifen in kaltem Zustand weder Wolfram noch Molybdän an.

Ammoniak und seine wässerigen Lösungen wirken praktisch nicht auf Wolfram. Erst bei Anwesenheit von Wasserstoffperoxyd wird kompaktes Wolfram leicht, Wolframpulver dagegen stark angegriffen. Molybdän überzieht sich bei Einwirkung von kaltem Ammoniak mit einer dunklen Schicht und geht langsam in Lösung über [273].

In einer wässerigen Lösung von NaOH und Kaliumferricyanid werden Wolfram und Molybdän gelöst. Dieses Reagenz wird zur Sichtbarmachung der Struktur des W und Mo in der Metallographie verwendet. Eine ähnliche Wirkung ist bei der Anwendung einer ammoniakalischen Lösung des Kupfer-II-Salzes zu beobachten.

Wasser wirkt praktisch nicht auf Wolfram und Molybdän. Wolfram wird jedoch von Seewasser angegriffen, was wahrscheinlich auf den Anteil von Magnesiumchlorid zurückzuführen ist. Ein Angriff erfolgt bereits nach 8 Std. [274].

Die alkalischen Schmelzen (Hydroxyd oder Karbonat des Na oder K) lösen Wolfram an Luft langsam, in Anwesenheit eines Oxydationsmittels dagegen sehr schnell. In letzterem Fall wird Natrium- oder Kaliumnitrat, -nitrit oder -chlorat bzw. PbO_2 zugegeben. Bei Verwendung einer reinen Hydroxydschmelze lösen sich beide Metalle nach gewisser Zeit des Schmelzens sehr schnell, ähnlich wie dies durch Anwesenheit eines Oxydationsmittels erfolgt. Dies ist darauf zurückzuführen, daß die alkalische Schmelze den Luftsauerstoff absorbiert. Die sich hierbei bildenden kleinen Mengen von Natriumperoxyd wirken als Oxydasen.

Unter Luftabschluß, z. B. bei Verwendung einer Stickstoffatmosphäre, wirkt das Kaliumhydroxyd auf Wolfram und Molybdän nur sehr wenig. Es entsteht Kaliumwolframat oder -molybdat, wobei Wasserstoff frei wird [275]. Die Reaktion verläuft bei 660° C in der nachstehenden Reihenfolge:

$$6\,KOH + Mo = Mo(OH)_6 + 6\,K$$

$$Mo(OH)_6 + 2\,KOH = K_2MoO_4 + 4\,H_2O$$

$$4\,H_2O + 4\,K = 4\,KOH + 2\,H_2.$$

In geschmolzenem oder auch siedendem Schwefel wird Wolfram sehr langsam und Molybdän überhaupt nicht angegriffen. In einer Schmelze von Kaliumchlorat reagiert Molybdän sehr heftig. Geringer ist die Reaktion in geschmolzenem Kaliumnitrat, wobei sich Kaliummolybdat bildet.

Zu den chemischen Eigenschaften des Wolframs ist noch bemerkenswert, daß eine Kaltverformung die Lösungsgeschwindigkeit des Wolframs in alkalischer Kaliumferricyanidlösung erhöht. Eine Glühung dagegen bewirkt eine Herabsetzung der Lösungsgeschwindigkeit. Je höher die Glühtemperatur liegt, desto langsamer wird Wolfram gelöst [160].

Die Wirkung der einzelnen Stoffe auf Wolfram und Molybdän ist übersichtlich in den Tabellen 72 und 73 aufgezeigt.

Tabelle 72

Widerstandsfähigkeit von Wolfram und Molybdän gegen verschiedene Gase

Gas	Wolfram	Molybdän
Wasserstoff	inert bis zum Schmelzpunkt	inert bis zum Schmelzpunkt
Inerte Gase	keine Reaktion	keine Reaktion
Stickstoff	geringe Nitridbildung ab 2400° C	Nitridbildung ab ca. 2300° C
Stickstoffoxyde	bei höheren Temperaturen niedere oder höhere Wolframoxyde	wie beim Wolfram
Ammoniak (Gas)	keine Wirkung auf kompaktes Metall	beständig bis Rotglut
Sauerstoff Luft Wasserdampf	Oxydation etwa ab 500° C (Sublimation des WO_3 ab 850° C)	Oxydation ab 400° C, ab 600° C lebhaft (Sublimation d. MoO_3 ab 610° C)
Fluor	starke Reaktion in der Kälte	starke Reaktion in der Kälte
Chlor	Reaktion bei 250—300° C (feucht u. trocken)	Reaktion bei Rotglut
Brom (Dämpfe)	wirkt ab hell Rotglut (Bromid)	Reaktion bei Rotglut
Jod (Dämpfe)	wirkt ab hell Rotglut (Jodid)	keine Reaktion
CO	ab 800° C Karbidbildung	schnellere Karbidbildung als beim Wolfram
gasförmige Kohlenwasserstoffe	ab 900° C Karbidbildung	
CO_2	Oxydation ab 1200° C	Oxydation ab 1000° C
H_2S	Oxydation bei Rotglut	Reaktion ab 1200° C
SO_2	Oxydation bei höheren Temperaturen	schnelle Oxydation bei höheren Temperaturen (Rotglut)

9.43 *Die Bestimmung des Gehaltes der wichtigsten Verunreinigungen*

Für den qualitativen Nachweis des Wolframs kommen praktisch nur die Reaktionen des WO_3, eventuell die der Wolframate in Betracht, da beim Lösen des Wolframs in stärkeren Säuren (Königswasser, Mischung Flußsäure und Salpetersäure) oder beim Aufschluß in alkalischen Schmelzen (Natrium- oder Kaliumhydroxyd, Natrium- oder Kaliumkarbonat u. ä.) WO_3 oder Wolframate entstehen.

Tabelle 73

Widerstand von Wolfram und Molybdän gegen verschiedene Flüssigkeiten und Schmelzen

Stoff	Wolfram	Molybdän
HCl.	in kalter Säure jeglicher Konzentration unlöslich, leichte Ätzung in der Wärme	kalt in keiner Konzentration löslich warm: konzentrierte Säure — geringer Angriff (Passivierung), verdünnte Säure — stärkerer Angriff
H_2SO_4.	in der Kälte unwirksam in jeder Konzentration, in der Wärme schwache Ätzung d. konzentrierte, stärkere Ätzung d. verdünnte Säure	wie bei Wolfram
HNO_3.	in der Kälte praktisch beständig, warm: Bildung einer WO_3-Schicht (verd.) Passivierung (konz.)	kalt: schneller Angriff durch verdünnte Säure warm: schnelles Auflösen (Reaktion bei Pulver stürmisch)
Königswasser . . .	kalt: schwache Oxydation der Oberfläche warm: stärkerer Angriff	in der Kälte schwach, in der Wärme schnell löslich
HF	beständig gegen Säure aller Konzentrationen (kalt und warm)	wie bei Wolfram
$HF + HNO_3$. . . .	sehr schnell löslich	sehr schnell löslich
Phosphorsäure . . .	Pulver schwach löslich	kompaktes Metall schwach löslich
NaOH, KOH (Lösung)	keine Reaktion in der Kälte	keine Reaktion in der Kälte
NH_4OH	keine Reaktion in der Kälte	dunkle Schicht, schwach löslich
$KOH + K_3[(Fe(CN)_6]$ wässerige Lösung	löslich	löslich
$NH_4OH + Cu^{\cdot\cdot}$ wässerige Lösung	löslich	löslich
KOH, NaOH, K_2CO_3, Na_2CO_3-Schmelze	bei Luftzutritt langsam löslich, in Anwesenheit von KNO_2, KNO_3, $KClO_3$, PbO_2 u. ä. sehr schnell löslich	wie bei Wolfram
S (geschmolzen oder siedend)	langsamer Angriff	praktisch keine Reaktion
$KClO_3$-Schmelze . .	—	heftige Reaktion
KNO_3-Schmelze . .	—	langsamere Reaktion als mit $KClO_3$

Der gebräuchlichste Nachweis erfolgt mit Hilfe der Blaufärbung der niederen Oxyde des Wolframs, welche entsteht, wenn WO_3 dem Einfluß von Reduktionsmitteln ausgesetzt wird. Dies sind z. B. Zn + HCl (H_2-Bildung), Sn + HCl (ebenfalls H_2-Bildung), $SnCl_2$ + HCl (N. TANANAJEV und G. PANČENKO [276]) u. a. Aus alkalischen Schmelzen wird durch die Fällung der entstandenen alkalischen Wolframate mit einer Säure (HCl, H_2SO_4, HNO_3 u. ä.) WO_3 gewonnen.

Bei Anwesenheit von Phosphor-, Arsen-, Kiesel-, Essig-, Oxal-, Wein- oder Zitronensäure können die löslichen Komplexe (Heteropolysäuren) entstehen, so daß sich WO_2 nicht ausscheidet (Maskierung).

Am geeignetsten für den mikroskopischen Nachweis ist das Ammonparawolframat, welches aus der ammoniakalischen Lösung der Wolframsäure kristallisiert.

Eine Möglichkeit zur schnellen halbquantitativen Bestimmung der Verunreinigungen bietet die Spektralanalyse. Eine quantitative Serienbestimmung ist sehr vorteilhaft, aber an das Vorhandensein geeigneter Standardproben gebunden.

Bei der chemischen quantitativen Bestimmung des Wolframs und seiner Zusätze werden die Gewichts-, Titrations- sowie einige Spezialmethoden angewandt. In Anbetracht der Bedeutung, welche die Zusätze und Verunreinigungen des Wolframs haben, wird nicht nur die Menge der Verunreinigungen, sondern auch ihre Art bestimmt. Wolfram als Grundmetall wird quantitativ nicht bestimmt, sondern als Restmenge angegeben.

Für die Bestimmung der Zusätze des Wolframs können fast alle bekannten Analysenmethoden Anwendung finden. Durch vergleichende Prüfung haben sich die Methoden von C. AGTE, H. BECKER-ROSE und G. HEYNE [37] als zweckmäßig erwiesen. Die in den Arbeiten der Autoren genannten Verfahren und Vorschriften wurden teilweise durch weniger exakte, dafür aber schnellere Methoden, besonders für Betriebsanalysen, ersetzt. Die Bestimmung der Verunreinigungen, welche oben genannt sind, finden sowohl für Wolframsäure als auch -metall Anwendung. Chemische Untersuchungen, die im Rahmen der Eingangskontrolle durchgeführt werden, sind in der sowjetischen GOST-Norm 2197—43 für WO_3 angegeben. Diese Vorschriften enthalten die Bestimmung der Feuchtigkeit, CaO, Mo, As, P, S und des Chlorierungsrückstandes der Wolframsäure. Eine sehr zuverlässige Kontrolle der Rohstoffe, Halbfabrikate und fertigen Hartmetalle wurde von M. PETRDLIK [277] ausgearbeitet. Diese Methode findet auch bei der Analyse der Mineralien Anwendung.

Eisenbestimmung:

Die Einwaage wird in einer Mischung von HF + HNO_3 gelöst, eingedampft (syrupartig) und in Ammoniak gegeben. In die entstandene ammoniakalische Lösung wird H_2S eingeleitet und das sich nach mehrstündigem Stehenlassen ausscheidende Sulfid abfiltriert. Das Filter mit dem Niederschlag wird getrocknet, verascht, in HCl gelöst und fast bis zur Trockne abgedampft. Nach Zugabe von KJ und Stärke wird die Lösung mit 0,01 N Thiosulfat titriert.

Empfindlichkeit: bei 10 g Einwaage, 0,001% Fe.

Nickelbestimmung:

Nach ČUGAJEV mit Dimethylglyoxim.
Empfindlichkeit: 0,01% Ni.

Kobaltbestimmung:

Die Fällung erfolgt mit H_2S im ammoniakalischen Medium. Der Niederschlag wird gelöst und die Lösung elektrolysiert (stark ammoniakalisches Medium) oder das Co kolorimetrisch bestimmt.

Empfindlichkeit: 0,01% Co (kolorimetrisch).

Schwefelbestimmung:

Die Einwaage wird im Sauerstoffstrom bei 1100° C verbrannt. SO_2 und SO_3 werden in 30%igem Wasserstoffsuperoxyd aufgefangen. Nach dem 2 bis 3 Std. währenden Verbrennungsvorgang wird H_2O_2 durch Kochen ausgetrieben und H_2SO_4 durch Titration bestimmt. (Jodid-Jodat-Methode, d. h. Titration mit Thiosulfat.)

Empfindlichkeit: bei genügend großer Einwaage 0,0001% S

Phosphor- und Arsenbestimmung:

Die alkalische Lösung des WO_3 wird kochend mit 100 cm^3 Magnesiumlösung gefällt. Hierbei werden P und As als Magnesium-Ammoniumphosphat oder -arsenat niedergeschlagen und anschließend zu Pyrosalzen verglüht. Außerdem wird As nach der Methode von Moser und Ehrlich [278] durch Destillation mit Methylalkohol und HCl in Anwesenheit von Pyrogallol bei 80° C bestimmt. In dem sich bildenden Destillat wird Arsen mit Kaliumbromat (größere Menge) oder kolorimetrisch (bei kleinerer Menge) bestimmt.

Kontrolle: Bestimmung des P nach dem Austreiben des Arsens aus der Mischung der Pyrosalze.

Empfindlichkeit: bei Einwaage von 10 g P = 0,001% und As = 0,001%.

Zinkbestimmung:

Die alkalische Lösung des Wolframates wird durch Zugabe von Weinsäure vorsichtig neutralisiert und Natriumazetat zugegeben. In die neutrale Lösung wird H_2S eingeleitet. Der sich bildende Niederschlag wird mit Ammoniumsulfid gewaschen und dann in HCl gelöst. Um die Schwermetalle zu beseitigen, wird in die gewonnene Lösung erneut H_2S eingeleitet. In dem Filtrat wird Zn mit Ammoniumphosphat (nach Auskochen des H_2S) bestimmt.

Empfindlichkeit: bei größerer Einwaage 0,008% Zn.

Zinnbestimmung:

Zinn wird aus der sulfoalkalischen Lösung elektrolytisch bestimmt. Zu der schwach alkalischen Lösung des WO_3 werden 5 g Na_2S und 1 g $NaHSO_3$ (auf 1 g WO_3) zugegeben und 4 Std. bei einer Temperatur von 60° C, 4 Volt und 1,2 Amp. elektrolysiert. Der entstandene Niederschlag kann entweder gewogen oder zunächst in HCl gelöst werden. Das hierbei entstehende Zinn-II-Chlorid wird dann durch Titration mit Jodlösung bestimmt.

Empfindlichkeit bei 10 g Einwaage 0,001% Sn.

Wismutbestimmung:

Bi wird mit H_2S gefällt (WO_3 bleibt durch Zugabe von Weinsäure in Lösung), der Niederschlag mit gelbem Ammonsulfid getrennt. Das entstandene Wismutsulfid wird in HNO_3 gelöst und nach eventueller Trennung von Pb Wismut mit Ammoniumcarbonat (Löwe) ausgeschieden.

Empfindlichkeit: 0,002% Bi.

Kupferbestimmung:

Cu wird nach Zugabe von Weinsäure mit H_2S gefällt, der Niederschlag mit Ammoniumsulfid digeriert und das Sulfid in HNO_3 (1,2) gelöst. Die Lösung wird mehrmals mit HCl zur Trockne eingedampft (Beseitigung der HNO_3). 0,3 cm^3 einer frischen 5%igen Kaliumferrocyanidlösung werden zugegeben und auf 100 cm^3 aufgefüllt. Diese Menge wird kolorimetrisch mit einer Standardlösung von Kupfer-II-Salz verglichen.

Empfindlichkeit: bei 10 g Einwaage 0,001% Cu.

Molybdänbestimmung:

Die Wolframatlösung wird mit Phosphorsäure angesäuert, gekühlt und eine frische 5%ige Kaliumxanthogenatlösung zugegeben. Der Mo-Gehalt wird kolorimetrisch ermittelt.

Empfindlichkeit: 0,002% Mo.

Manganbestimmung:

Nach Oxydation des Mangans mit Ammoniumpersulfat zu MnO_4 bei Anwesenheit von Silbernitrat wird Mangan kolorimetrisch bestimmt.

Empfindlichkeit: bei 10 g Einwaage 0,002% Mn.

Antimonbestimmung:

Nach Trennung von den Metallen der H_2S-Gruppe wird Sb elektrolytisch aus dem Cyanid-Medium ausgeschieden.

Empfindlichkeit: bei 10 g Einwaage 0,001% Sb.

Bleibestimmung:

Der Niederschlag der Sulfide wird in HNO_3 gelöst und das Blei elektrolytisch an der Anode als PbO_2 abgeschieden. Die Pb-Bestimmung erfolgt dann durch Wiegen des Niederschlages oder kolorimetrisch nach Auflösen desselben.

Empfindlichkeit: mindestens 0,001% Pb.

Kohlenstoffbestimmung:

Das Metall wird im Sauerstoffstrom bei ca. 1000° C verbrannt. Das entstehende CO_2 wird durch Natronkalk oder Natronasbest gebunden und gewichtsanalytisch bestimmt.

Empfindlichkeit: 0,005% C.

Die Empfindlichkeit kann bis auf 0,001% gesteigert werden, wenn man eine größere Metallmenge chloriert und den Chlorierungsrückstand im Sauerstoffstrom verbrennt.

Sauerstoffbestimmung:

Durch Glühen an Luft wird der Oxydationswert des Metallpulvers festgestellt und der Sauerstoffgehalt nach folgender Formel berechnet:

$$O = (Z_0 - Z) \cdot \frac{184}{232} \qquad O = \frac{Z_0 - Z}{Z_0} \cdot 100\%.$$

Z_0 ist der theoretische Oxydationswert (26,09%) des reinen Wolframs und Z der ermittelte Oxydationswert.

Empfindlichkeit: 0,05% O_2.

Stickstoffbestimmung:

Das Metall wird in einer alkalischen Lösung von Kaliumferricyanid gelöst und der Stickstoff im entstehenden Gas festgestellt.

Empfindlichkeit: 0,005 cm^3 pro 1 g W.

Wasserstoffbestimmung:

Es besteht grundsätzlich die Möglichkeit, das Metall im Sauerstoffstrom zu verbrennen und die Wassermenge zu bestimmen, die durch Phosphorpentoxyd gebunden wird.

Da in den letzten Jahren die Extraktionsanalyse der Gase in einem Metall vervollkommnet wurde, kann diese Methode auch zur Bestimmung der angegebenen Gase in Wolfram angewandt werden.

Schnelle und empfindliche Methoden der kolorimetrischen Bestimmung von SiO_2, Al, Fe und K wurden unlängst von T. MILLNER und J. NEUGEBAUER [279] ausgearbeitet. Mit diesen Methoden kann man in 0,1 g WO_3 0 bis 30, evtl. 0 bis 100 γ SiO_2, 0 bis 15 γ Al, 0 bis 16 γ Fe und 2,5 bis 30 γ K nachweisen. Die für die einzelnen Bestimmungen erforderliche Zeit beträgt bei SiO_2 etwa 40, bei Fe 20 bis 30 und bei K einige Minuten.

Die Bestimmung der einzelnen Verunreinigungen in Molybdän werden hier nicht angegeben, da sie analog den Bestimmungen der Verunreinigungen im Wolfram sind. Notwendig erscheint es jedoch, darauf hinzuweisen, daß MoO_3 im Überschuß der Fällungssäuren stärker löslich ist. Daher muß das Ansäuern der Molybdatlösungen sehr vorsichtig erfolgen.

Für den qualitativen Nachweis des Molybdäns ist die Farbreaktion mit Xanthogenat oder Kaliumsulfocyanid geeignet.

Neben der chemischen Analyse hat sich besonders in letzter Zeit die Spektralanalyse für den Nachweis geringster Zusätze bewährt.

Im Rahmen dieses Buches würde es zu weit führen, auf die apparative Seite des Verfahrens näher einzugehen. In diesem Zusammenhang wird auf das umfangreiche Schrifttum verwiesen.

Zur besseren Verständlichmachung sei zunächst auf die Methodik dieser speziellen Analyse hingewiesen.

Zur Durchführung der Untersuchungen werden 2 Elektroden durch bestimmte Schaltung eines Funkenerzeugers angeregt. Der dabei entstehende Lichtbogen wird im Spektrographen zerlegt und auf eine photographische Platte aufgenommen. Zur Auswertung der einzelnen Elemente dienen bestimmte Linien, welche mit Hilfe eines Spektrenprojektors qualitativ und mit einem Spektrallinien-Photometer quantitativ gemessen werden. Zur quantitativen Bestimmung dient die Intensität (Schwärzung) der Linien. Gemessen wird hierbei die Schwärzungsdifferenz ΔS nach folgender Formel:

$$\Delta S = \log \frac{A_Z}{A_G}.$$

A_Z gibt den Galvanometerausschlag an, welcher an einer Linie des zu bestimmenden Elementes gemessen wird, A_G die Schwärzung der jeweiligen Linie des Grundelements. Der ΔS-Wert geht in eine Eichkurve ein, welche jeweils aus 3 Eichproben mit bekanntem Gehalt aufgestellt wird. Aus dieser wird dann der relative Prozentgehalt des Zusatzelementes (bzw. der Verunreinigung) nach Messung der Linienintensität abgelesen.

Zur Bestimmung der Elemente Mo, Fe, Al, Mn in Wolfram wird zweckmäßig ein Quarzspektrograph eingesetzt, für die Bestimmung von Ca und K ein Glasspektrograph. Es hat sich als unzureichend erwiesen, gepreßte Metallpulver oder auch kompaktes Metall zu analysieren, da eine verhältnismäßig inhomogene Verteilung der Beimengungen beobachtet wird. Um die Analysengenauigkeit zu steigern, werden Lösungen eingesetzt, da sie eine homogene Mischung der Salze der Elemente garantieren. Folgende Arbeitsmethoden haben sich als zweckmäßig erwiesen. Zur Herstellung der Testlösungen wird von reiner Wolframsäure ausgegangen, der folgende Zusätze auf je 20 g WO_3 zugegeben werden:

I 0,01% Mo, Fe, Al, Mn, K, Ca
II 0,10% Mo, Fe, Al, Mn, K, Ca
III 0,20% Mo, Fe, Al, Mn, K, Ca.

Diese Elemente werden in Form ihrer Salze zugegeben, und zwar in folgender Menge:

	g $CaCO_3$	g K_2SO_4	g $MnCl_2$	g $Al(OH)_3$	g $Fe(OH)_3$	g MoO_3
I	0,0050	0,0089	0,0072	0,0058	0,0038	0,0030
II	0,0500	0,0891	0,0720	0,0578	0,0382	0,0300
III	0,1000	0,1782	0,1440	0,1056	0,0764	0,0600

Die Wolframsäure wird in 10%iger Natronlauge mit bekanntem Gehalt gelöst, mit Weinsäure angesäuert und in Lösung gehalten. Die Zusatzelemente werden gelöst hinzugegeben, und die gesamte Lösung wird dann auf 100 cm³ aufgefüllt.

Die Lösungen werden mit Hilfe einer Platinöse, die einen Durchmesser von 3 mm hat, auf eloxierte Aluminiumelektroden oder besser spektralreine Kohle aufgetragen. Die Kohle- bzw. Aluminiumelektroden müssen plangeschliffen sein und einen Durchmesser von 5 mm haben. Der Elektrodenabstand beträgt beim Quarzspektrographen (Q 24) 2 mm, beim Glasspektrographen 4 mm. Für die

Anregung wird eine Funkenschaltung verwendet. Die Sekundärspannung beträgt für alle angeführten Elemente 8000 V, die Kapazität 9000 pF, und die Selbstinduktion ist gleich 0. Als Vorfunkzeit wurde für aufgetragene Lösungen 30 s und nach nochmaligem Auftragen 5 s als ausreichend ermittelt. Die Lösung wird mit der Platinöse möglichst auf die noch heißen Kohlen gebracht, damit sie sofort einziehen kann. Die Belichtungszeit für Lösungen beträgt 3 × 30 und 1 × 45 s nach jeweiligem Auftragen der Lösung.

Nachdem die photographische Platte, welche im Spektrographen belichtet wurde, den von der Photographie her üblichen Behandlungsprozeß durchlaufen hat (Entwickeln, Fixieren usw.), findet zunächst eine qualitative Auswertung der Linien folgender Elemente durch subjektive Betrachtung statt. In Tabelle 74 sind die erprobten Linien der Elemente in Abhängigkeit von ihrer Größenordnung aufgezeigt.

Tabelle 74

Analysenlinien Element	Grundelement	Erprobter Bereich	Störungsmöglichkeiten
Mo 2816,15	W 2817,89	0,01 – 0,2%	Al 2816,2 Mn 2817,9
Mo 2816,15	W 2831,4		
Fe 2950,24	W 2953,1	0,01 – 0,2%	Mn 2950,3
Fe 2973,237	W 2953,1		
Fe 3154,21	W 3150,3		
Al 3082,2	W 3085,3	0,01 – 0,2%	Mn und Mo
Al 3092,7	W 3085,3		Fe und Mo
Mn 2794,82	W 2799,1	0,01 – 0,2%	Fe und Mo
Mn 2933,02	W 2935,44		
Mn 2933,02	W 2936,72		
Ca 4307,57	W 4302,1	0,01 – 0,2%	für W 4302,1 Ca, Fe, Mn und Mo
Ca 4878,152	W 4294,6		
Na 6160,76	W 5053,296	10,0 – 16,0%	
Na 3302,323	W 3304,59		
Na 3302,988	W 3304,59		
K 5801,96	W 5053,296	0,01 – 0,2%	
K 5801,96	W 4302,1		für W 4302,1 Ca, Fe, Mn und Mo

9.50 Elektrochemische Eigenschaften von Wolfram und Molybdän

Die elektrochemischen Eigenschaften beider Metalle, hauptsächlich des Wolframs, sind in letzter Zeit stark in den Vordergrund des Interesses getreten, besonders im Hinblick auf die Erzeugung galvanischer W- oder Mo-Überzüge. Arbeiten in dieser Richtung haben den versuchsmäßigen oder kleintechnischen Maßstab kaum überschritten, so daß in der Literatur keine genaue Beschreibung der Methoden zu finden ist. Angaben über ältere Laboratoriumsarbeiten sind sehr unterschiedlich. Dies erklärt sich aus der Tatsache, daß das für die Versuche eingesetzte Material verschiedenen Reinheitsgrad hatte.

Da das Wolfram starke Passivierungserscheinungen zeigt (anodische und chemische Passivierung), konnte sein Normalpotential nicht genau bestimmt werden. In der normalen Spannungsreihe steht es zwischen Bi und Hg. Das Standardpotential $W/W^{\cdot\cdot\cdot\cdot\cdot\cdot}$ ist + 0,68 V.

Als Indikationselektrode für die p_H-Messung ist Wolfram nicht geeignet, da es auf verschiedene Konzentrationen der Wasserstoffionen nicht reproduzierbar reagiert [280]. Als Titrationselektrode für Stoffe, welche sich nicht leicht reduzieren oder oxydieren, ist Wolfram durchaus geeignet. Ähnlich verhält es sich auch mit Molybdän.

Wie bereits erwähnt, werden Wolfram und Molybdän anodisch und chemisch leicht passiviert. Es ist interessant, daß die Passivierung beider Metalle in sauren Lösungen stärker ist als in alkalischen [281], sie wird durch Oxydationsmittel gefördert. Das maximale Potential passivierten Wolframs wurde mit + 0,88 V gemessen. Nach dem Schmirgeln der Probe betrug das Potential — 0,27 V und wurde durch kathodische Polarisation bis auf — 0,70 V gebracht. Das elektrolytische Potential gegen Wasserstoffelektrode ist nach H. W. HIGHRITER 0,0 V [282].

In den normalen Lösungen von HNO_3, H_2SO_4, HCl oder KCl ist Wolfram anodisch nicht löslich, dagegen geht es in Lösungen von Oxal- oder Phosphorsäure sowie Phosphaten bei Bildung von Komplexverbindungen als sechswertig in Lösung. In KOH und $(NH_4)_2S$ geht Wolfram bei kleinen Stromdichten ebenfalls in Lösung, bei Stromdichten von 800 bis 1750 mA/cm² ist es passiv. In KOH- oder NaOH-Lösungen löst sich Wolfram anodisch zu Kalium- bzw. Natriumwolframaten.

Aus den wässerigen Lösungen der alkalischen Wolframate scheidet sich das Wolfram selbst nicht aus. In der Literatur wird folgendes Verfahren zur Herstellung galvanischer Überzüge aus Wolfram angegeben [273]. Der Elektrolyt besteht aus 38 g Natriumwolframat, 60 g NaOH und 60 g Dextrose oder 70 g NaOH, 30 g WO_3 und 60 g Dextrose pro Liter. Gearbeitet wird mit einer Stromdichte von 10 Amp./dm² und einer Badtemperatur von 80° C. Hierbei scheidet sich 92 bis 94%iges Wolfram als ein fester und zusammenhängender, glänzender Metallüberzug ab.

Als vorteilhaft hat sich auch erwiesen, an Stelle von NaOH LiOH oder $(NH_4)OH$ zu verwenden. Hierbei scheidet sich Wolfram zusammen mit Nickel, welches in Form von Nickelsalz in Mengen von 0,19 g/l dem Bad zugegeben wird, leichter aus. Der ausgeschiedene Metallüberzug enthält etwa 50% W. Alle Vorschriften lassen erkennen, daß die Verwendung des WO_3 in Form von Wolframaten oder Polywolframaten bzw. Komplexverbindungen in keinem Fall einen 100%igen metallischen Wolframüberzug ergibt. Als Anode wird meistens Platin, Nickel oder Eisen und als Kathode Kupfer, Messing, Eisen und auch Graphit verwendet.

Bei der Elektrolyse einer Schmelze von Na_2WO_4, Li_2WO_4, K_2WO_4 oder einer Mischung der angegebenen 3 Wolframate scheidet sich Wolfram bei einer Stromausbeute von 60 bis 80% aus. Die Temperatur während der Elektrolyse liegt zwischen 900 und 1000° C. Unter diesen Bedingungen entsteht ein Pulver, welches einen metallischen, zusammenhängenden Überzug bildet. Natriumwolframat wird in einem Tiegel aus einer Legierung von Eisen, Nickel und Chrom bei 950° C elektrolysiert [284]. Hierbei dient der Tiegel als Kathode, als Anode wird ein Wolframstab verwendet. Die Stromdichte beträgt 15 Amp./dm^2. Bei diesem Verfahren setzt sich das Wolfram in Form von Pulver an den Wänden des Tiegels ab. Durch die Elektrolyse in einem Quarztiegel wird ein Wolframpulver mit folgender Reinheit gewonnen: 99,3% W, 0,26% Si und 0,3% Alkalien. Die Badtemperatur liegt bei 950° C, und die Stromdichte wird mit 15 Amp./dm^2 angegeben. Die Wolframelektrolyse in der Schmelze wird im alkalischen Medium durchgeführt. Wenn mehr als 5% WO_3 anwesend sind, bildet sich Wolframbronze. Diese Bronzen stellen eine gewisse Stufe der Reduktion des Wolframs dar. Durch Erhöhung der Temperatur während der Elektrolyse kann man ihre Entstehung verhindern.

Am geeignetsten für die Elektrolyse erscheint der Einsatz von Lithiumwolframat. Die Schmelze hat dann folgende Zusammensetzung: $Li_2WO_4 \cdot nWO_3$, wobei der Wert für n 0,2 bis 0,8 beträgt. Die Temperatur während der Elektrolyse beträgt 1000 bis 1300° C und die Stromdichte 20 bis 80 Amp./dm^2. Nach etwa 30 Min. bildet sich ein Überzug von 30 μ, welcher nach längerer Zeit eine Stärke von 100 μ annehmen kann.

Es würde den Rahmen dieses Buches überschreiten, näher auf die Verfahren zur Herstellung galvanischer Wolframüberzüge einzugehen. Weitere Methoden werden in dem Buch von A. N. ZĚLIKMAN, Metallurgija volframa i molibděna, sehr eingehend dargestellt. Als Beweis für den bereits erwähnten Stillstand in der Entwicklung dieser Verfahren seit ca. 30 Jahren geben wir das Patent der britischen Firma National Research Development Corp. [285]. Hierbei wird mit einer Schmelze folgender Zusammensetzung gearbeitet: Eutektische Mischung von NaCl und KCl mit Wolframsulfid. Wolfram kann in einer Menge von 30% in Form von alkalischem Wolframat anwesend sein. Die Badtemperatur beträgt 660 bis 720° C, die Spannung 3,5 bis 4 Volt und die Stromdichte 20 bis 25 Amp./dm^2. (Beim galvanischen Aufbringen von Wolfram kann die Stromdichte um ein Drittel bzw. die Hälfte herabgesetzt werden.) Folgendes Beispiel für die Badzusammensetzung wird angegeben: 72 Teile NaCl, 92 Teile KCl, 60 Teile K_2WO_4 und 5% WS_2, welches z. B. durch Glühen eines feinen Wolframpulvers mit Schwefel unter Luftabschluß bei Temperaturen von 450 bis 500° C entsteht (1 Atom W + 2 Atome S).

Ebenso wie Wolfram zeigt auch Molybdän eine starke Passivierung, daher kann sein Normalpotential nicht genau bestimmt werden. In der elektrolytischen Spannungsreihe steht Molybdän sehr nahe beim Quecksilber. Hg ist das letzte der edlen Metalle, welches mit Molybdän aus wässerigen Lösungen gefällt wird [286]. H. W. HIGHRITER [282] gibt für das elektrolytische Potential des Molybdäns gegen Wasserstoffelektrode den Wert $-0{,}25$ V an. Der Unterschied des Potentials von aktiviertem und passiviertem Mo beträgt 1,3 bis 1,5 V, liegt also ähnlich wie der des Wolframs. Für Molybdän, welches durch kathodische Polarisation aktiviert wurde, lag die größte Spannung bei etwa $-0{,}74$ V, für passiviertes Molybdän dagegen bei etwa $+0{,}66$ V. Bei allen Messungen, welche in der Literatur angegeben sind, ist der Reinheitsgrad des Molybdäns nicht berücksichtigt. Daher können diese Werte nur mit Vorsicht aufgenommen werden.

Als Anode verwendetes Molybdän geht bei der Elektrolyse stets als sechswertig in Lösung. Als Elektrolyt können HCl, KOH oder Lösungen neutraler Salze verwendet werden.

Zur Herstellung galvanischer Molybdänüberzüge wurden umfangreiche Versuche durchgeführt. Sie führten jedoch für die industrielle Anwendung zu keinem Erfolg. Die Elektrolyse kann entweder in einer Lösung (auch in einer nicht-wässerigen) oder in einer Schmelze durchgeführt werden. Beim Molybdän wurden bei weitem nicht die Ergebnisse in der Elektrolyse erzielt wie beim Wolfram. Die Aufmerksamkeit konzentrierte sich in letzter Zeit mehr auf die elektrolytische Herstellung von Molybdänlegierungen. Zum Beispiel werden von der Fa. Wisconsin Alumni Research Foundation [287] einige Vorschriften zur Herstellung galvanischer Überzüge aus Ni-Mo, Co-Mo und Fe-Mo angegeben. Als Elektrolyt wird hierbei eine Lösung folgender Zusammensetzung verwendet: Natriummolybdat, Zitronensäure (bzw. andere organische Hydroxy-Säuren oder komplexbildende Verbindungen) und Nickelsulfat bzw. Kobalt- oder Eisen-II-Sulfat. Der p_H-Wert der Lösung wird durch Zugabe von NH_4OH korrigiert. Die geeignetste Badtemperatur beträgt 20 bis 30° C. Die Anode kann löslich (Mo, Ni, Co, Fe) oder unlöslich (Pt) sein. Die Kathode kann aus Pt, Au, Cu, Ni, Co, Fe, Messing und anderen Metallen oder Legierungen bestehen. In weiten Grenzen bewegt sich die Stromdichte, sie liegt zwischen 1 und 22,2 Amp./dm² und ist von den jeweiligen Bedingungen der Elektrolyse und der Badzusammensetzung abhängig.

Beispiel einer Badzusammensetzung Co-Mo:

Kobaltsulfat (Heptahydrat)	60 g
Zitronensäure	66 g
Natriummolybdat	4 g

Dieser Menge wird so viel NH_4OH zugegeben, bis der p_H-Wert 4 beträgt, und die Lösung auf 1000 cm³ aufgefüllt.

Hierbei beträgt die Stromausbeute 36% und der Mo-Gehalt 6,9%. Bei einem p_H-Wert 6 beträgt die Stromausbeute 40% und der Mo-Gehalt 27,2%.

Ähnliche Zusammensetzungen haben auch die Bäder mit Nickel oder Eisen. Hierbei ändert sich lediglich der p_H-Wert, jedoch geht er nicht über 9 hinaus. Die größte Menge Molybdän scheidet sich aus den Lösungen mit Eisen aus, sie beträgt etwa 62% bei einer Stromausbeute von nur 13%.

J. N. Francijevič, T. F. Francijevič-Zabludovskaja und F. F. Želvic [288] haben umfangreiche Arbeiten über die elektrolytische Herstellung von Ni-Mo-Legierungen veröffentlicht. Sie verwenden für die Elektrolyse Nickel- und Molybdänsalze in Oxysäuren (Wein- oder Zitronensäure), welche die Komplexe bilden. Der p_H-Wert der Lösung wird mit Ammoniak eingestellt und liegt zwischen 10 und 10,5. Als geeignetste Temperatur der Elektrolyse wird 25 bis 45° C angegeben. Über 55° C verlieren die galvanischen Überzüge ihr metallisches Aussehen und werden dunkler. Die Anode besteht aus einer Legierung 30% Mo und 70% Ni. Da der Nickelgehalt bei der Elektrolyse steigt (Molybdängehalt ändert sich nur wenig), wird mit durchfließendem Elektrolyten unter ständigem Rühren gearbeitet. Die optimale Stromdichte liegt zwischen 50 und 80 Amp./cm^2. Der galvanische Überzug erreicht als Legierung eine Stärke von 10 μ und ist gegen Laugen, Schwefelsäure und Salzsäure beständig. Die Legierung ist in Salpetersäure leicht löslich.

Für die Elektrolyse des Molybdäns aus der Schmelze haben sich bisher zwei Methoden am besten bewährt. Bei der ersten dient als Elektrolyt Bauxit mit Kalziummolybdat und Molybdänkarbid. Die Kathoden bestehen aus Ferromolybdän und die Anoden aus Kohle. Bei der zweiten Methode wird eine geschmolzene Verbindung des Natriums, Molybdäns und Chlors als Elektrolyt verwendet. Die Herstellung der Schmelze erfolgt durch Erwärmung von Molybdänchlorid und Natrium mit Kieselsäure.

Die Stromdichte bei der Elektrolyse dieser Schmelze beträgt 1 bis 1,5 Amp./cm^2 bei einer Spannung von 9 bis 10 V [289].

In weiteren Versuchen werden als Elektrolyt Schmelzen verschiedener Chloride der Alkali- und Erdalkalimetalle gemeinsam mit den Mo-Salzen verwendet. Es ist aber nicht bekannt, daß die genannten Verfahren industriell zur Anwendung kommen.

Aus dem bisher Genannten geht hervor, daß diesem Problem viel Zeit und Mühe gewidmet wurde. Obwohl die Ergebnisse bisher industriell nicht genutzt werden, lohnt es sich, diese Frage intensiv weiter zu bearbeiten. Der Grund hierfür liegt darin, eine Möglichkeit zu schaffen, die guten Eigenschaften der hochschmelzenden Metalle Wolfram und Molybdän durch Aufbringen eines galvanischen Überzuges auf die Oberflächen anderer metallischer Werkstoffe zu übertragen.

10.00 Die Legierungen des Wolframs und Molybdäns

Im Hinblick auf den Umfang und den Zweck dieses Buches ist es nicht möglich, an dieser Stelle auf Details der Legierungen des Wolframs und Molybdäns einzugehen. Es wird vielmehr darauf Wert gelegt, die technisch wichtigsten Legierungen abzugrenzen, in denen Wolfram und Molybdän den überwiegenden Bestandteil bilden. Eine Ausnahme wird lediglich bei den gesinterten Karbiden und den Stelliten im Hinblick auf ihre technische Bedeutung gemacht. Das gleiche gilt für die Ferrolegierungen, in denen Wolfram und Molybdän in Form von Karbiden verarbeitet werden. Hierbei kommt der größte Anteil der Weltproduktion an W und Mo zum Einsatz. Dieses Gebiet wird nur kurz dargestellt, da Einzelheiten in der hüttenmännischen Literatur behandelt werden [290, 291]. Das gleiche gilt auch für die Gleichgewichtsdiagramme der binären Systeme. Erwähnt werden hier nur die neuesten Ergebnisse, ansonsten verweisen wir auf die von M. HANSEN [292] veröffentlichten Daten, welche z. B. aus dem Metals Handbook 1948 [293] entnommen wurden. Hierin werden die einschlägigen Diagramme einer kritischen Betrachtung unterzogen.

In der bisher erschienenen Literatur findet man viele Angaben über die binären Systeme des Wolframs und Molybdäns, welche jedoch in ihren Darstellungen sehr unterschiedlich sind. Die Ursache ist darin zu suchen, daß einmal nicht immer reinstes Ausgangsmaterial bei der Herstellung der Legierungen zur Verfügung stand und zum anderen das Legieren von Metallen, von denen eines (Wolfram oder Molybdän) einen sehr hohen Schmelzpunkt hat, schwierig ist. Auf diesem Gebiet hat die Pulvermetallurgie sehr wertvolle wissenschaftliche Beiträge geliefert, da es mit ihrer Hilfe möglich ist, relativ reine Legierungen zu erzeugen. Wenn man in Betracht zieht, daß früher die Legierungen des Wolframs und Molybdäns durch die Reduktion ihrer Oxyde mit dem Oxyd des zweiten Metalls in Kohle oder Aluminium vorbereitet wurden, wird leicht verständlich, daß diese Verfahren zu den verschiedensten Ergebnissen und Ansichten führten.

Wenn wir unsere Aufmerksamkeit z. B. dem periodischen System der Elemente (nach B. BRAUNER) zuwenden, ist zu bemerken, daß die Elemente, mit denen Wolfram oder Molybdän keine festen Lösungen oder Verbindungen bilden, hauptsächlich in der ersten bis dritten Gruppe liegen. Eine Ausnahme bildet hierbei Bor, welches in der ersten Zeile der dritten Gruppe (erste einfache Periode) liegt. Die Elemente, welche mit Wolfram oder Molybdän feste Lösungen bilden, und zwar lückenlose Reihen von Mischkristallen, liegen in den Hauptuntergruppen der 4. bis 6. Gruppe. Wolfram legiert sich weiter mit Rhenium von der 7. Gruppe sowie den Platin- oder Eisenmetallen der 8. Gruppe (letzteres gilt auch für Molybdän). Die nichtmetallischen Elemente der 4. bis 7. Gruppe bilden mit W oder Mo überwiegend Verbindungen definierter Zusammensetzung. Hierbei haben die Karbide, Silizide und Nitride (aus der 3. Gruppe auch die Boride) die größte Bedeutung. Es sei noch bemerkt, daß die Systeme W-Mn, -B, -Pt, -Pd, -Au sowie Mo-Ti, -Mn, -Pt, -Pd, -Au bisher nur ungenügend und zum Teil gar nicht untersucht worden sind. Umstritten bleibt noch die Rolle des Thoriums als Legierungsbildner. Mit größter Wahrscheinlichkeit bilden Wolfram und Thorium keine feste Lösung. Dies geht aus Messungen des elektrischen Widerstandes an Wolframdrähten mit einem Gehalt an metallischem Thorium hervor, welche von W. GEISS und J. A. M. v. LIEMPT durchgeführt wurden [294].

Von den genannten Legierungen haben aber nur einige eine technische Bedeutung. Außer diesen echten Legierungen sind auch die technisch wichtigen Pseudolegierungen zu nennen. Unter dieser Bezeichnung versteht man heterogene Verbindungen von zwei oder mehreren Metallen, welche in keinem Verhältnis feste Lösungen miteinander bilden. Zu erwähnen sind in diesem Fall die Pseudolegierungen W-Cu, W-Ag und Mo-Ag, welche eine breite Anwendung als Werkstoffe für elektrische Kontakte gefunden haben. Diese Pseudolegierungen können nur auf pulvermetallurgischem Wege hergestellt werden. Bei einer schmelztechnischen Herstellung käme es zu einer schnellen Entmischung der beiden Komponenten beim Gießvorgang, da sich das ungeschmolzene Wolfram bzw. Molybdän in der spezifisch leichteren Schmelze der anderen Komponente absetzen würde. Über diese Pseudolegierungen wird in Kapitel 10.60 gesprochen.

Kurz behandelt werden auch die technisch wichtigen Stoffe, wie z. B. Boride, Nitride und Silizide, da sie auf Grund ihrer Härte, hohen Schmelztemperatur und großen Temperaturbeständigkeit immer größere Bedeutung gewinnen.

10.10 W-Mo-Legierungen

Wolfram und Molybdän sind isomorph. Beide Metalle kristallisieren mit kubisch raumzentriertem Gitter. Die Parameter beider Gitter weichen nur sehr wenig voneinander ab. Für Wolfram liegt der Wert bei 3,158 und für Molybdän bei 3,140 Å, der Unterschied beträgt also nur 0,57%. Wolfram und Molybdän bilden eine lückenlose Reihe von Mischkristallen, wie aus dem Gleichgewichtsdiagramm dieses Systems zu ersehen ist (Abb. 121). Wie E. A. v. ARKEL nachgewiesen hat [295], sind die Gitterparameter von Wolfram-Molybdän-Legierungen eine lineare Funktion der chemischen Zusammensetzung der Legierungen. Dies bedeutet, daß der Parameter linear mit dem Wolframgehalt von 3,140 bis 3,158 Å ansteigt. Hieraus resultiert, daß die Dichte der Legierungen gleichfalls eine lineare Funktion der chemischen Zusammensetzung ist. Da es bei der Herstellung auf pulvermetallurgischem Wege nicht zum Schmelzen des Molybdäns, als der Komponente mit dem niedrigeren Schmelzpunkt, kommt, bilden sich die Legierungen durch Diffusion im festen Zustand. Theoretisch und experimentell wurde dieser Vorgang von J. A. M. v. LIEMPT [296] verfolgt. Bei diesen

Versuchen wurde folgendermaßen verfahren. Auf einen auf 800° C erhitzten W-Draht wurde Mo aus einer Atmosphäre von Wasserstoff und $MoCl_5$ abgeschieden. Bei dieser Temperatur findet noch keine Diffusion statt. Dieser W-Draht, welcher nur mit einer dünnen Mo-Schicht umhüllt war, wurde in einem

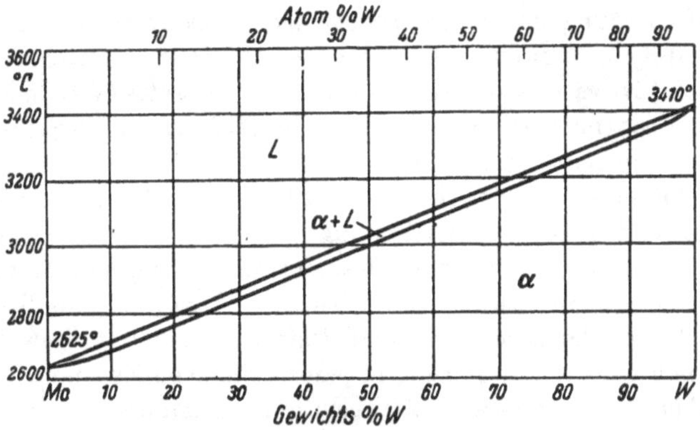

Abb. 121. Zustandsdiagramm W-Mo

gewissen Zeitabschnitt auf höhere Temperaturen erhitzt. Der Anteil des Molybdäns, welcher nicht in den W-Draht eindiffundierte, wurde in einer Mischung von Salpeter- und Schwefelsäure gelöst, der bereits in das Wolfram eindiffundierte Teil chemisch bestimmt. Aus den Ergebnissen wurden die Werte des Diffusionskoeffizienten D errechnet. Sie sind in Tabelle 75 für Einkristall- und Polykristalldraht zusammengestellt.

Tabelle 75

Diffusionskoeffizient D von Mo *in* W (nach J. A. M. v. LIEMPT)

Temperatur °K	Diffusionskoeffizient D von Mo in W-Draht in cm^2/sec	
	Einkristalldraht	Polykristalldraht
1200	$1{,}7 \cdot 10^{-18}$	$1{,}3 \cdot 10^{-17}$
1400	$2{,}0 \cdot 10^{-16}$	$1{,}6 \cdot 10^{-15}$
1600	$7{,}6 \cdot 10^{-15}$	$6{,}0 \cdot 10^{-14}$
1800	$1{,}2 \cdot 10^{-13}$	$9{,}3 \cdot 10^{-13}$
2000	$1{,}1 \cdot 10^{-12}$	$8{,}5 \cdot 10^{-12}$
2200	$6{,}8 \cdot 10^{-12}$	$5{,}4 \cdot 10^{-11}$
2400	$3{,}2 \cdot 10^{-11}$	$2{,}5 \cdot 10^{-10}$
2600	$1{,}1 \cdot 10^{-10}$	$9{,}1 \cdot 10^{-10}$

Aus den Werten der Tabelle 75 geht hervor, daß der Diffusionskoeffizient von Mo in polykristallinem W-Draht größer ist als in W-Einkristalldraht. Hieraus ist zu schließen, daß die Diffusion hauptsächlich an den Korngrenzen verläuft. Bei den für W-Mo-Legierungen üblichen Sintertemperaturen verläuft die

Diffusion sehr schnell, so daß in kurzer Zeit eine homogene Legierung vorliegt. Voraussetzung hierfür ist, daß die Pulver bei der Vorbereitung durch längere Zeit andauerndes Mischen vollkommen homogenisiert werden. Bei einer unvollkommenen Pulvermischung kann es zum lokalen Ausschmelzen von Molybdän kommen.

Bei der Herstellung der W-Mo-Legierungen, bekannt auch unter der Bezeichnung „Moly B", kann nach zwei verschiedenen Verfahren gearbeitet werden. Einmal ist es möglich, die Oxyde beider Metalle (WO_3 und MoO_3) vor der Reduktion sorgfältig zu mischen und die Mischung in der üblichen Weise mit Wasserstoff zu reduzieren; in dem zweiten Verfahren werden die einzelnen reduzierten Pulver im gewünschten Verhältnis gemischt. Letzteres wird vorwiegend angewendet. Die Pulvermischung beider Metalle wird dann zu Stäben verpreßt, diese werden in ähnlicher Weise vor- und hochgesintert wie die reinen Metalle. Die hochgesinterten Stäbe werden entweder durch Rundhämmern und Ziehen oder durch Flachschmieden und Walzen verarbeitet. Obwohl es grundsätzlich möglich ist, diese Legierung in jeder beliebigen Zusammensetzung herzustellen, haben sich die einzelnen Erzeuger auf bestimmte Legierungen spezialisiert. C. G. GÖTZEL [12] gibt eine Übersicht über die am häufigsten hergestellten W-Mo-Legierungen nach verschiedenen Literaturquellen. In der in Tabelle 76 zusammengestellten Übersicht sind neben den Zusammensetzungen der Legierungen deren Eigenschaften, wie Schmelzpunkt, Dichte, elektrischer Widerstand, Widerstandskoeffizient und Brinellhärte aufgezeigt.

Tabelle 76

Zusammensetzung und Eigenschaften von W-Mo-*Legierungen* (nach C. G. GOETZEL)

Gewichtsprozente Mo	Gewichtsprozente W	Schmelzpunkt °C	Dichte g/cm³	Spez. elektr. Widerstand 20° C Ohm · mm²/m	Temperaturkoeffizient des elektr. Widerstandes zwischen 20—100° C	Brinellhärte kg/mm²
100	0	2600	10,2	0,048	$4{,}75 \cdot 10^{-3}$	200
90	10	2620	11,2	0,067	4,02	210
80	20	2640	12,1	0,076	3,50	230
72,5	27,5	2675	12,8	0,083	3,25	250
51	49	2850	14,8	0,090	2,90	300
20	80	3075	17,5	0,080	3,20	330
0	100	3370	19,3	0,055	4,82	350

Die in der Tabelle angegebenen Werte beziehen sich wahrscheinlich auf stark verformtes Material (Draht), da die Dichtewerte den theoretischen gleichzusetzen sind.

Weiterhin ist zu ersehen, daß mit zunehmendem Wolframgehalt auch der Schmelzpunkt der Legierungen steigt (vgl. Abb. 122). Ähnlich verhalten sich die Werte der Dichte und Brinellhärte (s. Abb. 123). Demgegenüber wird bei einem Anteil von 45 bis 50% Mo ein Maximum des spezifischen elektrischen

Widerstandes erreicht. Der Temperaturkoeffizient durchläuft bei der gleichen Zusammensetzung ein Minimum. Bei diesen Legierungen ist das Mathiessensche Gesetz insofern erfüllt, als das Produkt des spezifischen elektrischen Wider-

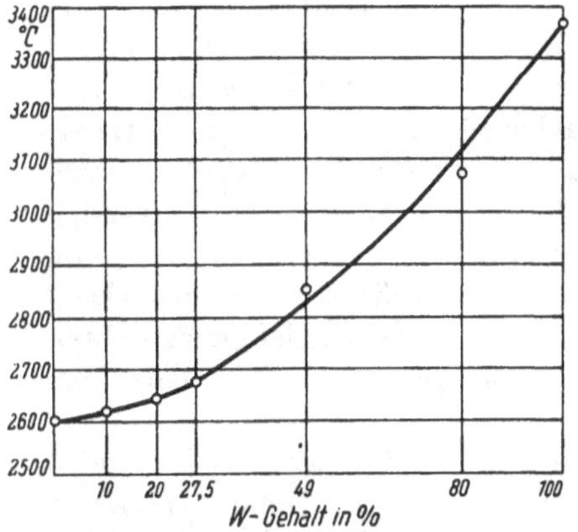

Abb. 122. Einfluß der Zusammensetzung von W-Mo-Legierungen auf den Schmelzpunkt (nach C. G. GOETZEL)

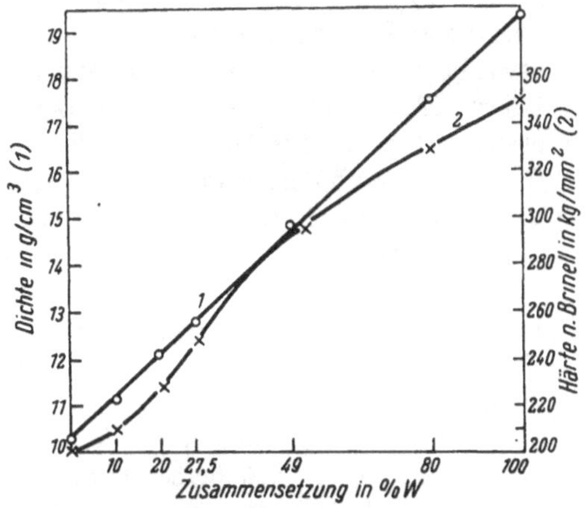

Abb. 123. Abhängigkeit der Dichte und Härte im System W-Mo von der Zusammensetzung

standes und seines Temperaturkoeffizienten für die ganze Reihe konstant ist. Der Verlauf des elektrischen Widerstandes und seines Temperaturkoeffizienten ist in Abb. 124 dargestellt.

Die Zugfestigkeit des Wolframs wird durch Zugabe von Molybdän erniedrigt. C. AGTE und K. BECKER [297] haben festgestellt, daß die Festigkeit eines dünnen Wolframdrahtes von 340 kg/mm² auf 300 kg/mm² erniedrigt wird, wenn dem Wolfram 4% Molybdän zugegeben werden.

Die mechanische Bearbeitung der Legierungen ist im allgemeinen gut, kann jedoch mit der des reinen Molybdäns nicht gleichgesetzt werden. Je nach Anteil des Grundmetalls W oder Mo verschieben sich die Eigenschaften hinsichtlich der Bearbeitung in Richtung der reinen Metalle.

W-Mo-Legierungen finden überwiegend Anwendung in der elektrotechnischen Industrie. Bekanntlich wird der gerade oder gewendelte Wolfram-

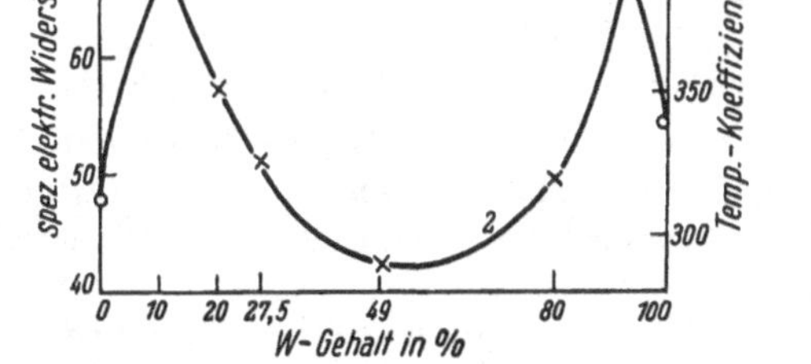

Abb. 124. Abhängigkeit des spezifischen elektrischen Widerstandes von W-Mo-Legierungen und seines Temperaturkoeffizienten (20 bis 100° C) von der Zusammensetzung (nach C. G. GOETZEL)

draht an Mo-Halterdrähten aufgehängt. Da für größere Glühlampen stärkerer Mo-Draht zum Einsatz kommen muß, entstehen Schwierigkeiten bei der Einschmelzung in den Glasstab. In diesem Falle ist die Verwendung einer W-Mo-Legierung mit einer Zusammensetzung von 51% Mo und 49% W (Moly B 100) vorteilhaft. Aus dieser Legierung hergestellte Feindrähte haben eine Festigkeit, welche um etwa $^1/_3$ größer ist als die des reinen Molybdäns. Bemerkenswert ist auch eine höhere Elastizität bei höheren Temperaturen. Die aus dieser Legierung hergestellten Halterdrähte benötigen daher nur 20 bis 40% der Durchmesser, wie sie für reines Molybdän verwendet werden müssen. Hierdurch verringern sich auch die Verluste durch die Wärmeableitung an den Aufhängungen der W-Wendel.

Eine weitere Anwendung finden W-Mo-Legierungen bei der Herstellung von Entladungs- und Elektronenröhren, deren Teile eine große Temperaturwechselbeständigkeit und Stoßfestigkeit aufweisen müssen. Neben der gewünschten Formbeständigkeit müssen sie hierfür auch eine genügende Elastizität besitzen.

Die Moly-B-Legierungen werden auch als Grundmetall für Oxydkathoden verwendet, wo sie sich besser bewährt haben als reines Mo-Metall. Weiterhin werden sie als Heizelemente auch für indirekt geheizte Kathoden verwendet. Ihr großer spezifischer elektrischer Widerstand ermöglicht eine Verkürzung der sonst üblichen Drahtlängen. Auch der niedrigere Temperaturkoeffizient des elektrischen Widerstandes macht sich vorteilhaft bemerkbar. Gelegentlich werden die Legierungen auch als Heizwiderstand in elektrischen Öfen eingebaut.

Bei Anwendung höherer Temperaturen ist zu beachten, daß die Legierungen ebenfalls wie reines Wolfram oder Molybdän stark oxydieren. Daher können sie nur im Vakuum, in Wasserstoff oder einer inerten Atmosphäre eingesetzt werden.

10.20 Legierungen von Wolfram oder Molybdän mit anderen hochschmelzenden Metallen

Allgemein haben Legierungen dieser Art bisher keine große praktische Anwendung gefunden. Sie sollen im Rahmen dieses Buches jedoch genannt werden, da ihre Herstellung nur auf pulvermetallurgischem Wege erfolgt.

Die Ursache für den geringen Einsatz in der Praxis ist auf die Tatsache zurückzuführen, daß die Metalle Ta, Nb, Th, Zr, Hf und Rh industriell nicht in ausreichendem Maße hergestellt werden. Es bleibt zu erwarten, daß in Zukunft über den Rahmen der pulvermetallurgischen Verarbeitung hinaus diese Legierungen schmelztechnisch hergestellt werden.

10.21 *Die Legierungen mit Tantal oder Niob*

Nach Angaben von W. v. Bolton [298] legiert sich Wolfram und Molybdän in jedem Verhältnis mit Tantal. Nach neueren röntgenographischen Untersuchungen von C. Agte und K. Becker [166] an gesinterten Stäben wurde festgestellt, daß die Metalle des Systems Wolfram-Tantal eine lückenlose Reihe von Mischkristallen bilden. Ähnlich liegen auch die Verhältnisse bei den binären Legierungen W-Nb, Mo-Ta und Mo-Nb.

W. KÖSTER und H. BÜCKLE [299] haben die binären und ternären Systeme der Metalle W, Mo, Ta und Nb in allen möglichen Variationen untersucht. Aus den Ergebnissen hat sich gezeigt, daß alle Systeme ebenfalls eine lückenlose Mischkristallbildung eingehen. Voraussetzung für die Bildung von Mischkristallen ist: 1. beide Metalle müssen möglichst eine annähernd gleiche Gitterkonstante haben, 2. der Kristalltypus beider Metalle muß gleich sein. Im vorliegenden Falle besitzen alle Metalle ein kubisch-raumzentriertes Gitter mit folgenden Parametern:

W = 3,158 Å
Mo = 3,140 Å
Ta = 3,296 Å
Nb = 3,294 Å.

Aus der Abb. 125 ist der Zusammenhang der Gitterkonstanten aller binären Legierungen des W, Mo, Ta und Nb mit der Zusammensetzung (in Atom-%) ersichtlich. In Abb. 126 ist der Zusammenhang zwischen der Härte der Le-

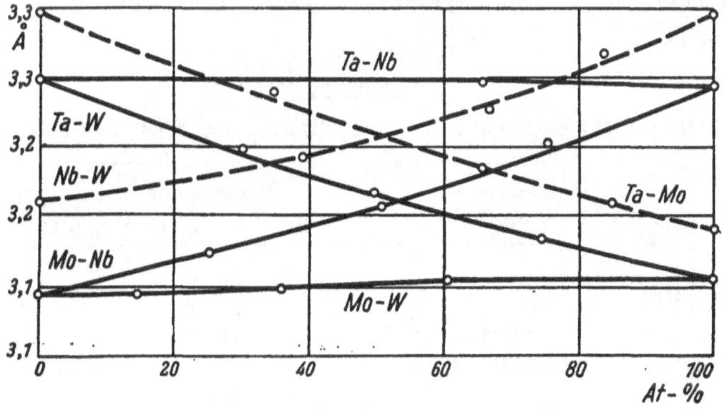

Abb. 125. Gitterkonstanten der binären Legierungen der Metalle Wolfram, Molybdän, Tantal und Niob (nach W. KÖSTER u. H. BÜCKLE)

gierungen W-Mo, W-Ta und W-Nb und ihrer Zusammensetzung (in Atom-%) angegeben. Diese Messungen haben W. KÖSTER und H. BÜCKLE mit dem Mikrohärtemesser nach HANEMANN durchgeführt.

Die angegebenen Legierungen werden durch sorgfältiges Zusammenmischen der gut ausreduzierten feinkörnigen Metallpulver und durch anschließende Sinterung der gepreßten und vorgesinterten Stäbe hergestellt. Die Sinterung erfolgt im Vakuum bei einer Temperatur, welche dicht unterhalb des Schmelzpunktes der niedriger schmelzenden Komponente liegt.

Gute Verformungsfähigkeit zeigen die Legierungen mit max. 5% Ta bzw. 5% W. Legierungen anderer Zusammensetzungen sind relativ spröde und lassen sich nur schwer verarbeiten.

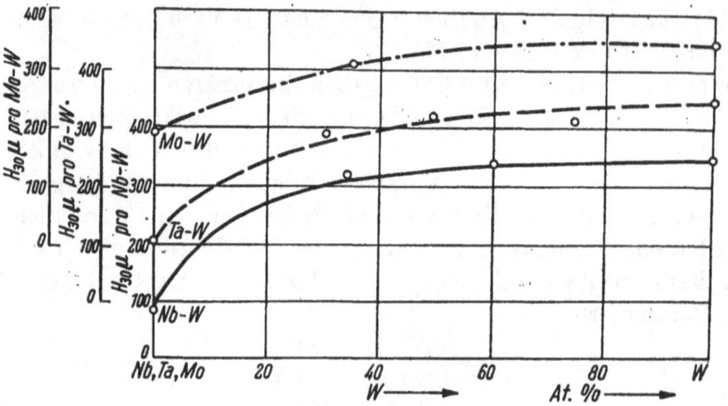

Abb. 126. Mikrohärte der binären Legierungen W-Mo, W-Ta und W-Nb (nach W. Köster und H. Bückle)

Mit dem System Mo-Ta haben sich auch Geach und Summers-Smith [300] beschäftigt. Die Autoren untersuchten die Legierungen auf Dichte und Zusammensetzung. Die Ergebnisse dieser Arbeit sind in Tabelle 77 zusammengestellt.

Tabelle 77

Dichte von Mo-Ta-*Legierungen* (nach Geach und Summers-Smith)

Ta-Gehalt Atom-%	Dichte g/cm³ bei 26,3° ± 1,3° C
0	10,16
10,10	10,83
20,08	11,65
30,02	12,25
39,96	12,91
49,47	13,43
61,21	14,47
71,47	14,92
82,77	15,44
91,42	15,96
100	16,55

Da sich der spezifische elektrische Widerstand durch den Zusatz von ca. 3,7% Ta um etwa 30 bis 40% erhöht, ist es möglich, derartige Legierungen als Heizwiderstände zu verwenden; dies gilt auch für Legierungen des Systems Mo-Ta.

Eine sehr genaue Untersuchung des Systems Wolfram-Tantal haben neuerdings H. Braun, R. Kieffer und K. Sedlatschek [422] durchgeführt.

Über Niob-Legierungen mit Wolfram und Molybdän hat in jüngster Zeit R. I. Jaffee [423] berichtet.

Zur Frage der Legierungen des Molybdäns mit anderen hochschmelzenden Metallen hat kürzlich auch R. R. FREEMAN [424] Stellung genommen, und zwar vorwiegend vom Standpunkt der Herstellung solcher Legierungen nach dem Verfahren der Climax-Molybdenum Comp.

10.22 *Legierungen mit Rhenium oder Mangan*

Das System der zwei hochschmelzenden Metalle Wolfram und Rhenium haben K. BECKER und K. MOERS [301] untersucht. Bei ihren Untersuchungen gingen sie von Pulvermischungen aus, welche sie zu Pastillen verpreßten und in reduzierender Atmosphäre sinterten. Die Schmelztemperatur der einzelnen Legierungen hat C. AGTE festgestellt [14]. Er benutzte hierzu die von ihm entwickelte Bohrlochmethode. Die Schmelztemperatur verringert sich zunächst mit steigendem W-Gehalt und erreicht bei 32% W ein Minimum von ca. 2820° C. Bis zu einem W-Gehalt von 40% steigt die Schmelztemperatur dann wieder bis auf 3007° C an. Im Konzentrationsgebiet von 40 bis 50% W sinkt der Schmelzpunkt bis auf 2900° C. Der Schmelzpunkt von Legierungen mit höheren W-Gehalten verläuft dann linear bis zum Schmelzpunkt des Wolframs. Bei einem W-Gehalt von 40% entsteht eine kongruent schmelzende Verbindung Re_3W_2. Unterhalb dieses Prozentgehaltes bildet sich ein Eutektikum Re-Re_3W_2, oberhalb ebenfalls ein Eutektikum Re_3W_2-W. Die Verbindung Re_3W_2 wurde röntgenographisch nachgewiesen. Sie ist gegen Einwirkung von alkalischem Kaliumferricyanid widerstandsfähiger als reines Wolfram.

Mit den Systemen Mo-Re und W-Re haben sich in jüngster Zeit R. I. JAFFEE, C. T. SIEME und J. J. HARWOOD [425] beschäftigt. Das System Mo-Os behandelten I. D. BAIRD, C. A. GEACH und A. E. KNAPTON [426], die auch einige Hinweise über das System Mo-Re gegeben haben.

Der hohe Preis des Rheniums trägt dazu bei, daß eine praktische Anwendung und Verbreitung der W-Re- bzw. Mo-Re-Legierungen bisher nicht zustande gekommen ist.

Angaben über das System W-Mn stimmen darin überein, daß sich W mit Mangan nicht legiert. Es besteht die Möglichkeit, auf pulvermetallurgischem Wege sogenannte Pseudolegierungen herzustellen, ähnlich wie bei Kupfer oder Silber. Unbekannt sind aber jegliche Angaben über technische Nutzungen einer derartigen Pseudolegierung.

Ältere Angaben, welche auf eine intermetallische Verbindung zwischen Mo und Mn hinweisen, haben sich als nicht richtig erwiesen. Es ist anzunehmen, daß auch Molybdän mit Mangan keine Legierung bildet. Neuerdings gewinnen auch Legierungen des Wolframs und Molybdäns mit Uran vom Gesichtspunkt der Kerntechnik aus an Interesse. Untersuchungen hierüber sind indessen den Verfassern bisher nicht bekannt geworden.

10.23 *Legierungen mit Zirkon, Hafnium und Thorium*

Wie bereits zu Beginn dieses Kapitels erwähnt, bildet Thorium mit Wolfram oder Molybdän vermutlich keine festen Lösungen. Demnach handelt es sich also um Pseudolegierungen. Die Legierungen der hochschmelzenden Metalle Zr, Hf und Th mit Wolfram oder Molybdän werden in gleicher Weise pulvermetallurgisch hergestellt. Vorschläge gehen jedoch dahin, W- oder Mo-Metallpulver mit den Oxyden des Legierungselementes gemeinsam mit Kohlenstoff zu vermischen, zu pressen und im Wasserstoffstrom zu sintern. Kohlenstoff wirkt auf die Oxyde des Zr, Hf oder Th reduzierend. Die sich hierbei bildenden Metallpulver legieren sich mit W und Mo, wobei Thorium eine Ausnahme macht und eine Pseudolegierung bildet. Hierbei liegt die Vermutung nahe, daß ein Teil des Kohlenstoffs mit Wolfram oder Molybdän Karbide bildet. Diese verursachen die Sprödigkeit des verarbeiteten Materials. Ein geeigneteres Verfahren zur Legierung der genannten Metalle besteht darin, das zu legierende Metall aus der Gasphase auf einen glühenden W- oder Mo-Draht aufzudampfen. Die Legierungsbildung entsteht dann durch Diffusion des aufgebrachten Metalls in das Drahtmaterial [302].

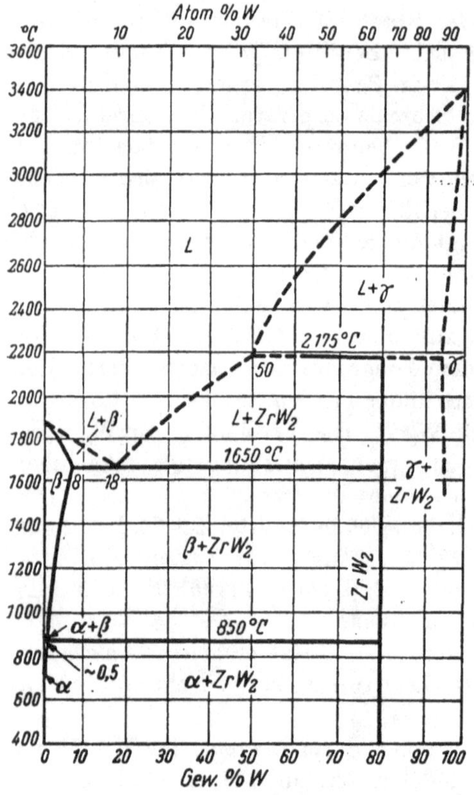

Abb. 127. Zustandsdiagramm W-Zr (nach R. F. DOMAGALA, D. J. MCPHERSON und M. HANSEN)

J. A. M. V. LIEMPT [303] hat die Wolframsäure mit Thoriumnitratlösung getränkt, den Brei zur Trockne eingedampft, geglüht und mit Wasserstoff reduziert. Ein Teil des ThO_2, welches durch Glühen des Thoriumnitrats entstand, wurde zu metallischem Thorium reduziert und bildete mit Wolfram eine feste Lösung. Es ist aber nicht bekannt, daß dieses System auch von anderer Seite untersucht wurde bzw. die Ergebnisse von V. LIEMPT durch weitere Forscher bestätigt wurden.

Unlängst wurden Ergebnisse einer Arbeit von R. F. DOMAGALA, D. J. MCPHERSON und M. HANSEN [304] veröffentlicht, welche sich mit den Systemen W-Zr und Mo-Zr befaßten. Die Gleichgewichtsdiagramme nach den angegebenen Autoren sind in Abb. 127 und 128 wiedergegeben. Wie zu ersehen, haben beide Diagramme ungefähr dieselbe Form. In beiden Systemen existiert eine intermetallische Verbindung, ZrW_2 bzw. $ZrMo_2$. Die Löslichkeit des Zr in beiden Metallen bei normaler Temperatur ist bisher nicht vollkommen geklärt.

In letzter Zeit wurde das System W-Ti untersucht. D. J. MAYKUTH, H. R. OGDEN und R. I. JAFFEE [305] haben festgestellt, daß bei 715° C etwa 0,8% W in Ti und etwa 4% Ti in W gelöst werden. Die Löslichkeit des W in Ti wird mit sinkender Temperatur gleich 0, demgegenüber bleibt die Löslichkeit des Ti in W praktisch konstant (Abb. 128a).

Außer einer Verwendung der Pseudolegierungen W-Th und Mo-Th für direkt geheizte Kathoden in Entladungsröhren ist eine praktische Anwendung der übrigen Legierungen weiter nicht bekannt.

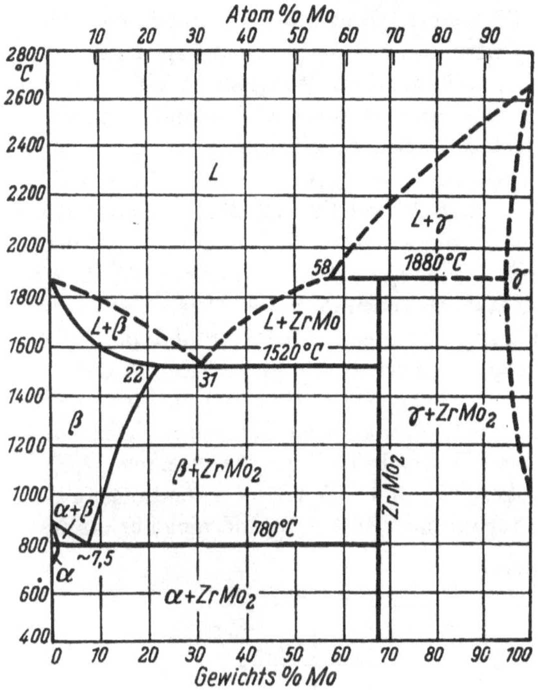

Abb. 128. Zustandsdiagramm Mo-Zr (nach R. F. DOMAGALA, D. J. MCPHERSON u. M. HANSEN)

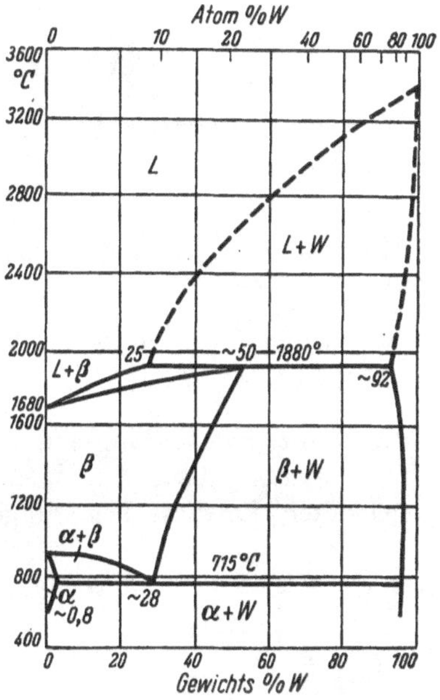

Abb. 128a. Zustandsdiagramm W-Ti (nach D. J. MAYKUTH, H. R. OGDEN u. R. I. JAFFEE)

10.24 *Legierungen mit Chrom*

Nach älteren Literaturangaben bildet W auch mit Cr eine lückenlose Mischkristallreihe. Neuere Forschungsarbeiten von W. TRZEBIATOWSKI, H. PLOSZEK und H. LOBZOWSKI [306] sowie unlängst veröffentlichte Arbeiten von H. T. GREENAWAY [307] bestätigen die Existenz zweier Phasen unterhalb 1500° C in einem Konzentrationsgebiet von 17 bis 97 Gew.-% Wolfram. Dies entspricht auch den Anschauungen von C. J. SMITHELLS, welcher das Bestehen zweier Phasen bei etwa 20% Cr-Gehalt nachweist. Diese Tatsache versucht man dadurch zu erklären, daß das Chrom neben Verunreinigungen (Al, Si usw.) Sauerstoff und Stickstoff enthält.

H. T. GREENAWAY [307] hat das binäre System W-Cr an Legierungen mit 60 Gew.-% W, welche durch Schmelzen im Lichtbogenofen mit Wolframelektroden hergestellt wurden, und an Legierungen mit 70% W, welche pulvermetallurgisch erzeugt wurden (3 Std. bei 1600° C unter Wasserstoff im Induktionsofen gesintert), untersucht.

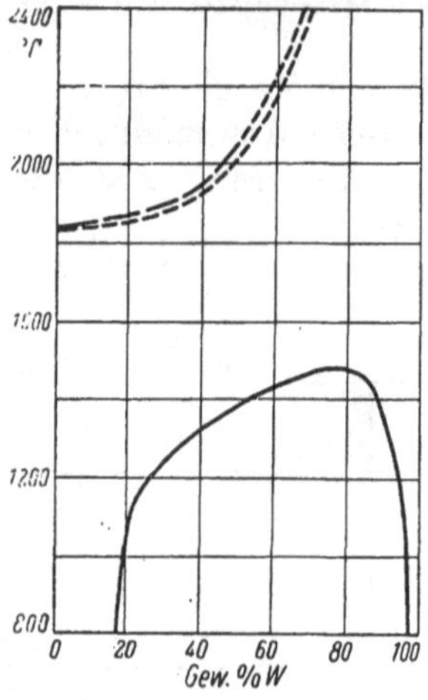

Abb. 129.
Zustandsdiagramm W-Cr (nach H. T. GREENAWAY)

H. T. GREENAWAY hat bei seinen Arbeiten zur Deutung des Kristallisationsablaufes die thermische Analyse, die metallographische Untersuchung und die Röntgenfeinstrukturanalyse angewandt. Er hat festgestellt, daß Wolfram oberhalb 1500° C mit Chrom eine lückenlose Mischkristallbildung eingeht. Dies erklärt sich daraus, daß die Gitterparameter beider Metalle nicht wesentlich voneinander abweichen (W = 3,15 Å und Cr = 2,87 Å). Unterhalb 1500° C bestehen zwei feste Phasen. Das Gebiet der Koexistenz dieser zwei Phasen (s. Abb. 129) liegt bei 800° C etwa zwischen 17 und 97 Gew.-% W, verengt sich mit steigender Temperatur und liegt bei 1400° C ungefähr zwischen 50 und 88 Gew.-% W.

Nach C. J. SMITHELLS sind die Legierungen W-Cr sehr hart. Man setzt sie daher mit Erfolg für die Ziehsteinherstellung ein. Durch eine Wärmebehandlung kann nach H. T. GREENAWAY die Härte noch gesteigert werden. Weitere Verwendungsmöglichkeiten für diese Legierungen im technischen Maßstab sind nicht bekannt.

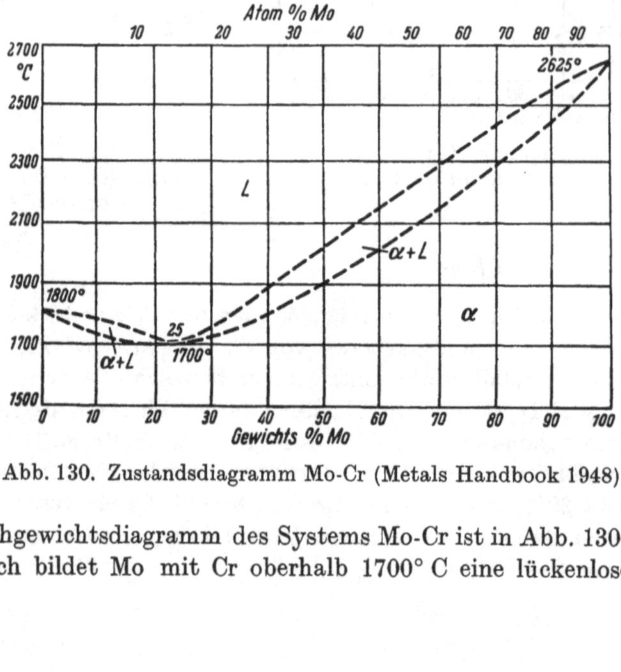

Abb. 130. Zustandsdiagramm Mo-Cr (Metals Handbook 1948)

Das Gleichgewichtsdiagramm des Systems Mo-Cr ist in Abb. 130 veranschaulicht. Danach bildet Mo mit Cr oberhalb 1700° C eine lückenlose Reihe von

Mischkristallen, analog zum System W-Cr. Ergebnisse über Untersuchungen unterhalb 1700° C sind bisher nicht veröffentlicht.

10.30 Legierungen des Wolframs mit Nickel und Kobalt

Die Legierungen W-Ni werden vorwiegend als Kontaktmaterial eingesetzt. Nickel, in wenigen Prozenten zugegeben, wirkt auf den pulvermetallurgischen Verarbeitungsprozeß des Wolframs porenverdichtend und garantiert außerdem eine gute mechanische Verformung [308]. Die Legierungen des W mit Co stehen in engem Zusammenhang mit der Herstellung von reinem W und Mo, da sie z. B. als Hämmerbackenmaterial Verwendung finden.

10.31 *Wolfram-Nickel*

Ältere Angaben über das System Wolfram-Nickel von R. Vogel [309], C. Grube und H. Schlecht [310] wurden von F. H. Ellingen und W. P. Sykes [311] nachgeprüft. In dem Gleichgewichtsdiagramm W-Ni (s. Abb. 131) ist bei einem Gehalt von 35% W und einer Temperatur von 1505° C ein Maximum der Liquidus- und Soliduskurve vorhanden (Verbindung Ni_6W). In neuerer Zeit wurde eine weitere intermetallische Verbindung (NiW) festgestellt, deren Kristallstruktur E. Epremian und D. Harker [312] untersuchten. Diese Verbindung scheidet sich bei der Abkühlung unterhalb 970° C bei 42% W aus. Die Löslichkeit des Wolframs in Nickel ist erheblich größer als die des Nickels im Wolfram. So lösen sich z. B. bei 800° C etwa 32% W im Ni gegenüber nur 0,3% Ni im W. Die bevorzugte Löslichkeit des W im Ni bewirkt, daß bei der Herstellung von W-Ni-Legierungen durch Tränkung das Wolframskelett durch Nickel zerstört wird. Darum erscheint es nach einem Vorschlag von R. Palme [313] zweckmäßig, zur Tränkung eine eutektische Ni-W-Legierung zu verwenden, welche entweder durch Schmelzen oder durch Zusammenmischen der Metallpulver hergestellt wird. In diesem Fall ist die Legierung mit W gesättigt, und es kann somit keine Zerstörung des Wolframskeletts während der Tränkung erfolgen.

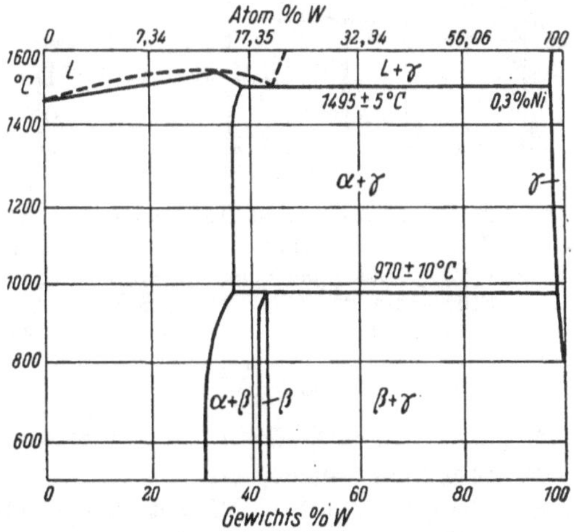

Abb. 131. Zustandsdiagramm W-Ni (nach F. H. Ellinger u. W. P. Sykes)

Zur Herstellung der W-Ni-Legierungen werden die Metallpulver der einzelnen Komponenten zusammengemischt. Die Metallpulver werden durch Reduktion der entsprechenden Oxyde in Wasserstoffatmosphäre gewonnen. Zweckmäßig hat sich auch die Zersetzung von Nickelpentacarbonyl zur Herstellung von Nickelpulver erwiesen. Die Mischung der Metallpulver wird nach den in der Pulvermetallurgie bekannten Verfahren zu Stäben verpreßt, welche bei Temperaturen zwischen 1400 und 1470° C gesintert werden.

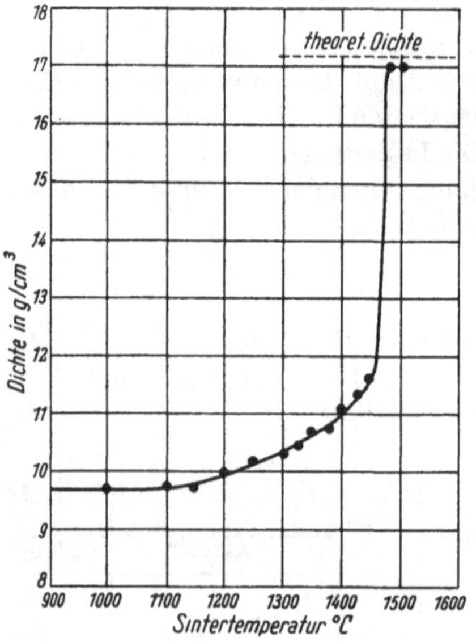

Abb. 132. Einfluß der Sintertemperatur auf die Dichte einer Legierung 90% Wolfram und 10% Nickel bei einer Sinterzeit von 1 Std. (nach G. H. S. PRICE, S. V. WILLIAMS, C. J. O. GARRARD)

Mit dem Sinterverlauf der Legierung 90% W und 10% Ni haben sich G. H. S. PRICE und S. V. WILLIAMS sowie C. J. O. GARRARD [314] beschäftigt. Sie haben festgestellt, daß diese Legierung oberhalb 1450° C eine Stunde gesintert werden muß, um die theoretische Dichte von 17,3 g/cm³ annähernd zu erreichen. Daraus geht hervor, daß die Sintertemperatur praktisch über dem Schmelzpunkt des Nickels liegen muß (vgl. Abb. 132). Liegt die Temperatur niedriger, erreicht man bestenfalls eine maximale Dichte von 11,0 bis 11,7 g/cm³. Dies ist dadurch zu erklären, daß erst oberhalb 1450° C die eutektische Legierung entsteht, welche die einzelnen W-Körner verbindet.

Über den Einfluß geringer Ni-Zusätze (1 bis 2%) auf die Sinterfähigkeit von Wolfram wurde bereits in Kapitel 7.00 berichtet.

10.32 *Wolfram-Kobalt*

Mit dem System W-Co hat sich in letzter Zeit W. P. SYKES [315] beschäftigt. Seine Ergebnisse zeigen, daß Kobalt bei einer Temperatur von 1465° C (eutektische Temperatur) 35% W löst. Die eutektische Zusammensetzung liegt bei 45% W. Die Löslichkeit des W in Co sinkt ab 1100° C sehr schnell; sie beträgt bei 400° C nur etwa 3%. Demgegenüber löst W nur etwa 0,3% Co bei einer Temperatur von 1690° C. Diese Löslichkeit ändert sich praktisch nicht mit sinkender Temperatur. Frühere Untersuchungen des Systems W-Co stammen von C. AGTE, K. BECKER und Frhr. v. GÖLER [427, 428].

Das Gleichgewichtsdiagramm des Systems W-Co ist in Abb. 133 wiedergegeben. Hierin stellt die γ-Phase eine intermetallische Verbindung Co_7W_2 dar und die δ-Phase CoW. Die γ-Phase entsteht unterhalb 1100° C, die δ-Phase unter 1690° C. Der große Unterschied der Löslichkeit des W in Co ermöglicht es, diese Legierungen durch thermische Behandlung (Abschrecken und Anlassen) zu veredeln. Somit ist diese Legierung den hochwertigen legierten Stählen gleichwertig und z. T. sogar überlegen. Wird z. B. eine Legierung mit 35% W durch Wärmebehandlung veredelt, so erhält sie eine Brinellhärte von ca. 700 kg/mm² gegenüber 300 kg/mm² in unbehandeltem Zustand. Der Vorteil liegt darin, daß die Legierung die erreichte hohe Härte bei Temperaturen von 700 bis 750° C beibehält. Ähnlich ist es auch mit den anderen Zusammensetzungen dieses Systems. Diese Eigenschaft trägt dazu bei, daß Hämmerbacken daraus gefertigt werden können, da sie widerstandsfähig gegen Verschleiß und Temperatur sein müssen. Für diesen Verwendungszweck sind W-Co-Legierungen den besten wolframlegierten Schnellarbeitsstählen überlegen. Zur Herstellung von Hämmerbacken werden die Pulvermischungen gepreßt und zwei Stunden bei einer Temperatur von 1400 bis 1450° C gesintert. Bei der Sinterung schrumpfen die Hämmerbacken auf Gebrauchsabmessung. Sie werden aus dem Temperatur-

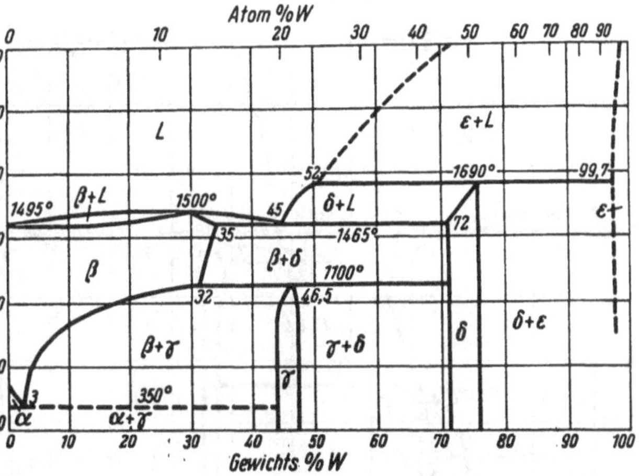

Abb. 133. Zustandsdiagramm W-Co (Metals Handbook 1948)

gebiet der festen kobaltreichen Lösung abgeschreckt (z. B. Legierungen mit 20% W von 1100 bis 1300° C). Nach dem Abschrecken müssen die Hämmerbacken mindestens 50 Std. bei einer Temperatur von 650° C angelassen werden. Hämmerbacken aus einer Legierung mit 20% W haben sich am besten bewährt. Sie besitzen zwar nicht die große Härte der Legierungen mit 30 bis 35% W, sind aber zähhart.

Nach bisher unveröffentlichten Versuchen von C. AGTE und G. DURYNEK erzielt man bei Legierungen von 60% Co und 40% W, welche 6 Std. bei 1450° C im Wasserstoff gesintert, in Öl abgeschreckt und 6 Std. auf 550° C angelassen wurden, Brinellhärten von mehr als 550 kg/mm². Diese Legierung kann warm geschmiedet werden. Übersteigt der W-Gehalt 70%, so wird die Verformbarkeit stark herabgesetzt.

Infolge ihrer großen Temperaturbeständigkeit und Fließgrenze haben sich diese Legierungen beim Rundhämmern von Wolfram und Molybdän in einem Temperaturbereich zwischen 1400 und 1700° C bewährt. W-Co-Legierungen bilden einen beträchtlichen Anteil der Stellite. Hierüber wird in einem späteren Kapitel im Anschluß an die Hartmetalle berichtet.

10.40 Die Legierungen des Molybdäns mit Nickel und Kobalt

Die Legierungen haben praktisch keine technische Verwendung gefunden. Sie bilden den eigentlichen Übergang zu den komplizierten Mehrstoffsystemen, wo sie als Hauptbestandteil vorhanden sind.

10.41 *Molybdän-Nickel*

Nach neueren Versuchen von F. H. ELLINGER [316] bildet Mo bis zu 37% mit Ni bei 1320° C Mischkristalle. Bei geringeren Temperaturen lösen sich nur 18% Mo in Ni. Die Löslichkeit des Nickels in Molybdän beträgt etwa 0,9% bei

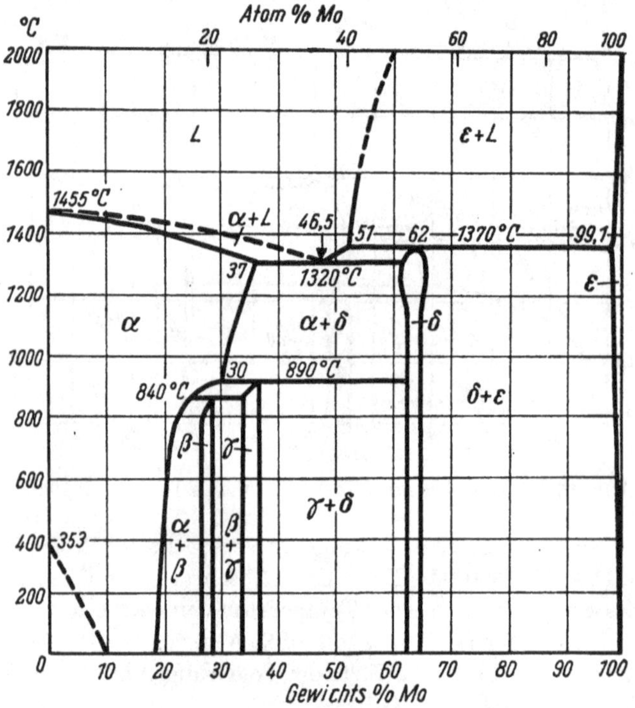

Abb. 134. Zustandsdiagramm Mo-Ni (nach F. H. ELLINGER)

1370° C und sinkt weiter mit abnehmender Temperatur [293]. Im Gebiet von 18 bis 37% Mo entstehen bei Temperaturänderung Variationen in der Löslichkeit, so daß die Legierungen veredelt werden können.

Das Gleichgewichtsdiagramm des Systems Mo-Ni ist in Abb. 134 dargestellt. In dem Diagramm treten drei Gebiete mit intermetallischen Verbindungen auf. Eine Mo-Ni- δ-Phase entsteht bei 1370° C, eine $MoNi_3$-γ-Phase bei 890° C und eine $MoNi_4$-β-Phase bildet sich bei 840° C.

Die Herstellung der Mo-Ni-Legierungen geht ähnlich vor sich wie beim W-Ni. Legierungen mit einem Mo-Gehalt von 22% können durch Kaltverformung bearbeitet werden (z. B. Walzen). Steigt der Mo-Gehalt bis 35% an, so kann eine Verformung nur bei 1000° C durchgeführt werden.

Mo-Ni-Legierungen werden teilweise in der chemischen Industrie und im Elektronenröhrenbau an Stelle eines reinen Nickels eingesetzt.

Die sogenannten Hastelloy- oder Illium-Legierungen haben neben dem Hauptanteil Ni-Mo noch Zusätze von Fe, Cr, W oder Cu. In Tabelle 78 ist eine Übersicht eines Teiles dieser Legierungen gegeben.

Tabelle 78

Zusammensetzung, Dichte und Schmelzpunkt von Hastelloy- und Illium-Legierungen
(nach Metals Handbook)

Legierung	Zusammensetzung in %						Dichte g/cm³	Schmelzpunkt °C
	Ni	Mo	Fe	Cr	W	Cu		
Hastelloy A	57	20	20	—	—	—	8,80	1595—1650
Hastelloy B	62	30	5	—	—	—	9,24	1600—1650
Hastelloy C	58	17	5	15	5	—	8,94	—
Illium „G"	58	6	6	22	—	6	8,58	—

Die Metallwerke Plansee stellen durch Pressen und Sintern eine Legierung aus Mo, Ni und Fe unter der Bezeichnung „A-Metalle" her. Bei der Herstellung dieser Legierungen haben sich die pulvermetallurgischen Verfahren sehr gut bewährt und wirken sich vorteilhaft auf die Qualität aus. Die Metallpulver der Zusatzmetalle werden mit Mo-Pulver gemischt, welches durch Reduktion von Molybdäntrioxyd mit Wasserstoff gewonnen wird. Die Ni- und Fe-Pulver werden aus den betreffenden Karbonylen hergestellt. Eine Weiterverarbeitung der hochgesinterten Erzeugnisse erfolgt in gleicher Weise wie bei den Legierungen W-Ni (Co). Die Zusammensetzung dieser Legierungen ist folgende: 10 bis 30% Mo, 38 bis 78% Ni und 0 bis 30% Fe. Im Vergleich zu reinem Nickel besitzen diese Legierungen eine große Temperatur- und Formbeständigkeit. Selbst eine Verarbeitung zu Drähten ist möglich. Die Zugfestigkeit der A-Metalle liegt im Temperaturbereich zwischen 800 und 900° C etwa 4- bis 5mal höher als die des Nickels, wobei eine Dehnung besonders bei Drähten von 15 bis 35% erreicht wird.

Aus den genannten Legierungen werden häufig Gitter für Elektronenröhren hergestellt, welche mittleren Anforderungen ausgesetzt sind. Weiterhin werden Drähte und Bleche als Grundmetall für Oxydkathoden in Gleichrichtern eingesetzt. Gegenüber glühenden Erdalkalioxyden sind die Legierungen widerstandsfähiger als Wolfram und Molybdän. Auch ihre Widerstandsfähigkeit gegen HCl und H_2SO_4 wird in der chemischen Industrie ausgenutzt. Auf Grund der guten Verformbarkeit entstehen auch bei der Verarbeitung dieser Legierungen keine Schwierigkeiten.

10.42 *Molybdän-Kobalt*

Legierungen aus Molybdän und Kobalt, welche auf pulvermetallurgischem Wege hergestellt sind, besitzen eine bessere Verformbarkeit gegenüber den geschmolzenen und gegossenen. Die Ursache liegt darin, daß die Herstellung durch Pressen und Sintern der Pulver Verunreinigungen, wie sie in Form von C, Si, Mn, S usw. durch den Schmelzvorgang eindringen, nicht mit sich bringt. Nach dem Gleichgewichtsdiagramm dieses Systems kann eine Legierung mit 5,25% Mo durch Wärmebehandlung veredelt werden. In diesem Konzentrationsgebiet ist die Löslichkeit des Mo mit Co analog der Temperatur starken Änderungen unterlegen. Man kann z. B. eine Legierung von 1250° C abschrecken und auf 550° C anlassen. Die auf diese Weise veredelten Legierungen zeichnen sich durch große Härte aus, haben aber trotzdem bisher keine nennenswerte technische Verwendung gefunden.

Auf eine Wiedergabe des Gleichgewichtsdiagrammes verzichten wir im Rahmen dieser Darstellung; wir verweisen in diesem Zusammenhang auf das Buch von M. HANSEN [292]. Zu bemerken ist weiterhin, daß dem Gleichgewichtsdiagramm bisher wenig Aufmerksamkeit gewidmet wurde und seine Ausarbeitung noch unvollständig ist.

10.50 Überschwermetallegierungen

Als Überschwermetallegierungen werden die ternären Legierungen des Wolframs mit Nickel und Kupfer bezeichnet. Erstmalig haben sich hiermit G. H. S. PRICE, C. J. SMITHELLS und S. V. WILLIAMS beschäftigt [317]. In den letzten Jahren ist zu diesen Legierungen noch eine weitere, bestehend aus W-Co-Ag, hinzugekommen.

10.51 *Wolfram-Nickel-Kupfer*

Die Zusammensetzung dieses ursprünglichen Überschwermetalls, d. h. der Legierung W-Ni-Cu, schwankt in ziemlich weiten Grenzen, z. B. 76 bis 90% W, 1 bis 16% Ni und 3 bis 20% Cu. Die häufigsten Konzentrationen liegen bei 3 bis 10% Ni und 2 bis 5% Cu.

Diese Legierungen können auf zwei Arten hergestellt werden. Bei dem einen Verfahren wird ein poröses Wolframskelett gesintert und dann mit der gewünschten Menge der Nickellegierung getränkt. Bei dem anderen Verfahren, welches auch am häufigsten Anwendung findet, geht man analog der üblichen Herstellungsweise der Pulvermetallurgie vor. Die feinkörnigen Metallpulver werden in der gewünschten Zusammensetzung vermischt, gepreßt und gesintert. Die Sinterzeit beträgt eine Stunde. Soll eine Bearbeitung der Preßlinge erfolgen, muß diese vor der Hochsinterung stattfinden. Eine zweimalige Sinterung erfolgt meist bei den härteren Legierungen mit höherem Ni-Gehalt.

Die Überschwermetallegierungen sind an sich gut bearbeitbar; man kann ihnen durch Polieren Hochglanz verleihen, wodurch die Widerstandsfähigkeit gegen Korrosion noch erhöht wird. Härte und Bearbeitbarkeit ändern sich mit der Zusammensetzung. Mit steigendem Nickelgehalt nimmt neben der Härte auch die Dichte zu. Demgegenüber sind die Cu-reicheren Legierungen besser bearbeitbar, haben aber eine geringere Dichte. Die Legierungen können durch Schmieden und Walzen verformt werden.

Die genannten Legierungen zeichnen sich weiterhin durch einen hohen Absorptionskoeffizienten gegen γ-Strahlung aus. GRIMMET und READ [318] haben festgestellt, daß der Koeffizient bei diesen Legierungen 0,87 pro cm (bei einer Legierung mit einer Dichte von 16,5 g/cm³) gegenüber Blei mit 0,58 pro cm beträgt. Daraus geht hervor, daß z. B. Schutzschirme oder -kassetten für die Aufbewahrung radioaktiver Präparate nur die halbe Stärke benötigen wie solche aus Blei. Die Absorption der Gammastrahlung ist sogar 1,5mal größer als bei Blei [319]. Die für diese Prüfung eingesetzte Legierung bestand aus 80% W, 6%Ni und 4% Cu. Neuerdings haben Überschwermetalle der hier gekennzeichneten Art steigende technische Bedeutung als Schutzmaterial gegen radioaktive Strahlung gefunden.

Die Verwendung der Schwermetalle ist durch ihr hohes spezifisches Gewicht, gute Bearbeitbarkeit und andere gute physikalische Eigenschaften bestimmt. Auf Grund des hohen spezifischen Gewichtes finden sie Anwendung bei der Herstellung von Auswuchtteilen, Schwungmassen, Rotoren für Gyroskope und Gyrokompasse, Zentrifugalregulatoren usw. Auch als Kontakte in Hochspannungsschaltern finden diese Legierungen Anwendung.

In Tabelle 79 ist eine Übersicht der Überschwermetallegierungen nach H. H. HAUSNER [320] wiedergegeben. Hierin ist

Tabelle 79

Zusammensetzung und einige Eigenschaften von Überschwermetallegierungen (nach H. H. HAUSNER)

		Legierung											
		A 1	A 2	A 3	A 4	B 1	B 2	B 3	B 4	C 1	C 2	C 3	C 4
Zusammensetzung %	W	90	90	90	90	84	84	84	84	76	76	76	76
	Ni	7	5	3	1	11	8	5	2	16	12	8	4
	Cu	3	5	7	9	5	8	11	14	8	12	16	20
Verhältnis Ni/Cu		2,33	1	0,43	0,11	2,2	1	0,45	0,14	2	1	0,5	0,2
theor. Dichte g/cm³ . . .		17,6	17,6	17,6	17,6	16,9	16,9	16,9	16,9	16,2	16,2	16,2	16,2
Sintertemperatur °C . . .		1375	1330	1300	1240	1375	1330	1300	1240	1375	1330	1300	1240
Dichte nach dem Sintern g/cm³		13,6	13,3	14,3	13,6	13,1	12,8	14,2	13,2	12,4	11,8	13,9	13,2
Dichte nach dem Ziehen und Glühen g/cm³ . . .		16,6	16,5	16,7	16,6	15,5	15,4	15,6	15,6	15,0	14,4	14,6	14,5
Brinellhärte.		213	218	238	248	208	214	214	208	170	220	185	176
Zugfestigkeit kg/cm² . .		42,0	60,0	73,8	54,8	59,0	65,4	65,4	47,8	67,4	63,2	54,8	42,0

vor allem die Zusammensetzung der einzelnen Schwermetalle, die Sintertemperatur, Dichte, Brinellhärte und Zugfestigkeit angegeben. H. H. HAUSNER gibt gleichfalls das Verhältnis des Ni-Gehaltes zum Cu-Gehalt an. Meistens beträgt dieses Verhältnis 3 : 1. Graphisch ist dieser Einfluß in Abb. 134 dargestellt. Wie aus dem Verlauf der Kurven ersichtlich, hat eine Legierung mit einem bestimmten W-Gehalt ein optimales Verhältnis von Ni zu Cu, bei welchem die günstigste Zugfestigkeit liegt. Ähnlich verhalten sich Dehnung, Härte und die sonstigen mechanischen Eigenschaften [301].

Zu den Dichtewerten, wie sie bei den Hausnerschen Versuchen erreicht wurden, ist zu bemerken, daß sie relativ niedrig liegen. Andere Autoren geben an, daß bei entsprechender Sinterzeit praktisch theoretische Werte erzielt werden. Der Temperatureinfluß wirkt sich dahingehend aus, daß bei Entstehung der flüssigen Phase Ni-Cu die Wolframkörner verbunden werden und dadurch annähernd die theoretische Dichte erzielt wird.

Durch die Entwicklung des gut sinterfähigen Wolframs sind noch weitere Anwendungsmöglichkeiten gegeben. Da das Wolfram eine hohe Atomzahl hat und eine Dichte von über 18,0 g/cm³ erreicht, liegen die physikalischen Verhältnisse gegenüber der Anwendung von Schwermetallen noch günstiger, vor allem in bezug auf die Absorption von X- und Gammastrahlen.

10.52 *Wolfram-Kobalt-Silber*

J. KURTZ [321] hat das ternäre System mit 90% W, Rest Co und Ag untersucht. Die Legierungen dieser Art werden durch das Zusammenmischen der feinkörnigen Metallpulver und anschließendes Pressen mit einem Druck unter 5 t/cm² hergestellt. Die Vorsinterung erfolgt bei einer Temperatur von 800 bis 900° C. Die relative Raumerfüllung 99,5% wird durch die Endsinterung bei 1350° C erreicht (theoretische Dichte 17,4 g/cm³). Die Zugfestigkeit dieser Legierung beträgt 49 bis 63,5 kg/mm². Sie liegt etwa um 10 bis 30% höher als bei der Legierung mit 90% W, 6% Ni und 4% Cu, welche ebenfalls eine Raumerfüllung von 99,5% und etwa die gleiche Brinellhärte (ca. 240 bis 280 kg/mm²) aufweist. Die Legierungen mit Co und Ag haben eine etwa 7 bis 15% höher liegende elektrische Leitfähigkeit als die mit Ni- und Cu-Zusätzen.

Die Anwendungsgebiete der Schwermetalle vom Typus W-Co-Ag sind ähnlich wie die der Legierungen mit Ni und Cu. Hierunter fallen Auswuchtteile, Gyroskoprotoren, Zentrifugalregulatoren, Schutzschirme und -kassetten (gegen X- und Gammastrahlung) sowie spezielle Kontaktmaterialien.

Die bisher angegebenen Legierungen stellen selbstverständlich noch nicht die ganze Reihe der verwendeten Materialien dar. Die einzelnen Firmen sind bestrebt, durch verschiedene Zusätze die Eigenschaften der Legierungen zu verbessern. Es besteht eine ganze Reihe von Patenten für die verschiedensten Legierungen, die sehr oft im Hinblick auf Art und Menge der Zusätze erstaunliche Zusammensetzungen haben. Abgesehen von rein kommerziellen und Konkurrenzgründen ist das Ziel dieser Bestrebungen eine Legierung mit möglichst hoher Dichte und guten Bearbeitungseigenschaften sowie einigen speziellen

Eigenschaften. Als Beispiel sei eine durch amerikanisches Patent geschützte Legierung auf W-Basis genannt [322]: 84% W, 5% Co, 5% Cu, 5% Ag und 1% Pt. Die Dichte dieser Legierung beträgt 16,7 g/cm³. Die Bearbeitungsfähigkeit ist gut, obwohl eine hohe Härte erreicht wird. Verwendung findet eine derartige Legierung für elektrische Kontakte, Spezialtiegel usw. Die Sinterzeit beträgt 1 bis 3 Std. bei einer Temperatur von 1300 bis 1800° C. Das große Temperaturintervall dürfte aus patentrechtlichen Gründen angegeben sein.

10.60 Pseudolegierungen des Wolframs und Molybdäns

Wie bereits am Beginn dieses Kapitels erwähnt, bilden W und Mo keine festen Lösungen mit Cu oder Ag. Derartige „Legierungen" können also nicht schmelztechnisch, sondern nur auf pulvermetallurgischem Wege hergestellt werden. Bei der Sinterung findet keine Diffusion statt, so daß die sogenannten Pseudolegierungen eine heterogene Mischung darstellen, in der jede Komponente ihre spezifischen Eigenschaften behält. Diese Tatsache führte zur vielseitigen technischen Nutzung dieser Stoffe. Große Bedeutung erlangten Pseudolegierungen der genannten Typen z. B. in der Elektrotechnik als Kontaktmaterial. Der hierin enthaltene Wolframanteil bewirkt einen geringen Abbrand, geringe Neigung zum Verschweißen und hohe Härte, Cu oder Ag eine sehr gute Wärme- und elektrische Leitfähigkeit, gute Verformbarkeit sowie Widerstandsfähigkeit gegen Oxydation. Pseudolegierungen des Systems Mo-Ag werden weniger verwendet; eine praktische Nutzung von Mo-Cu ist nicht bekannt.

Die Zusammensetzung der angegebenen Pseudolegierungen richtet sich je nach den gewünschten Eigenschaften des Kontaktmaterials. Bei einem genügend hohen Anteil der niedrig schmelzenden Komponente Cu oder Ag (etwa ab 20%) ist eine spanlose Verarbeitung der Pseudolegierungen durch Schmieden, Walzen und evtl. Strangpressen möglich. Hierbei erlangt das Erzeugnis praktisch die theoretische Dichte, die sich aus der Mischungsregel berechnet. Bei Pseudolegierungen mit höheren Gehalten an W und Mo kann eine hohe Dichte z. B. durch ein nochmaliges Pressen nach der Sinterung erreicht werden. Hierbei muß mindestens der gleiche Druck, wie er für die Herstellung des Preßlings aus der Pulvermischung verwendet wurde, aufgebracht werden. Vorteilhaft ist es aber, mit noch höherem Druck zu arbeiten. Eine noch größere Dichte läßt sich auch durch gewisse Variationen im Herstellungsverfahren erreichen, z. B. durch Verwendung von Metallpulvern verschiedener Herkunft, Korngröße u. ä. Die einzelnen Herstellungsverfahren für Pseudolegierungen sowie ihre Eigenschaften und Verwendung werden ausführlich in Kapitel 10.00 besprochen.

In der CSR werden Kontakte vom Typus W-Cu unter der Bezeichnung ASKO A und vom Typus W-Ag unter der Bezeichnung ASKO F hergestellt. Die Kontaktmaterialien der österreichischen Firma Metallwerke Plansee tragen die Bezeichnung „ELMET", und zwar Rotung (W-Cu), Silvung (W-Ag) und Silmo (Mo-Ag). Die in den USA erzeugte Pseudolegierung W-Cu mit der Bezeichnung Elkonite wird mit Erfolg als Schweißelektrode für Punktschweißungen eingesetzt. Zu diesem Zweck muß das Material eine gute elektrische Leitfähigkeit besitzen, gleichzeitig bei dem auftretenden Druck widerstandsfähig gegen Deformation sein, d. h., es muß eine genügend hohe Härte aufweisen. Derartige Elektroden enthalten meistens 36% Cu.

Die genannten Pseudolegierungen können mit verschiedenem Wärmeausdehnungskoeffizienten hergestellt werden, da auch diese Eigenschaft der Mischungsregel folgt. Ein Material mit einem Cu-Gehalt von 41% hat einen Wärmeausdehnungskoeffizienten von $9 \cdot 10^{-6}$ und ist für Glaseinschmelzungen geeignet.

Weiterhin besteht die Möglichkeit, Pseudolegierungen vom Typ W-Cu als Schwermetall zum Schutz gegen X- oder Gammastrahlen zu verwenden. Die verbreitetste Anwendung liegt aber in der Elektroindustrie.

10.61 *Legierungen von Wolfram oder Molybdän mit Edelmetallen*

Im letzten Absatz wurden die Pseudolegierungen des W und Mo mit Cu oder Ag erwähnt. Hieraus geht bereits hervor, daß Ag mit beiden Metallen keine Legierung bildet. Unterschiedlich ist das Verhalten der anderen Edelmetalle.

So löst z. B. Gold bis zu einer Temperatur von etwa 1500° C kein Mo. In diesem System bilden sich also auch nur Pseudolegierungen, welche pulvermetallurgisch hergestellt werden müssen. Aus älteren Angaben geht hervor, daß Pt mit W bis zu einer Konzentration von 50% W eine Mischkristallreihe bildet. Dieses System findet praktische Anwendung in der Elektroindustrie als Kontaktwerkstoff. In diesem Fall enthält Pt 3 bis 5% W.

Über andere binäre Systeme von Wolfram oder Molybdän mit Edelmetallen ist nichts bekannt.

10.70 Ferrolegierungen von Wolfram und Molybdän

Ferrolegierungen, welche auf dem Schmelzwege hergestellt werden, haben große Bedeutung in der Stahlindustrie. Für die Werkstoffe Fe-W oder Fe-Mo werden etwa 90% der Weltproduktion an Wolfram oder Molybdän verbraucht. Gleiche Legierungen, auf dem Sinterwege hergestellt, haben praktisch keine Bedeutung. Sie sollen daher nur kurz erwähnt werden.

10.71 *Herstellung der Ferrolegierungen durch Sintern*

Obwohl Wolfram (oder Molybdän) und α-Eisen das gleiche Gitter haben, nämlich kubisch-raumzentriert, bilden sie miteinander keine lückenlose Reihe von Mischkristallen. Aus dem Gleichgewichtsdiagramm Fe-W (Abb. 136) ist zu ersehen, daß W nur eine kleine Menge Fe löst, und zwar etwa 0,8% bei 1640° C. Diese Löslichkeit verändert sich weder unterhalb noch oberhalb der angegebenen Temperatur wesentlich. Demgegenüber lösen sich im Eisen bei normalen Temperaturen etwa 6% Wolfram. Mit zunehmender Temperatur steigt hier die Löslichkeit bis auf 32,5%. Durch Zugabe von W bis zu der angegebenen Menge zum Fe wird der Schmelzpunkt des Fe nicht beeinflußt. Übersättigte Lösungen können durch Abschrecken fixiert werden. Durch Anlassen auf 600° C scheidet sich das Wolframid des Eisens entweder mit der Zusammensetzung Fe_2W (ε-Phase) oder als Fe_3W_2 (ζ-Phase) aus. Eine Veredelung durch Warmbehandlung kann sowohl bei der pulvermetallurgisch erzeugten als auch bei der geschmolzenen Legierung erfolgen.

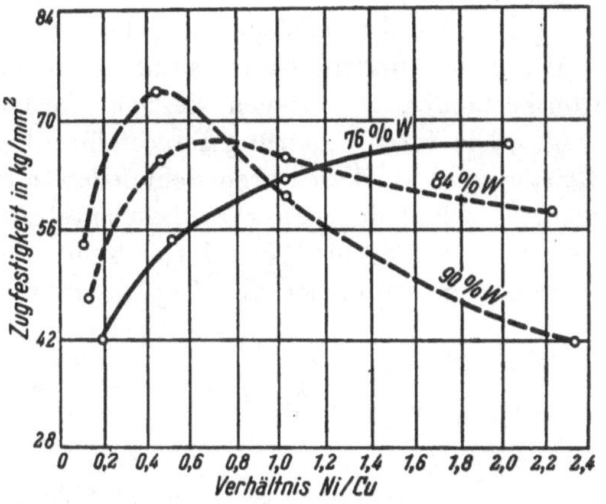

Abb. 135. Einfluß des Verhältnisses vom Ni- zum Cu-Gehalt auf die Zugfestigkeit von Schwermetall mit verschiedenen Wolframgehalten

Bei der Herstellung der Legierungen auf pulvermetallurgischem Wege geht man von feinkörnigen, reinsten Metallpulvern aus, die dann gepreßt und gesintert werden. Da die Diffusionsgeschwindigkeit von W (und auch von Mo) in Eisen beträchtlich geringer ist als die der W-Ni-Legierungen, ist es notwendig, die Sinterung über mehrere Stunden auszudehnen. So müssen z. B. Legierungen mit 10 bis 20% W 6 Std. bei einer Temperatur von 1250° C gesintert werden. Erst dann ist die Voraussetzung für die Bildung einer homogenen Legierung

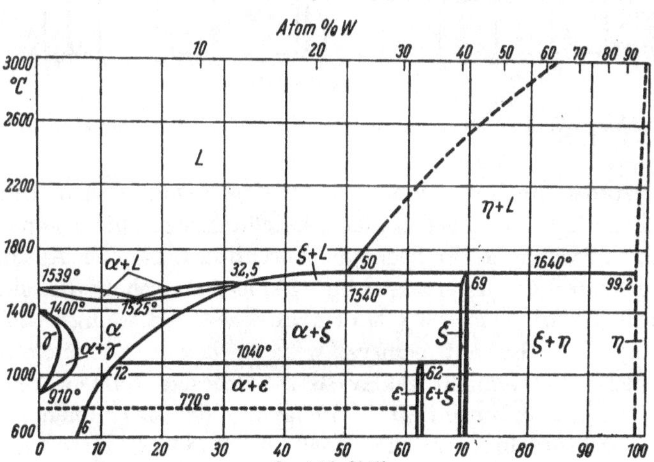

Abb. 136. Zustandsdiagramm W-Fe (Metals Handbook 1948)

(feste Lösung) gegeben. Die Diffusion kann allerdings durch mehrtägiges Mahlen der Pulvermischungen verbessert werden. Vorteilhafter erscheint es aber, die Sinterung zu unterbrechen, eine mechanische Bearbeitung zwischenzuschalten und anschließend die Endsinterung durchzuführen. Die gesinterten Preßlinge können veredelt werden, indem sie von 1300° C abgeschreckt und über 600° C angelassen werden. Legierungen mit einem W-Gehalt bis zu 32%, welche bei der genannten Temperatur abgeschreckt werden, haben ein Gefüge mit einer ferritischen Struktur. Im abgeschreckten Zustand sind die Legierungen korrosionsbeständig, wohingegen sie nach langsamem Abkühlen zur Rostbildung neigen. Die durch Sinterung hergestellten Legierungen können bis zu einem W-Gehalt von 25% kalt durch Schmieden oder Walzen, bis zu einem W-Gehalt von 30 bis 40% dagegen warm bearbeitet werden. Die Bearbeitungstemperatur beträgt etwa 1250 bis 1300° C. Geschmolzene Legierungen lassen sich nicht verformen, was vermutlich auf die Verunreinigungen zurückzuführen ist, welche

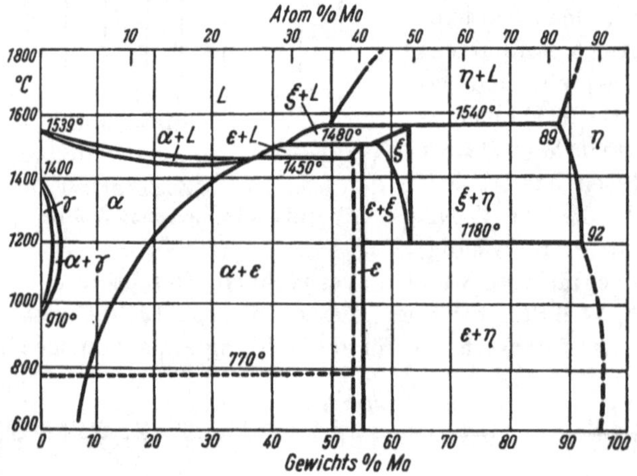

Abb. 137. Zustandsdiagramm Mo-Fe (Metals Handbook 1948)

beim Schmelzprozeß in Form von C oder Si eindringen können. In den Härtewerten weichen die Legierungen beider Herstellungsarten nicht voneinander ab.

Beim binären System Mo-Fe liegen die Verhältnisse ähnlich. Aus dem Gleichgewichtsdiagramm dieses Systems (Abb. 137) ist zu ersehen, daß sich bei einer Temperatur von 600° C etwa 6% Mo im Fe lösen und weniger als 5% Fe im Mo in Lösung gehen. Es muß bemerkt werden, daß die Löslichkeit des Fe im Mo bisher nicht vollkommen geklärt ist. In diesem System bestehen zwei intermetallische Verbindungen. Die ξ-Phase mit der Zusammensetzung FeMo liegt im Temperaturgebiet zwischen 1540 und 1180° C, die ε-Phase mit der Zusammensetzung Fe_3Mo_2 unterhalb 1480° C. Aus dem Diagramm ist zu ersehen, daß die Löslichkeit des Mo im Fe mit sinkender Temperatur beträchtlich abnimmt. Bei 1450° C beträgt sie etwa 56% und bei 600° C nur noch 6% Mo.

Bei der Herstellung von Fe-Mo-Legierungen für besondere Zwecke auf pulvermetallurgischem Wege ist zu beachten, daß die Diffusion ähnlich wie beim System W-Fe sehr langsam verläuft und daher lange Sinterzeiten erfordert.

Die Sinterdauer wird auch hier mit 4 bis 6 Std. bei einer Temperatur von 1300° C angegeben. Legierungen mit einem Mo-Gehalt bis zu 25% sind ebenfalls warm verformbar.

Praktische Anwendung haben bisher die Legierungen W-Fe und Mo-Fe nicht gefunden. Letztere können mit einem Mo-Gehalt von 10% (und höher) und einem Wärmeausdehnungskoeffizienten von 9 bis 11 · 10^{-6} für Einschmelzzwecke in weichen Gläsern Anwendung finden [323].

10.72 *Herstellung der Ferrolegierungen durch Schmelzen*

Die Herstellung von FeW und FeMo stellt auf dem Gebiet des Hüttenwesens einen so großen Komplex dar, daß es über den Rahmen dieses Buches hinausgehen würde, ihn näher zu erörtern. Es ist auch nicht das Ziel dieses Buches, eine Zusammenstellung der einzelnen Herstellungsverfahren aufzuzeigen, sondern nur die klassischen hüttenmännischen anzudeuten und sie mit den pulvermetallurgischen zu vergleichen. Aus dem vorangegangenen Absatz geht hervor, daß es durch die gegebenen Vorteile der pulvermetallurgischen Verfahren möglich ist, reine Ferrolegierungen des W und Mo herzustellen, welche bis zu einem gewissen Grad durch Walzen und Schmieden verformbar sind. Es ist selbstverständlich aus wirtschaftlichen und Kapazitätsgründen nicht möglich, den großen Bedarf der Stahlindustrie an FeW und FeMo durch die pulvermetallurgischen Herstellungsverfahren, d. h. Pressen und Sintern von Metallpulvern, zu decken. Man kann also nicht erwarten, daß diese beiden Verfahren in Konkurrenz treten oder das eine das andere ausschließt. Die Pulvermetallurgie wird immer dort zur Anwendung kommen, das trifft besonders für die hochschmelzenden und z. T. auch seltenen Metalle zu, wo für Spezialzwecke reinste Metalle und Legierungen benötigt werden.

10.721 Ferrowolfram

FeW wird als Legierungsmetall für die Stahlindustrie auf zwei Arten hergestellt; einmal aluminothermisch und zum anderen elektrothermisch. Ferrowolfram, nach dem Goldschmidtschen Verfahren (aluminothermisch) gewonnen, enthält zwar weniger C, hat aber eine gewisse Menge Al als Schlackeneinschlüsse. Aus diesem Grunde wird das elektrothermische Verfahren bevorzugt.

Das aluminothermische Verfahren verlangt an sich sehr einfache Einrichtungen. Es wird in einem kleinen Schachtofen gearbeitet, welcher mit dem feinzerschlagenen Erzkonzentrat, FeSi, Al-Grieß, gemahlenem Fluorit und Stahlschlacke gefüllt wird. Die Mischung wird mit Mg-Band entzündet, dessen Ende mit einer sogenannten Entzündungskirsche, bestehend aus einer Mischung von Bariumperoxyd und Al-Pulver, versehen ist. Diese Kugel wird auf die Aluminiumgrießschicht gelegt. Die bei der Verbrennung von Al entstehende hohe Temperatur überträgt sich schnell auf das Reaktionsgemisch, und das metallische Al reagiert mit dem Konzentrat. Um die Menge des geschmolzenen Anteils aufzufüllen, wird erneut die genannte Mischung zugegeben. Ist der gesamte Inhalt des Ofens geschmolzen und somit die Reaktion beendet, läßt man den Inhalt abkühlen. FeW wird dann von der Schlacke durch Zerstören des gesamten Regulus getrennt und eine Zerkleinerung des Schmelzgutes vorgenommen, wobei die Stücke Nuß- bis Faustgröße besitzen können.

Bei der elektrothermischen Erzeugung verwendet man Lichtbogenöfen. Das zu schmelzende Gut wird in Form von vorbereiteten Briketts eingesetzt, die aus Wolframkonzentrat, Holzkohle oder zerkleinertem Koks bestehen und einen abgestuften C-Gehalt besitzen. Verwendet werden allgemein kleinere ein- oder zweiphasige Lichtbogenöfen mit einer Leistung von 300 bis 900 kVA. Sie haben eine gestampfte Ausmauerung aus der sogenannten Söderbergschen Masse oder einer Mischung von Dolomit mit Dehet. Dem Inhalt des Ofens werden weiterhin schlackenbildende Zusätze, wie z. B. Kalk bei Wolframit und Quarz bei Scheelit sowie Metallschlacke, beigegeben. Der Schmelzprozeß ist nach etwa 70 bis 90 Stunden beendet. Nach Beseitigung der Elektroden läßt man die Schmelze erkalten, um danach den eisernen Mantel des Ofens zu zerlegen. Dann wird die Ausmauerung zerstört und der erstarrte Block freigelegt. Dieser wird dann grob zerschlagen, um die Schlacke vom eigentlichen Metall zu trennen. Das Gewicht des Regulus beträgt einige Tonnen. Die gewonnenen Metallstücke werden anschließend mit einem Backenbrecher weiter zerkleinert. In der Schlacke sind 20 bis 25% WO_3 enthalten. Sie wird in einem gesonderten Prozeß zu sogenanntem Schlackenmetall weiterverarbeitet, welches dem eigentlichen Schmelzverfahren als Zugabe wieder zugeführt wird. Die Zusammensetzung des Schlackenmetalls ist etwa folgende: 55 bis 65% W, 2 bis 3% Si, 1 bis 6% Mn und 2% C. Die Schlacke, welche bei dem gesonderten Aufbereitungsprozeß des Schlackenmetalls anfällt, enthält etwa 0,3% WO_3.

Das FeW enthält 75 bis 85% W, 0,5 bis 1% C, bis zu 1% Si, weniger als 1% Mn und 0,1%S, P, As und Sn.

10.722 Wolfram in Stählen

Wolfram stellt für die Stahlindustrie ein sehr wertvolles Element dar. Es wird vorwiegend den Werkzeugstählen als FeW zugegeben und bildet zum Teil Karbide, welche dem Stahl neben anderen Eigenschaften eine sehr hohe Härte verleihen. Demzufolge sind die Stähle auch verschleißfest und bis zu einer gewissen Grenze temperaturbeständig. Nichtrostende Stähle enthalten keine W-Zusätze, dafür werden aber neuerdings die feuerfesten Legierungen neben 17% Cr, 13% Ni mit etwa 3% W legiert. Nähere Angaben hierüber werden z. B. von L. Jeniček [324] gemacht.

Gemeinsam mit Mo oder V kommt W gerade in letzter Zeit bei der Herstellung von Stählen zur Geltung, welche relativ niedrig legiert und besonders beständig gegen hohe Temperaturen sind. Hierunter fallen z. B. Stähle der Type N 10 mit spezieller Verwendung bei hohen Temperaturen, hohen Drücken usw. [324, 325].

In den Ländern, in denen ausgesprochener Mangel an Mo herrscht, wird auch W zur Herstellung von Konstruktionsstählen eingesetzt. Es wird zur Unterdrückung der Anlaßsprödigkeit an Stelle von Mo zulegiert. Um jedoch in diesem Falle die gleiche Wirkung wie mit Mo zu erzielen, muß die dreifache Menge beigegeben werden. Ein Beispiel hierfür bildet der in der Sowjetunion erzeugte Stahl 12 ChNVA (entspricht Poldi HOR), welcher etwa 0,12% C, 4,5% Ni, 1% Cr und entweder 0,3% Mo oder 1% W enthält.

Die verschiedenen Werkzeugstähle und z. T. auch Baustähle haben außer Cr und V vorwiegend W-Zusätze von 1 bis 3%. Stähle mit etwa 5% W gehören schon zu der Gruppe von Werkzeugstählen, welche durch Abschrecken die maximale Härte erreichen. Mengen von 5 bis 7% W enthalten z. B. Magnetstähle. Schnellarbeitsstähle legiert man mit etwa 9 bis 18% W. Geringere Wolframzusätze können hierbei durch Vanadin und hauptsächlich Molybdän ausgeglichen werden. So werden z. B. in den USA, wo im Gegensatz zu geringen Mengen Wolfram reichhaltig Molybdän vorkommt, Schnellstähle mit weniger als 2% W hergestellt, deren Mo-Gehalt aber bis zu 9% gesteigert wird. Am häufigsten wird Wolfram durch Molybdän im Verhältnis 2 : 1 ersetzt, d. h. an Stelle 2% W wird 1% Mo zugegeben. Stählen mit geringem W-Gehalt werden statt der üblichen Vanadinmenge von 1,5% etwa 4% V zugegeben, wobei gleichzeitig der C-Gehalt von 0,6 bis 0,8% auf 1,3% erhöht wird.

Das Zustandsdiagramm Eisen-Wolfram ist in Abb. 136 dargestellt. Hieraus ist zu ersehen, daß Wolfram das γ-Gebiet abschnürt, so daß Legierungen mit mehr als 6% W keine Umwandlung mehr erleiden, sondern vom Schmelzpunkt bis herunter zur Raumtemperatur ferritisch sind. Höhere Wolframgehalte sind technisch insofern von Bedeutung, da in diesem Gebiet mit steigender Temperatur die anwachsende Löslichkeit für die Verbindung Fe_3W_2 vor sich geht. Hierdurch wird die Möglichkeit für Ausscheidungsvorgänge gekennzeichnet. So gelingt es, durch Ablöschen von Legierungen mit 10 bis 30% W von Temperaturen oberhalb der Löslichkeitslinie die entsprechende feste Lösung von Eisen-Wolfram im Eisen-Wolfram-Mischkristall bei Raumtemperatur festzuhalten. Durch Anlassen auf höhere Temperaturen scheiden sich die Wolframide mehr oder weniger fein verteilt wieder aus, wodurch die bekannten Eigenschaftsänderungen, wie z. B. Erhöhung der Härte, Veränderung der magnetischen Eigenschaften usw., beobachtet werden können. In diesem Zusammenhang ist auch das Zustandsdiagramm der Eisen-Wolfram-Kohlenstofflegierungen nach HULTGREN [326] von Interesse. In Abb. 138 ist ein Wolframgehalt und C-Gehalt

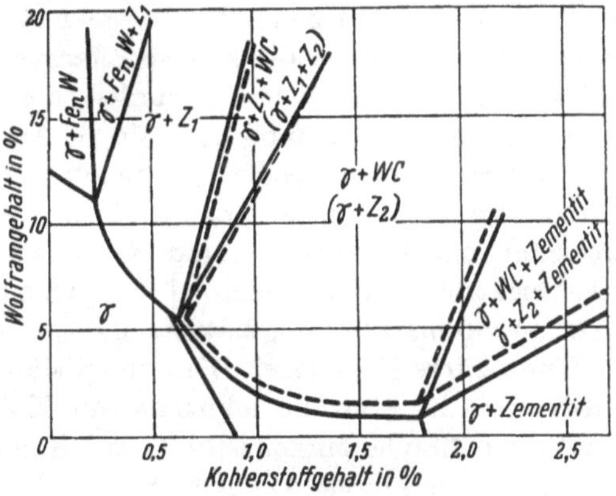

Abb. 138. Zustandsdiagramm der Eisen-Wolfram-Kohlenstoff-Legierungen (nach HULTGREN)
Z_1 = Stabiles, kohlenstoffärmeres Doppelkarbid.
Z_2 = Metastabiles, kohlenstoffreicheres Doppelkarbid. (Das Diagramm entspricht den Gleichgewichten dicht unterhalb der Temperatur der beendeten Erstarrung)

von 0 bis 20 bzw. 0 bis 2,5% berücksichtigt. Es ist die Gleichgewichtsverteilung zwischen den einzelnen Karbiden und dem γ-Mischkristall einerseits und dem γ-Mischkristall und dem Wolframid andererseits unterhalb der Erstarrungstemperatur wiedergegeben. Die dargestellten Aufzeichnungen bilden den eigentlichen Übergang zu der Entwicklung der gesinterten Karbide (Hartmetalle). Diese Eigenschaften finden z. T. auch Anwendung bei den Stelliten, wo ebenfalls die große Härte der W-Karbide zur Geltung kommt. Hierbei handelt es sich um Gußlegierungen, bei denen auf Grund der großen Affinität des W und auch des Mo 1,5 bis 2,5% C hinzulegiert sind.

10.723 Ferromolybdän

Bei der Herstellung von Ferromolybdän findet sowohl das aluminothermische wie auch das elektrothermische Verfahren Anwendung. In den USA gibt man dem letzteren sogar den Vorzug.

Bei der aluminothermischen Erzeugung von FeMo wird ähnlich wie bei W technisches MoO_3 als geröstetes Molybdänit-Konzentrat mit Al-Grieß, zerkleinertem FeSi, gemahlenem Flußspat und Fe-Erz oder -Spänen eingesetzt. Wenn man nur FeSi beigibt, ist die Reaktion eine sehr heftige. Die Legierung enthält etwa 70% Mo, höchstens 0,10% C, maximal 1,5% Si sowie 0,1% S und 0,02% P. Die sich bildende Schlacke beim aluminothermischen Verfahren enthält etwa 2% Mo und wird normalerweise in Elektroöfen verarbeitet.

Die elektrothermische Erzeugung des Ferromolybdäns ist ebenfalls ähnlich wie die des Ferrowolframs. Das geröstete Mo-Konzentrat wird mit zerkleinerter Holzkohle und Kalkmilch brikettiert. Auch der C-Gehalt ist entsprechend abgestuft. In den elektrischen Lichtbogenöfen, welche mit einer Mischung, bestehend aus Dolomit und Dehet, ausgekleidet sind, werden zunächst die kohlenstoffreichen und dann die kohlenstoffarmen Briketts zugegeben. Nachdem die reinen Oxydbriketts zugefügt wurden, kommen Kalk und Eisen in Form von Schlackenmetall mit 50 bis 55% Mo als Abschluß hinzu. Die Reaktion ist nach etwa 70 Std. beendet. Nach Erkalten des Ofens wird der Metallblock mit einem Kran herausgenommen, zerschlagen und aufgeteilt. Die Schlacke wird dann getrennt mit Eisenspänen und Koks zu Schlackenmetall weiterverarbeitet. Das elektrothermisch hergestellte Ferromolybdän hat folgende Zusammensetzung: 70 bis 72% Mo, maximal 0,5% C, 0,2% Si und 0,05% S.

Eine weitere Möglichkeit, Ferromolybdän zu erzeugen, besteht durch direkte Reduktion des Kalziummolybdats mit Kohle bzw. durch Reduktion des ungerösteten Molybdänitkonzentrats mit Kohle oder mit hochprozentigem Ferrosilizium unter Anwesenheit von Kalk und Fluorspat.

Bemerkenswert erscheint die Tatsache, daß die Stahlindustrie für Legierungszwecke in größerem Maße als bisher Molybdän in Form von $CaMo_4$ oder Oxydbriketts einsetzt. Vermutlich sind hierfür die wirtschaftlichen Vorteile gegenüber den sonst üblichen Verfahren zur Herstellung des Ferromolybdäns ausschlaggebend. Dies trifft z. B. für Stähle mit nicht so hohem Mo-Gehalt zu, wie sie für Kesselbleche u. ä. Anwendung finden. Für den Einsatz in korrosionsbeständigen Stählen dürfte die Anwendung dieses Verfahrens nicht in Betracht kommen.

10.724 Molybdän in Stählen

Mit der Verwendung des Molybdäns als Legierungszusatz an Stelle von Vanadin wurde im ersten Weltkrieg in den USA begonnen. Im Laufe der Zeit hat sich herausgestellt, daß Molybdän teilweise bessere Eigenschaften aufzuweisen hat als Vanadin. Diese Stähle wurden besonders eingehend bis zu Beginn des zweiten Weltkrieges untersucht und das Interesse an ihnen häufig zu stark betont, was aber nicht zuletzt auf die Handelsabsichten einiger Gesellschaften zurückzuführen sein dürfte.

Molybdän wird in Verbindung mit Chrom als Legierungszusatz vorwiegend in Konstruktionsstählen eingesetzt, um zunächst allgemein die Anlaßsprödigkeit herabzusetzen. Demzufolge erhalten die Nitrierstähle Molybdänzusätze, da der eigentliche Nitriervorgang bei erhöhter Temperatur längere Zeit im Ammoniakstrom stattfindet.

Nichtrostende Stähle erhalten oft Zusätze von 2 bis 3% Mo, als austenitische Stähle, neben ca. 18% Cr und 8% Ni. Dadurch wird die Widerstandsfähigkeit gegen Schwefelsäure und verschiedene organische Säuren erhöht.

Das Verhältnis des Mo zu W wird besonders bei der Betrachtung des Zustandsschaubildes Eisen-Molybdän deutlich (Abb. 137). Die Fe-Mo-Legierungen haben das gleiche abgeschnürte γ-Gebiet. Legierungen mit 3% Mo sind ebenfalls ferritisch. Die Grenze des γ-Gebietes liegt zwischen 2,5 und 3% Mo. Die Lage der einzelnen Umwandlungspunkte (A_4-, A_3-, A_2-Punkt) ist aus Abb. 137 zu ersehen. Entsprechend dem Bereich der Eisen-Wolfram-Legierungen wird auch hier die Grenze der ferritischen Mischkristalle durch die Ausscheidungslinie der FeMo-Verbindung (Fe_3Mo_2) gekennzeichnet. Die Löslichkeit der FeMo-Verbindungen im α-Eisen nimmt mit steigender Temperatur zu. So lassen sich z. B. Legierungen mit etwa 4 bis 25% Mo durch Abschrecken von hohen Temperaturen mit nachträglichem Anlassen auf verschieden hohe Festigkeit vergüten (Ausscheidungshärtung). Aus dem Verhalten des Mo gegenüber C geht auch hervor, daß es annähernd die gleichen Eigenschaften wie Wolfram besitzt. Es besteht jedoch im letzten Fall eine größere Ähnlichkeit zu Chrom, da auch Mo im Gegensatz zu W und V zur Mischkristallbildung zwischen Eisenkarbid und Molybdänkarbid neigt. Von den stabilen Molybdänkarbiden ist das Mo_2C bekannt. Es würde den Rahmen dieses Buches überschreiten, näher auf die Wirkungsweise des Mo bei der Stahlherstellung einzugehen. Die Erforschung der besonderen Eigenschaften dieses hochschmelzenden Metalls nimmt in der gesamten Metallurgie einen zu reichhaltigen Komplex ein. Deshalb wird auf das einschlägige Schrifttum verwiesen.

10.80 Nichtmetallische Verbindungen des Wolframs und Molybdäns

In den letzten Jahren wird den Werkstoffen mit großer Temperaturbeständigkeit besondere Aufmerksamkeit gewidmet. Außer den keramischen Stoffen in

Verbindung mit W und Mo finden auch die Nichtmetalle, wie z. B. Bor, Kohlenstoff, Silizium und Stickstoff, Beachtung. Da hierbei die Boride und Silizide des W und Mo im Vordergrund stehen, sollen ihre binären Systeme kurz behandelt werden. Soweit es für die Hartmetalltechnik zutrifft, werden auch noch die binären Systeme des C mit W und Mo sowie das ternäre System W-C-Co aufgeführt.

10.81 *Boride*

Unlängst wurden von R. STEINITZ, I. BINDER und D. MOSKOWITZ [327] Untersuchungen über das System Mo-B veröffentlicht. Das Gleichgewichts-

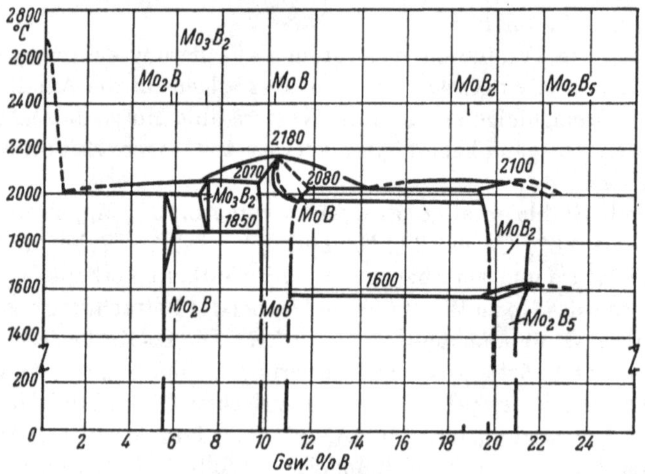

Abb. 139

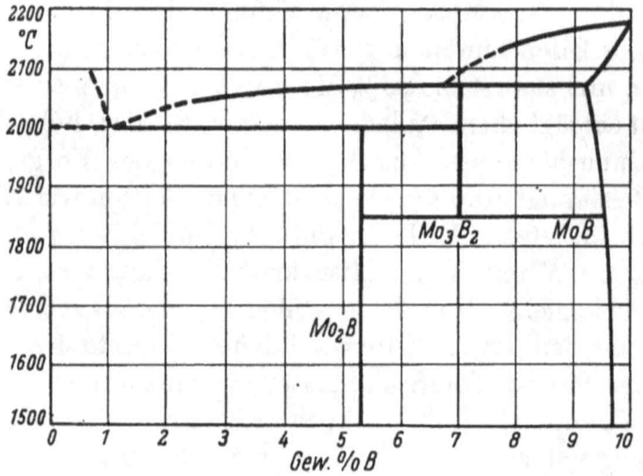

Abb. 139a

Abb. 139. Zustandsdiagramm Mo-B (R. STEINITZ, I. BINDER u. D. MOSKOWITZ)

diagramm dieses Systems, welches in der Arbeit der genannten Autoren veröffentlicht wurde, ist in Abb. 139 wiedergegeben. Daraus geht hervor, daß Mo mit B fünf Boride bildet, und zwar: Mo_2B, Mo_3B_2, MoB, MoB_2 und Mo_2B_5.

Diese Boride haben sich bisher weder als Hartstoffe eingeführt noch als temperaturbeständig bei hohen Temperaturen erwiesen. In einer weiteren Arbeit wurde von Ira BINDER und A. ROTH [328] die Anwendung der Molybdänboride für Schneidwerkzeuge behandelt. Hierbei stellte man fest, daß sie wohl sehr hart und fest, aber gleichzeitig sehr spröde sind. Man ging daher zu Mischungen und Verbindungen über (Mo_2NiB_2). Die daraus hergestellten Werkzeuge wurden nach zwei Methoden gefertigt. Einmal durch Heißpressen und Schleifen und zum anderen durch Kaltpressen, Vorsintern, Bearbeiten auf Endform, Fertigsintern und Schleifen. Die so gefertigten Werkzeuge wurden mit den üblichen Schneidwerkzeugen verglichen, wobei sie in ihrer Härte den härtesten Karbiden entsprachen. Die Vorteile, welche gegenüber den Karbidwerkzeugen genannt werden, bestehen in den geringen Kosten der Rohstoffe und dem um ein Drittel leichteren Gewicht.

Auch die Boride des Wolframs sind von P. SCHWARZKOPF und F. GLASER [329] untersucht worden. Bekannt sind: W_2B und WB sowie W_2B_5. Diese Boride werden als sehr hochschmelzend befunden, zeigten sich aber wenig beständig gegen Reduktion, was auch für Molybdänborid zutrifft. Eine besondere technische Bedeutung hat auch Wolframborid bisher anscheinend nicht gewonnen.

10.82 *Karbide*

Die Bedeutung der Karbide, insbesondere der Wolframkarbide, ist allgemein bekannt. Sie gehören zu den klassischen Anwendungsgebieten der Pulvermetallurgie und dienen zur Herstellung gesinterter Hartmetalle. Hierüber werden in einem besonderen Kapitel nähere Ausführungen gemacht. Das gleiche gilt auch für die Anwendung als Legierungszusatz in den Schnellstählen.

Die Karbide des Wolframs kommen allerdings für den Einsatz in warmfesten Legierungen nicht in Betracht. Ihre besondere Bedeutung liegt in der großen Härte und der Widerstandsfähigkeit gegen Verschleiß. Aus dem Gleichgewichtsdiagramm des Systems W-C, Abb. 140, ist zu ersehen, daß bei der eutektischen Temperatur,

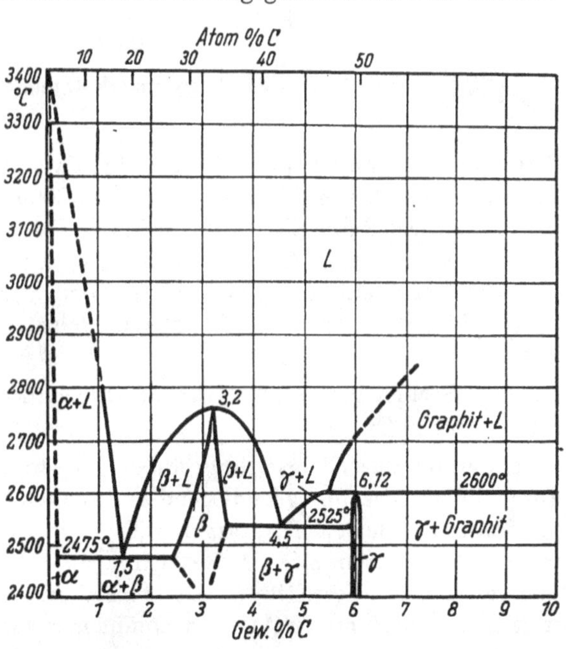

Abb. 140. Zustandsdiagramm W-C (Metals Handbook 1948)

welche bei 2475° C liegt, weniger als 0,1% C in Wolfram gelöst werden. Die eutektische Zusammensetzung bei dieser Temperatur entspricht 1,5% C, die erstarrte Schmelze entspricht einer Mischung der festen Lösung α- (C in W gelöst) und β-Phase mit einer Zusammensetzung von W_2C (3,2% C). Die γ-Phase entspricht einer Zusammensetzung von WC (6,12% C) und bildet sich aus der Schmelze und Graphit bei einer Temperatur von 2600° C. Bei der eutektischen Temperatur von 2525° C bildet sich W_2C + WC, dessen eutektische Zusammensetzung 4,5% C enthält. Dieses Eutektikum hatte für die ersten gegossenen Hartmetallegierungen besondere Bedeutung.

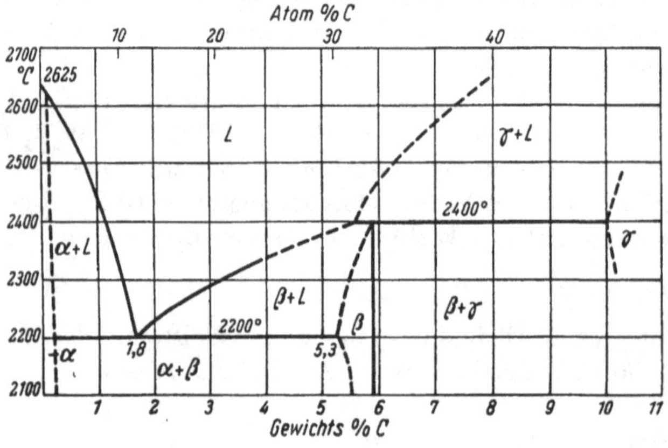

Abb. 141. Zustandsdiagramm Mo-C (Metals Handbook 1948)

Das binäre System Mo-C ist in Abb. 141 dargestellt. Aus dem Gleichgewichtsdiagramm geht hervor, daß Molybdän bei 2000 bis 2200° C etwa 0,1% C löst (α-Phase). Die β-Phase Mo_2C mit 5,88% C bildet mit der α-Phase ein Eutektikum bei 2200° C mit einem C-Gehalt von 1,8%. Die β-Phase entsteht durch peritektische Umwandlung bei 2400° C im Konzentrationsgebiet zwischen 5,6 und 10% Kohlenstoff. Bei 2200° C liegt das Gebiet der β-Phase zwischen 5,3 und 5,88% C.

Dieses System hat für die Hartmetalltechnik eine geringere Bedeutung als das System W-C.

Bei der Hartmetallherstellung findet das ternäre System W-C-Co besondere Anwendung. Eine der grundlegenden Arbeiten wurde von S. TAKEDA [330] veröffentlicht, dessen Diagramm WC-Co in Abb. 142 dargestellt ist. In neuerer Zeit haben sich P. RAUTALA und J. T. NORTON [331] mit dem System W-C-Co beschäftigt. Aus dieser Arbeit ist das pseudobinäre Diagramm des Systems WC-Co entnommen, welches durch einen vertikalen Schnitt durch das metastabile ternäre Gleichgewichtsdiagramm W-C-Co entstanden ist (Abb. 143).

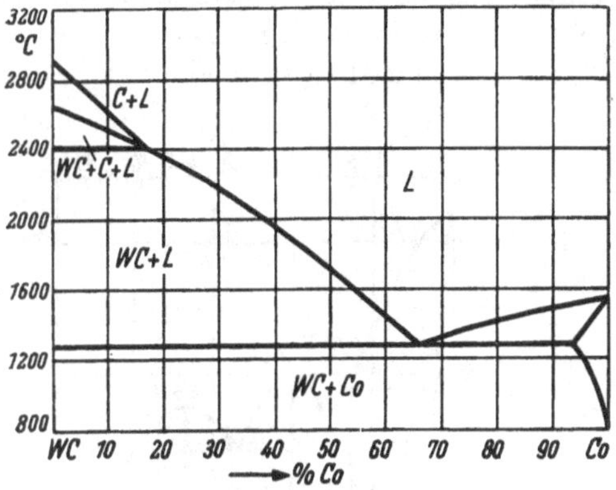

Abb. 142. Zustandsdiagramm WC-Co (Takeda)

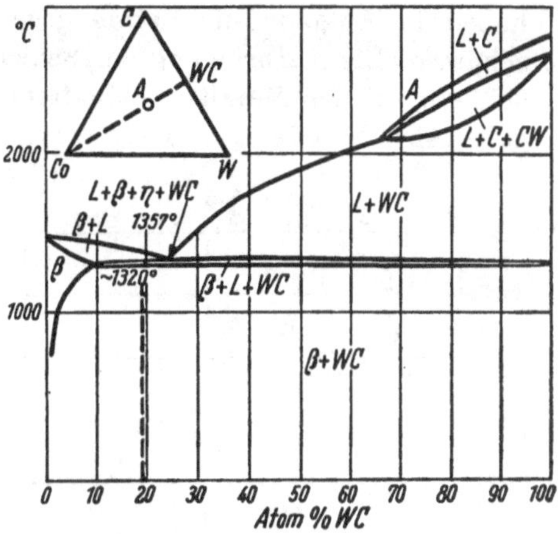

Abb. 143. Senkrechter Schnitt durch das Zustandsdiagramm Co-WC (nach P. RAUTALY und J. T. NORTON). Links oben Schnitt durch das metastabile Zustandsdiagramm W-Co-C

10.83 *Silizide*

Die Silizide des Wolframs und Molybdäns sind bereits längere Zeit bekannt. Die Silizide zeichnen sich besonders durch ihre relativ hohe Härte, ihre chemische Beständigkeit und hohe Temperaturbeständigkeit aus.

Mit dem System W-Si haben sich unlängst R. KIEFFER, F. BENESOVSKY und E. GALLISTL [332] beschäftigt. In ihrer Arbeit veröffentlichen sie ein vorläufiges Gleichgewichtsdiagramm des betreffenden Systems, welches in Abb. 144 wiedergegeben ist. Wolfram bildet mit Silizium zwei Silizide, W_3Si_2 und WSi_2. Diese Verbindungen bilden miteinander und mit den reinen Stoffen (W oder Si) eine eutektische Mischung.

Bei einer Temperatur von 1400° C schmilzt das Eutektikum Si-WSi_2 (5 Gew.-% W). Die Schmelztemperatur des Eutektikums WSi_2-W_3Si_2 (mit 18 Gew.-% Si) liegt bei 2060° C, die des Eutektikums W-WSi_2 mit einem Gehalt von etwa 4 Gew.-% Si bei 2250° C. Bei 1800° C lösen sich im Wolfram etwa 0,9 Gew.-% Si.

Mit dem System Mo-Si haben sich R. KIEFFER und E. CERWENKA [333] beschäftigt. Die Ergebnisse haben die Autoren in einem vorläufigen Zustandsdiagramm dieses Systems zusammengestellt, welches in Abb. 145 wiedergegeben ist. In diesem Diagramm sind aus den Maxima der Liquiduslinie die zwei Verbindungen Mo_3Si_2 und $MoSi_2$ zu ersehen. Die Verbindung Mo_3Si entsteht mit großer Wahrscheinlichkeit mit einem verdeckten Maximum. Die eutektischen Temperaturen der einzelnen Mischungen wurden ähnlich wie beim System W-Si angegeben.

Zu den beiden Systemen ist zu bemerken, daß die Silizide des W oder Mo als Überzüge für die reinen Metalle Wolfram oder Molybdän Verwendung finden. Sie haben die Aufgabe, die Metalle gegen Oxydation bei hohen Temperaturen zu schützen. Die Aufbringung der Schicht erfolgt aus der Dampfphase. Es bildet sich ein auf den Metallen festhaftendes Silizid, WSi_2 bzw. $MoSi_2$. Nähere Angaben sind Veröffentlichungen von E. FITZER [334], [425] zu entnehmen.

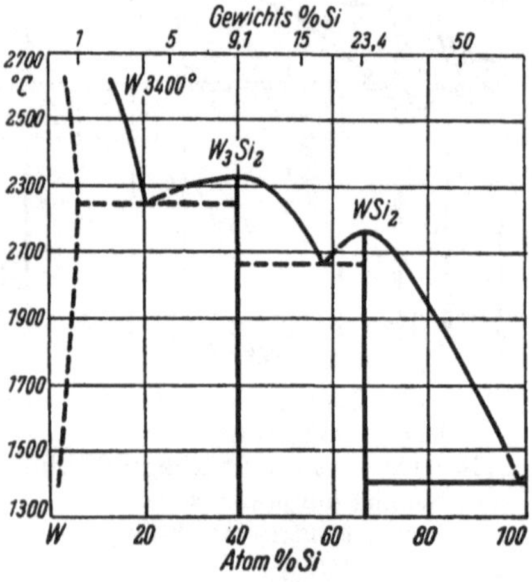

Abb. 144. Zustandsdiagramm W-Si (nach R. KIEFFER, F. BENESOVSKY u. E. GALLISTL)

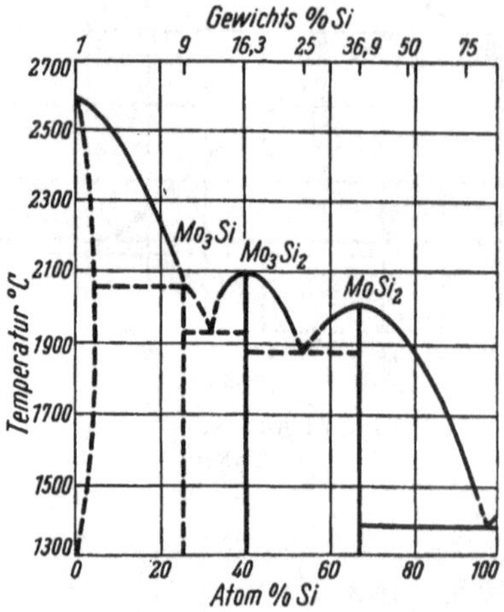

Abb. 145. Zustandsdiagramm Mo-Si (nach R. KIEFFER u. E. CERWENKA)

10.84 *Nitride*

Die Systeme der Wolfram- und Molybdännitride sind bisher weniger beachtet. Man nimmt an, daß in dem binären System W-N bei normaler Temperatur eine stabile Verbindung W_2N vorhanden ist und daß im System Mo-N zwei Verbindungen Mo_2N und MoN gebildet werden. Diese Anschauung ist jedoch fraglich, da z. B. ein Wolframdraht in einer mit Stickstoff gefüllten Glühlampe keine Veränderung erfährt. C. AGTE hat festgestellt, daß gespaltenes Ammoniak auch auf feinkörniges Wolframpulver bis zu einer Temperatur von 1000° C keine Wirkung ausübt.

Weiterhin wurde festgestellt, daß sich Stickstoff weder in Wolfram noch in Molybdän löst. Eine praktische Ausnutzung der Eigenschaften der genannten Nitride ist bisher nicht bekannt.

10.90 Sonstige Legierungen

Eine besondere Bedeutung besitzen Wolfram und Molybdän als Legierungsbestandteile in Schneidwerkstoffen, die der Zerspanung metallischer und nichtmetallischer Werkstoffe dienen. In diesen Schneidwerkstoffen sind Wolfram und Molybdän entweder als Metalle oder in Form ihrer Kohlenstoffverbindungen in mehr oder weniger großer Menge enthalten. Man kann dabei unterscheiden zwischen Schnelldrehstählen, Stelliten und Hartmetallen. Die letzteren wiederum gliedern sich in gegossene Legierungen, die heute nicht mehr die frühere Bedeutung besitzen, und in gesinterte Legierungen, die in der modernen Zerspanungstechnik eine überaus wichtige Rolle spielen und ohne welche die in den letzten Jahrzehnten erfolgte Leistungssteigerung in der Zerspanungstechnik undenkbar wäre. Im folgenden beschäftigen wir uns nur mit einer kurzen Übersicht der Stellite und der gegossenen und gesinterten Hartmetalle, lassen aber die Anwendung des Wolframs und Molybdäns als Legierungsbestandteile von Schnelldrehstählen außer acht. Hierüber wurde kurz im Rahmen der Herstellung von Ferrolegierungen berichtet. Wir verweisen in diesem Zusammenhang auf die zahlreichen metallurgischen Spezialwerke, in denen diese Frage eine eingehende Darstellung und Würdigung erfahren hat [335].

10.91 *Stellite*

Durch die grundlegenden Untersuchungen von E. HAYNES [336] wurde festgestellt, daß die Härte von Chrom-Kobalt-Legierungen durch Zusatz von Wolfram und Molybdän oder beider Metalle beträchtlich erhöht wird, besonders dann, wenn außerdem kleinere Mengen an Kohlenstoff, Bor oder Silizium hinzugesetzt werden. Hierdurch wird allerdings gleichzeitig die Sprödigkeit der Legierungen gesteigert. Ein zu hoher Gehalt an Molybdän übt im übrigen die gleiche Wirkung aus. Die Legierungszusammensetzung der Stellite und Überstellite schwankt zwischen 30 bis 55% Kobalt, 15 bis 35% Chrom, 10 bis 20% Wolfram, 0 bis 10% Molybdän, 0 bis 5% Eisen und 1,5 bis 2,5%, zuweilen auch mehr, Kohlenstoff [337].

In den Stelliten, deren Herstellung nach den klassischen Prinzipien der Metallurgie durch Schmelzen und Gießen erfolgt und die im Gegensatz zu den Schnelldrehstählen naturhart sind, d. h. keiner besonderen Härtung durch Abschrecken, Anlassen usw. bedürfen, sind Wolfram und Molybdän in Form ihrer Karbide oder als Doppelkarbide vorhanden [338]. Dies ist angesichts der Tatsache, daß Wolfram und Molybdän eine sehr große Affinität zum Kohlenstoff besitzen und daß nur eine geringe Menge Kohlenstoff zum Karburieren benötigt wird, nicht verwunderlich. Dementsprechend hat die Untersuchung des chemisch sehr widerstandsfähigen Akrits, welcher zur Gruppe der Stellite gehört, ergeben, daß diese Legierung aus einer sehr feinen eutektoidartigen Grundmasse mit sehr harten Karbideinlagerungen besteht [339]. Bei Kohlenstoffgehalten von etwa 3,5% und mehr tritt neben den Karbiden Graphit auf.

In diesem Zusammenhang sei bemerkt, daß anzunehmen ist, daß auch in den Schnelldrehstählen, die in der Regel Chrom-Wolfram-Legierungen sind, das Wolfram ebenfalls in Form des Karbides oder eines Doppelkarbides vorhanden ist [340] und daß wesentliche Eigenschaften der Schnelldrehstähle durch Gegenwart des für die Hartmetalle so überaus bedeutungsvollen Wolframkarbides bedingt sein können. Allerdings spielen in den Schnellstählen auch noch andere Legierungsbestandteile, wie das Chrom, daneben aber auch Vanadin, Titan, Molybdän und Nickel, eine nicht unerhebliche Rolle. Der Wolframgehalt der Schnelldrehstähle kann sehr verschieden sein. Er beträgt meist 3 bis 12%, kann aber auch in sehr leistungsfähigen Legierungen bis zu 25% ansteigen. Der Kohlenstoffgehalt liegt meist zwischen 0,6 und 0,8% und geht höchstens auf 2% hinauf. Der Gehalt an Chrom schwankt zwischen 2 und 6%.

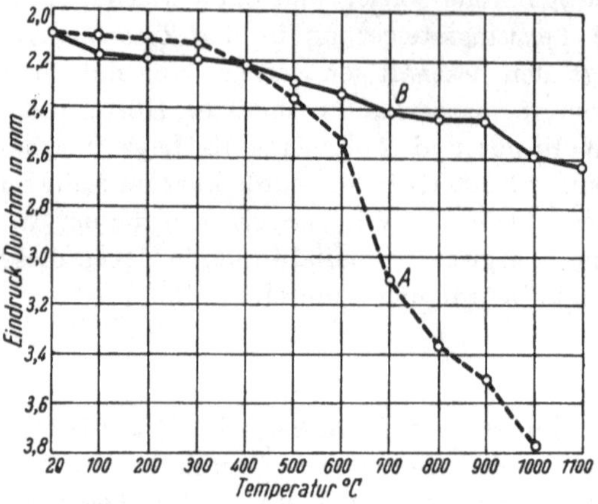

Abb. 146. Fallhärte von Schnellarbeitsstahl (*A*) und Stellit (*B*) in Abhängigkeit von der Temperatur (nach W. OERTEL u. E. PAKULLA)

Bei gewöhnlicher Temperatur sind die Stellite nicht so hart wie ein guter Schnelldrehstahl. Ihre Härte nimmt jedoch beim Erhitzen auf 800° C bedeutend langsamer ab als die des Stahles [341]. Diese Erscheinung ist noch ausgeprägter bei den später zu besprechenden Hartmetallen, die eine noch höhere Warmhärte bei höheren Temperaturen zeigen [342].

Abb. 146 zeigt den Einfluß der Temperatur auf die Fallhärte (Fallgewicht 1 kg, Fallhöhe 400 mm) eines Stellites und eines Schnelldrehstahles nach W. OERTEL und E. PAKULLA [343].

Die Legierungen hatten dabei folgende Zusammensetzung [344]:

	%Co	Cr	W	Mo	V	Mn	Si	C	Fe
Stellit	43,3	30,4	15,5	1,92	—	0,34	0,13	4,05	4,60
Schnelldrehstahl	—	4,5	22,3	—	1,0	0,35	0,05	0,75	Rest

Die Schneidhaltigkeit, Zähigkeit und Härte der Stellite wird durch Erschmelzen der Legierungen unter einer „Stickstoffdecke“ wesentlich verbessert [345]. Der Einfluß des Stickstoffs beruht dabei möglicherweise nicht nur auf einer Verhinderung der Oxydation, sondern auch auf einer ähnlichen chemischen Einwirkung wie beim Einsatzhärten von Stahl.

Bezüglich der Schneidleistung der Stellite im Vergleich zu Schnelldrehstählen sei u. a. auf die Arbeiten von MÄRKLE [346], von C. W. DRESCHER [347], von L. GUILLET und H. GODFROID [341], von W. OERTEL und E. PAKULLA [343] und anderen verwiesen. Mit einem Vergleich zwischen den Eigenschaften der Stellite und der Hartmetalle hat sich C. AGTE [348] beschäftigt.

10.92 *Hartmetalle*

In dem Bestreben, die Härte der Schneidwerkstoffe noch weiter zu steigern, hat man sich bemüht, den Wolframgehalt noch höher als bei den Stelliten zu steigern. Hier beginnt die Entwicklung der Hartmetalle im engeren Sinne, die je nach der Art der Hartmetallegierungen durch einen Gehalt von 75 bis 98% Wolfram gekennzeichnet sind.

Grundsätzlich hat man zwischen gegossenen und gesinterten Hartmetallen zu unterscheiden. Die Bedeutung der Gußhartmetalle beschränkt sich im allgemeinen auf Anwendungsgebiete, bei denen es auf eine hohe Härte und Verschleißfestigkeit, nicht aber auf eine große Festigkeit und Zähigkeit ankommt. Ein solches Anwendungsgebiet liegt z. B. bei den Ziehsteinen und gewissen Gesteinsbohrern vor. Für das universelle Gebiet der Bearbeitungswerkzeuge scheiden aber die Gußhartmetalle aus. Hierfür kommen ausschließlich gesinterte Hartmetallegierungen in Betracht, welche indessen auch für die spanlose Verformung zur Anwendung kommen.

In den Hartmetallen ist das Wolfram in Form der Wolframkarbide vorhanden, und zwar in den gegossenen Legierungen meist in Form von eutektoidischen Legierungen des WC und W_2C, im Sinterhartmetall ausschließlich als WC. Neben diesen Karbiden des Wolframs können im besonderen Sinterhartmetalle auch noch andere Karbide von Schwermetallen der Gruppe 4, 5 und 6 des periodischen Systems als Träger der Härte enthalten. Vor allem kommen dabei Titankarbid und in zweiter Reihe auch Tantal- und Niobkarbid in Betracht. In Ausnahmefällen werden auch Molybdänkarbid Mo_2C und die Karbide des Vanadins sowie des Zirkons benutzt [349]. In den gesinterten Hartmetallen ist außerdem noch ein gegenüber den Karbiden wesentlich niedriger schmelzendes Hilfsmetall der Eisengruppe, meist Kobalt, in geringer Menge (von 3 bis max. 30%) vorhanden. Dieses spielt die Rolle eines Bindemetalls zwischen den harten Karbidkörnern und verleiht den Sinterhartmetallen ihre hohe Festigkeit und Zähigkeit. Erst in neuerer Zeit ist man dazu übergegangen, auch hilfsmetallfreie Hartmetalle auf dem Sinterwege herzustellen [350].

10.921 Gegossene Hartmetalle

Das erste Gußhartmetall, welches vorwiegend aus hartem Wolframkarbid bestand, war das von VOIGTLÄNDER und LOHMANN hergestellte Lohmanit [351]. Das Lohmanit enthält neben dem Wolframmonokarbid WC noch einige Prozente Molybdänkarbid. Dieses Material war wie alle gegossenen Produkte sehr spröde. Mit der Einführung der Sinterhartmetalle hat es jedoch seine geringe praktische Bedeutung vollends verloren.

Während das Lohmanit als Vorläufer des Sinterhartmetalles Widia (WC mit geringen Mengen Co als Hilfsmetall) angesprochen werden kann, ähnelt das gegossene Hartmetall Tizit in seiner Zusammensetzung dem späteren Sinterhartmetall Titanit bzw. den gesinterten Hartmetallen der S-Reihe, da es neben Wolframkarbid größere Mengen an Titankarbid enthält [352].

Gleichfalls Gußhartmetalle, die vorübergehend eine geringe praktische Anwendung gefunden haben, waren das dem Lohmanit ähnliche Thoran und der Miramant [353]. Die von der Gewerkschaft Wallram, Essen, Westdeutschland hergestellten und vertriebenen Gußhartmetalle, wie das Wallramit [354], enthalten neben Wolframkarbid in der Hauptmenge bereits auch kleinere Zusätze eines niedrig schmelzenden Hilfsmetalls. Der Zusatz spielt aber hier keineswegs die Rolle, wie er sie in den Sinterlegierungen einnimmt. Eine größere Bedeutung haben vorübergehend als Ziehsteinmaterial die sogenannten G-Steine erlangt, die durch Schmelzen von 95,5 bis 97% Wolfram und 3 bis 4,5% Kohlenstoff hergestellt wurden [355]. Die Schmelze wurde rasch abgekühlt, wobei die Legierung in büschelförmig angeordneten Kristallen einer eutektoidischen Struktur erstarrten. Beim Schmelzen im Lichtbogenofen kann sowohl von einem C-reicheren als auch von einem C-ärmeren Material ausgegangen werden. Dabei reichert sich das Material mit Kohlenstoff an oder verarmt an demselben, bis es den gewünschten Kohlenstoffgehalt (meist etwa 4,2%) besitzt. Zu den Gußhartmetallen nicht direkt gehörig, aber bei ihnen mit einer gewissen Berechtigung einzuordnen, sind zwei weitere Hartmetalle, die auch heute noch eine gewisse Bedeutung haben, das Volumit und das Elmarid. Das Volumit besteht in der Hauptmenge aus Wolframkarbid, dem einige Prozente Molybdänkarbid hinzugegeben werden. Das Volumit hat also dieselbe Zusammensetzung wie die bereits besprochenen Gußhartmetalle Thoran und Lohmanit. Es wird aber im Gegensatz zu diesen nicht durch Schmelzen, sondern durch Sinterung bei Temperaturen in Kohleformen hergestellt, die sich unterhalb des Schmelzpunktes des WC bewegen [356].

Das Elmarid ist ein Hartmetall, welches in der Hauptsache aus unterkohltem Wolframkarbid besteht. Diesem werden jedoch noch geringe Mengen an Kobalt, Chrom und Eisen (einige %) hinzugesetzt. Die Sinterung findet bei Temperaturen statt, die wesentlich oberhalb derjenigen liegen, bei denen normale, mit Hilfsmetallen versehene WC-Hartmetalle gesintert werden. Es kann auch bei etwas niedrigeren Temperaturen unter gleichzeitiger Druckeinwirkung (Heißpressen) die Wärmebehandlung erfolgen. Die zuletzt erwähnten Hartmetalle, die also strenggenommen zu den Sinterhartmetallen gerechnet werden müssen, haben vor allem Anwendung als Ziehsteinmaterial gefunden und werden auch heute noch für diesen Zweck in beschränktem Umfang benutzt.

10.922 Sinterhartmetalle

Zu den Sinterhartmetallen im engeren Sinne gehören vor allem WC-Co-Legierungen (Hartmetalle der G-Reihe), eventuell mit kleineren Zusätzen (meist unter 1%) an anderen Schwermetallkarbiden (Hartmetalle der H-Reihe), sowie WC-TiC-Co-Legierungen (Hartmetalle der S-Reihe sowie Hartmetalle der Sorte F 1).

Während früher ausschließlich WC-Co-Legierungen mit Gehalten bis zu 15% Co (Sorten G 1, G 2 und G 3) für die spanabhebende Bearbeitung hergestellt wurden, ist man neuerdings dazu übergegangen, auch Legierungen mit höheren Gehalten an Kobalt, d. h. mit 20, 25 und 30% (Sorten G4, G5 und G6), zu erzeugen [357]. Diese Legierungen finden vornehmlich Verwendung als Werkzeuge für die spanlose Verformung, d. h. zum Beispiel als Schnitt-, Stanz- und Preßwerkzeuge usw.

Mit steigendem Gehalt an Kobalt sinkt die Härte der WC-Co-Legierungen, während gleichzeitig ihre Festigkeit beträchtlich erhöht wird [24]. Das Hauptanwendungsgebiet der Sinterhartmetalle liegt heute bei den Hartmetallsorten der S-Reihe, also bei den WC-TiC-Co-Legierungen. Mit steigendem Gehalt an Titankarbid wird die Härte und Verschleißfestigkeit dieser Legierungen etwas erhöht, dagen ihre Festigkeit und Zähigkeit erniedrigt [24]. Gleichzeitig steigt der spezifische elektrische Widerstand, während die Leitfähigkeit erheblich verringert wird [358].

In Tabelle 80 sind die Zusammensetzungen der in der CSR hergestellten Hartmetallsorten mit ihren wichtigsten Eigenschaften wiedergegeben.

Tabelle 80

In der CSR genormte Hartmetalle (Sinterkarbide) und ihre wichtigsten Eigenschaften

Bezeichnung des Hartmetalls	Annähernde Zusammensetzung in %	Härte nach ROCKWELL H_{RA}	Dichte g/cm³	Durchschnittliche Biegefestigkt. kg/mm²	Wärmeleitfähigkeit cal/cm · °C	Mittlerer Wärmeausdehnungskoeffizient zwischen 20 u. 800° C	Spez. elektr. Widerstand Ohm · mm²/m
H1	94 WC + 5,5 bis 6 Co + (0,5 TaC)	88 —90,5	14,75	160	0,19	$5 \cdot 10^{-6}$	0,20
H2	91,5 WC + 0,5 VC + 1 TaC + 7 Co	89 —91,5	14,7	140	—	$5,5 \cdot 10^{-6}$	—
G1	94 WC + 6 Co	87,5—90	14,7	170	0,19	$5 \cdot 10^{-6}$	0,20
G2	89 WC + 11 Co	85 —88	14,0	180	0,16	$5,5 \cdot 10^{-6}$	0,18
G3	85 WC + 15 Co	83 —87	13,9	205	—	$5,5 \cdot 10^{-6}$	—
S1	78 WC + 16 TiC + 6 Co	88 —91	11,1	125	0,09	$6 \cdot 10^{-6}$	0,43
S2	77 WC + 15 TiC + 8 Co	87 —90	11,2	140	0,12	$6 \cdot 10^{-6}$	0,29
S3	87 WC + 5 TiC + 8 Co	86,5—89	13,5	150	0,15	$5,5 \cdot 10^{-6}$	0,25
F1	69 WC + 25 TiC + 6 Co	88,5—92	9,9	110	0,05	$7 \cdot 10^{-6}$	0,65
F2	60 TiC + 34,5 Mo_2C + 5,5 Co	89 —92,5	6,8	80	—	$9 \cdot 10^{-6}$	0,77

Neuerdings ist besonders in einigen westeuropäischen Ländern, wie in Deutschland und Österreich, und schon etwas früher in den USA eine Entwicklung festzustellen, welche dadurch gekennzeichnet ist, daß ein Teil des Titankarbides in den WC-TiC-Co-Legierungen durch Tantalkarbid oder Mischungen bzw. feste Lösungen von Tantal- und Niobkarbid ersetzt wird [359]. Es handelt sich also um WC-TiC-TaC-(NbC)-Co-Legierungen, welche an Stelle der bisherigen Sorten der S-Reihe treten. Der Gehalt an TaC bzw. TaC-NbC in diesen Legierungen liegt zwischen 5 und 12%. Durch den teilweisen Ersatz des TiC durch TaC bzw. durch Hinzugabe dieses Karbides, welche z. T. durch NbC ersetzt sein kann, wird die Schneidhaltigkeit der Legierungen etwas erhöht und ihre Festigkeit gesteigert [359].

Eine weitere neuere Entwicklung betrifft die Herstellung von oxydationsbeständigen und zunderfesten Hartmetallegierungen (WZ 1 und WZ 2 der Metallwerke Plansee, Tirol [360]).

Diese Legierungen bestehen in der Hauptsache aus TiC (bis zu 70%) und enthalten weder WC noch Mo_2C als harte Komponenten. Das Bindemittel wird durch eine hitzebeständige Legierung gebildet, und zwar im Falle des WZ 1 aus einer Ni-Cr- und im Falle des WZ 2 aus einer Co-Cr-Legierung. Die Zusammensetzung der Legierungen ist folgende:

WZ 1: 70% TiC, 24% Ni und 6% Cr

WZ 2: 70% TiC, 21% Co und 9% Cr.

Außer diesen hier genannten Legierungen werden auch noch eine Anzahl von Spezialsorten hergestellt und verwendet, die ebenfalls kein Wolframkarbid als harte Legierungskomponente besitzen. Zu dieser Sorte ist eine Hartmetallsorte zu rechnen, welche die Zusammensetzung 60% TiC, 34,5% Mo_2C und 5,5% Co besitzt, also eine TiC-Mo_2C-Co-Legierung darstellt. Ebenfalls WC-frei sind Ersatzhartmetalle, welche während des zweiten Weltkrieges in Deutschland eine größere Bedeutung erlangt haben. Zu ihnen rechnen vor allem VC-TiC-Ni-Legierungen mit je 45% VC und TiC sowie 10% Ni [357] und TiC-Mo_2C-Ni-Legierungen, deren Herstellung allerdings teilweise durch das technisch schwerer zu beherrschende Drucksintern bei höheren Temperaturen durchgeführt werden muß.

Wolfram- bzw. Molybdänlegierungen von Hartmetallcharakter spielen auch als Schweißlegierungen eine Rolle, so z. B. Co-Cr-W-C-Legierungen (das sowjetische Stalinit), W-Si-Fe-C-Legierungen (das sowjetische Bokar), Cr-Mn-Fe-W-C-Legierungen usw. [361, 362].

Die Herstellung von Sinterhartmetallen der hier beschriebenen Art verläuft in folgender Weise:

Als Ausgangsstoffe für die gebräuchlichen Sorten werden Wolframtrioxyd, Titanoxyd und Kobalt, entweder als Oxyd oder besser als Salz (Formiat, Oxalat), benutzt. WO_3 wird zu feinkörnigem Wolframmetallpulver mit Wasserstoff bei Temperaturen zwischen 850 und 950° C reduziert. Das Wolframpulver wird dann im Kohlerohrkurzschlußofen unter Zugabe der erforderlichen Kohlenstoffmenge zu Wolframkarbid bei Temperaturen von 1400 bis 1500° C in einer Schutzgasatmosphäre aus Wasserstoff karburiert. Die Herstellung des Titankarbides ist schwieriger. Sie erfolgt entweder durch Karburierung des Titanoxydes im Kohlerohrofen bei Temperaturen von 1900° C und darüber. Besser ist es, das TiC durch gemeinsame Karburierung von Wolframsäure und Titandioxyd mit Kohlenstoff oder durch Erhitzen von WC + TiO_2 + C bzw. W + TiO_2 + C herzustellen. In diesen Fällen gelangt man bei Anwendung einer nicht zu niedrigen Karburierungstemperatur, welche mindestens 1800° C betragen sollte, zu WC-TiC-Mischkristallen, deren Gegenwart im Hartmetall für die Schneidhaltigkeit der Legierungen bei der Zerspanung von Stahl und anderen langspanenden Werkstoffen von größter Bedeutung ist [102]. Kobalt wird als feinkörniges metallisches Pulver durch Reduktion des Oxydes, Formiates oder Oxalates mit Wasserstoff bei verhältnismäßig niedrigen Temperaturen gewonnen. Richtlinien für die Reduktionsbedingungen des Kobaltoxalats,

-formiates und -oxydes gibt Tabelle 81, wobei die Reduktion in einem dreirohrigen Zweizonenofen mit elektrischer Widerstandsheizung (Rohrdurchmesser 70 mm, Schiffchenabmessungen 30 × 12 × 300 mm, Wasserstoffgeschwindigkeit 600 l/h und Rohr, Vorschub 20 mm/min) durchgeführt wurde [117]. Die Einwaage pro Schiffchen betrug beim Kobaltoxyd 70 g, beim Kobaltoxalat 55 g und beim Kobaltformiat 40 bis 45 g.

Tabelle 81

Kobaltverbindung	Reduktionstemp. in °C	
	I. Zone	II. Zone
Kobaltoxyd.	550	720
Kobaltoxalat	400	550—580
Kobaltformiat . . .	350	450

Die einzelnen, gut zerkleinerten und durchgesiebten Komponenten der Legierung werden in den gewünschten Verhältnissen entsprechend der Zusammensetzung der einzelnen Hartmetallsorten gemischt und dann einem Langmahlprozeß in einer normalen Kugelmühle oder besser in einer Vibrationskugelmühle [363] unterworfen, wobei zweckmäßig Hartmetallkugeln zur Zerkleinerung zur Anwendung kommen. Die Mahldauer der Hartmetallpulvermischung in der Kugelmühle beträgt 72 bis 120 Stunden, in der Vibrationsmühle nur $^1/_4$ bis $^1/_5$ der Zeit. Während der Mahlung überziehen sich die weiter zerkleinerten harten Karbidkörner mit einem dünnen Film des zähen Kobaltmetallpulvers.

Die gemahlenen Hartmetallpulver werden dann zu größeren Formstücken mit spezifischen Drücken von 0,6 bis 3 t/cm² gepreßt. Die Preßlinge werden bei Temperaturen von 800 bis 950° C in Wasserstoff vorgesintert, wobei die günstigste Vorsintertemperatur von dem Gehalt an Kobalt und Titankarbid des Hartmetalles abhängig ist. Die Vorsintertemperatur muß um so niedriger liegen, je höher der Gehalt an Kobalt ist, und um so höher, je größer der Titankarbidgehalt ist. Durch die Vorsinterung werden die Preßlinge so fest, daß mit den üblichen Mitteln der Bearbeitung aus ihnen die gewünschten Schneidplatten oder andere Formstücke ohne Schwierigkeiten herausgearbeitet werden können.

Bei diesem als „Formgebung“ bezeichneten Stadium der Verarbeitung ist darauf zu achten, daß bei der späteren Hochsinterung eine beträchtliche Schwindung des Hartmetalls eintritt. Die Hochsinterung erfolgt meist in einem Kohlerohrofen, der von einem langsamen Strom an Wasserstoff durchströmt wird. Es können aber auch andere Öfen (z. B. Hochfrequenzinduktionsöfen) benutzt werden. Auch kann die Sinterung im Vakuum vorgenommen werden. Die Hochsintertemperatur ist wiederum von der Zusammensetzung der Hartmetallegierung abhängig. Sie liegt bei den normalisierten Hartmetallsorten, je nach dem Gehalt an Titankarbid und Kobalt, zwischen 1400 bis 1650° C und muß um so niedriger liegen, je höher der Kobaltgehalt, und um so höher sein, je größer der Gehalt an Titankarbid ist.

Bezüglich der Herstellung von kobaltfreiem Wolframkarbid sei auf eine kürzlich erschienene Arbeit von C. AGTE und J. VACEK [350] verwiesen. Eine ausführliche Darstellung der Produktion von Sinterhartmetallen haben u. a. C. AGTE und M. PETRDLIK gegeben [24]. Bezüglich der weiteren Verarbeitung des Hartmetalls, im besonderen der Herstellung von mit Hartmetall bestückten Schneidwerkzeugen der verschiedensten Art, verweisen wir auf das Buch von C. AGTE und K. BECKER [361] sowie auf die Broschüre von J. KORECKY und A. VACEK [364]. Der letzte Stand der Hartmetalltechnik wurde von C. AGTE auf der internationalen pulvermetallurgischen Tagung in Eisenach aufgezeigt [365]. Hieraus geht die Weiterentwicklung der Hartmetalle für Industrie und Technik in Deutschland hervor. Ausgehend von der z. Z. bestehenden Rohstofflage werden besonders im Hinblick auf die Einsparung von devisenbelastenden Rohstoffen Forschungsarbeiten herangezogen. Besonders hervorgehoben werden die Ergebnisse, welche zur Einsparung des Hilfsmetalles Kobalt und zum Ersatz von WC durch TiC führen. In den Veröffentlichungen sind Vergleiche zwischen den neuentwickelten Hartmetallen und den Mehrzwecksorten mit den bisher üblichen Hartmetallsorten aufgeführt.

11.00 Die technische Verwendung des Wolframs und Molybdäns

11.10 Wolfram als Leuchtkörpermaterial in elektrischen Glühlampen

Zu den technisch wichtigsten und interessantesten Anwendungen des Wolframs gehört zweifellos seine Verwendung als Leuchtkörpermaterial in elektrischen Glühlampen. Wenn im folgenden von der Verwendung des Wolframs für diese Zwecke gesprochen wird, dann mit der Beschränkung, daß wir nur den Einfluß der Materialeigenschaften des aus Wolfram bestehenden Leuchtkörpers auf die Lichtausbeute und die Lebensdauer von Glühlampen mit elektrischer Widerstandheizung erörtern wollen. Über den Aufbau der Glühlampen mit Wolframleuchtkörpern werden wir nur einige kurze Bemerkungen machen und über die Fabrikation der Lampen selbst überhaupt nicht sprechen, da über diesen Gegenstand eine sehr ausgedehnte Spezialliteratur besteht.

11.11 *Einfluß von Materialeigenschaften auf Lichtausbeute und Lebensdauer der Glühlampen*

Wie schon in den vorhergehenden Abschnitten eingehend auseinandergesetzt wurde, ist die Eignung eines Metalles oder eventuell auch einer Metallverbindung für diesen Zweck von einer ganzen Reihe von Eigenschaften abhängig. Die Lichtausbeute der durch elektrische Widerstandserhitzung betriebenen Glühlampen ist bei Temperaturstrahlern, um die es sich bei metallischen Leuchtkörpern handelt, von der Höhe der Betriebstemperatur der Lampe und der Selektivität des Temperaturstrahlers abhängig. Die Nutzlebensdauer der Lampe, die durch die Lichtabnahme infolge Schwärzung der Innenwand des Glaskolbens begrenzt ist, stellt eine Funktion des Dampfdruckes dar. Die absolute Lebensdauer der Glühlampe wird beeinflußt durch die Erschütterungsfestigkeit und die Gleichmäßigkeit der den Leuchtkörper bildenden Drähte und Wendeln hinsichtlich Durchmesser- und Steigungsschwankungen. Das Glühkörpermaterial muß deshalb:

a) einen hohen Schmelzpunkt haben,

b) günstige Strahlungseigenschaften besitzen, also ein hohes Emissionsvermögen im sichtbaren Gebiet und ein niedriges im Ultrarot aufweisen,

c) einen kleinen Dampfdruck oder eine niedrige Verdampfungsgeschwindigkeit haben, bzw. es muß die Möglichkeit bestehen, die Wirkung der Verdampfung herabzumindern.

d) Die Glühkörper müssen sich sehr gleichmäßig herstellen lassen und mechanisch bei Zimmer- und auch bei der Betriebstemperatur der Lampe eine genügende Erschütterungsfestigkeit besitzen.

Alle diese Forderungen erfüllt das Wolfram von allen bekannten Stoffen, im besonderen von den hochschmelzenden Metallen, am besten und vollkommensten.

11.12 *Strahlungseigenschaften des Wolframs und Lichtausbeute der Glühlampen*

Die Temperaturstrahlung aller als Lichtquellen benutzten Materialien folgt ähnlichen Gesetzen wie die Temperaturstrahlung des schwarzen Körpers. Dies bedeutet, daß die Lichtausbeute mit steigender Temperatur vergrößert wird. Neben der Verbesserung der Lichtausbeute bewirkt eine Erhöhung der Betriebstemperatur der Lampe auch eine Angleichung der Lichtfarbe an das Tageslicht.

Die einzelnen Materialien verhalten sich nun in bezug auf die Lichtausbeute bei gleicher Temperatur nicht gleich günstig. Das Verhältnis Emissionsvermögen im sichtbaren Gebiet zu dem im Ultrarot ist dafür ausschlaggebend. Beim Wolfram sinkt das Emissionsvermögen im sichtbaren Gebiet mit steigender Temperatur, wogegen gleichzeitig das Emissionsvermögen im langwelligen Ultrarot steigt. Dies bedeutet, daß sich die Lichtausbeute nicht im gleichen Maße wie die des schwarzen Körpers mit steigender Brenntemperatur der Lampe erhöht.

Unter den für Lichtstrahler in Betracht kommenden Metallen hat an sich das Osmium die günstigsten Strahlungseigenschaften. Bei der Betriebstemperatur der Osmiumlampe (ca. 2200° K) beträgt die Lichtausbeute derselben etwa 6,7 Lumen/Watt. Wolfram hat bei gleicher Temperatur nur 5,4 Lumen/Watt, kann aber weit höher erhitzt werden. Schon eine um 100° C höhere Betriebstemperatur gleicht den Unterschied aus. Bei der Brenntemperatur der geradfädigen, luftleeren Wolframlampen (ca. 2420° K) ist die Lichtausbeute bereits etwa 10 Lumen/Watt, also bedeutend höher als die der Osmiumlampe. Noch wesentlich günstiger liegen die Verhältnisse bei der mit bedeutend höheren Temperaturen betriebenen gasgefüllten Wolframglühlampe mit wendelförmigem Leuchtkörper. Es werden hier bei einer Brenntemperatur von etwa 2935° K Lichtausbeuten von 20 bis 25 Lumen/Watt erreicht, die bei Projektionslampen mit Doppelwendeln (Brenntemperatur ca. 3180° K) auf 25 bis 30 Lumen/Watt erhöht werden können. Demgegenüber zeigt die Kohlenfadenlampe bei einer Betriebstemperatur von etwa 2120° K nur eine Lichtausbeute von etwa 3,25 Lumen/Watt und die Tantallampe (Brenntemperatur etwa 2250° K) eine solche von etwa 6,3 Lumen/Watt.

11.13 *Schmelzpunkt und Dampfdruck*

Auf die hohe Bedeutung des Schmelzpunktes des Wolframs, welcher den aller anderen in Betracht kommenden Metalle beträchtlich übersteigt und dem des Kohlenstoffes bis auf 100° C nahekommt, ist bereits in der Einleitung zu diesem Buch und an anderen Stellen desselben hingewiesen worden. Der Dampfdruck des Wolframs ist gegenüber anderen hochschmelzenden Metallen erheblich niedriger, eine weitere Eigenschaft, die für das günstige Verhalten dieses Metalls als Leuchtkörpermaterial von elektrischen Glühlampen von großer Bedeutung ist. Der Dampfdruck des Wolframs ist sogar wesentlich niedriger als der von

Kohlenstoff, obwohl dieser einen höheren Schmelzpunkt besitzt. Zur Bestimmung des Dampfdruckes (p) mißt man meist die Verdampfungsgeschwindigkeit des Materials (m), d. h. die pro 1 cm² Oberfläche und pro Sekunde verdampfte Substanzmenge in g. Auf Grund der Clausius-Clapeyronschen Gleichung läßt sich dann der Dampfdruck p in Dyn/cm² nach folgender Beziehung errechnen:

$$p = \frac{m}{\sqrt{\frac{M}{2\pi R \cdot T}}}.$$

Hierin ist M das Molekulargewicht und R die Gaskonstante ($8{,}31 \cdot 10^7$), T die Temperatur in ° K.

In Abb. 147 ist der Dampfdruck von Wolfram und Kohlenstoff, gemessen mit Hilfe der Verdampfungsgeschwindigkeit, in Abhängigkeit von der absoluten

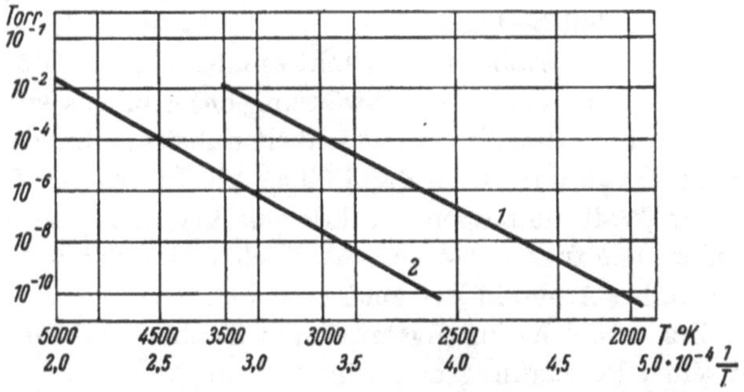

Abb. 147. Dampfdruck von Wolfram und Kohlenstoff in Abhängigkeit von der Temperatur (gemessen mit Hilfe der Verdampfungsgeschwindigkeit) Kurve *1* — Dampfdruck von Kohlenstoff (nach L. WERTENSTEIN u. JENDRZJEWSKI); Kurve *2* — Dampfdruck von Wolfram (nach H. A. JONES, I. LANGMUIR u. G. M. J. MACKAY)

Temperatur auf Grund von Messungen von L. WERTENSTEIN und JENDRZJEWSKI [366] — für Kohlenstoff — und von H. A. JONES, J. LANGMUIR und G. M. J. MACKAY [240] — für Wolfram — wiedergegeben. Bei den Brenntemperaturen der gasgefüllten Lampen (etwa 2800° K) ist, wie aus der Abbildung entnommen werden kann, der Dampfdruck des Wolframs um etwa zwei Größenordnungen niedriger als der des Kohlenstoffs.

Die beim Betrieb der elektrischen Glühlampen auftretende Schwärzung der Innenwände der Lampenkolben ist entweder eine direkte Folge des Dampfdruckes, den das Leuchtkörpermaterial bei den Brenntemperaturen zeigt, oder auch eine Folge der Zerstäubung des Materials unter dem Einfluß von elektrischen Entladungen.

Ein Mittel, die durch Verdampfung und Zerstäubung entstandene Schwärzung der Kolbenwände besonders in Vakuumlampen zu vermindern, besteht in der chemischen Bindung des Dampfes an solche Substanzen, mit denen farblose, durchsichtige Reaktionsprodukte entstehen. Man verwendet hierzu z. B. Chlorverbindungen oder auch Substanzen, welche Sauerstoff abspalten. Diese Substanzen bezeichnet man in der Glühlampentechnik als „Getter". Da der Niederschlag auf der Innenwand des Lampenkolbens nur äußert gering ist — er beträgt z. B. bei einer sehr stark geschwärzten Wolframvakuumlampe von 7 cm Kolbendurchmesser nur etwa 2 mg —, so genügen sehr geringe Zusätze.

Die Verdampfung kann durch die Einführung eines indifferenten Gases in die Glühlampe erheblich herabgesetzt werden. J. LANGMUIR [367], welcher als erster mit Erfolg die Füllung von elektrischen Glühlampen mit indifferenten Gasen benutzte, verwendete eine Füllung von Argon und wenigen Prozenten Stickstoff bei Wolframglühlampen. Die Gasfüllung ist in ziemlich weiten Grenzen des Druckes, bis herab zu Bruchteilen von einer Atmosphäre, wirksam. Nach FONDA [368] sinkt z. B. die Verdampfungsgeschwindigkeit des Wolframs, welche im Vakuum $2{,}3 \cdot 10^{-7}$ g/cm$^2 \cdot$ sec betrug, bei einem Druck von 70 cm Hg-Säule auf $4{,}2 \cdot 10^{-9}$ g/cm$^2 \cdot$ sec, wenn die Füllung der Lampen aus 86% Argon und 14% Stickstoff bestand.

Die Herabsetzung der Verdampfung macht es möglich, den Glühkörper höher zu erhitzen, ohne daß dadurch die Schwärzung des Kolbens erhöht wird. Ob und in welchem Umfang die Wirtschaftlichkeit dabei erhöht wird, hängt von der Größe der Energieabfuhr durch das Füllgas ab. In neuerer Zeit verwendet man als Füllgas in Wolframlampen das Edelgas Krypton, welches mancherlei Vorzüge gegenüber dem früher fast ausschließlich verwendeten Argon aufweist. Ob Krypton gegenüber Argon in Betracht zu ziehen ist, ist im wesentlichen eine wirtschaftliche Frage, welche im engsten Zusammenhang mit dem Preis dieses Edelgases und seiner Beschaffungsmöglichkeit steht.

11.14 *Ableitungsverluste infolge der Gasfüllung und Verminderung derselben*

Die Verluste, die durch Wärmeleitung des Gases und durch Konvektionsströmung desselben in der elektrischen Glühlampe verursacht werden, können einmal durch Wahl von Gasen geringerer Wärmeleitfähigkeit (Krypton gegenüber Argon) und — noch wichtiger — durch spezielle Anordnungen des Leuchtsystems in der Lampe herabgemindert werden. Zu dem letzteren Zweck ist es notwendig, dem Leuchtkörper eine kurze, dicke und gedrungene Form zu geben. Dies geschieht dadurch, daß man ihn in Form einer Wendel mit möglichst dickem Kern entsprechend dem grundlegenden Vorschlag von J. LANGMUIR anordnet [369]. Die Grenzen für die Größe des Kernes sind dann durch die Steifigkeit des Drahtes bzw. der Wendeln bei den Brenntemperaturen der Lampe gegeben. Hieraus folgt, daß dies zur Voraussetzung hat, daß der Draht eine möglichst große Festigkeit bei den Brenntemperaturen haben muß und sehr formbeständig sein soll, also nicht durchhängen darf. In diesem Zusammenhang gewinnen unsere ausführlichen Betrachtungen über die Kristallstruktur der Wolframdrähte und ihre Formbeständigkeit bei höheren Temperaturen besondere Bedeutung.

Die Verminderung der Wärmeverluste durch Anordnung des Leuchtkörpers in einer kurzen und dicken Form, also in Form einer Wendel, erklärt sich nach der von LANGMUIR entwickelten Vorstellung dadurch, daß sich um den glühenden Wolframdraht eine Hülle bildet, die bei einer Temperatur von etwa 2400° K z. B. die Größenordnung von 1 cm erreicht. Durch diese Hülle hindurch erfolgt der Wärmeaustausch durch Wärmeleitung und Strahlung. Konvektionsverluste durch das Füllgas setzen erst außerhalb der Hülle ein. Infolgedessen sind die Konvektionsverluste für die Längeneinheit praktisch unabhängig vom Durchmesser des Drahtes. Das Verhältnis der Konvektionsverluste zur Strahlung, welches proportional der Drahtoberfläche ist, fällt folglich mit steigendem Drahtdurchmesser. Da nun die Konvektionsverluste praktisch proportional der 1. Potenz der Temperatur sind, die Strahlung bei Metallen aber etwa mit der 5. Potenz der Temperatur wächst, fallen die relativen Konvektionsverluste mit steigender Temperatur. Dies erklärt, warum erst bei den höheren Betriebstemperaturen, wie sie Wolfram- gegenüber anderen Lampen haben, die Anwendung der Gasfüllung zu einer beträchtlichen Verbesserung der Lichtausbeute führt.

11.15 *Die Mittel zur Beseitigung von Restgasen*

Kleine Gasmengen, die beim Leerpumpen der Lampen auf Hochvakuum zurückbleiben oder die nachträglich aus dem Leuchtkörpermaterial oder anderen Bestandteilen der Lampe abgegeben werden, wirken schädlich auf das Leuchtkörpermaterial. Neben einem chemischen Angriff bewirken sie bei Vakuumlampen eine elektrische Zerstäubung des Materials, wodurch eine Schwärzung der Innenwände der Lampenkolben hervorgerufen wird. Die Restgase in den elektrischen Glühlampen werden meist durch Absorption oder durch chemische Bindung beseitigt. Das dazu benutzte Verfahren ist erstmalig von MALIGNANI in der Glühlampentechnik erprobt worden.

Es werden Phosphordämpfe in der Lampe durch Erhitzen von rotem Phosphor erzeugt. Der Phosphor wird auf die fertig montierten Glühlampengestelle oder auf den Leuchtkörper in genau dosierten Mengen durch Bespritzen oder durch Tränken in Phosphorsuspensionen bzw. durch Kataphorese aufgebracht. Der Phosphor verdampft dann in dem Augenblick, wo der Leuchtfaden zum ersten Mal geglüht wird. Die Auffassungen, die über die Rolle des Phosphors bestehen, sind nicht ganz einheitlich. Nach der einen Ansicht handelt es sich um eine Bindung der beim Brennen der Lampe freiwerdenden Gase, im besonderen von Sauerstoff und Wasserdampf. Nach einer anderen Ansicht wird das verdampfte Wolfram auf der Innenwandung des Lampenkolbens durch Gegenwart des Phosphors so fein verteilt, daß es nicht zu einer Schwärzung kommen kann.

11.16 *Leuchtdichte, Strahlungsdichte, spezifischer elektrischer Widerstand und Netzspannung in Abhängigkeit von der Form des Leuchtkörpers*

Bei Metallen ist der spezifische elektrische Widerstand bei hohen Temperaturen so gering, daß für Lampen mit kleinem Lichtstrom sehr lange und gleichzeitig dünne Drähte als Leuchtkörper benutzt werden müssen.

Die Länge l und der Durchmesser d ($= 2r$) eines Leuchtdrahtes, der bei der Betriebstemperatur T (in °K) eine Lichtstromdichte E_T (in Lumen/cm²), eine Gesamtstrahlungsdichte S_T (in Watt/cm²), einen spezifischen elektrischen Widerstand ϱ_T, einen Betriebswiderstand r_T und einen Wattverbrauch W hat, berechnet sich für einen Lichtstrom Φ und eine Netzspannung V aus der Leuchtfläche f nach den folgenden Gleichungen:

$$1.\quad f = \frac{\Phi}{E_T} = 2\pi r l \qquad 3.\quad \frac{\Phi}{E_T} \cdot S_T = \frac{V^2}{\frac{\varrho_T \cdot l}{\pi \cdot r^2}}$$

$$2.\quad W = \frac{V^2}{r_T} = f \cdot S_T \qquad 4.\quad r_T = \frac{\varrho_T \cdot l}{\pi \cdot r^2}$$

Für elektrische Glühlampen gleichen Lichtstroms und gleicher Netzspannung sind, unter der Voraussetzung gleicher Leuchtdichte, die Durchmesser der Leuchtkörperdrähte der dritten Wurzel aus dem spezifischen elektrischen Widerstand direkt, die Längen der dritten Wurzel umgekehrt proportional. In Tabelle 82 sind für eine Anzahl von verschiedenen Leuchtkörpermaterialien elektrischer Glühlampen einige physikalische Daten zusammengestellt. Wie man sieht, sind die Dimensionen des Leuchtdrahtes bei der Wolframlampe gegenüber anderen Lampen durch eine sehr große Länge und eine geringe Drahtstärke gekennzeichnet.

Bleibt die Lichtstromdichte E_T, der spezifische elektrische Widerstand ϱ_T und die Gesamtstrahlungsdichte S_T konstant, so sind die Glühlampendaten von der Drahtlänge l und dem Drahtdurchmesser $2r$ in folgender Weise abhängig:

der Wattverbrauch ist abhängig von . .	$l \cdot r$
der Lichtstrom ,, ,, ,, . .	$l \cdot r$
die Spannung ,, ,, ,, . .	$l/\sqrt{r}$
die Stromstärke ,, ,, ,, . .	$r^{3/2}$
der Widerstand ,, ,, ,, . .	l/r^2

11.17 *Bruchfestigkeit des Leuchtkörpers*

Glühkörper aus Wolfram mit einem spröden Gefüge werden leicht durch Erschütterungen und Stöße zerstört. Es muß also das Gefüge so ausgebildet werden, daß die Kaltbrüchigkeit und ebenso die Neigung zur Verformung bei den Brenntemperaturen der Lampe gering ist. Vor allem neigen Leuchtkörper, bei denen infolge der Rekristallisation eine kleinkristalline Struktur auftritt, zur Sprödigkeit und zur Entstehung von Brüchen sowie in glühendem Zustand zu Formänderungen. Hierüber und über die Vermeidung dieser Erscheinungen, die von außerordentlich großer Bedeutung für das Verhalten des Leuchtkörpers beim Brennen und für die Lebensdauer der elektrischen Glühlampen sind, haben wir bereits in einem früheren Kapitel eingehend gesprochen, so daß in diesem Zusammenhang ein Hinweis genügt.

Tabelle 82

Zusammenstellung der wichtigsten physikalischen Daten von Glühlampenleuchtkörpern

Eigenschaften	Material								
	Kohle unpräp.	Kohle präpariert	metallis. Kohle	Nernst-masse	OSMIUM	Tantal	Wolfram luftleer	Wolfram gasgefüllt	Wolfram Projekt. Lampe
Spannung Volt	220	110	110	110	37	110	110	110	30
Lichtstrom Lm	161	161	161	161	251	161	161	10100	24070
Lichtausbeute Lm/W	—	3,24	—	5,85	6,7	6,28	10,00	20,2	26,7
Leuchtdichte HK/cm²	—	75	—	335	—	85,8	183	1384	2540
Dimensionen des Fadens									
a) Draht-∅ mm	0,090	0,117	0,07	0,4	0,087	0,0345	0,0205	0,200	0,624
b) Drahtlänge mm	260	206	206	12	280	554	406	919	301
spez. Gewicht g/cm³	1,5	1,5	1,6	5,5	22,5	16,5	19,3	19,3	19,3
Fadengewicht g	0,0025	0,0033	0,0013	0,0083	0,037	0,0084	0,00265	0,5715	1,823
spez. elektr. Widerstand in Mikroohm									
a) bei 300° K	3300	2400	425	∞	9,5	14,5	5,6	5,6	5,6
b) bei Betriebstemperatur	2100	1300	590	440000	80	87,2	74,3	93,6	102,7
Betriebstemperatur °K	2120	2120	2200	2400	2273	2245	2418	2935	3180
Linearer Temperaturkoeffizient der Wärmeausdehnung bei 300° K × 10^{-6}	—	—	7,86	—	6,57	6,55	4,44	4,44	4,44
spez. Wärme in cal/g · Grad									0,0338
a) bei 300° K	—	—	ca. 0,12	—	0,031	0,0326	0,0338	0,0338	—
b) bei Betriebstemperatur	—	—	—	—	—	0,0438	0,0553	0,0455	
Schmelzpunkt ° K	3760	3760	3760	ca. 2850	2980	3300	3660	3660	3660
mittl. Reflexionsvermögen im sichtbaren Gebiet bei 300° K	—	0,763	—	0,868	—	0,459	0,446	—	—
Wärmeleitfähigkeit in cal/Grad cm · sec									
a) bei 300° K	—	ca. 0,300	—	—	—	0,130	0,38	—	—
b) bei Betriebstemperatur	0,0210	—	—	—	—	0,200	0,343	—	—

11.18 *Verluste durch Wärmeabfuhr an Halterungen und Stromzuführungen der Lampe*

Von der Steifheit und Formbeständigkeit des Leuchtkörpers hängt die Zahl der Stützpunkte für den Leuchtkörper ab. Durch Wärmeableitung an den meist aus Molybdän bestehenden Haltern und ebenso an den Stromzuführungen tritt ein Mehrverbrauch an Leistung ein. Bei dünndrähtigen Wolframlampen verursacht jeder einzelne Halter eine Herabsetzung der Lichtausbeute um etwa 0,5%. Es ist daher klar, daß auch aus diesem Grunde eine möglichst große Formbeständigkeit des Leuchtkörpermaterials dringend erwünscht ist, um mit wenigen Haltern auszukommen und damit die Energieverluste durch Wärmeableitung zu verringern. Die Wärmeverluste sind von der Dicke des Leuchtkörpers und seiner Wärmeleitfähigkeit abhängig. Es kommt also zu den bereits besprochenen anderen zahlreichen wichtigen physikalischen Eigenschaften des Leuchtkörpermaterials eine weitere, die Wärmeleitfähigkeit, hinzu.

Wir können diesen Abschnitt nicht abschließen, ohne auf die lebensdauerbestimmenden Fehler der elektrischen Glühlampe wenigstens kurz hinzuweisen, obwohl diese Frage bereits in einem anderen Zusammenhang (vgl. Kap. 6.60) ausführlich behandelt worden ist. Danach führen Ungleichmäßigkeiten im elektrischen Widerstand und im Querschnitt des Leuchtkörpers zu Temperaturunterschieden innerhalb des Leuchtkörpers und damit zu einer ungleichmäßigen Abtragung infolge Verdampfung und schließlich zu einem Durchbrennen der Lampe. Sieht man vom mechanischen Bruch ab, so ist durch diese Ungleichmäßigkeiten des Drahtes die absolute Lebensdauer der Vakuumlampen gegeben. Bei den Lampen mit wendelförmigem Leuchtkörper tritt ein weiterer wichtiger Fehler als lebensdauerbestimmend hinzu. Es sind dies Steigungsfehler innerhalb der Wendel. Eine lokale, zu große Annäherung mehrerer Windungen innerhalb der Wendel kann ebenfalls zu lokalen Temperaturerhöhungen des Leuchtkörpers gegenüber der Umgebung führen und neben den bereits erwähnten Drahtfehlern eine tödliche Wirkung ausüben.

11.19 *Aufbau der Wolframglühlampen*

Bei Vakuumlampen, die allerdings heute kaum noch oder nur in geringem Umfang hergestellt werden, besteht der Leuchtkörper entweder aus einem glatten Draht oder aus einer Drahtwendel. Gasgefüllte Lampen werden nur mit Wendeln (Einfach- oder Doppelwendeln) hergestellt. Abb. 148 zeigt eine Wolframwendel.

Der Aufbau der beiden Leuchtkörpersysteme ist aus den Abb. 149 und Abb. 150 zu ersehen. Bei dieser Wendelform ist das Leuchtsystem stark verkürzt. Die Lichtstromverteilung ist für die meisten Beleuchtungszwecke günstiger.

Zur Verkürzung des Leuchtkörpers gibt es noch eine Reihe anderer Leuchtsysteme, wie z. B. die Sternwendel. Diese Leuchtsysteme haben sich aber in der Praxis nicht oder nur in sehr geringem Umfange durchgesetzt.

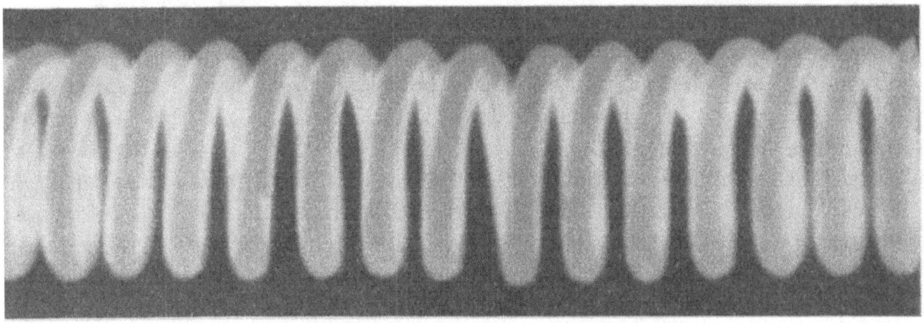

Abb. 148. Wolframglühwendel (nach E. LAX u. M. PIRANI). (Im Innern der Wendel sind die Flächen heller, da hier außer der Eigenstrahlung noch die Reflexionsstrahlung zur Wirkung kommt)

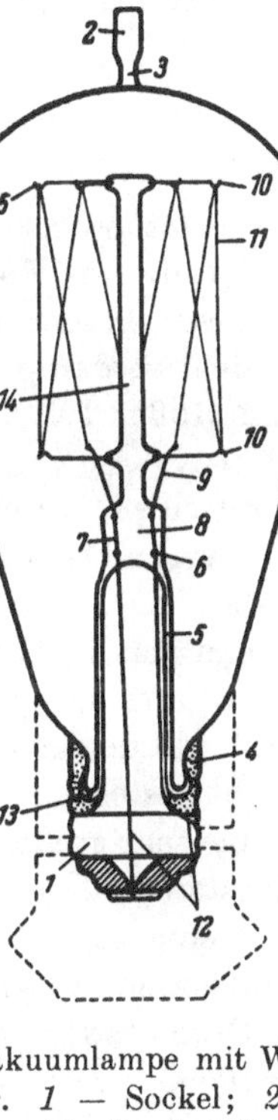

Abb. 149. Vakuumlampe mit W-Draht als Leuchtkörper. *1* — Sockel; *2* — Pumpstutzen; *3* — Abschmelzstelle nach dem Pumpen; *4* — Sockelkitt; *5* — Fuß; *6* — Schweißstellen; *7* — Einschmelzdraht; *8* — Quetschung; *9* — Elektroden; *10* — Mo-Halter; *11* — W-Leuchtkörper; 12 — Stromzuführungen; *13* — Linse; *14* — Glasstab; *15* — Halteösen

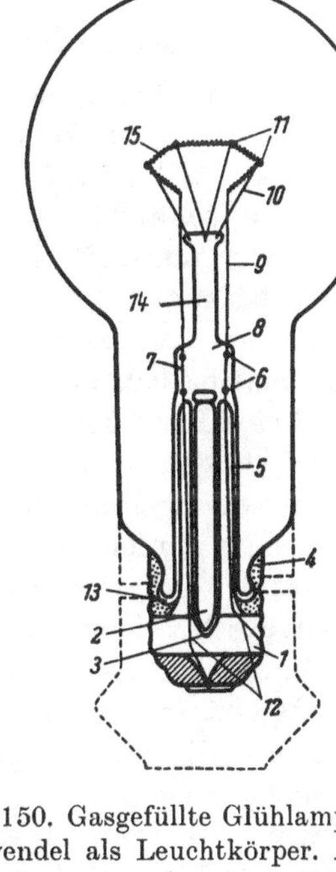

Abb. 150. Gasgefüllte Glühlampe mit Wolframwendel als Leuchtkörper. *1* — Sockel; *2* — Pumpstengel; *3* — Abschmelzstelle nach dem Pumpen; *4* — Sockelkitt; 5 — Fuß; *6* — Schweißstellen; *7* — Einschmelzdraht; *8* — Quetschung; *9* — Elektroden; *10* — Halterdrähte; *11* — Ösen; *12* — Stromzuführungen; *13* — Linse; *14* — Glasstab; *15* — Wolframwendel

Wolframvakuumlampen werden in der Regel für 10 bis 50 Watt, Lampen mit Gasfüllung für 25 bis 3000 Watt und darüber hergestellt. Die Entscheidung, ob eine luftleere oder gasgefüllte Lampe hergestellt wird, wird nach der Größe der Lichtausbeute bei gleicher Wattzahl zu fällen sein. Sie dürfte je nach der Spannung verschieden sein.

Bei Lampen höherer Wattzahl ist der Querschnitt des Drahtes und damit der Wendel größer. Dadurch vermindern sich die Abkühlungsverluste bei gasgefüllten Lampen. Außerdem kann der Leuchtkörper höher erhitzt werden, da die Drahtfehler bei dicken Drähten im Verhältnis zur Drahtstärke kleiner sind und somit die Überhitzung an den Fehlerstellen nicht so groß ist.

11.20 Verwendung von Molybdän in der Glühlampe

Die Anwendung des Molybdäns in der Glühlampe beschränkt sich im wesentlichen auf folgende drei Fälle:

a) Haken und Ösen für die Halterung von Wolframdrähten oder -wendeln,

b) Kerndrähte für Wolframwendeln,

c) eventuell Schmelzsicherungen.

11.21 *Haken und Ösen in Glühlampen*

Zur Halterung der Wolfram-Glühdrähte in Lampen mit gestreckten oder gewendelten Drähten werden Haken und Ösen verwendet, die aus Molybdändraht gefertigt sind. Der Molybdändraht muß frei von Eisen sein, da sonst eine Schwärzung der Glühlampenkolben durch die im Vakuum leicht verdampfbaren Eisenteilchen die Folge wäre. Für diesen Zweck wird ein großer Teil von duktilem Molybdändraht benötigt.

In Betracht kommen gezogene Molybdändrähte mit einem Durchmesser von 1,1 mm maximal bis 0,02 mm minimal. Die Drähte müssen blank sein, hart bis halbhart und eine Bruchdehnung von 5 bis 15% haben. Der Draht muß möglichst gerade, also nicht lockig hängen, damit er beim maschinellen Vorschub auf den Einsteckautomaten von den dazu bestimmten zangenartigen Bauteilen zuverlässig erfaßt werden kann. Besonders hohe Anforderungen an die Durchmessertoleranz der Drähte werden in diesem Fall nicht gestellt.

Der Vorteil des Molybdäns besteht darin, daß es eine sehr große Warmfestigkeit besitzt und durch Temperatureinwirkung (Rekristallisation) seine Duktilität und Festigkeit im Vergleich zu Wolfram nur wenig ändert. Bei großen Glühlampen, wo die Halterungen Durchmesser aufweisen, welche das Einschmelzen nicht mehr so leicht wie bei kleineren Drahtstärken ermöglichen, verwendet man Wolfram-Molybdän-Legierungen mit einer Zusammensetzung von 51% Mo und 49% W (L-Legierung). Diese Legierung hat eine um ein Drittel höhere Festigkeit gegenüber dem reinen Molybdän und eine größere Elastizität auch bei höheren Temperaturen. Man kann daher für die Herstellung von Haken und Ösen Durchmesser verwenden, die um 20 bis 40% kleiner sind als bei reinem Molybdän. Überdies werden die Wärmeableitungsverluste wegen des kleineren Drahtdurchmessers geringer.

Der mittlere lineare Ausdehnungskoeffizient der beschriebenen Wolfram-Molybdän-Legierung liegt zwischen 25 und 100° C bei 55 bis $60 \cdot 10^{-7}$, zwischen 25 und 700° C bei 60 bis $64 \cdot 10^{-7}$ cm/cm · Grad. Die Verschmelzung mit passenden Gläsern macht bei der Wolfram-Molybdän-Legierung keine Schwierigkeiten und erfolgt in ähnlicher Weise wie bei reinem Molybdän.

11.22 *Kerndrähte für Wolframwendeln*

Wolframdrähte werden über einen Drahtkern maschinell zu Wendeln gewickelt. Die so hergestellten Wendeln können über einen weiteren Kern zu Doppelwendeln verarbeitet werden. Nach dem Wickelvorgang müssen die Wendeln bzw. Doppelwendeln aus strukturtechnischen Gründen und zwecks Auslösung der mechanischen Spannungen auf dem Kern geglüht werden. Dabei sind Temperaturen notwendig, welche die Verwendung von hochschmelzendem Metall als Kerndraht erforderlich machen. Molybdän eignet sich hierfür wegen seiner Reinheit und der Möglichkeit, dieses Metall auf chemischem Wege aus der Wolframwendel zu entfernen, und wegen seiner hohen Warmfestigkeit.

Es kommen Drähte in gezogenem, blankem und hartem Zustand mit einer Bruchdehnung in Betracht, die möglichst über 3% nicht hinausgehen soll. Die Zugfestigkeit dieser Drähte muß etwa 130 kg/mm² betragen. Sie müssen besonders genau gezogen sein und eine glatte Oberfläche besitzen. Die Drahttoleranzen müssen sehr eng gehalten werden. Auch der Drahtquerschnitt muß möglichst rund sein. Der Querschnitt darf höchstens um 2% von dem Durchmesser eines ideal kreisrunden Drahtes abweichen. Für diesen Zweck werden ebenfalls erhebliche Mengen an Molybdändrähten benötigt.

11.23 *Schmelzsicherungen aus Molybdän*

Für Schmelzsicherungen findet Molybdän in Form von Drähten oder Bändern bei Doppelwendellampen Anwendung. Der hohe Schmelzpunkt des Molybdäns (2600° C) ermöglicht die Wahl von hohen spezifischen elektrischen Belastungen.

Ein weiteres Anwendungsgebiet des Molybdäns für elektrische Glühlampen liegt in der Möglichkeit seiner Verwendung als Einschmelzdraht in Hartglas, was besonders bei Lampen hoher Leuchtdichte und großer Belastung in Betracht kommt. Die Oberfläche der Molybdändrähte muß für diese Zwecke besonders rein sein. Der Draht darf keine Spalten und Risse aufweisen, weil dadurch unter Umständen die einwandfreie Vakuumdichtung gegenüber Glas oder Quarz beeinträchtigt wird.

11.30 Die Verwendung von Wolfram in der Wolframbogenlampe

In der Glühlampentechnik wird Wolfram als Elektrodenmaterial auch noch in Bogenlampen verwendet. Die Wolframbogenlampe hat eine punktförmige Lichtquelle. Bei der Bogenlampe wird für Gleichstrom der Bogen zwischen zwei Wolframelektroden, die sich in Stickstoff von etwa 100 mm Hg Druck befinden, erzeugt (vgl. z. B. A. RÜTTENAUER [370]). Die Lichtbogenspannung liegt zwischen 50 und 60 Volt, so daß je nach der Spannung und der Lampenzahl Vorschaltwiderstände erforderlich sind. Die Zündung der Lampe erfolgt meist durch Berührungszündung, und zwar dadurch, daß sich eine Bimetallfeder bei Einschaltung des Stromes erwärmt und die Berührung der Elektroden trennt. Auf diese Weise wird dann der Lichtbogen gezogen.

Die Anode dieser Wolframbogenlampen für Gleichstrom besteht meist aus reinem Wolfram. Die Kathode ist ebenfalls Wolfram mit kleineren Mengen Thoroxyd oder anderen Oxyden, die leicht Elektronen emittieren und damit die Bildung des Lichtbogens erleichtern.

Die Wolframbogenlampen für Wechselstrom haben meist eine Gasfüllung aus Neon-Helium. In diesem Falle wird eine Brückenzündung mit Hilfselektrode

Abb. 151. Punktlichtlampe mit W-Elektroden für Gleichstrom. A = Anode; K = W-Kathode mit Thoriumoxyd; C = Bimetallstreifen

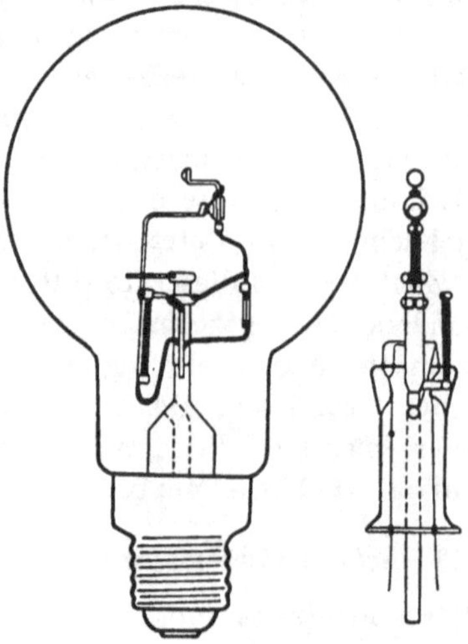

Abb. 152. Punktlichtlampe mit W-Elektroden für Wechselstrom

verwendet. In diesen Lampen sind zwei gleich große Wolframelektroden vorhanden. Die eine, bewegliche, ist an einem Bimetallstreifen befestigt und liegt bei Nichtbrennen der Lampe vor der aus Wolfram mit Thoroxydzusatz bestehenden Hilfselektrode. Die andere, feste Elektrode befindet sich über der Hilfselektrode und ist mit ihr leitend verbunden. Beim Einschalten des Stromes hebt sich die bewegliche Elektrode ab. Der Bogen entsteht zunächst zwischen ihr und der Hilfselektrode. Sobald jedoch infolge Abbiegung der beweglichen Elektrode der Abstand von der festen Elektrode geringer als der Abstand von der Hilfselektrode geworden ist, springt der Bogen an der festen Wolframelektrode über.

Abb. 151 zeigt eine Punktlichtlampe mit Wolframelektroden für Gleichstrom, Abb. 152 eine Punktlichtlampe für Wechselstrom.

Außer diesen Bogenlampen sind noch Wechselstromlampen mit Neonfüllung (ca. $^3/_4$ Atm.) entwickelt worden. Als Elektroden werden zwei feststehende Wolframkugeln benutzt. Infolge des niedrigen Minimalpotentials des Neons entsteht, wenn eine Netzspannung von 220 Volt über einen Vorschaltwiderstand an die Elektroden gelegt wird, eine Glimmentladung, die dann in eine Bogenentladung übergeht. Ein auf dem Lampenfuß zwischen den Zuführungen angebrachter hauchdünner Metallbelag erleichtert die Zündung der Lampe.

Die Strahlung der Wolframanode in der Bogenlampe ist gleich der Strahlung einer Wolframglühlampe bei gleicher Temperatur. Die in der Gleichstrombogenlampe auftretenden Stickstofflinien liegen größtenteils im ultravioletten Gebiet [371].

Die Wolframbogenlampe wird vor allem dort verwendet, wo kleine Lichtstärken genügen, z. B. für Projektionszwecke. Sie hat den Vorteil einer großen Leuchtkonstanz und bedarf keiner Wartung. Infolge der im Vergleich zur Glühlampe verstärkten Ultraviolettstrahlung wird die Wolframbogenlampe für medizinische und chemische Zwecke eingesetzt [372].

Gegenüber diesen in einem indifferenten Gas brennenden Wolframbogenlampen hat die sogenannte Hall-Lampe keine Bedeutung erlangt. Bei dieser Type wird die starke ultraviolette Strahlung im Wolframbogenspektrum dadurch ausgenutzt, daß der Bogen an Luft brennt. Die Elektroden bestehen aus gehämmerten Wolframstäben, die sich zuerst berühren und dann beim Einschalten bis zu einer bestimmten Entfernung auseinandergezogen werden. Ein Nickelreflektor wirft die Strahlung in die gewünschte Richtung. Die Hall-Lampe hat nur eine sehr begrenzte Anwendung für medizinische und spektroskopische Zwecke gefunden.

11.40 Verwendung von Wolfram und Molybdän in der Röhrentechnik, in Rundfunk- und Röntgenröhren

Die Verwendung des Wolframs und Molybdäns in Elektronen-, Sende- und Röntgenröhren ist eine sehr vielseitige. Dies ist auf die bereits ausführlich behandelten Eigenschaften der beiden Metalle zurückzuführen. W und Mo zeichnen sich bekanntlich durch große Bindungskräfte zwischen den einzelnen Atomen aus, bedingt durch ihre verhältnismäßig kleinen Atomradien und ihre hohe Wertigkeit. Der hohen Gitterfestigkeit verdanken die beiden Metalle letzten Endes ihre hohen Schmelzpunkte, ihre große Warmfestigkeit und hohen Härten, ihre niedrigen Dampfdrücke bei hohen Temperaturen, ihre kleinen thermischen Ausdehnungskoeffizienten, ihre für viele Zwecke gute elektrische Leitfähigkeit u. a. m. Wolfram ist im Vergleich zum Molybdän in dieser Beziehung noch günstiger, da es die wesentlich höhere Gitterfestigkeit besitzt.

11.41 *Wolfram und Molybdän in Elektronenröhren*

Beide Metalle, im besonderen aber das Molybdän, sind als Konstruktionselemente von Elektronenröhren von hoher technischer Bedeutung. Dies trifft vor allem für die „Wickelgitter" von Empfangsröhren (Radioröhren) zu, besonders dann, wenn diese Gitter thermisch hoch beansprucht sind und eine genaue Ausführung verlangt wird. Reinstes Mo, ohne jegliche Zusätze, ist dafür am besten geeignet, wegen seines hohen Schmelzpunktes, der leichten Entgasbarkeit, seiner geringen Neigung zur Zerstäubung im Hochvakuum und weil es seine Form auch bei hohen Temperaturen beibehält. Mit den Stegen des Gitters, wenn diese aus Nickel bestehen, läßt sich Molybdän gut verschweißen und mechanisch verbinden.

Mo-Drähte für Wickelgitter müssen eine saubere Oberfläche besitzen und glänzend gezogen sein. Es werden Drähte mit verschiedenem Härtegrad benutzt, und zwar mit einer Dehnung zwischen 0 und 20%. Die Drähte müssen möglichst rund sein. Die Abweichung vom absolut kreisrunden Querschnitt des Drahtes darf nicht mehr als 1,5% des Durchmessers betragen.

Die verschiedenen Anforderungen, die an Mo-Drähte für Wickelgitter bezüglich Dehnung, Härte und Zugfestigkeit gestellt werden, ergeben sich aus der Art der Herstellung der Gitter. Das maschinelle Wickeln von Röhrengittern erfordert in der Regel einen besonders harten Draht mit nur 1 bis 3% Dehnung

Tabelle 83

In Europa hergestellte Erzeugnisse aus reinem Molybdän für die Vakuumtechnik

Bezeichnung	Dehnung in %	Besondere Eigenschaften	Verwendungszweck
Draht blank, gezogen hart	bis 3	hart, bis 2% Abweichung vom Nenndurchmesser	Kerndraht zur Herstellung von Wolframwendeln
geglühter Draht oder blank gezogen und geglüht		weich	Teile für Vakuumröhren, Halter u. Gitterstreben
Draht auf bestimmte Härtegrade „H" blank gezogen	H_1 0–3 H_2 4–7 H_3 8–12 H_4 13–17 H_5 18–22	hart ... weich: Rundheit: Abweichung etwa 1,5% vom Nenndurchmesser	Gitterdrähte für Elektronenröhren
Drähte ∅ 0,05 mm, Stäbe gerichtet und blank geschliffen		reine Oberfläche ohne Ziehriefen	Einschmelzungen in Hartglas
Bänder und Bleche, blank gewalzt			Anoden für Senderöhren, Abschirmbleche für Hochtemperaturöfen, Glühschiffchen
Folien		kleinste Stärke 26 μ	Gitterträger und Glaseinschmelzungen
Mo-Drähte, ummantelt	Heizdrähte für Öfen, ohne Schutzgas bis 1500° C (durchschnittliche Heizleistung 10 bis 15 Watt/cm²)		

und sehr hoher Zugfestigkeit. Für Handwicklung und für Gitter, die nach dem Wickeln gereckt oder ausgezogen werden, können weich geglühte Drähte mit einer Dehnung von 12 bis 20% und unter Umständen auch 25% in Betracht kommen.

An die Drahtdurchmesser-Toleranzen werden meist keine besonders hohen Anforderungen gestellt. Dagegen müssen die Drähte, wie schon erwähnt, möglichst rund sein. Dies ist vor allem bei Gittern von kleinen Wickeldurchmessern wichtig. Gitter, die aus Drähten gewickelt werden, die nicht rund und gleichmäßig sind, neigen nach Entfernung des Wickeldornes zum Verwerfen.

In seltenen Fällen werden auch Gitter durch Stanzen von Blechen hergestellt. Ihre praktische Verwendung ist aber beschränkt und stellt in der derzeitigen Entwicklung eine neue Richtung dar.

In Tabelle 83 ist eine Übersicht über die verschiedenen Erzeugnisse aus reinem Molybdän für Zwecke der Hochvakuumtechnik nach ESPE [132], wie sie in Europa geliefert werden, gegeben. Auch Wolfram findet in Elektronenröhren mitunter als Kathoden Verwendung. Zur Erhöhung der Elektronenemission werden dem Wolfram etwa 2% Thoriumoxyd hinzugegeben. Auch der Gitterdraht in den Röhren wird mitunter ebenfalls aus Wolfram hergestellt [373, 374].

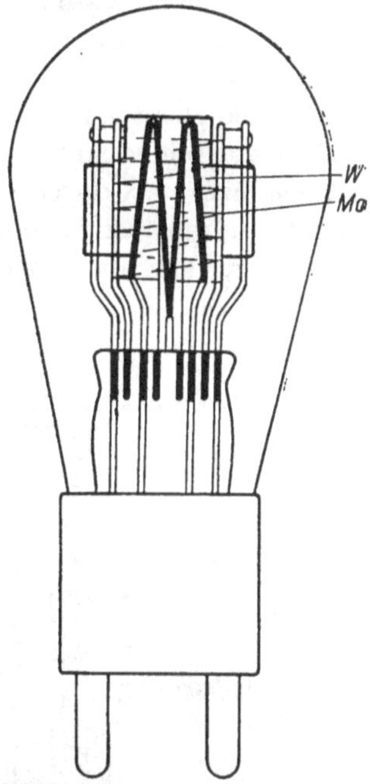

Abb. 153. Einsatz von Wolfram und Molybdän in einer Radioröhre (schematisch)

In Abb. 153 ist schematisch der Einsatz von W und Mo in einer Radioröhre dargestellt.

11.42 *Wolfram und Molybdän in Senderöhren*

In einem besonderen Abschnitt dieses Kapitels werden wir uns mit der Bedeutung des W und Mo als Heizelemente in Hochtemperaturöfen, bei denen entsprechend dem Anwendungszweck eine verhältnismäßig große Leistung abzugeben ist, beschäftigen. Aber auch für Heizelemente mit sehr kleinen Leistungen, so z. B. für die Beheizung von indirekten Glühkathoden, findet Wolfram in ausgedehntem Umfange Anwendung. Ebenso wird Wolfram auch in größerem Maße für die Herstellung von direkt geheizten Glühkathoden eingesetzt [25].

Im Falle der Glühkathoden haben Wolfram und Molybdän eine doppelte Aufgabe zu erfüllen. Sie haben als Heizelement zu wirken und müssen gleichzeitig Elektronen emittieren. Das Emissionsvermögen des Wolframs ist an sich nicht besonders groß. Da aber direkt beheizte W-Kathoden bei sehr hohen Temperaturen betrieben werden können, erzielt man mit ihnen trotzdem eine für viele

Zwecke ausreichende Elektronenemission, die sich durch große Gleichmäßigkeit auszeichnet. Ein wesentlich größeres Emissionsvermögen als reines Wolfram weisen jedoch W-Kathoden auf, die an der Oberfläche mit einer Schicht bedeckt sind, welche die Austrittsarbeit der Elektronen erheblich herabsetzt. Dies wird durch eine Schicht aus elektropositiven Metallen wie Thorium und Barium erreicht. Die Herstellung derartiger Kathoden erfolgt in der Weise, daß dem W-Pulver vor seiner Sinterung Thorium- oder Bariumverbindungen hinzugesetzt werden und daß durch eine besondere Glühbehandlung, die man Formieren nennt, eine möglichst einatomige Th- oder Ba-Schicht auf der Oberfläche erzeugt wird. Man kann aber auch die aus Wolfram bestehenden Kathodenkörper mit

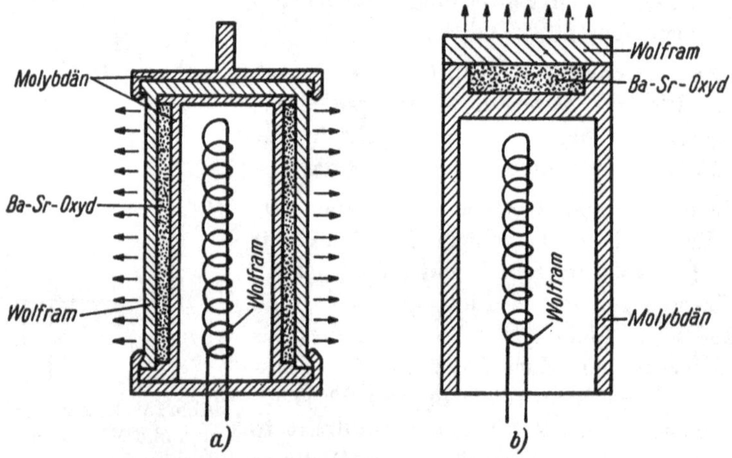

Abb. 154. Zwei Ausführungsformen von L-Elektroden mit Wolfram und Molybdän (Philips Gloeilampenfabriek, Eindhoven, Holland)

einem Überzug von Th- oder Ba-Verbindungen versehen, auf welchen durch geeignete Wärmebehandlung oberflächlich eine metallische Thorium- oder Bariumschicht gebildet wird [25].

Neuerdings ist eine indirekt geheizte Kathode entwickelt worden, welche in der Weise arbeitet, daß aus einem Behälter, in welchem sich ein Gemisch von Barium- oder Strontiumoxyd befindet, im Betrieb Barium und Strontium durch die poröse Wandung der Kathode diffundiert und an deren Oberfläche eine Schicht bildet, welche eine geringe Austrittsarbeit für die Elektronen besitzt. Für diese Kathode, welche die Bezeichnung L-Kathode erhalten hat und die sich durch ein besonders hohes Emissionsvermögen auszeichnet, kommt Molybdän für den eigentlichen Kathodenkörper und Wolfram für die poröse Kathodenwandung zur Anwendung [375, 376].

Abb. 154 zeigt zwei Ausführungsformen von L-Kathoden nach Lemmens, Jansen und Loosjels der Philips Glühlampenfabriken Eindhoven [375].

Wegen der hohen Warmfestigkeit und des niedrigen Dampfdruckes eignen sich W und Mo auch ausgezeichnet für thermisch beanspruchte Elektroden sowie

Halter- und Konstruktionselemente in Sende- und Verstärkerröhren. In Abb. 155 ist das Gitter und die Anode einer Senderöhre (Erzeugnis der Metallwerke Plansee, Reutte, Tirol) gezeigt.

Die Anoden in Senderöhren bestehen meistens aus Mo-Blechen. Anoden größerer Abmessung werden oft mehrteilig angefertigt. Die Verbindung erfolgt durch Mo-Nieten oder durch Punktschweißung.

Die Herstellung von Gittern, Anoden, Hilfselektroden und dergleichen aus Mo für Senderöhren bereitet nicht die geringsten Schwierigkeiten, weil Mo sehr duktil ist und mit anderen Konstruktionsteilen durch Schweißen, Löten, Nieten usw. verbunden werden kann. Für besonders hohe Ansprüche werden neuerdings von dem Metallwerk Plansee G. m. b. H. Reutte nach speziellen Verfahren Mo-Feindrähte mit hochglänzender Oberfläche hergestellt [377].

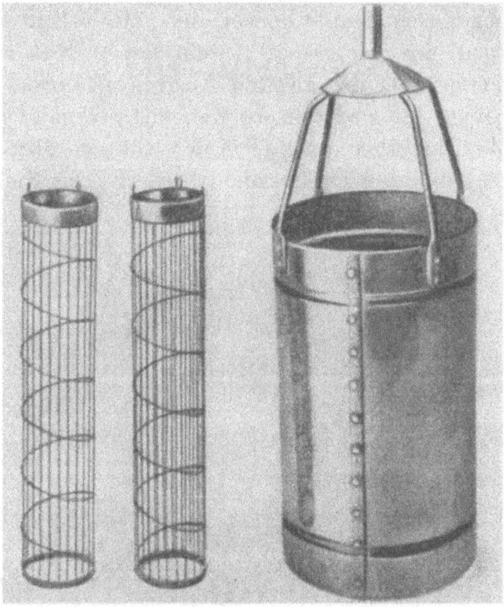

Abb. 155. Gitter und Anode von Senderöhren (Erzeugnis der Metallwerke-Plansee, Reutte, Tirol)

Zur Herstellung von Gittern für Verstärkerröhren werden häufig auch Mo-Drähte verwendet, die mit einem dünnen Überzug aus Gold, Platin oder Graphit versehen sind, um die Sekundäremission an den Gittern herabzusetzen. Aus Mo werden auch Haltedrähte sowie Ösen und Häkchen für Glühkathoden und Glühdrähte hergestellt. Bei Elektroden, die Betriebstemperaturen von über 1000° C ausgesetzt sind, zieht man im allgemeinen das warmfeste Wolfram trotz seiner schwierigeren Bearbeitbarkeit dem Molybdän vor. Ein weiteres Anwendungsgebiet des W und Mo im Röhrenbau sind federnde Teile, z. B. Spannfedern für Glühkathoden. In diesem Falle erweist sich der hohe Elastizitäts- und Torsionsmodul des W und Mo als sehr vorteilhaft, da diese Metalle bei richtiger Herstellung ihre Federkraft bis etwa 500° C nicht verlieren (vgl. W. ESPE und M. KNOLL [25]).

11.43 *Wolfram und Molybdän in Röntgenröhren*

Die ausgedehnte Anwendung, welche Wolfram für Anoden (Antikathoden) von Röntgenröhren gefunden hat (vgl. K. SILBERMANN [378]), ist einerseits auf den hohen Schmelzpunkt dieses Metalls zurückzuführen, der eine hohe spezifische Belastung zuläßt, und andererseits auf die hohe Ordnungszahl, die

Wolfram im periodischen System der Elemente einnimmt. Bekanntlich nimmt der Nutzeffekt bei der Entstehung der Röntgenbremsstrahlung mit der Ordnungszahl des von den Elektronen getroffenen Elementes stark zu.

In der Praxis sind hauptsächlich zwei verschiedene Ausführungsformen von Röntgenanoden in Gebrauch. Gemäß der einen Ausführungsform ist die Anode in der Röhre fest angeordnet. Sie besteht aus einem W-Plättchen mit einem angegossenen Kupferkörper, der zumeist mit fließendem Wasser oder Öl gekühlt wird, um eine rasche Abfuhr der Wärme von der Wolframanode zu gewährleisten. Bei der zweiten Ausführungsform, welche bevorzugt für Diagnostikröhren für medizinische Zwecke verwendet wird, besteht die Anode aus einem Wolframteller, welcher in der Röntgenröhre mit großer Geschwindigkeit (etwa 50 Umdrehungen/Sekunde) rotiert. Die Elektronen treffen dabei immer neue

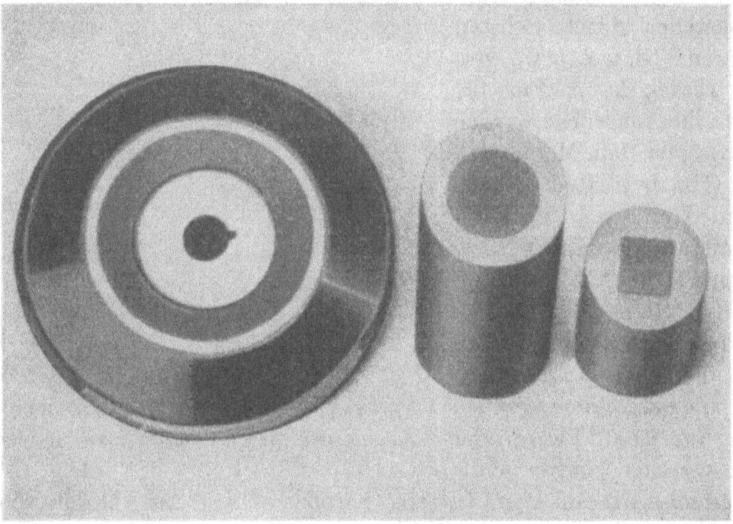

Abb. 156. Wolframanoden für Röntgenröhren (Metallwerke Plansee, Reutte, Tirol); links: Wolframteller für Drehanode; rechts: Wolframanoden mit angeschobenem Kupferkörper

Stellen einer kreisförmigen Bahn, wodurch kurzzeitig sehr hohe spezifische Belastungen an der Oberfläche erreicht werden können, ohne daß Anschmelzungen auftreten.

In Abb. 156 sind die beiden geschilderten Ausführungsformen von Anoden aus Wolfram für Röntgenröhren gezeigt. Im linken Teil der Abbildung ist ein Wolframteller für Drehanoden wiedergegeben. Im rechten Teil des Bildes sind W-Anoden mit angeschmolzenem Kupferkörper gezeigt.

Für die Halterung von Drehanoden werden Achsen und Wellen aus geschliffenen Molybdän-Rundstäben hergestellt. Sofern die Kolben von Röntgenröhren aus Hartglas (Borsilikatglas) bestehen, können auch die Zuführungen der Kathoden, die in das Glas vakuumdicht eingeschmolzen werden müssen, aus Mo-Drähten oder -Stäben bestehen.

Abb. 157 zeigt schematisch den Aufbau einer Röntgenglühkathode. Das aus der Glühkathode austretende breite Elektronen-Strahlenbündel muß eine Einschnürung und Richtung erfahren, damit der Hauptteil der Elektronen auf einen engbegrenzten Brennfleck der Anode auftrifft. Deshalb wird die als Wolframwendel ausgebildete Kathode mit einem Sammelzylinder umgeben, der meist durch einen Richtzylinder in Form einer Kalotte seine Ergänzung erfährt. Alle diese Teile sowie die Einschmelzdrähte, die zur Halterung oder für die Stromzuführung dienen, bestehen aus Mo.

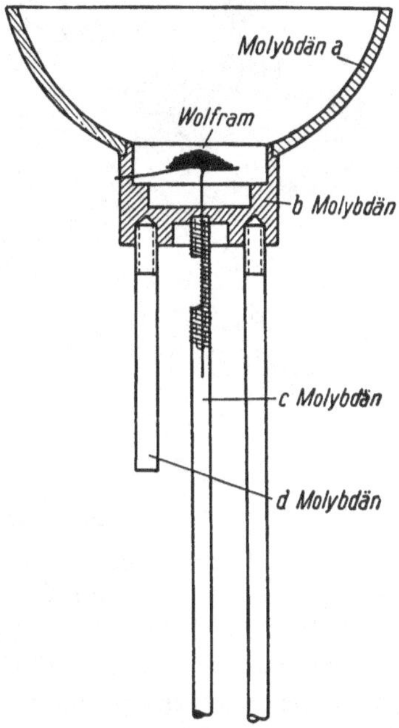

Abb. 157. Schematische Darstellung der Glühkathode einer Röntgenröhre

11.44 *Wolfram und Molybdän für Einschmelzzwecke*

Die verhältnismäßig gute elektrische Leitfähigkeit, aber vor allem der geringe thermische Ausdehnungskoeffizient der Metalle Wolfram und Molybdän, welcher mit dem Wärmeausdehnungskoeffizienten von Hartgläsern weitgehend übereinstimmt, sichert diesen beiden Metallen eine ausgedehnte Anwendung für Einschmelzzwecke (vgl. W. ESPE und M. KNOLL [25]).

Der thermische Ausdehnungskoeffizient von W und Mo hat ebenso niedrige Werte wie der Ausdehnungskoeffizient der Legierung Kovar, einer für Einschmelzungen in Hartgläsern bestimmten Fe-Ni-Co-Legierung der Zusammensetzung ca. 54 % Fe, 29 % Ni, 17 % Co. Während aber der Ausdehnungskoeffizient von Kovar nur bis zu seinem magnetischen Umwandlungspunkt (etwa bei 450° C) einen kleinen Wert aufweist und bei höheren Temperaturen stark zunimmt, verläuft die Ausdehnung bei W und Mo auch bei höheren Temperaturen im wesentlichen linear. Der Ausdehnungskoeffizient behält also seinen niedrigen Wert bei.

Wolfram-Einschmelzungen werden im allgemeinen nur für Stromzuführungen verwendet, die aus dünnen Drähten bestehen und die für schwache Ströme bestimmt sind. Dagegen werden Molybdän-Einschmelzungen in Form von Drähten, Blechen, Bändern und Stäben auch für Stromzuführungen herangezogen, die sehr starke Ströme zu führen haben, so z. B., wie Abb. 158 zeigt, für die Stromzuführungen von Glasgleichrichtern.

Auch für Einschmelzungen mit Glas oder Quarz in Quecksilberdampfgleichrichtern, Quarzlampen für Bestrahlungszwecke und Quecksilberhochdrucklampen wird Mo wegen seiner relativ guten elektrischen Leitfähigkeit und wegen

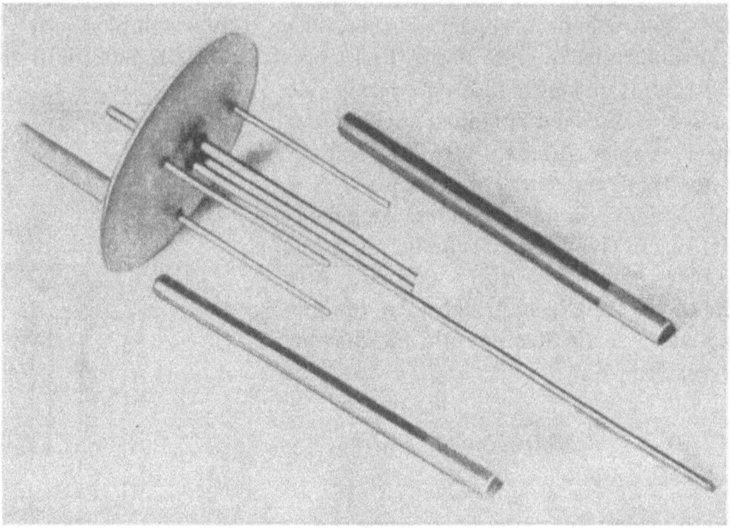

Abb. 158. Molybdändrähte und -stäbe für Einschmelzzwecke

seiner Fähigkeit, einwandfrei vakuumdichte und temperaturwechselfeste Verschmelzungen zu bilden, im großen Umfange benutzt.

Vorteilhaft ist dabei, daß die sich bildenden Molybdänoxyde gut vom Glas aufgenommen werden und daß daher Glas und Mo sehr gut aneinander haften.

11.50 Verwendung von Wolframstäben in der Schweißtechnik

Ein weiteres, wichtiges Anwendungsgebiet des Wolframs, welches während des zweiten Weltkrieges und danach eine große Bedeutung für die Industrie erlangt hat, ist die Verwendung von Wolframstäben in der Schweißtechnik.

Bei den modernen Schweißverfahren, dem Argonarc- und dem Arcatomverfahren, wird atomarer Wasserstoff oder Argon in dem zwischen der Wolframelektrode und dem Werkstück gezogenen Lichtbogen benutzt. Es treten dabei Temperaturen von 4000° C und mehr auf. Dies macht die Verwendung von metallischen Schweißstäben von sehr hohem Schmelzpunkt erforderlich, wie es beim Wolfram der Fall ist. Das Wolfram wird dabei in Form von gehämmerten Stäben benutzt, deren Durchmesser, wie wir noch sehen werden, nicht nur von dem verwendeten Schweißverfahren, sondern auch von der Stärke und der Art des Werkstückes abhängig ist.

Die neue Schweißtechnik findet vor allem Anwendung in der Automobil- und Flugzeugindustrie, d. h. überall dort, wo Werkstücke der verschiedensten Art und Form von nicht zu starken Blechen geschweißt werden müssen. Die benötigten Gewichtsmengen an Wolframschweißstäben sind in den Ländern, in denen eine bedeutende Flugzeug- und Automobilindustrie vorhanden ist, außerordentlich groß. Der Bedarf für diese Zwecke ist meist größer als derjenige für die Hochvakuumtechnik (Glühlampen, Elektronen-, Röntgen- und Senderöhren).

In der Schweißtechnik kommen für die Verwendung von Wolframschweißstäben vor allem zwei Verfahren in Betracht, das Arcatom- und das Argonarcverfahren.

11.51 *Wolframelektroden für Arcatomverfahren*

Es werden zwei Wolframelektroden von meist 3 mm Durchmesser verwendet, zwischen denen der elektrische Lichtbogen in einer Wasserstoffatmosphäre brennt. Dabei zerfallen die Moleküle des Wasserstoffs, und es bildet sich atomarer Wasserstoff. Bei der Wiedervereinigung der Wasserstoffatome entwickelt sich eine große Wärme, wodurch Temperaturen von etwa 4000° C entstehen. Der Wasserstoff, der Stahlflaschen entnommen wird, wird so reduziert, daß er mit etwa 0,5 atü der Schweißstelle zugeführt wird. Der ausströmende Wasserstoff umspült den zu schweißenden Gegenstand in einer Fläche von etwa 15 bis

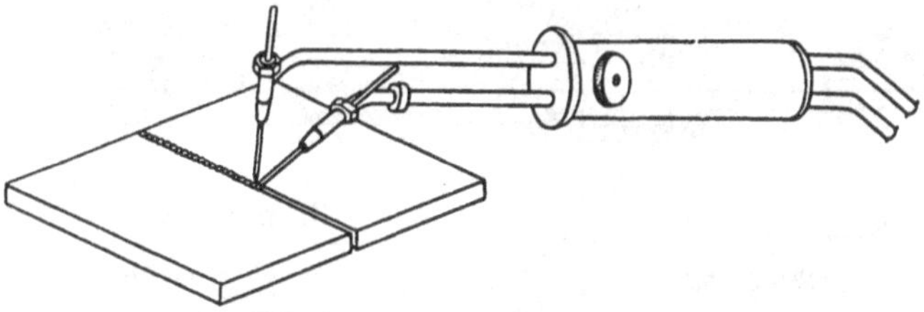

Abb. 159. Prinzip der Arcatom-Schweißung

20 mm ∅. Eine Vergrößerung dieser umspülten Fläche, die wünschenswert wäre, ist nur schwer möglich, da der spezifisch sehr leichte Wasserstoff sich sehr schnell verflüchtigt. Die Länge des Lichtbogens zwischen den Wolframelektroden kann beliebig mittels einer Einrichtung im Elektrodenhalter eingestellt werden. Normalerweise ist die Länge des Lichtbogens 8 bis 10 mm.

Das Arcatomverfahren wird vorzugsweise zum Schweißen von Eisen, Stahl und Stahllegierungen verwendet. Bei anderen Metallen und Legierungen, die eine größere Empfindlichkeit gegen Oxydation zeigen, wie z. B. Leichtmetalle und deren Legierungen, treten Schwierigkeiten beim Schweißen nach dem Arcatomverfahren auf, bedingt dadurch, daß die mit Wasserstoff bespülte Fläche zu klein ist und daß sich leicht Oxydhäute bilden.

Das Prinzip des Arcatomschweißverfahrens ist aus Abb. 159 ersichtlich.

11.52 *Wolframelektroden für Argonarcverfahren* [379, 380, 381]

Im Gegensatz zu dem Arcatomverfahren arbeitet man beim Argonarcverfahren nicht mit zwei, sondern nur mit einer Wolframelektrode. Die zweite Stromzuführung erfolgt durch das zu schweißende Werkstück. Der Lichtbogen wird zwischen der Wolframelektrode und dem Werkstück gezogen. Lichtbogen und Schweißstelle sind mit einem Schutzgas aus reinem Argon umspült, welches durch den Elektrodenhalter in Richtung der Halterachse zugeleitet wird. Das zugeführte Argon, welches möglichst vollständig sauerstofffrei sein muß, schützt den zu schweißenden Gegenstand in einem Durchmesser von 50 bis 60 mm gegen Oxydation. Die umspülte Fläche ist also beim Argonarcverfahren wesentlich größer als beim Arcatomverfahren, da Argon spezifisch viel schwerer als Wasserstoff ist.

Das Argonarcverfahren ist bei Metallen und Metallegierungen, die gegen Oxydation empfindlich sind, wie z. B. Aluminium und Al-Legierungen, wesentlich vorteilhafter als das Arcatomverfahren.

Frühere Schweißverfahren haben mit Helium als Schutzgas gearbeitet (Heliumarcverfahren). Wegen des niedrigen spezifischen Gewichtes des Heliums und seiner schwierigeren Beschaffung ist man jedoch heute fast ausschließlich zur Verwendung des spezifisch schwereren Argons übergegangen.

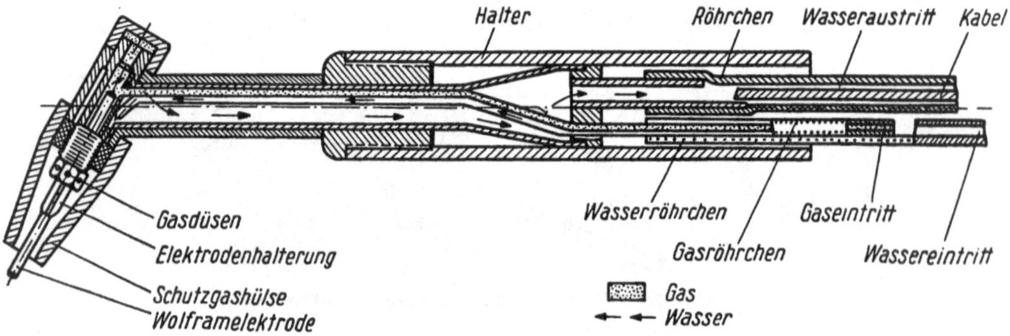

Abb. 160. Schematische Darstellung der Wolframschweißelektrode mit Halter für Argonarc-Schweißverfahren

Die Halter für die Wolframelektroden bestehen beim Argonarcverfahren aus Kupfer, welches stark mit Wasser gekühlt wird. Auf diese Weise erfolgt eine gute Abfuhr der Wärme von der heißen Spitze der Wolframelektrode. Die Länge des Lichtbogens beträgt bei diesem Verfahren 8 bis 10 mm und mehr.

Das Prinzip der beim Argonarcverfahren verwendeten Einrichtung ist schematisch in Abb. 160 dargestellt.

Das Argonarcverfahren, welches im Laufe der letzten Jahre gegenüber dem Arcatomverfahren ständig an technischer Bedeutung gewonnen hat, dient vorzugsweise zum Schweißen von mehr oder weniger starken Blechen, jedoch auch von stärkeren Profilen des Aluminiums, Magnesiums und ihrer Legierungen (z. B. Al-Mn, Al-Mg-Si, Al-Mg usw.). Neuerdings ist das Argonarcverfahren auch mit Erfolg zum Schweißen von Kupfer, Nickel und nichtrostenden Stählen eingesetzt worden.

Der Durchmesser der gehämmerten Wolframelektrode hängt von der Stärke des zu schweißenden Werkstückes ab. Tabelle 84 gibt Richtwerte hierüber. Beim Argonarcverfahren werden Wolframstäbe von 1,5 bis maximal 10 mm ∅ benutzt.

Tabelle 84

Durchmesser der Wolframelektrode	Stärke des zu schweißenden Werkstückes
1,5 mm	1–2 mm
2,0 mm	2–3 mm
3–4 mm	3–6 mm
5–6 mm	6–14 mm
8–10 mm	bis 50 mm

Tabelle 85 gibt einige Analysenwerte von ausländischen und im Inland erzeugten Wolframschweißstäben, deren Durchmesser 4 bis 6 mm betrug, wieder. Die ausländischen Erzeugnisse bestanden mindestens zu 98,5% aus Wolfram. An Verunreinigungen konnten Eisen, Molybdän und Kobalt, dagegen nicht Chrom festgestellt werden. Neuerdings wird von amerikanischer Seite ein Zusatz von 0,3 bis 1,0% Thoriumoxyd zum Wolfram zwecks Verringerung des Abbrandes der Elektroden empfohlen.

Tabelle 85

Herkunft der Wolframschweißelektroden	Gehalt in %				
	W	Fe	Mo	Co	Cr
Amerika	98,57	0,32	0,21	0,05	0
Österreich	99,19	0,18	0,05	0,04	Spuren
Deutschland	99,47	0,08	0,06	0,02	0
CSR	99,66	0,07	0,05	Spuren	0

Die Dichte der verschiedenen Wolframschweißstäbe beträgt 18,7 bis 19,1 g/cm³, ihr spezifischer elektrischer Widerstand liegt zwischen 0,061 und 0,067 Ohm mal mm²/m.

Die Querschnitte der formierten Wolframstäbe, von denen bei der Erzeugung der einzelnen Durchmesser der rundgehämmerten Wolframstäbe ausgegangen werden muß, sind aus Tabelle 86 ersichtlich.

Tabelle 86

∅ der gehämmerten Wolframstäbe in mm	Niedrigster Stabquerschnitt der hochgesinterten Stäbe, von dem ausgegangen werden muß, in mm × mm	Querschnittsverminderung in %
3	5,5 × 5,5	ca. 320
4	6,5 × 6,5	ca. 240
6	10,0 × 10,0	ca. 260
8	12,0 × 12,0	ca. 200
10	15,0 × 15,0	ca. 185

Es ist also eine Querschnittsverminderung von 200 bis 300% notwendig, um eine genügende Verdichtung der Wolframstäbe durch die Verformung beim Rundhämmern zu erreichen. Nicht genügend verformte gehämmerte Stäbe unzureichender Dichte zeigen größere Abbrandverluste beim Schweißvorgang und damit eine geringere Lebensdauer. Die Wolframstäbe müssen bei ihrer Verwendung in den Elektrodenhaltern gerade gerichtet sein, um ohne Schwierigkeiten eingespannt werden zu können. Ein Überschleifen der Stäbe ist im allgemeinen nicht erforderlich, jedoch dürfen keine Übergangswiderstände zwischen dem Kupferhalter und der Wolframelektrode entstehen.

Auf einen wirtschaftlich wichtigen Umstand, der die Verwendung der Wolframschweißstäbe betrifft, ist aufmerksam zu machen. Wolframschweißstäbe, die natürlich während des praktischen Betriebes durch Abbrand ständig verkürzt werden, können durch Hämmern auf kleinere Durchmesser wieder einsatzbereit gemacht werden, falls ihre Länge das zulässige Maß (ca. 200 mm) unterschreitet. Weiterhin können Wolframstäbe, deren Weiterverarbeitung in der Glühlampentechnik nicht zu Drähten geeigneter Kristallstruktur und genügender Formbeständigkeit bei höheren Temperaturen führt, ohne weiteres für Schweißzwecke benutzt werden, da in diesem Fall keine besonders hohen Ansprüche an die Reinheit des Materials gestellt werden.

Die beiden genannten, unter Verwendung von Wolframelektroden durchgeführten Schweißverfahren, das Arcatom- und noch mehr das Argonarcverfahren, haben zu einer Umwälzung in der Schweißtechnik geführt und die Durchführung des Schweißvorganges ohne Verwendung von Schweißmitteln ermöglicht.

11.60 Verwendung des Wolframs und Molybdäns als Heizelement in elektrischen Widerstandsöfen

Der hohe Schmelzpunkt der beiden Metalle Wolfram und Molybdän legt ihre Verwendung als Heizelement in elektrischen Widerstandsöfen nahe. Vor allem hat das Molybdän wegen seiner hervorragenden elektrischen, mechanischen und strahlungstechnischen Eigenschaften in den letzten Jahren in größerem Umfange Eingang in die Ofentechnik gefunden. Aber auch das Wolfram, welches wegen seines gegenüber dem Molybdän weit höheren Schmelzpunktes auf den ersten Blick noch geeigneter erscheint, hat vielfache Anwendung als Heizelement im Ofenbau gefunden.

Die Temperatur, bis zu welcher eine Anwendung der als elektrisches Widerstandsmaterial benutzten Metalle möglich scheint, ist natürlich in erster Linie durch den Schmelzpunkt dieser Metalle, durch ihre Festigkeit bei höheren Temperaturen und durch andere in diesem Zusammenhang interessierende Eigenschaften bedingt. Praktisch werden indessen der Anwendung beider Metalle als Heizelement aus anderen Gründen — je nach Art der Ofenkonstruktion — Grenzen gesetzt, von denen die Frage einer geeigneten Ofenkeramik die größte Bedeutung besitzt. Der Vorteil des W und Mo gegenüber anderen Heizleitern für die Ofentechnik liegt nicht nur in den hohen Schmelzpunkten dieser Metalle, sondern vor allem darin, daß sie neben einer hohen Warmfestigkeit sehr hohe spezifische Oberflächenbelastungen zulassen. Durch diese wird eine besonders gute wirtschaftliche Wärmeübertragung erreicht.

Während z. B. Chrom-Nickel-Heizelemente eine Oberflächenbelastung bis zu 5 Watt/cm² ermöglichen und Halbleiter, wie Silitstäbe, normalerweise eine Belastung von 23 Watt/cm² aushalten, kann dem Molybdän eine spezifische Belastung von 80 Watt/cm² und mehr zugemutet werden. In Abb. 161 ist die spezifische Oberflächenbelastung von Mo-Heizleitern in Abhängigkeit von den Betriebstemperaturen wiedergegeben.

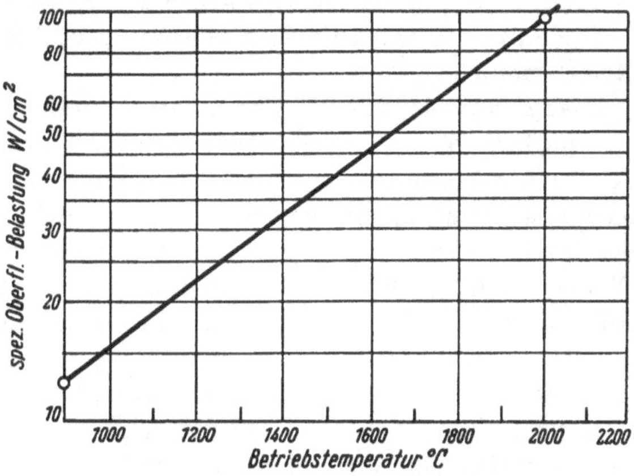

Abb. 161. Spezifische Oberflächenbelastung von Molybdänheizleitern in Abhängigkeit von der Betriebstemperatur

Ein weiterer Vorzug des Mo und W als Heizleiter ist ihre Widerstandscharakteristik, welche ungewollten Spannungs- und damit verbundenen Temperaturschwankungen regelnd entgegenwirkt. Der elektrische Widerstand des Mo ist bei 2000° C fast zehnmal so groß wie bei Raumtemperatur. Aus diesem Grunde müssen zur Vermeidung von zu großen Einschaltstromspitzen zweckmäßige Regeldrosseln, Dreh- oder Stufentransformatoren vorgesehen werden [382].

Abb. 162 zeigt die Abhängigkeit des spezifischen elektrischen Widerstandes von W- und Mo-Heizleitern im Vergleich zu Nickel-Chrom-Drähten 80/20.

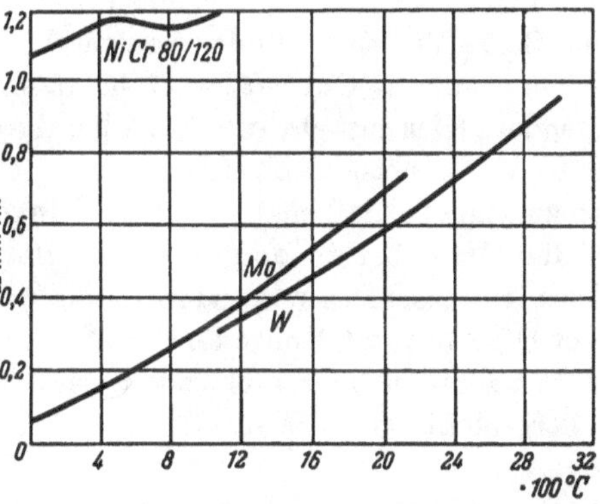

Abb. 162. Abhängigkeit des spezifischen elektrischen Widerstandes von W- und Mo-Heizleitern von der Temperatur im Vergleich zu Ni-Cr-Draht 80/20.

Entsprechend den chemischen Eigenschaften des Wolframs und Molybdäns ist die Anwendung derselben als Heizelement im Ofenbau bei höheren Temperaturen an die Gegenwart eines Schutzgases (reduzierendes oder indifferentes Gas) gebunden, welches eine Oxydation verhindert. Auch die Verwendung im Vakuum ist möglich und technisch bei manchen Ofenkonstruktionen realisiert worden. Das elektrische Widerstandsmaterial besteht je nach der Art der Ofenkonstruktion und dem Verwendungszweck der Öfen aus dünnwandigen massiven hochgesinterten Rohren (z. B. beim Wolframrohrofen), aus zu Rohren gebogenen Blechen des Wolframs oder Molybdäns, aus W- oder Mo-Drähten, die in Spiralform um ein keramisches Schutzrohr gewunden werden, ferner aus Stäben (meist aus Molybdän), welche z. B. das Heizelement in größeren Muffelöfen bilden und die Wärme durch Strahlung übertragen, sowie aus ähnlichen Halbfabrikaten dieser hochschmelzenden Metalle [383].

Neuerdings veröffentlichte F. REGEL eine Arbeit über Öfen mit Molybdän-Heizelementen [384].

Das Prinzip aller mit W- oder Mo-Heizleitern versehenen Öfen beruht auf einer elektrischen Widerstandserhitzung dieser Werkstoffe durch direkten Stromdurchgang. Wolfram und Molybdän können dabei in Draht-, Spiral-, Blech- oder Rohrform zur Anwendung kommen. Bei nicht zu hohen Temperaturen, bei denen man noch eine hochhitzebeständige Keramik anwenden kann, wird Wolfram und Molybdän meist als Draht in Form einer Spirale um das keramische Rohr gewunden. Dabei ist erforderlich, die Berührung des Heizelementes mit der Keramik möglichst gering zu halten, um eine bei längerem Betrieb auftretende chemische Einwirkung der Keramik auf den Heizdraht zu unterbinden. Dies geschieht in der Regel dadurch, daß man die Spirale sehr lose wickelt, so daß sie mehr oder weniger punktförmig an der Keramik aufliegt. In diesem Falle wird die vom Heizelement abgestrahlte Wärme durch das keramische Rohr auf das zu erwärmende Gut übertragen.

Man kann aber auch den Heizkörper so anordnen, daß er in entsprechenden Aussparungen der Keramik lagernd frei auf das zu erwärmende Einsatzgut strahlt. Beide Verfahren finden praktisch Anwendung. Die freie Strahlung des Heizkörpers auf das Gut wird auch bei dem Ofen mit stabförmigen Heizkörpern angewendet. Hier besteht die Aufgabe, da eine Einbettung des Heizelementes in der Keramik meist nicht erfolgt, die stabförmigen Heizkörper so anzuordnen und so zu stützen, daß sie nicht durchhängen können.

Bei den Öfen, bei denen Bleche als Heizelemente benutzt werden, werden dieselben zu geschlossenen oder halboffenen Rohren gebogen. Ein weiterer Typ der Öfen benutzt Rohre aus Wolfram oder Molybdän als Heizelement, die entweder durch Ausbohren eines vorgesinterten Stabes, der dann hochgesintert wird, hergestellt oder die direkt in Rohrform durch Schlauchpressen erzeugt werden.

Durch diese hier gezeichnete Einteilung und Klassifizierung der Öfen wird wesentlich die konstruktive Durchführung der Öfen bestimmt. Ein weiteres Merkmal der Öfen mit W- und Mo-Heizleitern besteht darin, daß diese sämtlich in einer reduzierenden oder Schutzatmosphäre arbeiten müssen, um eine Oxydationswirkung des Luftsauerstoffes auf die sehr sauerstoffempfindlichen Metalle auszuschließen.

Entsprechend den Eigenschaften des Wolframs und Molybdäns kommen diese Metalle natürlich nur dann zur Anwendung, wenn die mit ihnen versehenen Öfen bei hohen und höchsten Temperaturen verwendet werden sollen. Infolge seines höheren Schmelzpunktes gestattet Wolfram an sich die Erreichung höherer Temperaturen als Molybdän. Molybdän dagegen besitzt einige andere

Vorzüge, die vor allem die elektrischen Eigenschaften des Metalles betreffen. Es ist außerdem billiger und leichter verarbeitbar. Seine Festigkeit bei den in Betracht kommenden Temperaturen ist sehr bemerkenswert. In der Praxis hat sich daher gezeigt, daß man im wesentlichen im Ofenbau Molybdän als Heizelement verwendet, zumindest im Temperaturgebiet bis zu 2000° C. Erst darüber hinaus bringt man Wolfram zum Einsatz.

11.61 *Öfen mit Molybdändrähten als Heizelement*

Unter diese Art von Öfen fällt der überwiegende Teil der in der Praxis angewendeten, mit Mo-Heizleitern versehenen Einrichtungen für die Wärmebehandlung. Es werden nach diesem Prinzip kleinste Öfen für Laboratoriumszwecke bis zu den größten Öfen für die betriebliche Erzeugung hergestellt. Die benutzten Ofenkonstruktionen sind außerordentlich mannigfaltig. Eine zusammenfassende Übersicht hierüber ist vor mehreren Jahren von F. KRALL [382] gegeben worden. Inzwischen ist gegenüber dem von diesem Autor gegebenen Stand eine weitere Entwicklung erfolgt. Bei den Öfen wird ein Mo-Draht eines Durchmessers, der sich nach der Leistungsaufnahme und den Belastungsverhältnissen des Ofens richtet, um ein keramisches, hochhitzebeständiges Rohr gewickelt. Für Temperaturen bis zu 1600° C kommt man mit Spezialschamottematerial bzw. Magnesit oder Sillimanit aus. Für höhere Temperaturen ist die Anwendung einer noch höher hitzebeständigen Keramik, wie reines Aluminiumoxyd oder unter Umständen auch Magnesiumoxyd, erforderlich. Für noch höhere Temperaturen eignen sich keramische Rohre aus Zirkonoxyd, deren Herstellung und Beschaffung jedoch schwierig ist. Mit den letztgenannten keramischen Werkstoffen reagiert Molybdän bei Temperaturen bis zu 2000° C auch bei längerer Betriebsdauer nicht oder nur sehr wenig, sofern man, wie bereits oben erwähnt, auf eine kleine Berührungsfläche zwischen Draht und Keramik achtet.

Es ist notwendig, den Draht bzw. den spiralförmigen Heizkörper mit einem Schutzgas zu umspülen. Dies kann dadurch geschehen, daß man durch das Ofengehäuse Wasserstoff oder Formiergas leitet. Man kann aber auch die Anwendung eines besonderen Schutzraumes vorsehen. Zu diesem Zweck besitzt der Ofen außer dem eigentlichen Glührohr noch ein größeres Außenrohr. Der Raum zwischen den beiden Rohren wird dann mit dem Schutzgas durchspült. Dies hat den Vorteil, daß die der Wärmeisolierung dienende, pulverförmige Außenkeramik nicht direkt mit dem metallischen Heizleiter in Berührung kommt.

Statt des drahtförmigen Heizleiters kann man unter Umständen auch Wendeln benutzen, die zweckmäßig in Rillen geführt werden, welche spiralförmig in das keramische Rohr eingearbeitet sind. Die Öfen verlangen zur Temperaturregelung einen Stufentransformator, durch den die Spannung entsprechend den Erfordernissen geregelt wird. Bei Temperaturen bis zu 1600° C kann die Temperatur mit Thermoelementen aus Platin- Platin/Rhodium gemessen werden. Unter Umständen ist auch die Verwendung anderer Thermoelemente, z. B. von Iridium- Iridium/Rhutenium möglich, die eine Messung der Temperatur durch die auftretenden Thermoströme bis zu Temperaturen von 2000° C gestatten. Die Verwendung von Thermoelementen von W-Mo oder W-W/Mo (vgl. unter 11.82) hat sich bisher noch nicht genügend bewährt, da die Abhängigkeit der Thermokraft von der Temperatur in dem in Betracht kommenden Temperaturgebiet nicht sehr groß ist und auch nicht vollkommen reproduzierbar erscheint. Außerdem ergibt sich bei der Verwendung von Thermoelementen bei sehr hohen Temperaturen stets die prekäre Frage eines geeigneten keramischen Schutzrohres. In der Regel arbeitet man daher mit optischen Pyrometern, um die Einstellung der Temperatur und ihre Kontrolle zu ermöglichen.

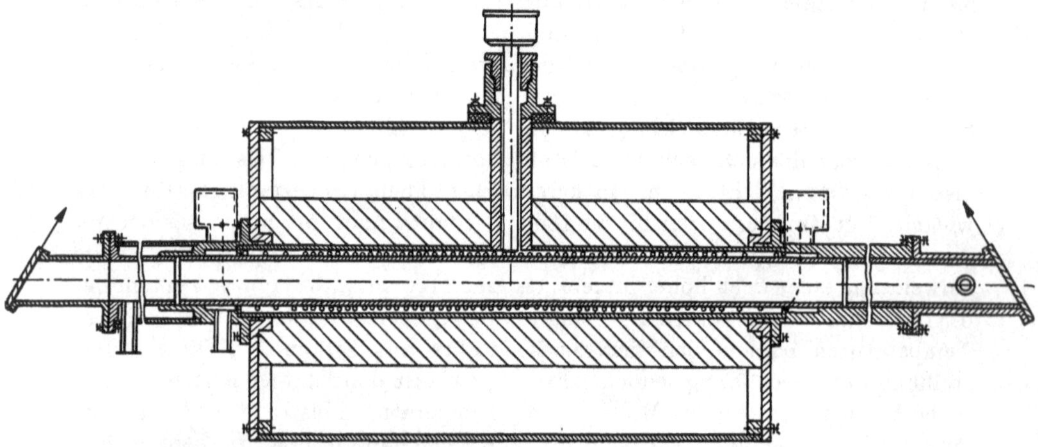

Abb. 163. Elektrischer Glühofen mit Mo-Draht-Wicklung (nach C. AGTE u. OCETEK)

Ein in der CSR entwickelter mit Mo-Heizleitern versehener Ofen ist in Abb. 163 wiedergegeben. Die näheren Konstruktionsmerkmale dieses Ofens sind eingehend von C. AGTE und K. OCETEK beschrieben worden [117].

Öfen der gleichen Bauweise mit Heizleitern von W an Stelle von Mo werden in der Praxis kaum verwendet, da sie keinen Vorteil, sondern eher Nachteile gegenüber den Öfen mit Mo-Heizleitern aufweisen.

11.62 *Öfen mit direkt strahlenden Molybdänheizleitern*

Bei der zweiten Ofengattung wird eine bessere Ausnutzung der Wärme und der in den Ofen hereingesteckten Energie dadurch erreicht, daß der Heizleiter im Gegensatz zu den unter 11.61 beschriebenen Öfen direkt auf das zu erwärmende Gut strahlt. Der Heizkörper wird dabei meist in Spiralform benutzt, wobei die Spiralen in Rillen gelagert sind, welche sich an der Innenseite des keramischen Rohres befinden. Selbstverständlich muß der Glühraum mit einem reduzierenden oder indifferenten Gas durchspült werden, da andernfalls der Mo-Heizleiter vom Sauerstoff der Luft angegriffen werden würde. Zur Erhöhung der Lebensdauer des Mo-Heizleiters ist nicht nur bei diesen Öfen, sondern allgemein eine möglichst vollkommene Reinheit des Schutzgases erforderlich. Selbstverständlich kann diese Art von Öfen nicht in einer oxydierenden Atmosphäre arbeiten, was an sich bei den Ofentypen der ersten Art dann möglich wäre, wenn absolut gasdichte keramische Glührohre verwendet werden und nur das mit dem Heizleiter umwundene Rohr von außen mit Schutzgas bespült wird.

Öfen der hier geschilderten Bauart sind mehrfach für kleinere und größere Anlagen in der Literatur beschrieben, so z. B. von den Metallwerken Plansee [10] und von R. MARX [385].

Eine andere Ausführung von Öfen dieses Typs ist dadurch gekennzeichnet, daß der Heizdraht oder die -wendel haarnadelförmig in dem Muffelraum des Ofens angebracht ist. Dabei ist es notwendig, den Heizleiter zu stützen, um ein Durchsacken desselben zu vermeiden. Zu diesem Zweck verwendet man Tragstäbe, die in den Wandungen des Ofenraumes verankert sind und meist aus Molybdän bestehen. Diese Tragstäbe sind mit einer hochhitzebeständigen Keramik umgeben. Auf diesen liegt in gewissen Abständen der eigentliche Heizleiter punktförmig auf. Diese Öfen werden neuerdings bei größeren Anlagen benutzt und sind gleichfalls mehrfach in der Literatur beschrieben worden.

11.63 *Öfen mit Molybdänstäben als Heizelement*

Für Öfen hoher Leistungsaufnahme und größerer Ausführung verwendet man statt dünnerer Drähte, die gegebenenfalls zu starken Kabeln verflochten sind, Stäbe größeren Querschnittes. Die Bauweise dieser Öfen ähnelt stark der unter 11.62 beschriebenen Konstruktion. Bei ihnen wird also die Wärme durch Strahlung auf das Einsatzgut übertragen. Die Molybdänstäbe werden mitunter

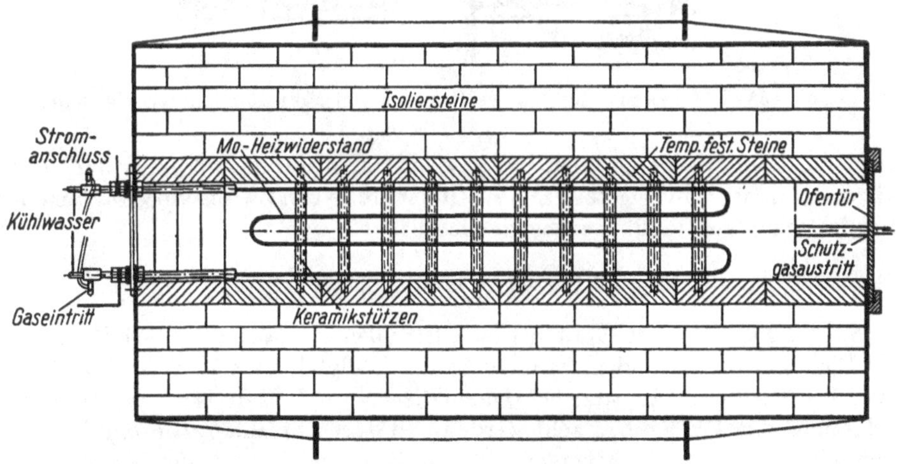

Abb. 164. Längsschnitt durch einen Muffelofen mit Molybdän-Heizwiderständen

in Haarnadelform gebogen. Ihre infolge des Querschnittes hohe Festigkeit macht eine Stützung durch Auflagepunkte meist überflüssig.

Öfen der hier geschilderten Art sind meist vertikaler Bauweise, d. h., die Stäbe stehen lotrecht und sind ringförmig angeordnet, wodurch sie den eigentlichen Heizraum bilden. In den Abb. 164 und 165 sind zwei größere Molybdänöfen

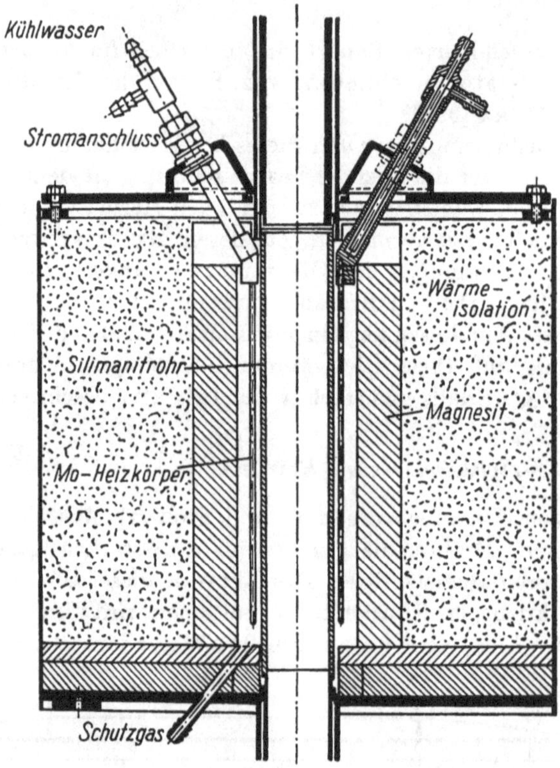

Abb. 165. Längsschnitt durch einen Rohrofen mit Molybdänband als Heizleiter

wiedergegeben, wie sie im besonderen in der Hartmetalltechnik, aber auch ganz allgemein in der Pulvermetallurgie zur Herstellung von Zwischenprodukten oder für Sinterung von Preßlingen betrieblich benutzt werden.

11.64 *Öfen mit Wolfram- oder Molybdänblechen als Heizleiter*

Während die oben erwähnten drei Ofentypen fast ausschließlich Molybdän als Heizelement verwenden, kommen sowohl Molybdän als auch Wolfram beim Bau von Öfen zum Einsatz, bei denen Bleche durch elektrische Widerstandserhitzung zum Glühen gebracht werden und durch Strahlung auf das Einsatzgut wirken. Diese Ofentypen finden praktisch vor allem in der Glühlampentechnik Verwendung, und zwar entweder zum Ausglühen (Rekristallisieren) von W-Wendeln oder -Doppelwendeln oder auch zum Ausglühen von Wolframdrähten bei höheren Temperaturen. In letzterem Fall durchlaufen die Drähte mit einer dem Verwendungszweck angepaßten Geschwindigkeit den von den Blechen gebildeten Heizraum.

Es werden dünne Bleche zu einem ganz oder halb geschlossenen Rohr gebogen. In dieses Rohr werden die zu glühenden Wendeln eingelegt. Die Bleche werden an ihren Enden in zweckentsprechend ausgebildete stärkere Backen aus Wolfram oder Molybdän eingespannt. Ein Arbeiten in Schutzgas ist selbstverständlich. Die Temperaturregelung erfolgt durch Spannungsregulierung mittels Stufentransformator. Öfen dieser Bauart sind u. a. von W. FEHSE beschrieben worden [383].

Die Verwendung von Wolframblechen an Stelle solcher aus Molybdän kann beim Ausglühen von Wolframwendeln in einer Schutzgasatmosphäre den Vorteil haben, daß eine eventuelle Legierungsbildung zwischen dem Heizleiter und dem Wolframglühgut vollständig ausgeschlossen ist.

11.65 *Öfen mit Wolframrohren als Heizelement*

Bei diesen Öfen handelt es sich mehr oder weniger um Spezialkonstruktionen, die nur für die Verwendung höchster Ofentemperaturen vorgesehen sind. Sie sind vom Standpunkt der Hochtemperaturtechnik aus gesehen besonders von Interesse. Molybdän wäre an sich auch als Heizelement bei dieser Ofengattung geeignet, wird aber im Hinblick auf den speziellen Verwendungszweck dieser Öfen für höchste Temperaturen kaum angewendet.

Gegenüber dem Kohlerohrofen, der an sich auch verhältnismäßig hohe Temperaturen annimmt, besitzt der Wolframrohrofen den Vorteil einer absolut sauberen Atmosphäre (meist Wasserstoff, jedoch unter Umständen auch Edelgas). Die Verwendung von Vakuumöfen mit Wolframrohren ist ebenfalls technisch möglich.

Die Öfen, welche meist nur einen laboratoriumsartigen Charakter haben, sind mit einem geschlossenen Wolframrohr als Heizleiter ausgerüstet. Die Herstellung dieser Rohre geschieht auf verschiedene Weise. Es kann z. B. ein Wolframblech zu einem Rohr gebogen und punktförmig auf seiner Naht verschweißt werden. Rohre mit starkem Querschnitt stellt man auf folgende Weise her: Ein vorgesinterter Wolframstab wird durch Ausbohren und Abdrehen zu einem möglichst dünnwandigen Rohr verarbeitet. Nach dieser Formgebung wird das Rohr in einem mit Wolfram- oder Molybdänheizleitern versehenen Draht- oder Blechglühofen bei Temperaturen von mindestens 2000° C nachgesintert, um einem weiteren Schwund beim Einsatz vorzubeugen. Noch günstiger erscheint die Hochsinterung durch induktive Erwärmung, da bei geeigneter Anpassung Temperaturen erzielt werden, welche weit über dem Bereich der Gebrauchstemperatur liegen. Zur Herstellung derartiger Formteile ergeben sich zweifellos neue Möglichkeiten, wenn man von einem gut sinterfähigen Wolframpulver ausgeht, welches schon bei niederen Temperaturen möglichst dicht sintert.

Eine dritte Möglichkeit der Formgebung besteht darin, daß man Wolframpulver in einem Gummischlauch von Hand aus einstampft und diesen in einem mit Wasser gefüllten Behälter hydrostatisch unter Anwendung eines Innenkernes preßt. Da sich in Wasser der durch den Stempel ausgeübte Druck nach allen Richtungen gleichmäßig fortpflanzt, gelingt es, zylindrische Rohre größerer Länge von gleichmäßiger Dichte und Stärke herzustellen. Das Verfahren ist unter anderen von F. Skaupy [386] beschrieben worden.

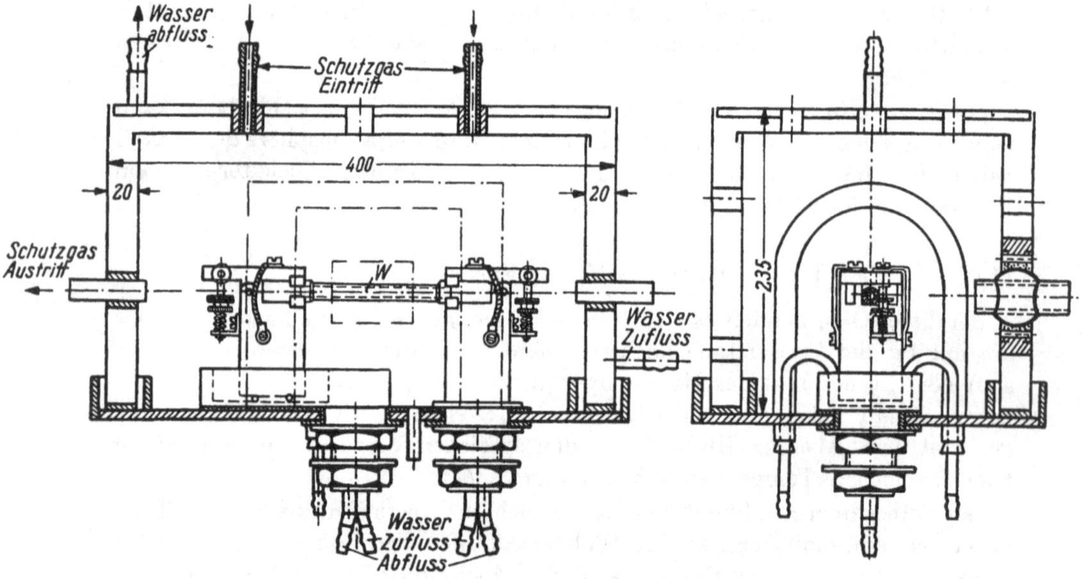

Abb. 166. Wolframstabofen (nach M. Pirani, F. Skaupy u. W. Fehse)

Als Beispiel für einen Wolframrohrofen wird eine Konstruktion wiedergegeben, die von W. Fehse nach Angaben von F. Pirani und F. Skaupy erarbeitet wurde [387].

Das Wolframrohr ist zwischen Kontaktbacken, die auf Rollen beweglich angeordnet sind, eingespannt. Auf diese Weise bleibt das Rohr auch bei Verlängerung infolge der Wärmeausdehnung bei hohen Temperaturen oder bei Schrumpfung infolge Abkühlung auf niedere Temperaturen vollständig spannungsfrei. Der Strom wird durch die aus Kupfer bestehenden Kontaktbacken zugeführt. Davon ist die eine, wie oben erwähnt, mit Stahlrollen versehen und in einem mit Quecksilber gefüllten Kasten frei verschiebbar angeordnet. Die andere Klemme ist unbeweglich. Bei einer neueren Konstruktion ist die Verwendung des Quecksilbers vermieden worden [383]. Der Kasten und die feste Kontaktbacke sind wassergekühlt. Das obere Kontaktstück wird durch Wolframfedern fest auf das Rohr gedrückt. In die Berührungsstellen der Kupferkontaktbacke mit dem Wolframrohr sind dicke Mo-Bleche eingelassen.

Oberhalb des Rohres befinden sich zwei Mo-Bleche als Strahlungsschutz. Umgeben ist der Ofen von einem wassergekühlten Schutzkasten, durch den während des Betriebes ein reduzierendes oder indifferentes Gas geleitet wird.

In Abb. 166 ist die Konstruktion des geschilderten Wolframrohrofens nach PIRANI, ŠKAUPY und FEHSE schematisch dargestellt.

J. H. RENDALL [388] beschreibt einen vertikalen Sinterofen mit einem Wolframrohr als Heizleiter, der bis zu Temperaturen von 2400° C in Wasserstoff oder Hochvakuum betrieben werden kann. Die Konstruktion dieses Ofens ist im Schnitt in Abb. 167 gezeigt.

Abb. 168 zeigt eine andere Ausführungsform eines mit einem Wolframrohr versehenen Hochtemperatur-Vakuumofens, der nach Angaben von KIEFFER und HOTOP [10] bis zu Temperaturen von 3000° C verwendet werden kann. Zur Wärmeisolierung dieses Ofens wird Wolframwolle benutzt. Der Tiegel, in welchem der Schmelzprozeß vorgenommen wird, ruht auf einer massiven Unterlage aus Zirkonoxyd, die im unteren Teil durch eine wasserdurchspülte Kupferspirale gekühlt wird.

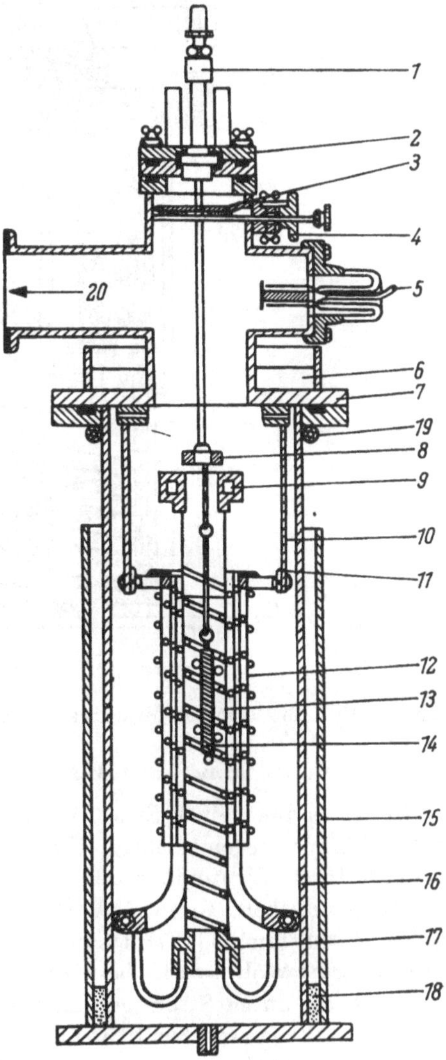

Abb. 167. Sinterofen mit Wolframrohr als Heizkörper

1 — Wilsonverschluß; *2* — Flansch mit Bohrung und Schauglas; *3* — Klappe; *4* — Wilsonverschluß mit Stange zur Betätigung der Klappe; *5* — Ionisationsmesser; *6* — Wasserbehälter; *7* — obere Abdeckplatte; *8* — Stahlplatte; *9* — wassergekühlte Platte; *10* — Stahlbänder; *11* — Stahlring; *12* — Strahlungsabschirmung; *13* — Wolframrohr; *14* — Sintergut; *15* — äußere Kupferabschirmung; *16* — innere Kupferabschirmung; *17* — Kupferblock; *18* — Sand (zur Regulierung des Wasserstandes); *19* — Kühlwasserrohr mit Düsen; *20* — zur Diffusionspumpe

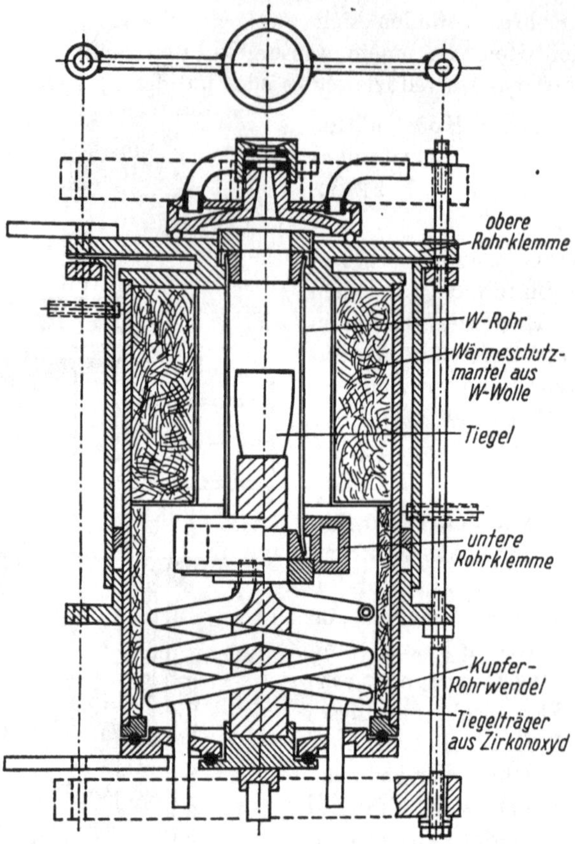

Abb. 168. Hochtemperaturvakuumofen mit Wolframrohr als Heizkörper

11.66 *Spezialanordnung zur Ausbildung als Heizstrahler*

Die Ausbildung eines Strahlers als Heizkörper ist für die Meßtechnik bei hohen Temperaturen wichtig. Um auch hier die Möglichkeiten anzudeuten, die sich durch Verwendung des Wolframs für die Messung von höheren Temperaturen ergeben, ist in Abb. 169 eine Anordnung wiedergegeben, die von C. ZWIKKER stammt [187]. In diesem Fall wird als schwarzer Strahler ein axial durchbohrter Wolframstift benutzt. Um den Stift ist eine Wolframspirale angeordnet, die durch Strom geheizt wird. Diese Spirale sendet Elektronen aus, welche durch die zwischen Stift und Spirale angelegte Spannung von 2000 Volt beschleunigt werden und mit so großer Geschwindigkeit auf den Wolframstift auftreffen, daß die Aufheizung durch das Elektronenbombardement erfolgt.

Mit dieser hier wiedergegebenen kurzen Übersicht über die Verwendung des Wolframs und Molybdäns in der Ofenbautechnik ist der Zweck verfolgt worden, Möglichkeiten aufzuzeigen, welche die Anwendung dieser beiden hochschmelzenden Metalle als Heizleitermaterial zulassen. Bezüglich Einzelheiten sei auf

Spezialliteratur verwiesen. Erwähnenswert scheint die Tatsache, daß die weitere Vervollkommnung der Ofenbautechnik im Gebiet hoher und höchster Temperaturen große Bedeutung für Industrie und Technik erlangt hat.

11.70 Verwendung von Wolfram als Kontaktmaterial

Eine sehr bedeutende und technisch wichtige Anwendung hat das Wolfram auf dem Gebiet der Kontaktwerkstoffe gefunden. Die Verwendung des Wolframs für diesen Zweck ist schon eine sehr alte und begann etwa Anfang der zwanziger Jahre. Dieses Metall ergibt für sich allein, aber auch in Form von Pseudolegierungen (Verbundmetallen) mit Kupfer oder Silber Kontaktwerkstoffe, die sich für viele Schaltvorgänge als Abhebekontakte hervorragend eignen. Wolframkontakte spielen daher heute eine sehr wesentliche Rolle unter den modernen Kontaktwerkstoffen. Der Bedarf an Kontakten aus reinem Wolfram in der Elektrotechnik und vor allem im Fahrzeugbau ist ein sehr großer. Die Bedeutung der hochwolframhaltigen Pseudolegierungen der Systeme Wolfram-Kupfer und Wolfram-Silber, zum Teil auch des Systems Molybdän-Silber, als Kontaktwerkstoff nimmt ständig zu.

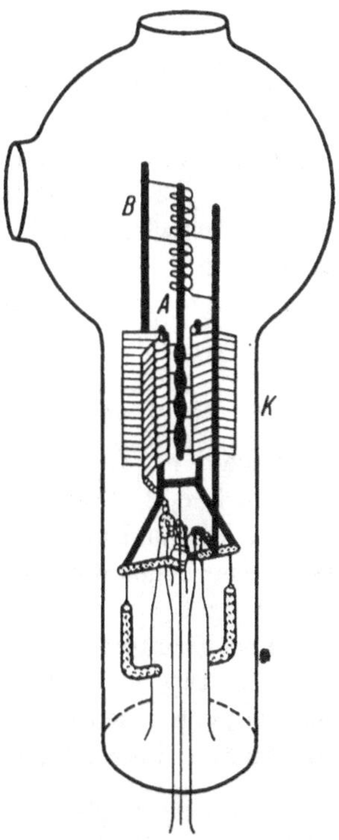

Abb. 169. Anordnung eines Wolframstiftes als schwarzer Körper im Heizstrahler (nach C. ZWIKKER) K = Kolben, A = Wolframstift, B = Stromzuführungen

Die große Bedeutung des Wolframs für sich allein als Kontaktwerkstoff liegt darin, daß es bei befriedigender elektrischer Leitfähigkeit (spez. elektrischer Widerstand: ca. 0,05 Ohm · mm²/m) eine sehr hohe Härte (Brinellhärte 400 und mehr kg/mm²) und eine große Widerstandsfähigkeit gegen Verschleiß besitzt. Seine Oxydationsbeständigkeit an Luft ist dagegen nicht sehr gut, aber für viele Schaltvorgänge, im besonderen bei nicht zu hohen Strombelastungen, ausreichend.

11.71 *Kontakte aus kompaktem Wolfram*

Wolframkontakte werden entweder aus Blechen oder aus rundgehämmerten Stäben hergestellt, und zwar als kompakter, dichter Werkstoff. Aus Wolframblechen lassen sich auch durch Herausstanzen Kontakte sehr geringer Stärke herstellen. Der dabei eintretende Abfall ist groß. Gestanzte Kontakte zeigen aber im Vergleich zu Kontakten aus rundgehämmerten Stäben geringe Leistungen im praktischen Gebrauch. Dies hat seine Ursache darin, daß bei ihnen die Kontaktoberfläche in der Walzrichtung der Bleche liegt. Demgegenüber ist es vorteilhafter, wenn die Kontaktoberfläche senkrecht zur Faserstruktur des Materials liegt, was bei den durch Zerschneiden von rundgehämmerten Wolframstäben hergestellten Kontakten der Fall ist.

11.711 Wolframkontakte aus gestanzten Blechen

Die Kontakte werden in den verlangten Durchmessern in Stärken von 0,1 bis maximal 0,8 mm aus Blechen herausgestanzt. Es wird in der Regel reines Wolfram verwendet, ohne jegliche Zusätze. Das Verfahren ist teurer als die Herstellung aus rundgehämmerten Stäben, da die Erzeugung von Wolframblechen schwierig und zeitraubend ist. Kontakte mit gewölbter Oberfläche lassen sich auf diese Weise nicht herstellen. Wolframkontakte, erzeugt durch Stanzen von Blechen, werden daher heute in größerem Umfange kaum noch hergestellt.

11.712 Wolframkontakte aus rundgehämmerten Stäben

Üblicher ist die Erzeugung von Wolframkontakten aus rundgehämmerten Stäben. Die Wolframstäbe müssen dabei weitgehend durch Verformung verdichtet sein und eine Dichte aufweisen, die beim reinen Wolfram nicht unter 19,0 g/cm³ liegen darf. Dies bedeutet, daß Kontakte mit größerem Durchmesser aus rundgehämmerten Stäben erzeugt werden müssen, die durch Verarbeitung von hochgesinterten Stäben eines größeren Querschnittes hergestellt worden sind. In Tabelle 87 sind Richtwerte für diejenigen Stabquerschnitte wiedergegeben, von denen zur Herstellung von Kontakten verschiedenen Durchmessers zweckmäßig ausgegangen werden muß.

Tabelle 87

Kontaktdurchmesser in mm	Querschnitt der hochgesinterten Stäbe in mm × mm
6–8	18 × 18 bzw. 20 × 20
4–6	12 × 12 bzw. 15 × 15
3–4	10 × 10
2–3	8 × 8
1,5–2	6 × 6

Ein Nachteil bei der Erzeugung von Kontakten aus rundgehämmerten Wolframstäben ist der, daß — selbst bei Verwendung dünner Trennscheiben — ein nicht unerheblicher Materialverlust unvermeidbar ist. Dieser ist natürlich prozentual um so größer, je kleiner die Stärke (Höhe) des Kontaktes ist.

Die verwendeten rundgehämmerten Stäbe werden, was bei der Herstellung der Kontakte im Automaten notwendig ist, zunächst in der Wärme gerichtet und meist auch in einer spitzenlosen Rundschleifmaschine überschliffen. Eine wirtschaftliche Erzeugung der meist in größeren Stückzahlen herzustellenden Kontakte ist nur mittels eines zweckentsprechenden Schleifautomaten möglich. In diesem Automaten wird der maschinell zugeführte, rundgehämmerte Wolframstab mittels dünner Trennscheiben aus Siliziumkarbid (Stärke etwa 0,2 bis 0,3 mm) auf die verlangte Kontaktstärke geschnitten. Mitunter erfolgt auch noch ein Bombieren eines Teiles der Kontakte, was gleichfalls mit entsprechend geformten Schleifscheiben aus Siliziumkarbid im Automaten geschieht. Häufig wird nämlich ein Kontaktpaar verwendet, bei welchem der eine Kontakt eine glatte, plane, der andere dagegen eine gewölbte, bombierte Oberfläche besitzt. Neuerdings hat man auch versucht, die Gesichtspunkte eines elektroabrasiven Schleifens auf die Herstellung von gehämmerten Wolframkontakten im Automaten anzuwenden.

Die Oberfläche der Kontakte muß sauber geschliffen sein. Das Auftreten von Unebenheiten ist für die Leistung der Kontakte unvorteilhaft. Die Befestigung der Kontakte auf dem Trägerwerkstoff kann auf verschiedene Weise erfolgen. Häufig werden die Kontakte durch Auflöten mit Kupfer oder anderen Loten auf dem Träger befestigt. Jedoch ist auch eine Aufbringung der Wolframkontakte mittels Punktschweißmaschine möglich, vor allem, wenn das Trägermaterial aus Kupfer besteht.

Verwendet wird auch bei dieser Art von Wolframkontakten fast ausschließlich reines Wolfram. Es sind aber auch zahlreiche Vorschläge bekannt geworden, bei denen kleinere metallische Zusätze, wie z. B. Molybdän, oder auch solche nichtmetallischer Art, wie z. B. Thoroxyd, empfohlen werden.

In Tabelle 88 sind die in einigen ausländischen Fabrikaten analytisch festgestellten Zusätze in Kontakten aus rundgehämmertem Wolfram zusammengestellt.

Tabelle 88

Fabrikat	festgestellte Zusätze
USA	0,5% Mo
England I	rein
England II	0,38% ThO_2
Deutschland	rein
Österreich I	0,7% ThO_2
Österreich II	0,12% Mo

Ob Zusätze der obengenannten Art und Menge für die Schaltleistung von gehämmerten Wolframkontakten vorteilhaft sind, ist bisher noch nicht genügend geklärt. Die Meinungen hierüber sind zunächst noch geteilt.

Mit dem Zusammenhang zwischen dem Mikrogefüge des Wolframs und seiner Eignung als Kontaktmaterial für niedrige Spannungen hat sich neuerdings R. Bernhard (3. internationales Planseeseminar, Juni 1958, Reutte) beschäftigt. Danach scheint ein langfaseriges, sehr feines Gefüge für die gute Funktion der Kontakte vorzuziehen sein, während grobkörnige, kurzfaserige oder rekristallisierte Gefüge allgemein zu Funktionsfehlern Veranlassung geben, da dadurch die Oberflächenoxydation und die Werkstoffwanderung zwischen den Elektroden begünstigt werden.

Das Anwendungsgebiet der gehämmerten Wolframkontakte ist ein relativ vielseitiges. Der größte Bedarf liegt für die Kontakte von Zündunterbrechern in Kraftfahrzeugen vor, bei denen die Zündung etwa bei 6 bis 24 Volt und bei einer Stromstärke von etwa 2 Amp. erfolgt.

Bezüglich des Verhaltens der Wolfram- und anderer pulvermetallurgisch hergestellter Kontakte bei den Schaltvorgängen und bezüglich der Anwendung dieser Kontakte sei auf die ausführliche Darstellung von A. VAMBERSKY verwiesen.

11.713 Kontakte aus gut sinterfähigem Wolfram

Eine Neuentwicklung von Wolframkontakten ist in letzter Zeit zu verzeichnen, welche auf Grund der Forschungsarbeiten in der CSR gefördert wurde [145, 148, 149]. Es wird dabei die unter bestimmten Bedingungen erreichbare Sinterfähigkeit des Wolframs, welche schon durch Wärmebehandlung bei verhältnismäßig niedrigen Temperaturen zu nahezu dichten Sinterkörpern führt, technisch ausgenutzt. Auf diese Weise ist eine höchst wirtschaftliche Erzeugung von Wolframkontakten möglich. Während bisher Wolframkontakte aus Blechen oder rundgehämmerten Stäben in jedem Fall auf dem Zwischenweg der Sinterung bei Temperaturen bis dicht unterhalb des Schmelzpunktes hergestellt, also bei Temperaturen von 3200 bis 3300° K gesintert werden mußten, ist nach dem neuen Verfahren eine Wärmebehandlung von nur 1300° C erforderlich. Voraussetzung hierfür ist die Verwendung einer geeigneten Wolframsäure, die bei ihrer unter bestimmten Bedingungen vorgenommenen Reduktion zu einem gut sinterfähigen Wolframmetallpulver führt. Die Bedingungen sind im einzelnen im Kapitel 7.00 eingehend dargelegt worden, soweit die bis z. Z. gewonnenen Erkenntnisse dies zulassen.

Interessant ist, daß anscheinend auch in jüngster Zeit im Ausland der Versuch gemacht wurde, Wolframkontakte durch Verarbeitung von Wolframpulver herzustellen, welches bereits bei niedrigen Temperaturen relativ dicht sintert. So ist Prospekten der Fansteel Corporation (USA) aus dem Jahre 1952 zu entnehmen, daß diese Firma ein Wolframkontaktmaterial herstellt, bei welchem auf Grund des Fehlens jeglicher Faserstruktur und im Hinblick auf die gegenüber gehämmerten Wolframkontakten niedrigere Dichte (18,2 bis 18,5 gegenüber 19,0 g/cm^3) angenommen werden muß, daß bei ihm gleichfalls die unter Umständen gute Sinterfähigkeit des Wolframs ausgenutzt wird. Ob aber die Sinterung der Erzeugnisse der Fansteel Corp. bei so niedrigen Temperaturen (1150 bis 1300° C) vorgenommen wird wie bei den in der CSR hergestellten Produkten, erscheint zweifelhaft. Wahrscheinlich erfolgt die Sinterung bei Temperaturen oberhalb 1600° C.

Die Herstellung der Kontakte aus gut sinterfähigem Wolfram erfolgt in der üblichen pulvermetallurgischen Weise. Das sehr reine und feinkörnige Metallpulver, welches bei der Reduktion keine wesentliche Kornvergrößerung gegenüber der verwendeten Ausgangssäure ergeben darf, wird mit spezifischen Drücken von 3 bis 4 t/cm^2 gepreßt. Das Pressen erfolgt aus wirtschaftlichen Gründen auf einer Tablettenpresse oder einem Preßautomaten. Bei der Festlegung der Größe der Preßlinge muß die während der Sinterung zu erwartende lineare Schwindung berücksichtigt werden. Die Sinterung erfolgt bei 1300° C in einem mit Molybdänheizleitern versehenen Durchgangsofen mit einer Zeitdauer von 1 Std.

Zur Verbesserung der Sinterfähigkeit des Wolframs werden dem Metallpulver vor dem Pressen kleinere Zusätze an Nickel in Mengen von 1 bis 2% hinzugesetzt. Die Einbringung des Nickelzusatzes kann entweder durch inniges Hinzumischen von reinem, gut ausreduziertem Nickelpulver zum Grundmetall Wolfram oder durch Tränkung der Grundkomponente mit einem Nickelsalz (z. B. Nickelchlorid $NiCl_2 \cdot 6\,H_2O$) erfolgen. In diesem Fall ist eine Nachreduktion des getränkten Pulvers notwendig. Die Tränkung ist für das Kontaktverhalten günstiger als das Zumischen der Nickelkomponente.

Die auf diese Weise hergestellten Wolframkontakte aus gut sinterfähigem Metall zeigen eine Dichte von 17,8 bis 18,3 g/cm³ und mehr sowie eine Härte von 380 bis 400 kg/mm² und mehr (Vickers).

Eine weitere Verbesserung der Eigenschaften von Kontakten aus gut sinterfähigem Wolfram läßt sich dadurch erzielen, daß die Oberfläche der auf 1300 bis 1400° C angewärmten Sinterkörper durch einen leichten Schlag verdichtet wird. Die dabei eintretende Stauchung darf nur zu einer Höhenabnahme führen, die unter 10% liegt. Ebenfalls günstig für das Kontaktverhalten ist die Anbringung einer geriffelten Oberfläche. Zu diesem Zweck wird an den gepreßten oder den bei niederen Temperaturen (ca. 900 bis 1000° C) vorgesinterten Körpern ein Netzwerk von sich senkrecht kreuzenden Rillen angebracht (Rillenbreite 0,1 bis 0,2 mm, Abstand der Rillen voneinander ca. 0,2 bis 0,3 mm). Bekanntlich ist die Berührung zwischen den Oberflächen eines Kontaktpaares eine punktförmige. Der Bogen wird an einem bestimmten, hervorstehenden Teil der Kontaktoberfläche gezogen, nach seiner Abtragung an einem zweiten Punkt, dann an einem dritten und sofort. Es ist verständlich, daß sich dies für die Lebensdauer der Kontakte günstig auswirken muß. Besonders günstig ist das Kontaktverhalten dann, wenn ein Kontaktpaar aus gut sinterfähigem Wolfram verwendet wird, dessen einer Teil aus reinem, an der Oberfläche leicht verdichtetem Wolfram und dessen anderer Teil aus Wolfram mit 1 bis 1,5% Nickel, eingebracht durch Tränkung, besteht und wobei die Oberfläche dieses Kontaktes geriffelt ist.

In Tabelle 89 ist das Ergebnis von Untersuchungen über das Verhalten von Kontakten aus gut sinterfähigem Wolfram mit verschiedener Vorbehandlung und verschiedenen Zusätzen im Vergleich zu gehämmerten Wolframkontakten wiedergegeben [389]. Die Prüfbedingungen waren folgende: Gleichspannung 24 Volt, Stromstärke 1,0 Amp., Ohmsche Belastung, Kontaktdurchmesser ca. 6 mm, Einschaltdauer 18,5 m/sec, Ausschaltdauer 7,8 m/sec, Schalthäufigkeit (Anzahl der gesamten Schaltungen) 800000. Gemessen wurden die Gewichtsveränderungen an der Anode und der Kathode sowie der Übergangswiderstand nach verschiedener Schaltzahl.

Tabelle 89

Ergebnis der Prüfung verschiedener Arten von W-Kontakten

Art der Kontakte	Gewichtsänderung in mg nach 800000 Schaltungen		Durchgangswiderstand in Ohm nach Std.				
	+	–	0	0,5	1	3	6
W + 1,5% Ni, Ni zugemischt	0,5	0,6	0,09	0,04	0,04	0,04	45
W + 1,5% Ni, angetränkt mit Ni-Salz .	0,7	0,6	0,13	0,04	0,04	0,04	1,5
reines Wolfram Oberfläche gerillt . . .	0,2	1,2	0,04	0,04	0,06	–	0,08
W + 1,5% Ni, Oberfläche gerillt . . .	0,6	0,7	0,04	0,04	0,04	0,04	0,07
reines Wolfram Oberfläche verdichtet .	0,4	0,5	0,06	0,22	0,75	8,0	380
W + 1% Ni, Oberfläche verdichtet .	0,4	0,7	0,04	0,04	0,08	0,27	0,39
W + 2% Ni, Oberfläche verdichtet .	0,5	0,8	0,05	0,04	0,08	0,75	60
Wolfram, gehämmert . .	0,7	0,9	0,06	0,05	0,07	0,06	0,06
Anode: reines Wolfram Oberfläche gerillt . . .	–	–	0,04	–	–	–	0,06
Kathode: W + 1% Ni, Oberfläche verdichtet .							(0,08)

Bedingungen: Gleichstrom, Spannung 24 V, Stromstärke 1 A, Luftzwischenraum 1 mm, Frequenz 38/s, Einschaltzeit 18,5 ms, Ausschaltzeit 7,8 ms, Anzahl der Schaltungen in 6 Std. 800000.

Aus den Zahlenwerten der Tabelle ist ersichtlich, daß die besten der untersuchten Kontaktpaare aus gut sinterfähigem Wolfram annähernd dieselbe Leistung bei den Schaltvorgängen zeigen wie Kontakte aus gehämmertem Wolfram ausländischer Provenienz.

Über das Anwendungsgebiet der Kontakte aus gut sinterfähigem Wolfram lassen sich noch keine endgültigen Angaben machen. Es ist aber bereits eine Anzahl von Anwendungsfällen bekannt geworden, bei denen sich diese neuartigen und billigen Wolframkontakte sehr gut bewährt haben. Jedenfalls kann dieser Neuentwicklung eine aussichtsreiche Prognose gestellt werden.

11.72 *Kontakte aus Verbundmetallen*

Neben den Kontakten aus mehr oder weniger reinem, kompaktem Wolfram haben in den letzten 10 Jahren eine große Bedeutung in der Elektrotechnik sogenannte Pseudolegierungen als Kontaktwerkstoff gewonnen. Diese Werkstoffe bestehen zu einem überwiegenden Teil aus Wolfram oder Molybdän, denen zur Verbesserung der thermischen und vor allem elektrischen Leitfähigkeit Kupfer oder Silber in einer gegenüber dem Wolfram geringeren Menge hinzugegeben werden. Bei diesen Werkstoffen handelt es sich im eigentlichen Sinne nicht um Legierungen, sondern vielmehr um ein Gemisch einer harten, verschleißfesten Komponente (Wolfram bzw. Molybdän) mit einer weicheren, aber gut elektrisch und thermisch leitfähigen zweiten Komponente (Kupfer, Silber). Aus diesem Grunde gibt der Kontaktwerkstoff entsprechend seiner jeweiligen Zusammensetzung mehr oder weniger genau additiv die Eigenschaften der einzelnen Komponenten wieder. So ist z. B. die Dichte der kompakten Kontaktverbundwerkstoffe bei dieser Art von Materialien aus der Mischungsregel gemäß der Formel

$$\left(s = \frac{100}{\frac{A}{s_1} + \frac{B}{s_2}}\right)$$

berechenbar. Hierin sind s_1 und s_2 die Dichten (W 19,3, Mo 10,2, Cu 8,93, Ag 10,5 g/cm^3) und A und B die prozentualen Gewichtsanteile der einzelnen Komponenten.

In Abb. 170 ist für die Pseudolegierungen des Systems W-Cu der Dichteverlauf, wie er unter bestimmten Herstellungsbedingungen annähernd auch praktisch erreicht werden kann, in Abhängigkeit von der Zusammensetzung nach R. KIEFFER und W. HOTOP [10] wiedergegeben.

Abb. 171 zeigt die Abhängigkeit der Brinellhärte und Abb. 172 diejenige der elektrischen Leitfähigkeit von der Zusammensetzung des Systems W-Cu nach den gleichen Autoren [10]. In Tabelle 90 schließlich sind ebenfalls nach R. KIEFFER und W. HOTOP [10] die Eigenschaften von Pseudolegierungen des Systems W-Ag wiedergegeben.

Es ist klar, daß auf diese Weise Werkstoffe entstehen, die durch Kombination der Eigenschaften beider Komponenten ein sehr günstiges Verhalten für viele Schaltvorgänge aufweisen. Kontaktwerkstoffe der Systeme W-Cu, W-Ag und z. T. auch Mo-Ag werden heute in vielen Ländern hergestellt und besonders für Schaltvorgänge, bei denen hohe Belastungen auftreten, mit Erfolg verwendet. In Österreich werden diese Kontakte z. B. von den Metallwerken Plansee G. m. b. H., Reutte-Tirol, unter der Bezeichnung Elmet-

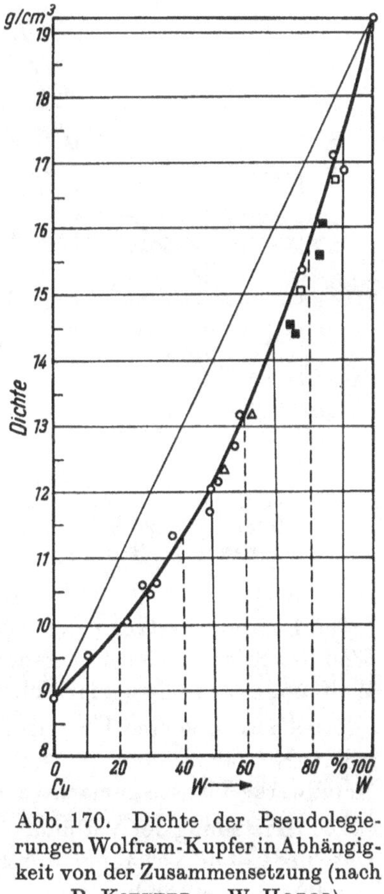

Abb. 170. Dichte der Pseudolegierungen Wolfram-Kupfer in Abhängigkeit von der Zusammensetzung (nach R. KIEFFER u. W. HOTOP)

Rotung (Wolfram-Kupfer) und Elmet-Silvung (Wolfram-Silber) erzeugt. Das amerikanische Elkonit ist gleichfalls ein hochwolframhaltiger Verbundwerkstoff. In der CSR werden diese Kontaktwerkstoffe unter der Markenbezeichnung ASKO A (Wolfram-Kupfer) und ASKO F (Wolfram-Silber) hergestellt. Die hinter der Askomarke wiedergegebene Zahl (z. B. Asbo A 76) gibt den Gehalt an Wolfram der Pseudolegierung an (z. B. 76% W).

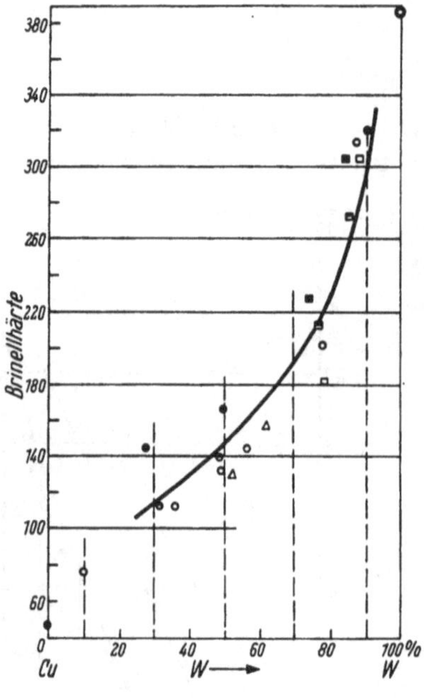

Abb. 171. Brinellhärte von Pseudolegierungen Wolfram-Kupfer in Abhängigkeit von der Zusammensetzung (nach R. Kieffer u. W. Hotop)

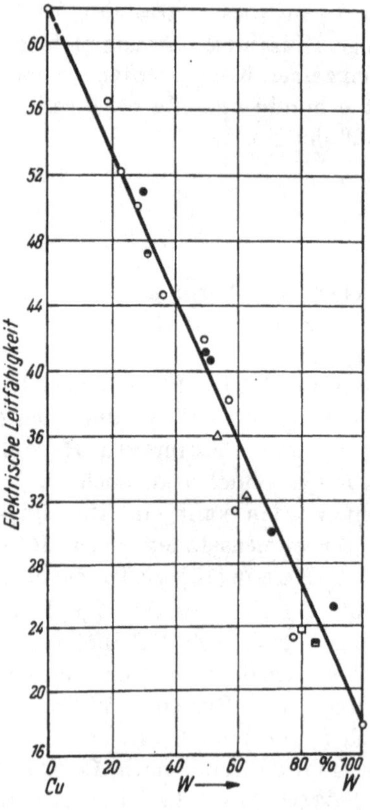

Abb. 172. Abhängigkeit der elektrischen Leitfähigkeit von Pseudolegierungen des Systems W-Cu von der Zusammensetzung (nach R. Kieffer u. W. Hotop)

Die Zusammensetzung der handelsüblichen Kontaktwerkstoffe des Systems Wolfram-Kupfer schwankt zwischen 40 bis 80, in Ausnahmefällen auch 85% Wolfram, die des Systems Wolfram-Silber zwischen 30 und 70% Wolfram.

Tabelle 91 gibt eine Übersicht über das Anwendungsgebiet der Elmet- und ASKO-Kontakte, wobei wir uns im wesentlichen an die in den Prospekten der Metallwerke Plansee gemachten Angaben gehalten haben.

Die Herstellung der Verbundkontakte in der besprochenen Art kann nach den verschiedensten Verfahren durchgeführt werden. In Österreich sind folgende Verfahren in Anwendung:

a) Mischen der feinkörnigen Metallpulver in den gewünschten Verhältnissen, Pressen der Pulvermischungen, Sintern bei Temperaturen dicht unterhalb des Schmelzpunktes des Kupfers oder Silbers, bei Mo-Ag-Verbundmetallen

Tabelle 90

Physikalische Eigenschaften von Pseudolegierungen W-*Silber und* Mo-*Silber* (nach KIEFFER u. HOTOP)

W % etwa	Ag % etwa	Dichte g/cm³ etwa	Brinellhärte kg/mm² etwa	Elektr. Leitfähigkeit m/mm² etwa
30	70	12,1	50—60	47—51
50	50	13,5	90—100	39—41
60	40	14,4	110—120	35—37
65	35	14,7	120—140	33—35
75	25	15,8	160—180	28—30
80	20	16,3	200—220	26—28
85	15	17,0	210—230	24—25
Mo% etwa	Ag % etwa			
60	40	10,32	125—150	36—38
65	35	10,29	150—160	34—36
70	30	10,28	160—180	32—34
75	25	10,27	175—190	30—32
80	20	10,25	180—210	28—30

Tabelle 91

Eigenschaften und Verwendung von Kontakten mit der Bezeichnung ASKO und Elmet

Bezeichnung	Annähernde Zusammensetzung	Anwendung	Eigenschaften
ASKO A 60 (Elmet Rotung d)	60% W + 40% Cu	mittlere Spannung unter Öl	große elektr. Leitfähigkeit mittlerer Härte
ASKO A 67 (Elmet Rotung g)	65% W + 35% Cu	höhere Spannung	große Härte, verhältnismäßig gute elektr. Leitfähigkeit
ASKO A 76 (Elmet Rotung p)	76% W + 24 % Cu	noch höhere Spannung	dto., aber noch härter
ASKO A 76a	76% W + 22% Cu + 1,5% Ni + 0,5% Co	Hochspannung	noch härter als oben angeführt
ASKO F 70 (Elmet Silvung p)	30% Ag + 70% W	mittlere Spannung	geringer Durchgangswiderstand, gute bis sehr gute elektr. Leitfähigkeit
Elmet L	96,7% Co + 2,8% Ag	mittlere Spannung	kleiner Durchgangswiderstand, sehr hohe elektr. Leitfähigkeit

auch um 100 bis 200° C oberhalb des Silberschmelzpunktes. Die Sinterprodukte, welche die Form und Abmessungen der Bohrung des Rezipienten haben, werden dann bei höheren Temperaturen nach dem Strangpreßverfahren weiter verarbeitet. Das Verfahren wird für Verbundmetalle mit nicht allzu hohem Wolframgehalt (maximal 65%) angewendet.

b) Wolframmetallpulver, welches durch Zerkleinern von gesinterten Wolframstäben hergestellt wird, tränkt man mit dem niedriger schmelzenden Metall (Kupfer oder Silber). Hierbei wird entweder eine Auflage- oder bei Stücken größerer Abmessung die Tauchtränkung angewandt, wenn es sich um hoch wolframhaltige Kontaktsorten mit etwa 65 bis 80% W handelt. Nach Angaben einer Patentschrift der Metallwerke Plansee soll auch bei den so hergestellten hochwolframhaltigen Verbundkörpern ein Strangpressen möglich sein. Ob in dieser Weise gearbeitet wird, erscheint jedoch zweifelhaft, da nach den Angaben der gleichen Patentschrift außergewöhnlich hohe Drücke und Temperaturen erforderlich sind, die man technisch nur sehr schwer beherrschen kann.

In anderen Ländern wird teilweise nach diesen beiden Standardverfahren gearbeitet. Man beschreitet aber auch andere Wege, vor allem deshalb, um das technisch recht schwierige Strangpressen der relativ spröden Massen bei höheren Temperaturen und Drücken zu vermeiden. Die dabei angewendeten Verfahren sind unter anderem folgende:

a) Anwendung der an sich in der Pulvermetallurgie bekannten Mehrfachpreß- und -sintertechnik, jedoch mit dem Unterschied, daß das Nachverdichten der gesinterten Körper mit Drücken erfolgt, die mindestens doppelt so hoch liegen wie die beim ersten Pressen aufgewendeten [390]. Das Verfahren kommt bei der Herstellung von Kontaktwerkstoffen mit höheren Gehalten der niedrig schmelzenden Komponente in Betracht.

b) Die Sinterung erfolgt bei Temperaturen, die bei Pseudolegierungen des Systems Wolfram-Kupfer um 150 bis 300° C höher liegen als der Kupferschmelzpunkt und bei Legierungen des Systems Wolfram-Silber um 100 bis 150° C höher als der Silberschmelzpunkt [391]. Gegebenenfalls kann eine Nachverdichtung bei hohen Drücken vorgenommen werden, wie unter a) beschrieben. Tränkt man die so hergestellten Sinterkörper noch nachträglich mit kleinen Mengen an Silber, so kann man zu vollständig dichten Körpern gelangen. Dieses Verfahren kommt vor allem bei nicht zu hoch wolframhaltigen Pseudolegierungen zur Anwendung.

c) Einführung der Cu- oder Ag-Komponente dadurch, daß man das Wolframmetallpulver mit einer wässerigen Salzlösung dieser Metalle zwecks besserer Verteilung der zweiten Komponente im Grundmetall tränkt. Der eingedampfte Brei wird getrocknet, nachreduziert und in der üblichen Weise nach einem der Standardverfahren oder einer der im vorstehenden beschriebenen Methoden weiterverarbeitet [392].

d) Eine noch innigere Verteilung der niedrig schmelzenden Komponente im Grundmetall läßt sich dadurch erzielen, daß man von einer Verbindung des Wolframs mit dem Kupfer oder Silber, also von Kupfer- oder Silberwolframat ausgeht [393]. Das Wolframat wird mit Wasserstoff bei Temperaturen von 900 bis 1000° C zu einer innigen Mischung der Metallpulver reduziert. Der beabsichtigte Gehalt an Wolfram in der Pseudolegierung kann gegebenenfalls durch Hinzumischung der berechneten Wolframmenge zu der reduzierten Pulvermischung eingestellt werden.

Verschiedene Verfahren zur Herstellung von Silberwolframat wurden in letzter Zeit von G. F. Hüttig, A. Vidmajer und E. Koberstein [394] veröffentlicht. Sie untersuchten die Eigenschaften der Pulvermischungen, die aus den auf verschiedene Weise hergestellten Silberwolframaten reduziert wurden. Hierbei wurde festgestellt, daß die Korngröße der reduzierten Pulver viel feiner war als die nach den bekannten Verfahren hergestellten Metallpulver.

Bei den vorstehend genannten Verfahren ist es nicht notwendig, eine nachträgliche Verarbeitung des Materials durch Strangpressen vorzunehmen. Es können, bei geeigneter Arbeitsweise, durchaus Raumerfüllungen erreicht werden, die bei nicht zu hoch wolframhaltigen Pseudolegierungen bei 95% und höher liegen.

Bei hochwolframhaltigen Pseudolegierungen dagegen ist das Tränken des aus gröberen Körnern bestehenden Wolframskelettes mit der niedriger schmelzenden Komponente unerläßlich, wenn man zu dichten kompakten Körpern gelangen und einen Kontaktwerkstoff erhalten will, der den an ihn zu stellenden Anforderungen hinsichtlich des Kontaktverhaltens genügt.

Entsprechend dem angestrebten Charakter dieses Buches haben wir die technologische Seite des Problems der Wolfram- oder wolframhaltigen Kontakte eingehender behandelt, sehen aber davon ab, die elektrotechnische Seite zu erörtern, zumal diese bei der oben erwähnten Monographie von A. Vambersky eine stärkere Berücksichtigung erfahren wird.

11.80 Sonstige Anwendungen des Wolframs und Molybdäns

Neben den bisher erwähnten technisch industriellen Anwendungen des Wolframs und Molybdäns sind noch einige andere Arten zu erwähnen, die sowohl technischen als auch versuchsmäßigen Charakter haben, sich aber in das bisher Besprochene nicht einordnen lassen. Sie sind im folgenden kurz summarisch aufgeführt.

Wolfram wird z. B. in der Hochvakuumtechnik als Träger für Sinterkathoden der verschiedensten Art benutzt [25]. Von W. Espe und M. Knoll ist in ausgezeichneter Weise eine Übersicht nicht nur der verschiedenen Anwendungsgebiete des Wolframs und Molybdäns, sondern auch anderer seltener Metalle, wie Zirkon, Thorium, Tantal, Niob usw. gegeben. Das Buch von Espe und Knoll kann als Standardwerk auf diesem Gebiet gelten. Ferner findet Wolfram Verwendung als Kerndrähte für direkt geheizte Filmkathoden, in Gleichrichtern und Meßröhren, in gasgefüllten Stromrichtern, als Elektroden in Leuchtstofflampen, in Glimmlampen, als Vergleichsdraht in Pyrometerlampen und für viele andere Zwecke [395].

Von weiteren Anwendungen des Molybdäns, speziell in der Vakuumtechnik, sind unter anderem zu erwähnen: Kathodenfederungen in Entladungsröhren, Distanzstücke jeder Art, Größe und Form, meist in Gestalt von Platten oder Scheiben.

11.81 *Kerndraht für Aufwachsdrähte*

Feinste Wolframdrähte poly- oder einkristalliner Struktur von 0,05 mm ∅ und kleiner dienen dazu, auf ihnen mehr oder weniger starke Aufwachsungen (z. B. bis zu 10 mm) aus Wolfram, Molybdän, Titan, Zirkon, Hafnium, Tantal, Niob, Thorium, Chrom, Rhenium usw. herzustellen. Es geschieht dies durch Dissoziation entsprechender Verbindungen und durch Niederschlag auf den erhitzten Kerndraht, wobei die Aufwachsung je nach der Art des Kerndrahtes poly- oder einkristallin sein kann [396, 397, 398, 399, 400, 401, 402]. Diese als Aufwachsverfahren bekannt gewordene Methode ist für einen Teil der genannten Metalle auch heute noch das bisher einzige Verfahren, um sie in reinster und duktiler Form herstellen zu können. Das Aufwachsverfahren, welches u. a. sehr eingehend von MOERS [403] beschrieben wurde, kann auch dazu benutzt werden, um reine Karbide, Nitride, Boride, Silizide usw. von hochschmelzenden Metallen herzustellen. Das Verfahren beruht darauf, daß an einem als Träger dienenden Faden aus Wolfram oder einem anderen hochschmelzenden Metall, wie Molybdän, Platin sowie Kohle, die Dämpfe solcher Substanzen, welche die Komponenten der hochschmelzenden Körper in Gestalt von Halogen-, Wasserstoff- oder Sauerstoffverbindungen enthalten, gleichzeitig zur Dissoziation bzw. zur Reaktion gebracht werden. Dabei schlagen sich die gewünschten Karbide, Nitride, Boride usw. in reiner, fester und unter bestimmten Umständen auch einkristalliner Form auf dem Glühdraht nieder.

Die Reaktionen vollziehen sich entsprechend etwa folgenden, als Beispiel herausgegriffenen Bruttogleichungen:

Karbid: $ZrCl_4 + CH_4\,(H_2) = ZrC + 4\,HCl + H_2$

Nitrid: $2\,TiCl_4 + N_2 + 4\,H_2 = 2\,TiN + 8\,HCl$

Borid: $HfCl_4 + 2\,BBr_3 + 5\,H_2 = HfB_2 + 4\,HCl + 6\,HBr$

Die Fadentemperatur und das Verhältnis der Konzentrationen der Reaktionsteilnehmer sind für den Ablauf der Reaktion von wesentlicher Bedeutung. Die Temperatur des als Träger dienenden Wolframdrahtes muß während der Reaktion stets oberhalb des Schmelzpunktes der aufzubringenden Metallkomponente liegen. Die Partialdrücke der Reaktionsteilnehmer müssen so eingestellt werden, daß der die Metallkomponente liefernde Halogeniddampf stets eine größere Konzentration als der die Kohlenstoff-, Stickstoff- bzw. Borkomponente enthaltende Dampf besitzt. Dadurch wird erreicht, daß einerseits die Metallkomponente nicht als solche auf den Draht gelangen kann und daß andererseits die andere Komponente überwiegende Mengen an Metallhalogeniddampf vorfindet, so daß sich kein elementarer Kohlenstoff oder Bor niederschlagen kann [404].

11.82 *Wolfram und Molybdän für Thermoelemente*

Seit mehr als 40 Jahren wird die Aufmerksamkeit der Verwendung von Wolfram und Molybdän für Thermoelemente gewidmet. Um die hohen Schmelzpunkte des Wolframs oder Molybdäns für Thermoelemente auszunutzen, wurden Versuche unternommen, Legierungen dieser Metalle als zweites Metall einzusetzen. Im folgenden sollen einige Ausführungsformen von Thermoelementen genannt werden.

11.821 Thermoelemente mit Wolfram

Größte Aufmerksamkeit wird einem Thermoelement W-Mo, eventuell W-W/Mo gewidmet. M. PIRANI und G. v. WANGENHEIM [405] verwendeten ein W-W/Mo-Thermoelement für die Schmelzpunktbestimmung von Molybdän. Die hierbei verwendete Legierung W/Mo, welche den zweiten Schenkel des Thermoelements bildet, enthält 25% Mo. Unterhalb einer Temperatur von 1200° C verläuft der Strom vom reinen Wolfram zur Legierung und erreicht ein Maximum von etwa 1 mV bei 600° C. Oberhalb 1200° C ändert sich die Stromrichtung und erreicht bei 3000° C den Wert von 6 mV. A. SCHULZE [406] gibt an, daß bei Verwendung dieses Thermoelementes für die Bestimmung des Mo-Schmelzpunktes beim Schmelzpunkt selbst (2570° C) eine Thermokraft von 5,8 mV auftritt.

Für die Thermoelemente W-Mo ist der Kurvenverlauf angegeben, welcher den Zusammenhang zwischen Thermokraft und Temperatur darstellt. SMITHELLS [2] gibt z.B. an, daß die thermoelektrische Kraft von W-Mo bei normalen Temperaturen gleich 0 ist. Mit steigender Temperatur entsteht ein negativer Wert, dessen Maximum mit −1,6 mV bei 580° C liegt. Bei zunehmender Temperatur sinkt die thermoelektrische Kraft und erreicht bei 1150° C ihren 0-Punkt, wohingegen sie bei 2000° C etwa 6,8 mV beträgt. Es muß als Tatsache vorausgesetzt werden, daß reproduzierbare Werte nur mit reinen Metallen zu erhalten sind. Aus den angegebenen Thermokräften geht hervor, daß in Abhängigkeit von der Temperatur nur eine verhältnismäßig geringe Veränderung beobachtet wird. Das bedeutet, daß bei Anwendung dieser Thermoelemente sehr empfindliche Millivoltmeter eingesetzt werden müssen, um den zur Messung in Betracht kommenden Bereich gut zu erfassen. Schwierig ist weiterhin die Frage der Umhüllung der Thermoelemente. H. T. GREENAWAY, S. T. M. JOHNSTONE und Mar. K. MCQUILLAN [407] haben festgestellt, daß bei der Schmelzpunktbestimmung des Chroms mit W-Mo-Thermoelementen, welche in BeO eingebettet waren, dieses in das Metall hineindiffundiert. Der Vorgang konnte metallographisch nachgewiesen und bestätigt werden. Diese Erscheinung tritt nicht ein, wenn als Einbettmasse Aluminiumsesquioxyd verwendet wird. Der

Schmelzpunkt desselben liegt jedoch schon bei 2050° C. MgO hat sich ebenfalls nicht bewährt, weil es auch diffundiert, obwohl bis zu 1900° C in nicht so starkem Maße wie BeO. Am besten wäre wahrscheinlich ZrO_2 geeignet.

Die genannten Autoren haben zur Herstellung des Thermoelementes einen W- und Mo-Draht mit einem Durchmesser von 0,13 mm verwendet. Spektralanalytisch konnten im Mo Spuren von Mg und Fe und im W Mo nachgewiesen werden. Daraus ist zu ersehen, daß es sich um einen sehr hohen Reinheitsgrad handelt. Die Drähte wurden vor der Verwendung in Wasserstoff im direkten Stromdurchgang 15 Min. bei 65 Amp. geglüht. Die Verschweißung der beiden Schenkel erfolgte im Lichtbogen zwischen zwei W-Elektroden ohne Schutzgasatmosphäre. Die Abgleichung der Thermoelemente geschieht in zwei Stufen: für den Temperaturbereich zwischen 800 und 1700° C mit einem normalen Pt-Pt/Rh-Element und für Temperaturen über 1700° C mit Hilfe eines optischen Pyrometers. Die Eichkurve ist in Abb. 173 wiedergegeben. Die ermittelte Genauigkeit für den Bereich bis 1700° C beträgt ± 3° C und oberhalb dieser Temperatur ± 5° C, ebenfalls reproduzierbar. Weil die Drähte vor der Verarbeitung zu Thermoelementen ausgeglüht wurden, hatte eine wiederholte Erwärmung keinen Einfluß auf die thermoelektrische Kraft.

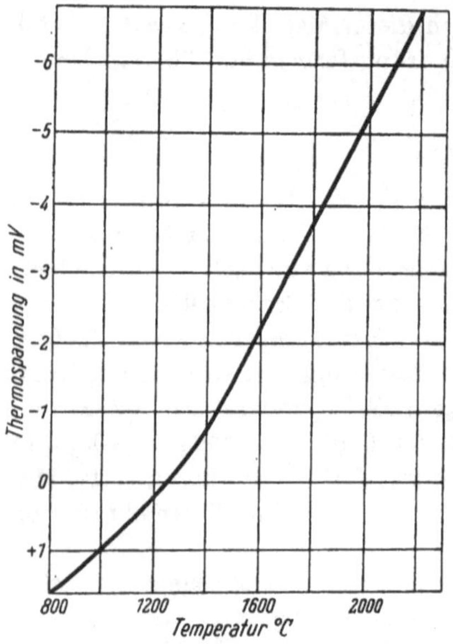

Abb. 173. Abhängigkeit der Thermospannung eines W-Mo-Thermoelements von der Temperatur (nach H. T. Greenaway, S. T. Johnstone u. Mar. K. McQuillan)

Thermoelemente, bestehend aus Wolfram-Tantal, sind ebenfalls in Vorschlag gebracht [408, 409], obwohl bis zur Zeit über die Verwendung noch nichts bekannt ist. Bemerkenswert erscheint, daß der Kurvenverlauf beider Autoren beträchtlich voneinander abweicht. S. Morugina [408] gibt eine kontinuierliche Steigerung der Thermokraft mit der Temperatur an, z. B. von + 8,9 mV bei 950° C auf + 31,0 mV bei 2420° C. E. Blumenthal [409] dagegen hat gefunden, daß die Kurve von + 9,05 mV bei 700° C über ein Maximum (19,60 mV) bei 1700° C und 1800° C zum Wert von 16,30 mV bei 2600° C verläuft. Die unterschiedlichen Ergebnisse sind vermutlich auf Abweichungen des Reinheitsgrades der einzelnen Metalle zurückzuführen. Wahrscheinlich bindet Tantal den Wasserstoff aus der Atmosphäre, woraus sich schließen läßt, daß eine Anwendung dieser beiden Metalle nur im Vakuum oder in inertem Gas möglich ist.

Ein Vorschlag aus Polen befaßt sich mit dem Einsatz von Wolfram-Graphit als Thermoelement [410]. Die Verwendung dieses Materials hat den Zweck, die an sich teuren Metalle Platin-Rhodium zu ersetzen. Die Thermokraft wird bei W-Graphit mit 32 mV bei einer Temperatur von 1650° C angegeben.

A. SCHULZE [411] hat das Thermoelement W-Pt untersucht und dabei festgestellt, daß von 0° C an die thermoelektrische Kraft mit steigender Temperatur ebenfalls ansteigt, wobei ein Wert von 48,0 mV bei 1400° C erreicht wird. Dieses Thermoelement ist also weitaus empfindlicher als ein Pt-Pt/Rh-Element. Sehr temperaturempfindlich ist auch ein Thermoelement, bestehend aus W-Pt/Rh [409]. Das Thermoelement erreicht bei 1200° C einen Wert von 38,0 mV, bei 1100° C dagegen 0,6 mV. Kontinuierlich mit der Temperatur steigt auch die Thermokraft.

Ein weiteres Thermoelement, bestehend aus Wolfram-Konstanten [412], wurde untersucht und dabei festgestellt, daß die Thermokraft von 0 mV (bei 0° C) bis auf 60,0 mV bei 900° C ansteigt. Ähnlich verhalten sich die Daten bei einem Wolfram-Nickel-Thermoelement. Bei diesem ist die Empfindlichkeit nur halb so groß. Hinzu kommt, daß die hohe Schmelztemperatur des W bei diesem Thermoelement keinesfalls ausgenutzt werden kann. Die letztgenannten Thermoelemente haben praktisch auch keine Anwendung gefunden, weil die Herstellungskosten höher liegen als die der sonst für diesen Temperaturbereich erforderlichen.

11.822 Thermoelemente mit Molybdän

J. A. M. v. LIEMPT [413] hat vorgeschlagen, ein Thermoelement, bestehend aus Mo-Pt/Rh, zu verwenden, dessen thermoelektrische Kraft doppelt so groß ist wie die des Pt-Pt/Rh. Beachtlich ist hierbei, daß der Mo-Schenkel aus einem Einkristalldraht besteht.

E. BLUMENTHAL [409] hat festgestellt, daß bei dem Thermoelement Mo-Ta die Kurve von 10,10 mV bei 700° C durch ein Maximum zwischen den Temperaturen 1400 und 1500° C (bei beiden Temperaturen 17,35 mV) verläuft und bei 2600° C einen Wert von 10,90 mV erreicht. Die Verwendung dieses Thermoelementes wurde schon früher vorgeschlagen [414], obwohl bis zur Zeit über seine praktische Anwendung noch nichts bekannt geworden ist.

Ähnlich wie beim Wolfram besteht auch für Molybdän die Möglichkeit, es als Thermoelement mit Konstantan [415] zu verbinden. Die hierbei entstehende Empfindlichkeit ist ebenfalls sehr groß (bei 800° C 54,98 mV), obwohl der hohe Schmelzpunkt des Molybdäns nicht voll ausgenutzt werden kann. Praktische Verwendung dieses Thermoelementes ist ebenfalls nicht bekannt.

Wie aus diesem kurzen Überblick zu ersehen, gelangt praktisch nur das Thermoelement W-Mo zu größerer Bedeutung, obwohl bei seiner Verwendung gewisse Schwierigkeiten (hinsichtlich Meßgerät und Umhüllungsmaterial) nicht außer acht gelassen werden dürfen. Bei einem Thermoelement dieser Kombination werden die hohen Schmelzpunkte beider Metalle voll ausgenutzt.

11.83 *Herstellung formschwieriger Teile durch Pasteverfahren*

Eine Möglichkeit zur Herstellung verschiedener Formkörper aus den hochschmelzenden Metallen Wolfram und Molybdän ist durch die Anwendung des

Pasteverfahrens gegeben. Die Technik dieses Verfahrens ist bereits sehr alt, sie geht in ihrem Ursprung auf die Zeit der Verwendung von Metallfäden in elektrischen Glühlampen zurück, welche nach dem Pasteverfahren hergestellt wurden (vgl. Kap. 5.10). Beim Pasteverfahren werden Wolfram oder Molybdän mit einem weiteren Stoff, z. B. Tragant, welcher als Schmier- oder Bindemittel wirkt, gemischt. Diese Mischung wird gründlich kalandriert, bis sich eine teigige, plastische Masse gebildet hat. Als Schmierzusatz kann unter Umständen auch kolloidale Wolframsäure (weiße Modifikation) verwendet werden. Es ergibt sich hierbei der Vorteil, daß dieser Zusatz bei der späteren Reduktion in Wasserstoff zu Metall reduziert wird.

Der Vorteil des Pasteverfahrens, welches heute technisch kaum noch Anwendung findet, liegt darin, daß die plastische Masse durch Profildüsen verschiedener Art gespritzt werden kann. Hierdurch ist die Erzeugung komplizierter Querschnitte, die auf einem anderen Wege nur schwer herstellbar sind, möglich. Dieser kurze Hinweis soll die Möglichkeiten aufzeigen, die in Zukunft für die Herstellung von langen, dünnen Formkörpern aus W oder Mo mit kompliziertem Querschnitt gegeben sind. Nach dem Verspritzen der plastischen Masse müssen die Formkörper bei hohen Temperaturen gesintert werden. Bei dieser Sinterung wird ein Teil des als Schmier- oder Bindemittel dienenden Zusatzes beseitigt. Handelt es sich bei den Zusätzen um organische Substanzen, d.h., ist Kohlenstoff enthalten, ist eine Beseitigung nur sehr schwer. Die in diesem Fall auftretenden Karbide führen zu einer erheblichen Versprödung der Erzeugnisse, die eine Verformung ausschließt.

11.84 *Herstellung und Verwendung kompakter Stücke aus gut sinterfähigem Wolfram*

Zur Herstellung von kompakten Formteilen aus Wolfram wurde im allgemeinen bisher folgendermaßen verfahren. Das Wolframpulver wird zu Stäben verpreßt, danach vor- und hochgesintert. Die Formgebung erfolgt nach der Hochsinterung, da es nicht möglich ist, mit direktem Stromdurchgang durch Körper mit verschiedenen Querschnitten die notwendige gleichmäßige Sintertemperatur zu erreichen. Selbstverständlich ist die Bearbeitung eines hochgesinterten Stabes zu der gewünschten Form sehr schwer. Man beschreitet auch hier zwei Wege: einmal die direkte Formgebung von hochgesinterten Stäben und zum anderen ein vorheriges Flachschmieden der Stäbe (eventuell Blechherstellung). Dieses Verfahren benötigt in jedem Fall eine recht kostspielige Sinterglocke und gegebenenfalls eine Schmiedeeinrichtung mit Vorwärmofen. Die Sintertemperaturen liegen zwischen 2500 und 3000° C, die Vorwärmtemperaturen für das Flachschmieden zwischen 1600 und 1700° C. Die Abmessungen der Formteile, welche durch Bearbeitung hochgesinterter Stäbe oder flacher Schmiedestücke hergestellt werden können, sind durch die Größe der Stäbe (bzw. des Schmiedestückes) begrenzt. Größere Formkörper können daher nur indirekt gesintert werden. Die hierfür erforderlichen Öfen sind meist sehr kompliziert. Die mit solchen Ofeneinrichtungen erreichbaren Temperaturen sind durch die Verwendung von Keramik begrenzt.

Diese bisher aufgezeigten Schwierigkeiten entfallen, wenn die Formteile aus gut sinterfähigem Wolframpulver hergestellt werden. Mit dieser Eigenschaft des Wolframpulvers haben sich C. AGTE und Mitarbeiter eingehend beschäftigt.

Um die Bedeutung dieses neuen Herstellungsverfahrens für Formkörper aus Wolfram (oder Molybdän) zu unterstreichen, sei darauf hingewiesen, daß der Preßling nach seiner Sinterung bei etwa 1300° C, d. h. weniger als 50% der üblichen Sintertemperatur in der Sinterglocke, eine Raumerfüllung von 95% und mehr aufweist. Diese Temperatur ist technisch leicht zu erreichen, z. B. in einem Rohrofen mit Mo-Wicklung. Hierin liegt auch die große wirtschaftliche Bedeutung dieses Verfahrens. Die theoretischen Grundlagen wurden bereits im Kapitel 7.00 behandelt.

Zur Herstellung von Formteilen aus W oder Mo unter Ausnutzung der guten Sinterfähigkeit der Metallpulver wird wie folgt verfahren. Das Metallpulver wird zu einem größeren, regelmäßigen Preßling (Block) verpreßt, der anschließend bei Temperaturen von 900 bis 1000° C vorgesintert wird. Aus diesem vorgesinterten Block wird mit üblichen Methoden die gewünschte Form herausgearbeitet. Hierbei ist zu beachten, daß die Teile bei der folgenden Hochsinterung noch einen erheblichen Schwund erleiden, der in einer Dichtezunahme von 9 bis 10 cm^3 auf 17,5 bis 18,3 g/cm^3 seine Ursache hat. Wenn das verwendete W- oder Mo-Pulver eine ausreichende gute Sinterfähigkeit besitzt, so genügt schon eine Temperatur von 1300° C, um größere Formkörper gleichmäßig über den ganzen Querschnitt zu sintern. Bei einer weniger guten Sinterfähigkeit muß die Sintertemperatur gegebenenfalls auf 1400 bis 1600° C erhöht werden. Eine Temperaturerhöhung empfiehlt sich auch dann, wenn größere Formteile in nicht allzu langer Zeit gleichmäßig gesintert werden sollen (Sinterzeit weniger als 2 Stunden).

Als selbstverständlich erweist sich eine Prüfung der Ausgangsstoffe. Bei der Wolframsäure werden hauptsächlich das Füll- und Klopfvolumen sowie die Glühverluste ermittelt. Beim Wolframmetallpulver tritt an Stelle der Glühverluste der Oxydationswert.

Im folgenden seien einige Beispiele dieses neuen Verfahrens erwähnt. Eines der größten Anwendungsgebiete für Formteile aus gut sinterfähigem W und Mo, nämlich die Kontaktfertigung, ist bereits im Kapitel 11.713 beschrieben worden.

Bei der Hochsinterung in der Sinterglocke werden die Wolfram- oder Molybdänstäbe in wassergekühlte Kupferklemmen eingespannt.

Zur Schonung dieser Klemmen und zur Vermeidung von Kontaktschwierigkeiten bei der Sinterung ist es notwendig, die Klemmen mit Wolframbacken zu versehen. Diese Spannbacken werden nach dem oben beschriebenen Verfahren hergestellt und haben sich bereits seit Jahren gut bewährt.

In letzter Zeit haben hauptsächlich in amerikanischen Werken und bei den Metallwerken Plansee, Reutte, Tirol Mehrstabsinteranlagen Anwendung gefunden. In solchen Anlagen ist es unbedingt notwendig, die einzelnen Stäbe in konstanter Entfernung voneinander zu halten, da sie sich bei der eintretenden Schrumpfung während der Sinterung mehr oder weniger durchbiegen. Dies führt unter Umständen zur Kontaktbildung zwischen den einzelnen Stäben. Aus diesem Grunde verwendet man Distanzstücke aus kompaktem Wolfram oder Molybdän, welche ebenfalls aus gut sinterfähigen Metallpulvern hergestellt werden. Eine weitere Verbesserung, welche in letzter Zeit bei der Hochsinterung von W- und Mo-Stäben eingeführt wurde, beruht darauf, daß an Stelle der früher üblichen unteren Kontaktgabe in einem Quecksilbergefäß wassergekühlte Kupferstromzuführungen verwendet werden. Die zu sinternden Stäbe werden hierbei mit Gleitkontakten versehen, welche sich gemeinsam mit dem Stab in der Stromzuführung bewegen. Auch diese Gleitkontakte werden aus kompaktem Wolfram hergestellt, wobei das beschriebene Verfahren der Sinterung bei niederen Temperaturen zur Anwendung kommt.

Wie kompliziert die Formen der nach dem genannten Verfahren hergestellten Teile sein können, geht aus Abb. 82 hervor. Dargestellt ist hier ein Formkörper, der auf dem normalen Sinterweg durch direkten Stromdurchgang nicht hergestellt werden kann.

Ein weiteres Anwendungsgebiet der Herstellung von formschwierigen Teilen aus gut sinterfähigem Wolfram bzw. Molybdän liegt in der Röhrenindustrie. Hier werden z. B. Kathoden und Antikathoden für Röntgenröhren, Grundkörper für Oxydkathoden und weitere Teile der verschiedenen elektrotechnischen Fabrikate erzeugt. In ähnlicher Weise lassen sich nach C. Agte und J. Vacek [350] auch Körper aus Wolframkarbid herstellen. Dieses Verfahren, welches auf der Ausnutzung der guten Sinterfähigkeit der Metallpulver beruht, stellt ein aussichtsreiches Anwendungsgebiet in der Pulvermetallurgie dar.

12.00 Schlußwort

Wie schon im Vorwort gesagt wurde, konnte in dem vorliegenden Buch die Frage der Herstellung, der Eigenschaften und der Anwendung der beiden hochschmelzenden Metalle Wolfram und Molybdän nicht so umfassend dargestellt werden, wie es an sich die technische und wissenschaftliche Bedeutung des behandelten Problems erfordert hätte. Dies ist im Rahmen eines Buches, dessen Umfang auf etwa 350 Seiten begrenzt werden mußte, gar nicht möglich.

Aus der Erkenntnis heraus, daß eine Begrenzung und Beschränkung des behandelten, umfangreichen Stoffes notwendig war, wurde daher der Schwerpunkt der Darstellung auf die technische Seite des Problems gelegt. Besonders ausführlich wurden die verschiedenen Verfahren zur Herstellung der duktilen Metalle, die sich dabei ergebenden Eigenschaften derselben und die technische Anwendung behandelt. Auf diese Weise konnte eine fühlbare Lücke im Schrifttum geschlossen werden.

Wolfram und Molybdän nehmen aus verschiedenen Gründen eine Sonderstellung unter den Metallen ein, vor allem wegen ihrer durch ihre Stellung im periodischen System der Elemente bedingten physikalischen und chemischen Eigenschaften.

Aus diesem Grunde ist das Studium der Chemie und Physik beider Metalle, vor allem aber des Wolframs, besonders interessant, lehrreich und anregend. Wir denken dabei, was die chemische Seite angeht, z. B. an die durch freie Valenzkräfte und durch den Wechsel in der Wertigkeit bedingte außerordentliche Vielseitigkeit im Auftreten komplexer Verbindungen, von Heteropolysäuren usw. Die Chemie dieser Verbindungen, welche im übrigen entsprechend der vorwiegend technischen Zielsetzung des vorliegenden Buches hier nicht näher behandelt wurde, hat eine große Anzahl von Wissenschaftlern und Chemikern zu umfangreichen Untersuchungen angeregt. Es bildete sich unter der Führung von ROSENHEIM und MEYER geradezu eine besondere Fachrichtung, durch die über 1000 derartige komplexe Verbindungen hergestellt, analysiert und untersucht wurden. Die Arbeiten dieser Schule haben wesentlich zur Vertiefung der Ansichten über Nebenvalenzen, Elektronenbindungskräfte usw. beigetragen.

Die Frage der komplexen Verbindungen der Wolfram- und Molybdänsäure ist jedoch nur eines der vielen interessanten Fachgebiete der Chemie dieser typischen ,,Übergangsmetalle". Ein anderes wichtiges chemisches Teilgebiet betrifft zweifellos Verbindungen dieser ,,Übergangsmetalle" mit ,,Nichtmetallen", die ihrerseits in ihrem chemischen Charakter bereits Merkmale eines Metalles zeigen, wie z. B. Kohlenstoff, Silizium, Bor usw. Diese ,,transitorischen"

Verbindungen (G. H. HÄGG), also die Karbide, Boride, Silizide und vielleicht auch Phosphide und Arsenide des Wolframs und Molybdäns, zeigen ganz außergewöhnliche Eigenschaften (hohe Schmelzpunkte, extreme Härten usw.), die von besonders großem technischem Interesse sind. Es sei in diesem Zusammenhang an Hartstoffe im weiteren und Hartmetalle im engeren Sinne erinnert sowie an hochzunderfeste Werkstoffe von hoher Warmfestigkeit, guter Oxydationsbeständigkeit und bemerkenswerter thermischer Wechselbeständigkeit.

Noch interessanter und vor allem technisch wichtiger ist die Physik des Wolframs und Molybdäns, ebenfalls eine Folge der Stellung dieser Metalle im periodischen System der Elemente und ihrer Rolle als typische „Übergangsmetalle". Wir haben uns bemüht, gerade diese Frage bei unserer Darstellung besonders hervorzuheben und herauszuarbeiten, indem wir die verschiedene technische Anwendung, die Wolfram und Molybdän sowie ihre Legierungen gefunden haben, jeweils als eine Folge der außergewöhnlichen physikalischen Eigenschaften des Materials beschrieben haben.

In der Tat besteht ja letzten Endes häufig jeder technische Erfolg in der konsequenten Ausnutzung von besonders hervorstechenden Eigenschaften der Werkstoffe und in der zweckmäßigen und folgerichtigen Anwendung dieser Eigenschaften. Da sich erfahrungsgemäß mitunter erst ein technisches Bedürfnis nach bestimmten Eigenschaften der Werkstoffe im Zuge der technischen Gesamtentwicklung herausstellt, darf als sicher angenommen werden, daß die technische Anwendung der in diesem Buch behandelten beiden Metalle keineswegs als abgeschlossen gelten kann, sondern zunehmend ausgebaut werden wird. Umgekehrt werden neue Erkenntnisse der Forschung, wie sie in der vorliegenden Monographie beschrieben wurden, sicherlich in den nächsten Jahren ihre technische Ausnutzung erfahren.

Über diese allgemeine Feststellung hinausgehend, sei auf ein besonderes Musterbeispiel hingewiesen, welches beweist, in welcher Weise die Lehre des festen Zustandes von der technischen Entwicklung des Wolframs und Molybdäns beeinflußt wurde. Während in der Regel alle Metalle und Metallegierungen polykristallin sind und in diesem Zustand technisch angewendet werden, zeigt das Beispiel des Wolframs, welche hohe Bedeutung unter Umständen auch metallische Einkristalle für die Technik haben können (Glühfäden). Es liegt hier der erste und unseres Wissens einzige Fall vor, wo metallische Einkristalle eine weitgehende technische Anwendung gefunden haben und wo man bewußt und mit den verschiedensten Mitteln und Methoden solche Einkristalle mit technischer Zielsetzung hergestellt hat. Überhaupt hat die moderne Metallkunde gerade aus der Untersuchung des Wolframs und zum Teil auch des Molybdäns wertvolle und entscheidende Anregungen geschöpft. In diesem Zusammenhang sei z. B. an Untersuchungen erinnert, die sich mit der Verfestigung (TAMMAN, CZOCHRALSKY, FRENKEL usw.), der Kristallerholung und Kristallvergütung (KOREF, VAN ARKEL), der Rekristallisation (MASING) usw. beschäftigt haben. Die entwickelten Theorien über diesen Gegenstand verdanken ihre Entstehung und Formulierung weitgehend der Beschäftigung mit dem duktilen Wolfram. Dieses Metall ist allerdings deswegen ein besonders dankbares Beispiel, weil hier die einzelnen Temperaturgebiete, welche die Kristallerholung und die Rekristallisation betreffen, bedingt durch den hohen Schmelzpunkt besonders weit auseinandergezogen sind.

Von vielleicht noch größerer Bedeutung ist die Tatsache, daß die Verarbeitung des Wolframs und Molybdäns zu duktilen Metallen nicht nach den früher üblichen klassischen Verfahren der Metallurgie auf dem Wege des Schmelzens und Gießens möglich war, sondern den Einsatz neuer Methoden erforderlich machte. Die hierfür verwendeten pulvermetallurgischen Verfahren waren zwar ihrem Grundprinzip nach schon seit langem bekannt. Ihre Anfänge führen sogar bis in das Altertum zurück. Ihre Wiedergeburt im größeren technischen Maßstab hat aber die Pulvermetallurgie erst bei der Herstellung von duktilem Wolfram und Molybdän gefunden. Hier hat jedenfalls die Pulvermetallurgie ihren ersten entscheidenden und vielleicht größten technischen Erfolg erzielt.

Damit hat aber die industrielle Erzeugung des Wolframs und Molybdäns den entscheidenden Impuls für eine vollständig neue Arbeitsdisziplin gegeben, ein Impuls, der sich als besonders fruchtbar erwiesen hat. Neben der klassischen Schmelzmetallurgie hat sich als selbständiger und gleichberechtigter Zweig der Metallkunde die Pulvermetallurgie oder Metallkeramik entwickelt. Dieser hat in den letzten 30 Jahren zunehmend an technischer und wirtschaftlicher Bedeutung gewonnen, ohne daß aber die Grenzen dieser Entwicklung heute schon übersehen werden können.

An dieser Feststellung ändert nichts die Tatsache, daß sich gerade beim Wolfram und Molybdän in jüngster Zeit eine Entwicklung abzuzeichnen beginnt, die eine Herstellung der beiden Metalle in duktilem Zustand auch nach den alten klassischen Methoden der Schmelzmetallurgie möglich erscheinen läßt. Diese Entwicklung haben wir bei unserer Darstellung in das richtige Licht zu setzen versucht und darüber hinaus mit besonderem Nachdruck darauf hingewiesen, welche technischen Möglichkeiten sich durch die Verbesserung der Sinterfähigkeit sogar bei dem höchstschmelzenden Metall Wolfram ergeben können.

Wenn heute auch andere hochschmelzende Metalle, wie Tantal, Niob, Zirkon, Vanadin und vor allem Titan, in kleinerem Umfange auch Hafnium und Rhenium sowie ihre Verbindungen (Karbide, Nitride, Boride, Silizide usw.) eine technische Bedeutung gewonnen haben und noch weiter gewinnen werden, so ist dies nicht zuletzt auf die Pionierarbeiten zurückzuführen, welche am Wolfram und Molybdän sowie ihren Verbindungen in den letzten 40 Jahren durchgeführt wurden. Gerade auf diesem Sektor ist in fast allen Ländern eine intensive Forschungstätigkeit im Gange. Neue Möglichkeiten der technischen Anwendung dieser Metalle oder Metallverbindungen deuten sich an. Neue Werkstoffe mit Eigenschaften, die teilweise keineswegs vorausgesehen werden konnten, sind entwickelt worden. Die Zeit dürfte nicht allzufern sein, wo z. B. das spezifisch sehr leichte, relativ warmfeste und durch andere hervorragende Eigenschaften ausgezeichnete Titan einen hervorragenden Platz in der Werkstofftechnik einnehmen wird.

Wie bei keinen anderen Metallen haben sich bei der Forschung, Entwicklung und Anwendung des Wolframs und Molybdäns die verschiedensten naturwissenschaftlichen und technischen Fachdisziplinen vereinigt, um eine befriedigende Lösung der auftauchenden Probleme zu erreichen und zu erzwingen. Chemische, physikalische, metallkundliche, kristallographische, elektrotechnische, keramische und maschinentechnische Methoden sind miteinander in einen gesunden Wettbewerb getreten. Jedes dieser Fachgebiete hat dazu beigetragen, daß gerade beim Wolfram und Molybdän ein besonders hohes Niveau der wissenschaftlichen und technischen Erkenntnisse erreicht wurde. Das vorliegende Buch dürfte hiervon einen Eindruck vermittelt haben.

LITERATURVERZEICHNIS

[1] A. N. ZĚLIKMAN, Metallurgie Wolfram und Molybdän, Staatl. wissenschaftlich-technische Veröffentlichungen für Eisen- und Buntmetallurgie, Moskau 1949.
[2] C. J. SMITHELLS, Tungsten, Chapmann and Hall, London, 1. Aufl. 1926, 2. Aufl. 1936, 3. Aufl. 1950.
[3] H. MENNICKE, Die Metallurgie des Wolframs, M. Krayn, Berlin 1911.
[4] H. LEISER, Wolfram, W. Knapp, Halle (Saale) 1910.
[5] H. ALTERTHUM, Wolfram, F. Vieweg u. Sohn, Braunschweig 1925.
[6] E. POKORNY, Molybdän, W. Knapp, Halle (Saale) 1927.
[7] K. C. LI CHUNG YU WANG, Tungsten, 2. Aufl. Reinhold Publ. Co., N. York 1947.
[8] GMELINS Handbuch der anorganischen Chemie, 8. Aufl. (Deutsche chemische Ges.); Bd. 53: Molybdän, 1935; Bd. 54: Wolfram, 1933, Verlag Chemie, Berlin.
[9] W. D. COOLIDGE, J. Amer. Inst. Electr. Engng. 29 (1910) 953.
[10] R. KIEFFER, W. HOTOP, Pulvermetallurgie und Sinterwerkstoffe, Springer Berlin, 1. Aufl. 1943, 2. Aufl. 1949.
[11] P. SCHWARZKOPF, Powder Metallurgy, McMillan, N. York 1947.
[12] C. G. GOETZEL, Treatise on Powder Metallurgy, Bd. I. 1949, Bd. II. 1950, Interscience Publ. Inc., N. York.
[13] F. ULLMANN, Enzyklopädie der technischen Chemie, Urban und Schwarzenberg, Berlin-Wien, 1930, 2. Aufl., Bd. 5.
[14] C. AGTE, Diss. TH Berlin, 1931.
[15] C. AGTE, H. ALTERTHUM, Z. techn. Physik 11 (1930) 182.
[16] C. AGTE, H. ALTERTHUM, K. BECKER, G. HEYNE, K. MOERS, Z. anorg. an. Chem., 196 (1931) 129.
[17] J. E. CAMPBELL, C. F. POWELL, D. H. NOWICKI, R. W. GONSER, J. eletrochem. Soc. 96 (1949) 318; srv. též C. AGTE, K. MOERS, Z. anorg. Chem. 198 (1931) 233.
[18] C. AGTE, cit.: K. BECKER, H. EWEST, Z. techn. Physik 11 (1930) 148a, 216.
[19] C. ZWIKKER, Physica 8 (1928) 241.
[20] K. MOERS, Z. anorg. Chem. 198 (1931) 233.
[21] K. BECKER, Physik Z. 32 (1931) 489 (nach Angaben von C. AGTE).
[22] Festigkeit von karbidisierten Tantaldrähten nach Messungen von C. AGTE nur etwa 2 kg/mm² [zit. K. BECKER u. H. EWEST, Z. techn. Physik 11 (1930) 148 u. 216].
[23] R. KIEFFER, F. KRALL, Elektrowärme 11 (1942) 33; VDE-Fachberichte 11 (1939) 107.
[24] C. AGTE, M. PETRDLIK, Tvrdé kovy, Práce, Praha 1951.
[25] W. ESPE, M. KNOLL, Werkstoffkunde der Hochvakuumtechnik, Springer, Berlin 1936.
[26] F. SLAVIK, O. PACÁK, Mineralogie a petrografie, Nová škola, Praha 1948, 105.
[27] I. u. W. NODDACK, Naturw. 18 (1930) 757.
[28] Anonym, Canad. Mining J. 50 (1929) 171.
[29] E. S. USATAJA, Zap. vses. min. Obšč. 81 (1952) 4; 298—303.
[30] P. P. FILIPENKO, Bl. Imp. Tomsk Univ. 1915, Nr. 63.
[31] R. J. MEYER, H. WINTER, Z. anorg. Chem. 67 (1910) 400.
[32] I. PARGA, A. ARANGO, An. Espan. 28 (1930) 908.
[33] M. KÔSAKI, Bl. Inst. phys. chem. Res. Tokio (Abstracts) 1 (1928) 50.
[34] W. E. HEADDEN, U. S. geol. Surv. Bl., Nr. 583, 1914.
[35] L. A. WARDAULANZ, Ann. Inst. polytechn. du Don, 9 (1925) 133.

[36] G. Garobbi, Atti Linc. (5), 32 (1923) 79.
[37] C. Agte, H. Becker-Rose, G. Heyne, Z. angew. Chem. 38 (1925) 1121.
[38] K. Th. Kürten, Zentralbl. Hütten-Walzwerke 32 (1928) 426.
[39] H. Carlborg, Jernkontorets Ann. (2), 85 (1930) 486.
[40] M. Meisner, Weltmontanstatistik, Stuttgart 1932.
[41] O. Quadrat, A. Regner, Základy metalurgie kovů, Práce Praha, 1950.
[42] The Iron Age, January 3, 1952, str. 422.
[43] Iron and Steel, Febr. 1952, XXV, 2, 70.
[44] A. Treloar, G. Johnson, Elektrochem. Z. 1909, 10.
[45] Ch. E. Oliver, Eng. Min. J. 109 (1920) 840.
[46] N. T. Gordon, A. F. Spring, Ind. eng. Chem. 16 (1924) 555.
[47] H. Alterthum, Z. angew. Chem. 42 (1929) 275; 308; 2.
[48] G. A. Hempel, deutsches Patent 221.062, 1907.
[49] B. I. O. S. No. 1960, Production of Tungsten Wire and Processing of Scheelite, 1946.
[50] J. C. Blanch, deutsches Patent 330.987, 1920.
[51] Deutsches Patent 480.287, 1926 und 566.948, 1927.
[52] E. M. Hamilton, amer. Patent 1299554, 1917.
[53] J. Korecký, R. Pospíšil, Vzácné kovy v technice, J. Č. M. F. Praha, 1948.
[54] Deutsches Patent 246.377, 1910; 260.010, 1911; Ber. D. chem. Ges., 1926, 59, s. 19.
[55] Deutsches Patent 414.141, 1923.
[56] Norwegisches Patent 31822, franz. Patent 518086.
[57] Badische Anilin- und Sodafabrik, deutsch. Patent 415.686, 1923.
[58] dto., britisches Patent 229715, 1923.
[59] Deutsches Patent 228.664, 1908.
[60] Britisches Patent 140061, 1920.
[61] Deutsches Patent 323.840, 1913.
[62] W. Espe, Zirkon, seine Eigenschaften und Verwendung in der Vakuumtechnik, Technicko-vědecké vydavatelstvi Praha, S. 18n und 36n.
[63] J. E. Adadurov, D. A. Deribas, P. J. Krajnij, Žurnal prikl. chim. 3 (1930) 509.
[64] E. F. Smith, F. F. Exner, Chem. N. 90 (1904) 37, s. 50.
[65] A. Rosenheim, I. Davidsohn, Z. anorg. Chem. 37 (1903) 318.
[66] Vikt. J. Spicyn, I. A. Savič, Ž. obšč. chim. 22 (1952) 8, s. 1278–1281.
[67] R. E. Pearson, brit. Patent 181837.
[68] R. E. Pearson, E. N. Craig, Durelco, Ltd., brit. Patent 185842.
[69] M. N. Rich, amer. Patent 1663564 (1925).
[70] G. Gin, Trans. Am. Electrochem. Soc., XIII, 502; 506.
[71] C. H. Fischer, brit. Patent 17603 (1912).
[72] J. L. Furey, amer. Patent 2225210 (1941).
[73] Metallwerke Plansee, brit. Patent 269947 (1928) u. deutsches Patent 480.287 (1929).
[74] P. Schwarzkopf, amer. Patent 1800758 (1931).
[75] T. N. Rezuchina, V. V. Švyrjev, Veröffentlichung der Moskauer Univ., Chemie, Nr. 6 (1952) 41–46.
[76] Brit. Patent 679906 (1952).
[77] Amer. Patent 976926.
[78] Amer. Patent 899875 und 912246.
[79] Na př. brit. Patent 23899 (1904).
[80] Brit. Pat. 11949 (1905).
[81] Na př. brit. Pat. 7655 (1906).
[82] Amer. Pat. 899875.
[83] C. R. Smith v knize J. Wulffa „Powder Metallurgy", Am. Soc. Metals, Cleveland 1942, Kap. 2.
[84] Amer. Pat. 575502 und 575668.
[85] Amer. Pat. 927935 und 930723.
[86] Amer. Pat. 1079777.

[87] Amer. Pat. 1208629.
[88] W. D. COOLIDGE, J. Amer. Inst. Electr. Engrs. 29 (1910) 953.
[89] Amer. Pat. 1026429.
[90] Amer. Pat. 1077674 u. 1082933.
[91] Amer. Pat. 927935 u. 930723.
[92] Amer. Pat. 971385.
[93] Amer. Pat. 1018502.
[94] Deutsch. Pat. 291.994 u. 296.191.
[95] J. GELOCK, Westinghouse Engineer, V (1947) 156.
[96] R. W. PARKE, J. L. HAM, Trans. Amer. Inst. Mining, Met. Engrs. 171 (1947) 416.
[97] R. W. PARKE, Metal Progress, 1951, 81—95.
[98] Metallwerke Plansee, R. KIEFFER, deutsch. Pat. 817.818.
[99] G. W. P. RENGSTORFF, R. B. FISCHER, J. Metals, 4 (1952) 157.
[100] J. H. BECHTHOLD, H. SCOTT, J. electrochem. Soc. 98 (1951) 495, Iron Age 168 (1951) 92.
[101] C. G. FINK, Transactions of the Amer. Soc. 17 (1910) 229.
[102] C. AGTE, K. OCETEK, M. PETRDLIK, Kurs práškové metalurgie, Praha (1951).
[103] B. I. O. S. — Final Report No. 684, item No. 21 (Metallwerke Plansee, Reutte, Tirol).
[104] E. TARJÁN, Naturwiss. 19 (1931) 166.
[105] G. CHAUDRON, C. R. Acad. Science, Paris 170 (1920) 1056.
[106] J. A. M. VAN LIEMPT, Z. anorg. allg. Chem. 120 (1922) 267.
[107] M. PETRDLIK, Hutnické listy IV (1949) 105—111.
[108] M. PETRDLIK, Kurs práškové metalurgie, Praha 1951, S. 46.
[109] T. MILLNER, A. J. HEGEDÜS, K. SASVARI und J. NEUGEBAUER, Z. anorg. allg. Chem. Bd. 289, H. 5—6 (1957).
[110] B. KOPELMANN, C. C. GREGG, Trans. Amer. Inst. Min. Met. Engrs. 571 (1957) 475.
[111] F. SKAUPY, Wegscheider Festschrift Monatshefte 53 (1929) 73.
[112] Amer. Pat. 2398194 u. 2402084.
[113] C. W. DAVIS, J. Ind. Eng. Chem. 11 (1919) 201.
[114] Brit. Pat. 155600.
[115] Brit. Pat. 16561 (1915).
[116] J. A. M. VAN LIEMPT, Z. anorg. allg. Chem. 143 (1925).
[117] C. AGTE, K. OCETEK, Kurs práškové metalurgie, Praha (1951) 220.
[118] C. AGTE, M. PETRDLIK, Vlastnosti kovových prášků a jejich měřeni, Technicko-vědecké vydavatelstvi, Praha (1951).
[119] R. P. SEELIG, Fundamentals of Pressing of Metals Powders in W. E. Kingston, The Physics of Powder Metallurgy, Kap. 21, S. 344.
[120] M. HÜNIGER, Techn.-wiss. Abh. Osram-Konzern Bd. 1 (1930), Springer-Verlag, Berlin S. 124—132.
J. TARJAN, P. TÚRY, Chem. Rundschau f. Mitteleuropa 4 (1927) 165—168.
C. J. SMITHELLS, W. R. PITKIN, J. W. AVERY, Journ. Inst. Metals 38 (1927) 85 bis 102.
[121] Z. JEFFRIES, Chem. and Metal. Eng. 16 (1917) 503.
[122] H. ALTERTHUM, Z. physik. Chem. 10 (1924) 1.
[123] Studiengesellschaft Hartmetall (srv. Metal. Powd. Rept. 2 no. 8 1948, 119).
[124] J. KURTZ, Proc. Second Annual Spring Meeting of Met. Powd. Ass. New York (1946) 40.
[125] P. SCHWARZKOPF, Powder Metallurgy, McMillan, New York (1947) 171, 177.
[126] W. P. SYKES, Trans. Amer. Soc. Steel Treatment 21 (1933) 385.
[127] Metallwerke Plansee GmbH Reutte, Tirol, Metallkeramik Ht. 2 Molybdän.
[128] H. HERKLOTZ, Fertigungstechnik 7. Jg., Ht. 9, Sept. 1957.
[129] W. SAMTER, K. SCHRÖTER, Z. techn. Physik 6 (1925) 305.
[130] W. DAWIHL, O. FRITSCH, Z. VDI 85 (1942) 265—268, deutsch. Pat. 675.814.
[131] Philips Techn. Rdsch. 5 (1940) 14—15.

[132] W. Espe, Hmoty pro elektrotechniku, Vědecko-technické vyd., Praha (1950) tab. 1,3, příp. 2,2 a d.
[133] R. Becker, Z. techn. Physik 6 (1925) 309—313; 298.
[134] F. Koref, C. H. Plaut, Z. techn. Physik 111 (1930) 515.
[135] W. W. Loebe, C. Samson, Z. techn. Physik 9 (1928) 414—419.
[136] I. Runge, Z. techn. Physik 9 (1928) 484—486.
[137] J. Vacek, Některé poznatky při válcování wolframových a molybdenových plechů, předn. na konferenci o práškové o metalurgii v Brně 12.—15. 4. 1953, viz sborník o této konferenci Pokroky práškové metalurgie, ČSAV, Praha 1954.
[138] P. Schneider, ČSR Patent PV 259—52.
[139] J. Vacek, ČSR Pat. PV 705—53.
[140] Brit. Pat. 257507.
[141] J. M. Fedorcenko, Nachr. Akad. Wiss. UdSSR, Abt. techn. Wiss., 4 (1952) 560; 3 (1953).
[142] V. I. Lichtman, Dokl. Akad. Nauk SSSR 71 (1950) 323.
[143] L. T. Nazarov, Dokl. Akad. Nauk SSSR 78 (1951) 749, zusammen mit V. Lichtman.
[144] M. J. Balschin, Dokl. Akad. Nauk SSSR 67 (1949) 5381.
[145] C. Agte, Hutnické listy VIII (1953) 5; str. 227.
[146] M. Petrdlík, Hutnické listy VIII (1953) 5.
[147] J. Vacek, cit. v předn. C. Agteho viz 143.
[148] C. Agte, čs. pat. př. PV 463—52 a PV 675—52.
[149] C. Agte, A. Vamberský, G. Durynek, ČSR Pat. 241—52.
[150] Neuveřejněné zkoušky, provedené v Ustavu technické fysiky Čs AV na náš popud.
[151] J. Hinnüber, O. Rüdiger, Arch. f. Eisenhüttenwesen 23 (1952) 11/12, S. 475 bis 482.
[152] A. Kochanovská, Pulvermetallurgische Tagung Brünn (1953), veröffentlicht ČSAV, Praha 1954.
[153] L. I. Galperina, J. J. Geguzin, B. J. Pines, J. V. Smuskov, Dokl. Akad. Nauk SSSR 88 (1953) 2; 265.
[154] C. Agte, J. Vacek, Novější technické směry v práškové metalurgii vyjde v SNTL Praha (1955).
[155] J. W. Avery, C. J. Smithells, W. R. Pitkin, J. Inst. Metals 38 (1927) 85, sowie C. W. D. Jones, Principles of Powder Metallurgy, London (1937).
[156] Amer. Pat. 2431690 und 2431691 by Westinghouse Electric Corp. (vyn. Ramage und Hall).
[157] C. Agte und J. Vacek, Vortrag auf der pulvermetallurgischen Tagung in Brünn (1953) ČSAV Praha (1954).
[158] J. Vacek, Diss. Prag 1952.
[159] C. Agte, K. Becker, Z. techn. Physik 11 (1930) 110.
[160] C. Agte, zit. F. Skaupy, Wegscheider Festschrift Monatsheft 53 (1929) 75.
[161] B. Schmidt, Diss. Greifswald (1924).
[162] I. Langmuir, Phys. Rev. 22 (1922) 377, v. Arkel Physika 3 (1923).
[163] T. Takei, Sci. Rep. Tôhoku 17 (1928) 939.
[164] K. Becker, Z. Physik 42 (1927) 222 und 226.
[165] F. Koref, Z. Metallkunde 17 (1925) 213—220.
[166] C. Agte, K. Becker, Physik Z. 32 (1931) 65.
[167] K. Schröter, Techn.-wiss. Abh. Osram-Konzern Bd. 1 (1930).
[168] G. R. Fonda, Phys. Rev. 2, 21 (1923) 343.
[169] Torkel Berglund, Handbuch d. metallogr. Schleif-, Polier- und Ätzverfahren, Springer Berlin (1940).
[170] Roszíval, Ber. k. u. k. Akademie d. Wiss. Wien (1894).
[171] S. A. Saltykov, Betriebslaboratorium 16 (1950) 9, S. 1084—88; 15 (1949) 9; 12 (1946) 9—10.
[172] Z. Jeffries, Chem. News 193 (1917) 205—218.

[173] H. MÜLLER, Mikrosk. Korngrößenmessung, Technik Berlin (1951).
[174] Z. MINISTR, Hutnické listy 9 (1954) 5, 305.
[175] Z. JEFFRIES, Trans. Amer. Inst. Mine Eng. (1924).
[176] H. ALTERTHUM, Z. physik. Chem. 122 (1922) 377.
[177] C. J. SMITHELLS, Trans. Faraday Soc. 17 (1921) 484.
[178] Deutsches Pat. 361.623.
[179] F. SAUERWALD, Z. anorg. Chem. 122 (1922) 277.
[180] Z. JEFFRIES, ARCHER, The Science of Metals New York (1924).
[181] F. KOREF, Z. techn. Physik 7 (1926) 456 und F. KOREFF, Techn.-wiss. Abh. Osram-Konzern, Berlin 1930, 147.
[182] F. KOREF, C. REITER, Z. techn. Physik (1925) 359 und Techn.-wiss. Abh. Osram-Konzern Bd. 2 (1931) 359.
[183] F. S. GOUCHER, Phil. Mag., 48 (1924) 229.
[184] P. E. WRETBLAD v knize J. WULFF, Powder Metallurgy Cleveland Amer. Soc. Metals (1942) S. 433.
[185] Amer. Pat. 2439913.
[186] J. L. MEJERING, 2. Plansee-Seminar.
[187] C. ZWIKKER, Diss. Amsterdam (1925).
[188] W. R. FORSYTHE, A. G. WORTHING, Astrophys. J. 61 (1925) 146.
[189] H. A. JONES, I. LANGMUIR, General electric Rev. 30 (1927) 301, 354 und 408.
[190] E. LAX, M. PIRANI, in: GEHLHOFF, Lehrb. d. techn. Phys., Leipzig (1929) Bd. III.
[191] F. W. ASTON, P. Roy. Soc. 132 (1931) 487.
[192] J. W. AVERY, C. J. SMITHELLS, Proc. Phys. Soc. 39 (1926) 85.
[193] H. WOLFF, Diss. Gdansk 1923.
[194] SHRIEVER, Proc. Iowa Acad. Sci. 24 (1917) 235.
[195] W. GEISS, J. A. M. VAN LIEMPT, Annalen 77 (1925) 105.
[196] W. G. BURGERS, Z. Physik 58 (1929) 11.
[197] F. KOREF, Z. Metallkunde 16 (1924) 18 u. 344.
[198] C. AGTE, K. BECKER, Techn.-wiss. Abh. Osram-Konzern Bd. 2 (1931) 104, 103 Springer, Berlin.
[199] H. W. WOODS, Metal Progress 51 (1947) 261.
[200] P. W. BRIDGEMAN, Proc. Amer. Ac. Sci. 60 (1925) 205.
[201] H. SCHÖNBORN, Z. Physik 8 (1921) 377.
[202] L. P. SIEG, Proc. Iowa Acad. Sci. 24 (1917) 207.
[203] SHRIEVER, Phys. Rev. 20 (1922) 96 u. 23 (1924) 255.
[204] S. J. WRIGHT, Pr. Roy. Soc. A. 126 (1930) 613.
[205] P. W. BRIDGEMAN, Proc. Amer. Ac. Sci. 58 (1923) 166 u. 60 (1925).
[206] T. W. RICHARDS, E. P. BARTLETT, J. Amer. Chem. Soc. 37 (1915) 470—80.
[207] TSUKOMOTO, Nagaoka Anniversary, Vol. (1925) S. 409.
[208] F. W. ASTON, Nature 133 (1934) 648.
[209] C. G. FINK, Chem. News 104 (1911) 34.
[210] Metallwerke Plansee, Reutte, Tirol, Metallkeramik Ht. 2 Molybdän, 12.
[211] J. J. HARWOOD, Product Eng. Jan. (1952) 121.
[212] J. KOENIGSBERGER, Z. Physik 40 (1927) 729.
[213] J. VACEK, Hutnické listy 9 (1954) 7, 417—21.
[214] T. FUJIWARA, Mem. Sci. Kyoto Univ. A 12 (1929) 165.
[215] Z. JEFFRIES, R. S. ARCHER, The Science of Metals N. Y. (1924).
[216] P. W. SYKES, Trans. Amer. Inst. Mine Metal Eng. 60 (1919) 782.
[217] P. W. BRIDGEMAN, Pr. Nat. Ac. Washington 8 (1922) 362.
[218] W. GEISS, J. A. M. VAN LIEMPT, Z. Physik (1927) 870.
[219] W. GEISS, J. A. M. VAN LIEMPT, Z. Metallkunde 17 (1925) 195.
[220] P. KAPICA, Pr. Roy. Soc. A 123 (1929) 330, 342; Metallwirtschaft 8 (1929) 443.
[221] G. B. ESTABROOK, Phys. Rev. 2, 43, (1933) 383.
[222] A. G. WORTHING, Phys. Rev. 2, 43 (1933) 383.

[223] I. Kikojin, B. Lazarev, Physik. Z. Sowjetunion 3 (1933) 363.
[224] F. S. Goucher, Phil. Mag. 2 (1926) 289.
[225] G. R. Fonda, General Electric Rev. 22 (1929) 206.
[226] Engl, Föhner, Z. Physik 98 (1936) 702.
[227] A. G. Worthing, Phys. Rev. 10 (1917) 1106.
[228] P. Hidnert, W. T. Sweeney, Sci. Pap. Bur. Stand. (1925) 515.
[229] K. Becker, Z. Physik 40 (1927) 37.
[230] J. Disch, Z. Physik 5 (1921) 173.
[231] Apblett, Pelini, Trans. ASM 46 (1952) S. 1200.
[232] W. Geiss, J. A. M. van Liempt, Z. anorg. Chem. 171 (1928) 329.
[233] I. Langmuir, M. Lane, K. B. Blodgett, Phys. Rev. 2, 35 (1930) 478.
[234] E. Grüneisen, E. Goens, Z. Physik 44 (1927) 615.
[235] M. Pirani, H. Alterthum, Z. Elektrochemie 29 (1923) 5.
[236] A. G. Worthing, J. Franklin Inst. 181 (1916) 417; Phys. Rev. 2, 7 (1916) 497.
[237] F. Henning, W. Heuse, Z. Physik 16 (1923) 63.
[238] J. A. M. van Liempt, Z. anorg. Chem. 114 (1920) 106.
[239] I. Langmuir, Physik Z. 14 (1913) 1279.
[240] H. A. Jones, I. Langmuir, G. M. J. Mackay, Phys. Rev. 2, 30 (1927).
[241] H. Alterthum, Z. techn. Physik 9 (1928) 285.
[242] C. H. Plaut, Z. techn. Physik 6 (1925) 313.
[243] M. R. Andrews, Phys. Rev. 2, 33 (1929) 454.
[244] A. G. Worthing, Phys. Rev. 2, 12 (1918) 144.
[245] W. Geiss, Ann. Physik 79 (1926) 85.
[246] H. A. Jones, Phys. Rev. 2, 28 (1926) 202.
[247] W. R. Forsythe, Watson, J. Opt. Soc. Amer. 24 (1934) 114.
[248] Hütte, Taschenb. d. Stoffkunde 2, Berlin (1937) 398.
[249] A. G. Worthing, Astrophys. Jahrbuch 61 (1925) 146.
[250] Mendenhall, W. R. Forsythe, Astrophys. Jahrbuch 37 (1913) 380.
[251] H. C. van Alphen, Ann. Physik 4, 85 (1928) 1058.
[252] E. Lax, M. Pirani, Z. Physik 22 (1924) 275.
[253] O. W. Richardson, Phil. Mag. 6, 28 (1914) 644.
[254] S. Dushman, Phys. Rev. 2, 21 (1923) 623.
[255] W. Espe, Z. techn. Physik 10 (1929) 489.
[256] A. G. Worthing, J. Franklin Inst. 199 (1925) 549.
[257] I. Langmuir, G. M. J. Mackay, Phys. Rev. 2, 4 (1914) 385.
[258] J. A. M. van Liempt, Z. anorg. Chem. 189 (1930) 287.
[259] C. Zwikker, Physica 7 (1927) 73.
[260] I. Langmuir, Physik. Z. 15 (1914) 523.
[261] G. Hägg, Z. physik. Chem. B 12 (1931) 33.
[262] R. A. Weimann, I. Langmuir, General Electric Rev. 29 (1926) 160.
[263] R. Kieffer, F. Benesovsky, Elektrotechn. u. Maschinenbau 65 (1948) 1/2, 22.
[264] L. Hamburger, Chem. Weekbl. 13 (1916) 11.
[265] A. Siewerts, E. Bergner, Ber. 44 (1911) 2401.
[266] G. Messner, W. Frankenburger, Z. physik. Chem. Bodenstein-Festband (1931) 593.
[267] A. Mittasch, W. Frankenburger, Z. Elektrochem. 35 (1929).
[268] G. Meerson, J. Russ. Ges. (Chem.) 60 (1928) 1225.
[269] S. Hilpert, M. Ornstein, Ber. 46 (1913) 1669.
[270] K. Becker, Z. Elektrochem. 34 (1928) 640; Ztschr. Metallkunde 20 (1928) 437.
[271] R. Kieffer, F. Benesovsky, Elektrotechnik u. Maschinenbau 65 (1948) 9/10, 145.
[272] W. Rohn, Z. Metallkunde 18 (1926) 387.
[273] S. L. Malowan, Z. Metallkunde 23 (1931) 69.
[274] W. Guertler, T. Liepus, Z. Metallkunde 17 (1925) 310.
[275] M. Le Blanc, O. Weyl, Ber. 45 (1912) 2307.

[276] N. TANANAJEV, G. PANČENKO, J. Chim. Ukraj. 4 (1929) 549.
[277] M. PETRDLIK, Kontrollmethoden für die Fertigung und Abnahme gesinterter Karbide. (In Druck.)
[278] MOSER, EHRLICH, B. 55 (1922) 430.
[279] T. MILLNER, J. NEUGEBAUER, Magyar Kémiai Folyóirat 57 (1951).
[280] O. TOMIČEK, Potenciometrická titrace, JČMF Praha (1941) 68.
[281] R. BRDIČKA, Základy, Phys. chem. Přirodovědecké vyd. Praha (1952) 520.
[282] J. WULFF, Powder Metallurgy Amer. Soc. Metals Cleveland (1942) 410.
[283] C. G. FINK, F. L. JONES, Trans. Amer. Electr. Chem. Soc. 59 (1931) 461.
[284] J. A. M. VAN LIEMPT, Z. Elektrochem. 31 (1927) 249.
[285] Brit. Pat. 668085 (1952).
[286] A. S. RUSSELL, S. W. ROWELL, J. Chem. Soc. (1926) 1889.
[287] Amer. Pat. 2599178 (1952).
[288] J. N. FRANCIJEVIČ, T. F. FRANCIJEVIČ-ZABLUDOVSKAJA, F. F. ŽELVIC, Z. prikl. Chim. 25 (1952) 350–61.
[289] H. ALTERTHUM, Z. anorg. Chem. 42 (1929) 4.
[290] V. P. JELJUTIN, J. A. PAVLOV, B. E. LEVIN, Herstellung von Ferrolegierungen, Staatl. wissenschaftl.-techn. Veröffentlichungen, Moskau (1951) 255–319; SNTL (1953) 210 bis 265.
[291] GMELINS Handbuch der anorg. Chemie, Bd. Eisen, Syst. 51, Tl. A „Die Ferrolegierungen".
[292] M. HANSEN, Der Aufbau der Zweistofflegierungen, Springer Berlin (1936).
[293] Metals Handbook (1948), Amer. Soc. Metals, Cleveland.
[294] W. GEISS, J. A. M. VAN LIEMPT, Z. anorg. Chem. 168 (1928) 110.
[295] A. E. VAN ARKEL, Z. Krist. 67 (1928) 235.
[296] J. A. M. VAN LIEMPT, Rec. trav. chim. Pays-Bas 51 (1932) 114.
[297] C. AGTE, K. BECKER, Z. techn. Physik 11 (1930) 107.
[298] W. v. BOLTON, Z. Elektrochem. 11 (1905) 45–51.
[299] W. KÖSTER, H. BÜCKLE, zit. in Kieffer, Hotop, „Pulvermetallurgie und Sinterwerkstoffe" Springer, Berlin (1943) 268.
[300] GEACH, SUMMERS-SMITH, J. Inst. Met., 80 (1952) 143.
[301] K. BECKER, K. MOERS, Metallwirtschaft 9 (1930) 1063.
[302] A. CLAASSEN, W. G. BURGERS, Z. Kristallogr. 86 (1933) 100.
[303] J. A. M. VAN LIEMPT, Nature London 115 (1925) 194; Chem. Zentr.-Bl. (1925). I. S. 1674.
[304] R. F. DOMAGALA, D. J. MAC PHERSON, M. HANSEN, Journ. of Metals 5 (1953) 73–79.
[305] D. J. MAYKUTH, H. R. OGDEN, R. I. JAFFEE, J. of Metals 5 (1953) 2, sect. 2, 231–237.
[306] W. TRZEBIATOWSKI, H. PLOSZEK, H. LOBZOWSKI, Analyt. Chem. 19 (1947) 93.
[307] H. T. GREENAWAY, J. Inst. Met., 80 (1951–52) 589.
[308] Staatl. Forschungsinst. f. Metallchemie, Marburg BIOS 1594/46.
[309] R. VOGEL, Z. anorg. allg. Chem. 116 (1931) 231.
[310] G. GRUBE, H. SCHLECHT, Z. Elektrochem. 44 (1938) 367.
[311] F. H. ELLINGER, W. P. SYKES, Trans. Amer. Soc. Metals 28 (1940).
[312] E. EPREMIAN, D. HARKER, J. of Metals 1 (1949) 4; 267–273.
[313] R. PALME, Powder Metal. Bul. 6 (1951) 1, 32–34.
[314] G. H. S. PRICE, S. V. WILLIAMS, C. J. O. GARRARD, General Electr. Corp. London 11, No. 4 (1941) 223.
[315] W. SYKES, Amer. Soc. Steel Treat., 21 (1933) 385.
[316] F. H. ELLINGER, Trans. Amer. Soc. Metals 30 (1942) 607.
[317] G. H. S. PRICE, C. J. SMITHELLS, S. V. WILLIAMS, Inst. Met. 62 (1938) 239–54.
[318] GRIMMET, READ, Brit. Radiol. 8 (1935) 661.
[319] Anonym, Inco, 22 (1948) 3, S. 14.
[320] H. H. HAUSNER, Metals and Alloys 18 (1943) No. 6, 1335.

[321] J. KURTZ, Proc. Second Annual Spring meeting Metal Powder Assoc. N. Y. June 13 (1946) 40.
[322] Amer. Pat. 2600995 (1952).
[323] J. KURTZ, in J. WULFF, „Powder Metallurgy", Amer. Soc. Metals, Cleveland (1942) 497.
[324] L. JENÍČEK, ve Sborníku „Zásady úsporného konstruování" Praha SNTL (1953).
[325] Z. EMINGER, POKORNÝ, J. ŠLAJS, Strojírenství 3 (1953) 6, 444n.
[326] HULTGREN, Stahl u. Eisen 11. Jg. (1921) S. 1775.
[327] Rob. STEINITZ, Ira BINDER, Dav. MOSKOWITZ, J. of Metals 4 (1952) 9, 983–87.
[328] Ira BINDER u. A. ROTH, „An Evaluation of Molybdenum Borides as Cutting Tools", Powder Met. Bull., 6 (1953) 154–162.
[329] P. SCHWARZKOPF, F. W. GLASER, Struktur und chem. Eigenschaften der Boride d. Übergangsmetalle der vierten, fünften und sechsten Gruppe, Z. Metallkunde 44 (1953) 353–358.
[330] S. TAKEDA, Sci. Rep. Tôhoku Imp. Univ. Honda (1936) S. 864.
[331] P. RAUTALA, J. T. NORTON, J. of Metals 4 (1952) 10; 1045–50.
[332] R. KIEFFER, F. BENESOVSKY, E. GALLISTL, Z. Metallkunde 43 VIII (1952) 8, 284–91.
[333] R. KIEFFER, E. CERWENKA, Metallkd. 43 (1952) 101–05.
[334] E. FITZER, Höchsttemperaturbeständige Werkstoffe durch Silizieren von Wolfram und Molybdän, Berg- u. Hüttenwesen Mh. 97 (1952) S. 81–91.
[335] F. RAPATZ, Schnelldrehstähle, Springer Berlin (1930), W. OERTEL und GRÜNTZNER, Schnelldrehstähle, Düsseldorf (1931).
[336] E. HAYNES, Met. chem. eng. 10 (1912) 814; J. ind. eng. Chem. 5 (1913) 190 atd.
[337] E. H. SCHULZ, Z. Metallkunde 16 (1924) 341; C. A. HOFMANN, Werkzeugmaschine 33 (1929) 177.
[338] C. W. DRURY, Kanad. Min. Metallurg. Bl (1930) 932.
[339] H. LÖBBECKE, Mitteilungen d. Forschungsinst. Vereinigte Stahlwerke AG 1 (1928 bis 1930) 77.
[340] S. TAKEDA, Techn. Rep. Tôhoku, Imp. Univ. 9 (1930), 447 und 10 (1931) 21, 483, 627.
[341] L. GUILLET, H. GODFROID, Rev. Metals 15 (1918) 339.
[342] F. RAPATZ, Z. VDI 75 (1931) 965.
[343] W. OERTEL, E. PAKULLA, Stahl u. Eisen 44 (1924) 1218.
[344] GMELINS Handb. d. anorg. Chem. Nr. 58, Kobalt, Verl. Chemie Bln. (1932).
[345] Deutsch-Luxemburg. Bergwerks- u. Hütten-AG, F. Bauerfeld, Deutsch Pat. 436.439 (1924).
[346] MÄRKLE, Maschinenbau 3 (1923/24) 235.
[347] C. W. DRESCHER, Maschinenbau 3 (1923/24) 1087; Z. Metallkunde 16 (1924) 382.
[348] C. AGTE, Metallwirtsch. 9 (1930) 401.
[349] K. BECKER, Hochschmelzende Hartstoffe, Verlag Chemie Berlin (1937) 3.
[350] C. AGTE, J. VACEK, Hutnické listy VIII (1953) 5; 249.
[351] Deutsches Pat. 286.184 (LOHMANN u. VOIGTLÄNDER).
[352] Deutsches Pat. 307.764, 310.041, 320.996, 301.600 (G. FUCHS u. A. KOPITZ).
[353] Engl. Pat. 264528 u. 270640.
[354] Deutsches Pat. 516.656 (Gewerksch. Wallram).
[355] Deutsches Pat. 498.349 (Patent Treuhandges. f. elektrische Glühlampen).
[356] Deutsches Pat. 289.066, 292.583, 295.656 u. 295.726 (LOHMANN u. VOIGTLÄNDER).
[357] C. AGTE, Pulvermetallurgische Tagung in Brünn, 1953 ČSAV Praha 1954.
[358] E. AMMANN und J. HINNÜBER, Stahl u. Eisen 71 (1951) 21, 1081.
[359] R. KIEFFER, F. KÖLBL, Maschinenmarkt u. Elektrotechn. 18 (1950).
[360] R. KIEFFER, F. KÖLBL, Z. anorg. Chem. (1951) 229.
[361] C. AGTE, K. BECKER, Hartmetallwerkzeuge 2 (1937) Verlag Chemie, Berlin, S. 13.
[362] V. S. RAKOVSKIJ, J. J. KRJUKOV, Maschgis, Moskau, Erzeugung harter Legierungen und ihre Anwendungen (1948).

[363] M. Petrdlik, Pulvermetallurgische Tagung in Brünn (1953) ČSAV Praha (1954).
[364] A. Vacek, J. Korecký, Řezné nástroje se slinutými karbidy, Práce, Praha 1951.
[365] C. Agte, Neue Hütte, Heft 9 (1957).
[366] L. Wertenstein, Jendrzjewski, Compt. Rend. 177 (1923) 316.
[367] I. Langmuir, Trans. Amer. Inst. Eng. 8 (1913) 1895.
[368] G. R. Fonda, Phys. Rev. 31 (1928) 260.
[369] I. Langmuir, Phys. Rev. 34 (1912) 40.
[370] A. Rüttenauer, Licht u. Lampe 21 (1925) 730.
[371] W. W. Loebe, W. Ledig, Z. techn. Physik (1925) 325.
[372] E. Hochheim, E. Knebel, Belichtungsversuche mit der Osrampunktlichtlampe, Milliands Textilberichte 6 (1925) 913.
[373] B. H. Simon, Z. techn. Physik 8 (1927) 434.
[374] W. Statz, Z. techn. Physik 8 (1927) 451.
[375] H. J. Lemmens, M. J. Jansen, R. Loosjels, Philips' techn. Rdsch. 11 (1950) 349.
[376] W. Espe, Pulvermetallurgische Tagung Brünn 1953, ČSAV Praha 1954.
[377] R. Palme, Plansee-Berichte f. Pulvermetallurige I (1953) 68.
[378] K. Silbermann, Glas- u. Hochvakuumtechnik 1 (1952) 1.
[379] M. Brzobohatý, Obloukové svařování v ochranném inertním plynu, Svařování č 4 (1949).
[380] F. Rosenberg, Aluminium, April 1937.
[381] M. Pirner, Strojírenství 12 (1951) 455.
[382] R. Kieffer, F. Krall, VDE-Fachberichte 11 (1939) 107; Elektrowärme 12 (1942) 33.
[383] W. Fehse, Elektr. Öfen m. Heizkörpern aus Wolfram, Sammlung Vieweg, Ht. 90 (1928).
[384] F. Regel, Plansee-Berichte f. Pulvermetallurgie 1 (1953) 97.
[385] R. Marx, Pulvermetallurgische Tagung Brünn (1953), ČSAV Praha (1954).
[386] F. Skaupy, Metallkeramik, Verlag Chemie Berlin (1930).
[387] W. Fehse, Z. techn. Physik 5 (1924) 473.
[388] J. H. Rendall, Journ. Scientific Instruments 29 (1952) 248.
[389] C. Agte, A. Vamberský, ČSR Pat. PV-1385/52.
[390] C. Agte, A. Vamberský, ČSR Pat. P-4143/50.
[391] C. Agte, ČSR Pat. P-1723—51.
[392] A. Vamberský, ČSR Pat. PV 511—52.
[393] C. Agte, J. Vacek, ČSR Pat. PV 1197—52.
[394] G. F. Hüttig, A. Vidmajer, E. Koberstein, Plansee-Berichte f. Pulvermetallurgie 1 (1953) 82.
[395] W. Espe, Kurs práškové metalurgie PV Praha (1951) 160.
[396] F. Koref, A. E. van Arkel, Z. Elektrochem. 28 (1922) 511.
[397] H. Fischvoigt, F. Koref, Z. techn. Physik 6 (1925) 298.
[398] A. E. v. Arkel, Physica Haag 3 (1923) 76.
[399] A. E. van Arkel, Chem. Werkbladet 24 (1927) 90.
[400] A. E. van Arkel, Metallwirtschaft 13 (1934) 405 u. 511.
[401] J. A. M. v. Liempt, Metallwirtschaft 11 (1932) 357.
[402] J. D. Fast, Österreich, Chem. Ztg. 43 (1940) 27.
[403] K. Moers, Z. anorg. Chem. 198 (1931) 233.
[404] C. Agte, K. Moers, Z. anorg. Chem. 198 (1931) 233.
[405] M. Pirani, G. v. Wangenheim, Z. techn. Physik 6 (1925) 358.
[406] A. Schulze in H. Schulz, Jahrb. d. Metalle (1943) Berlin S. 326—37.
[407] H. T. Greenaway, S. T. M. Johnstone, Mar. K. McQuillan, J. Inst. Metals 80 (1951) 3, 109—114.
[408] S. Morugina, Z. techn. Physik 7 (1926) 488.
[409] E. Blumenthal, Diss. Greifswald 1929.
[410] P. A. Szczukin, L. W. Piecuszina, Übersetzung des Min. f. Bauindustrie K 683/3 P-P/138 (1952).

[411] A. Schulze, Z. Metallkunde 24 (1932) 206.
[412] L. Holborn, K. Scheel, F. Henning, Wärmetabellen d. Phys. Techn. Reichsanst. (1919) Braunschweig.
[413] J. A. M. v. Liempt, rak. Pat. 126929 (1930).
[414] Deutsches Pat. 330.726 (1918).
[415] Phys. Techn. Reichsanstalt, Z. Metallkunde 12 (1920) 179.
[416] C. Agte und F. Thümmler, Vortrag auf der 1. Internationalen pulvermetallurgischen Tagung 1957 in Eisenach.
[417] F. Thümmler, Planseeberichte für Pulvermetallurgie, 1958. Bd. 6.
[418] F. Thümmler, Habilitationsarbeit TH Dresden, 1958.
[419] z. B. F. Thümmler, „Die neuere Entwicklung der Pulvermetallurgie" (Herausgeber: F. Eisenkolb) Verlag Technik, 1955, Sl. 156ff.
[420] C. Agte und J. Vacek, „Neuere technische Richtlinien der Pulvermetallurgie", SNTL, Prag, 1955.
[421] J. Vacek, Hutnické listy, 10 (1955) 468.
[422] H. Braun, R. Kieffer und K. Sedlatschek, Vortrag, gehalten auf dem 3. Planseeseminar 1958.
[423] R. I. Jaffee, Vortrag, gehalten auf dem 3. Planseeseminar 1958.
[424] R. R. Freeman, Vortrag, gehalten auf dem 3. Planseeseminar 1958.
[425] R. I. Jaffee, C. T. Sieme und J. J. Harwood, Vortrag, gehalten auf dem 3. Planseeseminar 1958.
[426] I. D. Baird, C. A. Geach und A. E. Knapton, Vortrag, gehalten auf dem 3. Planseeseminar 1958.
[427] C. Agte, K. Becker u. Frhr. v. Göler, Metallwirtschaft 11, 1932, 447.
[428] C. Agte, K. Becker u. Frhr. v. Göler, Techn.-Wissenschaftl. Abhandlungen des Osram-Konzerns, Verlag Springer, Berlin, Band III, 1931, 127.
[429] E. Fitzer, Vortrag auf dem 3. Planseeseminar (1958).

NAMENSVERZEICHNIS

SACHVERZEICHNIS

Kolibri 360 GmbH
Ferdinand-Jühlke-Straße 7
99095 Erfurt, Deutschland
produktsicherheit@kolibri360.de